JN418943

기초양자화학

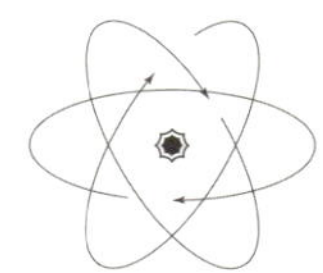

분자분광학

머리말

대부분의 전공 학생들이 그러했겠지만, 필자도 양자화학이라는 학문에 대해 제대로 배우기 시작한 건 대학에 입학하고 난 뒤였다. 당시 담당 교수님께서 친절하게 잘 가르쳐 주셨음에도 불구하고 생소했던 수학적 기호와 개념들로 인해 공부하기 힘들어했던 기억이 난다. 그와 동시에 자연에 대해 경이로움을 느낄 수 있었던 과목 중 하나였기에 힘들면서도 재미있게 공부했던 추억이 있다. 당시 필자가 양자화학을 공부하다가 이해가 안 가는 부분이 있을 때는 도서관에 가서 관련 서적을 빌려다가 서로 비교해 가며 읽곤 했었는데, 책마다 설명하는 방식, 설명하는 깊이가 다르므로 이해가 안 가는 부분도 다른 교과서 설명으로부터 도움을 받을 수 있으리라 생각했기 때문이었다. 그날도 이해가 안 가는 부분을 붙들고 몇 시간 째 씨름을 하고 있었고, 내 옆에는 도서관에서 빌린 저자가 다른 10권 정도의 교과서가 놓여 있었다. 같은 부분을 쭉 펴놓고 비교해 가며 읽던 중에, 한 가지 예상치 못한 사실을 발견하게 되었는데, 그것은 대부분 교과서에서 설명하는 방식이 생각보다 서로 비슷하다는 사실이었다. 아마도 그때 관련 교과서를 직접 써야겠다고 처음으로 마음먹지 않았나 생각한다. 그렇게 마음먹은 지 25년이 지난 지금에서야 그 결실을 내놓게 되었으니, 너무 오래 걸렸다는 생각과 함께 지금이라도 결실을 보게 되어 다행이라는 만감이 교차한다.

25년 전 책을 쓰겠다고 처음 마음먹었을 때, 훗날 집필하게 될 책의 목표를 설정해 둔 게 있었다. 지금 이 책이 그때 가졌던 그런 목표에 부합하는 책인지 자신은 없지만 나름대로 그 목표를 가진 책이 되도록 집필하였고 앞으로 여러 번의 수정을 통해서 그 목표를 달성하고자 한다. 그 목표는 다음과 같다. 첫째, 이 책에서 필자는 설명 방식을 우리의 방식에 맞추도록 노력하였다. 현재 많은 대학교에서 사용되고 있는 교재들 대부분은 영미권에서 집필된 책들이다. 물론 모두 저명한 연구자들이 집필한 책들이고, 훌륭한 내용들을 담고 있지만, 설명 방식은 우리가 이해하는 방식과는 조금 다르다고 생각한다. 이 책에서는 우리가 이해하기 쉬운 방식으로 설명하고자 노력하였다. 둘째, 이 책에서 필자는 엄밀함보다는 쉬운 이해에 초점을 맞춰 집필하려고 노력하였다. 수학적 엄밀함, 논리적 엄밀함은 당연히 중요하지만, 처음 학문을 배우는 사람에게 있어 더 중요한 것은 학문에 대한 이해라고 생각한다. 능력이 출중한 독자라면 처음부터 완벽한 상태에서 이해하는 것이 가능하겠지만 그렇지 않은 일반 독자들에게 이러한 요구는 조금 무리라고 생각한다. 오히려 덜 완벽하지만, 이해를 먼저하고 그 후 완벽해지도록 다듬어 나가는 것이 더 좋은 접근법일 수 있다고 생각한다. 이 책이 독자 여러분들의 완벽한 이해를 위한 발판이 되었으면 한다. 셋째, 독자가 쉽게 따라올 수 있도록 수학적 풀이 과정을 자세히 기술하였다. 물고기를 잡아 주지 말고 잡는 방법을 알려주라는 말이 있듯이 교육에서도 같은 논리가 적용될 수 있다고 생각한다. 이러한 논리를 바탕으로 많은 교과서에서는 중요 문제 풀이를 학생들이 직접 해결해 볼 수 있도록 연습 문제로 남겨 놓곤 한다. 능력이 출중한 사람들은 설명만 해주어도 고기 잡는 법을 터득할 수 있겠지만, 일반인들에게는 설명과 함께 직접 고기 잡는 방법을 보여주어야 할 필요가 있을 것이다. 이 책에서 필자는 고기 잡는 방법에 대한 설명과 함께 직접 고기 잡는 방법을 보여주기 위해 노력하였다.

위와 같은 목표를 갖고 이 책을 집필한다고 노력했지만 얼마나 반영이 되었는지 모르겠다. 사칙연산을 모르던 시절이 분명 있었지만, 성인이 된 지금, 마치 태어날 때부터 사칙연산을 할 수 있었던 것으로 착각하는 것처럼, 양자화학을 공부할 때 어렵게 느꼈던 것들을 지금 누구나 아는 것으로 생각하고 설명을 등한시한 부분들이 분명 있으리라 생각한다. 또한 많은 표기 오류와 오타들, 문법상 오류, 필자의 이해 부족으로 인해 명확하지 않은 설명과 그림 등도 있으리라 생각한다. 2판, 3판을 통해 이러한 점들을 지속해서 보완해 나갈 계획이다. 또한 기존 양자화학에서 다루어야 할 몇몇 부분들이 이 책에서 아직 다루어지지 않았는데, 이러한 부분에 대한 추가적인 내용들도 앞으로 보완될 계획이다.

2022년 6월

광주에서

임 종 국

목 차

Ⅰ. 기초양자화학

Ⅱ. 분자분광학

I. 기초 양자화학

중, 고등학교 시절, 그리고 대학에 와서 일반화학이라는 교과목을 통해 화학을 배울 때 우리는 원자의 구조 및 전자배치, 그리고 그러한 원자들이 모여서 어떻게 화학 결합을 형성하는지에 대해 배운다. s 오비탈은 구형이고, p 오비탈은 아령 모양이라는 사실, 한 오비탈에 서로 다른 스핀을 가진 두 개의 전자가 채워진다는 사실, s 오비탈과 p 오비탈 3개가 모여서 4개의 혼성궤도함수가 만들어진다는 사실 등 여러 가지 내용들에 대해 배우지만 정작 그 근본 이유에 대해서는 특별히 언급하거나 배운 기억은 없다. 가르치는 사람도, 배우는 학생들도 그냥 원래 그래야 하는 것처럼 가르치고 배우는데 사실 위에서 언급한 사실들은 직관적으로 받아들이기에는 너무 이상한 내용들이다. 예를 들어, "s 오비탈은 왜 구형이고 p 오비탈은 왜 아령 모양이어야 할까? 오비탈에는 왜 서로 반대 스핀을 가진 두 개의 전자가 채워질까? s 오비탈과 p 오비탈 3개가 모여서 4개의 혼성궤도가 형성된다고 하는데 모여서 형성된다는 것은 도대체 무슨 의미일까?" 등, 우리가 직관적으로 이해할 수 없는 내용들이 대부분이다. 그뿐만 아니라, 오비탈이란 도대체 무엇인지, 스핀은 무엇인지, 결합은 무엇인지 등과 같은 보다 더 근원적인 질문들도 얼마든지 할 수 있는데, 이러한 질문들에 대한 언급은 전혀 없이 그냥 받아들이고 배워왔다. 본서의 1단원인 기초양자화학 단원은 이러한 근원적인 질문에 대한 답을 다루는 단원으로서, 이 부분의 학습을 통해 근원적인 질문에 대한 완벽한 답을 찾을 수는 없을지 몰라도 적어도 가능성 있는 논리적 답은 찾을 수는 있을 것이다.

본 단원은 크게 세 부분으로 구성된다. 첫 번째 부분은 1장부터 5장으로서 이 부분에서는 고전역학이 가지고 있던 문제들을 해결해 가는 과정에서 확립되어 가는 양자역학의 여러 가지 개념에 대해 배우게 된다. 두 번째 부분은 6장부터 9장으로서 확립된 양자역학 이론을 간소화된 가상의 시스템에 적용해 보는 부분이다. 간소화된 가상의 시스템에 양자역학 이론을 적용해 봄으로써 양자역학 이론이 어떻게 작동하는지 그리고 그 이론으로부터 우리는 무엇을 얻을 수 있는지 얻어진 결과는 어떻게 해석되어야 하는지에 대해 배우게 된다. 세 번째 부분은 10장부터 11자에 해당하는 내용으로서 양자역학 이론은 실제 자연계에 존재하는 시스템에 적용해 보는 과정이다. 10장의 수소 원자를 비롯하여 다전자원자에 적용해 보고 이 과정에서 발생하는 문제를 해결하기 위한 변분법과 같은 근사법에 대해 다루게 된다. 양자역학 이론이 다전자원자나 분자 시스템에 적용될 때 이와 같은 근사법이 반드시 요구되는데 양자역학 이론이 다전자원자나 분자와 같은 시스템에 특화되어 적용될 때 이러한 적용과정을 다루는 학문을 양자화학이라고 한다.

---

1. 에너지 양자화

양자의 개념이 처음 도입된 해는 1900년으로서 막스 플랑크에 의해 그 개념이 최초로 소개되었다. 1900년, 즉 20세기가 막 시작할 즈음 과학자들은 굉장한 자부심에 차 있었는데, 세상에서 일어나는 모든 자연현상을 그 당시 갖고 있던 이론들로서 모두 설명할 수 있다고 자부하고 있었다. 이러한 자부심은 1500년대 후반 갈릴레오로부터 시작해서 뉴턴역학의 등장, 열역학, 전자기학 등 19세기 말까지 많은 훌륭한 이론들이 개발되었기 때문에 그리고 그 이론들은 모든 자연현상을 잘 묘사하였기 때문에 많은 과학자들은 20세기가 시작하기 전 19세기에 많은 자부심에 차 있었고 물리학은 이미 충분히 발전하였기 때문에 더 이상 발전할 부분이 없다고까지 생각하는 경향이 팽배해 있었다. 극단적인 예로 양자의 개념을 최초로 도입한 막스 플랑크는 대학교에 다니던 시절 지도교수로부터 "물리학은 이미 모든 것이 다 밝혀진 상태이고 새로운 발견이 이루어질 가능성은 없다"라는 얘기를 들었을 정도라고 하니 당시 물리학자들의 자부심이 얼마나 대단했는지 엿볼 수 있는 대목이다. 훗날 플랑크가 양자이론 확립에 지대한 공헌을 하게 되는 역사적 사실을 생각할 때, 플랑크가 더 이상 할 일이 없을 수도 있는 물리학을 소신 있게 선택한 일은 양자이론의 혜택을 받고 있는 우리에게 다행이 아닐 수 없고 자신의 진로를 유행과 안정보다는 하고 싶은 일로 소신 있게 선택한 플랑크의 결단은 현재 진로를 결정해야 하는 시점에 있는 현 시대의 젊은이들에게 시사하는 바가 크다.

어찌 되었든, 19세기 말 물리학자들은 그 당시까지 개발된 이론들만 가지고도 모든 자연현상을 설명할 수 있다는 자신감에 차 있었는데 그럼에도 불구하고 몇 가지 해결되지 않은 문제들이 존재하고 있었다. 그리고 20세기 초반 그러한 문제들을 해결하는 과정에서 양자역학이라는 학문이 등장하게 된다. 그 시초는 흑체복사에 관한 문제이다. 막스 플랑크는 이 문제를 해결하는 과정에서 최초로 에너지가 양자화 되어 있다는 사실을 발견하게 된다. 흑체복사에 관한 문제로 들어가기 전에 기초적으로 알아야 할 몇 가지 지식에 대해 먼저 학습하고 흑체복사에 관한 얘기를 시작하도록 하겠다.

1) 빛

빛이 무엇인지 그 본질에 대해서 오래전부터 많은 과학자들은 궁금해했다. 1600년대(17세기) 빛은 입자로 이루어져 있다는 입자설과 소리와 같은 파동이라고 주장하는 파동설 두 가지 의견이 대립하고 있었는데 입자설을 주장한 대표적인 과학자가 바로 "아이작 뉴턴"이다. 뉴턴은 "만일 빛이 파동이라면 소리와 같이 회절이 일어나야 하는데 회절이 일어나지 않는다." 즉, 빛은 장애물을 통과할 수 없다.(즉, '빛은 그림자를 만든다.'라고도 할 수 있는데 소리와 같은 파동은 그림자를 만들지 않는다) 따라서 "빛은 입자로 이루어져 있다." 라고 주장하였다. 파동은 장애물을 만날 때 장애물에서 다시 파동이 시작되는 특징을 가지고 있는데 이를 회절(Diffraction)이라 한다. 예를 들어, 집 안에 철수가 있을 때, 담 너머 친구가 부르는 소리가 들리는데 이것은 친구의 목소리가 담벼락에서 회절(거기서 다시 파동이 시작되어 퍼져 나감.)되기 때문에 들리는 것이다. 이와 같이 소리는 파동이기 때문에 회절이 일어나 들을 수 있지만 밖에서 부르는 친구의 모습을 볼 수는 없다. 즉, "빛은 회절 되지 않고, 장애물을 통과할 수 없는데 이러한 이유로 빛은 입자로 이루어져 있다."라고 뉴턴은 주장했던 것이다. 빛이 파동처럼 회절을 일으킨다면 우리는 어떤 물체에 그림자를 볼 수 없을 것이다. 빛은 물체 주변에서 회절 되어 빛이 직접 닿지 않는 곳에도 도달할 수 있기 때문에 물체의 그림자는 관찰되지 않을 것이다. 그러나 실제로 우리는 물체의 모습 그대로의 그림자를 관찰 할 수 있는데 이것은 빛이 회절 되지 않는다는 증거이고 빛은 회절 되지 않기 때문에 입자로 이루어져 있다고 뉴턴은 주장했던 것이다. 한편 빛의 파동설을 주장했던 대표적인 과학자는 "호이겐스"가 있는데 그는 다음과 같은 이유를 들어 빛은 파동으로 이루어졌다고 주장하였다. 그의 주장에 따르면, 빛이 만일 입자로 이루어져 있다면 두 개 혹은 그 이상의 빛을 서로 충돌 시켰을 때 빛을 구성하고 있는 입자간의 충돌이 일어나야 하는데, 실제로 2개 혹은 그 이상의 빛을 충돌 시키더라도 입자간의 충돌이 관찰되진 않는다. 따라서 "빛은 파동이다."라고 주장을 했던 것이다. 위에서 보았듯이 입자설, 파동설은 각각 나름대로의 타당한 근거를 갖고 있으나 그와 동시에 치명적인 약점을 가지고 있었다. 입자설의 경우 빛은 회절이 일어나지 않는다고 하였는데, 이 말은 사실 틀린 말이다. 사실 빛도 회절을 일으킨다. 파동이 장애물을 만났을 때 회절이 되기 위해서는 파동의 파장이 장애물의 크기와 비슷하던지 장애물의 크기가 파동의 파장보다 더 작아야만 한다. 음파의 주파수를 100~3000Hz로 가정하고, 공기 중에서 음파의 전파속도 $340ms^{-1}$를 이용하면, 음파의 대략적인 파장을 구할 수 있다. 음파의 파장을 주파수와 전파속도로부터 구하기 위해서는 먼저 파동에 관한 몇 가지 기초지식이 필요하다. 파동에 관한 기초지식을 간략하게 살펴보고 그 기초지식을 바탕으로 음파의 파장을 구해보도록 하자. 파동이 이동하고 있을 때 한 파장이 이동할 때 걸린 시간을 주기(period)라고 한다. 예를 들어, 하나의 마루가 지나간 다음 마루가 지나갈 때 까지 걸린 시간, 또는 하나의 골이 지나간 다음 다음 골이 지나갈 때 까지 걸리 시간 등을 주기(period)라 하고 "T"로 표현한다. 한 파장의 거리(예를 들어, 마루부터 마루까지의 거리, 혹은 골부터 골까지의 거리)를 파장(wavelength)이라 하고 일반적으로 파장은 "λ"라는 기호로 표시한다. 속도는 이동한 거리를 거리를 이동하는데 걸린 시간으로 나누어 준 양이다. 파동이 한 파장 만큼 이동했을 때 이동한 거리는 파장이 되고 한 파장 이동하는데 걸린 시간은 주기이므로 파동의 속도는 식 1-1과 같이 나타낼 수 있다.

$$\text{파동의 전파속도}(v) = \frac{\text{시간에 이동한 거리}}{\text{시간}} = \frac{\lambda}{T} \tag{1-1}$$

식 1-1에서 $\frac{1}{T}$을 "주파수 혹은 진동수 (frequency)"라 부르고 "ν (뮤우)"로 표현한다. 따라서

$$v = \frac{\lambda}{T} = \lambda \cdot \nu \tag{1-2}$$

가 된다. 식 1-2를 이용하여 1700 Hz의 주파수를 가진 음파의 파장을 대충 구해보면 아래 식 1-3과 같다.

$$\lambda = \frac{v}{\nu} = \frac{340\,ms^{-1}}{1700\,Hz} = \frac{340\,ms^{-1}}{1700\,s^{-1}} = 0.2\,m = 20\,cm \tag{1-3}$$

식 1-3으로부터 계산된 1700 Hz의 주파수를 가진 음파의 파장은 대략 20 cm이다. 담벼락의 폭은 대략 수 십 cm이고 음파의 파장과 대략 비슷하므로 음파는 회절이 일어날 수 있다. 반면에 빛의 파장, 특히 가시광선의 파장은 300 ~ 800 nm로서, 담벼락의 폭에 비해 너무 작기 때문에 빛은 담벼락에 의해 회절이 일어나지 않고 담벼락을 넘어 통과할 수 없게 된다.

2) 균등분배원리

균등분배원리란, 어떤 system에 열에너지가 가해질 때, 가해준 열에너지가 system에 들어있는 입자가 에너지를 저장할 수 있는 자유도에 $\frac{1}{2}kT$ 만큼씩 각각 고르게 분배된다는 원리이다. 입자가 상자 안에서 운동하고 있을 때, x, y, z축 방향 속도는 모두 다르므로 각각의 축 방향에 해당하는 운동에너지 E_{kx}, E_{ky}, E_{kz}는 다를 수 있다. 가해진 열에너지는 특정 축 방향 운동에너지만 일방적으로 증가시키는 것이 아니라 세 축(자유도)에 $\frac{1}{2}kT$만큼씩 고르게 저장된다. 따라서 단원자 입자의 경우 특정 온도 T에서 입자가 갖게 되는 평균 전체 운동에너지 $\langle E_{kT} \rangle$는 축 방향 평균 운동에너지 $\langle E_{kx} \rangle$, $\langle E_{ky} \rangle$, $\langle E_{kz} \rangle$를 더한 것인데 축 방향 평균 운동에너지는 각각 $\frac{1}{2}kT$이므로 $\langle E_{kT} \rangle$는 식 1-4처럼 $\frac{3}{2}kT$가 된다.

$$\langle E_{kT} \rangle = \langle E_{kx} \rangle + \langle E_{ky} \rangle + \langle E_{kz} \rangle = \frac{1}{2}kT + \frac{1}{2}kT + \frac{1}{2}kT = \frac{3}{2}kT \tag{1-4}$$

가 된다. 용수철에 매달려 있는 진동자의 경우는 어떠할까? 용수철에 매달려 있는 진동자에 에너지가 저장될 수 있는 방식은 두 가지이다. 즉, 진동자의 운동 에너지로 저장되거나, 진동자의 위치 에너지로 저장될 수 있다. 균등분배원리에 의해 각 방식에 $\frac{1}{2}kT$ 만큼씩 에너지가 저장되므로 특정 온도 T에서 진동자가 갖는 평균 전체 에너지는 $\frac{1}{2}kT + \frac{1}{2}kT = kT$ 가 된다. 여기서 우리가 구한 $\frac{3}{2}kT$와 kT는 개별입자, 개별 시스템이 가진 진짜 에너지가 아니라 평균 에너지라는 것을 주의해서 이해해야 한다.

구체적인 예를 통해 평균 에너지에 대해 조금 더 자세히 이해해보자. 예를 들어, 특정 온도 T에서 어떤 상자 안에 4개의 진동자가 들어있다고 가정해 보자. 이때 진동자 한 개가 갖는 에너지는 kT라고 하였는데 이것은 모든 진동자가 가진 전체 에너지를 진동자의 개수 4로 나누었을 때 진동자 한 개의 평균 에너지가 kT가 된다는 것이지 실제로 각각의 진동자가 모두 kT의 에너지를 갖고 있다는 말은 아니다.

$$kT = 1.38\times10^{-23}JK^{-1}\times3000K = 414\times10^{-23}J = 4.14\times10^{-21}J \tag{1-5}$$

예를 들어, 300K일 경우 진동자 한 개가 갖는 평균 에너지는 식 1-5처럼 계산되는데, 이 말은 진동자 한 개당 평균 $4.14\times10^{-21}J$ 의 에너지를 갖는다는 이야기지, 각각의 진동자가 $4.14\times10^{-21}J$ 의 에너지를 갖고 있다는 이야기가 아니다. 각각의 진동자가 실제로 가진 에너지는 $6.50\times10^{-21}J$, $8.06\times10^{-21}J$, $0.50\times10^{-21}J$, $1.50\times10^{-21}J$일 수 있다. 이 진동자들의 평균 에너지 $\langle E\rangle$를 구해보면 식 1-6처럼 $4.14\times10^{-21}J$가 얻어진다. 즉, 진동자 하나하나의 에너지는 모두 다르지만 진동자 한 개가 가진 진동자 한 개가 가진 평균 에너지가 특정 온도 T에서 kT로 주어진다는 것이다.

$$\langle E\rangle = \frac{16.50\times10^{-21}J + 8.06\times10^{-21}J + 0.50\times10^{-21}J + 0.50\times10^{-21}J}{4} = 4.14\times10^{-21}J \tag{1-6}$$

3) 볼츠만 분포식

다음과 같이 어떤 상자 안에 여러 개의 진동자가 있다고 가정해 보자. 상자를 가열하였을 때, 진동자들은 모두 동일한 에너지를 갖지 않고 서로 다른 에너지 레벨에 서로 다른 개수로 존재하게 된다. 에너지에 따른 진동자의 개수를 대충 그려보면 아래 그림과 같은 분포를 이루게 된다. 에너지가 가장 낮은 상태에 존재하는 진동자의 개수가 가장 많으며 에너지가 높아질수록 진동자의 개수는 기하급수적으로 감소하게 된다. 흑체를 가열하게 되면 높은 에너지를 차지하고 있는 진동자의 개수가 늘어나면서 전체적인 분포가 달라진다. 볼츠만은 특정 에너지에 존재하는 진동자들의 개수 비율을 계산할 수 있는 식을 개발하였는데 그 식을 "볼츠만 분포식"이라고 하며 아래와 같다.

$$\frac{N_i}{N_j} = e^{-(E_i - E_j)/kT} \tag{1-7}$$

위 식에서 N_j 는 j라는 에너지 상태, E_j에 머물고있는 진동자의 개수를 나타내며, N_i 는 i라는 에너지 상태, E_i에 머물고있는 진동자의 개수를 나타낸다. 각 에너지 상태에 몇 개의 진동자가 존재하는지 그 절대적인 숫자를 알 수는 없지만 각 상태에 존재하는 진동자들의 개수비율은 볼츠만 분포식을 통해서 구할 수 있다.

4) 흑체복사 문제

물체의 온도가 올라가면 빛을 낸다는 사실을 우리는 경험을 통해 잘 알고 있다. 백열전구의 경우 전구 내부에 있는 필라멘트에 전류가 흐름으로서 저항열에 의해 필라멘트는 가열되고 온도가 올라가면서 빛이 나오게 된다. 또 대장장이의 경우 쇠의 모양을 다듬기 위해 가열한 뒤 망치 등으로 쳐서 원하고자 하는 모양을 만들게 되는데 가열된 쇠의 경우 빛이 나온다는 사실을 우리는 알고 있다. 만일 물체가 내는 빛을 통해서 물체의 온도를 측정할 수 있다면 매우 유용할 것이다. 용광로의 온도를 직접 접촉하여 측정해 볼 필요도 없이 용광로에서 나오는 빛을 통해 온도를 측정 할 수 있으며 먼 거리에 있는 태양의 온도도 태양으로부터 나오는 빛을 통해서 그 온도를 알아낼 수 있다. 실제로 물체에서 나오는 빛을 분석하여 그 온도를 측정하는 장비는 잘 발달되어 현재 시중에서 "파이로미터(Pyrometer)"라는 이름으로 판매되고 있다. 사실 이 Pyrometer는 병원에서도 흔히 쓰이고 있는데 병원에서 체온을 잴 때, 귀에 대고 재는 체온계가 바로 "파이로미터(Pyrometer)"이다. 위의 예에서 본 바와 같이 온도에 따라 물체에서 나오는 색을 측정하는 일은 매우 유용하다. 온도에 따라 물체에서 나오는 색을 제대로 측정하기 위해서는 물체의 온도와 색깔의 상관관계를 정확히 아는 일이 중요하다. 일찌감치 과학자들은 이러한 관계를 알아내기 위해 노력을 해 왔는데 온도에 따라 색을 관측하는 일은 생각보다 그리 간단한 문제는 아니었다. 왜냐하면 물체가 나타내는 색깔은 '온도에 따라 스스로 내는 색' 외에 '외부의 빛이 반사되어 나타나는 색' 두 가지 효과에 의해 나타나기 때문이다. 예를 들어 한 여름에 나뭇잎의 색깔이 녹색으로 보이는 이유는 온도에 따라 물체가 내는 빛과 태양빛이 나뭇잎 표면에서 반사된 빛이 합쳐져서 녹색으로 보이게 되는 것이다. 온도에 따라 물체가 내는 빛은 인간이 살고 있는 환경의 온도 에서는 적외선을 방출하기 때문에 인간의 눈에는 보이지 않게 되고 반사된 빛만이 보이게 된다. 따라서 온도에 따라 물체 자체가 내는 빛을 제대로 측정하기 위해서는 물체에서 반사되는 빛이 없도록 해야 한다. 즉, 모든 빛을 흡수만 하고 반사하지 않아야 하는데(이런 물체를 "흑체(Black body)"라 한다) 모든 빛을 전혀 반사하지 않는 완벽한 물질은 존재하지 않기 때문에 그림 1-1(a)와 같은 흑체 유사 물체를 이용하여 실험을 하게 된다.

그림 1-1(a)에 그려져 있는 물체는 속이 비어있고 바늘구멍처럼 작은 구멍만이 뚫려있는 물체인데, 거의 완벽한 흑체에 가깝다고 할 수 있다. 내부 형태를 완벽한 구형으로 만들고 표면이 매끈하여 완전 전반사가 일어난다면 구멍을 통해 빛이 여러 번의 반사를 통해 다시 나올 수 있겠지만, 완벽한 구형을 만들 수 없고 전반사가 완벽하게 일어나지 않기 때문에 구멍을 통해 한 번 들어간 빛은 거의 나올 수 없게 되므로 이러한 물체를 거의 완벽한 흑체라 부를 수 있게 된다. 과학자들은 이러한 유사 흑체를 만든 뒤에 이 흑체를 가열하면서 구멍을 통해 나오는 빛의 스펙트럼을 측정하여 보았다. (그림 1-1(b)) (스펙트럼(Spectrum)이란, 빛의 주파수 혹은 파장에 따라 나오는 빛의 세기를 나타낸 그래프이다.) 흑체에서 나오는 스펙트럼을 얻은 결과 다음과 같은 몇 가지 특징적인 사항들을 알 수 있었다. 첫째는 흑체에서 나오는 빛의 스펙트럼 모양이 "포물선" 형태라는 것이다. 즉, 단파장과 장파장 영역에서 빛의 세기는 거의 "0"에 가깝고 중간 정도 대의 파장에서 빛의 세기가 가장 세게 나온다. 둘째는 가장 큰 세기를 나타내는 파장, 즉 λ_{max}가 흑체의 온도가 올라감에 따라 점점 단파장으로 이동한다는 것이다. 구체적으로 살펴보면 흑체의 온도가 3000K일 때 최고의 세기를 나타내는 빛의 파장대는 대략 ~1.2 μm이었는데 흑체의 온도가 올라가면서 점점 단파장으로 옮겨감을 볼 수 있다. 흑체의 온도가 5000K에 도달했을 때, λ_{max}는 드디어 가시광선 영역으로 들어오기 시작해서 빨간색에 해당하는 빛을 방출하기 시작한다. 온도가 6000 K에 다다르면 흑체는 노란색에 해당하는 빛을 가장 세게 방출하게 된다. 예전 학창 시절에 배웠듯이 온도가 상대적으로 낮을 때에는 빨간색 빛을 내다가 온도가

올라감에 따라 노란빛 그리고 파란빛을 내게 되는 것이다. 또한 서로 다른 불꽃의 색깔로부터 대략적인 온도를 유추할 수 있는데 빨간색을 내는 부분은 ~5000K, 노란색을 내는 부분은 ~6000K, 파란색 불꽃을 내는 부분은 그 이상의 온도를 나타낸다는 것을 알 수 있다. 즉, 불꽃의 색깔을 통해 대략적인 온도를 예측할 수 있을 뿐만 아니라 상대적으로 어느 부분이 더 뜨거운지 알 수 있다. 위에서 언급한 두 가지 특징 외에도 흑체 복사 스펙트럼은 특정 법칙을 따르는데 "빈의 변위법칙(Wien's Displacement Law)"과 "슈테판-볼츠만의 법칙(Stefan - Boltzmann law)"이 그것에 해당한다. 흑체복사 스펙트럼에서 최고의 빛의 세기를 나타내는 파장(λ_{max})과 그 스펙트럼에 해당하는 흑체의 온도와의 곱은 항상 일정한 상수를 나타내는데 이를 "빈의 변위법칙"이라 한다. 빈의 변위법칙을 수식으로 나타내면 아래와 같다.

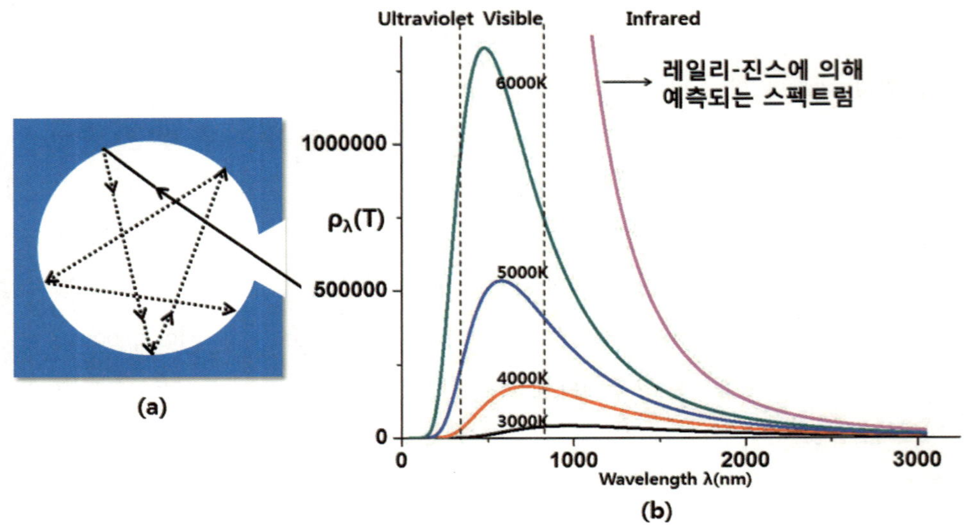

그림 1-1. (a) 가상흑체로 빛이 들어와서 나가지 못하는 모습, (b) 온도에 따라 흑체에서 나오는 빛의 스펙트럼

$$T\lambda_{\max} = \text{상수}(2.9\times10^{-3}mK) \qquad (1\text{-}7)$$

빈은 흑체복사 스펙트럼이 위와 같은 식을 항상 만족시킨다는 법칙을 찾아내긴 했지만 정작 왜 그러한 법칙이 성립하는지에 관해서는 설명하지 못하였다. "빈의 변위법칙" 외에도 "슈테판-볼츠만의 법칙(Stefan - Boltzmann law)" 등 흑체에서 나오는 스펙트럼의 특성에 관한 여러 가지 특성들이 알려져 있었는데 왜 그러한 특성들이 왜 나타나는지 당시 과학자들은 이해를 하지 못하고 있었다. 그러던 중, 흑체 복사 스펙트럼에 대해 미시적 관점에서 이해하고자 하는 시도가 "레일리(Rayleigh)와 진스(Jeans)에 의해 시도된다. 흑체에서 나오는 스펙트럼의 특성을 설명하기 위해 레일리와 진스는 다음과 같이 가정하였다. 당시 모든 물질은 음의 전하를 띤 입자(현재는 전자라고 불리는)를 포함하고 있다는 사실이 알려져 있었는데 레일리와 진스는 흑체 또한 이러한 전하를 띤 입자를 포함하고 있고(이것을 "진동자"라 불렀다.) 흑체를 가열하게 되면 이 진동자가 진동하면서 전자기파, 즉 빛을 만들어 낸다고 가정하였던 것이다. 당시에는 이미 빛이 전자기파의 일

종이라는 사실이 알려져 있었다. 그리고 전하를 띤 입자의 주기적인 진동에 의해 이러한 전자기파가 만들어질 수 있다는 사실이 이미 알려져 있었다. 레일리-진스의 가설은 흑체복사의 실험적 결과를 어느정도 정성적으로 설명해준다. 흑체복사 스펙트럼의 경우 온도가 올라갈수록 최대 세기를 나타내는 파장(위에서 λ_{max}라고 하였던)이 단파장으로 이동하는 현상이 관찰되었는데, 레일리-진스 가설에 의하면 온도가 올라갈수록 전하를 띤 진동자의 진동이 더욱 빠르게 일어나고 그로 인해 더 짧은 파장에 빛이 나온다고 설명할 수 있기 때문이다. 그러면 지금부터 레일리-진스가 흑체복사 스펙트럼을 어떻게 설명하였는지 구체적으로 따라가 보도록 하자.

레일리-진스는 흑체에서 빛이 방출되는 이유에 대해 다음과 같은 가설을 세웠다. 흑체는 전하를 가진 진동자로 구성되어 있고 온도가 올라감에 따라 각 진동자는 더 큰 주파수로 진동하게 되면서 전자기파 (빛)을 방출하게 된다. 하나의 진동자는 하나의 전자기파를 방출하며, 흑체 내부는 수많은 진동자에 의해 수많은 전자기파가 생성되어 있다. 흑체 내부의 전체 에너지, $E(T)$는 흑체 안에 생성되어 있는 전자기파의 전체 에너지이므로 다음식과 같이 전자기파 하나의 에너지와 전자기파의 개수를 곱해서 구할 수 있다.

$$E(T) = \text{전자기파 하나의 에너지} \times \text{전자기파의 갯수} \tag{1-8}$$

레일리-진스 가정에 의하면 진동자 하나가 진동하면서 전자기파 하나를 생성하기 때문에 진동자의 에너지와 생성된 전자기파의 에너지가 같다고 할 수 있고 그 결과 식 1-8은 진동자 하나의 에너지와 생성된 전자기파의 개수와의 곱으로 바꿔서 쓸 수 있다.

$$E(T) = \text{진동자 하나의 에너지} \times \text{전자기파의 갯수} \tag{1-9}$$

생성된 전자기파의 개수를 알고 있다고 가정했을 때, 진동자 각각의 에너지가 모두 동등하다면 흑체 내부의 전체 에너지는 위 식에 의해 아주 쉽게 구할 수 있다. 그러나 문제는 진동자 각각의 에너지가 모두 같지 않다는 데 있다. 특정 에너지를 가지고 있는 진동자들의 개수가 각각 다를 뿐만 아니라 이 개수 또한 온도에 따라 달라진다. 그러나 다행히도 우리는 균등 분배 원리로부터 진동자 하나의 평균 에너지는 구할 수 있다. 위에서 설명했듯이 특정 온도, T 에서 진동자 하나가 갖게 될 평균 에너지는 kT 이다. 따라서 식 1-9를 아래와 같이 쓸 수 있다.

$$\begin{aligned} E(T) &= \text{진동자 하나의 에너지} \times \text{전자기파의 갯수} \\ &= \text{진동자 하나의 평균 에너지} \times \text{전자기파의 갯수} \\ &= kT \times \text{전자기파의 갯수} \end{aligned} \tag{1-10}$$

그러면 이제 흑체 내부에 존재하는 전자기파의 개수만 구하면 흑체 내부의 전체 에너지를 구할 수 있게 된다.

흑체 내부에는 다양한 파장을 가진 전자기파가 존재하고 있을 것이다. 특정 파장 영역($\Delta\lambda$)안에 존재하는 전자기파의 개수를 ΔN이라고 하자. 파장 영역 $\Delta\lambda$를 크게 잡을수록 그 안에 존재하는 전자기파의 개수, ΔN도 증가하게 된다. 예를 들어, $\Delta\lambda$를 100 nm로 잡으면 (예를 들어, 400~300 nm) 그 영역 안에 존재하는 전자기파의 개수는 총 3개일 수 있고 이런 경우 $\Delta N = 3$이 된다. 반면에 $\Delta\lambda$를 400 nm로 좀 넓게 잡으면 (예를 들어, 700~300 nm) 그 파장 영역 안에 존재하는 전자기파의 개수는 6개로 늘어날 수 있다. (즉, $\Delta N = 6$). 즉, 파장 영역의 크기, $\Delta\lambda$와 그 영역 안에 존재하는 전자기파의 개수, ΔN은 비례한다고 할 수 있다. 파장 영역의 크기를 무한소($d\lambda$, "파장 영역의 미소크기"라고 하자)로 줄이게 되면 그 안에 존재하는 전자기파의 개수도 무한소(dN, "전자기파의 미소개수"라고 하자)로 작아지게 된다. 즉, 아래와 같은 식이 성립하게 된다.

$$dN \propto d\lambda \tag{1-11}$$

그런데 파장 영역의 크기가 같다고 하더라도 파장 영역을 어떤 파장대로 선택하느냐에 따라 그 안에 존재하는 전자기파의 개수는 달라질 수 있다. 파장 영역의 크기는 100 nm로 동일하지만 400~300 nm에서 100 nm를 선택하느냐, 500~400 nm, 혹은 600~500 nm에서 파장 영역을 선택하느냐에 따라 그 안에 존재하는 전자기파의 개수는 달라질 것이다. 예를 들어, 흑체 내부의 길이가 흑체 내부에서 생성된 전자기파의 반파장의 정수배가 되어야만 전자기파는 흑체 내부에서 살아남을 수 있다. 만일 흑체 내부의 길이가 전자기파의 반파장의 정수배가 되지 않는다면 반사되기 전의 빛과 반사된 후의 빛이 서로 상쇄되어 없어지게 된다. 따라서 흑체 내부의 길이를 1000 nm라고 가정하면 흑체 내부에서 살아남을 수 있는 빛의 파장은 1000 nm, 500 nm, 225 nm, 112.5 nm, 56.25 nm, 28.125 nm 등등이 된다. $\Delta\lambda$를 500 nm부터 300 nm로 정하면 ΔN은 2개가 된다 (500 nm, 225 nm). 그러나 $\Delta\lambda$를 225 nm부터 25 nm로 정하면 ΔN은 4개가 된다 (225 nm, 112.5 nm, 56.25 nm, 28.125 nm). 두 경우 모두 $\Delta\lambda = 200\, nm$이지만 $\Delta\lambda$를 정할 때 어떤 파장대에서 정하느냐에 따라 ΔN은 달라지는 것이다. 따라서 우리는 $\Delta\lambda$를 선택한 파장대에 따라 보정 팩터를 곱해주어야만 한다. 그 보정 팩터는 파장에 따라 달라질 것이기 때문에 $f(\lambda)$라고 하도록 하자. 예를 들어 $\Delta\lambda$를 선택하기 위한 파장을 500 nm로 정하였을 경우와 225 nm로 정하였을 경우 ΔN은 2배 차이가 난다. 그럴경우 보정 팩터는 $f(500) = 1$, $f(225) = 2$라고 할 수 있을 것이다. 여기서 1과 2는 임의로 정한 값이고 지금 설명에서 중요한 의미를 같는 값은 아니다. 2배 차이가 난다는 것을 보여주기 위해 임의로 정한 값인 것이다. ΔN은 $\Delta\lambda$와 $\Delta\lambda$를 어떤 파장에서 선택했느냐에 따라 달라지기 때문에 그 보정 팩터, $f(\lambda)$를 곱한 값에 비례하게 된다. 따라서 전자기파의 미소개수 dN은 식 1-12와 같이 주어진다.

$$dN \propto f(\lambda) \times d\lambda \tag{1-12}$$

흑체 내부에 존재하는 전자기파의 개수는 또한 흑체의 부피가 커짐에 따라 증가한다. 따라서 흑에 내부의 부피가 V이고 특정 파장 λ에서의 파장 영역의 미소 크기, $d\lambda$ (일반적으로 이 말은 다음과 같이 표현된다. "λ와 $\lambda+d\lambda$사이") 안에 존재하는 전자기파의 미소 개수, dN은 식 1-13과 같이 구해진다.

$$dN = f(\lambda) \times V \times d\lambda \tag{1-13}$$

위 식에서 dN은 부피가 V인 흑체에서 특정 파장 λ에서의 파장 영역 미소 크기, $d\lambda$ 안에 존재하는 전자기파의 개수이기 때문에 그 개수에 해당하는 에너지 역시 부피가 V인 흑체에서 특정 파장 λ에서의 파장 영역 미소 크기, $d\lambda$ 안에 존재하는 전자기파의 미소 에너지 dE가 된다.

$$dE(T, \lambda) = kT \times dN = kT \times f(\lambda) \times V \times d\lambda \tag{1-14}$$

일반적으로 흑체의 부피는 고정되어 있으므로 dE는 온도와 파장에 따라서만 달라지는 함수이고, 식 1-14를 부피로 나누어 주게 되면 식 1-14는 아래 식 1-15와 같이 된다,

$$d\epsilon(T, \lambda) = \frac{dE(T, \lambda)}{V} = kT \times f(\lambda) \times d\lambda \tag{1-15}$$

즉, $d\epsilon(T, \lambda)$이란, 부피가 V인 흑체에서 전자기파의 파장이 λ와 λ+dλ 사이에 존재하는 전자기파의 에너지 밀도를 나타낸다. 자세한 계산에 의하면 $f(\lambda)$는 아래 식과 같이 구해진다.

$$f(\lambda) = \frac{8\pi}{\lambda^4} \tag{1-16}$$

최종적인 레일리-진스의 공식은 다음과 같이 얻어진다.

$$d\epsilon(T, \lambda) = \rho(T, \lambda) d\lambda = \frac{8\pi kT}{\lambda^4} d\lambda \tag{1-17}$$

식 1-17에서 $\frac{8\pi kT}{\lambda^4}$를 상태밀도라고 하고 $\rho(T, \lambda)$로 나타내는데 이 양을 y축으로 그리고 파장을 x 축으로 놓고 그래프를 그려보면 그림 1-1(b)의 마젠타 색깔의 그래프 처럼 장파장 영역에서는 흑체복사 스펙트럼과 잘 맞는데 단파장 쪽에서는 잘 맞지 않게 된다. 레일리-진스의 이론은 흑체복사 스펙트럼의 적외선 부분만 제대로 설명하고 자외선 부분은 설명하지 못하는 완벽하지 못한 이론이었다.

이 문제를 해결하기 위해서 플랑크는 대담한 가정을 하게 되는데 그 가정은 바로 그림 1-2(a)처럼 진동자가 연속적인 에너지 분포를 가질 수 없고 그림 1-2(b)처럼 띄엄띄엄 존재하는 불연속적인 에너지 분포를 갖는다는 것이었다. 즉, 진동자가 가질 수 있는 에너지의 양자화를 최초로 주장하게 된다.

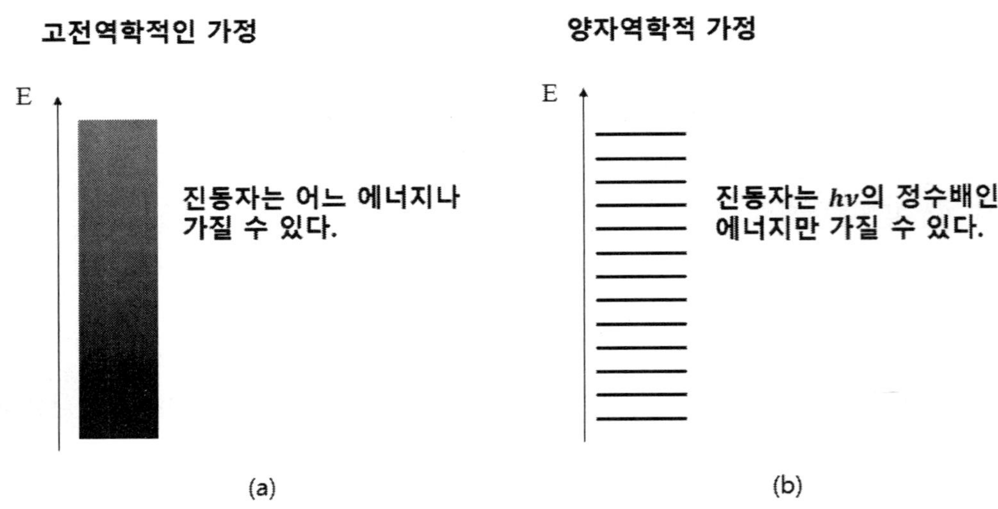

그림 1-2. (a) 진동자가 가질 수 있는 연속적인 에너지 상태, (b) 진동자가 가질 수 있는 양자화된 에너지 상태

양자역학을 배우지 않은 현시대에 모든 사람도 그렇게 생각하겠지만 당시 레일지-진스도 진동자가 가질 수 있는 에너지는 그림 1-2(a)처럼 연속적이라고 생각하였다. 즉, "진동자 하나의 평균 에너지는 kT로 주어지는데 온도에 따라 어떤 에너지든지 가질 수 있다"라고 가정 하였다. 예를 들어, 흑체의 온도가 1000 K 이라면 진동자 하나가 가지게 될 평균 에너지는,

$$\epsilon = kT = 1.3806488 \times 10^{-23} JK^{-1} \times 1000 K = 1.3806488 \times 10^{-22} J \qquad (1\text{-}18)$$

이 된다. 위 식에서 제시된 볼츠만 상수가 아주 정확한 값이고 유효숫자는 무한대라고 가정하면, 온도가 1001 K, 1000.1 K, 1000.0001 K 일 때 진동자의 평균에너지는 각각 1.38202945×10-22 J, 1.38078686×10-22 J, 1.38064894×10-22 J 이 된다. 이외에도 소수점 아래 더 미세한 에너지를 가질 수 있는데 진동자의 평균 에너지는 온도에 따라 결정되기 때문에 원리상 온도는 어떤 값이든지 가질 수 있으므로 진동자의 평균 에너지도 어떤 에너지든지 가질 수 있다고 레일리와 진스는 생각하였다. 반면에 플랑크는 진동자가 가질 수 있는 에너지는 연속적이지 않고 그림 1-2(b)처럼 불연속적이라고 가정하였다. 즉, 진동자 하나가 가질 수 있는 에너지 ϵ은 식 1-19처럼 $h\nu$의 정수배에 해당하는 에너지만 가질 수 있다고 가정하였다.

$$\epsilon = nh\nu \tag{1-19}$$

여기서 "n"은 0을 포함한 양의 정수를 나타내는 수이고, "h"는 플랑크 자신의 이름을 딴 상수로서 $6.628 \times 10^{-34} Js$의 값을 갖는다. "ν"는 진동자의 주파수를 나타낸다. 진동자가 소수점 아래로 아무리 미세한 진동수를 가지고 있다 하더라도 $h\nu$의 정수배에 해당하는 에너지만 가질 수 있으므로 에너지는 연속적이지 않고 불연속적일 수밖에 없다.

레일리-진스는 일반적으로 사람들이 예상하던 것처럼 에너지는 연속적이라고 생각했다. 따라서 에너지 간격을 아무리 확대해 나가더라도 에너지는 여전히 연속적이라고 생각을 했다. 반면 플랑크는 에너지는 불연속적이라고 생각을 했다. 따라서, 에너지 간격을 확대하다 보면 언젠가는 에너지는 불연속적으로 된다고 생각하였다. 플랑크는 그림 1-4처럼 불연속적인 진동자의 에너지는 $0, h\nu, 2h\nu, 3h\nu, \ldots$으로 주어진다고 가정하였다. 플랑크는 진동자의 에너지가 이런 식으로 주어진다고 했을 때 만일 각 에너지 상태에 해당하는 진동자의 개수가 몇 개인지를 알면 진동자 하나의 평균 에너지를 구할 수 있다고 생각하였다. 그리고 얻어진 진동자 한 개의 평균 에너지를 레일리-진스의 법칙에서 사용되었던 진동자 한 개의 평균 에너지 kT를 대신한다면 올바른 이론을 얻을 수 있다고 생각하였다. 각 에너지 레벨에 진동자가 몇 개씩 차지하고 있는지는 알 수 없지만, 다행히도 볼츠만 분포식을 이용하면 각 에너지 레벨에 존재하는 진동자의 개수비는 구할 수 있다.

진동자의 각 에너지 상태에 대해 0부터 숫자를 붙여주고 그 상태에 해당하는 에너지를 "E_0, E_1, $E_2, \ldots$"등으로 이름을 붙여주자. 그리고 그 에너지에 존재하는 진동자의 개수를 "N_0, N_1, $N_2, \ldots$"라고 하자. 가장 낮은 바닥 상태 E_0의 에너지는 0이라 하고 전체 진동자의 개수는 N이라고 하자. 그러면 전체 진동자의 개수는 아래 식과 같이 표현할 수 있다.

$$N = N_0 + N_1 + N_2 + N_3 + \ldots = \sum_{i=0}^{\infty} N_i \tag{1-20}$$

한편, 볼츠만 분포식을 이용하여 각각의 에너지 레벨에 있는 진동자의 개수를 다음과 같이 표현할 수 있다.

$$\begin{aligned} N_0 &= N_0 \\ N_1 &= N_0 e^{-(h\nu - 0)/kT} = N_0 e^{-h\nu/kT} \\ N_2 &= N_0 e^{-(2h\nu - 0)/kT} = N_0 e^{-2h\nu/kT} \\ &\vdots \\ N_i &= N_0 e^{-(ih\nu - 0)/kT} = N_0 e^{-ih\nu/kT} \end{aligned} \tag{1-21}$$

식 1-20의 $N_1, N_2, \ldots$를 방금 위에서 구한 N0에 관련된 항으로 치환하면 진동자의 전체 개수는 아래 식과 같이 표현된다.

$$N = N_0 + N_1 + N_2 + \ldots. \\ = N_0 + N_0 e^{-h\nu/kT} + N_0 e^{-2h\nu/kT} + \ldots. \\ = N_0 \sum_{i=0}^{\infty} e^{-ih\nu/kT} \quad (1\text{-}22)$$

이번에는 진동자의 전체 에너지를 구해보자. 각각의 에너지 레벨의 에너지는 $0, h\nu, 2h\nu, 3h\nu, \ldots$이고 각각의 에너지 레벨에 존재하는 진동자의 개수는 N_0, $N_0 e^{-h\nu/kT}$, $N_0 e^{-2h\nu/kT}$.... 등으로 주어지므로 각 에너지 레벨에 존재하는 진동자의 전체 에너지는 "진동자가 놓여 있는 상태의 에너지 $(0, h\nu, 2h\nu, 3h\nu, \ldots)$"×"그 에너지 상태에 놓여 있는 진동자의 개수 N_0, $N_0 e^{-h\nu/kT}$, $N_0 e^{-2h\nu/kT}$.... 등)"로 구할 수 있다. 예를 들어, 0번 에너지 상태에 존재하는 진동자들의 총에너지 E_0는,

$$E_0 = 0 \times N_0 = 0 \quad (1\text{-}23)$$

1번 에너지 상태에 존재하는 진동자들의 총에너지E_1은,

$$E_1 = h\nu \times N_0 e^{-h\nu/kT} = h\nu N_0 e^{-h\nu/kT} \quad (1\text{-}24)$$

2번 에너지 상태에 존재하는 진동자들의 총에너지E_2는,

$$E_2 = 2h\nu \times N_0 e^{-2h\nu/kT} = 2h\nu N_0 e^{-2h\nu/kT} \quad (1\text{-}25)$$

흑체 내부의 전체 에너지E_T는 이 모든 진동자의 에너지를 더한 것이므로 아래 식과 같이 표현될 수 있다.

$$E_T = E_0 + E_1 + E_{2\ldots} = \sum_{i=0}^{\infty} E_i \\ = 0 + h\nu N_0 e^{-h\nu/kT} + 2h\nu N_0 e^{-2h\nu/kT} + \ldots. = N_0 \sum_{i=0}^{\infty} ih\nu e^{-ih\nu/kT} \quad (1\text{-}26)$$

진동자 하나의 평균 에너지는 전체 에너지E_T를 진동자들의 전체 개수, N으로 나누어 준 것이다. 따라서

$$\text{진동자 하나의 평균 에너지} = \frac{E_T}{N} = \frac{N_0 h\nu \sum_{i=0}^{\infty} i e^{-ih\nu/kT}}{N_0 \sum_{i=0}^{\infty} e^{-ih\nu/kT}} = \frac{h\nu \sum_{i=0}^{\infty} i e^{-ih\nu/kT}}{\sum_{i=0}^{\infty} e^{-ih\nu/kT}} \quad (1\text{-}27)$$

이 된다. 식 1-27을 간단하게 표현하기 위해서 $e^{-h\nu/kT}$항을 "x"로 치환하자. $e^{-ih\nu/kT} = \left(e^{-h\nu/kT}\right)^i = x^i$ 이므로 진동자 하나의 평균 에너지는 아래 식 1-28과 같이 된다.

$$\text{진동자 하나의 평균 에너지} = \frac{h\nu \sum_{i=0}^{\infty} i x^i}{\sum_{i=0}^{\infty} x^i} = h\nu \frac{x + 2x^2 + 3x^3 + \ldots}{1 + x + x^2 + \ldots} = h\nu \frac{x(1 + 2x + 3x^2 + \ldots)}{1 + x + x^2 + \ldots} \quad (1\text{-}28)$$

x 가 1보다 작을 때 다음과 같은 무한수열은 식 1-29, 1-30처럼 닫힌 형태로 간단하게 표현될 수 있다.

$$1 + x + x^2 + x^3 + \ldots = \frac{1}{1-x} \quad (1\text{-}29)$$

$$1 + 2x + 3x^2 + \ldots = \frac{1}{(1-x)^2} \quad (1\text{-}30)$$

x로 치환했던 $e^{-h\nu/kT} = \frac{1}{e^{h\nu/kT}}$인데 $\frac{h\nu}{kT}$는 항상 0보다 크기 때문에 $e^{h\nu/kT}$는 항상 1보다 크다. 따라서 $e^{-h\nu/kT}$는 항상 1보다 작다. 식 1-29, 30을 이용하여 진동자 하나의 평균 에너지를 간단하게 표현하면 다음과 같다.

$$\text{진동자 하나의 평균 에너지} = h\nu x \frac{\frac{1}{(1-x)^2}}{\frac{1}{1-x}} = h\nu x \frac{1-x}{(1-x)^2} = h\nu \frac{x}{1-x} \quad (1\text{-}31)$$

$$= h\nu \frac{e^{-h\nu/kT}}{1 - e^{-h\nu/kT}} = \frac{h\nu}{\frac{1}{e^{-h\nu/kT}} - 1} = \frac{h\nu}{e^{h\nu/kT} - 1}$$

진동자가 만들어 내는 빛의 주파수가 진동자의 주파수와 같다면 아래 관계식을 이용해서 ν를 파장과 빛의 속도로 치환할 수 있다.

$$c = \frac{\lambda}{T} = \lambda\nu \quad (1\text{-}31)$$

$$\text{따라서 } \nu = \frac{c}{\lambda}$$

$$\text{진동자 하나의 평균 에너지} = \frac{h\nu}{e^{h\nu/kT} - 1} = \frac{hc}{\lambda\left(e^{hc/\lambda kT} - 1\right)} \quad (1\text{-}32)$$

자, 이제 이렇게 구한 진동자 하나의 평균 에너지를 레일리-진스가 자신들의 공식에서 진동자 하나의 평균 에너지로 사용했던 kT 대신 대입해보자. 레일리-진스의 공식은 다음과 같다.

$$d\epsilon(T, \lambda) = \rho(T, \lambda)d\lambda = \frac{8\pi kT}{\lambda^4}d\lambda \tag{1-33}$$

위 공식에서 진동자 하나의 평균 에너지는 kT로 표현되었다. 이 kT를 $\dfrac{hc}{\lambda(e^{hc/\lambda kT}-1)}$으로 치환하자. 치환하면

$$d\epsilon(T, \lambda) = \rho(T, \lambda)d\lambda = \frac{8\pi hc}{\lambda^5(e^{hc/\lambda kT}-1)}d\lambda \tag{1-34}$$

가 된다. 이 식을 플랑크의 복사법칙이라고 한다. 레일리-진스 법칙으로 예상되는 흑체복사 스펙트럼은 자외선 영역에서 실험 결과와 일치하지 않았지만, 플랑크 법칙은 전체 파장 영역에서 실험 결과와 아주 잘 일치한다. 플랑크는 그동안 상식으로 여겨져 왔던 (심지어는 현시대를 살아가고 있는 양자이론을 모르는 대부분 사람이 그러하듯이) 에너지의 연속성 개념을 송두리째 바꿔 놓았다. 사실 에너지가 불연속적으로 띄엄띄엄 존재한다는 사실은 (이것을 조금 전문적으로 얘기하면 "에너지가 양자화 되어 있다는 사실은") 이 글을 쓰고 있는 본인이 생각해도 상식과는 맞지 않는다. 우리의 상식이야 어찌 되었든 플랑크 법칙은 실험 결과를 멋지게 설명하였고 따라서 우리는 플랑크의 "에너지 양자화" 가설 (당시로서는 가설)을 받아들일 수밖에 없다. 사실 우리의 상식이라는 것은 우리의 경험으로부터 만들어졌을 가능성이 크고 우리의 경험이 유한하므로 상식과 맞지 않는다고 해서 인정하지 않을 수는 없다. 자연이 어찌 우리의 상식대로 움직이겠는가?

레일리-진스의 법칙과 플랑크 법칙을 비교해 보면 레일리-진스의 법칙과는 달리 플랑크 법칙이 단파장 영역에서 잘 들어맞을 수밖에 없는 이유를 찾을 수 있다. 플랑크 법칙에서 상태밀도, $\rho(T, \lambda)$는 식 1-35처럼 표현되어 있다.

$$\rho(T, \lambda) = \frac{8\pi hc}{\lambda^5(e^{hc/\lambda kT}-1)} \tag{1-35}$$

파장이라는 변수가 분모에 λ^5의 항으로 들어가 있고 e의 지수의 분모로도 들어가 있다. 파장이 짧아질수록 λ^5 항은 "0"에 가까워지므로 λ^5항만 고려한다면 $\rho(T, \lambda)$값은 레일리-진스의 결과처럼 무한대로 증가해야 할 것이다. 그러나 플랑크 법칙에서는 파장이 분모에만 λ^5의 항으로 들어가 있는 것이 아니라 e의 지수의 분모로도 들어가 있으므로 $\rho(T, \lambda)$값이 무한대로 증가하지 않게 된다. 파장이 짧아질수록 λ^5의 항은 "0"으로 접근하지만 $(e^{hc/\lambda kT}-1)$의 항은 무한대로 증가하게 된다. 아래 그림은 파장에 따른 두 항의 값이 어떻게 달

라지는지 대략 비교해 놓은 그림이다.

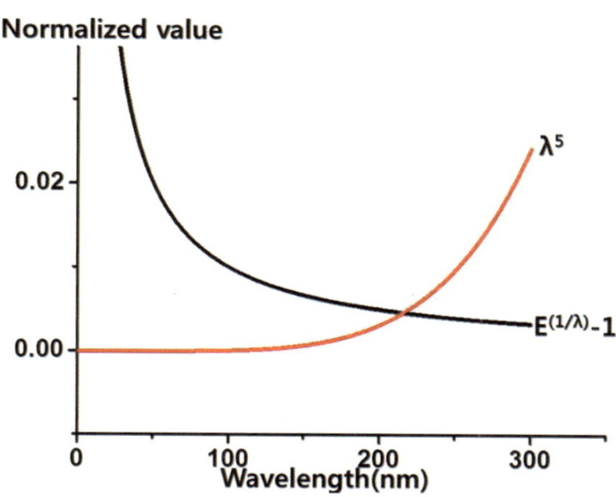

그림 1-3. 파장이 짧아지면 상태밀도의 분모 값은 λ^5항에 의해서는 감소하지만 $(e^{hc/\lambda kT}-1)$항에 의해서는 증가한다.

위 그래프를 보면 파장이 짧아질수록 λ^5항이 감소하는 경향보다 $(e^{hc/\lambda kT}-1)$이 증가하는 경향이 훨씬 크다는 사실을 알 수 있다. 즉, 파장이 짧아질수록 λ^5의 감소에 따른 $\rho(T,\lambda)$의 증가보다 $(e^{hc/\lambda kT}-1)$증가에 따른 $\rho(T,\lambda)$의 감소가 더 크게 작용하고 결론적으로는 파장이 짧아질수록 $\rho(T,\lambda)$값은 실험 결과처럼 "0"으로 접근하게 되는 것이다. 그렇다면 파장이 길어질 때는 플랑크의 공식이 어떻게 되는지 한 번 보도록 하자. 파장이 길어지면 e의 지수 항, $hc/\lambda kT$은 1보다 많이 작아지게 된다. 그럴 경우 우리는 $e^{hc/\lambda kT}$항을 아래에 나와 있는 공식을 이용하여 다르게 쓸 수 있다. e의 지수 x가 1보다 작을 때 e^x는 아래와 같은 수열로 쓰여질 수 있다.

$$e^x = 1 + x + \frac{x^2}{2!} + \frac{x^3}{3!} + \ldots \qquad \text{if } x \lll 1 \tag{1-36}$$

$hc/\lambda kT \lll 1$이므로 위 공식을 사용하여 $e^{hc/\lambda kT}$항을 수열로 전환할 수 있다. 전환해보면 아래와 같은 식이 된다.

$$e^{hc/\lambda kT} - 1 = \left(1 + \frac{hc}{\lambda kT} + \frac{(hc)^2}{2(\lambda kT)^2} + \ldots\right) - 1 = \frac{hc}{\lambda kT} + \frac{(hc)^2}{2(\lambda kT)^2} + \ldots \tag{1-37}$$

그런데 $hc/\lambda kT \lll 1$이므로 이 값을 제곱한 값은 무시해도 될 만큼 작다고 할 수 있다. $hc/\lambda kT = 0.000001$

이라면 $(hc/\lambda kT)^2 = 0.000000000001$이 된다. 즉 $hc/\lambda kT \ll (hc/\lambda kT)^2$라 할 수 있고 $(hc/\lambda kT)^2$은 우리가 무시해도 될 것이다. 따라서 파장이 길어질 경우 $e^{hc/\lambda kT}-1$의 값은 $hc/\lambda kT$가 된다.

$$e^{hc/\lambda kT}-1=\left(1+\frac{hc}{\lambda kT}+\frac{(hc)^2}{2(\lambda kT)^2}+\ldots\right)-1=\frac{hc}{\lambda kT}+\frac{(hc)^2}{2(\lambda kT)^2}+\ldots\approx\frac{hc}{\lambda kT} \quad (1\text{-}38)$$

이 근사값을 원래 식에 대입하면 결론적으로 레일리-진스의 공식과 같아진다는 사실을 확인할 수 있다.

$$\rho(T,\lambda)=\frac{8\pi hc}{\lambda^5(e^{hc/\lambda kT}-1)}=\frac{8\pi hc}{\lambda^5\frac{hc}{\lambda kT}}=\frac{8\pi hckT}{\lambda^4 hc}=\frac{8\pi kT}{\lambda^4} \quad (1\text{-}39)$$

위에서 살펴 본 바와 같이 파장이 길어질 경우 플랑크의 공식은 레일리-진스의 공식과 동일해진다. 여기서 아마도 대부분의 사람들은 "플랑크의 공식이 레일리-진스의 공식과 같아진다는 사실을 왜 굳이 계산을 해 가면서 밝혀야 하지?"라는 의구심을 품을 수 있다. 여기에는 일반인들이 생각하지 못하고 있을 수 있는 이유가 하나 있다. 여기에 동일한 실험결과를 설명하는 서로 달라 보이는 여러 개의 이론이 있다고 가정해보자. 위에서 우리가 공부했던 내용을 예로 들자면 실험으로부터 얻은 흑체복사 스펙트럼은 실험결과이고 이것을 이론적으로 설명하기 위한 두 가지 이론, 레일리-진스의 법칙과 플랑크의 법칙이 있다고 생각하면 된다. 레일리-진스의 법칙은 장파장 영역에서는 잘 들어맞았지만 단파장 영역에서 맞지 않았다. 플랑크의 법칙은 전파장 영역에서 잘 들어맞는다. 여기서 일반인들은 흔히 "레일리-진스의 법칙은 틀리고 플랑크의 법칙은 맞는다"라고 생각할 수 있는데 사실 그렇지는 않다. 굳이 정확히 얘기하자면 레일리-진스의 법칙은 틀린 것이 아니라 부분적으로 맞는다, 혹은 불완전하다고 해야 할 것이다. 일반적으로 새로운 이론이 나왔을 때 기존 이론을 부정하고 완전히 새로운 것만이 옳다고 생각할 수 있는데 적어도 물리학에서는 그렇지는 않다. 새로 나온 이론은 그전에 옳다고 여겨졌던 이론을 포함해야만 한다. 왜 그래야 하냐면 이전 이론도 틀린 것이 아니기 때문이다. 새로운 이론이 등장하였을 때, 이전에 받아들여졌던 이론을 포함할 수 있느냐는 새로운 이론이 옳다는 것을 증명하는 방법 중 하나이다. 위에서 우리가 증명했듯이 파장이 길어질 겨우 플랑크의 공식이 레일리-진스의 공식과 같아진다는 것은 플랑크의 공식이 옳다는 것을 증명하는 하나의 방식인 것이다. 그렇다면 플랑크의 공식으로부터 빈의 변위법칙도 유도할 수 있을까? 위 보충설명에서 언급했듯이 플랑크의 공식이 옳다면 빈의 변위법칙도 유도할 수 있어야 한다. 빌헬름 빈은 흑체복사가 아래와 같은 실험식을 만족시킨다는 사실을 알아냈고 빌헬름 빈이 그 공식을 찾아냈기 때문에 그 공식을 "빈의 변위 법칙"이라고 한다. 흑체의 온도가 증가함에 따라서 최대 세기를 나타내는 빛의 파장(λ_{max})은 점점 단파장으로 이동하게 되는데 빈의 변위법칙은 이 두 크기의 변화가 아래와 같은 식을 만족시키며 변한다는 것이다.

$$T\lambda_{max}=2.9\times10^{-3}\,mK \quad (1\text{-}40)$$

그럼 지금부터 플랑크의 공식으로부터 빈의 변위법칙을 유도해 보도록 하자. 먼저 유도하는 과정을 대략 설명하면 다음과 같다. 빛의 세기가 최대가 되는 지점에서는 흑체복사 스펙트럼 그래프의 기울기가 "0"이 되므로 플랑크의 공식을 미분한 함수는 반드시 "0"이 되어야만 한다. 플랑크의 공식을 미분해서 "0"이 되어야만 하는 조건을 찾다 보면 빈의 변위법칙에 도달하게 된다. 즉, 최대 세기를 나타내는 파장에서는 식 1-41을 λ로 미분한 값이 "0"이 되어야 한다.

$$\rho(T, \lambda)= \frac{8\pi hc}{\lambda^5(e^{hc/\lambda kT}-1)} \tag{1-41}$$

식 1-41을 λ로 미분하면

$$\frac{d\rho(T, \lambda)}{d\lambda}= \frac{d}{d\lambda}\left(\frac{8\pi hc}{\lambda^5(e^{hc/\lambda kT}-1)}\right)= 0 \tag{1-42}$$

이 된다. 식 1-42에서 $8\pi hc$는 상수이므로 앞으로 꺼낼 수 있다.

$$\begin{aligned}\frac{d\rho(T, \lambda)}{d\lambda}&= 8\pi hc\frac{d}{d\lambda}\left(\frac{1}{\lambda^5(e^{hc/\lambda kT}-1)}\right) \\ &= 8\pi hc\left[-5\frac{1}{\lambda^6(e^{hc/\lambda kT}-1)}+\frac{1}{\lambda^5}\left\{\frac{d}{d\lambda}\left(\frac{1}{e^{hc/\lambda kT}-1}\right)\right\}\right]\end{aligned} \tag{1-43}$$

식 1-43의 $\frac{1}{e^{hc/\lambda kT}-1}= y$로 치환하고, $e^{hc/\lambda kT}= u$로 치환하면

$$\frac{d}{d\lambda}\left(\frac{1}{e^{hc/\lambda kT}-1}\right)= \frac{dy}{d\lambda}= \frac{dy}{du}\frac{du}{d\lambda} \tag{1-44}$$

이 된다. $\frac{dy}{du}$와 $\frac{du}{d\lambda}$를 나누어서 계산하자. 먼저 $\frac{dy}{du}$는

$$\frac{dy}{du}= \frac{d}{du}\left(\frac{1}{u}\right)= (-1)\frac{1}{u^2}= (-1)\frac{1}{(e^{hc/\lambda kT}-1)^2} \tag{1-45}$$

가 되고, $\frac{du}{d\lambda}$는

$$\frac{du}{d\lambda}=\frac{d}{d\lambda}(e^{hc/\lambda kT}-1)=\left(\frac{hc}{kT}\right)(-1)\left(\frac{1}{\lambda^2}\right)e^{hc/\lambda kT} \tag{1-46}$$

이 된다. 이제 $\frac{dy}{du}$와 $\frac{du}{d\lambda}$를 서로 곱하면,

$$\frac{d}{d\lambda}\left(\frac{1}{e^{hc/\lambda kT}-1}\right)=\frac{dy}{d\lambda}=\frac{dy}{du}\frac{du}{d\lambda}=(-1)\frac{1}{(e^{hc/\lambda kT}-1)^2}\left(\frac{hc}{kT}\right)(-1)\left(\frac{1}{\lambda^2}\right)e^{hc/\lambda kT} \tag{1-47}$$
$$=\frac{hc}{\lambda^2}\frac{1}{kT}\left\{\frac{e^{hc/\lambda kT}}{(e^{hc/\lambda kT}-1)^2}\right\}$$

이 되고 최종적으로 구한 $\frac{d}{d\lambda}\left(\frac{1}{e^{hc/\lambda kT}-1}\right)$을 1-43식에 다시 대입하면,

$$\frac{d\rho(T,\lambda)}{d\lambda}=8\pi hc\left[-5\frac{1}{\lambda^6(e^{hc/\lambda kT}-1)}+\frac{1}{\lambda^5}\left\{\frac{hc}{\lambda^2}\frac{1}{kT}\frac{e^{hc/\lambda kT}}{(e^{hc/\lambda kT}-1)^2}\right\}\right]=0 \tag{1-48}$$

$$\Leftrightarrow 8\pi hc\frac{1}{\lambda^6}\frac{1}{(e^{hc/\lambda kT}-1)}\left[-5+\frac{hc}{\lambda kT}\frac{e^{hc/\lambda kT}}{(e^{hc/\lambda kT}-1)}\right]=0 \tag{1-49}$$

가 된다. 위 식이 성립하기 위해서는 괄호안의 값이 "0"이 되어야 한다. 왜냐하면 $\frac{1}{\lambda^6}$와 은 $\frac{1}{(e^{hc/\lambda kT}-1)}$은 "0"이 될 수 없기 때문이다. (파장이 아무리 커져도 0으로 수렴할 뿐 0이 되지는 않는다). 따라서 위 식이 "0"이 되기 위해서는 괄호 안이 "0"이 되는 수밖에 없다. 즉,

$$\left[-5+\frac{hc}{\lambda kT}\frac{e^{hc/\lambda kT}}{(e^{hc/\lambda kT}-1)}\right]=0 \tag{1-48}$$

이어야만 한다. $\frac{hc}{\lambda kT}=x$로 치환하면

$$-5+\frac{xe^x}{(e^x-1)}=0 \tag{1-49}$$

식이 얻어진다. 위 식을 만족시키는 x값을 아래 그래프와 같이 수치 해석법으로 찾으면 (수치해석법으로 찾는다는 얘기는 컴퓨터를 이용해서 x에 1부터 10까지 대입해서 위 함수의 값이 "0"이 되는 x를 찾는다는 얘기다) $x=4.965114...$가 얻어진다.

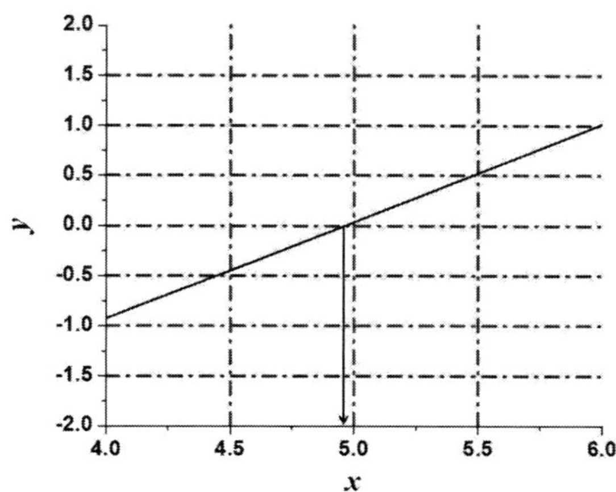

그림 1-4. 식 1-49의 x에 1~10을 대입해서 그린 그래프. $x = 4.965114...$에서 1-49식은 0이 된다.

즉, $\frac{hc}{\lambda kT}$=4.965114...라는 얘기이다. 좌변에 λT를 남기고 모두 우변으로 넘기면

$$\lambda T = \frac{hc}{k \times 4.965114...} \tag{1-50}$$

가 되고 우변의 값을 계산해 보면 2.9×10-3 mK의 값이 얻어진다. 즉, 플랑크의 공식에서 온도에 따라 빛의 세기가 최대인 파장은

$$\lambda_{\max} = \frac{2.9 \times 10^{-3} mK}{T} \tag{1-51}$$

가 됨을 알 수 있고 이 공식이 바로 빌헬름 빈이 얻은 공식이다.

이로써 플랑크의 법칙은 옳다는 것이 증명된 셈인데 많은 과학자는 여전히 플랑크의 가정에 대해 의구심을 품지 않을 수 없었다. 그전까지만 해도 "에너지는 연속적이다."라는 생각을 하고 있었는데 갑자기 플랑크는 진동자의 에너지가 불연속적이라고 가정을 하고 문제를 풀었으니 결론 자체야 모든 것을 잘 설명하기 때문에 믿어야 하겠지만 여전히 "에너지의 양자화"에 대해서는 의구심을 가지지 않을 수 없었다. 사실 강단에서 이러한 내용을 가르치다 보면 현시대를 살아가고 있는 요즘 젊은이들조차도 잘 받아들이지 못하는 경향이 있다. 현시대에도 그러니 지금으로부터 100여 년 전 과학자들에게는 오죽했으랴? 당시 과학자들이 플랑크의 "에너지 양자화" 개념을 쉽게 인정할 수 없었을 거라고 충분히 이해되고도 남는다.

그 후 5년 뒤 학계에 이런 분위기를 반전시키는 또 하나의 사건이 일어난다. 그리고 그 사건으로 인해서 과학자들은 더 이상 "양자화"의 개념을 받아들이지 않을 수 없게 되는데 양자화 개념 확립에 공헌을 한 이 과학자는 바로 그 유명한 "아인슈타인"이다. 당시 특허 사무국에 사무관으로 일하던 젊은 아인슈타인은 플랑크

가 도입했던 에너지 양자화 개념을 빛에 적용하여 그동안 연속적인 파동의 개념을 인식되었던 빛의 입자의 성질을 다시 부여하여 그동안 미지의 숙제로 남겨졌던 광전효과의 수수께끼를 풀게 된다. 자, 그럼 2장에서 광전효과에 관한 얘기로 넘어가 보도록 하자.

2. 광전효과

광전효과란, 금속에 빛을 쬐어주었을 때 전자가 튀어나오는 현상으로서 1887년 헤르츠에 의해 처음 발견되었다. 당시 광전효과가 일어나는 원인에 대해서는 대략 다음과 같이 생각을 하고 있었다. 전자는 금속에 일정 에너지로 붙잡혀 있는 상태인데 외부에서 전자기파 (빛)을 쬐어주게 되면, 전자기파의 에너지로 인해 전자는 금속으로부터 탈출하게 된다. 즉, 전자가 금속으로부터 탈출하기 위해서는 붙잡혀 있는 에너지를 끊을만한 에너지를 외부로부터 공급받아야 하는데 쬐어준 빛의 에너지가 바로 그 역할을 한다는 것이었다. 꽤 그럴싸한 시나리오라고 생각되는데 문제는 몇 가지 실험 결과가 이러한 시나리오랑 맞지 않는다는 것이다. 아인슈타인이 이러한 문제점을 해결하게 되는데 그는 그동안 파동으로 받아들여지고 있던 빛에 입자로서의 성질을 부여함으로써 이러한 문제점을 해결하였다. 아래에서 어떤 실험 결과들이 예상과는 맞지 않았는지 그리고 아인슈타인은 이러한 문제를 어떻게 해결했는지 자세히 살펴보도록 하자. 광전효과에 관한 관찰 결과와 아인슈타인의 빛양자 가설에 관한 설명에 앞서 당시 빛의 파동설이 얼마나 지배적이었는지 빛에 관한 이야기를 잠깐 한 뒤에 광전효과에 관한 이야기로 넘어가도록 하자.

1) 파동으로서의 빛

1장에서 우리는 빛의 파장이 음파의 파장에 비해 작으므로 음파가 회절을 일으킬 만한 크기의 장애물에 의해 빛은 회절 되지 않는다고 배웠다. 그렇다면 만일 어떤 물체의 크기가 빛이 회절을 일으킬 정도로 작다면 빛에서도 회절 현상이 일어날까? 물론 일어난다. 토마스 영은 그림 2-1처럼 아주 작은 담벼락 역할을 할 수 있는 작은 슬릿 두 개를 만들어 (이중 슬릿) 빛이 회절 된다는 사실을 밝힌 바 있다.

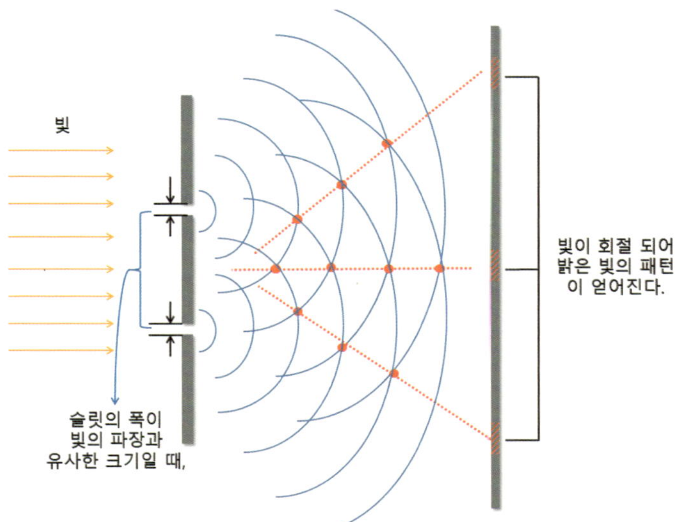

그림 2-1. 이중 슬릿을 통과한 빛의 회절을 나타낸 그림

위 그림에서 본 바와 같이 이중 슬릿의 크기가 빛의 파장과 유사한 크기일 때, 각 슬릿에서 빛은 회절되어 두 개의 슬릿을 통해 나온 빛은 서로 간섭(interference)을 일으키게 된다. (간섭이라는 말이 어려우면 두 개의 파동이 서로 겹쳐진다고 이해해도 된다) 두 개의 파동이 서로 간섭을 일으킬 때 (겹쳐질 때) 두 가지 방식으로 간섭이 일어날 수 있다. 하나는 보강간섭으로서 두 개의 상이 서로 일치하는 것이다. 즉, 마루와 마루, 골과 골이 서로 일치하는 것이다. 이와 같이 보강간섭이 일어날 경우 두 개의 상이 서로 겹쳐져서 더욱 진폭이 커지게 된다. 반면 서로의 상이 반대인 상태로 겹쳐질 수 있는데 이러한 간섭(겹침)을 상쇄간섭이라 한다. 보강간섭과는 반대로 상쇄간섭에서는 마루는 골과, 골은 마루와 겹쳐지기 때문에 서로 진폭이 상쇄되어 파동이 사라지거나 약해진다. 두 개의 슬릿을 통해 나온 빛이 파동이라면 보강간섭과 상쇄간섭이 규칙적으로 일어나 빛의 세기가 강해졌다, 약해졌다, 강해졌다, 약해졌다 하는 주기적인 패턴이 나타나는데 (이러한 패턴을 "간섭패턴"이라 한다) 빛의 경우에도 이러한 간섭패턴이 얻어졌던 것이다. 따라서 빛은 파동의 성질을 가지고 있음이 실험적으로 밝혀지게 되었다. 그러나 파동설의 경우 치명적인 약점을 하나 갖고 있는데, 파동의 경우 파동이 전파되기 위해서는 항상 매질이 존재해야만 한다는 것이다. 빛은 우주공간(진공), 대기, 물속, 어디서나 전파가 되기 때문에 어느 공간에나 존재하는 어떤 매질이 존재해야 하는데 그 매질에 대해 알려진 바가 없다는 것이다. 예로부터 과학자들은 빛을 전파시키는 매질로서 "에테르"라는 가상의 물질이 존재할 것이라고 예상하곤 했었다. 과학자들은 그 가상의 물질을 찾아내려고 많은 노력을 기울였으나 그러한 가상의 물질이 실제로 존재한다는 실마리를 찾아내지 못한 상황이었다. 결론적으로 입자설, 그리고 파동설 둘 다 그럴듯한 이론이면서도 치명적인 약점을 하나씩 가지고 있었는데 그러던 중 파동설이 입지를 굳히게 되는 일련의 사건들이 일어나게 된다. 그중 하나가 19세기(1862년) 빛의 속도를 측정하기 위한 푸코의 실험 결과이다.

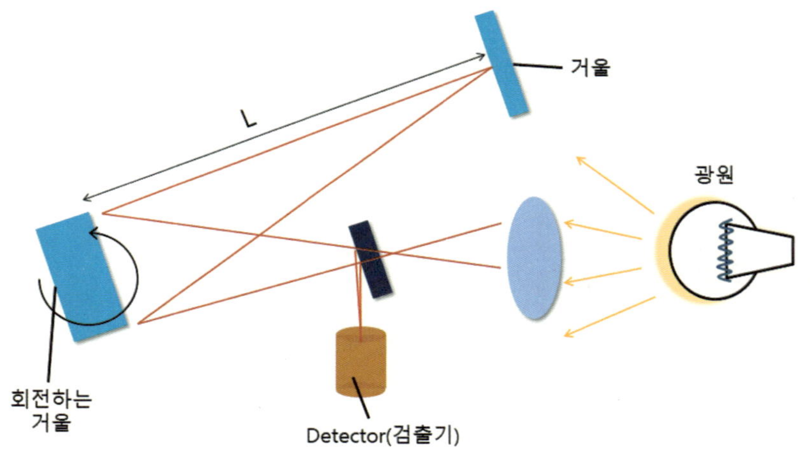

그림 2-2. 푸코의 빛의 속도 측정 실험

예전부터 빛의 속도는 유한하다고 여러 가지 실험 결과를 토대로 알려져 있었고 정확한 빛의 속도를 측정하기 위한 많은 시도가 있었다. 푸코는 빛의 속도를 측정하기 위한 상당히 정교한 실험 장치를 고안하였는데 그 측정 원리는 대략 아래와 같다. 푸코는 그림 2-2와 같이 빛이 회전하는 거울에 의해 반사가 되도록 장치를 꾸미도록 하자. 위 그림의 왼쪽 그림처럼 거울의 회전속도가 느리다면 즉, 거울의 회전속도가 너무 느려서 빛이 "L"이라는 거리를 왕복하는데 걸리는 시간에 거울이 거의 회전을 하지 않았다면 빛은 검출기에서 거의 같은 위치에서 측정이 될 것이다. 그러나 거울의 회전속도가 점점 빨라져서 빛이 "L"을 왕복하는데 걸리는 시간과 거의 비슷해지면 검출기에서 측정된 빛의 위치는 변하게 된다. 만일 검출기에서 측정된 빛의 위치가 얼마나 변했는지 측정할 수 있다면 거울이 몇 도가 돌아갔는지 계산할 수 있게 된다. 거울이 특정 각도만큼 돌아갈 때 걸린 시간을 거울이 돌고 있는 속도로부터 계산할 수 있다. 거울이 특정 각도만큼 도는데 걸린 시간이 빛이 L의 거리를 왕복하는데 걸린 시간이므로 그 시간을 L의 왕복 거리로 나누어주어 빛의 속도를 구할 수 있게 된다. 예를 들어, 검출기에서 이동한 빛의 거리로부터 거울이 얼마나 회전했는지 계산할 수 있는데 만일 회전 각도가 1°로 계산되었고 거울은 초당 36000° (초당 100바퀴)를 회전하도록 되어 있다면 1° 회전 하는데 걸린 시간은 아래와 같은 비례식으로 구할 수 있다.

$$1\,\mathrm{sec} : 36000^\circ = x\,\mathrm{sec} : 1^\circ \tag{2-1}$$

식 2-1로부터 거울이 1° 돌아가는 데 걸린 시간을 계산하면 $2.78\times10^{-5}\,\mathrm{sec}$가 나온다. 즉, 빛이 "$L$"이라는 거리를 왕복하는데 $2.78\times10^{-5}\,\mathrm{sec}$의 시간이 걸렸다는 얘기이다. 만일 "$L$"이 4000 m라면 빛의 속도는,

$$\frac{2\times4000\,m}{2.78\times10^{-5}\,s} = 2.88\times10^{8}\,m/s \tag{2-2}$$

이 된다. 푸코는 공기 중에서 그리고 물속에서 빛의 속도를 측정하였다. 당시 입자설을 주장하는 사람들은 물속에서 빛의 속도가 공기 중에서 빛의 속도보다 더 빠를 것이라고 예상하였기 때문에 이 실험을 통해 입자설과 파동설 어떤 이론이 더 맞는 이론인지 이 실험을 통해 확인할 수 있었다. 당시 푸코가 측정한 빛의 속도는 입자설을 주장했던 사람들이 예상했던 것과는 반대로 공기 중에서의 빛의 속도가 물속에서의 빛의 속도보다 더 빨랐는데, 이러한 실험 결과를 통해 빛의 파동설은 더욱 지지받게 되었다. 이러한 일련의 결과 이후 과학계에서는 "빛은 입자가 아니라 파동이다."라는 설이 점점 인정받게 되었다. 그러던 중, 1865년에 "빛은 파동이다."라는 설에 쐐기를 박는 사건이 일어나게 되는데 그 주인공은 바로 '제임스 맥스웰(James Maxwell)'이다. 당시에는 전기장과 자기장에 대한 여러 가지 실험법칙들이 알려져 있었는데 당시 알려져 있던 실험법칙을 4가지로 분류하면 다음과 같다. ① 전기장에 대한 가우스 법칙, ② 자기장에 대한 가우스 법칙, ③ 암페어의 법칙, ④ 패러데이의 법칙. 이 4가지 법칙은 서로 관련이 없는 독립적인 법칙이라고 알려져 있었는데 맥스웰은 위 4가지 법칙을 잘 이용하면 전기장과 자기장이 서로 맞물려서 진동하며 진행하는 전자

기파의 파동방정식을 구할 수 있다는 사실을 발견하였다.

2) 전자기파로서의 빛

파동방정식에 관한 이야기를 하기에 앞서 파동을 수식으로 표현해보자. 그림 2-3(a)처럼 x축 상에서 아래와 같이 오른쪽으로 이동하고 있는 파동이 있다고 하자.

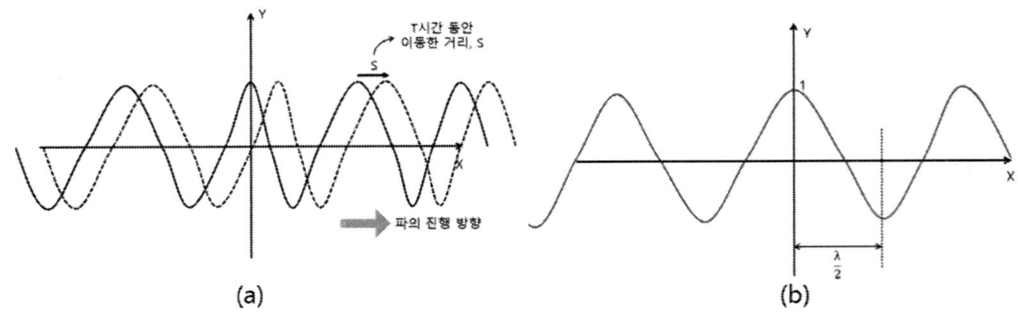

그림 2-3. (a) 오른쪽으로 움직이고 있는 파동,
(b) 움직이고 있는 파동의 모습을 순간적으로 촬영했을 때 찍힐 것으로 예상되는 그림

그리고 순간적으로 이 파동의 사진을 찍었더니 그림 2-3(b)와 같은 파동의 모습이 찍혔다고 하자. 이 파동을 수식으로 어떻게 표현해야 할까? x축의 값에 따라 u축의 값이 어떻게 달라지나 보았더니 아래와 같았다. 즉,

$$x=0, u=1 \qquad x=\frac{\lambda}{2}, u=-1 \qquad x=\lambda, u=1 \quad .... \tag{2-3}$$

이런 것을 만족시키는 함수는

$$u=\cos\frac{2\pi}{\lambda}x \tag{2-4}$$

이다. 이 함수를 이용하여 실제로 계산해보면,

$$u(0)=\cos\frac{2\pi}{\lambda}\cdot 0=\cos 0=1,\quad u(\frac{\lambda}{2})=\cos\cdot\frac{2\pi}{\lambda}\cdot\frac{\lambda}{2}=\cos\pi=-1, \tag{2-5}$$

$$u(\lambda)=\cos\frac{2\pi}{\lambda}\cdot\lambda=\cos 2\pi=1$$

식 2-5처럼 잘 맞는 것을 볼 수 있다. 위 그림에서는 진폭이 "1"인 경우를 예로 들었지만 진폭이 임의의 수 "A"라면 그러한 경우 파동을 묘사하는 수식은 다음과 같이 된다.

$$u(x) = A\cos\frac{2\pi}{\lambda}x \tag{2-6}$$

자, 이제 움직이는 파동을 생각해 보자. 그림 2-3 (a)에 표시되어 있듯이 파동이 "t"라는 시간동안 "s"만큼 오른쪽으로 움직였을 경우를 생각해 보자. 오른쪽으로 "s"만큼 이동한 파동을 수식으로 묘사할 경우 다음과 같이 "x"에서 "s"를 빼주면 된다.

$$u(x) = Acos\frac{2\pi}{\lambda}(x-s) \tag{2-7}$$

파동의 이동속도는 "v"이고, "t"시간 동안 이동했을 때 이동한 거리가 "s"이므로 이동거리 "s"는, $s=vt$가 된다. 이 "s"를 식 2-7에 대입하면,

$$u(x) = Acos\frac{2\pi}{\lambda}(x-vt) \tag{2-8}$$

와 같이 된다. 이제 변수가 x외에 t가 하나 더 생겼으므로 왼쪽 괄호 안에 변수 t를 써넣는다.

$$u(x,t) = Acos\frac{2\pi}{\lambda}(x-vt) \tag{2-9}$$

그런데 파동의 속도 $v=\dfrac{\lambda}{T}$ 이므로 이것을 (2-9)식에 대입하면

$$u(x,t) = Acos\frac{2\pi}{\lambda}(x-\frac{\lambda}{T}t) \tag{2-10}$$

가 된다. 식 2-10에서 괄호밖에 있던 λ를 괄호 안으로 넣으면,

$$u(x,t) = Acos\,2\pi(\frac{x}{\lambda}-\frac{t}{T}) \tag{2-11}$$

가 된다. 여기서 $\dfrac{1}{T}=\nu$ 이므로,

$$u(x,t) = A\cos 2\pi(\frac{x}{\lambda} - \nu t) \tag{2-12}$$

이 된다. 위 식은 시간과 공간에 따라 변하는 파동을 묘사하는 일반적인 식이다. 위 식을 이용하여 파동방정식이 일반적으로 성립함을 증명하고 맥스웰의 업적에 대해 이야기하도록 하자. 위 방정식 2-12를 각각의 변수로 두 번 미분하도록 하자. 변수가 x와 t 둘이므로 두 가지 변수로 각각 미분할 수 있다. x로 먼저 두 번 미분해보면,

$$u' = \frac{du}{dx} = -\left(\frac{2\pi}{\lambda}\right)A\sin 2\pi\left(\frac{x}{\lambda} - \nu t\right) \tag{2-13}$$

$$u'' = \frac{d^2u}{dx^2} = -\left(\frac{2\pi}{\lambda}\right)^2 A\cos 2\pi\left(\frac{x}{\lambda} - \nu t\right) \tag{2-14}$$

식 2-13을 거쳐 식 2-14가 된다. 이번에는 t로 두 번 미분해보자.

$$u' = \frac{du}{dt} = (2\pi\nu)A\sin 2\pi\left(\frac{x}{\lambda} - \nu t\right) \tag{2-15}$$

$$u'' = \frac{d^2u}{dt^2} = -(2\pi\nu)^2 A\cos 2\pi\left(\frac{x}{\lambda} - \nu t\right) \tag{2-14}$$

2-14와 같은 식이 얻어진다. 식 2-14에서 $\nu = \frac{1}{T}$이므로 식 2-14는 다음과 같이 된다.

$$u'' = \frac{d^2u}{dt^2} = -\left(\frac{2\pi}{T}\right)^2 A\cos 2\pi\left(\frac{x}{\lambda} - \nu t\right) \tag{2-15}$$

식 2-15 양변에 파동의 속도 제곱의 역수를 곱해준다.

$$\cdot\frac{1}{v^2}\frac{d^2u}{dt^2} = -\frac{1}{v^2}\left(\frac{2\pi}{T}\right)^2 A\cos 2\pi\left(\frac{x}{\lambda} - \nu t\right) \tag{2-15}$$

식 2-15에서 $v = \frac{\lambda}{T}$이므로 $\frac{1}{v} = \frac{T}{\lambda} \Leftrightarrow \left(\frac{1}{v}\right)^2 = \left(\frac{T}{\lambda}\right)^2$이다. 식 2-15에 대입하면

$$\cdot\frac{1}{v^2}\frac{d^2u}{dt^2} = -\frac{T^2}{\lambda^2}\left(\frac{2\pi}{T}\right)^2 A\cos 2\pi\left(\frac{x}{\lambda} - \nu t\right) \tag{2-16}$$

식 2-16에서 분모, 분자에 놓여 있는 주기를 서로 지워주면 식 2-16은

$$\cdot\frac{1}{v^2}\frac{d^2u}{dt^2} = -\left(\frac{2\pi}{\lambda}\right)^2 A\cos 2\pi\left(\frac{x}{\lambda} - \nu t\right) \tag{2-16}$$

와 같이 된다. 식 2-16을 보면 x로 두 번 미분한 2-14식과 같다는 것을 알 수 있다. 즉, 식 2-17과 같이 쓸 수 있다.

$$\frac{d^2u}{dx^2} = \frac{1}{v^2}\frac{d^2u}{dt^2} \tag{2-17}$$

식 2-17과 같은 특성은 모든 파동에서 나타나는 특성으로 식 2-17과 같은 식을 "파동방정식"이라고 한다.

다시 멕스웰 이야기로 돌아오자. 1865년 맥스웰은 당시 알려져 있던 4개의 전자기 법칙을 잘 조합하면 공간을 따라 전파하는 전자기파가 존재한다는 사실을 발견하였다. 즉, 서로 수직인 상태에서 "+", "-"가 교대로 진동하는 전기파와, "N", "S" 극이 교대로 진동하는 자기장파가 공간을 따라 전파하는 파동이 존재할 수 있다는 사실을 발견한 것이다. 그리고 이러한 전기장과 자기장의 파동방정식이 식 2-18과 2-19와 같이 얻어진다는 사실을 알아냈다.

$$\frac{d^2E}{dx^2} = \mu_0\varepsilon_0\frac{d^2E}{dt^2} \tag{2-18}$$

$$\frac{d^2B}{dx^2} = \mu_0\varepsilon_0\frac{d^2B}{dt^2} \tag{2-19}$$

위 방정식에서 "μ_0"는 진공의 투과율을 나타내는 상수로서 $\mu_0 = 4\pi \times 10^{-7} Js^2c^{-2}m^{-1}$ 의 값을 갖는다. "ε_0"는 진공의 유전율을 나타내는 상수로서 $\varepsilon_0 = 8.854 \times 10^{-12} J^{-1}C^2m^{-1}$의 값을 갖는다. 일반적인 파동방정식과 맥스웰이 얻은 파동방정식을 비교하면 맥스웰이 얻은 방정식을 통해 전자기파가 존재할 수 있다고 예상되며 전자기파의 속도는 일반적인 파동방정식과의 비교를 통해 아래와 같이 주어질 것으로 예상된다.

$$\frac{1}{v^2} = \mu_0\varepsilon_0 \qquad \therefore v = \frac{1}{\sqrt{\mu_0\varepsilon_0}} \tag{2-20}$$

식 2-20에 진공의 투과율과 유전율을 대입해서 속도를 구해보면 식 2-21에서 계산된 것과 같이 놀랍게도 그동안 측정된 빛의 속도가 얻어진다.

$$\therefore v = \frac{1}{\sqrt{\mu_0 \varepsilon_0}} = \frac{1}{\sqrt{4\pi \times 10^{-7} Js^2 C^{-2} m^{-1} \times 8.854 \times 10^{-12} J^{-1} C^2 m^{-1}}} \tag{2-21}$$
$$= \frac{1}{\sqrt{111.2626 \times 10^{-19} m^{-2} s^2}} = \frac{1}{\sqrt{1112.626 \times 10^{-20} m^{-2} s^2}}$$
$$= \frac{1}{33.356 \times 10^{-10} m^{-1} s} = 0.0299796 \times 10^{10} ms^{-1} = 2.9979 \times 10^8 ms^{-1}$$

맥스웰은 전자기파의 전파속도가 이전에 푸코가 측정한 빛의 속도와 거의 정확히 일치한다는 사실을 확인할 수 있었다. 이를 통해 과학자들은 '빛은 일종의 전자기파'라는 결론에 도달할 수 있었다. 결국 빛의 본질이 무엇인지에 대한 입자론자들과 파동론자들의 싸움은 19세기 파동론자들의 승리로 끝나게 된다. 여전히 전자기파를 전파 시키는 그 매질이 무엇인지에 대해서는 아직 의문점이 남아 있었지만, 빛이 전자기파의 일종이라는 사실은 의심의 여지가 없었다. 그러나 이러한 승리는 그리 오래가지 않았는데 바로 20세기에 등장하는 아인쉬타인 때문이었다. 아인쉬타인은 1905년에 "광전효과"를 설명하기 위하여 당시 정설로 받아들여지고 있던 빛의 파동설을 부정하고 다시 입자설을 등장시켰다.

3) 광전효과와 입자로서의 빛

당시 빛은 전자기파의 일종으로서 파동으로 생각되었다. 빛이 파동일 경우 빛의 에너지는 진폭(빛의 세기)과 진동수(빛의 색깔)에 비례하기 때문에 진동수를 증가시키거나 혹은 빛의 세기를 증가시킬 때 더 많은 에너지가 전달되므로 더 많은 수의 전자가 튀어나올 것으로 예상할 수 있다. 그런데 실험 결과는 이러한 예상과는 달랐다. 아래 그림과 같이 빛의 진동수가 특정 진동수(문턱 진동수라 한다)보다 작을 때 빛의 세기를 아무리 증가시켜도 전자는 튀어나오지 않았다. 즉, 아무리 센 빛을 쬐어주더라도 그 빛의 진동수가 문턱 진동수보다 작다면 전자는 튀어나오지 않는다. 반면에 문턱 진동수보다 큰 진동수를 가진 빛을 쬐어주게 되면 빛의 세기를 증가시킴에 따라 튀어나오는 전자의 개수도 비례해서 증가하게 된다.

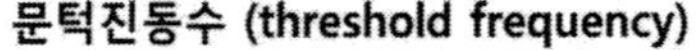

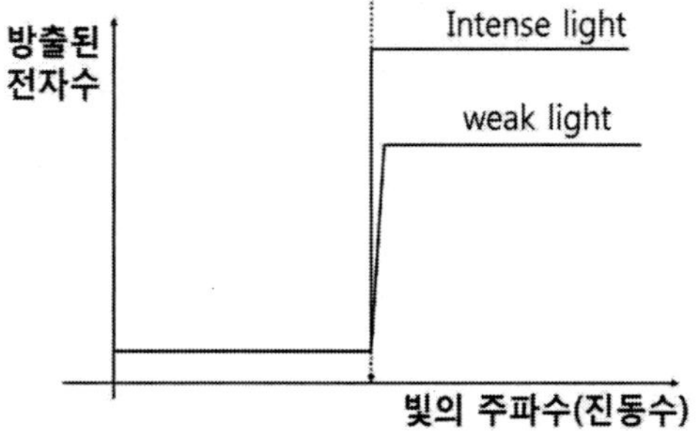

그림 2-4. 문턱 진동수보다 더 큰 진동수를 가진 빛이 쬐어져야만 광전효과가 일어난다.
빛의 세기가 세더라도 문턱 진동수보다 작은 진동수를 가진 빛이라면 광전효과가 일어나지 않는다.

전자가 금속에 붙잡혀 있는 에너지("힘함수(work function)"라 한다)는 정해져 있는데 외부에서 힘함수보다 더 큰 에너지를 가진 빛을 쬐어주게 되면 남는 에너지만큼의 운동에너지를 갖고 전자는 튀어 나가게 된다. 예를 들어, 힘함수가 10 J인데 쬐어 준 빛의 에너지가 20 J이라면 남는 10 J의 에너지는 튀어 나가는 전자의 운동에너지로 사용되어 버린다. 이러한 예상은 실제 실험 결과와 어느 정도 일치한다. 아래 그래프에서 x축은 쬐어준 빛의 진동수를 나타내며, y축은 튀어 나가는 전자의 운동에너지를 나타내는데 진동수가 증가함에 따라 튀어 나가는 전자의 운동에너지도 비례해서 증가하는 것을 볼 수 있다. 아래 그림에 의하면 루비듐은 2.09 eV의 에너지로 붙잡혀 있는데 쬐어 준 빛의 에너지가 이 값을 넘어가기 시작하면서 전자는 튀어나오기 시작하고 쬐어준 빛의 진동수가 증가함에 따라 튀어 나가는 전자의 운동에너지도 비례해서 증가함을 볼 수 있다.

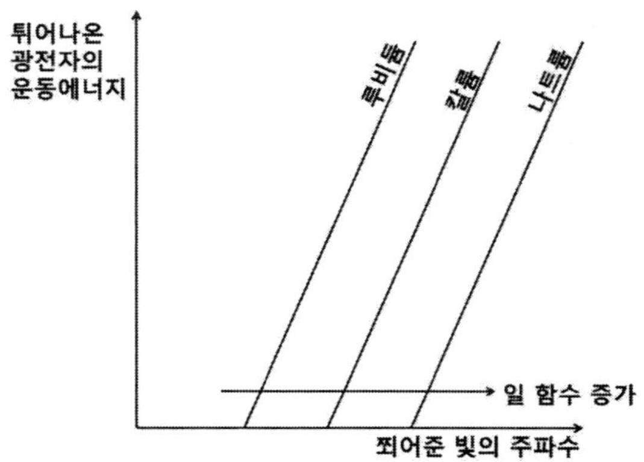

그림 2-5. 문턱 진동수보다 더 큰 진동수를 가진 빛이 쬐어져야만 광전효과가 일어난다.
빛의 세기가 세더라도 문턱 진동수보다 작은 진동수를 가진 빛이라면 광전효과가 일어나지 않는다.

당시에는 빛은 파동이라고 여겨졌기 때문에, 그리고 파동의 경우 빛의 진동수와 더불어 빛의 세기를 증가시켜도 빛의 에너지는 증가하기 때문에 빛의 진동수를 증가시키지 않고 빛의 세기를 증가시켜도 위와 같은 실험 결과를 얻을 수 있어야만 하는데 실제로는 빛의 세기를 아무리 증가시켜도 튀어 나가는 전자의 운동에너지는 증가하지 않았다. 즉, 튀어 나가는 전자의 운동에너지는 쬐어준 빛의 진동수에만 비례할 뿐 빛의 세기에는 상관하지 않았다.

빛은 파동이라고 여겨졌기 때문에 빛을 금속에 쬐어 줄 때, 빛의 에너지는 금속 내부에 분포되어 있는 많은 전자에 고르게 영향을 미치게 될 것이다. 내가 강단에서 강의를 할 때 모든 학생이 내 목소리를 들을 수 있는 것처럼 파동이 금속에 전달될 때 하나의 전자만 빛의 에너지를 받는 것이 아니라 많은 수의 전자가 빛의 에너지를 받게 될 것이다. 따라서 힘함수보다 더 큰 에너지를 가진 빛이 금속에 전달되더라도 전자 하나하나가 받는 에너지는 적을 테니 전자가 튀어나오기 위해서는 쬐어준 빛의 에너지가 어느 정도 쌓일 때까지 전자는 튀어나오지 않으리라고 예상할 수 있다. 즉, 빛을 쬐어주게 되면 전자가 바로 튀어나오는 것이 어느 정도의 시간이 지나서 빛의 에너지가 충분히 쌓여서 전자 하나하나가 힘함수를 이길 만큼의 에너지가 축적되어야만 전자가 튀어나오기 시작할 것이다. 쬐어 준 빛의 에너지가 작을수록 축적되기까지 더욱 많은 시간을 기다려야 전자는 튀어나오기 시작할 것이다. 그러나 실험 결과는 이러한 예상과는 정반대였다. 빛의 세기를 아무리 약하게 하더라도 전자는 쬐어줌과 동시에 바로 튀어나왔다.

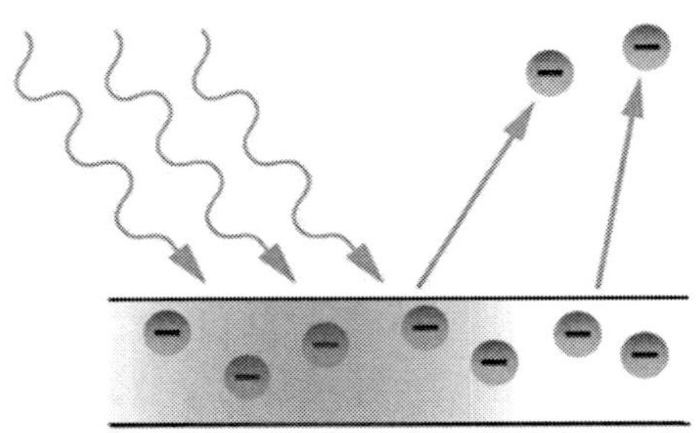

그림 2-6. 빛이 파동이라면 금속 내의 전자들에 고른 영향을 끼치므로 전자가 튀어나오기까지 어느 정도의 시간이 걸릴 것으로 예상되었으나 실험 결과에 의하면 전자는 빛을 맞자마자 바로 튀어나온다.

당시 학계에서는 빛은 전자기파의 일종으로서 파동이라는 믿음이 강했었는데 광전효과에서 관찰된 실험 결과들은 빛의 파동성으로는 설명이 되지 않았다. 이러한 실험 결과를 설명하기 위하여 아인슈타인은 그동안 파동으로 여겨져 왔던 빛이 플랑크가 제안했던 바와 같이 양자화되어 있다고 가정하였다. 즉 빛을 연속적인 파동으로 인식한 것이 아니고 각각의 빛 알갱이가 $h\nu$의 에너지를 가진 입자, 소위 "빛양자"라고 불리는 입자로 구성되어 있다는 가설을 제안하였다. 아인슈타인은 그동안 연속적인 파동으로 여겨져 왔던 빛이 양자화된 작은 알갱이로 이루어져 있으며 금속 내부의 전자와 1 대 1로 반응한다고 생각하였다. 빛의 에너지는 개별적인 알갱이의 진동수에 의해서만 결정되고 빛의 세기는 알갱이의 개수로 결정된다. 즉 빛을 파동으로 생각하였을 때는 빛의 에너지가 빛의 세기에 비례하여야 하지만 아인슈타인이 이론에 의하면 빛의 에너지는 각각의 알갱이가 가지고 있는 진동수에만 비례하고 빛의 세기에는 비례하지 않게 된다. 아인슈타인의 이러한 가정에 의하면 위에서 언급된 광전효과로부터 나타나는 현상들을 모두 예측할 수 있게 된다.

빛의 에너지는 빛 알갱이 각각이 가지고 있는 진동수에 의해서만 결정되고 빛양자와 전자는 일대일로만 반응하기 때문에 진동수(즉, 에너지)가 낮은 빛 알갱이의 개수만 늘린다고 해서 전자가 튀어나오지는 않는 것이다. 즉, 문턱 진동수보다 더 작은 진동수를 가진 빛의 세기를 아무리 세게 하여도 전자는 튀어나오지 않았던 실험 결과가 설명되는 것이다. 빛양자의 진동수가 문턱 진동수를 넘게 되면 빛 양자 하나가 전자 하나를 튀어 나가게 할 수 있고 그런 경우에는 빛양자의 개수가 많아질수록 튀어 나가는 전자의 개수도 늘어나게 된다. 이 역시 실험 결과와 일치한다. 같은 방식으로 튀어 나가는 전자의 운동에너지가 쬐어주는 빛의 진동수에만 비례하는 실험 결과도 이해할 수 있다. 또 빛양자 가설에 의하면 빛양자와 전자의 반응은 마치 두 개의 구슬의 충돌처럼 일대일 반응이기 때문에 빛이 쬐어지자마자 전자가 튀어 나가는 현상도 이해가 되는 것이다.

이로써 아인슈타인은 플랑크가 에너지에만 적용했던 양자화 개념을 빛에 적용하여 성공적으로 광전효과를 설명하였고 양자 개념을 보편적으로 받아들여지도록 하는 데 공헌하였다. 즉, 플랑크는 양자적 개념을 처음으로 도입하였고 이른 보편적으로 받아들여지도록 확립한 과학자는 아인슈타인이라고 할 수 있다. 이 둘은 1918년 1921년에 이러한 공로를 인정받아 각각 노벨상을 수여하게 된다. 역사적으로 보았을 때 한 가지 흥미로운 사실은 초기 양자역학 확립에 지대한 공헌을 하였던 두 과학자가 훗날 양자역학을 받아들이지 않았다는 것이다. 플랑크, 아인슈타인은 양자의 개념을 도입하고 확립했지만 이 이론은 보어를 위시하여 젊은 과학자들에 의해 점점 이상한 결론을 도출하는 이론으로 치닫게 되는데 플랑크와 아인슈타인은 이러한 흐름을 전혀 받아들일 수 없었던 것이다. 앞으로 양자역학에 관한 이야기를 더 해나가면서 플랑크와 아인슈타인의 이러한 이야기를 좀 더 하게 될 것이다.

3. 원자의 선 스펙트럼

어린 시절 누구나 경험을 해 보았겠지만 태양빛의 경우 프리즘을 통과 시키게 되면 무지개 색깔이 나오게 되는데, 이와 같이 색깔이 연속적으로 나오기 때문에 이러한 스펙트럼을 "연속 스펙트럼"이라 한다. 반면에 가열한 특정 기체에서 나오는 빛을 프리즘을 통과시켜 보면 특정 파장에서만 빛이 나오게 되는데 이러한 스펙트럼을 "선 스펙트럼"이라고 한다. 이와 같이, 어떤 특정 기체를 가열한 뒤 프리즘을 통과시켜 보게 되면 특정 파장에서만 빛이 나오는 것을 볼 수 있는데, 백색광(빨주노초파남보가 모두 섞여 있는 빛으로서 태양빛, 형광등 빛 등 대부분의 빛이 백색광이다)을 가열하지 않은 기체에 통과시킨 뒤 프리즘을 통과시켜서 보게 되면 가열한 기체에서 선 스펙트럼이 나왔던 같은 파장의 빛만 흡수가 된다는 것을 알 수 있다.

예를 들어, 기체 중에서 가장 간단한 수소 기체의 경우 410, 434, 486, 656 nm의 빛만 흡수하거나 방출한다. 1885년 스위스의 한 고등학교 수학 선생님으로 있던 "발머"는 주어진 숫자의 배열 안에 숨어있는 규칙을 찾아내는 취미를 갖고 있었는데 위에 제시된 수소 기체의 선 스펙트럼도 어떤 규칙을 갖고 있지 않을까 조사하던 중에 아래와 같은 관계식을 만족 시킨다는 사실을 알아내었다.

$$\frac{1}{\lambda}=R\left(\frac{1}{2^2}-\frac{1}{n^2}\right) \tag{3-1}$$

여기서 R은 1.097 × 10-2 nm-1을 나타내는 상수이며 n은 항상 2보다 큰 양의 정수이다. 실제로 n에 3, 4, 5, 6을 대입해서 위 관계식을 통해 λ를 구해보면 수소의 선 스펙트럼이 나타나는 4개의 파장을 구할 수 있다. 그 후, 눈에 보이지 않는 적외선과 자외선 영역에서도 빛을 탐지할 수 있는 기술이 개발되면서 수소 기체의 선 스펙트럼은 위에서 제시된 4개의 선 외에 자외선과 적외선 영역에서도 다수 존재한다는 사실이 알려지게 되었다. 자외선, 가시광선, 적외선 영역에서 흡수 혹은 방출되는 수소 기체의 스펙트럼에 대해 연구하던 "리드버그"라는 학자는 가시광선 영역에서만 통하던 발머 공식을 자외선과 적외선에서 나오는 선 스펙트럼에 대해서도 적용할 수 있도록 식 3-2와 같이 확장하였고 이 식은 리드버그-발머 식이라고 불리게 되었다.

$$\frac{1}{\lambda}=R\left(\frac{1}{n_1^2}-\frac{1}{n_2^2}\right) \tag{3-2}$$

발머식과 마찬가지로 여기서 R은 1.097 × 10-2 nm-1을 나타내는 상수이며 리드버그 상수라고 불리며, n_1과 n_2는 정수인데 n_2는 항상 n_1보다 커야 한다. 이러한 선 스펙트럼이 나오는 혹은 흡수되는 파장은 기체마다 달랐는데 당시 과학자들은 기체의 선스펙트럼이 기체마다 다른 이유는 기체의 선 스펙트럼이 기체를 구성하고 있는 원자의 내부구조와 관련이 있기 때문이라고 어렴풋하게나마 생각하고 있었다. 기체의 선 스펙트럼 문제와는 별도로 과학계의 다른 한 편에서는 원자의 구조를 밝히기 위한 연구가 한창 진행되고 있었는데 훗날 보어는 원자의 구조를 밝히는 과정에서 선 스펙트럼 문제를 해결하게 된다. 보어가 원자의 선 스펙트럼 문제를 어떻게 해결했는지 보기 전에 원자의 구조에 관한 연구가 당시 어떻게 진행되고 있었는지 먼저 살펴본 후 보어에 대한 이야기를 하도록 하자.

1) 톰슨의 전자 발견과 러더포드의 행성 모델

1800년대 후반 영국 케임브리지 대학의 교수로 있던 톰슨은 "음극선"에 관한 연구가 한 창이었다. 음극선이란, 크룩스란 과학자가 발견한 현상으로서 아래 그림처럼 금속으로 된 전극에 "-"전압을 걸어주고 겉을 둘러싸고 있는 유리관에 "+" 전압을 걸어준 채 유리관 내부의 공기를 뽑아 진공을 만들어 주게 되면 음극에서 정체를 알 수 없는 무엇인가가 방출되는 것을 볼 수 있는데 음극에서 방출되는 광선이라는 의미에서 "음극선"이라고 이름이 붙여졌다. 이러한 음극선은 마치 빛처럼 그림자를 만들기도 하는데 음극선이 지나가는 통로에 장애물을 놓으면 장애물이 놓여있는 지점에는 음극선이 통과하지 못하는 것을 볼 수 있다. 당시에는 이러한 음극선이 빛과 같은 비물질적인 것인지 (당시 빛은 파동이라고 생각되었었다) 아니면 물질로 구성된 것인지에 대해 많은 논란이 있던 시기였다. 톰슨은 이러한 음극선이 전기장과 자기장에 의해 방향이 바뀐다는 사실을 알아내었고 음극선은 빛과 같은 비물질적인 것이 아니라 음의 전하를 띤 작은 입자라고 여기게 되었다. 톰슨은 이러한 발견에서 한발 더 나아가 전기장과 자기장에 의해 음극선이 휘어지는 정도를 측정하여 음의 전하를 띤 입자의 질량 대 전하량의 비를 측정해 냈다.

그가 측정해 낸 입자의 질량 대 전하량의 비율은 5.60 × 10-9 g/C 이었다.

$$\frac{e}{m} = 5.60 \times 10^{-9} g/C \qquad (3\text{-}3)$$

여기서 톰슨이 구한 질량 대 전하비를 가진 입자가 훗날 "전자"라고 불리는 입자이다. 흔히 톰슨을 전자를 발견한 최초의 사람으로 알고 있고, 실제로 톰슨은 이러한 공로로 노벨물리학상을 받기도 했지만 사실 정확히 얘기하자면 톰슨이 한 일은 음극선이 전자의 흐름이며, 그 전자의 질량 대 전하비를 최초로 구했다고 하는 것이 정확할 것이다. 톰슨은 전극의 종류에 상관없이 음극선이 방출된다는 사실로부터 모든 물질은 음의 전하를 띤 입자 즉, 자기 질량 대 전하비를 구한 음의 전하를 포함하고 있다고 가정하였고 아래와 같은 원자구조를 제안하였다. 이 모델은 일명 "푸딩모델 (또는 "플럼푸딩모델")로 불리는 모델인데 원자의 매질은 양전하를 띠고 있으며 음의 전하를 띤 입자 (현재 전자라고 불리는 입자)들이 콕콕 박혀있는 모습이다. 톰슨은 이와 같은 원자의 구조를 상상했었고 당시 톰슨 밑에서 연구원으로 있다가 맨체스터 대학에 교수로 자리를 옮긴 러더포드는 자신의 스승이 제안한 모델을 확인하기 위해서 그 유명한 금박 (gold foil) 실험을 하게 된다.

러더포드는 금박을 아주 얇게 만든 뒤(알루미늄 포일을 계속 문지르면 얇아지듯이 금박도 문질러서 얇게 만들 수 있다) 그곳에다가 양의 전하를 띤 무거운 입자 (당시에는 알파입자라고 불리었고 현시대에 와서는 이 입자가 헬륨의 원자라는 것이 밝혀졌다)를 쏴서 알파입자가 튕겨 나오는 양상을 보게 되면 톰슨이 제안한 모델이 맞는지 어느 정도 확인할 수 있지 않을까 생각을 했었던 것이다. 예를 들어 톰슨이 제안한 모델이 맞다면 아래 그림처럼 알파입자가 금박 포일에 부딪혔을 때 대부분의 알파입자는 그냥 통과가 될 것이다. 톰슨의 원자모형에 의하면 원자의 양전하는 일종의 매질처럼 원자를 채우고 있는 물질이며 알파입자에 비해 질량이 엄청나게 작은 전자만이 군데군데 박혀 있는 모습이기 때문에 알파입자가 원자와 충돌했을 때 알파입자의 진행 방향은 크게 바뀌지 않을 것으로 예상이 되는 것이다.

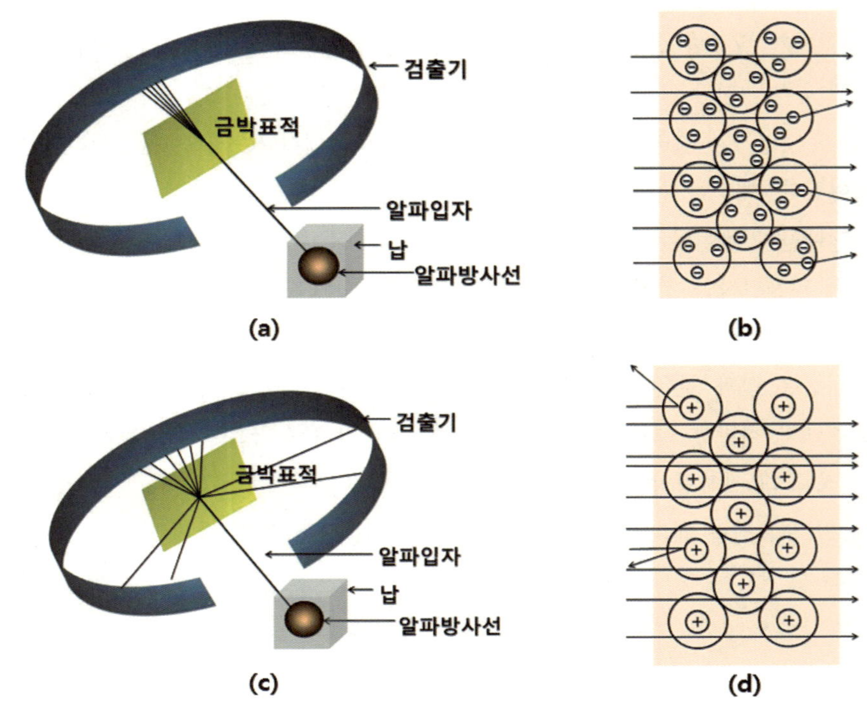

그림 3-1. (a) 톰슨의 모델이 맞다고 가정할 때 예측되는 실험 결과와
(b) 톰슨의 모델을 기반으로 알파입자가 원자를 통과할 때 모습을 묘사한 그림.
(c) 실제 얻은 실험결과의 모습을 나타낸 모습과 (d) 실험 결과로부터 예상되는 원자의 구조

그런데 실험 결과는 놀랍게도 예상했던 결과와는 정반대의 결과가 얻어졌다. 비록 적은 수이긴 했지만 알파입자는 원자와 충돌하여 큰 각도로 되튀어 나왔을 뿐만 아니라 심지어 어떤 경우에는 거의 180도의 각도로 되 튕겨 나왔던 것이다. 이런 실험결과를 보고 러더포드는 “마치 휴지에다 대고 포탄을 쏘았는데 포탄이 되 튕겨 나온 것과 같은 놀라운 결과를 얻었다”라고 표현할 정도로 놀라운 결과였는데 이러한 실험결과를 해석할 수 있는 유일한 방법은 “원자의 중심부에 알파입자를 되 튕길 만큼 충분히 큰 질량의 무엇인가가 자리 잡고 있다”라고 가정하는 것뿐이었다. 결국 러더포드는 스승이 제안한 모델을 져버리고 아래와 같이 원자의 중심부에 양의 전하를 띠고 있는 핵이 자리 잡고 있으며 전자는 그 주변을 마치 태양계의 행성처럼 돌고 있다는 “행성 모델”을 제안하게 된다. 즉, 러더포드는 “양의 전하를 띠고 있는 원자핵이 가운데에 작은 공간을 차지하고 있기 때문에, 대부분의 알파입자는 그냥 통과하게 된다. 그러나 일부 알파입자는 원자핵과 거의 정

면으로 충돌하게 되고 그러한 경우 알파입자는 큰 각도로 되 튕겨 나오게 되는 것이다"라고 설명을 하고 있는 것이다. 이 모델에 의하면 결국 "원자 내부는 거의 텅 비어있다"라는 얘기인데 당시로서는 상당히 충격적인 가설이었다고 할 수 있다. 사실 현시대에도 원자구조에 대해 배우지 않은 사람들의 경우 이러한 사실을 알게 되면 놀라지 않을 사람이 없을 거라 생각한다. 왜냐하면 원자 내부가 텅 비어있다면 모든 물질을 눌렀을 때 쭈그러들어야 할 거라고 생각이 들기 때문이다. 그런데 우리 경험을 통해 알고 있는 바와 같이 물질은 쭈그러들지 않기 때문에 원자내부가 텅 비어 있다는 사실은 우리 상식과는 반대되는 가설이며 따라서 많은 사람들이 인정하기 어려울 수 있는 가설인 것이다. (원자 내부가 텅 비어 있음에도 불구하고 모든 물질이 그 형태를 잘 유지하고 있는 이유에 대해서는 뒤에서 다시 얘기하도록 하자) 러더포드가 제안한 행성모델은 좀 전에 얘기한 것과 같은 문제가 있음에도 불구하고 금박실험을 통해 도출해 낼 수 있는 유일한 가설이었는데 이러한 러더포드의 행성 모델에는 몇 가지 당시 물리학적 지식으로는 설명이 안 되는 부분이 있었다.

그중에 하나는 전하를 띤 물질이 가속운동을 하게 되면 전자기파가 발생 된다는 사실이다. 전하를 띤 물질이 가속운동을 하게 되면 전자기파가 발생 된다는 사실은 그림 3-2를 통해 이해할 수 있다. 그림 3-2(a)에 묘사되어 있듯이 약간의 간격을 두고 떨어져 있는 두 개의 금속구에 교류전류를 흘려주게 되면 전자기파가 발생한다. 교류를 흘려보내게 되면 양쪽구에 "+"전압과 "-" 전압이 교대로 걸리게 되고 이러한 전압 변화에 맞춰 공간의 성질도 "+"전기장을 띠었다가, "-" 전기장을 띠었다가 할 것이다. 전자기파는 말 그대로 전기파동과 자기 파동의 합인데 전기 파동에 의해 자기 파동이 유도되므로 전기 파동만 생각하도록 하자. 교류전압에 의해 양쪽구에 "+"전압이 걸렸다 "-" 전압이 걸렸다 하게 되면서 구 주변 공간 역시 "+" 전기장을 띠었다가 "-" 전기장을 띠었다가 하게 되면서 전기파동이 공간을 따라 전파해 나아가게 된다.

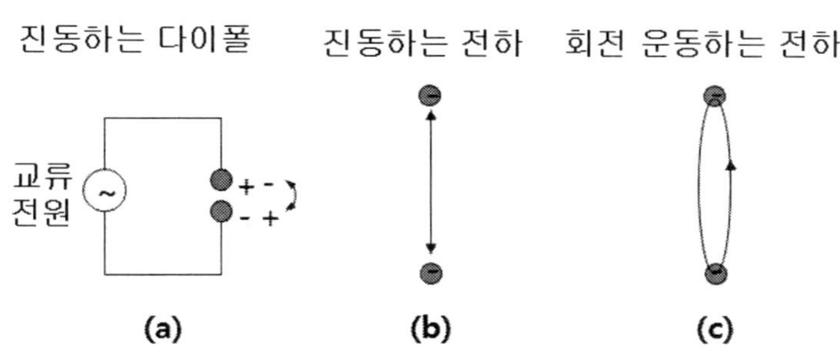

그림 3-2. (a) 진동하는 쌍극자, 전하를 띤 입자의 (b) 진동 및 (c) 회전운동

실제로 헤르츠는 이러한 방식으로 진동하는 전기장 (전자기파) 를 만들어서 맥스웰이 존재하리라고 예측했던 전자기파를 만들어 내는데 성공하였다. 위 그림에서는 두 개의 금속구에 "+"전압과 "-"전압이 교대로 걸리도록 교류전류를 흘려보내 주어 진동하는 전기장을 만들어 내었는데 어떤 전하를 가진 입자를 진동시켜도 유사한 결과를 얻을 수 있을 것이라 예상할 수 있다. 예를 들어 그림 3-2(b)처럼 음의 전하를 띠고 있는 전자가 주기적으로 진동하고 있다면 음의 전하를 띠고 있는 전자의 진동에 맞춰 주변 공간으로 퍼져 나가는 음의

전기장도 상상할 수 있다. 즉, 전하를 띠고 있는 입자의 진동에 의해 전자기파가 발생한다는 사실을 우리는 직관적으로 알 수가 있다. 전하를 띠고 있는 입자의 회전운동에 의해서도 전자기파가 발생한다는 사실을 비슷한 방식으로 이해할 수 있다. 사실 회전운동과 진동운동은 같은 방식의 운동인데 보는 관점에 따라 다르게 보인다고 생각할 수 있다. 예를 들어 그림 3-2(b)의 전자는 위, 아래로 진동하는 것처럼 보이지만 사실 이것은 그림 3-2(c)처럼 회전운동을 하고 있는 입자를 옆에서 본 모습이라고도 할 수도 있다. 따라서 전하를 띠고 있는 입자가 아래 오른쪽 그림처럼 회전운동을 하고 있을 때에도 진동을 하고 있는 입자와 마찬가지로 전자기파가 발생된다는 사실을 이해할 수 있다.

러더포드의 행성 모델에 의하면 음의 전하를 띠고 있는 전자는 원자핵 주변을 돌고 있는데 설명한 바와 같이 전하를 띠고 있는 입자가 회전운동을 하게 될 경우 전자기파를 방출하게 된다. 전자기파는 에너지를 가지고 있기 때문에 원자핵 주변을 돌고 있는 전자가 회전을 하며 전자기파를 계속적으로 방출할 경우 회전에너지는 점점 줄어들게 되고 결국 회전반경이 작아지며 전자는 핵과 충돌하게 될 것이라고 예상되는 것이다. 기존 물리학적 지식으로는 이와 같은 상황이 논리적으로 예측됨에도 불구하고 실제로 원자는 스스로 붕괴되지 않고 안정적으로 존재하고 있는데 이와 같이 원자가 안정적으로 존재하는 이유를 러더포드의 모델로서는 설명이 되지 않는 것이다. 게다가 이런 모델로는 원자에서 나타나는 선 스펙트럼을 설명할 수가 없었다. 러더포드는 원자가 에너지를 얻으면 궤도 반경이 커지고 에너지를 잃으면 궤도 반경이 작아지는 모습을 상상했는데 궤도반경이 연속적으로 작아지거나 커질 때에는 선 스펙트럼 보다는 연속스펙트럼이 나타날 것으로 예상되기 때문이다. 러더포드가 봉착한 이러한 문제를 해결하는 사람이 바로 러더포드 밑에서 박사후연구원으로 일하고 있던 닐스 보어이다.

2) 닐스 보어의 고전 양자론

닐스 보어는 덴마크 사람으로서 원래는 당시 명성을 드날리던 톰슨 밑에서 박사후연구원 생활을 하고 있었다. 당시 톰슨은 위에서 소개했던 "플럼-푸딩 모델"을 주장하고 있었는데 그의 모델을 탐탁지 않게 여겼던 보어는 톰슨 밑에서 박사후연구원 생활을 지속하지 못하고 러더포드 밑으로 가게 된다. 그곳에서 보어는 박사후연구원으로 일하면서 러더포드가 봉착했던 문제를 해결하게 된다. 보어는 러더포드가 직면한 이러한 문제를 해결하기 위해서 (해결이라기보다는 피해 가기 위해서) 다음과 같은 가정을 하게 된다. 즉, 전자는 원자핵 주변에서 전자기파를 방출하지 않고 안정된 궤도에서 돌고 있으며 다른 궤도로 전이가 일어날 때에만 빛을 흡수하거나 방출한다고 가정을 하고 위 문제에 접근하게 된다. 즉, 위 그림처럼 원자핵 주변에는 전자가 존재할 수 있는 안정된 궤도가 몇 개 존재하고 있으며, 이유는 모르겠지만 전자는 전자기파를 방출하여 원자핵과 충돌하지 않고 안정된 궤도에서 돌고 있다고 가정하였던 것이다. 그리고 안정된 궤도에서 돌고 있는 전자는 위, 아래 다른 궤도로 전이를 일을 킬 수 있는데 이 때 궤도간격에 해당하는 에너지에 해당하는 빛을 방출하거나 흡수하기 때문에 원자의 흡수(방출) 스펙트럼에서 선 스펙트럼이 얻어진다고 생각했던 것이다. 즉, 보어는 플랑크와 아인쉬타인에 의해 도입되었던 양자의 개념을 원자구조에 적용한 셈이다. 플랑크가 흑체복사 스펙트럼을 설명하기 위해 도입했던 흑체 진동자의 양자화, 아인쉬타인이 광전효과를 설명하기 위해

도입했던 전자기파의 양자화의 개념을 보어는 원자구조에 적용했던 것이다. 보어 가정에 의하면 원자핵 주변에는 전자가 존재할 수 있는 일련의 궤도들이 존재하는데 그 궤도들은 양자화 되어 있다. 즉 한 궤도에서 다른 궤도로 전이가 일어날 때 궤도 반경이 점차적으로 변하면서 다른 궤도로 이동하는 것이 아니라 한 궤도에서 다른 궤도로 한 번에 전이가 일어난다. 이것을 "양자도약"이라고 부르는데 요즘은 이 말을 급작스럽게 일어난다는 의미로 과학 분야에서 뿐만 아니라 일반적인 분야에서도 많이 사용되고 있다.

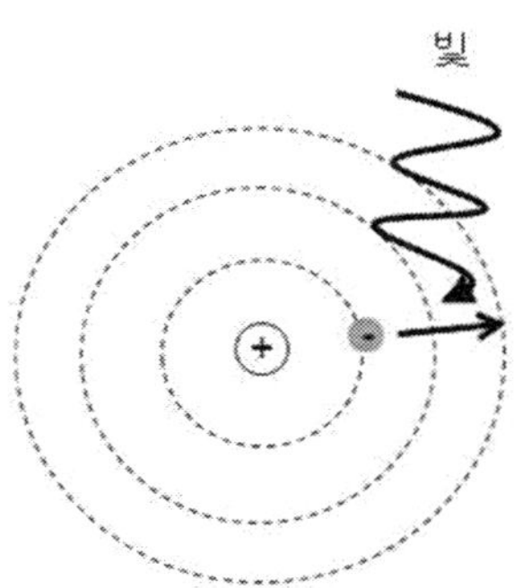

그림 3-3. 보어가 제안한 원자의 구조. 원자는 전자가 존재할 수 있는 몇 개의 안정된 궤도를 갖고 있으며 외부에서 가해진 에너지에 의해 전자는 한 궤도에서 다른 궤도로 양자도약을 한다.

사실 보어는 러더포드가 봉착했던 문제를 해결 했다기 보다는 그 문제를 가설로서 받아들였다고 할 수 있다. 즉 "전자가 어떻게 원자핵 주변에서 안정적으로 궤도를 유지한 채 돌고 있을 수 있는가?"에 대한 해답을 제시한 것이 아니라 "전자는 원자핵 주변에서 붕괴되지 않고 특정 안정한 궤도에서 계속 돌 수 있다"라고 가정하고 문제를 풀어 나갔던 것이다. 이 글을 읽는 독자들 중에 혹시 "가설로서 받아 들였다면 틀릴 수도 있는 거잖아?"라는 생각을 할 수도 있다고 생각한다. 그러나 중요한 사실은 보어의 가설을 수소원자에 적용시켜 문제를 풀어나가다 보면 리드버그-발머 공식이 정확하게 유도되고 수소원자의 선 스펙트럼을 정확하게 예측한다는 점이다. 게다가 리드버그-발머 공식에서 그동안 실험적으로만 측정되었던 리드버그 상수를 보어의 이론을 이용하면 기존에 알려져 있는 상수들의 조합으로 표현되는데 이러한 사실은 보어의 이론이 정확하다는 것을 입증한다. 즉, 전자가 원자핵 주변에서 어떻게 안정적으로 존재할 수 있는지, 에너지를 얻거나 잃을 때 어떻게 순간적으로 도약이 일어나는지는 모르겠지만 보어가 세운 가정은 실험결과와 아주 잘 일치하는 올바른 결과를 주었고 따라서 과학자들은 보어의 이론을 받아들일 수밖에 없었던 것이다. 그렇다면 보어의 이론을 이용해서 어떻게 리드버그-발머 공식이 유도되며, 리드버그 상수가 어떻게 구해지는지 살펴보도록 하자.

앞서 언급했듯이 보어는 전자가 원자핵 주변에서 안정된 궤도에서 회전하고 있다고 가정하였다. "전하를 가진 입자가 회전하면 전자기파를 발생하고 전자기파를 발생하면 에너지를 잃기 때문에 궤도 반경이 점점 작아지면서 결국 원자핵과 충돌하지 않느냐?" 라는 질문에 대한 답을 하는 대신 이유는 잘 모르겠지만 그냥 궤도 반경이 작아지는 일 없이 안정적으로 돌고 있다고 가정하였던 것이다. (훗날 보어는 드브로이의 물질파 개념이 등장하면서 이 가설을 물질파의 개념을 이용하여 설명한다) 전자가 원자핵 주변에서 안정적으로 회전하기 위해서는 회전에 의한 원심력과 전자가 밖으로 튀어 나가지 못하도록 잡아주는 구심력간의 균형이 이루어져 있어야 한다. 원자핵은 양전하를 띠고 있고 전자는 음전하를 띠고 있기 때문에 둘 사이에 작용하는 전기적 인력이 구심력의 역할을 한다고 보어는 생각하였던 것이다. 고전역학에서 원심력은 아래와 같이 구하여 진다.

$$F_{원심력} = \frac{mv^2}{r} \tag{3-4}$$

여기서 "r"은 전자가 회전하고 있는 회전반경이고, "m"은 전자의 질량, "v"는 회전하고 있는 전자의 선속도이다. 구심력에 해당하는 전기적 인력은 쿨롱의 법칙을 이용하여 아래와 같이 구할 수 있다.

$$F_{구심력} = \frac{1}{4\pi\epsilon_0}\frac{q_{전자}q_{양성자}}{r^2} \tag{3-5}$$

여기서 "ϵ_0"는 진공의 유전율로서 8.854×10-12 C2/N·m2 이고, $q_{전자}$, $q_{양성자}$는 각각 전자와 양성자의 전하량으로서 $q_{전자} = -1.602\times10^{-19}C$, $q_{전자} = +1.602\times10^{-19}C$ 으로 주어지고 각각의 전하량은 "$-e$", "$+e$"로 각각 표시한다. 원심력과 구심력이 평형을 이루고 있다고 하였으므로 두 힘의 크기는 같다고 할 수 있다. 즉, 두 힘의 절대값을 씌운 값은 서로 같다고 할 수 있다.

$$\left|\frac{mv^2}{r}\right| = \left|\frac{1}{4\pi\epsilon_0}\frac{-e^2}{r^2}\right| \Leftrightarrow \frac{mv^2}{r} = \frac{1}{4\pi\epsilon_0}\frac{e^2}{r^2} \tag{3-6}$$

보어는 원자핵 주변에서 전자가 회전할 때 특정 상태에서만 회전이 가능하다고 가정하였다. 즉, 회전 각운동량이 $h/2\pi$의 정수배인 회전만 가능하다고 가정하였다. 보어의 이 두 번째 가정을 식으로 쓰면 아래와 같다.

$$mvr = n\frac{h}{2\pi} \tag{3-7}$$

여기서 n은 1, 2, 3...과 같은 양의 정수이다. 식 3-7을 v로 정리하면,

$$v = \frac{nh}{2\pi mr} \tag{3-8}$$

이 된다. 3-8식을 3-6식에 대입하면 아래 식과 같이 된다.

$$\frac{m}{r}\left(\frac{nh}{2\pi mr}\right)^2 = \frac{1}{4\pi\epsilon_0}\frac{e^2}{r^2} \tag{3-9}$$

식 3-9를 r에 대해 정리하면,

$$\frac{m}{r}\left(\frac{nh}{2\pi mr}\right)^2 = \frac{1}{4\pi\epsilon_0}\frac{e^2}{r^2} \Leftrightarrow \frac{1}{mr^3}\left(\frac{nh}{2\pi}\right)^2 = \frac{1}{4\pi\epsilon_0}\frac{e^2}{r^2} \Leftrightarrow r = \frac{1}{m}\left(\frac{nh}{2\pi}\right)^2\frac{4\pi\epsilon_0}{e^2} \tag{3-10}$$

이 된다. $n=1$일 때 회전반경을 구해보면 약 0.5×10-10 m (0.5 옹스트롬) 이 된다는 것을 알 수 있는데 이 값은 실제로 측정된 수소 원자의 반경에 가까운 값이다. 이 반경을 "보어 반경"이라 부른다. 보어는 여기서 할 걸음 더 나아가 회전하고 있는 전자가 가지고 있는 총 에너지를 구해 보았다. 총 에너지(E) 는 운동에너지(T)와 퍼텐셜에너지(V)의 합으로 주어지는데 운동에너지는 뉴턴 법칙에 의해 $\frac{1}{2}mv^2$으로 주어지며 퍼텐셜 에너지는 쿨롱의 법칙에 의해 $-\frac{1}{4\pi\epsilon_0}\frac{e^2}{r}$으로 주어진다. 즉,

$$E = T + V \Leftrightarrow E = \frac{1}{2}mv^2 - \frac{1}{4\pi\epsilon_0}\frac{e^2}{r} \tag{3-11}$$

와 같이 된다. 식 3-6으로부터

$$mv^2 = \frac{1}{4\pi\epsilon_0}\frac{e^2}{r} \tag{3-12}$$

이므로 식 3-12를 3-11식에 대입하면 전자가 가지고 있는 총 에너지(E)는 아래 식 3-13과 같이 된다.

$$E = \frac{1}{4\pi\epsilon_0}\frac{e^2}{2r} - \frac{1}{4\pi\epsilon_0}\frac{e^2}{r} \Leftrightarrow E = \frac{1}{4\pi\epsilon_0}\left(\frac{e^2}{2r} - \frac{e^2}{r}\right) = -\frac{1}{4\pi\epsilon_0}\frac{e^2}{2r} \tag{3-13}$$

위 식의 r 대신 위에서 구한 보어반경을 대입하면,

$$E = -\frac{1}{4\pi\epsilon_0}\frac{e^2}{2}\frac{4\pi^2 me^2}{n^2h^2 4\pi\epsilon_0} = -\frac{1}{(4\pi\epsilon_0)^2}\frac{2\pi^2 me^4}{n^2h^2} \tag{3-14}$$

가 된다. 위 식에서 n은 1, 2, 3과 같은 양의 정수라고 하였다. 이제 이 수를 임의의 수 "n_1"과 "n_2"라 하

자. n_1상태의 에너지와 n_2상태의 에너지 차이, △E는 아래와 같이 구할 수 있다.

$$\Delta E = |E_{n_1}| - |E_{n_2}| = \frac{1}{(4\pi\epsilon_0)^2}\frac{2\pi^2 me^4}{n_1^2 h^2} - \frac{1}{(4\pi\epsilon_0)^2}\frac{2\pi^2 me^4}{n_2^2 h^2} = \frac{1}{(4\pi\epsilon_0)^2}\frac{2\pi^2 me^4}{h^2}\left(\frac{1}{n_1^2} - \frac{1}{n_2^2}\right) \quad (3\text{-}15)$$

이쯤에서 몇몇 독자들은 이미 "어 이 공식 어디서 많이 본 것 같은데?"라고 생각할지 모른다. 그렇다. 몇몇 독자들이 눈치챘듯이 이 공식은 위에서 발머와 리드버그가 실험적으로 구했던 수소원자의 선 스펙트럼을 구하는 공식인 것이다. 위를 올라가서 확인 해 보도록 해라. 리드버그-발머 공식과 비교해 보면 비슷하긴 한데 아직 완벽히 동일하다고는 할 수 없는 상태이다. 성질 급한 독자들을 위해서 미리 설명하자면 눈치 빠른 독자들이 예상했듯이 위 공식은 리드버그-발머가 구한 공식과 정확히 일치한다. 공식 자체가 일치할 뿐만 아니라 리드버그-발머가 구했던 리드버그 상수까지 위 식에서는 기본 상수들만의 연산으로 정확히 유도된다.

자, 그럼 위 공식을 조금 더 변형시키도록 해보자. 아인슈타인은 광전효과를 설명하기 위해서 빛은 광자라는 입자로 되어 있다고 가정하였고 각각의 광자가 가지고 있는 에너지 E는

$$E = h\nu = \frac{hc}{\lambda} \quad (3\text{-}16)$$

3-15식의 에너지를 $\frac{hc}{\lambda}$로 치환하면,

$$\frac{hc}{\lambda} = \frac{1}{(4\pi\epsilon_0)^2}\frac{2\pi^2 me^4}{h^2}\left(\frac{1}{n_1^2} - \frac{1}{n_2^2}\right) \Leftrightarrow \frac{1}{\lambda} = \frac{1}{(4\pi\epsilon_0)^2}\frac{2\pi^2 me^4}{h^3 c}\left(\frac{1}{n_1^2} - \frac{1}{n_2^2}\right) \quad (3\text{-}17)$$

과 같이 된다. 이제 리드버그-발머 식과 같은 형태로 변형되었는데 3-17식에 나와 있는 $\frac{1}{(4\pi\epsilon_0)^2}\frac{2\pi^2 me^4}{h^3 c}$을 계산해 보면 정확히 리드버그 상수와 일치한다는 사실을 알 수 있다. 실험적으로 구한 리드버그 상수가 기본 상수들만의 곱과 나눗셈으로 표현될 수 있다는 사실은 보어의 이론이 그만큼 정확하다는 반증이라고 할 수 있다.

러더포드는 자신의 실험결과를 설명하기 위해서 전자가 원자핵 주위를 행성이 태양 주위를 돌고 있는 것처럼 회전하고 있다는 가설을 도입했는데 이 가설에 의하면 전자는 회전운동을 하며 전자기파를 발생시켜야 하고 전자기파를 발생시키다 보면 에너지를 잃게 되기 때문에 회전반경은 점점 감소하게 되고 결국 핵과 부딪혀 원자는 소멸하게 될 것이라고 예상이 된다. 그러나 실제로 원자는 안정하게 존재하고 있기 때문에 러더포드의 모델로서는 원자가 안정하게 존재하고 있는 이유를 설명할 수 가 없었던 것이다. 러더포드 모델이 갖고 있었던 이러한 문제를 보어는 해결하기 보다는 이 문제를 안고 갔다고 할 수 있다. 보어는 이유는 잘 모르겠

지만 전자는 안정한 궤도에서 돌고 있고, 전자의 회 전 각운동량은 양자화 되어 있다고 가정하고 문제를 풀어 나갔던 것이다. 보어가 세운 이러한 가정을 바탕으로 문제를 풀어 나갔을 때 결과가 실험결과와 일치하지 않았다면 우리는 보어의 가설을 받아들일 수 없겠지만 신기하게도 보어가 세운 이러한 가정을 바탕으로 문제를 풀어 나갔을 때 이론적으로 예측되는 결과는 실험결과와 잘 맞았던 것이다. 즉, 많은 과학자들은 보어의 이론을 받아들일 수밖에 없었던 것이다. 비록 보어는 자신의 가설이 왜 성립하는지 즉, 전자는 왜 안정한 궤도에서만 존재하면 전자의 회전 각운동량은 왜 $\frac{h}{2\pi}$의 정수배로만 주어지는지 설명을 하지 않았지만 실험결과와 잘 일치하였고 그 후에 등장하는 이론들 역시 보어의 가설이 타당하다는 것을 입증하였다. 그 중 하나가 드브로이의 물질파 개념이다.

4. 물질파

2장에서 이미 설명했듯이 빛의 본질에 대해서는 뉴턴시대 부터 많은 논란이 있어왔고 맥스웰에 이르러 빛은 파동이라고 받아들여지게 되었다. 그러나 19세기 말에 광전효과라는 현상이 발견되고 이를 설명하기 위해서 아인슈타인은 빛을 입자로 가정할 수밖에 없게 된다. 왜냐하면 빛을 입자로 가정해야만 광전효과라는 현상이 설명되기 때문이었다. 아인슈타인의 이러한 빛양자 가설에 의해 빛의 본질에 대한 논쟁이 다시 재점화되었다. 반면 전자는 빛과는 반대로 19세기 말 J. J. Thomson에 의해 처음 발견될 때부터 입자로 받아들여졌었다. 톰슨은 3장에서 설명했듯이 크룩스 관을 이용한 실험을 통해 전자 한 개의 질량과 전하량의 비율을 구하는 데 성공하게 된다. 전자 한 개의 질량과 전하량의 비율을 구했는데 전자를 입자로 생각하지 않을 사람은 아무도 없었을 것이다. 게다가 훗날 로버트 밀리컨이라는 미국의 과학자는 전자 한 개의 전하량을 구하는 데 성공하게 되고 결국 전자 한 개의 질량이 알려지게 된다. 따라서 전자를 입자가 아닌 파동으로 생각한다는 것은 당시로서는 절대로 있을 수 없는 일이었던 것이다. 톰슨이 실험적으로 구한 전자 한 개의 질량과 전하량의 비율은 아래와 같았다.

$$\frac{e}{m} = 5.60 \times 10^{-9} g/C \tag{4-1}$$

누구나 그러하겠지만 이 비율을 얻게 된 순간 다음과 같은 생각을 떠올리게 될 것이다. "아, 그럼 이제 전자 한 개의 전하량만 측정할 수 있다면 전자 한 개의 질량도 알 수 있겠구나" 이런 생각을 한 과학자가 당시에도 있었고 그중 한 명이 로버트 밀리컨이라는 미국의 과학자이었다. 그는 전자 한 개의 전하량을 측정하고자 마음을 먹었고 그림 4-1과 같은 실험 장치를 통해 전자 한 개의 전하량을 측정하고자 하였다. 그 실험이 바로 그 유명한 "기름방울 낙하 실험"이다.

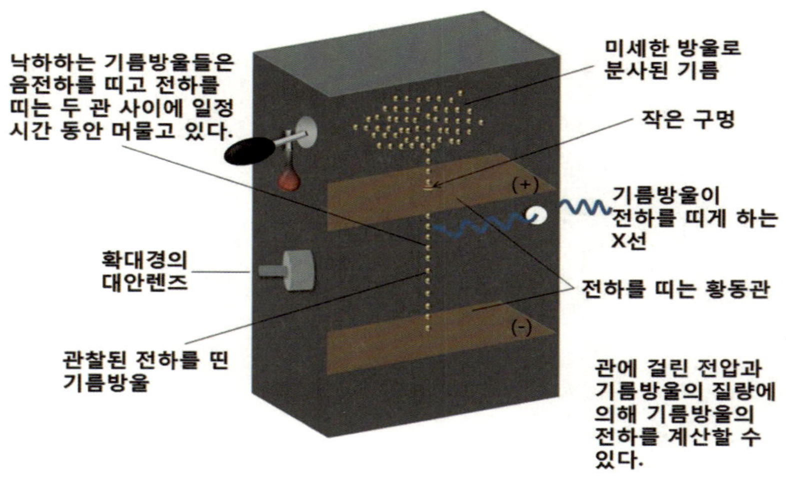

그림 4-1. 로버트 밀리컨의 기름방울 낙하 실험의 모식도

위 그림처럼 밀리컨은 분무기를 통해서 기름방울을 분사시켰고 밑판에 뚫려있는 작은 구멍을 통해 기름방울이 하나씩 하나씩 내려가도록 장치를 고안하였다. 하나씩 떨어지고 있는 기름방울에 X-ray를 쬐어주게 되면 기름방울 주변에 있던 공기가 이온화되며 몇 개의 전자를 기름방울에 전달해 주게 되어 기름방울은 전하를 띠게 된다. 이때 기름방울에 전달되는 전자의 개수는 실험을 통해 조절할 수 없기 때문에 기름방울은 다양한 개수의 전자를 포함하게 된다. 전자를 머금은 기름방울이 떨어지는 맨 아래 판에 "-"전기를 걸어주고 위 판에 "+"전기를 적당히 걸어주게 되면 기름방울은 자신의 무게와 전기적 반발력의 균형으로 인해 공중에 떠 있게 된다. 공중에 뜨는지 여부를 망원경을 통해 관찰하며 위판과 아래 판에 전하량을 조절해서 떨어지는 기름방울마다 띠고 있는 전하의 크기를 측정할 수 있다. 여러 개의 기름방울에 대해 그 전하량을 측정하였고 면밀히 분석한 결과 모든 기름방울의 전하량이 1.6×10^{-19} C의 정수배로 주어진다는 사실을 발견하였다. 즉, 전자 한 개의 전하량은 위와 같은 값이라는 사실을 알 수 있었던 것이다. 이 값을 이용하여 전자 한 개의 질량을 구해보면 전자 한 개의 질량은 대략 8.9×10^{-28} g 정도가 됨을 알 수 있다. 현재 알려져있는 전자 한 개의 질량이 대략 9.1×10^{-28} g이니까 당시로서는 꽤 정확히 구한 값이라는 것을 알 수 있다. 지금까지 살펴 본 바와 같이 전자는 전하량을 가지고 있으며 질량을 가지고 있고 과학자들은 심지어 전자 한 개의 전하량과 질량도 실험적으로 측정해 낸 것이다. 즉, 지금까지의 상황으로 보면 전자는 명확한 입자이며 이는 의심할 바 없는 사실이었던 것이다. 이러한 생각들이 과학계를 지배하고 있었을 때 한 청년이 과감한 발상을 하게 되는데 그는 전자가 입자가 아니라 파동으로서의 성질을 가질 수도 있다고 생각했던 것이다. 그 청년의 이름은 드브로이인데 당시로서는 그의 생각이 얼마나 대담한 생각이었는지는 과학사를 보면 대충 감을 잡을 수 있다. 앞서 설명했다시피 빛은 뉴턴 시대에서부터 입자인지, 파동인지 논쟁이 많이 되어 왔었다. 그러다가 19세기말에 맥스웰에 의해 전자기파가 예견되고 빛은 이러한 전자기파의 한 종류라는 사실이 밝혀지면서 빛은 파동이라는 생각이 과학계를 지배하게 된다. 그러던 중 20세기 초반에 아인쉬타인은 광전효과를 설명하기 위해 당시 파동으로 여겨져 왔던 빛을 입자로 가정함으로서 광전효과 문제를 해결했던 것이다. 드브로이는 파동으로 알려져 왔던 빛이 입자로서의 성질을 가지고 있다면 혹시 입자로 알려져 있던 전자도 파동으로서의 성질을 가지고 있지 않을까 의심했던 것이다. 당시로서는 상당히 과감한 발상이었으며 개인적인 생각으로는 당시 나이 드신 과학자들은 이런 발상을 "말도 안 되는 소리"라고 치부해 버렸을 거라 생각된다. 당시 드브로이의 나이는 31살이었는데 나이가 젊은 만큼 이러한 과감한 발상을 하게 되었던 것이 아닐까 생각한다. 과학계가 드브로이의 발상을 어떻게 받아들였든 간에 프랑스의 신진과학자 드브로이는 당시로서는 도저히 상상할 수 없었던 이러한 발상을 하였고, 그것은 바로 입자로 알려져 있던 전자의 파동성을 부여하는 일이었던 것이다. 그는 여기서 한 걸음 더 나아가 전자가 파동의 성질을 가지고 있다는 가정 하에 전자가 만일 파동의 성질을 가지고 있다면 그 파장은 얼마가 될지 아래와 같이 계산하게 된다.

아인슈타인의 특수 상대성 이론에 의하면 질량은 아래와 같은 식에 의해 에너지로 전환될 수 있다.

$$E = mc^2 \tag{4-2}$$

여기서 m은 물체의 운동 질량이다. 아인슈타인의 특수 상대성 이론에 의하면 물체의 질량은 운동속도에 따라 달라지는데 위 공식에 등장하는 m은 물체의 운동 질량으로서 아래 식과 같이 주어진다.

$$m(v)=\left(\frac{1}{\sqrt{1-(v/c)^2}}\right)m_0 \tag{4-3}$$

여기서 c는 빛의 속도로서 $3\times10^8 m/s$ 의 값으로 주어지는 상수이고 v는 물체가 움직이고 있는 속도, 그리고 m_0는 물체의 정지질량이다. 식 4-3를 4-2에 대입하면

$$E=mc^2=\frac{m_0c^2}{\sqrt{1-\left(\frac{v}{c}\right)^2}} \tag{4-4}$$

이 된다. 위 식을 정리하면,

$$E=mc^2=\frac{m_0c^2}{\sqrt{1-\left(\frac{v}{c}\right)^2}} \Leftrightarrow E^2=m^2c^4=\frac{m_0^2c^4}{1-\left(\frac{v}{c}\right)^2} \tag{4-5}$$

$$\Leftrightarrow E^2=m^2c^4-m^2v^2c^2=m_0^2c^4 \Leftrightarrow E^2=m^2c^4=m^2v^2c^2+m_0^2c^4$$

이 된다. v의 속도로 움직이고 있는 입자가 광자라고 가정하면 빛의 정지질량 $m_0=0$이므로

$$E^2=m^2v^2c^2 \tag{4-6}$$

이 된다. 운동량 $p=mv$이므로

$$E^2=p^2c^2 \Leftrightarrow E=pc \tag{4-7}$$

이 된다. 아인슈타인의 빛양자 가설에 의하면 빛 입자가 가지고 있는 에너지는 $h\nu$이므로,

$$E=pc=h\nu \tag{4-8}$$

라고 할 수 있다. $\nu=\frac{c}{\lambda}$ 이므로

$$pc = h\nu = \frac{hc}{\lambda} \tag{4-9}$$
$$\Leftrightarrow p = \frac{h}{\lambda}$$

가 됨을 알 수 있다. 식 4-9는 빛의 운동량에 관한 식으로서 빛도 운동량을 갖고 있으며 빛의 운동량은 빛의 파장에 반비례한다는 사실을 알 수 있다. 빛이 실제로 운동량을 갖고 있다는 사실은 실험적으로 여러 차례 입증이 되었다. 진공으로 되어 있는 작은 구 안에 프로펠러를 설치하고 프로펠러의 날개 한 쪽은 검은색 그 반대편은 흰색으로 칠한 뒤에 빛을 쬐어 주게 되면 프로펠러가 회전하게 된다. 검은색은 빛을 받아들이고 반면에 흰색은 빛을 반사하기 때문에 프로펠러 양 면에 다른 운동량이 작용하게 되어 프로펠러가 회전하게 되는 것이다. 뿐만 아니라 태양으로부터 오는 빛의 운동량을 이용한 우주선을 계획하고 활용하려는 시도들이 이루어지고 있다. 드브로이는 식 4-9가 물질에도 적용된다고 보았다. 즉 식 4-9의 운동량을 물질의 운동량으로 보았고 식 4-10과 같이 운동량을 물체의 질량과 물체의 속도로 치환하였다.

$$\lambda = \frac{h}{p} = \frac{h}{mv} \tag{4-10}$$

식 4-10을 "드브로이 관계식"이라 부르는데 이 관계식에 따르면 물체의 질량과 속도는 물체의 파장과 반비례한다. 드브로이 관계식의 분자에 놓여 있는 플랑크 상수는 무척 작은 양이기 때문에 분모에 놓여 있는 질량이 우리 주변에 있는 물체 정도의 질량(수 kg 또는 수 g)이라면 파장의 크기는 엄청 작아진다. 예를 들어 1 kg의 물체가 1 m/s의 속도로 움직이고 있다고 했을 때 그 물체의 파장을 드브로이 관계식을 이용해서 구해보면 식 4-11과 같이 $6.626 \times 10^{-34} m$의 값이 얻어진다.

$$\lambda = \frac{h}{mv} = \frac{6.626 \times 10^{-34} Js}{1kg \cdot 1ms^{-1}} = 6.626 \times 10^{-34} \left(\frac{kgm^2 s^{-2} s}{kgms^{-1}} \right) = 6.626 \times 10^{-34} m \tag{4-11}$$

물질이 가진 이러한 파동을 "물질파"라고 하고 모든 물질은 이러한 파동의 특성이 있다고 드브로이는 주장하였다. 그런데 우리 주변에서 보이는 물체들을 아무리 보아도 파동의 특성이 있다고 보이지는 않는데, 그 이유는 위에서 계산한 바와 같이 우리 주변에 있는 물체들의 파장은 우리가 파동으로 인식하기에 너무나 작은 파장을 갖고 있기 때문이라고 생각할 수 있다. 만일 이러한 생각이 옳다면 물체의 질량이 전자나 원자처럼 작을 때에는 파동의 특성이 뚜렷이 나타나야 할 것이다.

드브로이 관계식을 이용해서 빠른 속도로 움직이고 있는 전자의 파장을 구해 보도록 하자. 질량이 9.109 × 10-31 kg으로 알려져 있는 전자가 3 × 106 m/s의 속도로 움직이고 있다고 가정해보자. 드브로이 관계식에 이 값들을 대입해서 전자가 갖게 될 파장을 구해 보면 4-12식과 같이 대략 2 옹스트롬 정도의 파장이 구해진다.

$$\lambda = \frac{h}{mv} = \frac{6.626\times10^{-34}Js}{9.109\times10^{-31}kg \bullet 3\times10^{6}ms^{-1}} = \frac{6.626}{9.109\times3}\times\frac{10^{-34}}{10^{-31}\times10^{6}}(m)$$

$$\lambda = 0.242\times10^{-9}m \approx 2\times10^{-10}m \qquad (4\text{-}12)$$

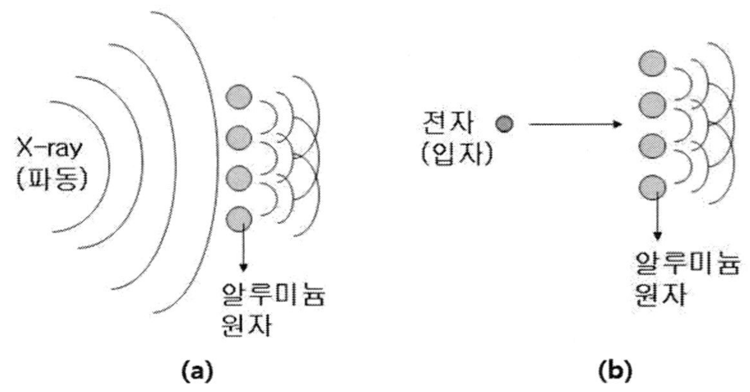

그림 4-2. (a) 알루미늄 결정에 X-ray를 쬐어 주었을 때 나타나는 회절 패턴,
(b) 알루미늄 결정에 전자를 쏘았을 때 나타나는 회절 패턴

대략 전자의 파장이 수 옹스트롬 정도가 된다는 사실을 알 수 있는데, 이 파장의 크기는 빛으로 따졌을 때 대략 X-ray의 파장과 비슷한 크기이다. 빛은 입자의 성질을 가지고 있기도 하지만 파동의 성질 또한 가지고 있어서 전형적인 파동과 같이 간섭 및 회절을 일으키게 된다. 즉 X-ray의 파장과 비슷한 크기를 가진 장애물을 X-ray가 통과할 때 회절 및 간섭이 일어나게 된다. 금속을 포함한 고체의 결정에서 원자와 원자 사이의 거리 (혹은 이온과 이온 사이의 거리)가 대략 X-ray의 파장과 비슷한 크기이므로 X-ray가 결정을 통과하게 되면 회절 및 간섭이 일어나게 되고 이렇게 해서 얻어진 스펙트럼 및 패턴을 X-ray 회절 스펙트럼 (혹은 패턴)이라고 한다. 이러한 패턴을 통해 결정의 구조를 파악하게 된다. 예를 들어 알루미늄 결정에 X-ray를 쏘아 주게 되면 X-ray 빛은 알루미늄 원자와 원자 사이를 통과하면서 회절이 일어나게 되고 회절된 각각의 빛은 서로 간섭을 일으키게 되면서 회절 패턴이 얻어지게 된다. (그림 4-2(a)) 드브로이 관계식을 통해서 계산한 바에 따르면 전자가 빛의 속도의 1/100의 속도로 운동할 때 X-ray와 비슷한 수준의 파장을 나타내야 한다. 만일 전자가 진짜로 X-ray와 비슷한 수준의 파장을 가진다면 X-ray 대신 전자를 알루미늄 결정에 쏘더라도 X-ray를 쏜 것과 비슷한 회절 패턴을 얻을 수 있어야 할 것이다. (그림 4-2(b)) 드브로이가 물질파의 가설을 제안하고 3년 뒤 실제로 몇 명의 과학자들은 이러한 실험을 수행하였다. 그 몇 명의 과학자 중 한 명은 1897년 전자를 발견했던 J. J. Thompson의 아들 J. P. Thompson 이었으며 또 다른 과학자는 두 명이 한 팀을 이루어서 이 실험을 수행했었는데 미국 표준연구소에 근무했던 Davison과 Germer였다. 두 팀은 독자적으로 이러한 실험을 수행하였고 X-ray 대신 전자를 사용하였을 때 비슷한 결과를 얻을 수 있었다. 이러한 일련의 실험 결과로부터 전자도 빛과 마찬가지로 파동의 성질을 가지고 있음이 과학계에 받아들여지기 시작했다. 그리고 2년 뒤 드브로이는 물질의 파동성을 발견한 공로를 인정받아 1929년 노벨상

을 수상하게 된다.

드브로이의 물질파 가설이 등장했을 때 이 이론을 가장 반겼던 사람 중 하나는 보어였다. 보어는 자신의 이론을 펼치면서 전자의 각운동량이 $\frac{h}{2\pi}$의 정수배로만 주어진다고 가정하였고 전자는 안정한 궤도에서 돌고 있는 이유에 대해 설명을 할 수가 없었는데 드브로이의 물질파 가설을 이용하면 이러한 점들을 어느 정도 논리적으로 설명할 수 있었기 때문이다. 보어는 전자가 원자핵 주변에서 특정 궤도만을 따라 회전하고 있다고 가정하였다. 그리고 회전하고 있는 전자의 궤도 각운동량, L은 $\frac{h}{2\pi}$의 정수배로만 주어진다고 가정하였다. 고전역학적으로 각운동량은 회전하고 있는 입자의 질량, 회전반경, 그리고 선속도를 곱해서 계산될 수 있다.

$$L = mvr = n\frac{h}{2\pi} \tag{4-13}$$

그러나 보어는 이러한 가정을 도입하게 된 어떤 논리적 근거를 대지 않고 그냥 도입했던 것이다. 그리고 얻어진 결론은 정확히 리드버그-발머 공식으로 귀결되었고 수소원자의 선 스펙트럼이 이론적으로 정확히 묘사되었기 때문에 보어의 이론은 받아들여졌다. 만일 드브로이의 가설처럼 전자가 일종의 파동으로 이루어져 있다면 보어의 가설에 등장했던 전자가 원자핵 주변 특정 궤도에서만 돌고 있다는 점을 설명할 수 있다. 원자핵 주변에서 전자의 파동이 안정적으로 유지되기 위해서는 전자가 회전하고 있는 원주의 길이가 전자파장의 정수배로만 주어져야 한다. 위 그림처럼 전자가 현재 점선으로 된 궤도를 따라 돌고 있다고 가정해 보자. 그리고 드브로이 물질파 가설에 따라 전자를 궤도를 따라 움직이고 있는 파장으로 가정해 보자. 그림 4-3(a)와 같이 파동의 파장이 점선으로 된 궤도의 원주길이의 정수배가 될 경우 (위 왼쪽 그림에서는 7배) 파동이 한 바퀴 회전하고 다시 원래 파동과 겹칠 때 파동의 상이 일치한 상태로 겹칠 수 있기 때문에 파동은 계속해서 유지가 될 수 있다. 반면에 그림 4-3(b)와 같이 원주의 길이가 파장의 정수배가 되지 않을 때 파동이 원주를 따라 계속해서 움직이다 보면 상이 서로 어긋나게 되고 결국 파동은 없어지게 된다. 전자가 돌고 있는 궤도 (위 그림에서 점선)의 반경을 "r"이라고 할 경우 원주의 길이는 "$2\pi r$"이 된다. 따라서 그림 4-3(a)처럼 원주의 길이가 파장의 정수배가 되는 경우는 4-14식 같이 묘사될 수 있다.

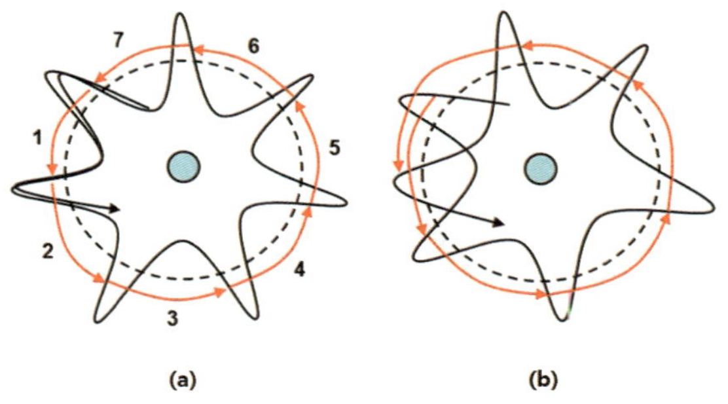

그림 4-3. (a) 전자가 돌고 있는 궤도의 원주와 전자의 파장이 정수배가 되는 경우,
(b) 전자가 돌고 있는 궤도의 원주와 전자의 파장이 정수배가 되는 경우

$$2\pi r = n\lambda \qquad (4\text{-}14)$$

위 식에서 "n"은 정수이고 "λ"는 전자파동의 파장이다. 4-14식의 "λ"대신 드브로이 관계식으로부터 유도되는 "$\frac{h}{mv}$"를 대입하면 4-14식은 아래 식 4-15와 같이 변화된다.

$$2\pi r = n\lambda = n\frac{h}{mv} \qquad (4\text{-}15)$$

위 식에서 "m"은 전자의 질량이고, "v"는 전자가 원자핵 주변을 돌고 있는 선속도를 나타낸다. 4-15식은 아래식 4-16과 같이 변형될 수 있다.

$$mvr = n\frac{h}{2\pi} \qquad (4\text{-}16)$$

4-16식을 보면 어디선가 많이 본 듯한 느낌을 받게 된다. 그렇다. 바로 보어가 가정했던 궤도 각운동량의 양자화 가설 관련 식이다. 보어는 전자가 원자핵 주변을 돌고 있을 때 특별한 설명 없이 전자가 돌고 있는 궤도 각운동량이 양자화 되어 있다고 가정하였었는데, 드브로이의 물질파 가설을 이용해서 전자의 궤도 안정화를 고려하다 보면 놀랍게도 보어가 세웠던 가설이 자연스럽게 유도가 되는 것이다. 보어는 자신이 세웠던 각운동량 양자화 가설을 설명할 수 없었지만 드브로이의 물질파 가설을 이용해보면 왜 각운동량이 양자화 되어 있는지 뿐만 아니라 전자가 특정 궤도에서만 돌고 있는 이유도 설명 가능해진다.

5. 쉬뢰딩거 방정식

보어의 고전 양자이론의 성공으로 원자의 구조에 관한 연구는 탄력을 받는 듯했다. 그러나 3장에서 언급했듯이 보어의 이론은 러더포드가 제안했던 원자모형에서 제기되는 문제를 해결했다기보다는 그 문제를 가설로써 받아들이고 이론을 전개해 나갔던 것이다. 게다가 보어의 이론은 수소 원자의 선스펙트럼 위치를 정확히 설명할 수 있었지만, 그 외 다른 원소들의 선스펙트럼은 정확히 설명할 수 없었다는 단점을 가지고 있었다. 그 옛날 지구에서 관찰되었던 행성의 역행운동을 설명하기 위해 도입되었던 "주전원"개념처럼 과학자들은 보어의 이론을 다른 원소에 적용하기 위해 보어가 제기했던 전자의 궤도를 구형에서 타원으로 수정하는 등 다양한 보완책을 제시하였다. 그러나 여전히 보어의 고전 양자이론은 수소 원자의 경우와는 잘 일치하였지만 다른 원소들에 대해서는 잘 맞지 않았었고 제대로 된 이론이 등장하기까지 무려 14년이라는 세월을 기다려야만 했다. 여기서 말하는 제대로 된 이론이란 "현대 양자론"을 의미하는데, 이 현대 양자론은 한 명의 과학자와 한 그룹의 과학자들에 의해 독립적으로 발견된다. 그 한 명의 과학자는 바로 "쉬뢰딩거"이며, 한 그룹의 과학자들은 "하이젠베르크, 본, 요르단"이다. 이 3명 중에서 하이젠베르크의 역할이 가장 컸기 때문에 흔히 이 이론을 하이젠베르크의 이론으로 불리기도 한다. 본 글에서도 하이젠베르크만 언급하도록 하겠다. 쉬뢰딩거의 이론은 파동방정식을 기반으로 이루어져 있으므로 "파동역학"이라고 불리며, 하이젠베르크의 이론에서는 행렬을 기본적인 틀로 이용하고 있으므로 "행렬역학"이라고 불린다. 두 이론의 수학적 틀과 문제해결을 위한 접근 방식은 다르나 둘 다 자연현상을 올바르게 묘사하고 있으며 훗날 두 이론은 수학적으로 동등함이 증명된다. 파동역학과 행렬역학은 수학적으로 동등하고 모두 실험 결과를 잘 설명하지만, 행렬역학보다는 파동역학이 얻은 결과에 대한 물리적 해석이 더 쉽기 때문에 대부분의 양자화학 교재에서는 파동역학을 기반으로 설명을 진행해 나간다. 본 교재에서도 쉬뢰딩거의 파동역학을 기반으로 설명을 해 나가도록 하겠다.

위에서 언급했다시피 파동역학이 행렬역학보다는 그나마 이해하기 쉽다고 하더라도 양자역학 자체가 기존에 알려진 역학과는 완전히 다른 체계를 갖고 있으므로 이해하기가 쉽지는 않다. 그뿐만 아니라 계산 결과를 해석할 때도 기존에 자연을 바라보던 관점과는 다른 관점으로 해석하기 때문에 해석 역시 이해하는 데 어려움이 있다. 이는 비단 양자역학을 처음 배우는 학생들뿐만 아니라 양자역학이 처음 등장하였던 당시의 물리학자들 역시 이 역학을 이해하고 해석하는데 있어서 어려움을 갖고 있었다. 장담하건대 전 세계 누구도 양자역학에 대해 완벽하게 이해하고 있다고 자신 있게 얘기할 수 없을 것이다. 양자역학이 기존 역학 체계와 무엇이 다른지 그리고 해석이 기존 관점과 어떻게 다른지 아래에서 대략 언급한 뒤 자세한 설명으로 넘어가도록 하겠다.

양자역학과 대비되는 고전역학은 우리의 상식선을 넘지 않기 때문에 사용 및 해석에 있어서 양자역학보다 쉬운 편이다. 예를 들어, 질량 m의 물체가 v의 속력으로 움직이고 있다고 했을 때 그 물체의 운동에너지 E_k는 다음과 같은 수식으로 구할 수 있다.

$$E_k = \frac{1}{2}mv^2 \tag{5-1}$$

운동에너지 공식만 외우고 있다면 물체의 질량과 속력을 대입해서 바로 운동에너지를 구할 수 있고, 이렇게 해서 구한 에너지는 말 그대로 운동하고 있는 물체가 가진 에너지이다. 과정도 단순하고 해석도 쉽다. 이처럼 고전역학은 과정이나 해석 자체가 우리의 상식선 안에서 이루어지기 때문에 이해하기 쉽지만, 양자역학은 기존에 해왔던 이런 방식으로 어떤 물리량을 구하고 해석하는 것이 아니라 새로운 방법으로 물리량을 구하고 해석하게 된다. 양자역학적으로 어떤 시스템의 물리량을 계산하고 해석하는 과정을 대략 설명하자면 다음과 같다. 일단 양자역학에서는 우리가 관심 있는 모든 시스템은 파동함수로 묘사될 수 있다고 가정하므로, 시스템을 묘사하는 파동함수를 먼저 구해야 한다. 이 파동함수는 시스템의 물리량에 관한 모든 정보를 담고 있는데, 이 파동함수는 쉬뢰딩거 방정식이라고 하는 미분방정식을 풀어서 얻을 수 있다. 그리고 양자역학에서는 측정하고자 하는 물리량에 대응하는 연산자가 존재하는데, 이 연산자를 우리가 위에서 구한 파동함수에 적용해 물리량을 얻을 수 있게 된다. 때로는 물리량을 얻을 수 없을 때도 있는데 그럴 때는 물리량의 평균값만을 구할 수 있다. 위에서 구한 파동함수 자체는 물리적으로 큰 의미가 없으며 파동함수를 제곱한 함수만이 관측될 확률로서의 의미가 있다고 가정한다. 양자역학에서는 이와 같은 방식으로 시스템의 물리량을 계산하고 해석하는데 아마 이 글을 읽는 독자 대부분이 이해하지 못했을 거로 생각한다. 아래에서 더 자세하게 알아보도록 하자.

1) 쉬뢰딩거 방정식

위에서 살짝 언급했듯이 양자역학에서는 시스템을 나타내는 파동함수가 존재한다고 가정하고 그 파동함수는 시스템에 관한 모든 정보를 담고 있다고 가정한다. 즉, 시스템은 대상이 물질이라고 하더라도 파동함수로 묘사되며, 그 파동함수는 쉬뢰딩거 방정식을 풀어서 얻을 수 있다. 쉬뢰딩거 방정식은 미분기호가 포함되어 있는 미분방정식이다. “미분방정식” 이름부터 부담스러울 수 있다고 생각한다. 간단하게 설명하자면, 미분방정식이란, 우리가 중학교 때 배웠던 방정식의 일종인데 그냥 방정식과 달리 풀면 답으로 함수가 주어지는 방정식이다. 아래 5-2 식은 우리가 알고 있는 일반 방정식이다.

$$2x + 2 = 4 \tag{5-2}$$

방정식 5-2를 풀라는 말은 방정식을 만족시키는 미지수 x를 구하라는 의미이다. 정답은 $x = 1$이다. 이 정답과 같이 방정식은 풀면 숫자가 해로 주어진다. 반면에 미분방정식은 풀면 함수가 얻어진다. 아래 5-3가 같은 방정식이 바로 미분방정식이다.

$$\frac{dy}{dx} = 4 \tag{5-3}$$

미분기호가 포함되어 있음을 볼 수 있다. 미분방정식 5-3을 풀면 5-4와 같은 함수가 해로 주어진다. 식 5-4에서 C는 임의의 상수가 올 수 있다는 의미이다. 예를 들어, $y = 4x + 2$, $y = 4x + 200$, $y = 4x + 0.7$...그 어떤 함수도 미분방정식 5-3의 해가 될 수 있음을 의미한다.

$$y = 4x + C \tag{5-4}$$

함수 5-4가 미분방정식 5-3을 만족시킨다는 사실은 함수 5-4를 미분방정식 5-3에 대입해 보면 바로 알 수 있다. 이러한 미분방정식을 어떻게 풀어야 하는지에 대해서는 6장에서 다루도록 하고 본 장에서는 쉬뢰딩거 방정식을 소개까지만 할 계획이다. 식 5-5에 보이는 방정식이 쉬뢰딩거 방정식이다.

$$-\frac{\hbar^2}{2m}\frac{d^2}{dx^2}\psi(x) + \hat{V}\psi(x) = E\psi(x) \tag{5-5}$$

아마 이 방정식을 처음 본 사람이라면 꽤 복잡해 보일 수도 있다고 생각한다. 사실 쉬뢰딩거 방정식은 기본적인 틀은 정해져 있지만 항상 같은 형태를 보이는 것은 아니다. 시스템에 따라서 그리고 가정에 따라서 쉬뢰딩거 방정식의 구체적인 형태는 조금씩 달라진다. 따라서 조금 더 정확하게 얘기하자면 "식 5-5는 쉬뢰딩거 방정식의 하나다"라고 해야 할 것이다. 우리는 앞으로 구체적인 시스템을 가정하고 그에 맞는 쉬뢰딩거 방정식을 어떻게 만들 수 있는지, 또 방정식은 어떻게 풀어야 하는지, 그리고 그 결과 어떤 특성이 나타나는지에 대해 구체적으로 살펴볼 계획이다. 구체적인 사례에 관한 공부는 뒤에서 하도록 하고 이 장에서는 쉬뢰딩거 방정식 중 하나인 식 5-5가 어떻게 얻어졌는지에 대해서만 먼저 살펴볼 계획이다. 그에 앞서 먼저 파동에 관한 기초지식부터 습득하고 넘어가도록 하자.

2) 파동

우리는 2장에서 오른쪽으로 이동하는 파동에 관한 수식을 다음 식 5-6과 같이 얻은 바 있다.

$$u(x,t) = A\cos 2\pi\left(\frac{x}{\lambda} - \nu t\right) \tag{5-6}$$

식 5-6에서 2π를 괄호 안으로 넣으면 5-6식은 식 5-7과 같이 된다.

$$u(x,t) = A\cos\left(\frac{2\pi}{\lambda}x - 2\pi\nu t\right) \tag{5-7}$$

식 5-7에서 괄호 안에 있는 $\frac{2\pi}{\lambda}$는 흔히 wave vector(파수 벡터)라고 불리는 양으로서 보통 k로 치환해서 나타낸다. 한 편, 괄호 안에 있는 또 다른 양 $2\pi\nu$는 흔히 angular frequency(각 주파수)라고 불리는 양으로서 보통 ω(오메가)로 치환해서 나타낸다. 파수 벡터와 각 주파수를 k와 ω로 치환해서 식 5-7을 다시 쓰면 5-8식이 된다.

$$u(x,t) = Acos\,(kx - \omega t) \tag{5-8}$$

식 5-8은 오른쪽으로 이동하는 파동을 나타내는 수식이며, 왼쪽으로 이동하는 파동의 수식은 $-\omega t$ 대신 식 5-9처럼 $+\omega t$로 나타내어진다.

$$u(x,t) = Acos\,(kx + \omega t) \tag{5-9}$$

식 5-8과 5-9는 파장, 진폭, 이동속도가 모두 같은 파동으로서 단지 이동 방향만 다른 두 함수이다. 이처럼 나머지는 모두 같지만 이동 방향이 다른 두 함수를 서로 더하게 되면 파동은 제자리에서 진동하고 있는 정상파의 형태를 띠게 된다. 이 정상파의 수식이 어떻게 나타나는지 실제로 식 5-8과 5-9를 더해보도록 하자. 두 파동이 더해져서 나타나는 정상파의 파동함수 $\Psi(x,t)$는

$$\Psi(x,t) = A\cos(kx - \omega t) + A\cos(kx + \omega t)$$
$$\Psi(x,t) = A\,\{\cos kx \cos\omega t + \sin kx \sin\omega t\} + A\,\{\cos kx \cos\omega t - \sin kx \sin\omega t\}$$
$$\Psi(x,t) = 2A\cos kx \cos\omega t \tag{5-10}$$

식 5-10처럼 얻어진다. 정상파는 제자리에서 진동하는 파동이므로 진폭이 항상 "0"인 "마디"라고 불리는 지점이 $x = \frac{\lambda}{4}, \frac{3\lambda}{4}, \frac{5\lambda}{4}, \ldots$에서 존재한다. 식 5-10에 $x = \frac{\lambda}{4}$, $x = \frac{3\lambda}{4}$를 각각 대입해 보면 식 5-11, 12처럼 시간에 상관없이 진폭이 늘 "0"이 됨을 볼 수 있다.

$$\Psi(x,t) = 2A\cos kx \cos\omega t = 2A\cos\frac{2\pi}{\lambda}\cdot\frac{\lambda}{4}\cos\omega t = 2A\cos\frac{\pi}{2}\cos\omega t = 0 \tag{5-11}$$

$$\Psi(x,t) = 2A\cos kx \cos\omega t = 2A\cos\frac{2\pi}{\lambda}\cdot\frac{3\lambda}{4}\cos\omega t = 2A\cos\frac{3\pi}{2}\cos\omega t = 0 \tag{5-12}$$

이번에는 시간이 흐름에 따라 파동의 진폭이 어떻게 변하는지 한 번 살펴보도록 하자. 시간 $t = 0, \frac{T}{4}, \frac{T}{2}, \frac{3T}{4}, T, \ldots$가 됨에 따라 진폭을 계산해보면 식 5-13, 14, 15, 16과 같다.

$t=0$일 때

$$\Psi(x,t)=2A\cos kx\cos\omega t=2A\cos kx\cos\omega\cdot 0=2A\cos kx \tag{5-13}$$

$t=T/4$일 때

$$\Psi(x,t)=2A\cos kx\cos\omega t=2A\cos kx\cos\frac{2\pi}{T}\cdot\frac{T}{4}=2A\cos kx\cos\frac{\pi}{2}=0 \tag{5-14}$$

$t=T/2$일 때

$$\Psi(x,t)=2A\cos kx\cos\omega t=2A\cos kx\cos\frac{2\pi}{T}\cdot\frac{T}{2}=2A\cos kx\cos\pi=-2A\cos kx \tag{5-15}$$

$t=3T/4$일 때

$$\Psi(x,t)=2A\cos kx\cos\omega t=2A\cos kx\cos\frac{2\pi}{T}\cdot\frac{3T}{4}=2A\cos kx\cos\frac{3\pi}{2}=0 \tag{5-16}$$

시간에 따른 진폭을 보면 시간이 0에서 T/4, T/2, 3T/4로 진행됨에 따라 진폭은 $2A\cos kx$, 0, $-2A\cos kx$, 0 순으로 반복됨을 알 수 있다. 특히 식 5-14와 5-16을 보면 시간이 T/4, 3T/4일 때에는 위치에 상관없이 모든 진폭이 0이 된다는 사실을 알 수 있다. 이상의 상황을 종합하면 식 5-10은 그림 5-1과 같은 정상파를 나타낸다는 것을 알 수 있다.

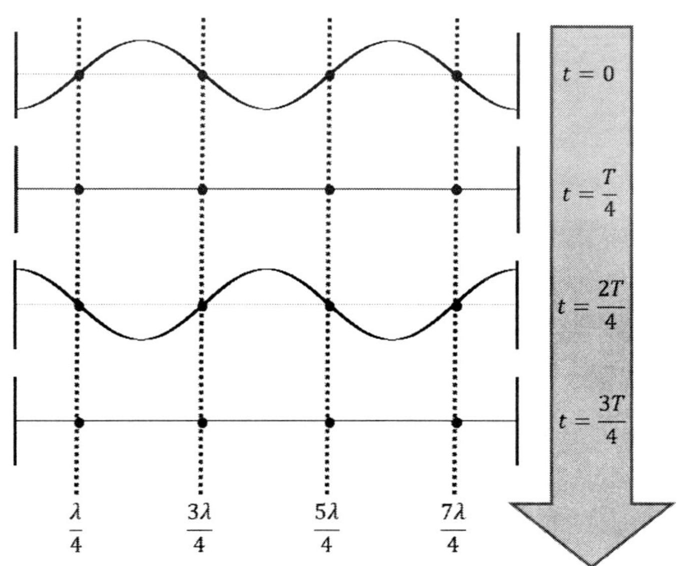

그림 5-1. 식 5-10을 몇몇 시간에 대해 그린 그래프

2장에서 언급했다시피 정상파도 파동이기 때문에 아래 식 5-17과 같은 파동방정식을 만족해야 한다.

$$\frac{d^2}{dx^2}\Psi(x,t)=\frac{1}{v^2}\frac{d^2}{dt^2}\Psi(x,t) \tag{5-17}$$

식 5-10을 x로 두 번 미분한 함수는 식 5-18과 같다.

$$\frac{d^2}{dx^2}\Psi(x,t)=-2Ak^2\cos kx\cos\omega t \tag{5-18}$$

식 5-10을 t로 두 번 미분한 함수는 식 5-19와 같다.

$$\frac{d^2}{dt^2}\Psi(x,t)=-2A\omega^2\cos kx\cos\omega t \tag{5-19}$$

식 5-18과 5-19를 식 5-17에 넣고 정리하면 식 5-20이 된다.

$$-2Ak^2\cos kx\cos\omega t=\frac{1}{v^2}(-2A\omega^2\cos kx\cos\omega t)$$

$$\Leftrightarrow k^2=\frac{1}{v^2}\omega^2 \tag{5-20}$$

$k=\frac{2\pi}{\lambda}$, $v=\frac{\lambda}{T}$, $\omega=2\pi\nu=\frac{2\pi}{T}$를 식 5-20에 각각 대입하면

$$k^2=\frac{1}{v^2}\omega^2 \Leftrightarrow \left(\frac{2\pi}{\lambda}\right)^2=\left(\frac{T}{\lambda}\right)^2\left(\frac{2\pi}{T}\right)^2 \Leftrightarrow \left(\frac{2\pi}{\lambda}\right)^2=\left(\frac{2\pi}{\lambda}\right)^2 \tag{5-21}$$

식 5-21과 같이 양변이 서로 같아짐을 볼 수 있다. 즉, 정상파를 나타내는 수식 5-10은 식 5-17을 만족시킨다는 사실을 알 수 있다. 이제 공간에 관한 파동함수 $\psi(x)$가 어떤 형태인지 모른다고 가정하고 같은 과정을 반복해보자. 위에서 우리는 공간에 관한 파동함수가 식 5-10의 $\psi(x)=2A\cos kx$라는 것을 알고 있었지만, 이제 그 파동함수의 수식을 모른다고 가정하였으므로 공간에 관한 파동함수를 $\psi(x)$라고 놓으면, 식 5-10은 $\Psi(x,t)=\psi(x)\cos\omega t$이 된다. 이 식을 5-17 파동방정식에 다시 대입해 보자. (식 5-22)

$$\frac{d^2}{dx^2}\psi(x)\cos\omega t=\frac{1}{v^2}\frac{d^2}{dt^2}\psi(x)\cos\omega t \tag{5-22}$$

식 5-22의 좌변은 x로만 미분하기 때문에 $\cos\omega t$는 상수 취급해서 미분 기호 앞으로 나갈 수 있다. 식 5-22의 우변에서 $\cos\omega t$를 t로 두 번 미분하면 $-\omega^2\cos\omega t$가 된다. 정리하면 식 5-23이 된다.

$$\cos\omega t\frac{d^2}{dx^2}\psi(x)=\frac{1}{v^2}\psi(x)(-\omega^2\cos\omega t) \tag{5-23}$$

양변에서 $\cos\omega t$를 제거하고 $v=\dfrac{\lambda}{T}$, $\omega=2\pi\nu=\dfrac{2\pi}{T}$를 대입하면

$$\frac{d^2}{dx^2}\psi(x)=-\frac{\omega^2}{v^2}\psi(x)\Leftrightarrow\frac{d^2}{dx^2}\psi(x)=-\frac{\left(\frac{2\pi}{T}\right)^2}{\left(\frac{\lambda}{T}\right)^2}\psi(x)$$

$$\Leftrightarrow\frac{d^2}{dx^2}\psi(x)=-\frac{4\pi^2}{\lambda^2}\psi(x) \tag{5-24}$$

파동을 어떤 입자의 물질파라고 가정하고 식 5-24의 λ를 드브로이 관계식에 따라 $\dfrac{h}{p}$로 대체하자.

$$\frac{d^2}{dx^2}\psi(x)=-\frac{4\pi^2p^2}{h^2}\psi(x) \tag{5-24}$$

선운동량 p는 다음과 같은 과정을 따라 질량 m, 전체 에너지 E, 퍼텐셜 에너지 V, 운동에너지 E_k로 전환될 수 있다. (식 5-25)

$$p=mv\Leftrightarrow p^2=m^2v^2\Leftrightarrow\frac{p^2}{2m}=\frac{1}{2}mv^2=E_k\Leftrightarrow\frac{p^2}{2m}=\frac{1}{2}mv^2=E_k=E-V$$

$$\Leftrightarrow p^2=2m(E-V) \tag{5-25}$$

식 5-25를 식 5-24에 대입하면

$$\frac{d^2}{dx^2}\psi(x)=-\frac{4\pi^2\cdot 2m(E-V)}{h^2}\psi(x) \tag{5-26}$$

$$\Leftrightarrow\frac{d^2}{dx^2}\psi(x)=-\frac{8m\pi^2(E-V)}{h^2}\psi(x) \tag{5-27}$$

$$\Leftrightarrow \frac{d^2}{dx^2}\psi(x) + \frac{8m\pi^2(E-V)}{h^2}\psi(x) = 0 \tag{5-28}$$

$$\Leftrightarrow \frac{d^2}{dx^2}\psi(x) + \frac{8m\pi^2 E}{h^2}\psi(x) - \frac{8m\pi^2 V}{h^2}\psi(x) = 0 \tag{5-29}$$

$$\frac{8m\pi^2 E}{h^2}\psi(x) = -\frac{d^2}{dx^2}\psi(x) + \frac{8m\pi^2 V}{h^2}\psi(x) \tag{5-30}$$

식 5-26 양변에 $\dfrac{h^2}{8m\pi^2}$을 곱하면 식 5-26이 된다.

$$E\psi(x) = -\frac{h^2}{8m\pi^2}\frac{d^2}{dx^2}\psi(x) + V\psi(x) \tag{5-31}$$

$\dfrac{h}{2\pi} = \hbar$라고 정의하면 $\dfrac{h^2}{8m\pi^2} = \dfrac{1}{2m}\dfrac{h^2}{4\pi^2} = \dfrac{\hbar^2}{2m}$이 된다. 따라서 식 5-26은 식 5-32와 같이 식 5-5의 쉬뢰딩거 방정식의 형태가 된다.

$$E\psi(x) = -\frac{\hbar^2}{2m}\frac{d^2}{dx^2}\psi(x) + V\psi(x) \tag{5-32}$$

식 5-32를 유도할 때 우리는 공간에 관한 파동함수로서 하나의 변수만 가지고 있는 함수 $\psi(x)$을 사용하였다. 즉, 식 5-32는 1차원에서만 진동하는 파동(드브로이 물질파 개념에 의하면 파동은 물질이 될 수 있으므로 이 말은 1차원에서만 운동하고 있는 입자로 볼 수도 있다)에 관한 수식이다. 만일 2차원, 3차원에서 진동하고 있는 파동(2차원, 3차원에서 운동하고 있는 입자)이라면 쉬뢰딩거 방정식의 형태도 달라진다. 식 5-32의 좌변은 시스템의 전체 에너지를 나타내고 전체 에너지는 운동에너지와 퍼텐셜 에너지의 합으로 주어진다. 즉 식 5-32는 식 5-33처럼 운동에너지와 퍼텐셜 에너지로 나눠서 쓸 수 있다.

$$(E_k + E_p)\psi(x) = E_k\psi(x) + E_p\psi(x) = -\frac{\hbar^2}{2m}\frac{d^2}{dx^2}\psi(x) + V\psi(x) \tag{5-33}$$

운동에너지와 퍼텐셜 에너지를 따로따로 쓰면 다음과 같다.

$$-\frac{\hbar^2}{2m}\frac{d^2}{dx^2}\psi(x) = E_k\psi(x), \qquad V\psi(x) = E_p\psi(x) \tag{5-34}$$

식 5-34에서 $\psi(x)$은 공간에 관한 파동함수로서 우리가 모르는 함수라고 하였다. 식 5-34를 보면 $-\frac{\hbar^2}{2m}\frac{d^2}{dx^2}$을 파동함수 $\psi(x)$에 적용하여 운동에너지를 구할 수 있을 것 같다는 생각이 든다. 일종의 $-\frac{\hbar^2}{2m}\frac{d^2}{dx^2}$이 운동에너지에 대응하는 연산자로서 역할을 할 수도 있겠다는 생각이 든다. 식 5-34의 퍼텐셜 에너지도 비슷한 방식으로 이해할 수 있다. 연산자란, 정해진 연산을 하라는 일종의 기호라고 할 수 있는데, 이에 관해서는 뒤에서 다시 다루도록 하겠다.

3) 양자역학적 풀이 과정

지금까지 우리는 1차원에서 운동하고 있는 입자, 또는 그것의 물질파에 관한 쉬뢰딩거 방정식을 유도해보았다. 차근차근 유도과정을 따라온 사람이라면 느꼈겠지만, 유도과정이 그리 깔끔하진 않다. 처음에 가정했던 파동의 정체, 중간 과정에서 드브로이 관계식으로 치환하는 부분 등이 깔끔하지는 않지만, 중요한 것은 그런데도 이 이론은 실험 결과를 잘 설명한다는 것이다. 아마 양자역학을 받아들일 수밖에 없는 가장 중요한 이유이지 않을까 생각한다. 쉬뢰딩거가 원자 내의 전자를 어떻게 바라보았는지 정확히 알 수는 그 과정에서 양자역학이라는 새로운 학문이 탄생하였다. 쉬뢰딩거는 아마도 다음과 같이 생각했을 것이다. 쉬뢰딩거가 원자에 관한 문제를 해결하기 위해 쉬뢰딩거는 일단 전자는 원자핵 주변에서 파동처럼 존재한다는 사실을 받아들였다. 그리고 전자가 만일 원자핵 주변에서 파동처럼 존재한다면 그 파동의 형태 및 특성들을 묘사할 수 있는 파동함수 또한 존재할 것이라고 예상하였다. 쉬뢰딩거는 원자핵 주변에서 파동으로서 존재하는 전자의 파동함수를 구할 수 있는 독특한 방법을 위에서 유도한 것처럼 개발하였고, 그 방법은 기존 이론으로서는 이론적으로 유도하거나 설명할 수 없는 새로운 방법이었다. 기존 방법으로 유도할 수 없다면 그 방법이 틀린 방법일 수도 있지 않으냐고 반문할 수도 있을 것이다. 물론 틀린 방법일 수도 있다. 그러나 적어도 현재까지는 쉬뢰딩거의 방법을 통해 예측한 결과들은 실험 결과와 잘 맞아 들어가기 때문에 현재로서는 받아들일 수밖에 없다. 우리가 할 일은 앞으로 이 함수를 찾아내는 쉬뢰딩거의 방법을 배우는 일이다. 최종 목적은 원자핵 주변에서 파동으로 존재하는 전자의 파동함수를 찾아내는 일이고 이것을 더 큰 원자, 그리고 분자로 확장하는 것이지만 처음부터 목표를 향해 나아가기에는 여러 가지 개념적으로 이해하기 어려운 점이 많기 때문에 일단은 1차원에서 움직이고 있는 전자, 2차원 평면에서 움직이고 있는 전자, 원운동을 하고 있는 전자와 같은 간단한 시스템에서 전자의 파동함수를 구하기 위해 쉬뢰딩거의 방법이 어떻게 적용되는지 이해하고 우리의 최종 목표를 향해 나아가고자 한다.

쉬뢰딩거의 방식을 대략 설명하자면 아래와 같다. 이전 장에서 설명했듯이 전자는 입자와 파동의 성질을 모두 가지고 있다. 전자를 입자 관점에서 보았을 때, 전자가 현재 1차원 혹은 2차원 혹은 원운동을 하고 있다고 가정한다. 전자를 파동의 관점에서 보았을 때 전자는 1차원에서 혹은 2차원에서 혹은 원 주변에서 파동의 형태로 존재한다고 생각한다. 이 글을 읽는 독자들은 이미 헷갈릴 수 있지만 더 이상 설명할 방법이 없다. 전자는 입자인 동시에 파동이기 때문이다. 전자의 파동을 묘사할 수 있는 파동함수를 찾는 것이 목적인

데 찾는 방법은 쉬뢰딩거가 만든 규칙을 따라 찾게 된다. 그 규칙은 먼저 각각의 전자를 묘사하는 방정식을 만든다. 이 방정식을 "쉬뢰딩거 방정식"이라 한다. 이 방정식은 시스템에 따라 달라진다. 즉, 1차원에서 움직이고 있는 전자의 쉬뢰딩거 방정식은 2차원에서 운동하고 있는 전자의 쉬뢰딩거 방정식과 형태도 다르고 풀이 과정도 다르면 최종적으로 얻게 되는 파동함수도 다르게 된다. 쉬뢰딩거 방정식을 만든 뒤 그 방정식을 풀면 우리가 얻고자 했던 전자를 묘사하는 파동함수를 얻게 된다. 쉬뢰딩거의 방법을 좀 더 자세히 설명하도록 하겠다. 어떤 상자 안에 전자가 움직이고 있다고 가정해보자. 다시 말하지만, 이것은 입자의 관점에서 바라본 것이고 파동의 관점에서 바라보면 전자는 상자 안에서 파동으로서 (어떤 형태의 파동인지는 아직 모르지만) 출렁이고 있다.

‣ **규칙** ① 전자는 파동함수로 묘사되는데 그 파동함수는 전자의 모든 정보 (위치, 운동량, 에너지 등)를 담고 있다.

‣ **규칙** ② 그 파동함수는 다음과 같이 구한다.

i) 에너지를 구하는 연산자 ($\hat{H}$; "해밀토니안"이라고 읽음) 를 수학적으로 구한 뒤,

ii) 미지의 파동함수, "ψ" ("프사이"라고 읽음)에 적용한다. 적용은 곱하기가 아닐 수 있다는 사실에 주의해야 한다.

$\hat{H}\psi = E\psi$

이런 형태의 방정식을 "쉬뢰딩거 방정식"이라 한다.

iii) 위 방정식을 푼다.

iv) 에너지, E와 파동함수, ψ가 얻어진다.

위 풀이 과정을 이해하기 위해서는 두 가지 사전지식이 필요한데 먼저 "연산자"의 개념에 대해 알아야 하고, 연산자의 개념을 바탕으로 "고유치 방정식"이 어떤 것인지 알아야 한다. 먼저 연산자에 대해 알아보자. 연산자와 고유치 방정식에 대해 간략하게 알아보고 다시 쉬뢰딩거의 방법으로 돌아올 것이다.

4) 연산자

"연산자"를 굳이 정의하자면 "연산을 하라는 기호" 정도로 정의할 수 있다. 아래 수식을 보자.

$$2 \times 3 = 6 \tag{5-35}$$

위 수식을 말로 해석하자면 "2 라는 숫자에 3이라는 숫자를 곱하면 6이 된다"라는 말이다. 즉, 우리는 자연스럽게 "2"와 "3" 그리고 "6"은 숫자로 그리고 "×"와 "="는 기호로 인식하고 있는 것이다. 같은 식을 관점

을 바꿔서 생각해보자. 즉, "2×"를 일종의 기호로 생각하는 것이다. "2×"뒤에 나오는 숫자를 2배 하라는 기호로 생각하는 것이다. "2×"뒤에 5가 놓인다면 기호의 정의대로 5를 두 배 하여 "10"이 되는 것이고, "2×"뒤에 "8"이 놓인다면 8을 두 배 하여 "16"이 답으로 주어지는 것이다. 이렇게 생각해보면 "뒤에 나오는 숫자를 두 배 하라"라는 기호를 굳이 "2×"로 쓰지 않아도 될 것이다. 예를 들어 "@"라는 기호를 사용하고 그 정의를 "뒤에 나오는 숫자를 두 배하라"라는 기호로 정의 내린다면, 아래와 같은 식들이 성립할 것이다.

$$@3 = 6, \quad @15 = 30, \quad @200 = 400 \tag{5-36}$$

여기서 사용된 "@"을 "연산자"라고 한다. 즉, 연산자란, 연산을 행하라는 어떤 기호를 의미한다. 이러한 연산자의 개념을 사용하게 되면 우리가 배웠던 덧셈, 뺄셈, 곱셈, 나눗셈 등도 연산자의 개념으로 재해석할 수 있게 된다. 가장 널리 쓰리고 있는 연산자의 하나가 바로 "미분연산자"이다. $\frac{d}{dx}$와 같은 형태의 연산자를 미분연산자라고 하는데 의미는 뒤에 나오는 숫자 혹은 함수를 "x"로 한 번 미분하라는 의미이다. 즉, 아래 예와 같다.

$$\frac{d}{dx}(2x) = 2 \;,\; \frac{d}{dx}(x^2) = 2x,\; \frac{d}{dx}(2) = 0 \tag{5-37}$$

$$\frac{d}{dx}(e^x) = 1e^x,\; \frac{d}{dx}(e^{2x}) = 2e^{2x} \tag{5-38}$$

아래 함수 $f(x)$에 정의된 연산자를 적용해 보자.

$$f(x)= 2x \;,\; \hat{A}= \frac{d^2}{dx^2},\; \hat{A}f(x)= \frac{d^2}{dx^2}2x = \frac{d}{dx}2 = 0 \tag{5-39}$$

$$f(x)= x^2 \;,\; \hat{A}= \frac{d^2}{dx^2}+2\frac{d}{dx}+3,\;\; \hat{A}f(x)=\left(\frac{d^2}{dx^2}+2\frac{d}{dx}+3\right)(x^2)= \frac{d^2}{dx^2}x^2+2\frac{d}{dx}x^2+3x^2$$

$$= 2+2 \cdot 2x+3x^2 = 2+4x+3x^2 \tag{5-40}$$

$$f(x)= xy^3,\; \hat{A}= \frac{\partial}{\partial x},\; \frac{\partial}{\partial y}(xy^3) = x\frac{\partial}{\partial y}y^3 = x \cdot 3y^2 = 3xy^2 \tag{5-41}$$

$$f(x)=e^{ikx},\ \hat{A}=-i\hbar\frac{d}{dx},\ -i\hbar\frac{d}{dx}e^{i\hbar x}=-i\hbar(ik)e^{ikx}=\hbar ke^{ikx} \tag{5-42}$$

아래 식과 같이 어떤 연산자를 함수에 적용하였을 때 상수 곱하기 원래 함수가 되는 경우, "a"를 고유치(혹은 고유값)이라 하고, "함수 f를 연산자 $\hat{A}$의 고유함수"라고 한다.

$$\hat{A}f=af \tag{5-43}$$

아래 함수 $f(x)$는 연산자 $\hat{A}$의 고유함수이다. 고유치는 $\hbar k$이다.

$$f(x)=e^{ikx},\ \hat{A}=-i\hbar\frac{d}{dx},\quad (-i\hbar\frac{d}{dx})e^{ikx}=(i\hbar)(ik)e^{ikx}=\hbar ke^{ikx} \tag{5-44}$$

아래 함수 $f(x)$는 연산자 $\hat{A}$의 고유함수이다. 고유치는 $-w^2$이다.

$$f(x)=\cos\omega x,\ \hat{A}=\frac{d^2}{dx}$$

$$\frac{d^2}{dx^2}\cos(wx)=-w\frac{d}{dx}\sin(wx)=-w^2\cos(wx) \tag{5-45}$$

아래 함수 $f(x)$는 연산자 $\hat{A}$의 고유함수이다. 고유치는 iw이다.

$$f(x)=e^{iwt},\ \hat{A}=\frac{d}{dt},\quad \frac{d}{dt}e^{iwt}=iwe^{iwt} \tag{5-46}$$

아래 함수 $f(x)$는 연산자 $\hat{A}$의 고유함수이다. 고유치는 $\alpha^2+2\alpha+3$이다.

$$f(x)=e^{\alpha x},\ \hat{A}=\frac{d^2}{dx^2}+2\frac{d}{dx}+3$$

$$\left(\frac{d^2}{dx^2}+2\frac{d}{dx}+3\right)(e^{\alpha x})=\frac{d^2}{dx^2}e^{\alpha x}+2\frac{d}{dx}e^{\alpha x}+3e^{\alpha x}=\alpha^2e^{\alpha x}+2\alpha e^{\alpha x}+3e^{\alpha x}$$

$$=(\alpha^2+2\alpha+3)e^{\alpha x} \tag{5-47}$$

반면에 아래 함수 $f(x)$는 연산자 $\hat{A}$의 고유함수가 아니다.

$$f(x) = 2x^2,\ \hat{A} = \frac{d}{dx},\ \frac{d}{dx}(2x^2) = 4x \tag{5-48}$$

자, 이제 연산자와 고유치 방정식에 대해 알았으니 다시 쉬뢰딩거 방정식으로 돌아가도록 하자. 원자의 구조에 관해 많은 과학자는 궁금해하였고 원자의 구조에 관한 몇 가지 가설이 제안되었다. 먼저 톰슨은 전자가 양전하로 되어 있는 어떤 매질 속에 박혀있다고 가정하였는데 이는 러더포드의 실험을 통해 사실이 아님이 밝혀졌다. 러더포드는 질량이 큰 알파입자들이 큰 각도로 튕겨 나가거나 되 튕겨 나간다는 실험 결과로부터 양전하를 가진 핵이 중심에 자리 잡고 있고 전자는 핵 주변에서 행성처럼 회전하고 있다고 생각하였다. 보어는 여기서 한발 더 나아가서 전자들이 정해진 궤도에서만 돌 수 있다는 궤도 양자화를 주장하였고 이러한 모델을 통해 리드버그-발머식을 이론적으로 유도하였을 뿐만 아니라 원자의 선 스펙트럼도 설명할 수 있었다. 드브로이의 물질파 개념으로부터 전자는 원자핵 주변에서 파동으로 존재한다는 사실이 알려지게 되었고 파동으로 존재한다면 어떤 형태의 파동으로서 존재하는 찾아낼 방법으로 쉬뢰딩거가 발견하였다. 쉬뢰딩거는 일단 전자는 원자핵 주변에서 파동으로 존재한다고 가정하였고 이 파동을 묘사할 수 있는 파동함수가 존재한다고 가정하였다. 그리고 그 파동함수는 전자의 모든 정보를 담고 있다고 생각하였다. 따라서 그 파동함수를 구할 수 있다면 전자에 대해 많은 정보를 얻어 낼 수 있으므로 그 파동함수를 구해야 한다. 그 파동함수를 일반적으로 "ψ"라고 쓰고 "프사이"라고 읽는다. 이 파동함수를 찾아내는 방법은 먼저 시스템에 대응하는 쉬뢰딩거 방정식을 세우고 이를 푼다. 얻어진 파동함수 ψ를 이용해서 구하고자 하는 정보를 얻는다. 다음 장에서 아래 자세한 예를 통해 쉬뢰딩거 방정식을 실제로 어떻게 만들고 푸는지 조금 더 자세히 알아보도록 하자.

6. 1차원 상자 안 입자

1) 쉬뢰딩거 방정식 1

우리의 최종 목표는 쉬뢰딩거의 양자역학 (파동역학)을 이용해서 원자의 구조를 묘사하는 것이지만 그전에 간단한 시스템에서 쉬뢰딩거의 방법이 어떻게 수행되는지 살펴본 뒤에 차근차근 목표를 향해 나아가고자 한다. 우리가 이 장에서 우선 살펴볼 시스템은 아래 그림과 같이 1차원 상자 안에 갇혀 있는 전자이다. 현재 전자는 좁은 상자 안에 갇혀 있으므로 양옆으로만 움직일 수 있고 전, 후로는 움직일 수 없는 상태이다.

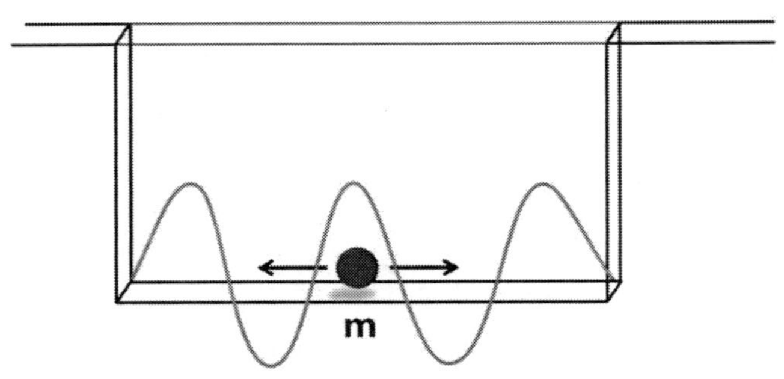

그림 6-1. 1차원 상자 안에 갇혀 있는 질량 m을 가진 전자

위 그림에서는 전자가 양옆에 높게 놓여 있는 벽에 의해 갇혀 있는 것으로 묘사되어 있으나 이 벽을 반드시 물리적인 벽으로만 생각할 필요는 없다. 양쪽 벽이 놓여 있는 부분의 퍼텐셜 에너지가 너무 높아서 전자가 장벽을 절대 넘을 수 없다고 생각해도 된다. 예를 들어, 물리적인 장벽 대신 무한대의 퍼텐셜 에너지를 가진 장벽이 존재한다고 생각해도 된다. 물리적인 장벽도 일종의 퍼텐셜 에너지 장벽으로 생각할 수 있으므로 물리적인 장벽이 놓여 있다고 생각해도 과히 틀린 생각은 아니지만 퍼텐셜 에너지 장벽으로 생각하는 것이 좀 더 큰 개념의 생각이라 할 수 있겠다. 이제 위 시스템에 해당하는 쉬뢰딩거 방정식을 어떻게 만드는지 얘기해 보도록 하자. 에너지 연산자는 보통 $\hat{H}$로 쓰고 이를 "해밀토니안"이라고 읽는다. 전체 에너지 E_T가 운동에너지 E_k와 퍼텐셜 에너지 E_p로 분리될 수 있듯이 해밀토니안 역시 운동에너지 연산자 $\hat{T}$와 퍼텐셜 에너지 연산자 $\hat{V}$로 분리될 수 있다. 즉, 전체 에너지와 해밀토니안 연산자는 식 6-1과 같이 쓸 수 있다.

$$E_T = E_k + E_p \qquad \hat{H} = \hat{T} + \hat{V} \tag{6-1}$$

이전 장에서 설명했듯이 시간비의존성 쉬뢰딩거 방정식은 식 6-2와 같다.

$$\hat{H}\psi = E_T\psi \tag{6-2}$$

식 6-2에 식 6-1을 대입하면 식 6-3, 6-4와 같이 된다.

$$(\hat{T}+\hat{V})\psi = (E_k + E_p)\psi \tag{6-3}$$

$$\hat{T}\psi + \hat{V}\psi = E_k\psi + E_p\psi \tag{6-4}$$

식 6-4를 보면 운동에너지 연산자를 파동함수에 적용하면 운동에너지, E_k가 고유치로 주어지고, 퍼텐셜 에너지 연산자를 파동함수에 적용하면 퍼텐셜 에너지, E_p가 고유치로 주어진다는 사실을 알 수 있다. 이처럼 공간상에서 운동하고 있는 어떤 물체가 가진 에너지는 크게 운동에너지와 퍼텐셜 에너지 (위치에너지)로 나눌 수 있다. 따라서 위 그림처럼 1차원 상자 안에 갇혀 있는 전자도 퍼텐셜 에너지를 가질 수 있겠지만 여기서는 얘기를 간단히 하기 위해 상자 내부의 퍼텐셜 에너지는 "0"이라고 가정하자. 상자 내부에서는 퍼텐셜 에너지가 "0"이라고 가정했으므로 위 식에서 E_p는 "0"이라고 가정할 수 있다. 따라서 퍼텐셜 에너지를 구하는 연산자 역시 "0"이라고 가정할 수 있다. 결국 그림 6-1과 같이 1차원 상자 안에 갇혀 있으면서 퍼텐셜 에너지가 "0"일 경우 전체 에너지를 구하는 해밀토니안은 식 6-5와 같이 운동에너지 연산자로만 구성된다.

$$\hat{H}\psi = \hat{T}\psi = E_k\psi \quad \because \hat{V}=0 \tag{6-5}$$

이제 운동에너지 연산자를 구해보자. 양자역학에서는 위 시스템처럼 1차원에서 움직이고 있는 입자의 위치를 구하는 연산자와 운동량을 구하는 연산자를 아래와 같이 정의하고 이를 이용하여 운동에너지 연산자를 구한다.

$$\text{위치를 구하는 연산자 } (\hat{x}) : \hat{x} = x\times \tag{6-6}$$

$$\text{운동량을 구하는 연산자 } (\hat{p}) : \hat{p} = -i\hbar\frac{d}{dx} \tag{6-7}$$

여기서 혹시 이 글을 읽는 학생 중에는 "왜 위치를 구하는 연산자를 식 6-6과 같이 정의했지? 왜 운동량 연산자를 식 6-7처럼 정의했지? 도대체 어떻게 구한 거야?"라고 묻는 학생이 있을지도 모르겠다. 사실 위치 에너지 연산자와 운동량을 구하는 연산자를 위 식과 같이 정의해야 할 논리적인 이유는 없다. 다시 말해서 위와 같은 연산자는 기존에 알려져 있던 지식을 바탕으로 논리적으로 유도된 것이 아니라는 말이다. 그러면 어떻게 위 연산자의 정의를 알았냐고 물을 수 있겠지만 일단 양자역학의 여러 가정 중 하나로 받아들이기를 바란다. 양자역학에서 사용되는 모든 연산자는 위 두 연산자를 이용하여 구할 수 있는데, 양자역학에서는 이러한 사실을 가설 혹은 원리로 받아들인다. 중요한 것은 이러한 양자역학의 가설이 타당한지를 떠나서 양자역학이 자연계에서 일어나는 현상을 어떤 원리보다도 잘 묘사한다는 것이다. 이것이 논리적으로는 빈약하지만, 양자역학을 믿을 수 있는 이론으로 받아들이는 이유이다.

운동에너지 연산자는 위 두 연산자 중에서 운동량 연산자로부터 구해질 수 있다. 고전역학에서 운동량(p)과 운동에너지(E_k)와의 관계는 아래와 같다.

$$E_k = \frac{1}{2}mv^2 = \frac{m^2v^2}{2m} = \frac{(mv)^2}{2m} = \frac{p^2}{2m} \tag{6-8}$$

따라서 운동에너지 연산자 $\hat{T}$는 아래와 같이 식 6-8의 운동량에 식 6-7의 운동량 연산자를 대입해서 구할 수 있다.

$$\hat{T} = \frac{\hat{p}}{2m} = \frac{1}{2m}\left(-i\hbar\frac{d}{dx}\right)^2 = -\frac{\hbar^2}{2m}\frac{d^2}{dx^2} \tag{6-9}$$

식 6-9에서 구한 운동에너지 연산자를 이용하여 식 6-5의 쉬뢰딩거 방정식을 다시 쓰면 다음과 같다.

$$-\frac{\hbar^2}{2m}\frac{d^2}{dx^2}\psi = E_k\psi \tag{6-10}$$

식 6-10을 보면 미분 기호가 들어가 있는 미분방정식이라는 것을 알 수 있다. 위 미분방정식을 풀면 우리는 1차원 상자 안에서 움직이고 있는 질량 m을 가진 입자의 파동함수 ψ를 구할 수 있다. 미분방정식 풀이에 익숙한 독자도 있겠지만 익숙하지 않은 독자들을 위해 다음 단계로 넘어가기 전에 미분방정식에 대한 몇 가지 학습을 하고 넘어가도록 하겠다.

2) 미분방정식

아마도 학생들 대부분은 중학교 시절 방정식이라는 것에 대해 배웠을 것이다. 다음과 같은 형태의 식을 방정식이라 하며 방정식을 풀라는 말은 아래 식을 만족시키는 미지수 "x"값을 구하라는 의미이다.

$$2x + 2 = 4 \tag{6-11}$$

위 방정식은 중학교 과정 수학을 조금만 이해하고 있다면 아주 쉽게 풀 수 있는 문제이다. 물론 정답은 "1"이다. 이제 미분방정식으로 보도록 하자. 미분방정식은 아래 6-12식과 같이 미분 기호가 포함된 방정식이다.

$$\frac{dy}{dx} = 4 \tag{6-12}$$

미분방정식을 풀라는 말은 위 방정식을 만족시키는 함수를 찾으라는 의미이다. 즉, 일반 방정식을 풀면 숫자가 답으로 주어지지만, 미분방정식은 풀면 함수가 답으로 주어진다. 여기서 함수라고 해서 항상 변수를 포함할 필요는 없다. 상수로만 구성된 상수함수도 있기 때문이다. 따라서 미분방정식을 풀면 숫자로만 구성된 상수함수가 답으로 나올 수도 있고 변수를 포함한 함수가 답으로 주어질 수도 있다. 위 미분방정식의 해는 식 6-13과 같이 변수 x를 포함한 함수로 주어진다.

$$y = 4x + C \tag{6-13}$$

여기서 "C"는 임의의 상수이다. 위 답이 맞는지 확인하기 위해 식 6-13을 원래 미분방정식 6-12에 대입해 보자.

$$\frac{dy}{dx} = \frac{d}{dx}(4x + C) = 4 \tag{6-14}$$

식 6-14처럼 식 6-13의 함수는 식 6-12의 미분방정식을 만족시킨다는 사실을 알 수 있다. 그렇다면 미분방정식은 어떻게 풀어야 할까? 미분방정식 6-12의 해 6-13의 함수는 어떻게 구해야 할까? 중, 고등학교를 거치면서 우리는 다양한 방정식들을 어떻게 풀어야 하는지에 대해 배워왔다. 6-11의 일차 방정식은 어떻게 풀어야 하는지 2차 방정식, 연립방정식은 어떻게 풀어야 하는지 등 다양한 방정식의 형태를 배웠고 각각의 방정식을 어떻게 풀어야 하는지 배워왔다. 각각의 방정식을 어떻게 풀어야 하는지 자세한 기억이 나지 않을 수도 있겠지만, 적어도 우리는 방정식의 형태에 따라 각각의 방정식을 푸는 방법이 다르다는 사실은 이미 알고 있다. 미분방정식도 마찬가지인데 다양한 형태의 미분방정식이 있으며 각각의 미분방정식은 풀이 과정이 모두 다르다. 미분방정식을 분류하는 방법의 하나는 미분방정식을 "선형 미분방정식"과 "비선형 미분방정식"으로 나누는 것이다. 선형 미분방정식은 또한 "제차"와 "비제차"로 분류되는데 제차일 때 "제차 선형 미분방정식"이라고 부르고 비제차일 때 "비제차 선형 미분방정식"이라고 부른다. 선형 미분방정식이란 아래 형태와 같은 미분방정식을 의미한다.

$$a\frac{d^2}{dx^2}y + b\frac{d}{dx}y + cy = d \tag{6-15}$$

위 미분방정식에서 "a", "b", "c", "d"는 숫자가 될 수도 있고 어떤 변수를 포함한 수식이 될 수도 있는데 "a", "b", "c", "d"가 숫자이거나 "x" 변수만 포함한 수식일 때 위 미분방정식을 선형 미분방정식이라 한다. 즉,

$$x\frac{d^2}{dx^2}y+(2x-1)\frac{d}{dx}y+y=x+1 \tag{6-16}$$

와 같은 미분방정식은 선형 미분방정식이며,

$$(y-1)\frac{d^2}{dx^2}y+2\frac{d}{dx}y+(x-1)y=x+2 \tag{6-17}$$

와 같은 미분방정식은 $\frac{d^2}{dx^2}$ 앞에 y를 변수로 갖는 수식이 있으므로 비선형 미분방정식이 된다. 위 식에서는 2차 미분 항까지만 있는 미분방정식에 관해서만 언급을 했지만, 식 6-18처럼 더 높은 차수의 미분 항을 갖는 미분방정식도 가능하고 같은 논리가 적용된다.

$$f_1\frac{d^n}{dx^n}y+f_2\frac{d^{n-1}}{dx^{n-1}}y+f_3\frac{d^{n-2}}{dx^{n-2}}y+\cdot\cdot\cdot\cdot\cdot\cdot+f_{n-2}\frac{d^2}{dx^2}y+f_{n-1}\frac{d}{dx}y+f_ny=g \tag{6-18}$$

식 6-18의 미분방정식에서 f_1, f_2……,f_{n-1}, f_n, g가 숫자이거나 "x"만을 변수로 갖는 수식일 경우 선형 미분방정식이라 한다. 위와 같은 선형 미분방정식 중에서 g가 "0"인 경우 그 미분방정식을 "제차 선형 미분방정식"이라 하고 "0"이 아닐 때 "비제차 선형 미분방정식"이라 한다.

$$(x+1)\frac{d^2}{dx^2}y+2y=x+4 \tag{6-19}$$

즉, 식 6-19와 같은 미분방정식에서는 g에 해당하는 부분에 $x+4$가 있으므로 비제차 선형 미분방정식이라고 할 수 있는데, 만일 $x+4$대신 "0"이 쓰여 있다면 6-19 미분방정식은 제차 선형 미분방정식이라고 할 수 있다. 아래와 같은 미분방정식 들은 제차 선형 미분방정식의 예가 된다.

$$(x+1)\frac{d^2}{dx^2}y+2y=0,\quad 2\frac{d^2}{dx^2}y+(x+1)y=0 \tag{6-20}$$

재차 선형 미분방정식을 푸는 방법은 간단하다. 왜냐하면 재차 선형 미분방정식의 해는 익스포넨셜 함수로 주어지기 때문이다. 즉, 아래와 같은 함수가 해가 된다.

$$y=e^{mx} \tag{6-21}$$

여기서 m은 복소수를 포함하는 임의의 상수이다. 이 상수를 구해야 정확한 해를 구할 수 있다고 할 수 있을 텐데 이 상수를 어떻게 구할 것인가? 아래와 같은 미분방정식이 있다고 가정해보자.

$$\frac{d^2y}{dx^2} - 2\frac{dy}{dx} + y = 0 \tag{6-22}$$

위 미분방정식은 재차 선형 미분방정식이기 때문에 위에서 설명했듯이 해는 e^{mx}의 형태로 주어진다. 따라서 y에 e^{mx}를 대입하면 위 식 6-22는 아래와 같이 된다.

$$\frac{d^2}{dx^2}e^{mx} - 2\frac{d}{dx}e^{mx} + e^{mx} = 0 \tag{6-23}$$

e^{mx}를 x로 두 번 그리고 한 번 미분하게 되면 위 식은 아래 식과 같이 된다.

$$m^2e^{mx} - 2me^{mx} + e^{mx} = 0 \tag{6-24}$$

e^{mx}로 묶으면,

$$(m^2 - 2 + 1)e^{mx} = 0 \tag{6-25}$$

식 6-25에서 e^{mx}는 "0"이 될 수 없으므로 위 방정식 6-25가 성립하기 위해서는 괄호 안의 값이 "0"이 되는 수밖에 없다. 즉,

$$m^2 - 2m + 1 = 0 \tag{6-26}$$

이 되어야만 한다. 이 식을 인수분해 하면,

$$(m-1)^2 = 0 \tag{6-27}$$

이 되고, m은 "1"이 된다. 결국 6-22 미분방정식의 해는 아래와 같다.

$$y = e^x \tag{6-28}$$

여기서 해를 단지 $y=e^x$로만 썼지만 $2e^x$, $3e^x$, $4e^x$ 등도 위 미분방정식의 해가 된다. 즉, e^x앞에 어떤 상수가 오더라도 그 함수는 미분방정식 6-22의 해가 되는 것이다. 심지어는 허수, i가 오더라도, 즉 $y=ie^x$라는 함수도 위 미분방정식의 해가 된다. $y=ie^x$도 미분방정식 6-22의 해가 되는지 확인하기 위해 식 6-22에 대입하여 확인해 보았다.

$$\frac{d^2}{dx^2}ie^x - 2\frac{d}{dx}ie^x + ie^x = 0 \Leftrightarrow ie^x - 2ie^x + ie^x = 0 \qquad (6\text{-}29)$$

식 6-29처럼 e^x앞에 허수를 포함해서 어떤 상수가 오더라도 해가 된다는 사실을 알 수 있다. 따라서, 우리는 미분방정식 6-22의 해를 아래 함수의 형태로 쓰고 이를 일반해라 한다.

$$y = ae^x \qquad (6\text{-}30)$$

이 함수에서 "a"는 임의의 상수이다. 위 미분방정식에서는 해가 $y=ae^x$로 한 가지였지만 두 가지로 주어지는 일도 있다. 아래와 같은 미분방정식을 풀어보자.

$$\frac{d^2y}{dx^2} - 3\frac{dy}{dx} + 2y = 0 \qquad (6\text{-}31)$$

위에서 언급한 데로 위 미분방정식은 재차 선형미분방정식이기 때문에 위 미분방정식의 해는 $y=e^{mx}$의 형태로 주어진다. 이 함수를 위 미분방정식에 대입하면 아래와 같이 된다.

$$\frac{d^2}{dx^2}e^{mx} - 3\frac{d}{dx}e^{mx} + 2e^{mx} = 0 \Leftrightarrow m^2e^{mx} - 3me^{mx} + 2e^{mx} = 0 \qquad (6\text{-}32)$$

$$\Leftrightarrow \ (m^2 - 3m + 2)e^{mx} = 0$$

위 방정식이 성립하기 위해서는,

$$m^2 - 3m + 2 = 0 \qquad (6\text{-}33)$$

이 되어야 한다. 따라서 $m=1$ or 2가 되며 위 미분방정식의 해는 $y=e^x$ or e^{2x}가 된다. 익스포넨셜 앞에 어떤 상수가 오더라도 해가 되므로 위 미분방정식의 해를 더욱 일반화시켜 쓰게 되면 $y=ae^x$ or be^{2x}로 쓸 수 있다. 그런데 흥미롭게도 미분방정식 6-31의 해는 $y=ae^x$ or be^{2x}뿐만이 아니라 다른 해가 하나 더 존재한다. 그 해는 $y=ae^x$ or be^{2x} 두 함수를 선형 결합한 $y=ae^x+be^{2x}$ 함수이다. $y=ae^x+be^{2x}$를 식 6-31에 대입해 보면 선형 결합함 함수 역시 해가 된다는 사실을 6-34의 과정을 통해 확인할 수 있다.

$$\frac{d^2}{dx^2}(ae^x+be^{2x})-3\frac{d}{dx}(ae^x+be^{2x})+2(ae^x+be^{2x})=0 \tag{6-34}$$

$$\Leftrightarrow\ ae^x+4be^{2x}-3(ae^x+2be^{2x})+2ae^x+2be^{2x}=0$$

$$\Leftrightarrow\ 3ae^x+6be^{2x}-3ae^x-6be^{2x}=0$$

따라서 가장 일반화된 해는 $y=ae^x$ or be^{2x}을 선형 결합한 함수, 식 6-35라는 것을 알 수 있다.

$$y=ae^x+be^{2x} \tag{6-35}$$

지금까지 구한 해는 임의의 상수, a, b가 포함된 일반해였지만 미분방정식과 함께 "경계조건"이라 불리는 제약이 가해지면, a, b 의 값을 구체적으로 정할 수 있게 된다. 예를 들어 아래와 같은 미분방정식을 풀어보도록 하자.

$$\frac{d^2y}{dx^2}-4y=0 \tag{6-36}$$

이미 재차 선형 미분방정식을 여러 번 풀어본 사람이라면 눈치챘겠지만, 위와 같은 재차 선형 미분방정식은 늘 아래와 같은 이차 방정식으로 귀결된다. 즉, $\frac{d^2y}{dx^2}\rightarrow m^2$으로, $\frac{dy}{dx}\rightarrow m$으로, $y\rightarrow 1$로 치환하여 미분방정식을 이차 방정식의 형태로 바꾸고, 바뀐 이차 방정식을 풀어서 m_1, m_2를 구하면 된다. 예를 들어, 식 6-36은 아래와 같은 이차 방정식의 문제로 귀결된다.

$$m^2-4=0 \tag{6-37}$$

이 방정식의 해 $m=+2$ or -2이므로 위 미분방정식의 일반해는 $y(x)=ae^{+2x}+be^{-2x}$이 된다. 이제 경계조건을 제약하면, a, b 의 구체적인 값을 구할 수 있게 된다. 예를 들어, $x=0$ 일 때 $y=2$, $x=0$ 일 때 $\frac{dy}{dx}=4$라는 경계조건이 주어졌다고 가정해보자. 이러한 가정을 수식으로 간단히 쓰면 아래와 같다.

$$y(0)=2,\ y'(0)=4 \tag{6-38}$$

위에서 구한 일반해 $y(x) = ae^{+2x} + be^{-2x}$의 변수 x에 "0"을 대입해 보자.

$$y(0) = ae^{+2\cdot 0} + be^{-2\cdot 0} = a + b = 2 \qquad (6\text{-}39)$$

6-39식처럼, a, b에 관한 하나의 관계식을 얻을 수 있다. 또 하나의 경계조건은 $y'(0) = 4$이므로 $y(x) = ae^{+2x} + be^{-2x}$을 x로 한 번 미분한 뒤 x에 0을 대입해 보자.

$$y'(0) = 2ae^{+2\cdot 0} - 2be^{-2\cdot 0} = 2a - 2b = 4 \qquad (6\text{-}40)$$

$$\therefore a - b = 2$$

6-40식처럼, a, b에 관한 또 하나의 관계식을 얻을 수 있다. 미지수는 a, b 2개이고 방정식도 식 6-39, 40 두 개이므로 a와 b를 구할 수 있다.

$$a + b = 2,\ \ a - b = 2 \qquad (6\text{-}41)$$

연립방정식 6-41을 풀면 $a = 2$, $b = 0$이 얻어진다. 따라서 위에서 제시된 경계조건이 주어진 상태에서 위 미분방정식의 해는 아래와 같다.

$$y = 2e^{2x} \qquad (6\text{-}42)$$

경계조건이 달라지면 구체적인 해도 달라진다. 예를 들어 경계조건이 아래와 같을 경우,

$$y(1) = 2,\ \ y'(1) = 5 \qquad (6\text{-}43)$$

식 6-44, 45와 같은 두 개의 연립방정식이 얻어진다.

$$y(0) = ae^{+2\cdot 1} + be^{-2\cdot 1} = ae^2 + be^{-2} = 2 \qquad (6\text{-}44)$$

$$y'(0) = 2ae^{+2\cdot 1} - 2be^{-2\cdot 1} = 2ae^2 - 2be^{-2} = 5 \qquad (6\text{-}45)$$

식 6-44에 2를 곱한 뒤 식 6-45와 더하면 $a = \dfrac{9}{4e^2}$가 되며 이 값을 다시 식 (6-2)에 대입하면 $b = -\dfrac{e^2}{4}$가 얻어진다. 지금까지 우리는 m이 모두 실수인 경우만 보았는데, 이 값은 허수가 될 수도 있다.

예를 들어, 아래와 같은 미분방정식을 풀어보자.

$$\frac{d^2y}{dx^2}+y=0 \tag{6-46}$$

위 미분방정식은 아래와 같은 이차 방정식으로 귀결된다.

$$m^2+1=0 \tag{6-47}$$

따라서 $m=\pm i$가 되며 위 미분방정식의 일반해는 아래와 같은 함수가 된다.

$$y=ae^{ix}+be^{-ix} \tag{6-48}$$

6-48식을 보면 아주 희한한 항이 있는 것을 볼 수 있다. 무리수 e위에 허수가 지수의 형태로 올라가 있는 것을 볼 수가 있다. "무리수 e도 어려운데 그 어려운 허수가 지수의 형태로 올라가 있으니 도대체 이것은 도대체 무슨 수냐"라고 한탄할 수도 있다. 다행히 오일러에 의해 이 수는 식 6-49와 같이 sin과 cos의 함수로 이루어진 값과 같다는 사실이 알려졌다. 이 관계식을 오일러 공식이라고 한다.

$$e^{i\theta}=\cos\theta+i\sin\theta,\quad e^{-i\theta}=\cos\theta-i\sin\theta \tag{6-49}$$

식 6-49를 이용하여 6-48식을 sin과 cos의 함수로 바꿔보면 다음과 같다.

$$\begin{aligned} y=ae^{ix}+be^{-ix}&=a(\cos x+i\sin x)+b(\cos x-i\sin x) \\ &=a\cos x+ai\sin x+b\cos x-bi\sin x \\ &=(a+b)\cos x+(ai-bi)\sin x \end{aligned} \tag{6-50}$$

식 6-50에서 a와 b는 어차피 임의의 상수이기 때문에 $a+b$와 $ai-bi$ 역시 임의의 상수라고 할 수 있다. 따라서 이 수들을 임의의 다른 상수, C와 D로 치환해서 아래와 같이 쓸 수 있다.

$$y=C\cos x+D\sin x \tag{6-51}$$

얻어진 함수를 원래 미분방정식에 대입해서 계산해보면 식 6-52처럼 해가 된다는 사실을 확인할 수 있다.

$$\frac{d^2y}{dx^2}+y=0 \tag{6-52}$$

$$\Leftrightarrow \frac{d^2}{dx^2}(C\cos x+D\sin x)+C\cos x+D\sin x=0$$

$$\Leftrightarrow -C\cos x-D\sin x+C\cos x+D\sin x=0$$

지금까지 미분방정식이라는 먼 길을 돌아오느라 수고가 많았다. 이제 원래 우리가 풀고자 했던 문제, 쉬뢰딩거 방정식으로 돌아오도록 하자.

3) 쉬뢰딩거 방정식 2

1900년대 초반 과학자들이 원자의 구조에 대해 알고 있었던 사실은 "원자핵은 양전하를 띠고 있으며 원자의 중심에 있고, 전자는 음전하를 띠고 있으며 원자핵 주변에서 존재하고 있다"라는 사실이었다. 전자가 원자핵 주변에서 어떻게 존재하고 있는지는 잘 모르겠지만 원자핵 주변에서 파동의 형태로 존재한다고 생각하였다. 쉬뢰딩거는 전자파동의 모습을 전자파동의 모습을 나타내는 수식, 즉 파동함수를 찾아낼 수 있는 이론을 개발하였는데 이 이론을 "파동역학"이라고 한다. 전자파동의 모습을 묘사하는 수식을 찾는 방법은 아래와 같다.

전자의 에너지에 해당하는 연산자(이것을 $\hat{H}$ 으로 쓰고, "해밀토니안"이라고 읽는다)를 구해서 전자의 파동함수, ψ에 적용한다.

$$\hat{H}\psi=E\psi \tag{6-53}$$

위와 같은 형태의 방정식을 "시간비의존 쉬뢰딩거 방정식"이라고 한다. 위 쉬뢰딩거 방정식은 미분방정식으로써 위 방정식을 풀어서 전자파동을 묘사하는 파동함수 ψ를 구할 수 있다. 우리는 이 과정을 앞으로 자세히 살펴볼 예정이지만 수소 원자의 쉬뢰딩거 방정식을 지금 바로 풀기에는 너무 어렵기 때문에 먼저 간단한 시스템에 대해 쉬뢰딩거 방정식을 먼저 적용해 보고 풀어보는 연습을 하고자 한다. 가장 간단한 시스템은 이 장 초반에 언급했던 1차원 상자 안에 갇힌 전자이다. 소위 "상자 안 입자", 영어로는 "Particle in a box" 문제라고 불리는 시스템인데 이 간단한 시스템에서 쉬뢰딩거 방정식이 어떻게 만들어지고 풀리는지 그리고 해석은 어떻게 해야 하는지 등에 대해 알아보고자 한다.

전자 하나만 들어갈 수 있을 정도로 좁은 폭을 가진 상자 안에 전자가 하나 들어있다고 가정하자. 상자의 폭은 전자 하나만 들어갈 수 있을 정도로 굉장히 좁아서 전자는 전, 후로는 이동할 수 없고 단지 좌, 우로만 이동할 수 있다. 상자는 퍼텐셜 에너지가 무한대인 장벽으로 둘러싸여 있어서 전자는 상자 밖으로 절대 나갈 수 없고, 상자 안은 퍼텐셜 에너지가 "0"이라서 운동에너지만 존재한다고 가정한다. 이와 같은 상황에서 쉬뢰딩거 방정식은 아래와 같이 얻어진다.

$$-\frac{\hbar^2}{2m}\frac{d^2}{dx^2}\psi = E_k\psi \tag{6-54}$$

양변에 $-\frac{2m}{\hbar^2}$을 곱한 뒤에 오른쪽 항을 왼쪽으로 넘기면 아래 식과 같이 된다.

$$\frac{d^2}{dx^2}\psi + \frac{2m}{\hbar^2}E_k\psi = 0 \tag{6-55}$$

위 식은 미분방정식인데 ψ를 y로 생각하면 재차 선형 미분 방정식임을 알 수 있다. 따라서 위 미분방정식은 아래와 같은 함수를 해로 갖는다.

$$\psi = e^{Dx} \tag{6-56}$$

6-56 함수를 원래 미분방정식에 대입해 보면,

$$\frac{d^2}{dx^2}e^{Dx} + \frac{2m}{\hbar^2}E_k e^{Dx} = 0 \Leftrightarrow D^2 e^{Dx} + \frac{2m}{\hbar^2}E_k e^{Dx} = 0 \tag{6-57}$$

이 되고 e^{Dx}로 묶으면,

$$\left(D^2 + \frac{2m}{\hbar^2}E_k\right)e^{Dx} = 0 \tag{6-58}$$

이 된다. 식 6-58에서 e^{Dx}는 “0”이 될 수 없으므로 위 방정식이 성립하려면

$$D^2 + \frac{2m}{\hbar^2}E_k = 0 \tag{6-59}$$

가 되어야만 한다. 따라서 우리는

$$D = \pm i\sqrt{\frac{2mE_k}{\hbar^2}} \tag{6-60}$$

이라는 것을 알 수 있고, 위 미분방정식의 일반해는 아래와 같다는 것을 알 수 있다.

$$\psi = ae^{i\left(\frac{2mE_k}{\hbar^2}\right)^{1/2}x} + be^{-i\left(\frac{2mE_k}{\hbar^2}\right)^{1/2}x} \tag{6-61}$$

식 6-61 함수가 바로 1차원 상자 안에 갇혀 있는 전자를 묘사하는 파동함수이다. 오일러 공식을 활용해서 6-61 함수를 sin과 cos의 함수로 바꾸면 아래와 같이 변형된다.

$$\psi = ae^{i\left(\frac{2mE_k}{\hbar^2}\right)^{1/2}x} + be^{-i\left(\frac{2mE_k}{\hbar^2}\right)^{1/2}x} \tag{6-62}$$

$$\Leftrightarrow \psi = a\left(\cos\left(\frac{2mE_k}{\hbar^2}\right)^{1/2}x + i\sin\left(\frac{2mE_k}{\hbar^2}\right)^{1/2}x\right) + b\left(\cos\left(\frac{2mE_k}{\hbar^2}\right)^{1/2}x - i\sin\left(\frac{2mE_k}{\hbar^2}\right)^{1/2}x\right)$$

$$\Leftrightarrow \psi = (a+b)\cos\left(\frac{2mE_k}{\hbar^2}\right)^{1/2}x + (ai-bi)\sin\left(\frac{2mE_k}{\hbar^2}\right)^{1/2}x$$

이제 경계조건이 주어졌을 때 위에서 구한 파동함수가 어떻게 구체화 되는지 보도록 하자. 그림 6-1의 왼쪽 벽의 위치를 원점이라 하고 오른쪽 벽의 위치를 "L"이라 하자. 벽에서 전자는 존재할 수 없으므로 벽이 있는 위치에서 전자의 파동함수는 "0"이 되어야 한다. 즉, 위 파동함수는 $\psi(0)=0$, $\psi(L)=0$와 같은 조건을 만족시켜야 한다. 식 6-62의 x에 "0"을 대입해 보면,

$$\psi(0) = (a+b)\cos\left(\frac{2mE_k}{\hbar^2}\right)^{1/2} \cdot 0 + (ai-bi)\sin\left(\frac{2mE_k}{\hbar^2}\right)^{1/2} \cdot 0 = 0 \tag{6-63}$$

$$\Leftrightarrow \psi(0) = (a+b)\cos 0 + (ai-bi)\sin 0 = 0$$

이 된다. $\cos 0 = 1$ 이고, $\sin 0 = 0$ 이기 때문에 위 식이 성립하기 위해서는 $a+b=0$이 되어야만 한다. 반면에 $ai-bi \neq 0$이어야만 하는데 만일 $ai-bi=0$이라면 위 파동함수는 $\psi(x)=0$이 되어 모든 x값에서 "0"이 되어 버리기 때문이다. 모든 x값에서 "0"이 된다면 전자가 아예 존재하지 않는다는 의미인데 이것은 전자가 처음에 상자 안에 있다는 가정과 모순되기 때문이다. $a+b=0$이므로 위 파동함수는 아래와 같이 간단해진다.

$$\psi(x) = (ai-bi)\sin\left(\frac{2mE_k}{\hbar^2}\right)^{1/2}x \tag{6-64}$$

두 번째 경계조건을 이용해보자. 두 번째 경계조건에서는 $x = L$일 때 파동함수가 "0"이 되어야 한다는 조건이다. 즉,

$$\psi(L) = (ai - bi)\sin\left(\frac{2mE_k}{\hbar^2}\right)^{1/2} \cdot L = 0 \tag{6-65}$$

이어야만 한다. 식 6-65가 성립하기 위해서는

$$\left(\frac{2mE_k}{\hbar^2}\right)^{1/2} \cdot L = n\pi \tag{6-66}$$

가 되어야 한다. 즉, $\left(\frac{2mE_k}{\hbar^2}\right)^{1/2} = \frac{n\pi}{L}$ 가 되고, $n = \ldots -3,\ -2,\ -1,\ 0,\ 1,\ 2,\ 3\ldots$ 와 같은 정수가 되어야 한다는 사실을 알 수 있다. 따라서 1차원 상자 안에 갇혀있는 전자의 파동함수는 아래 식과 같이 된다.

$$\psi(x) = (ai - bi)\sin\frac{n\pi x}{L} \tag{6-67}$$

a와 b는 임의의 상수이므로 $ai - bi$는 임의의 다른 상수로 치환해도 된다. D로 치환하면 위의 함수는

$$\psi(x) = D\sin\frac{n\pi x}{L} \qquad n = \ldots -3,\ -2,\ -1,\ 0,\ 1,\ 2,\ 3\ldots \tag{6-68}$$

과 같이 된다. 그런데 여기서 $n = 0$ 인 경우는 제외해야 한다. 왜냐하면, $n = 0$ 이라면 파동함수 $\psi(x)$는 x 값에 상관없이, 즉 모든 x 값, 모든 공간에서 "0"이 되는데 파동함수가 모든 공간에서 "0"이라는 얘기는 전자가 존재하지 않는다는 얘기이고 이는 처음에 전자가 상자 안에 있다고 한 가정과 모순되기 때문이다. 따라서 우리는 아래와 같이 "0"을 제외하고 써야만 한다.

$$\psi(x) = D\sin\frac{n\pi x}{L} \qquad n = \ldots -3,\ -2,\ -1,\ 1,\ 2,\ 3\ldots \tag{6-69}$$

위 파동함수를 구하는 과정에서 얻어진 식 6-66을 이용하면 에너지가 양자화되어 나타난다는 사실을 확인할 수 있다. 식 6-66으로부터 운동에너지 E_k를 유도할 수 있다. 식 6-66을 E_k로 정리하면

$$\left(\frac{2mE_k}{\hbar^2}\right)^{1/2} \cdot L = n\pi \qquad (6\text{-}70)$$

$$\Leftrightarrow \quad \frac{2mE_k}{\hbar^2} = \left(\frac{n\pi}{L}\right)^2$$

$$\Leftrightarrow \quad E_k = \left(\frac{n\pi}{L}\right)^2 \frac{\hbar^2}{2m} = \frac{n^2\pi^2}{L^2}\hbar^2\frac{1}{2m}$$

이 된다. $\hbar = \dfrac{h}{2\pi}$ 이므로 식 6-70의 $\hbar$를 $\dfrac{h}{2\pi}$ 로 치환하면 운동에너지 E_k는

$$E_k = \frac{n^2\pi^2}{L^2}\frac{h^2}{4\pi^2}\frac{1}{2m} = \frac{n^2h^2}{8mL^2}, \quad n = \ldots -3,\ -2,\ -1,\ 1,\ 2,\ 3\ldots \qquad (6\text{-}71)$$

과 같이 얻어진다. 식 6-71을 이용해서 $n = \pm 1,\ \pm 2,\ \pm 3$일 때 에너지를 구해보면 다음과 같다.

$$n = +1 \text{ 또는 } n = -1\text{일 때, } E_{\pm 1} = \frac{1h^2}{8mL^2} \qquad (6\text{-}72)$$

$$n = +2 \text{ 또는 } n = -2\text{일 때, } E_{\pm 2} = \frac{4h^2}{8mL^2} \qquad (6\text{-}73)$$

$$n = +3 \text{ 또는 } n = -3\text{일 때, } E_{\pm 3} = \frac{9h^2}{8mL^2} \qquad (6\text{-}74)$$

위에서 구한 파동함수의 수식과 에너지를 구하는 수식을 이용하여 양자수에 따른 파동함수의 수식, 에너지를 구하고 파동함수 수식에 따라 파동함수를 그려보면 그림 6-2와 같다. 그림 6-2에서 우리는 몇 가지 중요한 사실을 확인할 수 있다. 첫째는, 에너지가 양자화 되어 나타난다는 사실이다. 예를 들어, 양자수가 +1일 경우 에너지는 $\dfrac{h^2}{8mL^2}$로 주어지는데 양자수가 +2가 되면 에너지는 $\dfrac{4h^2}{8mL^2}$으로 주어지게 된다. 즉, $\dfrac{h^2}{8mL^2}$과 $\dfrac{4h^2}{8mL^2}$사이에 해당하는 에너지들, $\dfrac{2h^2}{8mL^2}$, $\dfrac{3h^2}{8mL^2}$ 혹은 더 세분해서 $\dfrac{2.1h^2}{8mL^2}$, $\dfrac{2.2h^2}{8mL^2}$ 등은 존재하지 않는다는 말이 된다. 두 번째는, 양자수가 +1인 경우와 -1인 경우 파동함수의 모양은 서로 반대이지만 에너지는 서로 같다는 사실이다. 예를 들어 양자수가 +1인 경우 파동의 모든 상 (phase)는 양의 값을 취하고 있지만, 양자수가 -1인 경우 파동의 모든 상은 음의 값을 취하고 있다. 그러나 두 파동의 에너지는 $\dfrac{h^2}{8mL^2}$로 같다는 사실을 알 수 있다.

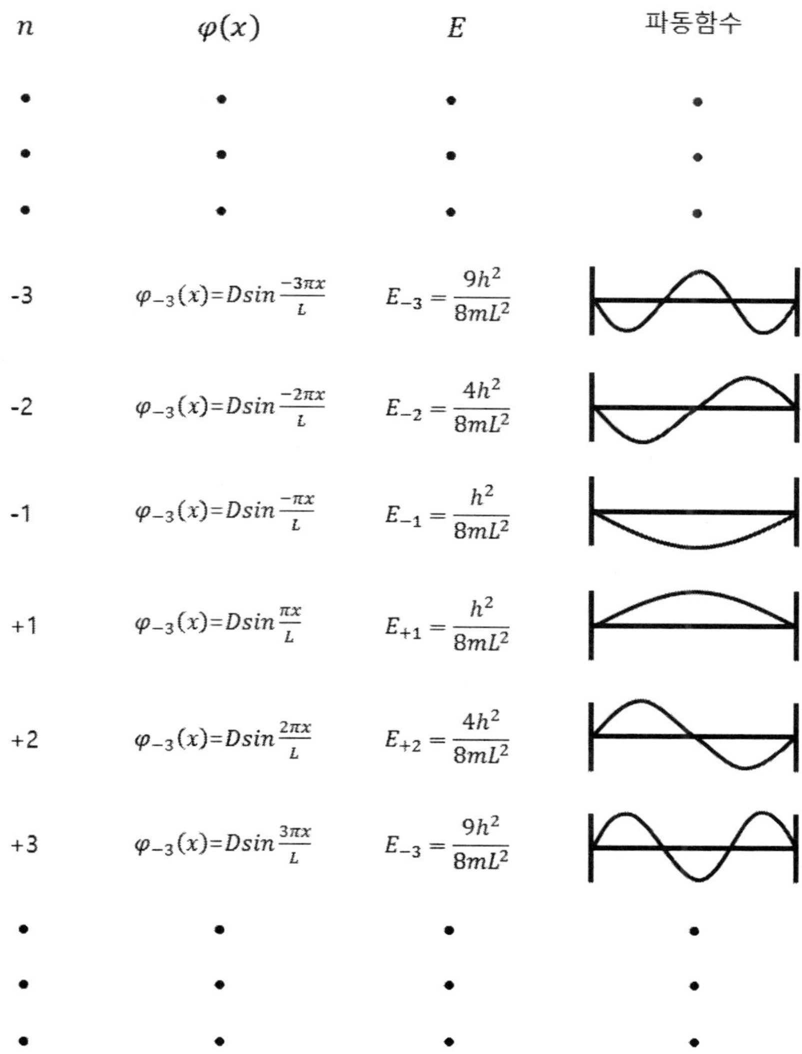

그림 6-2. 1차원 상자 안에 갇혀 있는 질량 m을 가진 입자의 모습을 양자수 n에 따라 나타낸 파동함수와 에너지

$n=+1$ 일 때 $n=-1$일 때 파동함수를 비교해 보면 서로 상(phase)만 반대일 뿐 같은 함수라는 것을 알 수 있다. 다음 장에서 설명하겠지만 관측 가능한 것은 파동함수의 제곱으로 주어지는 확률뿐이다. 파동함수를 제곱하면 이러한 상의 구분은 의미가 없어지기 때문에 이러한 상은 우리의 관측과 무관하다고 할 수 있을 것이다. 그러나 그렇다고 해서 이러한 파동함수의 상이 아예 의미가 없다고 할 수는 없는데 원자 사이의 결합이 이루어질 때는 이러한 상이 의미를 갖기 때문이다. 이에 대해서는 뒤에서 다시 다루도록 하겠다.

4) 1차원 상자 안 입자의 응용

우리는 방금 위에서 본 간단한 경우의 예를 이용하여 다이엔(diene) 분자의 흡수 파장을 꽤 정확하게 예측할 수 있다. 그림 6-3(a)과 같은 1,3-butadiene 분자가 있다고 가정해보자. 1,3-butadiene 분자에는 2개의 π 결합, 즉 4개의 π전자가 존재하고 있으며 π 결합은 그림 6-3(b)과 같이 공명구조로 존재할 수 있기 때문에 4개의 π전자들은 그림 6-3(c)처럼 4개의 탄소 사슬을 따라 자유롭게 움직여 다닐 수 있다고 생각할 수 있다.

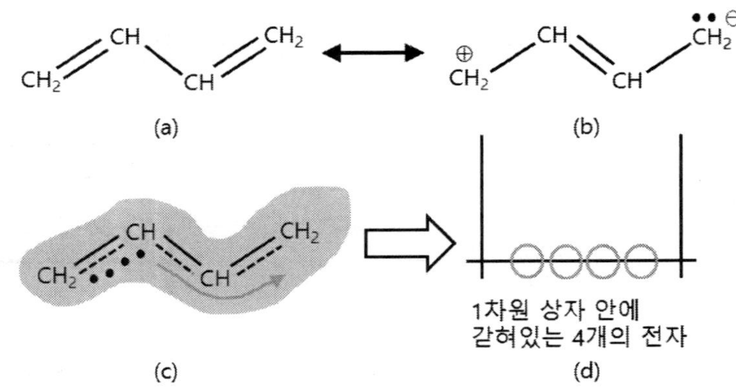

그림 6-3. (a) 1,3-Butadiene의 구조, (b) 1,3-Butadiene의 공명구조,
(c) 공명구조 효과로 인해 1,3-Butadiene의 탄소 사슬을 따라 자유롭게 움직이고 있는 π전자를 나타낸 그림,
(d) 1,3-Butadiene처럼 1차원 상자 안에 갇혀 있는 4개의 전자를 나타낸 모습

즉, 1,3-butadiene의 4개의 π전자들은 그림 6-3(d)처럼 탄소 사슬로 이루어진 긴 상자 안에 갇혀 있는 4개의 전자로 생각할 수 있고 이것은 마치 우리가 위에서 다루었던 상자 안 입자와 비슷한 문제로 생각할 수 있다. 위에서 1차원 상자 안에 갇혀 있는 전자를 다루었을 때 전자가 존재할 수 있는 에너지 상태는 양자화 되어 나타난다는 사실을 알았다. 즉, 부타다이엔의 4개의 전자도 양자화 되어 있는 에너지 상태에만 존재할 수 있는데 하나의 에너지 상태에는 두 개의 전자만이 존재할 수 있기 때문에 (이것을 "파울리의 배타원리"라고 하는데 일반화학을 배운 학생들은 들어 본 적이 있을 것이다) 그림 6-4에 그려져 있는 것처럼 양자수가 +1, +2인 에너지 상태에 4개의 전자가 채워짐을 알 수 있다. 위 그림에서 보는 것처럼 전자는 $n=2$인 경우까지 채워져 있으므로 $n=3$인 경우의 에너지와 $n=2$인 경우의 에너지 차이에 해당하는 에너지 $\triangle E_{3\leftarrow 2}$가 주어진다면 전자는 $n=2$인 상태에서 $n=3$인 경우로 전이될 수 있다. $\triangle E_{3\leftarrow 2}$은 다음과 같이 구할 수 있다.

$$\triangle E_{3\leftarrow 2} = E_3 - E_2 = \frac{9h^2}{8mL^2} - \frac{4h^2}{8mL^2} = \frac{5h^2}{8mL^2} \qquad (6\text{-}75)$$

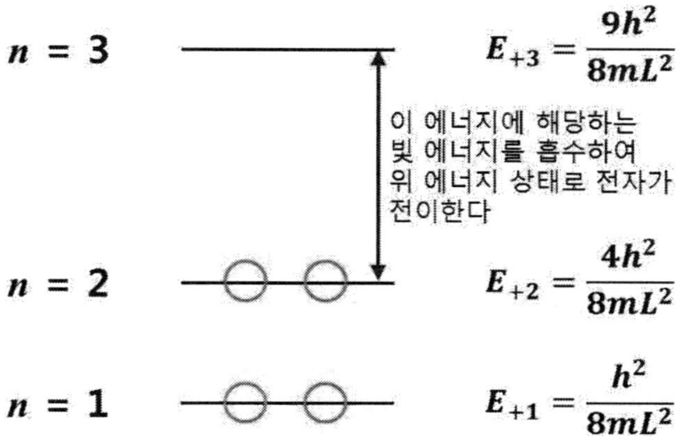

그림 6-3. (a) 1,3-Butadiene의 구조, (b) 1,3-Butadiene의 공명구조,
(c) 공명구조 효과로 인해 1,3-Butadiene의 탄소 사슬을 따라 자유롭게 움직이고 있는 π전자를 나타낸 그림,
(d) 1,3-Butadiene처럼 1차원 상자 안에 갇혀 있는 4개의 전자를 나타낸 모습

1,3-butadiene 사슬의 길이가 578 pm이라면 1,3-butadiene이 흡수할 빛의 파장은 다음과 같이 구해질 수 있다. 부타다이엔의 전체 길이는 578 pm이라고 하였으므로,

$$\triangle E_{3\leftarrow 2} = \frac{5\times(6.626\times 10^{-34})^2 J^2 s^2}{8\times 9.109\times 10^{-31} kg\times(578\times 10^{-12})^2 m^2} \tag{6-76}$$

$$= \frac{5\times 6.626^2}{8\times 9,109\times 578^2}\times\frac{10^{-68}}{10^{-31}\times 10^{-24}}\left(\frac{J^2s^2}{kgm^2}\right) = \frac{219.51938}{24345369}\times 10^{-13}\left(\frac{J^2s^2}{kgm^2}\right)$$

$$= 9.017\times 10^{-19}\left(\frac{J^2s^2}{kgm^2}\right)$$

단위를 계산해 보면 식 6-77처럼 J이 나오는 것으로 보아 올바르게 계산되었다고 판단할 수 있다.

$$\frac{J^2s^2}{kgm^2} = \frac{(kgm^2s^{-2})^2s^2}{kgm^2} = \frac{kg^2m^4s^{-4}s^2}{kgm^2} = kgm^2s^{-2} = J \tag{6-77}$$

따라서 위 문제의 답을 에너지 단위(J)로 구하면, $\triangle E_{3\leftarrow 2} = 9.017\times 10^{-19} J$ 이 된다. 빛의 에너지, $E = h\nu = \frac{hc}{\lambda}$ 로 주어지므로 부타다이엔이 흡수하는 빛의 파장은,

$$9.017 \times 10^{-19} J = h\nu = \frac{hc}{\lambda} \Leftrightarrow \lambda = \frac{6.626 \times 10^{-34} Js \times 3 \times 10^{8} ms^{-1}}{9.017 \times 10^{-19} J} = 458\,nm \tag{6-78}$$

이 됨을 알 수 있다. 우리는 상자 안에 갇혀 있는 전자라는 간단한 모델에 대해 양자이론을 적용하여 양자화된 에너지 레벨들을 얻었고 이를 부타다이엔에 적용해 보았는데 간단한 모델치고는 이론적 예측 결과가 실험결과와 잘 맞는다. 실제로 부타다이엔은 대략 458 nm 영역에서 빛을 흡수한다.

7. 확률론적 해석

이전 장에서 살펴보았듯이 쉬뢰딩거의 양자이론을 이용하면 우리는 어떤 시스템의 파동함수를 구할 수 있고 에너지를 구할 수 있다. 아래 그림과 같이 상자 안에 전자가 파동의 형태로 존재한다고 했을 때, 그 파동을 묘사하는 파동함수를 구하는 방법은 시스템에 맞는 쉬뢰딩거 방정식을 세운 뒤에 이것을 푸는 것이다. 이전 장에서 우리는 쉬뢰딩거 방정식을 세웠고 이를 풀었으며 파동으로 존재하는 전자를 묘사하는 파동함수를 얻었고 양자화된 에너지 상태들을 얻었다. 그러나 사람들은 여전히 궁금했다. 우리는 처음에 전자가 상자 안에 있다고 가정했는데 여기서 구한 파동은 도대체 무엇인지, 전자는 도대체 어디 있다는 것인지, 사람들은 쉬뢰딩거의 방식을 통해 구한 파동함수가 도대체 무엇을 의미하는지 알 수가 없었던 것이다.

1) 파동함수의 해석 (쉬뢰딩거)

쉬뢰딩거의 양자이론을 통해 구하여진 파동함수가 무엇을 의미하는지에 대한 다양한 해석들이 제안되었는데 양자역학을 만들어낸 쉬뢰딩거의 경우 그는 파동함수를 실제로 존재하는 물리적 실체로 보았다. 양자역학을 다양한 시스템에 적용하였을 때 앞 장에서 본 바와 같이 양자수에 따라 다양한 형태의 파동함수가 나타나는데, 쉬뢰딩거는 다양한 파동함수들을 모두 더할 경우 한 지점에서만 진폭이 크고 나머지 부분에서는 진폭이 상쇄된다는 성질에 착안하여 파동함수를 실제 어떤 물질을 나타내는 물리적 실체로 해석하였던 것이다. 아래 그래프는 상자 안 입자 시스템에서 얻어진 파동함수들의 일부를 더한 함수이다. 빨간색 선은 양자수가 1번인 파동함수부터 5번인 파동함수를 더한 그래프이고 검은색 선은 양자수가 1번인 파동함수부터 50번인 파동함수를 더한 그래프이다. 빨간색 선의 파동은 전 공간에 걸쳐 분포되어 있는 반면에, 검은색 선의 파동은 한 지점 (그래프의 왼쪽 부분) 에서 날카로운 진폭의 파동이 하나 나타나고 나머지 영역에서의 진폭은 점점 작아지고 있다는 사실을 알 수 있다.

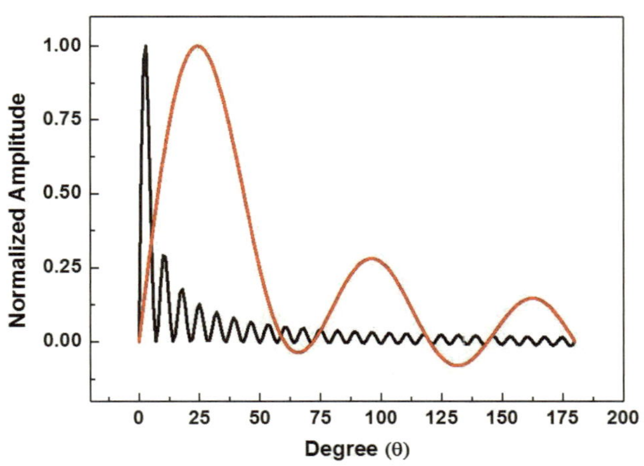

그림 7-1. 상자 안 입자 시스템에서 얻어진 파동함수들을 양자수 1번부터 5번까지 더한 함수(빨간색 실선)와 1번부터 50번까지 더한 함수(검은색 실선)

즉, 파동함수의 중첩 횟수가 늘어날수록 점점 특정 공간에 국소화된 파동이 나타나는 것을 볼 수 있는데 쉬뢰딩거는 이렇게 특정 공간에 국소화되어 나타나는 파동이 우리가 알고 있는 물질이 아닐까라고 생각했던 것이다. 위 그래프에서 검은색 선으로 그려진 국소화된 파동 (다른 말로는 "파묶음" 혹은 "파군", 영어로는 "wave packet"이라고 불린다)은 어떤 파동들을 중첩 시키느냐에 따라 국소화되어 나타나는 위치가 달라진다. 파동함수들을 적당히 중첩 시키게 되면 심지어는 전자가 상자 안에서 좌, 우로 움직이는 것처럼 움직이도록 만들 수도 있는데 쉬뢰딩거는 이러한 국소화된 파동이 우리가 그동안 입자로서 봐 왔던 것의 본 모습이라고 해석을 하였던 것이다. 꽤 그럴듯한 아이디어이며 현대에 와서는 이러한 국소화된 파동을 실제로 만들어 낼 수도 있다. 그러나 이 글을 읽는 독자들 중에는 아마도 "상자 안에 있던 전자는 하나인데 어떻게 하나의 전자가 다양한 에너지 상태에 있을 수 있느냐?"라고 구체적인 질문을 던질 사람이 있을지 모르겠다. 쉬뢰딩거의 아이디어가 얼마나 구체적이었는지는 잘 모르겠지만 아마도 당시로서는 쉬뢰딩거 본인도 모든 질문에 답을 할 수 있을 만큼의 그의 아이디어를 구체화하지는 않았던 것으로 생각한다. 아마도 위와 같은 대략의 아이디어를 갖고 그러한 아이디어를 점차 구체화시키려고 하고 있지 않았었을 까라고 생각한다.

2) 파동함수의 해석 (맥스 본)

한 편, 쉬뢰딩거의 이러한 해석과는 완전 다른 해석을 주장한 사람이 있었는데 바로 Max Born이라는 과학자이다. 그는 쉬뢰딩거 방정식을 통해 얻은 파동함수를 확률로써 받아들여야 한다는 제안을 하였다. Max Born은 원자와 전자라는 두 입자 간의 충돌을 원자와 파동으로 존재하는 전자파동의 충돌로 생각을 하였고 충돌 결과가 어떻게 되나 이론적으로 살펴보았다. 입자와 입자 간 충돌의 경우 뉴턴역학에 의해 초기조건만 정확히 주어진다면 당구공의 충돌처럼 그 결과를 예측할 수가 있는데 (그림 7-2(a)), 전자를 입자가 아닌 전자파동으로 놓고 생각해보니 전자파동이 다양한 방향으로 다양한 확률로서 산란 된다는 사실을 알게 되었던 것이다. (그림 7-2(b))

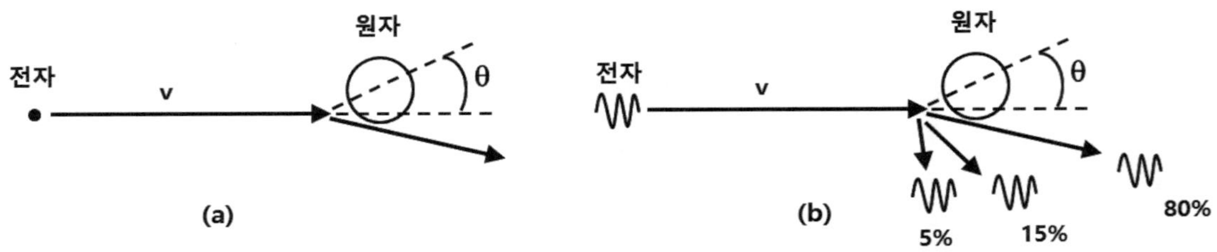

그림 7-2. (a)전자를 입자로 가정하고 원자와 충돌을 일으켰을 때 결과,
(b)전자를 파동으로 가정하고 원자와 충돌을 일으켰을 때 결과

따라서, Max Born은 쉬뢰딩거 방정식의 해로 주어지는 파동함수를 입자가 발견될 확률과 비례하는 양으로 해석해야 한다고 주장하게 되었던 것이다. 좀 더 구체적으로 얘기하자면 Max Born은 파동함수를 제곱한

양이 입자를 발견할 확률과 비례한다고 주장하였다. 즉,

$$\psi\psi^* \propto \text{입자를 발견할 확률} \qquad (7\text{-}1)$$

라고 해석했던 것이다. 여기서 파동함수의 제곱을 $\psi\psi^*$으로 표현한 이유는 파동함수가 허수를 포함한 복소함수일 수도 있기 때문이다. 예를 들어, 실수 "2"의 제곱은 $2\times2=4$로서 "4"이다. 반면에 허수 "$2i$"의 제곱은, $2i\times2i=-4$로서 "-4"가 아니라, 본래 수와 켤레복소수를 곱한 $2i\times(2i)^*=2i\times(-2i)=4$로서 "4"가 되는 것이다. 만일 $2+2i$의 제곱이라면 그 켤레복소수가 $2-2i$이므로 $2+2i$의 제곱은 $(2+2i)(2+2i)^*=(2+2i)(2-2i)=4-4i+4i+4=8$로서 "8"이 되는 것이다. 만일 "어떤 수 "a"를 제곱하라"라고 했을 때, a^2 으로 표현한다고 생각해보자. a가 실수일 경우 이 표현은 제곱의 올바른 표현이 된다. 그러나 a가 허수이거나 허수를 포함하는 복소수일 경우 이 표현은 잘못된 표현이 된다. 그러나 "어떤 수 "a"를 제곱하라"라고 했을 때, $a \cdot a^*$로 표현한다고 생각해보자. a가 실수일 경우 a^*는 a와 같기 때문에 $a \cdot a^*$는 $a \cdot a=a^2$이 되어 올바른 표현이 되고, a가 허수일 경우도 올바른 표현이 된다. 따라서 "어떤 수 "a"를 제곱하라"라고 했을 때, $a \cdot a^*$라고 표현한다면 이는 a가 복소수일 경우 까지 포함하는 더 넓은 범위의 정의라고 할 수 있겠다. 쉬뢰딩거 방정식을 통해 얻은 파동함수 ψ도 허수를 포함하는 복소함수일 수 있으므로 제곱을 위와 같이 $\psi\psi^*$로 표현해야만 하는 것이다. $\psi\psi^*$은 또 다른 표현으로 $|\psi|^2$로 표현되기도 한다.

그럼 실제로 파동함수의 제곱은 어떤 형태의 그래프가 되는지 직접 파동함수를 제곱해 보고 그 그래프를 그려보도록 하자. 쉬뢰딩거 방정식을 통해 얻은 상자 안 입자의 파동함수는 아래와 같았다.

$$\psi = D\sin\frac{n\pi x}{L} \qquad n=\ldots-3,\ -2,\ -1,\ 1,\ 2,\ 3\ldots \qquad (7\text{-}2)$$

상수 D가 복소수일 수 있으므로, 위 파동함수의 제곱은

$$\psi\psi^* = DD^*\sin^2\frac{n\pi x}{L} \qquad n=\ldots-3,\ -2,\ -1,\ 1,\ 2,\ 3\ldots \qquad (7\text{-}3)$$

이 된다. 양자수가 1, -1인 경우 그래프를 그려보고 그 제곱함수를 그려보면 그림 7-3과 같다. 그림 7-3 그래프에서 빨간색 선은 양자수가 +1인 경우, 그리고 파란색 선은 양자수가 -1인 경우의 파동함수를 나타낸 그래프이다. 그리고 검은색 선은 파동함수를 제곱한 함수를 나타낸 그래프로써 양자수가 +1일 때나 -1일 때나 제곱함수는 동일한 그래프를 나타낸다. 제곱함수의 그래프는 제곱하기 전 그래프에 비해 더 커지면서 폭은 약간 줄어드는 형태가 됨을 알 수 있다. Max Born은 그림 7-3과 같이 얻어진 파동함수의 제곱 그래프의 면적이 입자를 발견할 확률이라고 제안을 하였다. 그림 7-3의 파동함수 제곱의 그래프를 그림 7-4와 같이 입자가 들어있는 상자에 겹쳐서 그릴 수 있다. 그림 7-4(a)는 입자가 들어있는 상자의 모습이다. 그림

7-4(a)에서 세로축은 무한대의 에너지를 가진 퍼텐셜 에너지 장벽으로서 입자는 이 장벽을 넘어갈 수 없다. 그림 7-4(b)는 양자수가 1인 파동함수의 제곱을 그린 그래프이다. 여기서 y축은 파동함수 제곱, $\psi\psi^*$을 나타낸다. 이 두 그래프를 하나로 합쳐서 그린 것이 그림 7-4(c)이다. Max Born은 이렇게 그려진 파동함수의 면적이 입자를 발견할 확률이라고 제안을 하였다. 즉, x 축 상의 x_1과 x_2사이에서 입자가 발견될 확률은 x_1과 x_2사이에서의 파동함수의 제곱의 넓이(그림 7-4(c)에서 연한 보라색으로 칠해진 부분)라고 제안을 하였던 것이다.

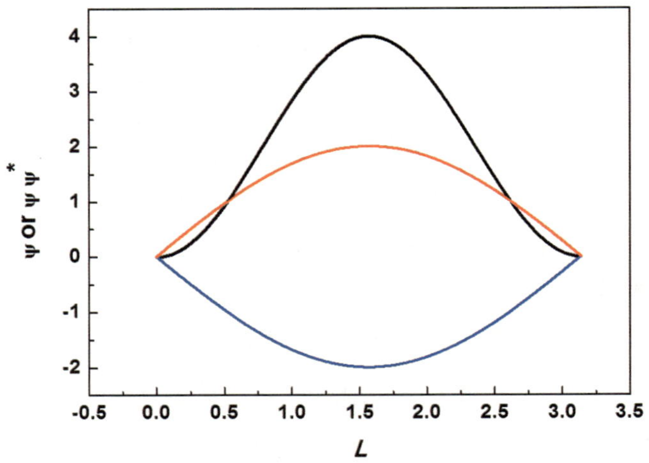

그림 7-3. 양자수가 +1(빨간색 실선), -1(파란색 실선)인 상자 안 입자의 파동함수 그래프와 그 제곱함수를 나타낸 그래프(검은색 실선)

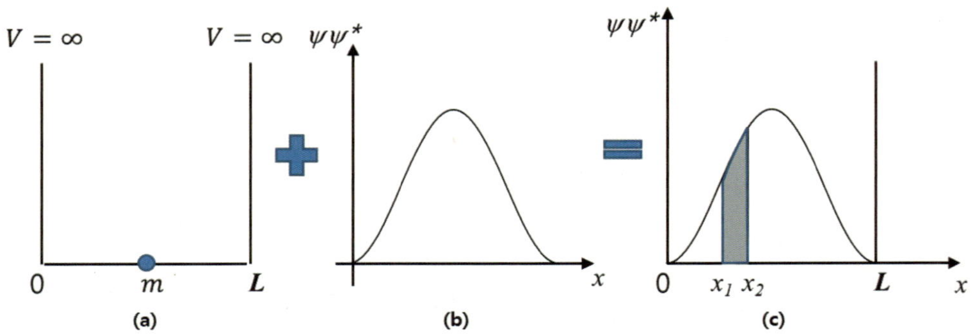

그림 7-4. (a)입자가 들어있는 상자를 나타낸 그림, (b)양자수가 1인 파동함수의 제곱을 그린 그래프, (c)(a)와 (b)를 합친 그래프

만일 그림 7-4(c)의 x_1과 x_2의 위치를 1 과 2라고 가정하고 확대해보자. 확대한 모습이 그림 7-5이다. 회색으로 칠해진 면적인 1과 2에서 입자가 발견될 확률인데, 만일 회색으로 칠해진 면적을 그림 7-5처럼 작

은 직사각형 10개로 나눈다면 1과 2 사이의 면적은 각각의 직사각형 10개의 면적을 구해서 더한 값과 거의 같으므로 아래와 같이 구할 수 있다.

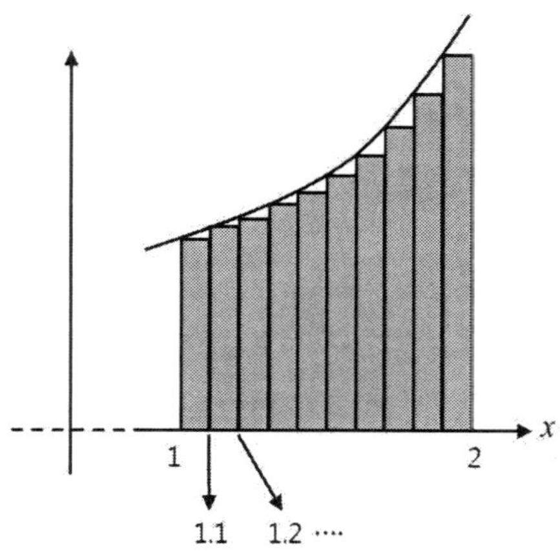

그림 7-5. 그림 7-4(c)의 칠해진 부분을 확대한 모습.

1과 2 사이의 연한 보라색으로 칠해진 넓이 ($P(1 \le x \le 2)$는,

$$P = \psi(1)\psi^*(1)\times 0.1 + \psi(1.1)\psi^*(1.1)\times 0.1 \ldots . \psi(1.8)\psi^*(1.8)\times 0.1 + \psi(1.9)\psi^*(1.9)\times 0.1 \qquad (7\text{-}4)$$

이 됨을 알 수 있다. 즉, 1과 2 사이에서 입자를 발견할 확률은 10개로 나누어진 작은 공간에서 입자를 발견할 확률을 모두 더한 값이 된다. 1과 1.1 사이에서 입자를 발견할 확률, 1.1과 1.2 사이에서 입자를 발견할 확률, 1.3과 1.4 사이에서 입자를 발견할 확률, ...1.9와 2.0 사이에서 입자를 발견할 확률을 모두 더한 값이 1과 2 사이에서 입자를 발견할 전체 확률이 되는 것이다. 1과 1.1 사이에서 입자를 발견할 확률은 $\psi(1)\psi(1)^*\times 0.1$인데 여기서 0.1은 공간을 세분한 크기이다. 이 크기는 더 작게 나눌 수가 있는데 만일 0.01로 나누게 되면 위에서 10개이던 직사각형은 100개로 늘어나면 1과 2 사이의 면적은 아래와 같이 구해진다.

$$P(1 \le x \le 2) = \psi(1)\psi^*(1)\times 0.01 + \psi(1.01)\psi^*(1.01)\times 0.01 + \ldots . + \psi(1.99)\psi^*(1.99)\times 0.01 \qquad (7\text{-}5)$$

이 된다. 정리하자면 어떤 공간에서 입자를 발견할 확률은 $\psi\psi^*\times$공간의 크기라고 할 수 있는데 $\psi\psi^*$을 뭐라고 이름을 붙이면 좋을까? $\psi\psi^*$의 이름으로는 "확률밀도"라는 이름이 지어졌다. 왜 확률밀도라고 이름을 붙이게 되었을까? 우리는 초등학교 시절 밀도에 대해 배운 바가 있다. 당시 우리가 배운 밀도는 단위 부피당 차지하고 있는 질량으로서 좀 더 구체적으로 그 이름을 말한다면 "질량 밀도"가 된다. 즉, 질량 밀도는 "질량/부피"가 되고 따라서 질량은 질량 밀도×부피(공간의 크기)가 된다. 같은 규칙에 따라 $\psi\psi^*\times$공간의 크기는

확률이므로 $\psi\psi^*$는 확률밀도라고 불러야 할 것이다.

질량 밀도 × 공간의 크기 = 질량

확률밀도 × 공간의 크기 = 확률

위에서 1과 2 사이의 넓이를 구하기 위해서 1과 2 사이의 공간을 0.1 간격으로 혹은 0.01 간격으로 자를 수 있다고 하였는데 이 공간은 더 작은 크기로 나눌 수 있고 심지어는 무한대로 작게 할 수도 있다. 즉, 무한대로 작게 했을 경우 그 공간의 크기를 "dx"라고 하면 1과 2 사이의 넓이는 아래와 같이 무한개의 덧셈을 통해 구하여진다.

$$P(1 \leq x \leq 2)$$
$$= \psi(1)\psi^*(1) \times dx + \psi(1+dx)\psi^*(1+dx) \times dx + \psi((1+dx)+dx)\psi^*((1+dx)+dx) \times dx + \ldots.$$

이러한 무한개의 덧셈은 일반적으로 적분기호로 표시된다. 즉, 상자 안의 "1"과 "2"사이에서 입자를 발견할 확률은,

$$P(1 \leq x \leq 2) = \int_1^2 \psi(x)\psi^*(x)dx \tag{7-6}$$

와 같이 적분기호로 표현된다. 그렇다면 "0"과 "L" 사이에서 입자가 발견될 확률은 얼마나 될까? "0"부터 "L"이라고 하면 입자가 존재할 수 있는 전 공간에서 입자가 발견될 확률을 구하는 것이기 때문에 굳이 계산해보지 않아도 100%, 즉 "1"이라는 것을 알 수 있다. 즉,

$$P(0 \leq x \leq L) = \int_0^L \psi(x)\psi^*(x)dx = 1 \tag{7-7}$$

가 성립해야 한다는 사실을 알 수 있다. 파동함수의 제곱은

$$\psi\psi^* = DD^* \sin^2\frac{n\pi x}{L} \qquad n = \ldots -3,\ -2,\ -1,\ 1,\ 2,\ 3 \ldots \tag{7-8}$$

이므로 "0"부터 "L" 사이에서 입자가 발견될 확률 $P(0 \leq x \leq L)$는

$$P(0 \le x \le L) = \int_0^L DD^* \sin^2 \frac{n\pi x}{L} dx = 1 \qquad (7\text{-}9)$$

이 되어야 한다. 위 제약 조건으로부터 우리는 상수 D를 구할 수 있다. 위 적분식에 나와 있는 sin 제곱함수는 아래에 나와 있는 과정을 통해 식 7-10처럼 cos의 1차 항으로 전환할 수 있다.

$$\cos(\alpha + \beta) = \cos\alpha\cos\beta - \sin\alpha\sin\beta, \text{ 만일 } \alpha = \beta \text{라면}$$
$$\cos(2\alpha) = \cos^2\alpha - \sin^2\alpha = 1 - \sin^2\alpha - \sin^2\alpha = 1 - 2\sin^2\alpha$$
$$\therefore \sin^2\alpha = \frac{1 - \cos 2\alpha}{2} \qquad (7\text{-}10)$$

위 삼각함수 공식을 이용하여 sin 제곱함수를 cos 1차 항으로 바꾸어서 적분하면,

$$\int_0^L DD^* \sin^2 \frac{n\pi x}{L} dx = 1 \Leftrightarrow DD^* \int_0^L \frac{1 - \cos\frac{2n\pi x}{L}}{2} dx = 1 \qquad (7\text{-}11)$$
$$\Leftrightarrow DD^* \int_0^L \left(\frac{1}{2} - \frac{1}{2}\cos\frac{2n\pi x}{L}\right) dx = 1 \Leftrightarrow DD^* \left[\frac{1}{2}x - \frac{1}{2}\frac{L}{2n\pi}\sin\frac{2n\pi x}{L}\right]_0^L = 1$$
$$\Leftrightarrow DD^* \left[\frac{1}{2}(L - 0) - \frac{1}{2}\frac{L}{2n\pi}(\sin 2n\pi - 0)\right] = 1$$

이 된다. n은 정수이므로 $\sin 2n\pi = 0$이다. 따라서 위 식은 아래와 같이 풀리고 결국 상수 D가 구하여진다.

$$DD^* \left[\frac{1}{2}(L - 0) - \frac{1}{2}\frac{L}{2n\pi}(\sin 2n\pi - 0)\right] = 1 \Leftrightarrow DD^* \frac{L}{2} = 1 \qquad (7\text{-}12)$$
$$\Leftrightarrow DD^* = \frac{2}{L}$$
$$\therefore D = +\sqrt{\frac{2}{L}} \text{ or } -\sqrt{\frac{2}{L}} \text{ or } +i\sqrt{\frac{2}{L}} \text{ or } -i\sqrt{\frac{2}{L}}$$

총 4가지 종류의 D가 구하여 졌는데 일반적으로 실수 2개만 답으로 취한다. 허수 2개를 답으로 취해도 수학적으로는 문제가 없지만 물리적인 해석이 어려워질 수 있다. 왜냐하면 허수를 답으로 취할 경우 상자 안 전자의 파동함수는 아래와 같이 허수로만 이루어진 함수가 되는데 허수 파동함수에 대응하는 물리적 의미를 찾기 어렵기 때문이다. 두 개의 실수 중에서도 보통 $+\sqrt{\frac{2}{L}}$만 답으로 취하는데 $-\sqrt{\frac{2}{L}}$을 답으로 취했을 때와 결과가 같아지기 때문이다. 아래에 두 상수를 답으로 취하였을 때 파동함수를 나타내었다.

$$\psi =+ \sqrt{\frac{2}{L}}\sin\frac{n\pi x}{L} \qquad n = \ldots -3,\ -2,\ -1,\ 1,\ 2,\ 3\ldots \tag{7-13}$$

$$\psi =- \sqrt{\frac{2}{L}}\sin\frac{n\pi x}{L} \qquad n = \ldots -3,\ -2,\ -1,\ 1,\ 2,\ 3\ldots$$

식 7-13의 첫 번째 파동함수에서 양자수가 음의 정수일 때 파동함수는 두 번째 파동함수에서 양자수가 양의 정수일 때와 같아지기 때문에 두 개의 파동함수는 같다고 할 수 있다. (식 7-14)

$$\psi_{-1} =+ \sqrt{\frac{2}{L}}\sin\frac{-\pi x}{L} =- \sqrt{\frac{2}{L}}\sin\frac{\pi x}{L} \tag{7-14}$$

$$\psi_{+1} =- \sqrt{\frac{2}{L}}\sin\frac{\pi x}{L}$$

따라서 일반적으로 양의 실수인 $+\sqrt{\frac{2}{L}}$ 만 정규화상수로서 취급한다. 정규화 과정은 파동함수의 제곱을 입자가 발견될 확률로 해석할 때 논리적으로 귀결되는 결과이다. 이러한 해석을 고수할 때 양자역학적으로 얻어진 파동함수는 모두 정규화 되어야 한다.

예를 들어, 어떤 시스템을 양자역학적으로 풀었더니 식 7-15와 같은 파동함수가 얻어졌다고 가정해보자. 이 파동함수는 $0 \le x \le a$에서 정규화 되어야 한다.

$$\psi_n = a^{-\frac{1}{2}} e^{\frac{i\pi x}{a}} \qquad n = \pm 1,\ \pm 2,\ \pm 3\ldots \tag{7-15}$$

위 파동함수가 정규화 되어 있다면 아래 식이 성립해야 한다.

$$\int_0^a \psi_n \psi_n{}^* dx = 1 \tag{7-16}$$

ψ_n에 7-15식에서 정의된 함수를 대입하고 풀어보면,

$$\int_0^a \psi_n \psi_n{}^* dx = 1 \Leftrightarrow \int_0^a a^{-\frac{1}{2}} e^{\frac{i\pi x}{a}} \cdot a^{-\frac{1}{2}} e^{\frac{-i\pi x}{a}} dx = 1 \Leftrightarrow \int_0^a a^{-1} e^{\frac{i\pi x}{a} - \frac{i\pi x}{a}} dx = 1 \tag{7-17}$$

$$\Leftrightarrow \int_0^a a^{-1} dx = 1 \Leftrightarrow \int_0^a \frac{1}{a} dx = 1 \Leftrightarrow \left[\frac{1}{a}x\right]_0^a = 1 \Leftrightarrow \frac{a}{a} - 0 = 1$$

$$\therefore \int_0^a \psi_n \psi_n{}^* dx = 1$$

와 같이 정규화 되어 있음을 확인할 수 있다.

우리는 위에서 어떤 공간에서 입자를 발견할 확률은 확률밀도×공간의 크기라는 사실을 배웠다. 그럼 실제로 상자 안에 들어있는 입자가 전자라고 가정하고 0부터 $\frac{L}{2}$사이에서 발견될 확률을 구해보자. 전자를 $0 \le x \le \frac{L}{2}$ 구간에서 발견할 확률 $P\left(0 \le x \le \frac{L}{2}\right)$는 7-18과 같이 구할 수 있다.

$$P\left(0 \le x \le \frac{L}{2}\right) = \int_0^{\frac{L}{2}} \sqrt{\frac{2}{L}} \sin\frac{n\pi x}{L} \sqrt{\frac{2}{L}} \sin\frac{n\pi x}{L} dx \tag{7-18}$$

위 식을 계산하면 7-19처럼 50%의 확률이 얻어짐을 확인할 수 있다.

$$\begin{aligned} P\left(0 \le x \le \frac{L}{2}\right) &= \frac{2}{L}\int_0^{\frac{L}{2}} \sin^2\frac{n\pi x}{L} dx = \frac{2}{L}\int_0^{\frac{L}{2}} \frac{1}{2}\left(1-\cos\frac{2n\pi x}{L}\right)dx \\ &= \frac{2}{L}\left[\frac{1}{2}x - \frac{1}{2}\frac{L}{2n\pi}\sin\frac{2n\pi x}{L}\right]_0^{L/2} = \frac{2}{L}\left[\frac{L}{4} - \frac{L}{4n\pi}\sin(n\pi - 0)\right] \\ &= \frac{1}{2} = 50\% \end{aligned} \tag{7-19}$$

7-19식을 통해 얻은 50%라는 확률은 타당해 보인다. 왜냐하면 전체 상자의 길이는 L인데, 전체 상자 길이의 반인 0부터 $\frac{L}{2}$사이에서 전자가 발견될 확률이므로 당연히 50%의 확률로 전자가 발견될 것으로 예상되기 때문이다. 전자가 상자 안에서 무작위로 움직이고 있다고 가정해보자. 그리고 0부터 $\frac{L}{2}$사이에 전자가 있는지 없는지 100번 관찰한다고 가정을 해보자. 0부터 $\frac{L}{2}$사이의 공간은 전체 공간의 딱 반이므로 전자가 0부터 $\frac{L}{2}$ 사이에서 발견될 횟수는 대략 50번 정도, 즉 50% 정도가 되리라고 쉽게 예상할 수 있다. 여기서 대략이라는 표현을 썼지만 관찰하는 횟수를 늘리면 늘릴수록 그 확률은 점점 더 50%에 근접하게 될 것이다. 이와 같이 위에서 얻은 답은 방금 설명한 바와 같이 당연한 결과처럼 받아들여질 수도 있지만 확률론적 해석에서 50%라는 것은 우리가 일반적으로 빈도수를 기준으로 생각하는 50%와는 다른 의미이다. 우리는 무의식적으로 확률이 50%라고 했을 때 습관적으로 빈도수 기준에서 정의된 확률을 생각한다. 동전의 앞면이 나올 확률이 50%라고 했을 때 동전을 여러 번 던지면 앞면이 대략 던진 횟수의 반 정도의 빈도수로 나올 것이고 따라서 우리는 앞면이 나올 확률을 50%라고 얘기하듯이 우리는 일반적으로 확률을 빈도수의 관점에서 이해를 하고자 한다. 그러나 위에서 Max Born이 주장하는 확률은 그러한 빈도수의 관점에서 본 확률을 의

미하는 것이 아니다. 전자가 0부터 $\frac{L}{2}$ 사이의 공간에서 50%의 확률로 발견된다는 말은 진짜 말 그대로 전자가 0부터 $\frac{L}{2}$ 사이의 공간에 50% 정도 존재한다는 말이다. 즉, 전자는 파동처럼 전 공간에 퍼진 채 여러 곳에 동시에 존재할 수 있는데 0부터 $\frac{L}{2}$ 사이의 공간에는 50% 정도 존재한다는 것이다. 이러한 해석은 위에서 언급했던 빈도수의 관점에서 본 확률과는 완전히 다른 해석이다. 누군가가 만일 "현재 0부터 $\frac{L}{2}$ 사이의 공간에 전자가 있느냐 없느냐?"라고 묻는다면 빈도수의 관점에서 확률을 이해하고 있는 사람의 경우 "전자가 있다, 혹은 없다"라고 답변을 하겠지만 Max Born의 관점에서 확률을 이해하고 있는 사람의 경우에는 "전자가 반 정도 거기에 있다"라고 답변을 할 것이다. 즉, 빈도수의 관점에서 확률을 이해하고 있는 사람이 생각하고 있는 상자 안 전자의 모습은 전자가 이리저리 무작위로 상자 안에서 움직이고 있는 모습이지만 Max Born의 관점에서 확률을 이해하고 있는 사람이 생각하는 상자 안 전자는 전 공간에 파동으로서 퍼져있는 전자를 상상하고 있는 것이다. "전자가 공간에 퍼진 상태로 존재하고 있다?" 어딘가 와 닿지 않는 설명이다. 왜냐하면 그동안 우리는 전자 한 개의 전하량도 측정하고 질량도 측정했기 때문에 전자는 입자인 것 같기 때문이다. "전자가 공간에 파동처럼 퍼져있는 상태로 존재한다면 우리가 측정했던 전자 한 개의 전하량과 질량은 어떻게 측정한 거지?"라고 묻는 사람도 있을 것이다. 이러한 모순에 대해 양자역학은 다음과 같이 설명하고 있다. "상자 안에 있는 전자를 어느 누구도 관찰하고 있지 않을 경우 전자는 양자이론에서 예측하듯이 상자 안 전 공간에 퍼져있다. 그러나 전자가 어떤 상태로 있는지 누군가 관찰을 하는 순간 전 공간에 퍼져있던 전자는 순간 한 공간을 모여서 입자처럼 보이게 된다." 말도 안 되는 얘기라고 할 수 있다. 이 글을 쓰고 있는 저자도 이러한 얘기를 들었을 때 말도 안 되는 얘기라고 생각했으며 어느 누구라도 이러한 얘기를 들으면 말도 안 되는 얘기라고 생각을 할 것이다. 그런데 실제로 이러한 해석을 인정할 수밖에 없는 몇몇 실험 결과들이 있고, 과학자들은 이러한 꿈같은 확률론적 해석을 받아들일 수밖에 없었던 것이다. 그 대표적인 실험 중 하나가 바로 이중 슬릿 실험이다. 이중 슬릿 실험에 대해 밑에서 자세히 다뤄 보기로 하자.

3) 이중 슬릿 실험

이중 슬릿 실험에 대해 설명하기에 앞서 실험을 이해하기 위해 필요한 기본 개념, '회절'과 '간섭'에 대해 간략하게 알아보도록 하자. 회절에 대해서는 1장에서 빛에 관한 설명을 할 때 언급 한 바 있지만 다시 한번 설명하도록 하겠다. 파동은 공간 속에서 전파되어 나가다가 장애물을 만날 경우 3가지 방식으로 행동한다. 파장 (λ)에 비해 물질의 크기 (d)가 훨씬 큰 경우 ($\lambda \ll d$) 파동은 물질을 거의 통과하지 못한다. 반면에 파장의 크기와 물질의 크기가 비슷한 경우 ($\lambda \approx d$) 파동은 회절 된다. 즉, 물질에서 파동이 마치 다시 시작하듯이 전파되어 나간다. 만일 물질의 크기가 파장에 비해 엄청 작다면 ($\lambda \gg d$) 파동은 물질을 그냥 스쳐 지나가듯이 지나간다. 지금 우리는 빈 공간에 물질이 놓여 있고 파동이 물질이 놓여있는 곳을 통과해서 지나가는 경우에 대해 생각하고 있지만 거꾸로 생각해도 상황은 마찬가지다. 예를 들어, 파동이 지나가는 길목에 장벽이 있는데 장벽에 구멍이 뚫려있다면 빈 공간의 물질이 놓여 있는 경우와는 반대인 경우라고 할 수 있다. 파장에 비해 벽에 뚫려있는 구멍의 크기가 월등히 큰 경우 파동은 구멍을 통해서 나아가게 된다. 그러나 파장의 크기가 구멍의 크기와 비슷해지기 시작하면서 파동은 구멍에서 회절되기 시작하는데 마치 구멍에서 다시 파동이 시작되어 나아가는 것처럼 진행하게 된다. 파장에 비해 구멍의 크기가 지극히 작은 경우 파동은 구멍을 통과할 수 없게 된다.

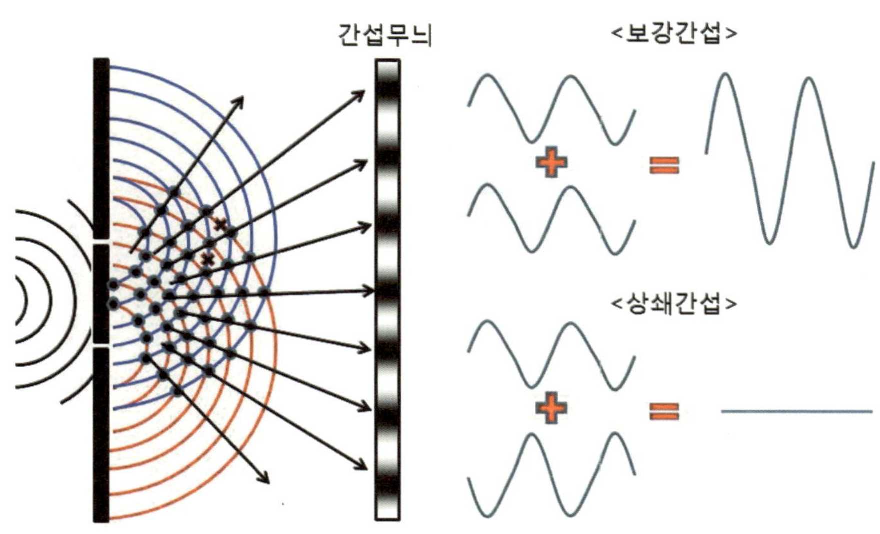

그림 7-6. 이중 슬릿을 통과한 빛의 보강간섭 및 상쇄간섭을 나타낸 그림

우리는 이제 두 번째 같은 경우 즉, 파장과 구멍의 크기가 비슷한 경우에 대해 생각을 할까 한다. 그러나 그림 7-6과 같이 구멍이 하나가 아니라 두 개가 뚫려있는 경우에 대해 생각을 해 보고자 한다. 그림 7-6과 같이 두 개 의 구멍이 뚫려있는 판을 향해 파동이 나아갈 경우 각각의 구멍으로부터 파동이 생성되어 생성된 파동은 서로 영향을 주게 된다. 이러한 상호간의 영향을 "간섭"이라 부른다. 두 개의 파동이 서로 겹칠 때 두 가지 방식으로 겹칠 수 있다. 하나는 두 개의 상이 서로 일치한 채 겹치는 방식인데 이때 파동의 진폭이 합쳐져서 더욱 세지기 때문에 이를 보강간섭이라 한다. 다른 하나는 파동의 상이 서로 어긋나게 겹치는 방식인데 파동의 진폭이 서로 상쇄되어 없어지기 때문에 이러한 방식으로 겹쳐지는 것을 상쇄간섭이라 한다. 두 개의 슬릿에서 회절된 두 개의 파동은 진행해 나아가며 서로 보강간섭 혹은 상쇄간섭을 하게 된다. 그림에서는 보강간섭이 된 부분은 검은색 동그라미로 표현하였고 상쇄간섭이 일어나는 부분 몇몇만 검은색 X로 표현되어 있다. 간섭된 두 개의 파동은 주기적인 간섭무늬를 만들게 되는데 이러한 간섭무늬는 파동의 대표적인 성질이라고 할 수 있다. 즉, 두 개의 슬릿을 향해 파동을 발사할 경우 파동은 두 개의 슬릿에서 각각 회절 되어 진행해 나아가게 되고 이렇게 생성된 두 개의 파동은 서로 간섭을 일으켜 위와 같은 간섭무늬를 만들게 된다.

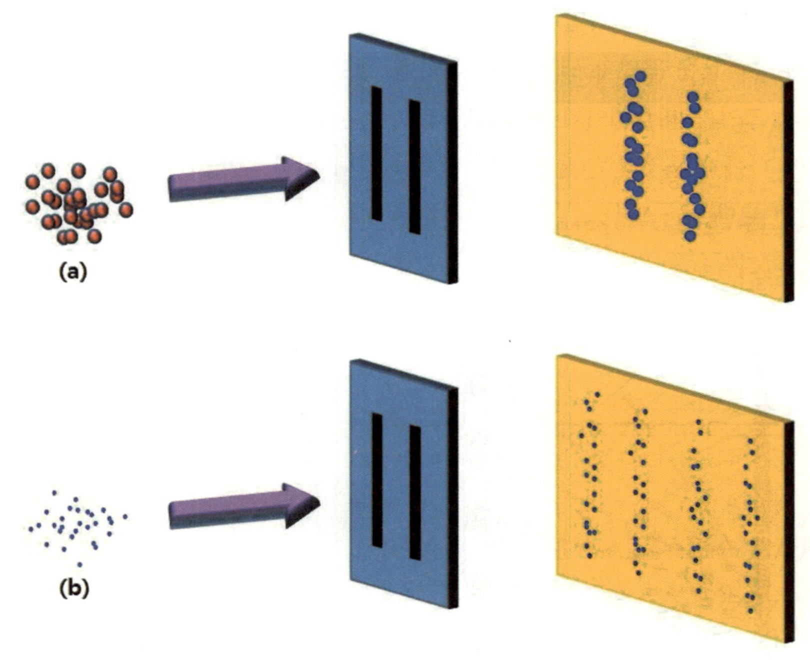

그림 7-7. (a)이중슬릿을 통과한 큰 입자의 흔적,
(b) 전자와 같이 작은 입자가 이중 슬릿을 통과한 뒤에 남긴 흔적

그렇다면 그림 7-7(a)처럼 두 개의 슬릿이 뚫려있는 판을 향해 구슬과 같은 입자를 발사하게 되면 어떤 무늬가 생성될까? 스크린에는 슬릿을 통과한 구슬들이 박힐 수 있도록 찰흙을 붙여 놓았다고 가정하자. 당연히 구슬은 파동이 아니므로 파동과 같은 회절이 일어나지 않을 것이고 또한 간섭도 일어나지 않을 것이다. 구슬은 두 개의 쓸릴 중 하나를 통과하여 뒤 찰흙 판에 박힐 것이다. 그런데 우리는 구슬을 무작위로 발사하기 때문에 두 개의 슬릿 중 어떤 슬릿을 통과할지는 알 수 없다. 여하튼 구슬은 둘 중 하나의 슬릿을 통과하거나 혹은 벽에 부딪혀서 슬릿을 통과하지 못하거나 둘 중 하나일 것이다. 따라서 찰흙 판에는 두 개의 슬릿을 통과한 구슬들이 박혀있는 두 개의 라인이 생성될 것이다. 다시 한번, 요약하자면 두 개의 슬릿을 통과한 입자와 파동은 서로 다른 결과를 나타내는데, 입자의 경우 둘 중 하나의 슬릿을 통과하여 두 개의 선을 남길 것이며 파동의 경우 서로 간섭을 일으키기 때문에 간섭무늬를 남길 것이다. 구슬과 같이 커다란 물체에 대해서 이러한 실험을 해보면 우리의 예측대로 실험 결과가 나옴을 알 수 있다. 자, 이제 구슬의 크기를 줄이자. 그럼 만일 전자와 같이 엄청나게 작은 입자를 가지고 위와 같은 실험을 한다고 가정해보자. 어떤 결과가 나올까? 전자는 질량과 전하량을 갖고 있는 분명한 입자이다. 따라서 구슬을 슬릿에 발사했을 때처럼 두 개의 선이 나올 것으로 예상되었으나 그림 7-7(b)처럼 파동에서나 얻어지는 간섭무늬가 얻어졌던 것이다. 전자의 미스터리가 여기서 시작되는데 전자를 두 개의 슬릿을 향해 발사할 경우 도대체 왜 간섭무늬가 얻어지는지 과학자들은 도저히 이해할 수가 없었던 것이다. 간섭무늬가 얻어지기 위해서는 두 개의 슬릿에서 동시에 회절된 파동들이 서로 간섭을 일으키듯이 전자가 동시에 두 개의 슬릿을 지나가야 하는데 전자는 파동이 아니

라 입자이기 때문에 두 개의 슬릿을 동시에 지나간다는 것은 있을 수 없는 일이었던 것이다.

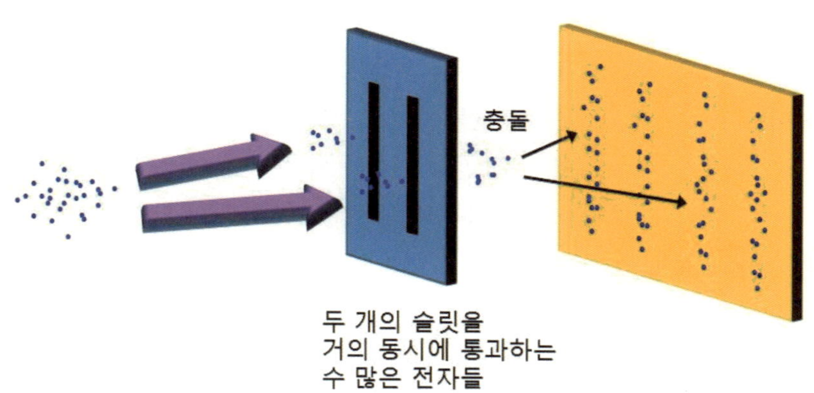

그림 7-8. 무작위로 방출된 전자들은 슬릿을 통과하면서 특정 방식으로 충돌을 일으켜 간섭무늬와 유사한 형태의 자국을 남길 수 있다는 것을 나타낸 그림

그렇다면 혹시 전자를 너무 한 번에 너무 많이 쏴서 두 개의 전자가 두 개의 슬릿을 거의 동시에 지나감으로 인해 간섭무늬가 얻어지는 것이 아닐까? 예를 들어, 아래 그림처럼 두 개의 슬릿을 향해 많은 양의 전자를 발사할 경우 전자들은 무작위로 두 개의 슬릿을 통과하게 되는데 개중에는 거의 동시에 두 개의 슬릿을 통과하는 전자들도 있을 것이고 그런 전자들이 특정 형태로 충돌을 하게 되면 파동에서와 같은 간섭무늬를 얻게 될 가능성도 있다. 특정 형태로 충돌을 해서 간섭무늬가 나올 가능성이 얼마나 될지, 혹은 그 특정 형태의 충돌이 어떤 방식의 충돌인지는 잘 모르겠지만 가능성이 전혀 없는 것은 아니다. 과학자들은 이러한 의심을 피하기 위해 전자를 한 번에 하나씩만 발사하기로 결정하였다. 발사된 전자가 두 개의 슬릿을 동시에 통과할 가능성을 원천 봉쇄하는 것이다. 이제 전자는 두 개의 슬릿을 동시에 통과할 수 없고 따라서 간섭무늬는 사라질 것이다. 그러나 이러한 실험을 실제로 하였을 때 과학자들은 전혀 예상치 못한 결과를 얻게 된다. 여전히 간섭무늬가 얻어졌던 것이다. 비록 전자를 한 번에 하나씩만 쏘기 때문에 전체 결과를 얻기까지 많은 시간이 걸렸지만 뚜렷이 간섭무늬가 얻어졌던 것이다.

도대체 어떻게 간섭무늬가 얻어지는 것일까? 전자는 분명 질량과 전하량을 가진 입자이다. 그런데 어떻게 간섭무늬가 얻어지는 것이란 말인가. 간섭무늬가 얻어지기 위해서는 두 개의 슬릿을 동시에 통과한 뒤 서로 간섭을 일으켜야만 한다. 따라서 전자 한 개가 둘로 나누어져 두 개의 슬릿을 동시에 통과한 뒤 서로 간섭을 일으켰다고 해석할 수밖에 없는 것이다. 진짜 전자는 둘로 나누어져 두 개의 슬릿을 동시에 통과한 것일까? 아니면 우리가 알지 못하는 어떤 숨은 메커니즘이 있는 것일까? 이에 과학자들은 추가적인 실험을 계획하게 된다. 두 개의 슬릿 중 어떤 슬릿을 지나가는지 관찰하기 위한 검출 장비를 슬릿에 설치하는 것이다. 예를 들어, 한쪽 슬릿에 고성능 카메라를 설치해서 전자가 슬릿을 지나가는지 혹은 지나가지 않는지 관찰하는 것이다. 여기서 과학자들은 또 한 번 놀랄만한 실험 결과를 얻게 되는데 관찰을 시작하자마자 간섭무늬가 사라졌던 것이다. 놀란 과학자들은 카메라를 슬릿으로부터 치워 보았다. 그러자 다시 간섭무늬가 나타나기 시작했다. 즉, 관찰하지 않을 경우 전자는 파동처럼 간섭무늬를 만드는데 전자가 어느 쪽 슬릿을 통과하는지 관찰을 하게 될 경우 간섭무늬는 사라지고 전자는 입자처럼 행동하는 것이다. 마치 우리가 관찰을 하는지, 혹은 하지 않는지 전자가 보고 있기라도 하는 것처럼 우리의 행동에 따라 전자가 스스로 성질을 바꾸는 것이다. 여기서 전자가 어떤 슬릿을 통과했는지 관찰할 수 있는 그런 고성능 카메라가 실제로 존재하는지 존재하지 않는지는 중요하지 않다. 위에서 예를 든 고성능 카메라 외에 다른 어떤 검출기를 사용하더라도 같은 결과가 유도되기 때문이다. 어떻게 전자는 관찰자의 행동을 파악하고 관찰자의 관찰 행위에 따라 스스로 성질을 바꿀 수 있을까? 전자가 진짜 어떤 의식이라도 가지고 있는 것일까? 현재까지의 지식으로는 이 실험적 결과를 완벽히 이해할 수는 없지만 부분적으로는 아래와 같이 두 가지 관점에서 이해할 수 있다.

먼저, 전자가 때로는 파동처럼, 때로는 입자처럼 행동한다는 사실은 이미 4장에서 설명하였다. 이중 슬릿 실험 외에도 다양한 실험을 통해 전자가 물질과 파동의 이중성을 갖고 있다는 사실은 이미 입증되었다. 사실 전자뿐만 아니라 원자, 더 나아가서는 분자마저도 이러한 이중성을 갖고 있다는 사실이 실험적으로 증명되었으며, 더 큰 물질도 정도 차이가 있을 뿐이지 이러한 이중성을 갖고 있다고 받아들여지고 있다. 두 번째는 관찰이라는 행위가 물질의 상태에 영향을 줄 수 있다는 사실이다. 위 이중 슬릿의 실험처럼 전자가 어느 쪽 슬릿을 지나갔는지 알기 위한 관찰이라는 행위를 통해 전자의 파동성이 붕괴 되었듯이 과학자들은 관찰이라는 행위를 통해 물질 혹은 어떤 시스템의 상태가 바뀔 수 있다는 사실을 인식하기 시작하였던 것이다. 사실 전자와 같이 작은 입자에 대한 연구가 행해지기 전까지 과학자들은 자연의 상태는 우리의 관찰에 의해 영향을 받지 않는다고 생각했었다. 즉, 자연은 우리의 관찰 여부와 상관없이 그대로 있고 우리는 물질 혹은 어떤 시스템의 상태에 전혀 영향을 주지 않은 채 관찰할 수 있다고 생각했었던 것이다. 관찰 대상의 크기가 클 경우 이러한 가정은 맞지만 관찰 대상의 크기가 전자와 같이 작아지게 되면 이러한 가정은 더 이상 맞지 않게 된다. 예를 들어, 교실에 책상이 하나 놓여 있고 누군가 그 책상을 관찰하고 있다고 가정해보자. 책상의 색깔은 어떤 색깔이며, 길이가 얼마이고, 높이가 얼마인지 등등에 대해 관찰하고 있다고 가정해보자. 우리는 책상을 건드리지 않고 눈으로만 관찰하고 있기 때문에 습관적으로 책상에 아무런 영향을 주지 않은 채 관찰하고 있다고 생각하기 쉬운데 사실 우리가 책상을 눈으로 관찰하고 있다는 얘기는 책상에 맞고 튕겨 나온 빛입자를 관찰하고 있다는 얘기이다. 즉, 책상은 무수히 많은 빛입자를 맞고 있으며 거기서 튕겨 나온 빛입자를 통해 우리는 책상을 관찰하고 있는 것이다. 책상의 크기에 비해 빛 입자의 크기가 너무나 작기 때문에 책상의 위치나 모양은 거의 변하지 않고 있다고 느끼지만 사실 책상을 구성하고 있는 원자들은 이러한 충돌에 의해 끊임없이 그 상태가 바뀌고 있는 것이다. 우리 눈으로 원자의 상태가 어떻게 바뀌고 있는지는 관찰할 수 없고 우리는 단지 책상의 위치, 크기, 색깔 등만 관찰할 수 있고 그러한 성질들은 빛입자에 의해 영향을 받는 정도가 너무 작기 때문에 우리 눈에 책상은 우리가 관찰하는 행위와 상관없이 그 본질 그대로의 성질을 그대로 유지하고 있는 것처럼 보이지만 물질의 크기가 작아지게 되면 상황은 달라질 수 있다. 전자와 같이 물질의 크기가 작은 경우 빛입자에 의해 전자의 위치는 물론 속도도 달라질 수 있기 때문에 우리가 비록 눈으로 혹은 고성능 카메라로 관찰을 한다고 하더라도 전자의 상태는 관찰이라는 행위에 의해 영향 받을 수 가 있는 것이다. 그렇다면 관찰이라는 행위가 구체적으로 어떻게 전자의 상태에 영향을 주는 것일까? 어떻게 영향을 주기에 파동의 성질을 나타내던 전자가 관찰이라는 행위를 통해서 입자의 성질을 나타내는 것일까? 관찰하기 전에 전자는 도대체 어떤 모습이라는 것인가? 이 질문에 대해 몇 가지 답변들이 제안되어 있지만 현재 가장 널리 받아들여지고 있는 해석은 소위 "코펜하겐 학파의 해석"이라고 불리는 해석이다. 이러한 해석을 주도한 사람은 덴마크 출신의 닐스 보어였는데 닐스 보어와 그의 제자들 대부분이 이러한 해석을 신봉하였는데, 보어의 모국인 덴마크의 수도가 코펜하겐이기 때문에 이러한 해석을 받아들였던 보어 계열의 학자들을 "코펜하겐 학파"라고 부르게 된 것이다. 이들의 주장은 다음과 같다. 우리가 자연을 관찰하기 전에 자연은 확률로서 존재한다. 즉, 관찰이라는 행위가 이루어지지 않고 있을 때 한 개의 전자는 각각 50%의 확률로 두 개의 슬릿을 동시에 지나간다. 그러다가 우리가 관찰을 하는 순간 양쪽 슬릿으로 지나가던 전자는 한 쪽(왼쪽 혹은 오른쪽) 슬릿으로 지나가는 확률(파동함수)로 붕괴된다. 그 결과 한 쪽 슬릿으로 지나가는 전자만 관찰된다. 다시 설명하자면 관찰이라는 행위가 이루어지지 않고 있을 때 전자가 왼쪽 슬릿을 지나가는 현실과 오른쪽 슬릿을 통해 지나가는 현실은 서로 중첩되어 있다. 즉, 두 가지 현실이 관찰하기 전에는 서로 섞여 있는 상태에 있다가 관찰을 하게 되면 두 가지 현실 중 한 가지 현실이 붕괴되어 남아있는 현실만 관찰된다는 해석이 바로 코펜하겐 학파가 주장하는 해석인 것이다. 아마도 이러한 해석이 쉽게 와 닿지 않을 것이다. 두 가지 현실이 서로 겹쳐있다는 사실도 일반상식과 맞지 않을 뿐만 아니라 관찰이라는 행위가 이루어질 때 두 가지 현실 중 하나가 붕괴된다는 해석은 더더욱 이해가 안 된다. 관찰이 이루어지지 않고 있을 때 진짜 두 가지 현실이 중첩되어 있을까? 그리고 관찰이 이루어지는 순간 진짜 한 가지 현실만 남은 채 나머지 현실은 과연 붕괴될까? 뭔가 여러분들이 만족스러워 하는 대답을 하고는 싶지만 아쉽게도 현재 과학이 대답할 수 있는 수준은 여기까지이다. 전자가 어떻게 그럴 수 있느냐고 묻더라도 양자역학이 대답해 줄 수 있는 말은 없다. 단지 대답해 줄 수 있는 유일한 말은 "원래 자연은 그렇다" 이다. 관찰이 이루어지지 않고 있을 때 전자는 실제로 두 개의 슬릿을 동시에 지나가는 그 모습 그것이 바로 자연이다. 그리고 관찰이 행해질 때 한 가지 현실만 남은 채 나머지는 붕괴가 되는 사실 그것이 바로 자연이다. 아무리 그래도 여전히 이해가 안 된다고 생각할 수 있다. 그런 사람들은 "이해"라는 단어의 의미에 대해 다시 한 번 생각해 보기를 바란다. "이해된다"라는 말은 도대체 무슨 말인가? 자연에서 일어나고 있는 일이 우리의 예상, 우리가 알고 있는 상식과 들어맞을 때 이해가 되는 건가? 그렇다면 우리가 알고 있는 상식은 무엇인가? 우리의 상식은 어떻게 확립되었는가? 사실 우리가 얘기하고 있는 상식은 우리의 경험으로부터 확립되었을 가능성이 크다. 전자가 파동처럼 두 개의 슬릿을 동시에 통과할 수 없다는 사실을 상식이라고 생각하는 이유는 우리가 지금까지 살아오면서 물체가 파동처럼 둘로 나뉘어져 두 개의 공간에 동시에 존재하는 것을 본 적이 없기 때문이다. 즉, 우리가 경험해 보지 못한 현실이기 때문에 전자가 파동처럼 두 개의 슬릿을 동시에 통과한다는 사실을 접했을 때에도 비상식적이라고 생각을 하는 것이며 이해가 되지 않는 현상이라고 말하게 되는 것이다. 우리가 만일 어떤 물체를 두 개의 슬릿을 향해 던졌다고 했을 때 물체가 전자의 경우처럼 둘로 나뉘어져 두 개의 슬릿을 동시에 통과하는 일이 늘 상 일어난다고 가정해보자. 그리고 우리는 그러한 현상을 늘 관찰해 왔다면 그래도 우리는 비상식적이라고 느끼고 이해가 안 된다고 생각할까? 사실 우리는 전자보다 훨씬 큰 물체에 대해서는 여러 가지 경험을 갖고 있지만 전자와 같이 작은 물체에 대해서는 어떤 경험도 갖고 있지 않다. 과학자들이 전자의 행동을 관찰하기 시작한 것도 극히 최근에 와서이다. 우리는 전자에 대해 어떤 경험도 갖고 있지 않음에도 불구하고 우리가 큰 물체에 대해 갖고 있던 경험을 우리도 모르는 사이에 그대로 전자에게 적용하려 했던 것이다. 전자가 우리의 상식에 맞춰 우리가 이해할 수 있는 방식으로 행동할 리는 없다. 자연은 우리의 예상, 우리의 상식과는 상관없이 그들만의 법칙에 맞춰 행동할 뿐이다. 우리가 이해할 수 있든지, 혹은 이해할 수 없든지 자연의 입장에서는 전혀 상관할 일이 아니다. 즉, 우리는 자연의 행동양식을 그냥 받아들이는 방법밖에 없는 것이다. 훗날 우리의 과학이 더 발달해서 위에서 언급한 일반상식대로 이해할 수 있는 날이 혹시 올지 모르겠지만 지금은 이 정도 설명에 만족해야 할 것이다.

8. 2차원 및 3차원 상자 안 입자

1) 2차원 상자 안에 갇혀있는 입자

우리는 6장에서 1차원 상자 안에 갇혀있는 입자를 양자역학적으로 어떻게 묘사하는지에 대해 배웠다. 이번 장에서는 차원을 확대해서 2차원 상자 안에 갇혀있는 입자, 그리고 더 나아가 3차원 상자 안에 갇혀있는 입자를 양자역학적으로 어떻게 묘사하는지에 대해 배우고자 한다. 2차원 상자 안에 갇혀있는 입자의 쉬뢰딩거 방정식을 푸는 방법과 3차원 상자 안에 갇혀있는 입자의 쉬뢰딩거 방정식을 푸는 방식은 거의 같으므로 여기에서는 2차원 상자 안에 갇혀있는 입자의 쉬뢰딩거 방정식만 간단하게 푼 뒤 3차원의 경우는 간단하게 결론만 확인하고 넘어갈 계획이다. 그럼 이제 2차원 상자 안에 갇혀있는 입자를 양자역학적으로 어떻게 푸는지 시작해 보자. 먼저 아래와 같이 흰색 2차원 상자 안에 질량이 "m" 인 입자가 갇혀있다고 가정해보자.

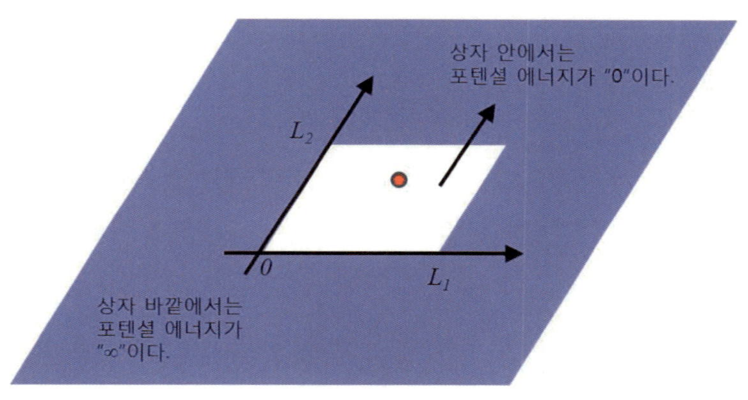

그림 8-1. 2차원 상자 안에 갇혀있는 입자를 나타낸 그림. 입자는 무한대의 에너지 장벽으로 둘러싸여 있고 하얀색으로 되어 있는 부분에서만 자유롭게 움직일 수 있다

그림 8-1에 쓰여 있듯이 상자 안에서는 퍼텐셜 에너지가 "0"이라고 가정하고, 상자 밖에서는 퍼텐셜 에너지가 "무한대"라서 전자는 상자 밖으로 빠져나갈 수 없다고 가정한다. 상자의 왼쪽 아래 귀퉁이를 원점으로 잡고 그림과 같이 가상의 "x", "y" 축을 정한다. 상자의 x축 방향 크기(상자의 가로 크기)를 "L_1"이라 하고 상자의 y축 방향 크기 (상자의 세로 크기)를 "L_2"라 하자. 이 문제를 양자역학적으로 풀기 위해서는 1차원 상자에서 했던 것과 같이 먼저 쉬뢰딩거 방정식을 세워야 한다. 입자는 2차원 상자 안에서 움직이고 있으므로 입자가 가진 운동에너지는 x축 방향 운동에너지, T_x와 y축 방향 운동에너지, T_y로 나눌 수 있다. 즉, 입자가 가진 전체 운동에너지 $K.E. = T_x + T_y$ 로 쓸 수 있다. 따라서 우리는 운동에너지를 구하는 연산자도 두 가지로 나누어서 쓸 수 있는데 하나는 x축 방향 운동에너지를 구하는 연산자, $\hat{T}_x$이고, 다른 하나는 y축 방향 운동에너지를 구하는 연산자, $\hat{T}_y$이다. 각각의 연산자는 해당하는 변수를 사용해서 아래와 같이 쓸

수 있다.

$$\hat{T}_x = -\frac{\hbar^2}{2m}\frac{d^2}{dx^2}, \qquad \hat{T}_y = -\frac{\hbar^2}{2m}\frac{d^2}{dy^2} \tag{8-1}$$

전체 운동에너지를 구하는 연산자는 위 두 연산자를 더해서 구할 수 있다. 즉, 전체 운동에너지를 구하는 연산자, $\hat{T}$는 아래와 같이 쓸 수 있다.

$$\hat{T} = \hat{T}_x + \hat{T}_y = -\frac{\hbar^2}{2m}\frac{d^2}{dx^2} - \frac{\hbar^2}{2m}\frac{d^2}{dy^2} = -\frac{\hbar^2}{2m}\left(\frac{d^2}{dx^2} + \frac{d^2}{dy^2}\right) \tag{8-2}$$

이제 연산자를 구했기 때문에 쉬뢰딩거 방정식을 세울 수 있다. 2차원 상자 안에 갇혀있는 입자에 대한 쉬뢰딩거 방정식은 아래와 같다.

$$\hat{H}\psi = E\psi \Leftrightarrow (\hat{T} + \hat{V})\psi = (K.E. + V.E.)\psi \Leftrightarrow \hat{T}\psi + \hat{V}\psi = K.E.\psi + V.E.\psi \tag{8-3}$$

퍼텐셜 에너지 $V.E. = 0$이라고 했으므로 퍼텐셜 에너지를 구하는 연산자는 생략해도 된다. 따라서 쉬뢰딩거 방정식은 아래와 같이 운동에너지 연산자로만 구성된다.

$$\hat{T}\psi = (\hat{T}_x + \hat{T}_y)\psi = K.E.\psi \Leftrightarrow -\frac{\hbar^2}{2m}\frac{d^2}{dx^2}\psi - \frac{\hbar^2}{2m}\frac{d^2}{dy^2}\psi = K.E.\psi \tag{8-4}$$

$-\frac{\hbar^2}{2m}$으로 묶으면,

$$-\frac{\hbar^2}{2m}\left(\frac{d^2}{dx^2} + \frac{d^2}{dy^2}\right)\psi = K.E.\psi \tag{8-5}$$

가 되고 이 방정식을 풀면 2차원 상자 안에 갇혀있는 전자를 묘사하는 파동함수가 해로 주어지게 된다. 여기서 기호를 하나 변경하도록 하겠다. $\frac{d^2}{dx^2} + \frac{d^2}{dy^2}$의 d를 ∂(라운드라고 읽는다)로 변경하도록 하겠다. 이를 편미분 기호라고 하는데 여러 개의 변수를 가진 함수를 특정 변수로만 미분할 경우 d대신 ∂를 쓰게 되어 있다. 위 쉬뢰딩거 방정식에서 ψ는 2차원에서 움직이고 있는 입자를 묘사하는 파동함수로서 2차원에서 움직이고 있으므로 1차원 상자 안에 갇혀있는 입자와는 달리 x, y 두 개의 변수를 가진 파동함수이다. 즉, $\psi(x,y)$

라고 쓸 수 있다. 이처럼 두 개 이상의 변수를 가진 함수를 하나의 변수로만 미분하는 경우를 "편미분"이라고 부르며, 기호로는 위에 나왔던 ∂(라운드)를 사용하도록 정해져 있다. 독자 중에 혹시 구체적으로 이해하고 싶지 않은 사람이 있다면 그냥 넘어가도 좋다. ∂ 나 d 어떤 기호를 사용하더라도 다음 내용을 이해하는데 큰 지장은 없겠지만, 본서에서는 그래도 올바른 기호를 사용하기 위해 d대신 ∂를 사용하도록 하겠다. 구체적으로 이해하고 싶지 않다면 두 기호 사이의 구별을 엄격하게 구별할 필요가 있을 때까지는 ∂기호가 나왔을 때 그냥 d라고 생각하도록 하자. 어찌 되었든 ∂기호를 사용해서 위 식을 바꿔 주면 아래와 같이 변형된다.

$$-\frac{\hbar^2}{2m}\left(\frac{d^2}{\partial x^2}+\frac{d^2}{\partial y^2}\right)\psi = K.E.\psi \tag{8-6}$$

앞서와 마찬가지로 이제 이 방정식을 풀기만 하면 2차원 상자 안에 갇혀있는 전자를 묘사하는 파동함수가 얻어진다. 이 방정식을 풀기 위해서 우리는 "변수 분리"라는 방법을 사용할 텐데 어려운 내용은 아니니 미리 겁먹을 필요는 없다. 변수 분리란, 구하고자 하는 파동함수의 변수, x, y를 서로 다른 항으로 분리해서 쓸 수 있다는 얘기이다. 예를 들어, 아래와 같은 함수가 있다고 가정해보자.

$$\psi(x, y, z) = 2xyz + yz + 4xz + 2z \tag{8-7}$$

위 8-7 함수는 아래와 같이 인수분해 될 수 있다.

$$\begin{aligned}\psi(x, y, z) &= 2xyz + yz + 4xz + 2z \\ &= (2xy + y + 4x + 2)z \\ &= \{(2x+1)y + (2x+1)2\}z \\ &= (2x+1)(y+2)z\end{aligned} \tag{8-8}$$

즉, 3개의 항으로 정리될 수 있는데 맨 왼쪽에 있는 항은 변수 x로만 구성되어 있고, 가운데 있는 항은 변수 y로만 구성되어 있으며 맨 오른쪽에 있는 항은 변수 z로만 구성되어 있음을 알 수 있다. 즉, 파동함수 $\psi(x, y, z)$는 아래와 같이 x로만 구성된 함수, $X(x)$, y로만 구성된 함수, $Y(y)$, z로만 구성된 함수, $Z(z)$의 곱으로 표현될 수 있다. 즉,

$$\psi(x, y, z) = X(x)\,Y(y)\,Z(z) \tag{8-9}$$

와 같이 쓸 수 있는데 이처럼 어떤 함수가 각 변수로만 구성된 항들의 곱으로 쓰여질 수 있을 때 그 함수는

"변수 분리" 가능하다고 얘기한다. 그렇다면 변수 분리가 안 되는 함수도 있을까? 당연히 존재한다. 아래 함수를 한 번 보도록 하자.

$$\psi(x, y, z) = 2xyz + yz + 2xz^2 + z^2 \tag{8-10}$$

식 8-10 함수를 인수 분해하면 아래와 같다.

$$\begin{aligned}\psi(x, y, z) &= 2xyz + yz + 2xz^2 + z^2 = (2x+1)yz + (2x+1)z^2 \\ &= (2x+1)(yz + z^2) = (2x+1)(y+z)z\end{aligned} \tag{8-11}$$

위에서 최종적으로 얻어진 함수, $(2x+1)(y+z)z$의 두 번째 항을 보면 y 변수와 z 변수가 함께 들어있음을 볼 수 있다. 따라서 $\psi(x, y, z) = X(x)Y(y)Z(z)$로 쓸 수 없으며 8-10 함수는 변수 분리가 되지 않는 함수이다. 그렇다면 도대체 어떤 함수가 변수 분리가 되는지 되지 않는지 왜 따지는 걸까? 뭐가 그리 중요하기에 변수 분리가 되는지 안 되는지를 이렇게 장황하게 설명하는 것일까? 어떤 함수의 변수 분리 가능성은 아주 중요하다. 변수 분리가 되느냐, 되지 않느냐에 따라서 문제가 간단하게 해결되느냐, 해결되지 않느냐가 달려 있기 때문이다. 어떤 함수가 변수 분리될 때 아주 편리한 특성이 하나 있는데 그것은 어떤 함수를 특정 변수로 미분을 할 때 변수 분리가 되는 경우 미분하는 변수를 포함하는 함수만 미분해주면 되고 나머지 함수들은 상수 취급을 할 수 있게 된다. 아래 예를 보도록 하자. 어떤 함수 $\psi(x,y,z)$를 인수분해 했더니 아래와 같이 변수 분리된 채 인수분해가 된다고 하자. 즉, $\psi(x,y,z)$는 변수 분리 가능한 함수이다.

$$\psi(x,y,z) = (2x+1)(y+2)z \tag{8-12}$$

8-12 함수를 x로 미분할 경우, $(2x+1)$만 x를 포함하고 있으므로 $(2x+1)$만 x로 미분해주고 나머지 항들, $(y+2)z$은 상수 취급할 수 있게 된다. 즉,

$$\frac{d}{dx}\psi(x,y,z) = \frac{d}{dx}(2x+1)(y+2)z = (y+2)z\frac{d}{dx}(2x+1) \tag{8-13}$$

처럼 쓸 수 있고 8-13식은

$$\frac{d}{dx}\psi(x,y,z) = 2(y+2)z \tag{8-14}$$

이 된다.

자, 그럼 이제 원래 방정식으로 돌아가도록 하자. 원래 우리가 풀고자 했던 방정식은 아래와 같았다.

$$-\frac{\hbar^2}{2m}\left(\frac{d^2}{\partial x^2}+\frac{d^2}{\partial y^2}\right)\psi(x,y)=K.E.\,\psi(x,y) \tag{8-15}$$

위 방정식을 풀었을 때 얻어지는 함수, $\psi(x,y)$가 변수 분리된다고 가정하자. 즉, $\psi(x,y)=X(x)\,Y(y)$ 와 같이 쓸 수 있다고 가정하자. $\psi(x,y)$대신에 $X(x)\,Y(y)$을 위 식에 대입하고 아래와 같이 정리해 보자.

$$-\frac{\hbar^2}{2m}\left(\frac{d^2}{\partial x^2}+\frac{d^2}{\partial y^2}\right)\psi(x,y)=K.E.\,\psi(x,y) \tag{8-16}$$

$$\Leftrightarrow\ -\frac{\hbar^2}{2m}\left(\frac{d^2}{\partial x^2}+\frac{d^2}{\partial y^2}\right)X(x)\,Y(y)=K.E.\,X(x)\,Y(y)$$

$$\Leftrightarrow\ -\frac{\hbar^2}{2m}Y(y)\frac{d^2}{\partial x^2}X(x)-\frac{\hbar^2}{2m}X(x)\frac{d^2}{\partial y^2}Y(y)=K.E.\,X(x)\,Y(y)$$

위 식의 양변을 $X(x)\,Y(y)$로 나누어 주게 되면,

$$-\frac{\hbar^2}{2m}\frac{1}{X(x)}\frac{d^2}{\partial x^2}X(x)-\frac{\hbar^2}{2m}\frac{1}{Y(y)}\frac{d^2}{\partial y^2}Y(y)=K.E. \tag{8-17}$$

와 같은 식으로 된다. 식 8-17에서 $K.E.$는 2차원상에서 움직이고 있는 입자의 전체 운동에너지를 나타내는데 이 운동에너지는 x축성분 운동에너지, E_x와 y축성분 운동에너지, E_y로 구성되어 있다. 따라서 식 8-17을 아래와 같이 쓸 수 있다.

$$-\frac{\hbar^2}{2m}\frac{1}{X(x)}\frac{d^2}{\partial x^2}X(x)-\frac{\hbar^2}{2m}\frac{1}{Y(y)}\frac{d^2}{\partial y^2}Y(y)=E_x+E_y \tag{8-18}$$

위 방정식은 다시 아래와 같이 x에 관련된 함수, $X(x)$와 y에 관련된 함수, $Y(y)$로 나누어서 쓸 수 있다.

$$-\frac{\hbar^2}{2m}\frac{1}{X(x)}\frac{d^2}{\partial x^2}X(x)=E_x \tag{8-19}$$

$$-\frac{\hbar^2}{2m}\frac{1}{Y(y)}\frac{d^2}{\partial y^2}Y(y)=E_y \tag{8-20}$$

양변에 $X(x)$ 혹은 $Y(y)$를 곱해주면

$$-\frac{\hbar^2}{2m}\frac{d^2}{\partial x^2}X(x)=E_xX(x) \tag{8-21}$$

$$-\frac{\hbar^2}{2m}\frac{d^2}{\partial y^2}Y(y)=E_yY(y) \tag{8-22}$$

와 같이 되는데 위 방정식 중 8-21 방정식은 1차원 상자 안 입자에서 풀었던 것과 같은 방정식이고 8-22 방정식도 1차원 상자 안 입자에서 풀었던 방정식과 같은 방정식인데 단지 변수만 다른 방정식이다. 1차원 상자 안 입자의 방정식을 풀 때 이러한 방정식을 이미 풀어보았기 때문에 우리는 위 두 방정식의 해가 아래와 같이 주어진다는 것을 알 수 있다.

$$X(x)=\left(\frac{2}{L_1}\right)^{\frac{1}{2}}\sin\frac{n_x\pi x}{L_1} \qquad E_x=\frac{n_x^2h^2}{8mL_1^2} \qquad n_x=\ldots-2,\,-1,\ 1,\ 2\ldots \tag{8-23}$$

$$Y(y)=\left(\frac{2}{L_2}\right)^{\frac{1}{2}}\sin\frac{n_y\pi y}{L_2} \qquad E_y=\frac{n_y^2h^2}{8mL_2^2} \qquad n_y=\ldots-2,\,-1,\ 1,\ 2\ldots \tag{8-24}$$

전체 파동함수, $\psi(x,y)$는 $X(x)$함수와 $Y(y)$함수의 곱이므로,

$$\psi(x,y)=X(x)\,Y(y)=\left(\frac{2}{a}\right)^{\frac{1}{2}}\sin\left(\frac{n_x\pi x}{a}\right)\left(\frac{2}{b}\right)^{\frac{1}{2}}\sin\left(\frac{n_y\pi y}{b}\right) \tag{8-25}$$

$$n_x=\ldots-2,\,-1,\ 1,\ 2\ldots,\ n_y=\ldots-2,\,-1,\ 1,\ 2\ldots$$

로 쓰일 수 있으며 전체 에너지, $K.E.$는 x축성분의 에너지(E_x)와 y축성분의 에너지(E_y)의 합이므로,

$$K.E.=E_x+E_y=\frac{n_x^2h^2}{8ma^2}+\frac{n_y^2h^2}{8mb^2} \tag{8-26}$$

$$n_x=\ldots-2,\,-1,\ 1,\ 2\ldots,\ n_y=\ldots-2,\,-1,\ 1,\ 2\ldots$$

와 같이 쓰여질 수 있다. 위 식을 보면 두 가지 종류의 양자수(n)이 나오는데 하나는 x축성분과 관련된 양자수이며 다른 하나는 y축성분과 관련된 양자수이다. 여기서 한 가지 주의해야 할 점은 두 가지 양자수(n_x와 n_y)가 서로 독립적이라는 사실이다. 즉, 두 가지 양자수는 서로에게 영향을 주지 않고 아무 양자수

나 가질 수 있다. 예를 들어, n_x가 "1"이라면 n_y도 "1"이 될 수 있을 뿐만 아니라 그 외 어떤 수라도 가질 수 있다. 위 식에서 L_1와 L_2는 상자의 크기였다. L_1은 상자의 x축 방향 크기였고, L_2는 상자의 y축 방향 크기였다. 만일 상자가 정사각형이라고 가정하면 $L_1 = L_2 = L$가 된다. 그러면 식 8-25, 26은 아래와 같이 된다.

$$\psi(x,y)=\left(\frac{2}{L}\right)^{\frac{1}{2}}\sin\left(\frac{n_x\pi x}{L}\right)\left(\frac{2}{L}\right)^{\frac{1}{2}}\sin\left(\frac{n_y\pi y}{L}\right)=\frac{2}{L}\sin\left(\frac{n_x\pi x}{L}\right)\sin\left(\frac{n_y\pi y}{L}\right) \tag{8-27}$$

$$K.E.=\frac{n_x^2h^2}{8mL^2}+\frac{n_y^2h^2}{8mL^2}=\frac{h^2}{8mL^2}\left(n_x^2+n_y^2\right) \tag{8-28}$$

$$n_x=\ldots-2,\ -1,\ 1,\ 2\ldots,\ n_y=\ldots-2,\ -1,\ 1,\ 2\ldots$$

표 8-1. n_x, n_y 에 따른 파동함수와 에너지

n_x	n_y	$\psi(x,y)$	$K.E.$
1	1	$\frac{2}{a}\sin\left(\frac{\pi x}{a}\right)\sin\left(\frac{\pi y}{a}\right)$	$\frac{2h^2}{8ma^2}$
1	2	$\frac{2}{a}\sin\left(\frac{\pi x}{a}\right)\sin\left(\frac{2\pi y}{a}\right)$	$\frac{5h^2}{8ma^2}$
2	1	$\frac{2}{a}\sin\left(\frac{2\pi x}{a}\right)\sin\left(\frac{\pi y}{a}\right)$	$\frac{5h^2}{8ma^2}$
2	2	$\frac{2}{a}\sin\left(\frac{2\pi x}{a}\right)\sin\left(\frac{2\pi y}{a}\right)$	$\frac{8h^2}{8ma^2}$

n_x, n_y 가 어떤 양자수를 갖느냐에 따라 표 8-1처럼 다양한 조합이 가능해지는데 이에 따라 파동함수의 식과 에너지도 달라진다. 예를 들어, n_x, n_y 양자수가 각각 1, 2 혹은 2, 1일 때 파동함수의 식을 보면 서로 다른 모양의 함수가 된다는 사실을 알 수 있다. n_x, n_y 양자수가 각각 1, 2일 경우에는 y축성분의 항에 "2"가 곱해지지만 n_x, n_y 양자수가 각각 2, 1일 경우에는 x축성분의 항에 "2"가 곱해짐을 볼 수 있다. 그림 8-2에 그려져 있는 파동함수의 모양으로부터 이러한 차이를 확인할 수 있다. 이처럼 n_x, n_y 양자수가 1, 2 혹은 2, 1일 때에는 서로 다른 모양을 가진 파동함수가 됨을 알 수 있는데 반면 그에 해당하는 에너지를 보게 되면 $\frac{5h^2}{8ma^2}$으로 서로 같다는 사실을 알 수 있다. 이처럼 파동함수의 모양은 다르면서 에너지가 같은 이러한 상황을 "축퇴(degeneracy)"라고 한다. 즉, "n_x, n_y 양자수가 1, 2 혹은 2, 1인 파동함수는 서로 축퇴되어 있다"라고 얘기할 수 있다.

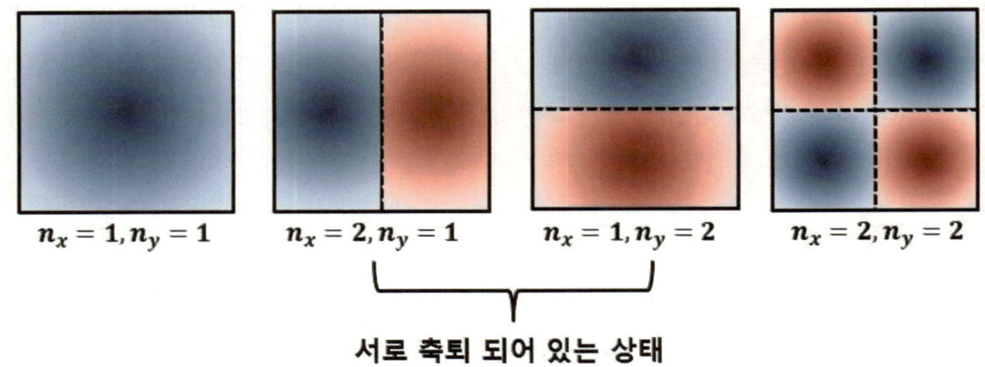

그림 8-2. $n_x = 1\ n_y = 1$, $n_x = 2\ n_y = 1$, $n_x = 1\ n_y = 2$, $n_x = 2\ n_y = 2$인 파동함수의 형태

2) 3차원 상자 안에 갇혀있는 입자

지금까지 우리는 2차원 상자에 갇혀있는 입자 시스템을 양자역학적으로 풀어보았고 그 결과에 대해 논의하였다. 이제는 차원을 하나 더 늘려서 3차원 상자에 갇혀있는 입자 시스템에 대해 생각해 보고자 한다. 차원이 하나 더 늘어나기 때문에 2차원일 경우보다 조금 더 복잡해지긴 하겠지만 너무 걱정할 필요는 없다. 왜냐하면 우리가 2차원 문제를 해결하기 위해서 사용했던 방법을 그대로 사용할 수 있기 때문이다. 아래 그림 8-3과 같이 3차원 상자 안에 갇혀있는 입자에 대해 생각해 보자.

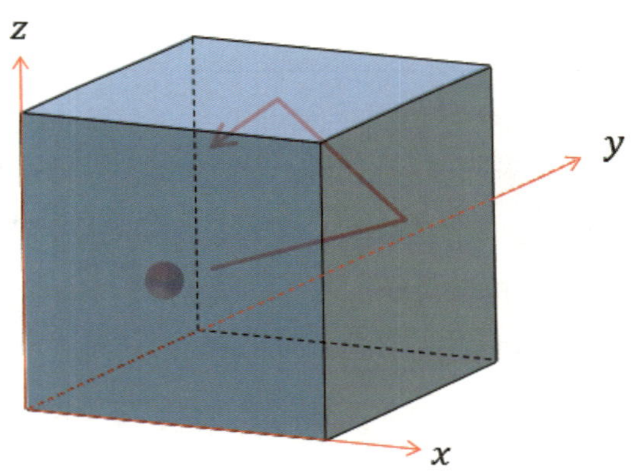

그림 8-3. 3차원 상자 안에 갇혀서 움직이고 있는 입자의 모습

1차원, 2차원 상자에서 그랬듯이 전자는 상자 안에서만 움직이고 있다. 즉, 상자를 뚫고 나가기 위한 퍼텐셜 에너지가 너무 높아서 전자는 상자 밖으로 나갈 수 없다고 가정한다. 그리고 상자 안에서 전자의 퍼텐셜 에너지는 "0"이라고 가정한다. 따라서 3차원 상자 안에 갇혀서 움직이고 있는 전자의 쉬뢰딩거 방정식은 아래와 같이 쓸 수 있다.

$$-\frac{\hbar^2}{2m}\left(\frac{\partial^2}{\partial x^2}+\frac{\partial^2}{\partial y^2}+\frac{\partial^2}{\partial z^2}\right)\psi = K.E.\,\psi \tag{8-29}$$

2차원 상자와 다른 점은 z축이 하나 더 늘어났기 때문에 z축과 관련된 항이 추가되었다는 점이다. 앞서 말했다시피 이 미분방정식을 푸는 방식은 2차원의 경우와 같다. 먼저 위 미분방정식의 해가 되는 파동함수, ψ은 변수 분리 가능하다고 가정한다. 즉, 파동함수, $\psi(x,y,z)$는

$$\psi(x,y,z)= X(x)\,Y(y)\,Z(z) \tag{8-30}$$

으로 쓸 수 있다. 그러면 8-29 식은 아래와 같이 변형될 수 있다.

$$-\frac{\hbar^2}{2m}\left(\frac{\partial^2}{\partial x^2}+\frac{\partial^2}{\partial y^2}+\frac{\partial^2}{\partial z^2}\right)\psi(x,y,z)= K.E.\,\psi(x,y,z) \tag{8-31}$$

$$\Leftrightarrow\ -\frac{\hbar^2}{2m}\left(\frac{\partial^2}{\partial x^2}+\frac{\partial^2}{\partial y^2}+\frac{\partial^2}{\partial z^2}\right)X(x)\,Y(y)\,Z(z)= K.E.\,X(x)\,Y(y)\,Z(z)$$

또한 전체 운동에너지, $K.E.$는 각 축성분의 운동에너지의 합으로 쓸 수 있다.

$$K.E. = E_x + E_y + E_z \tag{8-32}$$

이것을 위 식에 대입하면,

$$-\frac{\hbar^2}{2m}\left(\frac{\partial^2}{\partial x^2}+\frac{\partial^2}{\partial y^2}+\frac{\partial^2}{\partial z^2}\right)X(x)\,Y(y)\,Z(z)= (E_x + E_y + E_z)\,X(x)\,Y(y)\,Z(z) \tag{8-33}$$

8-33식을 전개하면

$$\Leftrightarrow\ -Y(y)Z(z)\frac{\hbar^2}{2m}\frac{\partial^2}{\partial x^2}X(x)-X(x)Z(z)\frac{\hbar^2}{2m}\frac{\partial^2}{\partial y^2}Y(y)-X(x)\,Y(y)\frac{\hbar^2}{2m}\frac{\partial^2}{\partial z^2}Z(z) = (E_x + E_y + E_z)X(x)\,Y(y)\,Z(z) \tag{8-34}$$

가 된다. 양변을 $X(x)\,Y(y)\,Z(z)$로 나누면,

$$-\frac{1}{X(x)}\frac{\hbar^2}{2m}\frac{\partial^2}{\partial x^2}X(x)-\frac{1}{Y(y)}\frac{\hbar^2}{2m}\frac{\partial^2}{\partial y^2}Y(y)-\frac{1}{Z(z)}\frac{\hbar^2}{2m}\frac{\partial^2}{\partial z^2}Z(z)=E_x+E_y+E_z \qquad (8\text{-}35)$$

가 된다. 위 식을 보면 맨 왼쪽에 있는 항은 변수 x로만 구성된 항이고, 가운데에 있는 항은 변수 y로만 구성된 항이며, 맨 오른쪽에 있는 항은 변수 z로만 구성되어 있다는 사실을 알 수 있다. 따라서 위 식을 아래와 같이 세 개의 미분방정식으로 나누어서 쓸 수가 있다.

$$-\frac{\hbar^2}{2m}\frac{\partial^2}{\partial x^2}X(x)=E_xX(x), \quad -\frac{\hbar^2}{2m}\frac{\partial^2}{\partial y^2}Y(y)=E_yY(y), \quad -\frac{\hbar^2}{2m}\frac{\partial^2}{\partial z^2}Z(z)=E_zZ(z) \qquad (8\text{-}36)$$

그리고 각각의 해와 에너지는 아래와 같다.

$$X(x)=\left(\frac{2}{a}\right)^{\frac{1}{2}}\sin\frac{n_x\pi x}{a} \qquad E_x=\frac{n_x^2h^2}{8ma^2} \qquad n_x=\ldots-2,\ -1,\ 1,\ 2\ldots \qquad (8\text{-}37)$$

$$Y(y)=\left(\frac{2}{b}\right)^{\frac{1}{2}}\sin\frac{n_y\pi y}{b} \qquad E_y=\frac{n_y^2h^2}{8mb^2} \qquad n_y=\ldots-2,\ -1,\ 1,\ 2\ldots \qquad (8\text{-}38)$$

$$Z(z)=\left(\frac{2}{c}\right)^{\frac{1}{2}}\sin\frac{n_z\pi z}{c} \qquad E_z=\frac{n_z^2h^2}{8mc^2} \qquad n_z=\ldots-2,\ -1,\ 1,\ 2\ldots \qquad (8\text{-}39)$$

3차원 상자에 갇혀있는 전자의 파동함수, $\psi(x,y,z)=X(x)Y(y)Z(z)$이고, 전체 운동에너지, $K.E.=E_x+E_y+E_z$이므로 전체 파동함수와 에너지는 아래와 같이 주어진다.

$$\psi(x,y,z)=\left(\frac{2}{a}\right)^{\frac{1}{2}}\sin\left(\frac{n_x\pi x}{a}\right)\left(\frac{2}{b}\right)^{\frac{1}{2}}\sin\left(\frac{n_y\pi y}{b}\right)\left(\frac{2}{c}\right)^{\frac{1}{2}}\sin\left(\frac{n_y\pi y}{c}\right) \qquad (8\text{-}40)$$

$$K.E.=\frac{n_x^2h^2}{8ma^2}+\frac{n_y^2h^2}{8mb^2}+\frac{n_z^2h^2}{8mx^2} \qquad (8\text{-}41)$$

$$n_x=\ldots-2,\ -1,\ 1,\ 2\ldots,\ n_y=\ldots-2,\ -1,\ 1,\ 2\ldots,\ n_z=\ldots-2,\ -1,\ 1,\ 2\ldots$$

지금까지 살펴본 바와 같이 3차원 상자에 갇혀있는 전자에 대한 양자역학적 풀이 과정은 2차원 상자에 갇혀있는 전자의 경우와 같다. 2차원 상자와 마찬가지로 세 변이 모두 같은 크기의 상자에 갇혀있을 경우 "축퇴"에 대해 같은 설명을 할 수 있으며 파동함수의 그래프도 조금은 복잡해서 여기서는 보여주지 않겠지만 2차원에서 보았던 것과 같은 방식으로 이해할 수 있다. 지금까지 우리는 1차원, 2차원, 3차원 상자에 갇혀있는 전자를 양자역학적으로 어떻게 풀어서 묘사해야 하는지에 대해 배웠다. 이제 우리는 9장에서 원운동을 하는, 즉 원점을 기준으로 2차원 평면상에서, 그리고 3차원 구 표면 위에서 원운동을 하는 입자를 양자역학적으로 어떻게 풀고 묘사해야 하는지 살펴볼 것이다.

9. 3차원 구 표면에서 돌고 있는 전자

원자 내부의 구조에 대해 과학자들은 오랜 기간 연구를 한 결과 양성자와 중성자가 원자핵을 이루고 있고 이 핵은 원자 중심에 있으며 전자는 원자핵 주변에 존재한다는 사실을 알아내었다. 이러한 구조를 처음 제안했던 러더포드는 전자가 원자핵 주변에서 태양 주위를 공전하고 있는 행성들처럼 일정한 궤도를 따라 회전운동을 하고 있다고 생각하였다. 러더포드가 원자구조에 대해 행성 모델을 제안했을 때만 해도 물질과 파동의 이중성 개념과 쉬뢰딩거의 양자역학이 등장하기 전이었다. 따라서 현대에 와서는 더 이상 러더포드가 생각했던 것처럼 실제로 전자가 행성처럼 원자핵 주변을 돌고 있다고 생각하지는 않는다. 원자핵에서 전자가 어떤 운동을 하고 있는지 알 수는 없지만, 그림 9-1(a)처럼 원자핵을 중심으로 한 특정 경계를 가진 구 안에 갇혀있는 모습으로 상상하는 것이 자연스럽다고 할 수 있다. 왜냐하면 전자가 원자핵 주변에 머무는 이유는 양성자와의 전기적 인력 때문인데 전기적 인력은 그림 9-1(a)처럼 전 방향에 대해 고르게 영향이 미치고 있을 것이기 때문이다.

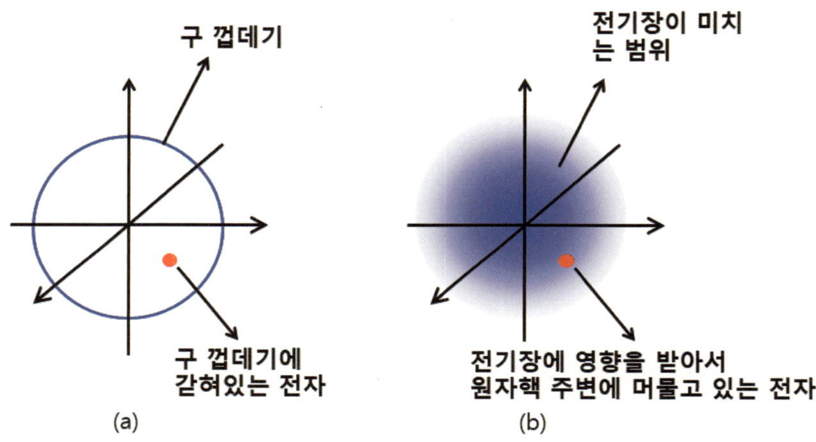

그림 9-1. (a) 가상의 구 껍데기에 갇혀있는 전자, (b) 전기장에 영향을 받아서 원자핵 주변에 머무는 전자.

즉, 8장에서 언급했던 것처럼 3차원 상자 안에 갇혀있는 전자보다는 3차원 구 안에 갇혀있는 전자가 훨씬 실제 원자 모델과 가깝다고 할 수 있을 것이다. 이러한 이유로 인해서 원자의 구조를 양자역학적으로 설명하기 위해서 우리는 구 안에 갇혀있는 전자를 양자역학적으로 풀어야 한다. 회전운동을 양자역학적으로 다루는 문제는 상자 안에 갇혀있는 전자 문제에 비해 조금 어렵다. 따라서 구 안에 갇혀있는 전자에 대해 생각하기 전에 먼저 기초단계로서 구 표면 위에서만 존재하고 있는 전자에 대해 먼저 이야기하고자 한다. 즉, 그림 9-2처럼 전자는 원점으로부터 일정한 거리에 있는 구 표면에서만 움직인다고 가정하자. 실제 원자는 원자핵과 전자 간의 전기적 인력이 있겠지만 지금 이 시점에는 이러한 퍼텐셜 에너지도 없다고 가정한다.

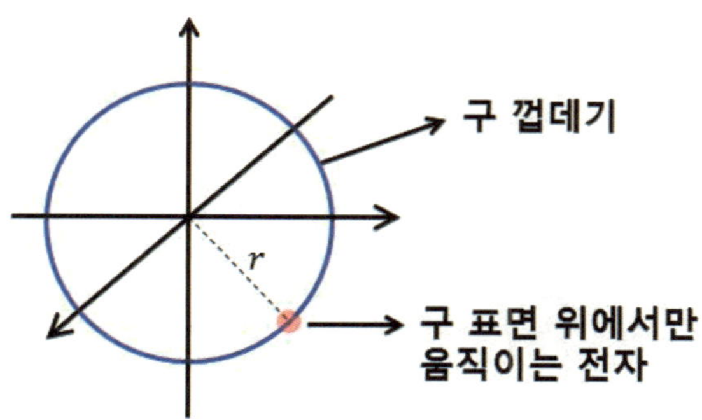

그림 9-2. 구 표면 위에서만 움직일 수 있는 전자

이 입자는 퍼텐셜 에너지는 "0"인 상태에서 3차원 구 표면 위에서 움직이고 있으므로 입자의 운동을 묘사하는 쉬뢰딩거 방정식은 식 9-1처럼 3차원 상자에서 사용했던 것과 같게 쓸 수 있다.

$$-\frac{\hbar^2}{2m}\left(\frac{\partial^2}{\partial x^2}+\frac{\partial^2}{\partial y^2}+\frac{\partial^2}{\partial z^2}\right)\psi(x,y,z)=K.E.\,\psi(x,y,z) \tag{9-1}$$

3차원 상자와 다른 점은 경계조건(boundary condition)이 다르다고 할 수 있는데, 3차원 상자의 경우 전자는 특정 크기의 상자 내부에서만 존재할 수 있었다. 즉, 3차원 상자의 경우 전자는 x, y, z축 변의 길이가 각각 "a", "b", "c"인 상자 내부에서만 존재할 수 있었는데 3차원 구 표면에 존재하는 전자는 원점으로부터 일정한 거리, "r_0"에서만 존재할 수 있다. 3차원 구 표면에 존재하는 전자의 경계조건을 수식으로 쓰면 아래와 같다. 원점으로부터의 거리 $r=\sqrt{x^2+y^2+z^2}$ 이므로,

$$r_0=\sqrt{x^2+y^2+z^2}=C \text{ (상수)} \tag{9-2}$$

이와 같은 경계조건을 직교좌표계로 표현된 쉬뢰딩거 방정식에 적용하기 어렵기 때문에 우리는 직교좌표계로 표현된 쉬뢰딩거 방정식을 구면좌표계로 바꾸어서 위 경계조건을 적용하고자 한다. 그 전에 먼저 좌표계에 대해 간략한 설명을 하고 그 뒤에 직교좌표계로 표현된 쉬뢰딩거 방정식을 구면좌표계로 바꾸는 일을 하도록 하겠다.

1) 좌표계

어떤 공간에 있는 한 점은 여러 가지 종류의 좌표계로 표현할 수 있는데 일반적으로 사용되는 두 가지 종류의 좌표계는 "직교좌표계"와 "구면좌표계"이다. 직교좌표계는 우리에게 가장 친숙한 좌표계인데 서로 수직인 "x", "y", "z"축으로 이루어진 좌표계를 말한다. 직교좌표계에서는 아래 그림 9-3(a)처럼 "x", "y", "z"축의 값으로 어떤 점의 위치를 표시하게 된다.

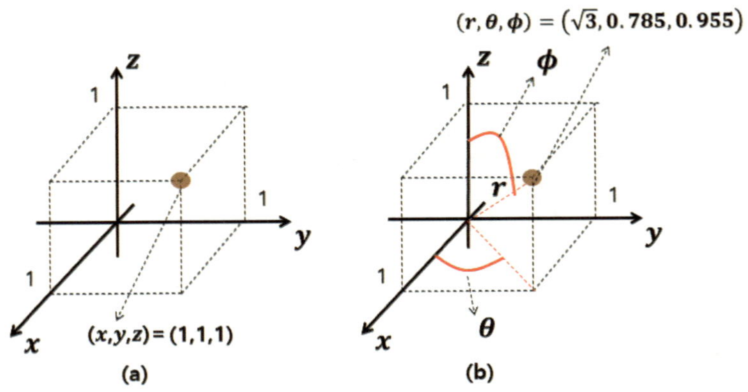

그림 9-3. (a) 직교좌표계, (b) 구면좌표계

그림 9-3(b) 구면좌표계에서는 "x", "y", "z"축의 값 대신 "r", "θ", "ϕ"를 사용하는데, r은 원점으로부터의 거리를 의미한다. θ는 원점으로부터 공간상의 점까지 그은 선을 xy평면으로 투영시킨 선(xy평면 위에 생긴 r선의 그림자)과 x축과의 각도를 의미한다. 마지막으로 ϕ는 원점으로부터 공간상의 점까지 그은 선과 z축이 이루는 각을 의미한다. 이러한 정의에 따라 직교좌표계에서 (1,1,1)로 표시되는 점을 구면좌표계의 값으로 변환하면 9-3과 같은 값들이 된다.

$$r = \sqrt{x^2 + y^2 + z^2} = \sqrt{3}$$
$$\theta = \tan^{-1}\left(\frac{y}{x}\right) = \tan^{-1}\left(\frac{1}{1}\right) = \frac{\pi}{4} = 0.785$$
$$\Phi = \cos^{-1}\left(\frac{z}{\sqrt{x^2 + y^2 + z^2}}\right) = \cos^{-1}\left(\frac{1}{\sqrt{3}}\right) = 0.955 \qquad (9\text{-}3)$$

따라서 그림 9-3 왼쪽 그림에서 직교좌표계에서 (1,1,1)로 표시되었던 공간상의 점 위치는 그림 9-3 오른쪽 그림과 같이 $(\sqrt{3}, 0.785, 0.955)$로 표시할 수 있게 된다. 방금 우리는 직교좌표계의 x, y, z로 표현된 공간상의 한 점의 위치를 구면좌표계의 r, θ, ϕ로 바꾸었는데 그 반대도 가능하다. 즉 r, θ, ϕ로 표현된 공간상의 한 점의 위치를 x, y, z로 표현할 수 있다. 이 말은 언제든지 x, y, z로 표현된 어떤 함수를 r, θ, ϕ로 표현된 함수로, 또 r, θ, ϕ로 표현된 함수를 x, y, z로 표현된 어떤 함수로 바꿀 수 있다는 의미이다. 따라서 우리는 $\psi(x, y, z) = \psi(r, \theta, \phi)$라고 할 수 있다.

2) 구면좌표계로 표현된 쉬뢰딩거 방정식

같은 방식으로 우리는 직교좌표계로 표현된 쉬뢰딩거 방정식을 구면좌표계로 표현된 쉬뢰딩거 방정식으로 바꿔야 한다. 즉, 기존 쉬뢰딩거 방정식에서는 미분 기호들이 모두 x, y, z로 표현되어 있었는데 이 변수들을 모두 구면좌표계의 r, θ, ϕ로 바꾸어야 한다는 의미이다. 자, 그럼 이것을 어떻게 바꿔야 할까? x, y, z를 그냥 r, θ, ϕ로 바꾸어서

$$-\frac{\hbar^2}{2m}\left(\frac{\partial^2}{\partial r^2}+\frac{\partial^2}{\partial \theta^2}+\frac{\partial^2}{\partial \Phi^2}\right)\psi(r,\theta,\phi)=K.E.\,\psi(r,\theta,\phi) \tag{9-4}$$

라고 쓸 수 있다면 참 좋겠지만 이렇게 단순하게 바꿔서는 안 된다. 위에서 직교좌표를 구면 좌표로 바꿀 때 한 점의 위치 x, y, z를 단순히 r, θ, Φ로 바꾸지 않았듯이 쉬뢰딩거 방정식에 나와 있는 $\frac{\partial^2}{\partial x^2}+\frac{\partial^2}{\partial y^2}+\frac{\partial^2}{\partial z^2}$ 를 단순히 $\frac{\partial^2}{\partial r^2}+\frac{\partial^2}{\partial \theta^2}+\frac{\partial^2}{\partial \Phi^2}$ 로 바꾸어서는 안 된다. 사실 이와 같은 문제는 수학에서 잘 알려져 있고 이미 풀이가 되어 있는 문제이다. 따라서 우리가 직접 이 문제를 해결할 필요는 없고 이미 알려진 답을 가져다 쓰기만 하면 된다. 알려진 바에 의하면 x, y, z로 표현된 미분 기호를 r, θ, Φ로 바꾸게 되면 아래 식 9-5와 같이 변화된다고 알려져 있다.

$$\frac{\partial^2}{\partial x^2}+\frac{\partial^2}{\partial y^2}+\frac{\partial^2}{\partial z^2} \quad \rightarrow \frac{\partial^2}{\partial r^2}+\frac{2}{r}\frac{\partial}{\partial r}+\frac{1}{r^2}\left(\frac{1}{\sin^2\theta}\frac{\partial^2}{\partial \Phi^2}+\frac{1}{\sin\theta}\frac{\partial}{\partial \theta}\sin\theta\frac{\partial}{\partial \theta}\right) \tag{9-5}$$

따라서 위에서 직교좌표계로 표현된 쉬뢰딩거 방정식을 구면좌표계로 표현된 쉬뢰딩거 방정식으로 바꾸면 아래와 같은 식이 된다.

$$-\frac{\hbar^2}{2m}\left\{\frac{\partial^2}{\partial r^2}+\frac{2}{r}\frac{\partial}{\partial r}+\frac{1}{r^2}\left(\frac{1}{\sin^2\theta}\frac{\partial^2}{\partial \Phi^2}+\frac{1}{\sin\theta}\frac{\partial}{\partial \theta}\sin\theta\frac{\partial}{\partial \theta}\right)\right\}\psi(r,\theta,\phi)=K.E.\,\psi(r,\theta,\phi) \tag{9-6}$$

이 식을 처음 본 독자들이라면 아마도 다음과 같이 생각할 것이다. "뭐야? 엄청 복잡해졌잖아? 이걸 풀라고?" 그리고는 포기해 버리는 학생들이 생겨날지 모르겠지만 조금 인내심을 갖고 위 식을 여러 번 쳐다보도록 노력해주기를 바란다. 처음 보았을 때는 너무 어렵고 복잡해 보이지만 자꾸 쳐다봐서 어느 정도 익숙해지면 처음보다는 좀 더 친숙하게 느껴지기 마련이다. (위로하기 위해서 하는 말이 아니라 실제로 그렇게 됨!!) 우선 위 식은 우리가 세운 경계조건, "원점으로부터 거리가 일정하다"라는 조건에 의해 상당히 간단해질 수 있다. 즉, 원점으로부터의 거리, r이 고정되어 있다고 가정하였으므로 $r=r_0$로 상수라고 생각할 수 있고, 함수는 θ와 ϕ만을 변수로 갖기 때문에 $\psi(\theta,\phi)$가 된다. 여기서 혼동을 방지하기 위해서 θ와 ϕ만을 변수로 갖는 함수를 ψ로 쓰지 않고, Y, 즉 $Y(\theta,\phi)$와 같이 표현하도록 하겠다. $Y(\theta,\phi)$함수에서는 변수 r이 상수이므로 r로 미분하게 되면 그 값이 "0"이 될 것이다. 결국 r로 미분하라고 되어 있는 기호들은 모두 "0"이라고 할 수 있다. 즉, 위 식은 아래와 같이 간단해진다.

$$-\frac{\hbar^2}{2m}\frac{1}{r_0^2}\left(\frac{1}{\sin^2\theta}\frac{\partial^2}{\partial\phi^2}+\frac{1}{\sin\theta}\frac{\partial}{\partial\theta}\sin\theta\frac{\partial}{\partial\theta}\right)Y(\theta,\phi) = K.E.\ Y(\theta,\phi) \tag{9-7}$$

위 식은 θ, ϕ로 미분하는 미분 기호로 표현된 미분방정식이기 때문에 위 방정식을 풀게 되면 θ, ϕ를 변수로 갖는 함수, $Y(\theta,\phi)$를 얻게 된다. 이제 위 미분방정식을 풀어보도록 하자. 먼저 양변에 $-\frac{2mr^2}{\hbar^2}\sin^2\theta$를 곱하자. 그러면 위 식은 아래와 같이 변형된다.

$$\left(\frac{\partial^2}{\partial\phi^2}+\sin\theta\frac{\partial}{\partial\theta}\sin\theta\frac{\partial}{\partial\theta}\right)Y(\theta,\phi) =-\frac{2mr^2}{\hbar^2}\sin^2\theta K.E.\ Y(\theta,\phi) \tag{9-8}$$

우변에 있는 항을 왼쪽으로 이항하면,

$$\left(\frac{\partial^2}{\partial\phi^2}+\sin\theta\frac{\partial}{\partial\theta}\sin\theta\frac{\partial}{\partial\theta}\right)Y(\theta,\phi) + \frac{2mr^2}{\hbar^2}\sin^2\theta K.E.\ Y(\theta,\phi)= 0 \tag{9-9}$$

이제 함수, $Y(\theta,\phi)$가 θ와 ϕ의 변수로 변수 분리 가능하다고 가정한다. 그러면 함수는 아래와 같이 θ를 변수로 갖는 함수, $\Theta(\theta)$와 ϕ를 변수로 갖는 함수, $\Phi(\phi)$의 곱으로 쓸 수 있다.

$$Y(\theta,\phi)= \Theta(\theta)\Phi(\phi) \tag{9-10}$$

이 함수를 원래 미분방정식에 대입하면,

$$\left(\frac{\partial^2}{\partial\phi^2}+\sin\theta\frac{\partial}{\partial\theta}\sin\theta\frac{\partial}{\partial\theta}\right)\Theta(\theta)\Phi(\phi) + \frac{2mr^2}{\hbar^2}\sin^2\theta K.E.\Theta(\theta)\Phi(\phi)= 0$$

$$\Leftrightarrow\ \frac{\partial^2}{\partial\phi^2}\Theta(\theta)\Phi(\phi)+ \sin\theta\frac{\partial}{\partial\theta}\sin\theta\frac{\partial}{\partial\theta}\Theta(\theta)\Phi(\phi)+ \frac{2mr^2}{\hbar^2}\sin^2\theta K.E.\Theta(\theta)\Phi(\phi)= 0 \tag{9-11}$$

식 9-11의 첫 번째 항을 보면 나오는 함수를 ϕ로 두 번 미분하라고 되어 있는데 $\Theta(\theta)$ 함수에는 ϕ라는 변수가 없으므로 $\Theta(\theta)$는 상수 취급할 수 있고 미분 기호 $\frac{\partial^2}{\partial\phi^2}$ 앞으로 나올 수 있다. 두 번째 항에서 $\Phi(\phi)$ 함수도 같은 이유로 $\frac{\partial}{\partial\theta}$ 앞으로 나올 수 있다. 즉, 식 9-11은 9-12식과 같이 된다.

$$\Theta(\theta)\frac{\partial^2}{\partial\phi^2}\Phi(\phi)+ \Phi(\phi)\sin\theta\frac{\partial}{\partial\theta}\sin\theta\frac{\partial}{\partial\theta}\Theta(\theta)+ \frac{2mr^2}{\hbar^2}\sin^2\theta K.E.\Theta(\theta)\Phi(\phi)= 0 \tag{9-12}$$

양변을 $\Theta(\theta)\Phi(\phi)$로 나누어 주면,

$$\frac{1}{\Phi(\phi)}\frac{\partial^2}{\partial\phi^2}\Phi(\phi)+\frac{1}{\Theta(\theta)}\sin\theta\frac{\partial}{\partial\theta}\sin\theta\frac{\partial}{\partial\theta}\Theta(\theta)+\frac{2mr^2}{\hbar^2}\sin^2\theta K.E.=0 \tag{9-13}$$

이 된다. $\Phi(\phi)$에 관련된 항을 오른쪽으로 이항하면,

$$\frac{1}{\Theta(\theta)}\sin\theta\frac{\partial}{\partial\theta}\sin\theta\frac{\partial}{\partial\theta}\Theta(\theta)+\frac{2mr^2}{\hbar^2}\sin^2\theta K.E.=-\frac{1}{\Phi(\phi)}\frac{\partial^2}{\partial\phi^2}\Phi(\phi) \tag{9-14}$$

이 되는데 여기서 우리는 양변의 항들이 "상수"임을 알 수 있다. 왜냐하면 좌변 같은 경우 θ로 미분한 함수들이고 우변 같은 경우 ϕ로 미분한 함수들인데 두 함수가 같아지기 위해서는 상수함수이어야만 한다. 예를 들어 아래와 같은 식이 있다고 가정해보자.

$$\frac{d}{dx}f(x)=\frac{d}{dy}g(y) \tag{9-15}$$

$f(x)$와 $g(y)$가 상수함수가 아니고 아래와 같은 함수라면,

$$f(x)=2x^2+x,\quad g(y)=4y^2+2y \tag{9-16}$$

9-15식은 절대 성립할 수 없다. 왜냐하면 $f(x)=2x^2+x$를 x로 미분하게 되면 x를 변수로 갖는 함수가 되는데 $g(y)=4y^2+2y$를 y로 미분하게 되면 y를 변수로 갖는 함수가 되기 때문에 두 함수는 절대로 같아질 수 없기 때문이다. 따라서 양변이 같아지기 위해서는 $f(x), g(y)$함수는 아래와 같이 상수함수이어야만 한다.

$$f(x)=3,\quad g(y)=8 \tag{9-17}$$

그러면 양변을 서로 다른 변수, x, y로 미분하더라도 양변의 값은 "0"으로서 같아지게 된다.

$$\frac{d}{dx}f(x)=\frac{d}{dy}g(y) \tag{9-18}$$

$$\Leftrightarrow\frac{d}{dx}(3)=\frac{d}{dy}(8)\Leftrightarrow 0=0$$

따라서 위 미분방정식의 양변은 상수라는 사실을 알 수 있고, 그 상수를 m_l^2이라 하면 위 미분방정식은 아래와 같이 두 개의 미분방정식으로 분리된다.

$$① \ \frac{1}{\Theta(\theta)}\sin\theta\frac{\partial}{\partial\theta}\sin\theta\frac{\partial}{\partial\theta}\Theta(\theta)+\frac{2mr^2}{\hbar^2}\sin^2\theta K.E.=m_l^2 \quad (9\text{-}19)$$

$$② \ -\frac{1}{\Phi(\phi)}\frac{\partial^2}{\partial\phi^2}\Phi(\phi)=m_l^2 \quad (9\text{-}20)$$

이 중에서 풀기 쉬운 두 번째 미분방정식부터 풀어보고 얻어진 함수에 대해 논의하도록 하겠다. 일단 두 번째 미분방정식을 아래와 같이 변형하자.

$$-\frac{1}{\Phi(\phi)}\frac{\partial^2}{\partial\phi^2}\Phi(\phi)=m_l^2 \quad (9\text{-}21)$$

$$\Leftrightarrow \frac{\partial^2}{\partial\phi^2}\Phi(\phi)=-m_l^2\Phi(\phi) \ \Leftrightarrow \ \frac{\partial^2}{\partial\phi^2}\Phi(\phi)+m_l^2\Phi(\phi)=0$$

위 미분방정식의 해, $\Phi(\phi)$는 $e^{D\phi}$의 형태로 주어진다. 따라서 $\Phi(\phi)$에 $e^{D\phi}$를 대입하고 풀어보면,

$$\frac{\partial^2}{\partial\phi^2}e^{D\phi}+m_l^2e^{D\phi}=0 \quad (9\text{-}22)$$

$$\Leftrightarrow D^2e^{D\phi}+m_l^2e^{D\phi}=0 \quad (9\text{-}23)$$

$$\Leftrightarrow \left(D^2+m_l^2\right)e^{D\phi}=0 \quad (9\text{-}24)$$

식 9-24에서 $e^{D\phi}$는 "0"이 될 수 없으므로 9-24식이 "0"이 되기 위해서는 D^2+m^2이 "0"이 되어야 한다. 따라서 9-24식은 아래와 같은 9-25식으로 되며

$$D^2+m_l^2=0 \quad (9\text{-}25)$$

해로서 $D=\pm im_l$이 얻어진다. 이 값을 원래 지수함수(exponential function)에 대입하면, 식9-26과 같은 함수가 해로 얻어진다.

$$\Phi(\phi)=Ae^{+im_l\phi} \ 또는\ \Phi(\phi)=Ae^{+im_l\phi} \quad (9\text{-}26)$$

이전 장에서 언급했듯이 두 함수를 선형 결합한 함수(식 9-27) 역시 식 9-20 미분방정식의 해가 된다.

$$\Phi(\phi)=Ae^{+im_l\phi}+Be^{-im_l\phi} \quad (9\text{-}27)$$

사실 우리가 위와 같이 해를 얻었다고는 하지만 위 식처럼 그냥 수식으로만 쓰게 되면 어떤 함수인지 잘 와 닿지 않는다. 9-27 함수가 어떤 함수인지 가장 직관적으로 느끼는 방법은 9-27 함수를 그래프로 그려보는 것이다. 그런데 위 식을 보면 알겠지만 위 식은 실수함수가 아니라 허수부분이 포함된 복소수함수이다. 이 함수의 그래프를 어떻게 그려야 할까? 복소수도 어렵지만, 복소수가 지수에 포함되어 있고 게다가 exponential 함수의 지수 항에 복소수가 들어가 있다. 복소수도 어려운데 어려운 exponential 함수의 지수 항에 들어가 있으니 도대체 이 함수의 그래프를 어떻게 그리란 말인가. 이 함수의 그래프를 직접 그리는 것은 어렵기 때문에 우리는 이 함수를 오일러 공식을 이용하여 삼각함수로 바꾼 뒤 그래프를 그리도록 하겠다. 위에 나와 있는 함수들을 오일러 공식을 이용하여 바꾸게 되면 아래와 같이 쓸 수 있다.

$$\Phi(\phi)= Ae^{+im_l\phi} \Leftrightarrow \Phi(\phi)= A(\cos m_l\phi + i\sin m_l\phi) \qquad (9\text{-}28)$$

$$\Phi(\phi)= Be^{-im_l\phi} \Leftrightarrow \Phi(\phi)= B(\cos m_l\phi - i\sin m_l\phi) \qquad (9\text{-}29)$$

$$\Phi(\phi)= Ae^{+im_l\phi} + Be^{-im_l\phi} \Leftrightarrow \Phi(\phi)= A(\cos m_l\phi + i\sin m_l\phi) + B(\cos m_l\phi - i\sin m_l\phi) \qquad (9\text{-}30)$$

먼저 9-28식, $\Phi(\phi)= Ae^{+im\phi} \Leftrightarrow \Phi(\phi)= A(\cos m\phi + i\sin m\phi)$ 을 복소수 공간에서 그려보도록 하자. 문제를 간단하게 하도록 A와 m_l은 "1"이라고 가정하고 ϕ에 따라 $\Phi(\phi)$의 값이 어떻게 변하는지 살펴보도록 하자. 몇 가지 ϕ에 대한 $\Phi(\phi)$의 값을 구하면 표9-1의 두 번째 칸과 같다.

표 9-1. ϕ에 따른 함수 $\Phi(\phi)$의 값

ϕ	$\Phi(\phi)=e^{+i\phi}$	$\Phi(\phi)=e^{-i\phi}$
0°	1 + 0	1 + 0
90°	0 + i	0 - i
180°	-1 + 0	-1 + 0
270°	0 - i	0 + i

복소수 공간은 실수를 x축에 표현하고 허수를 y축으로 표현한 공간이다. 이러한 복소수 공간에서 $\Phi(\phi)$의 값들을 점으로 찍어보면 $\phi=0°$ 일 때 $\Phi(\phi)=1$이므로 실수 축에 양수 부분에 점이 찍힌다는 것을 알 수 있다. $\phi=90°$ 일 때 $\Phi(\phi)=i$이므로 허수축 양수 부분에 점이 찍힌다는 사실을 알 수 있다. 즉, ϕ의 각도가 증가함에 따라 $\Phi(\phi)$의 값은 시계 반대 방향을 따라 변한다는 사실을 알 수 있다. 이처럼 ϕ의 각도가 증가함에 따라 시계 반대 방향을 따라 변화하고 있는 $\Phi(\phi)$의 값을 만일 실수 공간에서만 바라보고 있다면 어떤 모습으로 보일까? 표 9-1에 나와 있는 $\Phi(\phi)=e^{+i\phi}$ 값 중에서 실숫값만 취해서 보면 ϕ의 각도가 0°에서 270°로 변함에 따라 1, 0, -1, 0 순으로 변하는 것을 볼 수 있다. 즉, 복소공간에서 회전운동을 하는 모습을 실수 공간의 관점에서 바라본다면 진동운동으로 보이게 된다. 우리가 여기서 알게 되는 사실은 같은 운동이라고 하더라도 그 운동을 어떤 차원에서 바라보느냐에 따라서 서로 다른 모습으로 보일 수도 있다는 사실

이다. 우리는 지금까지 9-28식에 관해서만 이야기했지만 9-29식에 대해서도 같은 이야기를 할 수 있다. 9-28식과 마찬가지로 B와 $m_l = 1$이라고 가정하고 ϕ에 따라 함숫값이 어떻게 달라지는지 살펴보면 표 9-1의 세 번째 칸과 같은 값이 얻어지게 되고, 이 값을 복소수평면에서 나타내면 9-28식과는 반대 방향으로 회전하는 함수라는 것을 알 수 있다. 이 함수를 실수 공간에서 나타내면 역시 진동운동으로만 나타난다. 복소수평면에서 보았을 때 9-28식으로 나타내어진 함수와 9-29식으로 나타내어진 함수는 서로 반대 방향으로 회전하는 함수로 나타나지만, 실수 공간에서 그려진 진동하는 함수는 같은 진동함수로 표현됨을 알 수 있다.

3차원 공간 좌표에서 ϕ는 z축으로부터의 각도를 의미한다. 즉, $m_l = 1$인 경우 z축으로부터 0∘인부분의 진폭은 "1"이고 z축으로부터 90∘인부분의 진폭은 "0"이 됨을 알 수 있다. 이런 식으로 z축으로부터 각도를 따라 진폭을 그리게 되면 그림9-6의 왼쪽 그림과 같이 그려짐을 알 수 있다. 그림 9-6에서 진폭은 색깔로 표현되었다. 파란색은 "1"을 하얀색은 "0"을 나타내며 빨간색은 "-1"을 나타낸다고 보면 된다. z축의 양의 방향으로부터 ϕ의 각도가 증가함에 따라 색깔이 파란색에서 하얀색으로 그리고 빨간색으로 변하는 것을 볼 수 있다. 즉, ϕ가 90도인 경우 하얀색으로 진폭이 "0"임을 알 수 있고, ϕ가 180도가 되었을 때 진폭은 빨간색으로 "-1"임을 알 수 있다. 따라서 진폭이 "0"인 부분, 즉 파동의 마디는 xy평면에 있다. $m_l = 2$가 되면 파동의 마디가 하나에서 둘로 증가하게 되는데 그래프는 그림9-26의 오른쪽 그림과 같이 된다. 즉, z축의 양의 방향과 평행인 방향에서는 (ϕ가 0도인 경우) 진폭이 "1"이기 때문에 빨간색으로 표시되어 있으며 z축으로부터 45도가 되는 방향 (즉, ϕ가 45도인 경우)에서는 진폭이 "0"이기 때문에 하얀색으로 표현되어 있다(즉, 마디가 형성되어 있다). 계속해서 ϕ가 90도, 135도, 180도로 증가함에 따라 진폭은 각각 "-1", "0", "+1"로 변하게 되면 이에 따라 색깔도 파란색, 하얀색(마디), 빨간색으로 변해나가는 것을 볼 수 있다. 왼쪽 그림에서는 진폭이 "1"일 때 파란색으로 표현되었고 오른쪽 그림에서는 진폭이 "1"일 때 빨간색으로 표현되었는데 파란색으로 표현되든, 빨간색으로 표현되든 상관없다. 어차피 서로 반대 방향 진폭이라는 것을 나타내기 위해, 즉 상(phase)이 서로 반대라는 것을 나타내기 위해 색깔을 도입한 것뿐이기 때문이다. 여기서는 더 이상 그리지 않겠지만 m_l의 값이 더 증가하게 되면 마디도 덩달아 증가하게 된다.

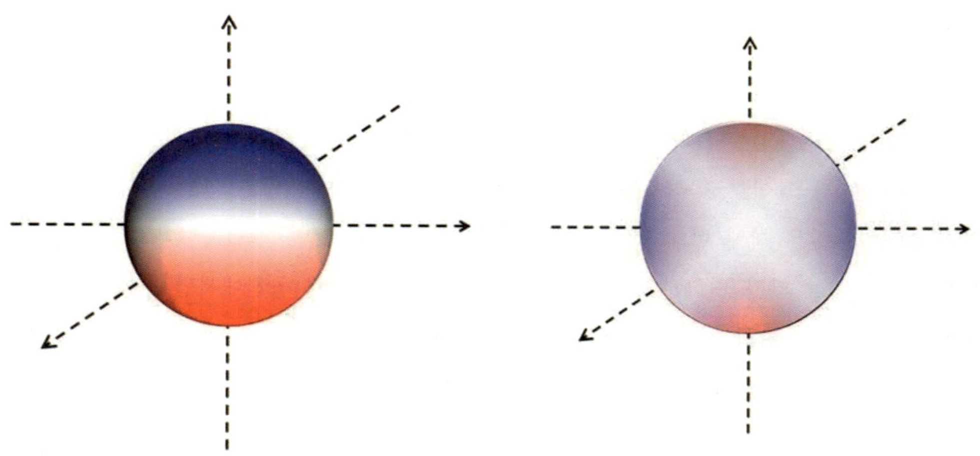

그림 9-4. $m_l = 1$(왼쪽), $m_l = 2$(오른쪽)일 때 3차원 실수 공간에 그려진 $\Phi(\phi)$

식 9-27을 오일러 공식을 이용해서 삼각함수로 바꾼 세 번째 함수 9-30의 경우 식 9-31과 같이 $\cos\phi$와 $\sin\phi$로 정리가 된다. 9-31식의 경우도 cos함수와 sin함수로 이루어졌기 진폭만 다를 뿐 9-28식과 9-29식과 같은 형태의 그래프로 그려짐을 알 수 있다. 즉, 위에서 얻어진 세 개의 함수(식9-28, 29, 30)는 모두 같은 형태의 그래프로 그려지게 된다.

$$\Phi(\phi)= Ae^{+im_l\phi}+Be^{-im_l\phi} \tag{9-31}$$

$$\Leftrightarrow \Phi(\phi)= A(\cos m_l\phi + i\sin m_l\phi)+ B(\cos m_l\phi - i\sin m_l\phi)$$

$$\Leftrightarrow \Phi(\phi)= Acosm_l\phi + Aisinm_l\phi + Bcosm_l\phi - Bisinm_l\phi$$

$$\Leftrightarrow \Phi(\phi)= (A+B)\cos m_l\phi + (Ai-Bi)\sin m_l\phi$$

지금까지 우리는 3차원에서 회전하고 있는 전자의 파동함수 중에서 ϕ에 관련된 항으로 쓰여 있는 미분방정식의 풀이와 그로부터 얻어진 함수의 형태에 대해 살펴보았다. 여기서 우리는 m_l을 임의의 상수라고 하였는데 다음에 설명할 파동이 유지되기 위한 경계조건을 이용하면 m_l이 어떤 값을 가져야 하는지 유추할 수 있다. 위 그래프에서 보았듯이 $\Phi(\phi)= Ae^{+im\phi}$은 z축으로부터의 각도, ϕ에 따라 진폭이 변하는 함수이다. 파동이 유지되기 위해서는 ϕ가 0∘일 때의 함숫값과 360∘일 때의 함숫값이 같아야 한다. 만일 두 함숫값이 다르다면 ϕ를 따라 진행하는 파동은 서로 상쇄간섭되어 존재할 수 없게 된다. 이러한 조건을 수식으로 나타내면 아래와 같다. 즉, ϕ가 0일 때의 함숫값, $\Phi(\phi)= Ae^{+im\phi}$와 $0+2\pi$ 일 때의 함숫값, $\Phi(\phi+2\pi)= Ae^{+im(\phi+2\pi)}$이 같아야만 파동이 존재할 수 있다. 두 값이 같아야만 하므로,

$$Ae^{+im\phi} = Ae^{+im(\phi+2\pi)} \Leftrightarrow e^{+im\phi} = e^{+im(\phi+2\pi)} \tag{9-32}$$

$$\Leftrightarrow e^{+im\phi} = e^{+im\phi}e^{+im2\pi}$$

$$\Leftrightarrow 1 = e^{+im2\pi} = \cos 2m\pi + i\sin 2m\pi$$

식 9-32의 마지막 등식이 성립하기 위해서는 허수부분은 "0"이 되어야 하고 실수부분은 "1"이 되어야 한다. 즉, $m_l = 0, \pm 1, \pm 2, \pm 3, ...$의 값이 되어야만 위 등식이 성립함을 알 수 있다.

식 9-28, 29, 30은 정규화된 함수가 아니다. 즉, 이 세 함수를 제곱한 함수를 $0 \sim 2\pi$ 전 공간에서 적분했을 때 "1"이 되지 않는다. 파동함수를 제곱한 함수를 전 공간 $0 \sim 2\pi$ 에서 적분했을 때 값이 "1"이 되어야만 하므로, 9-28, 29식으로 표현된 함수의 경우 정규화상수 A를 아래 식과 같이 간단하게 구할 수 있다. 9-30식으로 표현된 함수의 경우 9-28, 29로 표현된 함수와는 다른 정규화상수가 얻어지는데 여기서는 9-28, 29식으로 표현된 함수에 대한 정규화상수만을 구해보도록 하자. 정규화 조건에 의해 식 9-33이 성립해야 한다.

$$\int_0^{2\pi}(Ae^{+im\phi})(A'e^{-im\phi})d\phi = 1 \tag{9-33}$$

위 식을 풀어보면,

$$AA'\int_0^{2\pi}(e^{+im\phi})(e^{-im\phi})d\phi=1 \Leftrightarrow AA'\int_0^{2\pi}e^0\,d\phi=1 \Leftrightarrow AA'\int_0^{2\pi}1\,d\phi=1 \quad (9\text{-}34)$$

$$\Leftrightarrow AA'[2\pi-0]=1 \;\Leftrightarrow\; AA'=\frac{1}{2\pi} \qquad \therefore A=\pm\sqrt{\frac{1}{2\pi}} \;\text{ or }\; \pm i\sqrt{\frac{1}{2\pi}}$$

정규화상수를 실수의 범위로 한정하면, $A=\pm\sqrt{\frac{1}{2\pi}}$ 로서 교과서에 흔히 등장하는 정규화상수가 얻어지게 되고, 다음 식과 같이 정규화된 최종적인 파동함수가 얻어진다.

$$\Phi(\phi)=\pm\sqrt{\frac{1}{2\pi}}\,e^{\pm im_l\phi},\quad m_l=0,\pm1,\pm2,.... \quad (9\text{-}35)$$

그러나 $+\sqrt{\frac{1}{2\pi}}e^{\pm im_l\phi}$와 $-\sqrt{\frac{1}{2\pi}}e^{\pm im_l\phi}$는 그림 9-8과 같이 상(phase)만 다를 뿐 같은 함수라고 할 수 있다. 따라서 일반적으로 양수의 정규화상수만을 사용하여 식9-36과 같이 파동함수를 표현해 준다.

$$\Phi(\phi)=+\sqrt{\frac{1}{2\pi}}\,e^{\pm im_l\phi},\quad m_l=0,\pm1,\pm2,.... \quad (9\text{-}36)$$

위 식에서 $m_l=0,\pm1,\pm2,....$은 "0"을 포함한 양의 정수, 음의 정수를 나타내기 때문에 식 9-36처럼 써 주게 되면 이중으로 써 준 셈이 된다. 아래 표 9-2를 보도록 하자.

표 9-2. m_l에 따라 쓰여진 $\Phi(\phi)=+\sqrt{\frac{1}{2\pi}}e^{\pm im_l\phi}$

m_l	$\Phi(\phi)=+\sqrt{\frac{1}{2\pi}}e^{+im_l\phi}$	$\Phi(\phi)=+\sqrt{\frac{1}{2\pi}}e^{-im_l\phi}$
0	$+\sqrt{\frac{1}{2\pi}}$	$+\sqrt{\frac{1}{2\pi}}$
+1	$+\sqrt{\frac{1}{2\pi}}e^{+i\phi}$	$+\sqrt{\frac{1}{2\pi}}e^{-i\phi}$
-1	$+\sqrt{\frac{1}{2\pi}}e^{-i\phi}$	$+\sqrt{\frac{1}{2\pi}}e^{+i\phi}$
+2	$+\sqrt{\frac{1}{2\pi}}e^{+2i\phi}$	$+\sqrt{\frac{1}{2\pi}}e^{-2i\phi}$
-2	$+\sqrt{\frac{1}{2\pi}}e^{-2i\phi}$	$+\sqrt{\frac{1}{2\pi}}e^{+2i\phi}$

표 9-2를 보면 m_l이 +1일 때 함수, $\Phi(\phi)=+\sqrt{\frac{1}{2\pi}}e^{+im_l\phi}$의 함수값과 m_l이 -1일 때 함수, $\Phi(\phi)=+\sqrt{\frac{1}{2\pi}}e^{-im_l\phi}$의 함수값이 $+\sqrt{\frac{1}{2\pi}}e^{+i\phi}$로 서로 같음을 알 수 있다. 즉, 파동함수를 식 9-36과 같이 써 주게 되면 같은 함수를 두 번씩 써 주는 꼴이 된다. 함수를 한 번씩만 써주기 위해서 식 9-36을 식 9-37과 같이 표현한다.

$$\Phi(\phi)=+\sqrt{\frac{1}{2\pi}}e^{\pm i|m_l|\phi}, \qquad m_l=0,\ \pm 1,\ \pm 2,.... \tag{9-37}$$

자, 이제 Θ에 관한 미분방정식이었던 첫 번째 미분방정식 9-19를 풀어보도록 하자. 첫 번째 미분방정식은 아래와 같은 형태를 가진 식이었다.

$$\frac{1}{\Theta(\theta)}\sin\theta\frac{\partial}{\partial\theta}\sin\theta\frac{\partial}{\partial\theta}\Theta(\theta)+\frac{2mr^2}{\hbar^2}\sin^2\theta K.E.=m_l^2 \tag{9-38}$$

위 식을 보는 순간 느낄 수 있듯이 우리가 이전에 풀었던 미분방정식보다 훨씬 복잡한 형태의 미분방정식이라는 것을 알 수 있다. 생긴 것만큼 풀이 과정 역시 우리가 배웠던 풀이 과정으로는 풀리지 않는 미분방정식이다. 이 미분방정식을 어떻게 풀 것인가? 위 미분방정식이 복잡하긴 하더라도 다행히 위 미분방정식은 풀이가 잘 알려진 미분방정식의 한 형태로 변형 시킬 수 있다. 잘 알려진 미분방정식은 "르장드르 부미분방정식"이라고 불리는 미분방정식으로 아래와 같은 형태를 하고 있다.

$$(1-x^2)\frac{d^2}{dx^2}P(x)-2x\frac{d}{dx}P(x)+\left\{\beta-\frac{m_l^2}{1-x^2}\right\}P(x)=0 \tag{9-39}$$

위 식에서 β와 m_l은 상수로서 아래와 같은 특별한 조건을 만족시킬 때에만 미분방정식의 해가 "르장드르 부다항함수"의 형태로 주어지게 된다.

$$\beta=l(l+1) \qquad l=0,1,2,3....$$
$$|m_l|\le l$$

예를 들어, l값에 따라 β와 m_l은 아래와 같은 값만을 가져야 한다.

표. 9-3. l값에 따른 β값과 m_l값을 나타낸 표

$l=0$	$l=1$	$l=2$	• • • •
$\beta=0$	$\beta=2$	$\beta=6$	• • • •
$m_l=0$	$m_l=0,\ \pm1$	$m_l=0,\ \pm1,\ \pm2$	• • • •

β와 m_l이 위와 같은 값을 가질 때 르장드르 부미분방정식의 해는 "르장드르 부다항함수"라고 불리는 다항식의 형태로 주어진다. 르장드르 부다항함수의 변수는 x이고 l와 m_l에 따라 형태가 달라지는 함수이다. 이 함수를 보통 "P"로 표현하는데 아래 식 9-39와 같이 x, l, m_l이 모두 등장한다.

$$\text{르장드르 부다항식} = P_l^{|m_l|}(x) \tag{9-40}$$

이때 l와 m_l은 표9-3에 나와 있는 규칙을 따라야 한다. 예를 들어, $l=0$일 경우 $m_l=0$, $|m_l|=0$이기 때문에 $P_0^0(x)$으로 표시할 수 있으며 이 함수의 값은 "1"로 알려져 있다. 또 다른 예로 만일 $l=1$일 경우 $m_l=0$ ($|m_l|=0$)과 $m_l=\pm1$($|m_l|=1$)의 값을 가질 수 있으므로 이러한 조건에서 르장드르 부다항식은 $P_1^0(x)$와 $P_1^1(x)$로 표시할 수 있으며 각각의 함수값은 "x"와 "$(1-x^2)^{\frac{1}{2}}$"로 알려져 있다. 지금 언급된 르장드르 부다항식의 몇몇 예를 아래 테이블에 나타내었다.

표 9-4. l과 m_l에 따른 몇몇 르장드르 부다항함수

l	m_l	$\lvert m_l\rvert$	$P_l^{\lvert m_l\rvert}(x)$
0	0	0	$P_0^0(x)=1$
1	0	0	$P_1^0(x)=x$
	±1	1	$P_1^1(x)=(1-x^2)^{1/2}$
2	0	0	$P_2^0(x)=\frac{1}{2}(3x^2-1)$
	±1	1	$P_2^1(x)=-3x(1-x^2)^{1/2}$
	±2	2	$P_2^2(x)=3(1-x^2)$
⋮	⋮	⋮	⋮

자, 이제 원래 우리가 풀고자 했던 미분방정식으로 돌아가자. 우리가 풀고자 했던 미분방정식은 아래와 같은 형태였다.

$$\frac{1}{\Theta(\theta)}\sin\theta\frac{\partial}{\partial\theta}\sin\theta\frac{\partial}{\partial\theta}\Theta(\theta)+\frac{2mr^2}{\hbar^2}\sin^2\theta K.E.=m^2 \qquad (9\text{-}41)$$

위 미분방정식(식9-40)을 르장드르 미분방정식으로 바꾸기 위해서 양변에 $\frac{\Theta(\theta)}{\sin^2\theta}$를 곱한 뒤 우변에 있는 항을 좌변으로 옮겨서 정리하면 위 미분방정식은 식 9-41과 같은 형태로 바뀐다.

$$\frac{1}{\sin\theta}\frac{\partial}{\partial\theta}\sin\theta\frac{\partial}{\partial\theta}\Theta(\theta)+\frac{2mr^2}{\hbar^2}K.E.\Theta(\theta)-\frac{m^2\Theta(\theta)}{\sin^2\theta}=0 \qquad (9\text{-}42)$$

위 미분방정식에서 $\frac{\partial}{\partial\theta}\sin\theta\frac{\partial}{\partial\theta}\Theta(\theta)$ 부분에는 두 개의 미분 기호, $\frac{\partial}{\partial\theta}$가 나온다. 이 미분 기호의 의미는 미분 기호 뒤에 나오는 숫자 혹은 함수를 θ로 미분하라는 의미이다. 예를 들어, 미분 기호 뒤에 θ^2이라는 함수가 올 경우 θ^2 이라는 함수를 θ로 미분하라는 의미이기 때문에 풀면 "2θ"가 된다. 즉, $\frac{\partial}{\partial\theta}\theta^2=2\theta$ 이다. 만일 미분 기호 뒤에 $\sin\theta cos\theta$라는 함수가 온다면, 먼저 앞에 나온 함수 $\sin\theta$를 미분하고 뒤에 나온 함수 $\cos\theta$를 그냥 써준 함수와 앞에 나온 함수 $\sin\theta$를 그냥 써주고 뒤에 나온 함수 $\cos\theta$를 미분한 함수의 합으로 표현하면 된다. 즉,

$$\frac{\partial}{\partial\theta}\sin\theta cos\theta=\cos\theta sin\theta+\sin\theta(-\sin\theta)=\cos\theta sin\theta-\sin^2\theta \qquad (9\text{-}43)$$

가 됨을 알 수 있다. 또 미분 기호 뒤에 같은 미분 기호가 올 때 미분 기호의 제곱으로 써 주면 된다. 즉, $\frac{\partial}{\partial\theta}\frac{\partial}{\partial\theta}\Theta(\theta)=\frac{\partial^2}{\partial\theta^2}\Theta(\theta)$가 된다. 지금까지 언급한 내용을 바탕으로 위 미분방정식(식9-41)의 앞부분을 풀어보면 아래와 같다.

$$\frac{\partial}{\partial\theta}\sin\theta\frac{\partial}{\partial\theta}\Theta(\theta)=\frac{\partial}{\partial\theta}\sin\theta\frac{\partial}{\partial\theta}\Theta(\theta)+\sin\theta\frac{\partial}{\partial\theta}\frac{\partial}{\partial\theta}\Theta(\theta) \qquad (9\text{-}44)$$
$$=\cos\theta\frac{\partial}{\partial\theta}\Theta(\theta)+\sin\theta\frac{\partial^2}{\partial\theta^2}\Theta(\theta)$$

가 됨을 알 수 있다. 식 9-44에서 얻어진 식을 위 미분방정식 9-42에 대입하면 식9-45와 같이 변형된다.

$$\frac{1}{\sin\theta}\left(\cos\theta\frac{\partial}{\partial\theta}\Theta(\theta)+\sin\theta\frac{\partial^2}{\partial\theta^2}\Theta(\theta)\right)+\frac{2mr^2}{\hbar^2}K.E.\Theta(\theta)-\frac{m^2\Theta(\theta)}{\sin^2\theta}=0 \qquad (9\text{-}45)$$

식 9-45 맨 앞의 항을 전개한 뒤 두 항의 위치를 서로 바꾸면 식 9-45는 식 9-46을 거쳐 식 9-47과 같이 된다.

$$\frac{\cos\theta}{\sin\theta}\frac{\partial}{\partial\theta}\Theta(\theta)+\frac{\partial^2}{\partial\theta^2}\Theta(\theta)+\frac{2mr^2}{\hbar^2}K.E.\Theta(\theta)-\frac{m^2\Theta(\theta)}{\sin^2\theta}=0 \tag{9-46}$$

$$\Leftrightarrow\frac{\partial^2}{\partial\theta^2}\Theta(\theta)+\frac{\cos\theta}{\sin\theta}\frac{\partial}{\partial\theta}\Theta(\theta)+\frac{2mr^2}{\hbar^2}K.E.\Theta(\theta)-\frac{m^2\Theta(\theta)}{\sin^2\theta}=0 \tag{9-47}$$

위 식에서 $\cos\theta=x$로 치환하게 되면 위 식 9-47을 르장드르 부미분방정식(식 9-39)으로 변형할 수 있게 된다. 먼저 르장드르 부미분방정식(식9-39)과 위에 나와 있는 미분방정식(식 9-47)을 비교하면 함수가 표현된 기호가 다르다는 사실을 알 수 있다. 르장드르 부미분방정식에서는 함수가 "$P(x)$"로 표현되어 있는데 위 미분방정식에서는 함수가 "$\Theta(\theta)$"로 표현되어 있음을 알 수 있다. $P(x)$는 x를 변수로 갖는 임의의 함수임을 나타내는 것이고 $\Theta(\theta)$는 θ를 변수로 갖는 임의의 함수를 나타낸다. 우리는 위에서 $\cos\theta=x$라고 정의함으로써 θ와 x의 관계를 정의했기 때문에 θ를 변수로 갖는 $\Theta(\theta)$를 x를 변수로 갖는 $P(x)$로 쉽게 변형 시킬 수 있다. 예를 들어, $\Theta(\theta)=\cos\theta$라면 $\cos\theta=x$이므로 $\Theta(\theta)=\cos\theta=x=P(x)$이 됨을 알 수 있다. 즉, θ를 변수로 갖는 $\Theta(\theta)$함수가 x를 변수로 갖는 $P(x)$함수로 변형된 것이다. θ를 변수로 갖는 어떤 함수라도 x를 변수로 갖는 $P(x)$로 변형시킬 수 있다. 만일, $\Theta(\theta)=\theta+2$라면, $\theta=\cos^{-1}x$이므로 $\Theta(\theta)=\theta+2=\cos^{-1}x+2=P(x)$가 된다. θ를 변수로 갖는 어떤 $\Theta(\theta)$함수라도 x를 변수로 갖는 $P(x)$함수로 변형시킬 수 있으므로 $\cos\theta=x$라고 정의를 해주기만 한다면 우리는 $\Theta(\theta)=P(x)$라고 할 수 있다. $\cos\theta=x$라는 정의를 수식에 포함하기 위해서 $P(x)$대신에 $P(\cos\theta)$로 표현할 수도 있다. $\Theta(\theta)=P(x)$이기 때문에 위 미분방정식의 $\Theta(\theta)$함수는 $P(x)$함수로 바꿀 수 있다. 즉,

$$\frac{\partial^2}{\partial\theta^2}P(x)+\frac{\cos\theta}{\sin\theta}\frac{\partial}{\partial\theta}P(x)+\frac{2mr^2}{\hbar^2}K.E.P(x)-\frac{m^2P(x)}{\sin^2\theta}=0 \tag{9-48}$$

$\sin^2\theta=1-\cos^2\theta=1-x^2$이므로 위 수식은 또 아래와 같이 변형된다.

$$\frac{\partial^2}{\partial\theta^2}P(x)+\frac{\cos\theta}{\sin\theta}\frac{\partial}{\partial\theta}P(x)+\frac{2mr^2}{\hbar^2}K.E.P(x)-\frac{m^2P(x)}{1-x^2}=0 \tag{9-49}$$

세 번째 네 번째 항을 $P(x)$로 묶으면,

$$\frac{\partial^2}{\partial\theta^2}P(x)+\frac{\cos\theta}{\sin\theta}\frac{\partial}{\partial\theta}P(x)+\left(\frac{2mr^2}{\hbar^2}K.E.-\frac{m^2}{1-x^2}\right)P(x)=0 \tag{9-50}$$

식 9-50을 르장드르 부미분방정식(식 9-39)과 비교해 보면 점점 닮아가고 있음을 확인할 수 있다. 자, 이제 첫 번째 항과 두 번째 항에 나와 있는 θ로 미분하라는 의미의 미분 기호, $\frac{\partial}{\partial\theta}$를 x로 미분하라는 미분 기호, $\frac{\partial}{\partial x}$로 바꾸기만 하면 된다. $\frac{\partial}{\partial\theta}$는 $\frac{\partial x}{\partial\theta}\frac{\partial}{\partial x}$로 쓸 수 있다. 왜냐하면 ∂x가 분모, 분자에 놓여 있기 때문에 서로 지워지고 결국 $\frac{\partial}{\partial\theta}$만 남게 되기 때문이다. 사실 $\frac{\partial x}{\partial\theta}$기호는 x라는 함수를 θ로 미분하라는 얘기이지 나누라는 얘기가 아니므로 엄격하게 얘기하면 분모, 분자에 놓여 있는 숫자가 서로 약분되어 제거되는 것은 아니다. 여기서 이것에 관한 자세한 얘기를 하는 것은 이 글에 목적과 조금 어긋나기 때문에 여기서는 일단 숫자처럼 약분되어 사라진다고 생각하도록 하겠다. 사실 특별한 경우를 제외하고는 그렇게 생각해도 틀리지는 않는다. $x=\cos\theta$이므로 $\frac{\partial x}{\partial\theta}=\frac{\partial}{\partial\theta}\cos\theta$ 이고 결국 $\frac{\partial}{\partial\theta}$는,

$$\frac{\partial}{\partial\theta}=\frac{\partial x}{\partial\theta}\frac{\partial}{\partial x}=\frac{\partial}{\partial\theta}\cos\theta\frac{\partial}{\partial x}=-\sin\theta\frac{\partial}{\partial x} \tag{9-51}$$

가 된다. 같은 방식으로 $\frac{\partial^2}{\partial\theta^2}$는 아래 식 9-51과 같이 된다.

$$\begin{aligned}\frac{\partial^2}{\partial\theta^2}&=\frac{\partial}{\partial\theta}\left(\frac{\partial}{\partial\theta}\right)=\frac{\partial x}{\partial\theta}\frac{\partial}{\partial x}\left(\frac{\partial x}{\partial\theta}\frac{\partial}{\partial x}\right)\\&=\frac{\partial}{\partial\theta}\cos\theta\frac{\partial}{\partial x}\left(\frac{\partial}{\partial\theta}\cos\theta\frac{\partial}{\partial x}\right)=-\sin\theta\frac{\partial}{\partial x}\left(-\sin\theta\frac{\partial}{\partial x}\right)\end{aligned} \tag{9-52}$$

식 9-52에서 한 가지 주의할 사항이 하나 있다. 자칫 잘못하면 식 9-52에서 얻어진 마지막 식을 아래 식 9-53)과 같이 쓰기 쉬운데 그렇게 써서는 안 된다.

$$-\sin\theta\frac{\partial}{\partial x}\left(-\sin\theta\frac{\partial}{\partial x}\right)=\sin^2\theta\frac{\partial^2}{\partial\theta^2} \tag{9-53}$$

왜냐하면 $\cos\theta=x$라고 했기 때문에 $\sin\theta$도 x에 무관한 함수가 아니기 때문이다. 따라서 상수 취급되어 $\frac{\partial}{\partial x}$ 앞으로 그냥 나갈 수 없다. 따라서 식 9-52는 아래 식 9-53과 같이 된다.

$$\frac{\partial^2}{\partial\theta^2}=-\sin\theta\frac{\partial}{\partial x}\left(-\sin\theta\frac{\partial}{\partial x}\right)=-\sin\theta\left\{\frac{\partial}{\partial x}(-\sin\theta)\frac{\partial}{\partial x}+(-\sin\theta)\frac{\partial^2}{\partial x^2}\right\} \tag{9-53}$$

가 된다. 여기서 $\sin\theta = (1-\cos^2\theta)^{\frac{1}{2}} = (1-x^2)^{\frac{1}{2}}$이므로, 식 9-53은 아래 식 9-54와 같이 된다.

$$\frac{\partial^2}{\partial\theta^2} = -\sin\theta\left\{\frac{\partial}{\partial x}\left(-(1-x^2)^{\frac{1}{2}}\right)\frac{\partial}{\partial x} + (-\sin\theta)\frac{\partial^2}{\partial x^2}\right\} \tag{9-54}$$

식 9-54를 쭉 풀어보면 아래식들과 같이 된다.

$$\frac{\partial^2}{\partial\theta^2} = -\sin\theta\left\{\frac{\partial}{\partial x}\left(-(1-x^2)^{\frac{1}{2}}\right)\frac{\partial}{\partial x} + (-\sin\theta)\frac{\partial^2}{\partial x^2}\right\} \tag{9-55}$$

$$= -\sin\theta\left\{-\frac{1}{2}(1-x^2)^{-\frac{1}{2}} \bullet (-2x)\frac{\partial}{\partial x} + (-\sin\theta)\frac{\partial^2}{\partial x^2}\right\} \tag{9-56}$$

$$= -\sin\theta\left\{x(1-x^2)^{-\frac{1}{2}}\frac{\partial}{\partial x} + (-\sin\theta)\frac{\partial^2}{\partial x^2}\right\} \tag{9-57}$$

$$= -\sin\theta\left\{\cos\theta(1-\cos^2\theta)^{-\frac{1}{2}}\frac{\partial}{\partial x} + (-\sin\theta)\frac{\partial^2}{\partial x^2}\right\} \tag{9-58}$$

$$= -\sin\theta\left\{\cos\theta\frac{1}{(1-\cos^2\theta)^{\frac{1}{2}}}\frac{\partial}{\partial x} + (-\sin\theta)\frac{\partial^2}{\partial x^2}\right\} \tag{9-59}$$

$$= -\sin\theta\left\{\cos\theta\frac{1}{(\sin^2\theta)^{\frac{1}{2}}}\frac{\partial}{\partial x} + (-\sin\theta)\frac{\partial^2}{\partial x^2}\right\} \tag{9-60}$$

$$= -\sin\theta\left\{\cos\theta\frac{1}{\sin\theta}\frac{\partial}{\partial x} + (-\sin\theta)\frac{\partial^2}{\partial x^2}\right\} \tag{9-61}$$

$$= -\cos\theta\frac{\partial}{\partial x} + \sin^2\theta\frac{\partial^2}{\partial x^2} \tag{9-62}$$

$$= -x\frac{\partial}{\partial x} + (1-x^2)\frac{\partial^2}{\partial x^2} \tag{9-63}$$

이제 위에서 구한 식 9-51과 식9-63

$$\frac{\partial}{\partial\theta} = -\sin\theta\frac{\partial}{\partial x} \tag{9-51}$$

$$\frac{\partial^2}{\partial\theta^2} = -x\frac{\partial}{\partial x} + (1-x^2)\frac{\partial^2}{\partial x^2} \tag{9-63}$$

을 원래 미분방정식 9-50에 대입하도록 하자. 그러면 원래 미분방정식 9-50은 식 9-67와 같이 바뀐다.

$$(1-x^2)\frac{\partial^2}{\partial x^2}P(x)-x\frac{\partial}{\partial x}P(x)+\frac{\cos\theta}{\sin\theta}\left(-\sin\theta\frac{\partial}{\partial x}\right)P(x)+\left(\frac{2mr^2}{\hbar^2}K.E.-\frac{m^2}{1-x^2}\right)P(x)=0 \quad (9\text{-}64)$$

$$\Leftrightarrow (1-x^2)\frac{\partial^2}{\partial x^2}P(x)-x\frac{\partial}{\partial x}P(x)-\cos\theta\frac{\partial}{\partial x}P(x)+\left(\frac{2mr^2}{\hbar^2}K.E.-\frac{m^2}{1-x^2}\right)P(x)=0 \quad (9\text{-}65)$$

$$\Leftrightarrow (1-x^2)\frac{\partial^2}{\partial x^2}P(x)-x\frac{\partial}{\partial x}P(x)-x\frac{\partial}{\partial x}P(x)+\left(\frac{2mr^2}{\hbar^2}K.E.-\frac{m^2}{1-x^2}\right)P(x)=0 \quad (9\text{-}66)$$

$$\Leftrightarrow (1-x^2)\frac{\partial^2}{\partial x^2}P(x)-2x\frac{\partial}{\partial x}P(x)+\left(\frac{2mr^2}{\hbar^2}K.E.-\frac{m^2}{1-x^2}\right)P(x)=0 \quad (9\text{-}67)$$

식 9-67을 알려진 르장드르 부미분방정식 9-39와 비교해보자. $\frac{2mr^2K.E.}{\hbar^2}=\beta$라면 위 미분방정식은 르장드르 부미분방정식과 정확히 같은 형태가 됨을 알 수 있다. 즉, 우리가 풀고자 했던 미분방정식이 해를 가지려면 $\frac{2mr^2K.E.}{\hbar^2}=\beta$ (여기서 $\beta=l(l+1)$, $l=0,1,2,3....$)이어야만 하고 해는 르장드르 부다항식의 형태로 주어진다는 사실을 알 수 있다. 즉,

$$\frac{2mr^2K.E.}{\hbar^2}=\beta=l(l+1) \quad (9\text{-}68)$$

$$K.E.=\frac{l(l+1)\hbar^2}{2mr^2}=\frac{l(l+1)}{2mr^2}\frac{h^2}{4\pi^2} \quad (9\text{-}69)$$

으로 운동에너지가 양자화되어 나타나는 것을 확인할 수 있다. 앞서 말했듯이 위 미분방정식 9-67은 르장드르 부미분방정식의 형태로서 그 해는 l과 m_l에 따라 표 9-4에 나와 있는 르장드르 부다항식으로 주어진다. 그러나 식 9-67의 해는 일반적으로 알려진 르장드르 부다항식과 한 가지 다른 점이 있다. 위에서 식 9-50을 식 9-67로 바꿀 때 우리는 $x=\cos\theta$ 라고 정의하였다. 따라서 다른 점은 일반적인 르장드르 부당항함수의 x가 $\cos\theta$로 대체되어야 한다는 것이다. 이렇게 x를 $\cos\theta$로 치환하게 되면 우리는 일반적인 르장드르 부다항함수로부터 $\Theta(\theta)$ 함수를 얻게 된다. 표 9-5에 르장드르 부다항함수와 $\Theta(\theta)$를 나타내었다. 이렇게 해서 우리는 $\Theta(\theta)$에 관한 함수를 얻을 수 있는데 이 함수는 아직 양자역학적으로 완전한 함수라고 할 수 없다. 왜냐하면 위 함수들은 아직 정규화가 되지 않은 함수들이기 때문이다. 여기서 우리는 정규화상수를 직접 구하지는 않을 것이다. 단지 정규화상수가 필요하다는 사실과 그 정규화상수가 어떠한 형태로 주어지는지만 이해하고 넘어갈 계획이다. $\Theta(\theta)$ 함수의 경우 l와 m_l에 따라 함수가 달라지므로 정규화상수 역시 l와 m_l에 따라 다른 값을 나타내며, 따라서 N_{lm_l} 으로 표현할 수 있다. 정규화상수를 구하는 식은 아래와 같다.

$$N_{Jm}=\left\{\frac{(2J+1)(J-|m|)!}{2(J+|m|)!}\right\}^{\frac{1}{2}} \quad (9\text{-}70)$$

자, 이제 우리는 3차원에서 회전반경이 고정된 채 퍼텐셜 에너지가 전혀 없는 상태에서 돌고 있는 물체를 묘사할 수 있는 수식을 양자역학적으로 찾아내었다. 전체 수식을 써 보면 아래 식과 같다.

$$\Psi(\theta,\phi)= N_{lm_l}P_l^{|m_l|}(\cos\theta)\frac{1}{\sqrt{2\pi}}e^{im_l\phi}, \qquad l=0,\ 1,\ 2,\ 3\ldots \qquad |m_l|\leq l \tag{9-71}$$

이 수식을 구면조화함수라고 부르며 기호로 $Y_l^{m_l}(\theta,\phi)$로 나타낸다. l와 m_l에 따른 구면조화함수 몇 개를 구해보면 표 9-6과 같다.

표 9-5. l과 m_l에 따른 몇몇 르장드르 부다항함수와 $\Theta(\theta)$ 함수

l	m_l	$\lvert m_l\rvert$	$P_l^{\lvert m_l\rvert}(\cos\theta)$	$\Theta_l^{\lvert m_l\rvert}(\theta)$
0	0	0	$P_0^0(x)=1$	$\Theta_0^0(\theta)=1$
1	0	0	$P_1^0(x)=x$	$\Theta_1^0(\theta)=\cos\theta$
	±1	1	$P_1^1(x)=(1-x^2)^{\frac{1}{2}}$	$\Theta_1^1(\theta)=\sin\theta$
2	0	0	$P_2^0(x)=\frac{1}{2}(3x^2-1)$	$\Theta_2^0(\theta)=\frac{1}{2}(3\cos^2\theta-1)$
	±1	1	$P_2^1(x)=-3x(1-x^2)^{1/2}$	$\Theta_2^1(\theta)=-3\cos\theta sin\theta$
	±2	2	$P_2^2(x)=3(1-x^2)$	$\Theta_2^2(\theta)=3(1-\cos^2\theta)=3\sin^2\theta$
⋮	⋮	⋮	⋮	⋮

표 9-6. l과 m_l에 따른 구면조화함수

l	m_l	$Y_l^{m_l}(\theta,\phi)$
0	0	$Y_0^0(\theta,\phi)=\left(\frac{1}{2}\right)^{\frac{1}{2}}\cdot 1\cdot\frac{1}{\sqrt{2\pi}}=\frac{1}{\sqrt{2}}\frac{1}{\sqrt{2\pi}}=\frac{1}{\sqrt{4\pi}}$
1	0	$Y_1^0(\theta,\phi)=\left(\frac{3}{2}\right)^{\frac{1}{2}}\cdot\cos\theta\cdot\left(\frac{}{2\pi}\right)^{\frac{1}{2}}=\left(\frac{3}{4\pi}\right)^{\frac{1}{2}}\cos\theta$
	+1	$Y_1^1(\theta,\phi)=\left(\frac{3}{4}\right)^{\frac{1}{2}}\cdot\sin\theta\cdot\left(\frac{1}{2\pi}\right)^{\frac{1}{2}}e^{i\phi}=\left(\frac{3}{8\pi}\right)^{\frac{1}{2}}\sin\theta\, e^{i\phi}$
⋮	⋮	⋮

10. 수소원자

자, 이제 가장 간단한 원자인 수소원자에 대해 살펴볼 준비가 되었다. 수소원자를 양자역학적으로 다루는 일은 어떻게 보면 간단한 일이라고 할 수 있다. 왜냐하면 수소원자를 양자역학적으로 푸는 과정이 3차원 공간에서 회전하는 입자에 대한 풀이 과정과 거의 유사하기 때문이다. 기억을 되돌려서 9장에서 다루었던 시스템에 대해 다시 한번 생각해 보자. 우리는 원점(회전중심)으로부터 거리가 고정된 채 3차원상에서 돌고 있는 입자를 가정했었다. 이 입자와 수소원자의 차이점은 크게 두 가지인데 하나는 원점과의 거리가 변할 수 있다는 사실이고 (즉, 원점으로부터의 거리가 더 이상 상수가 아니라 변수) 둘째는 양의 전하를 띠고 있는 양성자와 음의 전하를 띠고 있는 전자와의 상호작용으로 인해 더 이상 퍼텐셜 에너지가 "0"이 아니라는 사실이다. 독자 중에는 "아니, 별로 다르지 않다고 하더니 두 가지나 다르네. 그 정도면 많이 다른 거 아닌가?" 라고 혹 생각하는 사람들도 있을 수 있다고 생각한다. 그러나 너무 비관적으로 생각하지 않기를 바란다. 아래에 나와 있는 설명을 차근차근 따라온다면 누구나 충분히 결론에 도달할 수 있다고 생각한다.

수소원자에서 전자가 어떻게 존재하고 있는지는 아무도 모른다. 왜냐하면 아무도 본 사람이 없으니까. 확실한 것은 전자는 원자핵 주변에 존재한다는 것이고 여러 가지 정황 증거로 보았을 때 전자는 원자핵 주변에서 파동의 형태로 존재하고 있을 가능성이 크다. "전자는 질량을 가진 물질인데 어떻게 파동으로 존재하느냐?"라고 물을 필요는 없다. 어차피 전자가 실제로 어떻게 존재하는지 관찰한 사람은 아무도 없기 때문에 실제로 어떻게 존재하고 있는지는 아무도 모르기 때문이다. 그냥 "입자로도 파동으로도 존재할 수 있구나"정도로만 이해를 하는 수밖에 없다. 수소원자 시스템을 양자역학적으로 풀기 위해서는 먼저 쉬뢰딩거 방정식을 써야 하는데 쉬뢰딩거 방정식에서 해밀토니안은 아래 식처럼 운동에너지 (3차원 구면좌표계로 쓰여진) 연산자와 퍼텐셜에너지 연산자로 구성되어 있다.

$$\widehat{H}\Psi = E\Psi \tag{10-1}$$

$$\Leftrightarrow \left\{-\frac{\hbar^2}{2m}\left(\frac{d^2}{dr^2}+\frac{2}{r}\frac{d}{dr}+\frac{1}{r^2}\frac{1}{\sin\theta}\frac{d}{d\theta}\sin\theta\frac{d}{d\theta}+\frac{1}{r^2}\frac{1}{\sin^2\theta}\frac{d^2}{d\phi^2}\right)-\frac{e^2}{4\pi\epsilon_0 r}\right\}\Psi = E\Psi$$

공간을 절약하기 위해서 식 10-1에서 파동함수 $\Psi(r,\theta,\phi)$는 Ψ로만 표현되었다. 먼저 중괄호를 풀면 위 식은 아래와 같이 된다.

$$-\frac{\hbar^2}{2m}\left(\frac{d^2}{dr^2}+\frac{2}{r}\frac{d}{dr}+\frac{1}{r^2}\frac{1}{\sin\theta}\frac{d}{d\theta}\sin\theta\frac{d}{d\theta}+\frac{1}{r^2}\frac{1}{\sin^2\theta}\frac{d^2}{d\phi^2}\right)\Psi-\frac{e^2}{4\pi\epsilon_0 r}\Psi = E\Psi \tag{10-2}$$

퍼텐셜 에너지에 해당하는 항을 우변으로 이항한 뒤 양변에 $-\frac{2m}{\hbar^2}$을 곱하면 위 식은 아래와 같이 변형된다.

$$\left(\frac{d^2}{dr^2}+\frac{2}{r}\frac{d}{dr}+\frac{1}{r^2}\frac{1}{\sin\theta}\frac{d}{d\theta}\sin\theta\frac{d}{d\theta}+\frac{1}{r^2}\frac{1}{\sin^2\theta}\frac{d^2}{d\phi^2}\right)\Psi=-\frac{2m}{\hbar^2}\left(E+\frac{e^2}{4\pi\epsilon_0 r}\right)\Psi \tag{10-3}$$

우변의 항을 좌변으로 이동한 뒤 양변에 $r^2\sin^2\theta$를 곱하면 위 식은 아래와 같이 변형된다.

$$r^2\sin^2\theta\left(\frac{d^2}{dr^2}+\frac{2}{r}\frac{d}{dr}\right)\Psi+\sin\theta\frac{d}{d\theta}\sin\theta\frac{d}{d\theta}\Psi+\frac{d^2}{d\phi^2}\Psi+\frac{2mr^2\sin^2\theta}{\hbar^2}\left(E+\frac{e^2}{4\pi\epsilon_0 r}\right)\Psi=0 \tag{10-4}$$

구하고자 하는 파동함수, $\Psi(r,\theta,\phi)$가 각각의 변수로만 구성된 항으로 변수분리 된다고 가정하자. 즉, $\Psi(r,\theta,\phi)=R(r)\Theta(\theta)\Phi(\phi)$ 이라 가정하고 위 방정식에 대입한다.

$$r^2\sin^2\theta\left(\frac{d^2}{dr^2}+\frac{2}{r}\frac{d}{dr}\right)R\Theta\Phi+\sin\theta\frac{d}{d\theta}\sin\theta\frac{d}{d\theta}R\Theta\Phi+\frac{d^2}{d\phi^2}R\Theta\Phi+\frac{2mr^2\sin^2\theta}{\hbar^2}\left(E+\frac{e^2}{4\pi\epsilon_0 r}\right)R\Theta\Phi=0 \tag{10-5}$$

특정 변수로 미분하라는 미분기호와 상관없는 함수들은 미분기호 앞으로 나올 수 있다. 즉, 첫 번째 항에서 미분기호들은 모두 r로 미분하라는 미분기호들이며 Θ와 Φ 함수들은 변수 r을 포함하고 있지 않으므로 r로 미분하라는 미분기호들 앞으로 나올 수 있다. 이와 같은 방식으로 위 식을 정리하면 위 식은 아래와 같은 식으로 변형된다.

$$\Theta\Phi r^2\sin^2\theta\left(\frac{d^2}{dr^2}+\frac{2}{r}\frac{d}{dr}\right)R+R\Phi\sin\theta\frac{d}{d\theta}\sin\theta\frac{d}{d\theta}\Theta+R\Theta\frac{d^2}{d\phi^2}\Phi+\frac{2mr^2\sin^2\theta}{\hbar^2}\left(E+\frac{e^2}{4\pi\epsilon_0 r}\right)R\Theta\Phi=0 \tag{10-6}$$

양변을 $R\Theta\Phi$로 나누어 주게 되면,

$$\frac{1}{R}r^2\sin^2\theta\left(\frac{d^2}{dr^2}+\frac{2}{r}\frac{d}{dr}\right)R+\frac{1}{\Theta}\sin\theta\frac{d}{d\theta}\sin\theta\frac{d}{d\theta}\Theta+\frac{1}{\Phi}\frac{d^2}{d\phi^2}\Phi+\frac{2mr^2\sin^2\theta}{\hbar^2}\left(E+\frac{e^2}{4\pi\epsilon_0 r}\right)=0 \tag{10-7}$$

과 같은 식이 되고, Φ에 관련된 항을 우변으로 이동하면 아래와 같은 식이 된다.

$$\frac{1}{R}r^2\sin^2\theta\left(\frac{d^2}{dr^2}+\frac{2}{r}\frac{d}{dr}\right)R+\frac{1}{\Theta}\sin\theta\frac{d}{d\theta}\sin\theta\frac{d}{d\theta}\Theta+\frac{2mr^2\sin^2\theta}{\hbar^2}\left(E+\frac{e^2}{4\pi\epsilon_0 r}\right)=-\frac{1}{\Phi}\frac{d^2}{d\phi^2}\Phi \tag{10-8}$$

위 식에서 좌변에 있는 항들은 r과 θ에만 관련된 항들로만 이루어져 있다. 반면에 우변에 있는 항은 변수 ϕ 하고만 관련이 있는 항이다. 좌변과 우변은 서로 다른 변수로만 구성되어 있기 때문에 좌변과 우변은 각각 특정 상수와 같다고 가정할 수 있다. 이에 대한 자세한 설명은 이미 9장에서 한 바 있다. 그 상수를 m_l이라고 하자. 그러면 위 방정식은 아래와 같은 두 개의 방정식으로 나누어서 쓸 수 있게 된다.

$$① \ \frac{1}{R}r^2\sin^2\theta\left(\frac{d^2}{dr^2}+\frac{2}{r}\frac{d}{dr}\right)R+\frac{1}{\Theta}\sin\theta\frac{d}{d\theta}\sin\theta\frac{d}{d\theta}\Theta+\frac{2mr^2\sin^2\theta}{\hbar^2}\left(E+\frac{e^2}{4\pi\epsilon_0 r}\right)=m_l \quad (10\text{-}9)$$

$$② \ -\frac{1}{\Phi}\frac{d^2}{d\phi^2}\Phi=m_l \quad (10\text{-}10)$$

위 두 개의 방정식 중에서 두 번째 방정식은 쉽게 풀린다. 위 두 번째 방정식은 쉽게 아래와 같이 변형된다.

$$-\frac{1}{\Phi}\frac{d^2}{d\phi^2}\Phi=m_l \Leftrightarrow \frac{d^2}{d\phi^2}\Phi=-m_l\Phi \Leftrightarrow \frac{d^2}{d\phi^2}\Phi+m_l\Phi=0 \quad (10\text{-}11)$$

변형된 방정식의 형태를 보면 선형 모든 차 미분방정식의 형태라는 것을 알 수 있다. 즉, 위 방정식의 해, $\Phi=e^{D\phi}$의 형태로 주어진다. $e^{D\phi}$를 대입하고 풀어보면,

$$\frac{d^2}{d\phi^2}e^{D\phi}+m_le^{D\phi}=0 \Leftrightarrow D^2e^{D\phi}+m_le^{D\phi}=0 \Leftrightarrow (D^2+m_l)e^{D\phi}=0 \quad (10\text{-}12)$$

$$\Leftrightarrow D^2+m_l=0 \Leftrightarrow D^2=-m_l \Leftrightarrow D=\pm i\sqrt{m_l}$$

즉, $\Phi=e^{\pm i\sqrt{m_l}\phi}$ 이 됨을 알 수 있다. 만일 우리가 처음에 상수를 m_l대신 m_l^2이라고 하면 루트없이 해를 더 간단하게 표현할 수 있다. 즉, 해가 아래와 같이 주어진다.

$$\frac{d^2}{d\phi^2}e^{D\phi}+m_l^2e^{D\phi}=0 \Leftrightarrow D^2+m_l=0 \Leftrightarrow D=\pm im_l \quad (10\text{-}13)$$

$$\therefore \Phi(\phi)=e^{\pm im_l\phi}$$

식 10-9, 10-10의 상수를 m_l^2이라고 놓고 식 10-13처럼 해를 간단히 하자. 식 10-13의 파동이 유지되기 위해서는 위 파동함수의 상수 $m_l=0,\ \pm1,\ \pm2.....$이어야만 한다. 위 파동함수는 현재 정규화된 함수는 아닌데 위의 함수를 정규화하면 (즉, 정규화 상수를 구하면) 최종적으로 다음과 같은 함수가 얻어진다.

$$\therefore \Phi(\phi) = \pm \frac{1}{\sqrt{2\pi}} e^{\pm i m_l \phi}, \qquad m_l = 0,\ \pm 1,\ \pm 2 \ldots.. \qquad (10\text{-}14)$$

이 함수는 9장에서 구했던 것과 동일한 함수이다. 이제 남은 방정식을 풀어보도록 하자. 남은 방정식은 아래와 같은 방정식이다.

$$\frac{1}{R} r^2 \sin^2\theta \left(\frac{d^2}{dr^2} + \frac{2}{r}\frac{d}{dr} \right) R + \frac{1}{\Theta} \sin\theta \frac{d}{d\theta} \sin\theta \frac{d}{d\theta} \Theta + \frac{2mr^2 \sin^2\theta}{\hbar^2} \left(E + \frac{e^2}{4\pi\epsilon_0 r} \right) = m_l^2 \qquad (10\text{-}15)$$

위 방정식을 아래와 같이 변형하도록 하자. 위 방정식 양변에 $\sin^2\theta$를 곱한다. 그러면 왼쪽의 첫 번째 항에서 θ에 관련된 항이 사라진다.

$$\frac{1}{R} r^2 \left(\frac{d^2}{dr^2} + \frac{2}{r}\frac{d}{dr} \right) R + \frac{1}{\Theta} \frac{1}{\sin\theta} \frac{d}{d\theta} \sin\theta \frac{d}{d\theta} \Theta + \frac{2mr^2}{\hbar^2} \left(E + \frac{e^2}{4\pi\epsilon_0 r} \right) = \frac{m_l^2}{\sin^2\theta} \qquad (10\text{-}16)$$

좌변에 있는 3개의 항 중에서 첫 번째와 세 번째 항은 변수 r로만 구성되어 있음을 알 수 있고 두 번째 항은 θ로만 구성되어 있는 항이라는 것을 알 수 있다. θ로만 구성되어 있는 두 번째 항을 아래 식과 같이 우변으로 이항하면 좌변은 모두 r로만 구성된 항으로 되어 있고 우변은 모두 변수 θ로만 구성된 항들로 되어 있다는 것을 알 수 있다.

$$\frac{1}{R} r^2 \left(\frac{d^2}{dr^2} + \frac{2}{r}\frac{d}{dr} \right) R + \frac{2mr^2}{\hbar^2} \left(E + \frac{e^2}{4\pi\epsilon_0 r} \right) = \frac{m_l^2}{\sin^2\theta} - \frac{1}{\Theta} \frac{1}{\sin\theta} \frac{d}{d\theta} \sin\theta \frac{d}{d\theta} \Theta \qquad (10\text{-}17)$$

양변을 구성하고 있는 변수가 서로 다르므로 이전 장에서 여러 번 설명했듯이 양변을 특정 상수와 같다고 놓아도 무방하다. 그 상수를 β라 놓으면 아래와 같이 두 개의 방정식이 얻어진다.

$$① \ \frac{1}{R} r^2 \left(\frac{d^2}{dr^2} + \frac{2}{r}\frac{d}{dr} \right) R + \frac{2mr^2}{\hbar^2} \left(E + \frac{e^2}{4\pi\epsilon_0 r} \right) = \beta \qquad (10\text{-}18)$$

$$② \ \frac{m_l^2}{\sin^2\theta} - \frac{1}{\Theta} \frac{1}{\sin\theta} \frac{d}{d\theta} \sin\theta \frac{d}{d\theta} \Theta = \beta \qquad (10\text{-}19)$$

$\beta = J(J+1)$이라면 위 두 개의 방정식 중에서 두 번째 방정식은 3차원 회전 문제에서 풀었던 방정식과 정확히 같은 형태가 됨을 알 수 있다. 즉, 두 번째 방정식 양변에 $\Theta(\theta)$를 곱한 뒤 첫 번째 항과 두 번째 항을 우변으로 이항하게 되면 아래 과정에 나와 있듯이 3차원 회전 문제에서 얻었던 방정식과 동일한 방정식이

얻어진다는 사실을 알 수 있다.

$$\frac{m_l^2}{\sin^2\theta} - \frac{1}{\Theta}\frac{1}{\sin\theta}\frac{d}{d\theta}\sin\theta\frac{d}{d\theta}\Theta = J(J+1) \tag{10-20}$$

$$\Leftrightarrow \frac{m_l^2}{\sin^2\theta}\Theta(\theta) - \frac{1}{\sin\theta}\frac{d}{d\theta}\sin\theta\frac{d}{d\theta}\Theta = J(J+1)\Theta(\theta)$$

$$\Leftrightarrow J(J+1)\Theta(\theta) + \frac{1}{\sin\theta}\frac{d}{d\theta}\sin\theta\frac{d}{d\theta}\Theta - \frac{m_l^2}{\sin^2\theta}\Theta(\theta) = 0$$

$$\Leftrightarrow \frac{1}{\sin\theta}\frac{d}{d\theta}\sin\theta\frac{d}{d\theta}\Theta + J(J+1)\Theta(\theta) - \frac{m_l^2}{\sin^2\theta}\Theta(\theta) = 0$$

따라서 위 방정식의 해도 3차원 회전 문제에서 얻은 것과 동일한 해가 얻어진다. 즉, 위의 방정식의 해는 식 10-22와 같이 르장드르 부다항함수로 주어지는데 x가 $\cos\theta$로 치환된 형태로 주어진다. 정규화 상수는 아래 식과 같다.

$$N_{Jm} = \left\{\frac{(2J+1)(J-|m|)!}{2(J+|m|)!}\right\}^{\frac{1}{2}} \tag{10-21}$$

앞서 구한 ϕ에 관한 함수와 같이 써 보면 아래와 같이 주어진다.

$$\Psi(\theta,\phi) = N_{Jm}P_J^{|m|}(\cos\theta)\frac{1}{\sqrt{2\pi}}e^{im\phi}, \qquad J=0,\ 1,\ 2,\ 3\ldots, \qquad |m| \le J \tag{10-22}$$

이 함수를 구면조화함수라고 부른다고 이미 9장에서 말한 바 있다. 이제 r에 관한 방정식만이 남아있다. 그 방정식은 아래와 같은 방정식이었다.

$$\frac{1}{R}r^2\left(\frac{d^2}{dr^2} + \frac{2}{r}\frac{d}{dr}\right)R + \frac{2mr^2}{\hbar^2}\left(E + \frac{e^2}{4\pi\epsilon_0 r}\right) = \beta = J(J+1) \tag{10-23}$$

위 방정식은 아래와 같은 형태로 쓸 수도 있다.

$$\frac{1}{R}\frac{d}{dr}\left(r^2\frac{d}{dr}R\right) + \frac{2mr^2}{\hbar^2}\left(E + \frac{e^2}{4\pi\epsilon_0 r}\right) = \beta = J(J+1) \tag{10-24}$$

두 개의 방정식이 서로 같다는 것을 증명하는 것은 어렵지 않다. 두 번째 방정식 첫 번째 항을 풀어서 쓰면 아래와 같고 두 개의 방정식이 서로 같다는 사실을 알 수 있다.

$$\frac{1}{R}\frac{d}{dr}\left(r^2\frac{d}{dr}R\right)+\frac{2mr^2}{\hbar^2}\left(E+\frac{e^2}{4\pi\epsilon_0 r}\right)=\beta=J(J+1) \tag{10-25}$$

$$\Leftrightarrow \quad \frac{1}{R}\left(2r\frac{d}{dr}R+r^2\frac{d^2}{dr^2}R\right)+\frac{2mr^2}{\hbar^2}\left(E+\frac{e^2}{4\pi\epsilon_0 r}\right)=\beta=J(J+1)$$

$$\Leftrightarrow \quad \frac{1}{R}r^2\left(\frac{d^2}{dr^2}+\frac{2}{r}\frac{d}{dr}\right)R+\frac{2mr^2}{\hbar^2}\left(E+\frac{e^2}{4\pi\epsilon_0 r}\right)=\beta=J(J+1)$$

위 방정식을 직접 풀기는 어렵기 때문에 우리는 르장드르 부미분 방정식을 풀었을 때와 비슷한 방법을 이용해서 위 방정식의 해를 구하고자 한다. 알려진 미분방정식 중에서 라구에르 부미분 방정식이라고 불리는 방정식이 있는데 위 방정식을 적당히 변형시키면 라구에르 부미분방정식의 형태로 바꿀 수 있다. 라구에르 부미분 방정식의 해는 라구에르 부다항식으로 이미 알려져 있기 때문에 우리는 그 다항식을 해로 취하면 된다.

$$\frac{1}{R}\frac{d}{dr}\left(r^2\frac{d}{dr}R\right)+\frac{2mr^2}{\hbar^2}\left(E+\frac{e^2}{4\pi\epsilon_0 r}\right)=\beta=J(J+1) \tag{10-26}$$

양변에 $\frac{R}{r^2}$을 곱하면, 식 10-27, 28을 거쳐 식 10-29가 얻어진다.

$$\frac{1}{r^2}\frac{d}{dr}\left(r^2\frac{d}{dr}R\right)+\frac{2m}{\hbar^2}\left(E+\frac{e^2}{4\pi\epsilon_0 r}\right)R-\frac{J(J+1)}{r^2}R=0 \tag{10-27}$$

$$\Leftrightarrow \quad \frac{1}{r^2}\frac{d}{dr}\left(r^2\frac{d}{dr}R\right)+\left\{\frac{2m}{\hbar^2}\left(E+\frac{e^2}{4\pi\epsilon_0 r}\right)-\frac{J(J+1)}{r^2}\right\}R=0 \tag{10-28}$$

$$\Leftrightarrow \quad \frac{1}{r^2}\frac{d}{dr}\left(r^2\frac{d}{dr}R\right)+\left\{\frac{2mE}{\hbar^2}+\frac{2me^2}{4\pi\epsilon_0 r\hbar^2}-\frac{J(J+1)}{r^2}\right\}R=0 \tag{10-29}$$

$$-\frac{2mE}{\hbar^2}=\alpha^2 \tag{10-30}$$

$$\frac{me^2}{4\pi\epsilon_0\alpha\hbar^2}=\beta \tag{10-31}$$

으로 각각 치환한다. 식 10-31 양변에 2α를 곱하면

$$\frac{2me^2}{4\pi\epsilon_0\hbar^2} = 2\alpha\beta \tag{10-32}$$

이 된다. 다시 양변에 $\frac{1}{r}$을 곱하면

$$\frac{2me^2}{4\pi\epsilon_0 r\hbar^2} = \frac{2\alpha\beta}{r} \tag{10-33}$$

이 된다. 식 10-30과 10-33의 좌변은 식 10-29에 나와 있는 항과 같은 식이다. 따라서 식 10-29는 아래와 같이 치환된 기호로 바꿔쓸 수 있다.

$$\frac{1}{r^2}\frac{d}{dr}\left(r^2\frac{d}{dr}R\right) + \left\{-\alpha^2 + \frac{2\alpha\beta}{r} - \frac{J(J+1)}{r^2}\right\}R = 0 \tag{10-34}$$

변수 r을 다음과 같이 ρ라는 변수로 변환하자.

$$\rho = 2\alpha r \tag{10-35}$$

식 10-35 양변을 r로 미분하면 다음과 같이 된다.

$$\frac{d\rho}{dr} = 2\alpha \tag{10-36}$$

식 10-34의 미분기호는 10-36식을 이용하여 아래와 같이 변형시킬 수 있다.

$$\frac{dR}{dr} = \frac{d\rho}{dr}\frac{dR}{d\rho} = 2\alpha\frac{dR}{d\rho} \tag{10-36}$$

즉, $\frac{d}{dr} = 2\alpha\frac{d}{d\rho}$이라 할 수 있다. 이것을 식 10-34에 대입하자. 그러면 식 10-34는

$$\frac{1}{r^2}2\alpha\frac{d}{d\rho}\left(r^2 2\alpha\frac{d}{d\rho}R\right) + \left\{-\alpha^2 + \frac{2\alpha\beta}{r} - \frac{J(J+1)}{r^2}\right\}R = 0 \tag{10-37}$$

와 같이 변형된다. $\rho=2\alpha r$로부터 $\frac{\rho}{2\alpha}=r$이므로 $\frac{1}{r^2}=\frac{4\alpha^2}{\rho^2}$이다. 이것을 식 10-37에 대입하면 식 10-38을 거쳐 식 10-39가 된다.

$$\frac{4\alpha^2}{\rho^2}2\alpha\frac{d}{d\rho}\left(\frac{\rho^2}{4\alpha^2}2\alpha\frac{d}{d\rho}R\right)+\left\{-\alpha^2+\frac{2\alpha\beta}{r}-\frac{J(J+1)}{r^2}\right\}R=0 \tag{10-38}$$

$$\frac{4\alpha^2}{\rho^2}\frac{d}{d\rho}\left(\rho^2\frac{d}{d\rho}R\right)+\left\{-\alpha^2+\frac{4\alpha^2\beta}{\rho}-(4\alpha^2)\frac{J(J+1)}{\rho^2}\right\}R=0 \tag{10-39}$$

식 10-39 양변을 $4\alpha^2$으로 나누면

$$\frac{1}{\rho^2}\frac{d}{d\rho}\left(\rho^2\frac{d}{d\rho}R\right)+\left\{-\frac{1}{4}+\frac{\beta}{\rho}-\frac{J(J+1)}{\rho^2}\right\}R=0 \tag{10-40}$$

식 10-40의 앞부분을 풀어서 쓰면 다음과 같다.

$$\frac{d}{d\rho}\left(\rho^2\frac{d}{d\rho}R\right)=2\rho\frac{d}{d\rho}R+\rho^2\frac{d^2}{d\rho^2}R \tag{10-41}$$

식 10-40의 앞부분을 식 10-41의 우변으로 치환하면 다음과 같은 식이 된다.

$$\frac{1}{\rho^2}\left(\rho^2\frac{d^2}{d\rho^2}R+2\rho\frac{d}{d\rho}R\right)+\left\{-\frac{1}{4}+\frac{\beta}{\rho}-\frac{J(J+1)}{\rho^2}\right\}R=0 \tag{10-42}$$

$$\Leftrightarrow\ \frac{d^2}{d\rho^2}R+\frac{2}{\rho}\frac{d}{d\rho}R+\left\{-\frac{1}{4}+\frac{\beta}{\rho}-\frac{J(J+1)}{\rho^2}\right\}R=0 \tag{10-43}$$

양변에 ρ를 곱하면,

$$\rho\frac{d^2}{d\rho^2}R+2\frac{d}{d\rho}R+\left\{-\frac{\rho}{4}+\beta-\frac{J(J+1)}{\rho}\right\}R=0 \tag{10-44}$$

$\rho\Rightarrow x$, $R\Rightarrow y$, $\beta=n-J$, $k=2J+1$로 치환하면 위 방정식은 아래와 미분방정식이 된다.

$$x\frac{d^2}{dx^2}y+2\frac{d}{dx}y+\left\{n-\frac{k-1}{2}-\frac{x}{4}-\frac{k^2-1}{4x}\right\}y=0 \tag{10-45}$$

식 10-44와 식 10-45가 같은 식인지 확인해 보자. 두 식이 같아지려면

$$-\frac{\rho}{4}+\beta-\frac{J(J+1)}{\rho}=n-\frac{k-1}{2}-\frac{x}{4}-\frac{k^2-1}{4x} \tag{10-46}$$

이어야 한다. 식 10-46의 좌변에 나와 있는 ρ를 x로, β를 $n-J$로 치환하고 다음과 같이 정리해 보자.

$$-\frac{x}{4}+n-J-\frac{J(J+1)}{x}=n-\frac{k-1}{2}-\frac{x}{4}-\frac{k^2-1}{4x} \tag{10-47}$$

$$\Leftrightarrow -J-\frac{J(J+1)}{x}=-\frac{k-1}{2}-\frac{k^2-1}{4x} \tag{10-48}$$

$$\Leftrightarrow -J-\frac{J(J+1)}{x}=-\frac{(k-1)2x}{4x}-\frac{(k+1)(k-1)}{4x} \tag{10-49}$$

$$\Leftrightarrow -J-\frac{J(J+1)}{x}=\frac{-(k-1)2x-(k+1)(k-1)}{4x} \tag{10-50}$$

$$\Leftrightarrow -J-\frac{J(J+1)}{x}=\frac{(k-1)(-2x-(k+1))}{4x} \tag{10-51}$$

$k=2J+1$이므로 식 10-51은 다음과 같이 된다.

$$\Leftrightarrow -J-\frac{J(J+1)}{x}=\frac{(2J+1-1)(-2x-(2J+1+1))}{4x} \tag{10-52}$$

$$\Leftrightarrow -J-\frac{J(J+1)}{x}=\frac{(2J)(-2x-(2J+2))}{4x} \tag{10-53}$$

$$\Leftrightarrow -J-\frac{J(J+1)}{x}=\frac{(2J)(-2x-2J-2)}{4x} \tag{10-54}$$

$$\Leftrightarrow -J-\frac{J(J+1)}{x}=\frac{-4Jx-4J^2-4J}{4x} \tag{10-55}$$

$$\Leftrightarrow -J-\frac{J(J+1)}{x}=\frac{-Jx-J^2-J}{x} \tag{10-56}$$

$$\Leftrightarrow -J-\frac{J(J+1)}{x}=-J-\frac{J(J+1)}{x} \tag{10-57}$$

따라서 두 개의 미분방정식 10-45와 10-46은 $x=\rho$, $y=R$, $\beta=n-J$, $k=2J+1$ 조건하에서 서로 같

다고 할 수 있다. 미분방정식 10-46의 해는 10-58과 같이 주어진다고 가정하자.

$$y = e^{-\frac{x}{2}} x^{\frac{k-1}{2}} \nu \tag{10-58}$$

식 10-58을 x로 한 번 미분한 함수는 아래와 같다.

$$\frac{dy}{dx} = \frac{d}{dx} e^{-\frac{x}{2}} x^{\frac{k-1}{2}} \nu = -\frac{1}{2} e^{-\frac{x}{2}} x^{\frac{k-1}{2}} \nu + e^{-\frac{x}{2}} \left(\frac{k-1}{2}\right) x^{\frac{k-3}{2}} \nu + e^{-\frac{x}{2}} x^{\frac{k-1}{2}} \frac{d\nu}{dx} \tag{10-59}$$

x로 한 번 더 미분한 함수는 아래와 같다.

$$\begin{aligned} \frac{d^2y}{dx^2} &= \frac{d}{dx}\left(-\frac{1}{2} e^{-\frac{x}{2}} x^{\frac{k-1}{2}} \nu + e^{-\frac{x}{2}} \left(\frac{k-1}{2}\right) x^{\frac{k-3}{2}} \nu + e^{-\frac{x}{2}} x^{\frac{k-1}{2}} \frac{d\nu}{dx}\right) \\ &= \frac{1}{4} e^{-\frac{x}{2}} x^{\frac{k-1}{2}} \nu + \left(-\frac{1}{2}\right) e^{-\frac{x}{2}} \left(\frac{k-1}{2}\right) x^{\frac{k-3}{2}} \nu + \left(-\frac{1}{2}\right) e^{-\frac{x}{2}} x^{\frac{k-1}{2}} \frac{d\nu}{dx} \\ &+ \left(-\frac{1}{2}\right) e^{-\frac{x}{2}} \left(\frac{k-1}{2}\right) x^{\frac{k-3}{2}} \nu + e^{-\frac{x}{2}} \left(\frac{k-1}{2}\right)\left(\frac{k-3}{2}\right) x^{\frac{k-5}{2}} \nu + e^{-\frac{x}{2}} \left(\frac{k-1}{2}\right) x^{\frac{k-3}{2}} \frac{d\nu}{dx} \\ &+ \left(-\frac{1}{2}\right) e^{-\frac{x}{2}} x^{\frac{k-1}{2}} \frac{d\nu}{dx} + e^{-\frac{x}{2}} \left(\frac{k-1}{2}\right) x^{\frac{k-3}{2}} \frac{d\nu}{dx} + e^{-\frac{x}{2}} \left(\frac{k-1}{2}\right) x^{\frac{k-1}{2}} \frac{d^2\nu}{dx^2} \end{aligned} \tag{10-60}$$

$\frac{d^2y}{dx^2}$ 함수에 x를 곱한 함수는 아래와 같다.

$$\begin{aligned} x\frac{d^2y}{dx^2} &= \frac{1}{4} e^{-\frac{x}{2}} x^{\frac{k+1}{2}} \nu + \left(-\frac{1}{2}\right) e^{-\frac{x}{2}} \left(\frac{k-1}{2}\right) x^{\frac{k-1}{2}} \nu + \left(-\frac{1}{2}\right) e^{-\frac{x}{2}} x^{\frac{k+1}{2}} \frac{d\nu}{dx} \\ &+ \left(-\frac{1}{2}\right) e^{-\frac{x}{2}} \left(\frac{k-1}{2}\right) x^{\frac{k-1}{2}} \nu + e^{-\frac{x}{2}} \left(\frac{k-1}{2}\right)\left(\frac{k-3}{2}\right) x^{\frac{k-3}{2}} \nu + e^{-\frac{x}{2}} \left(\frac{k-1}{2}\right) x^{\frac{k-1}{2}} \frac{d\nu}{dx} \\ &+ \left(-\frac{1}{2}\right) e^{-\frac{x}{2}} x^{\frac{k+1}{2}} \frac{d\nu}{dx} + e^{-\frac{x}{2}} \left(\frac{k-1}{2}\right) x^{\frac{k-1}{2}} \frac{d\nu}{dx} + e^{-\frac{x}{2}} x^{\frac{k+1}{2}} \frac{d^2\nu}{dx^2} \end{aligned} \tag{10-61}$$

$\frac{dy}{dx}$ 함수에 2를 곱하면 아래와 같이 된다.

$$22\frac{dy}{dx} = -e^{-\frac{x}{2}} x^{\frac{k-1}{2}} \nu + 2e^{-\frac{x}{2}} \left(\frac{k-1}{2}\right) x^{\frac{k-3}{2}} \nu + 2e^{-\frac{x}{2}} x^{\frac{k-1}{2}} \frac{d\nu}{dx} \tag{10-62}$$

원래 미분방정식에 위에서 얻어진 함수들을 대입하면 아래와 같다.

$$
\begin{aligned}
&x\frac{d^2}{dx^2}y+2\frac{d}{dx}y+\left\{n-\frac{k-1}{2}-\frac{x}{4}-\frac{k^2-1}{4x}\right\}y \\
&=\frac{1}{4}e^{-\frac{x}{2}}x^{\frac{k+1}{2}}\nu+\left(-\frac{1}{2}\right)e^{-\frac{x}{2}}\left(\frac{k-1}{2}\right)x^{\frac{k-1}{2}}\nu+\left(-\frac{1}{2}\right)e^{-\frac{x}{2}}x^{\frac{k+1}{2}}\frac{d\nu}{dx} \\
&\quad+\left(-\frac{1}{2}\right)e^{-\frac{x}{2}}\left(\frac{k-1}{2}\right)x^{\frac{k-1}{2}}\nu+e^{-\frac{x}{2}}\left(\frac{k-1}{2}\right)\left(\frac{k-3}{2}\right)x^{\frac{k-3}{2}}\nu+e^{-\frac{x}{2}}\left(\frac{k-1}{2}\right)x^{\frac{k-1}{2}}\frac{d\nu}{dx} \\
&\quad+\left(-\frac{1}{2}\right)e^{-\frac{x}{2}}x^{\frac{k+1}{2}}\frac{d\nu}{dx}+e^{-\frac{x}{2}}\left(\frac{k-1}{2}\right)x^{\frac{k-1}{2}}\frac{d\nu}{dx}+e^{-\frac{x}{2}}x^{\frac{k+1}{2}}\frac{d^2\nu}{dx^2} \\
&\quad-e^{-\frac{x}{2}}x^{\frac{k-1}{2}}\nu+2e^{-\frac{x}{2}}\left(\frac{k-1}{2}\right)x^{\frac{k-3}{2}}\nu+2e^{-\frac{x}{2}}x^{\frac{k-1}{2}}\frac{d\nu}{dx} \\
&\quad+\left\{n-\frac{k-1}{2}-\frac{x}{4}-\frac{k^2-1}{4x}\right\}e^{-\frac{x}{2}}x^{\frac{k-1}{2}}\nu=0
\end{aligned}
\tag{10-63}
$$

3번째 항과 7번째 항은 각각

$$\left(-\frac{1}{2}\right)e^{-\frac{x}{2}}x^{\frac{k+1}{2}}\frac{d\nu}{dx} \tag{10-64}$$

으로 같다. 따라서 두 항을 더하면

$$-e^{-\frac{x}{2}}x^{\frac{k+1}{2}}\frac{d\nu}{dx} \tag{10-65}$$

이 된다. 2번째 항과 4번째 항은 각각

$$\left(-\frac{1}{2}\right)e^{-\frac{x}{2}}\left(\frac{k-1}{2}\right)x^{\frac{k-1}{2}}\nu \tag{10-66}$$

으로 같다. 따라서 두 항을 더하면

$$-e^{-\frac{x}{2}}\left(\frac{k-1}{2}\right)x^{\frac{k-1}{2}}\nu \tag{10-67}$$

이 된다. 8번째 항과 12번째 항은 각각

$$e^{-\frac{x}{2}}\left(\frac{k-1}{2}\right)x^{\frac{k-1}{2}}\frac{d\nu}{dx}, \qquad 2e^{-\frac{x}{2}}x^{\frac{k-1}{2}}\frac{d\nu}{dx} \tag{10-68}$$

으로 상수를 제외한 나머지 항이 같기 때문에 더할 수 있다. 더하면 아래와 같은 수식이 된다.

$$e^{-\frac{x}{2}}\left(\frac{k-1}{2}\right)x^{\frac{k-1}{2}}\frac{d\nu}{dx}+2e^{-\frac{x}{2}}x^{\frac{k-1}{2}}\frac{d\nu}{dx} \tag{10-69}$$

$$=\left(\frac{k-1}{2}+\frac{4}{2}\right)e^{-\frac{x}{2}}x^{\frac{k-1}{2}}\frac{d\nu}{dx}=\frac{k+3}{2}e^{-\frac{x}{2}}x^{\frac{k-1}{2}}\frac{d\nu}{dx}$$

5번째 항과 11번째 항은 각각

$$e^{-\frac{x}{2}}\left(\frac{k-1}{2}\right)\left(\frac{k-3}{2}\right)x^{\frac{k-3}{2}}\nu, \qquad 2e^{-\frac{x}{2}}\left(\frac{k-1}{2}\right)x^{\frac{k-3}{2}}\nu \tag{10-70}$$

으로 상수를 제외한 나머지 항이 같기 때문에 더할 수 있다. 더하면 아래와 같은 수식이 된다.

$$e^{-\frac{x}{2}}\left(\frac{k-1}{2}\right)\left(\frac{k-3}{2}\right)x^{\frac{k-3}{2}}\nu+2e^{-\frac{x}{2}}\left(\frac{k-1}{2}\right)x^{\frac{k-3}{2}}\nu \tag{10-71}$$

$$=\left(\frac{k-3}{2}+\frac{4}{2}\right)e^{-\frac{x}{2}}\left(\frac{k-1}{2}\right)x^{\frac{k-3}{2}}\nu=\left(\frac{k+1}{2}\right)e^{-\frac{x}{2}}\left(\frac{k-1}{2}\right)x^{\frac{k-3}{2}}\nu$$

이상을 정리해서 식 10-63을 다시 쓰면 아래와 같은 수식이 된다.

$$\begin{aligned}&\frac{1}{4}e^{-\frac{x}{2}}x^{\frac{k+1}{2}}\nu+\left\{-e^{-\frac{x}{2}}\left(\frac{k-1}{2}\right)x^{\frac{k-1}{2}}\nu\right\}+\left(-e^{-\frac{x}{2}}x^{\frac{k+1}{2}}\frac{d\nu}{dx}\right)+\left(\frac{k+3}{2}\right)e^{-\frac{x}{2}}x^{\frac{k-1}{2}}\frac{d\nu}{dx}\\&+\left(\frac{k+1}{2}\right)e^{-\frac{x}{2}}\left(\frac{k-1}{2}\right)x^{\frac{k-3}{2}}\nu+e^{-\frac{x}{2}}\left(\frac{k-1}{2}\right)x^{\frac{k-1}{2}}\frac{d\nu}{dx}-e^{-\frac{x}{2}}x^{\frac{k-1}{2}}\nu+e^{-\frac{x}{2}}x^{\frac{k+1}{2}}\frac{d^2\nu}{dx^2}\\&+\left\{n-\frac{k-1}{2}-\frac{x}{4}-\frac{k^2-1}{4x}\right\}e^{-\frac{x}{2}}x^{\frac{k-1}{2}}\nu=0\end{aligned} \tag{10-72}$$

$e^{-\frac{x}{2}}x^{\frac{k-1}{2}}$ 으로 묶어주기 위해서 모든 항을 $e^{-\frac{x}{2}}x^{\frac{k-1}{2}}$ 의 형태로 바꿔 준다. 그러면 식 10-72는 식 10-73과 같이 된다.

$$\frac{1}{4}e^{-\frac{x}{2}}x^{\frac{k-1}{2}}x\nu - e^{-\frac{x}{2}}\left(\frac{k-1}{2}\right)x^{\frac{k-1}{2}}\nu - e^{-\frac{x}{2}}x^{\frac{k-1}{2}}x\frac{d\nu}{dx} + \left(\frac{k+3}{2}\right)e^{-\frac{x}{2}}x^{\frac{k-1}{2}}\frac{d\nu}{dx}$$
$$+\left(\frac{k+1}{2}\right)e^{-\frac{x}{2}}\left(\frac{k-1}{2}\right)x^{\frac{k-1}{2}}x^{-1}\nu + e^{-\frac{x}{2}}\left(\frac{k-1}{2}\right)x^{\frac{k-1}{2}}\frac{d\nu}{dx} - e^{-\frac{x}{2}}x^{\frac{k-1}{2}}\nu + e^{-\frac{x}{2}}x^{\frac{k-1}{2}}x\frac{d^2\nu}{dx^2}$$
$$+\left\{n\nu - \frac{k-1}{2}\nu - \frac{x}{4}\nu - \frac{k^2-1}{4x}\nu\right\}e^{-\frac{x}{2}}x^{\frac{k-1}{2}} = 0 \tag{10-73}$$

$e^{-\frac{x}{2}}x^{\frac{k-1}{2}}$ 으로 묶어주면 식 10-73은 식 10-74와 같이 된다.

$$(\frac{1}{4}x\nu - \left(\frac{k-1}{2}\right)\nu - x\frac{d\nu}{dx} + \left(\frac{k+3}{2}\right)\frac{d\nu}{dx} + \left(\frac{k+1}{2}\right)\left(\frac{k-1}{2}\right)x^{-1}\nu + \left(\frac{k-1}{2}\right)\frac{d\nu}{dx} - \nu + x\frac{d^2\nu}{dx^2}$$
$$+n\nu - \frac{k-1}{2}\nu - \frac{x}{4}\nu - \frac{k^2-1}{4x}\nu)e^{-\frac{x}{2}}x^{\frac{k-1}{2}} = 0 \tag{10-74}$$

위의 함수가 성립하기 위해서는 (즉, 위의 함수가 항상 "0"이 되기 위해서는) 괄호 안의 값이 "0"이 되어야만 한다. 왜냐하면, $e^{-\frac{x}{2}}x^{\frac{k-1}{2}}$ 은 x가 어떤 값이 되더라도 "0"이 될 수 없기 때문이다. 즉, 식 10-74가 성립하려면

$$\frac{1}{4}x\nu - \left(\frac{k-1}{2}\right)\nu - x\frac{d\nu}{dx} + \left(\frac{k+3}{2}\right)\frac{d\nu}{dx} + \left(\frac{k+1}{2}\right)\left(\frac{k-1}{2}\right)x^{-1}\nu + \left(\frac{k-1}{2}\right)\frac{d\nu}{dx} - \nu + x\frac{d^2\nu}{dx^2}$$
$$+n\nu - \frac{k-1}{2}\nu - \frac{x}{4}\nu - \frac{k^2-1}{4x}\nu = 0 \tag{10-75}$$

이어야 한다. 식 10-75에서 첫 번째 항과 11번째 항은 각각 $\frac{1}{4}x\nu$와 $-\frac{x}{4}\nu$로 서로 없어진다. 또 5번째 항과 12번째 항은 각각 $\left(\frac{k+1}{2}\right)\left(\frac{k-1}{2}\right)x^{-1}\nu = \frac{k^2-1}{4x}\nu$와 $-\frac{k^2-1}{4x}\nu$으로 서로 더하면 없어진다. 따라서

남아있는 항은 식 10-76과 같다.

$$-\left(\frac{k-1}{2}\right)\nu - x\frac{d\nu}{dx} + \left(\frac{k+3}{2}\right)\frac{d\nu}{dx} + \left(\frac{k-1}{2}\right)\frac{d\nu}{dx} - \nu + x\frac{d^2\nu}{dx^2} + n\nu - \frac{k-1}{2}\nu = 0 \quad (10\text{-}76)$$

$\frac{d^2\nu}{dx^2}$, $\frac{d\nu}{dx}$, ν로 정리하면 식 10-77과 같이 정리가 된다.

$$x\frac{d^2\nu}{dx^2} + \left(\frac{k+3}{2} + \frac{k-1}{2} - x\right)\frac{d\nu}{dx} + \left(-\frac{k-1}{2} - \frac{k-1}{2} - 1 + n\right)\nu = 0$$

$$\Leftrightarrow x\frac{d^2\nu}{dx^2} + \left(\frac{2k+2}{2} - x\right)\frac{d\nu}{dx} + \left(n + \frac{-k+1-k+1-2}{2}\right)\nu = 0$$

$$\Leftrightarrow x\frac{d^2\nu}{dx^2} + (k+1-x)\frac{d\nu}{dx} + \left(n + \frac{-2k}{2}\right)\nu = 0$$

$$\Leftrightarrow x\frac{d^2\nu}{dx^2} + (k+1-x)\frac{d\nu}{dx} + (n-k)\nu = 0 \quad (10\text{-}77)$$

위 미분방정식을 풀면 ν라는 함수가 얻어지고 최종적으로 우리가 구하고자 하는 함수 y는 아래와 같은 함수가 된다.

$$y = e^{-\frac{x}{2}} x^{\frac{k-1}{2}} \nu$$

위에서 최종적으로 얻어진 미분방정식, 식 10-77은 해가 잘 알려진 "$r-s$차수를 가진 라구에르 부미분방정식"과 같은 유사한 형태이다.

$r-s$차수를 가진 라구에르 부미분방정식은 아래와 같은 형태의 미분방정식이다.

$$x\frac{d^2}{dx^2}L_r^s(x) + (s+1-x)\frac{d}{dx}L_r^s(x) + (r-s)L_r^s(x) = 0 \quad (10\text{-}78)$$

식 10-77과 10-78을 비교해 보면 $k=s$, $n=r$일 때 두 식은 같아진다는 사실을 알 수 있다. 식 10-78 미분방정식의 해가 되는 함수 $L_r^s(x)$는 라구에르 부다항함수라는 이름으로 그 해가 잘 알려져 있다.

r과 s에 따른 라구에르 부다항함수의 식은 아래 테이블과 같이 알려져 있다.

표 10-1. r과 s에 따른 라구에르 부다항함수

r	s	$L_r^s(x)$
1	1	$L_1^1(x)=-1$
2	1	$L_2^1(x)=-2!(2-x)$
2	2	$L_2^2(x)=2$
3	1	$L_3^1(x)=-3!\left(3-3x+\frac{1}{2}x^2\right)$
3	2	$L_3^2(x)=-3!(-3+x)$
3	3	$L_3^3(x)=-6$
4	1	$L_4^1(x)=-4!\left(4-6x+2x^2-\frac{1}{6}x^3\right)$
4	2	$L_4^2(x)=-4!\left(-6+4x-\frac{1}{2}x^2\right)$
4	3	$L_4^3(x)=-4!(4-x)$
4	4	$L_4^4(x)=26$

위 테이블에서 라구에르 부미분방정식에서 r은 s보가 크거나 같아야 한다. 즉 $r \geq s$이어야만 한다. 예를 들어, $r=1$일 경우 $s=1$밖에 안되며, $r=2$일 경우 $s=1$또는 $s=2$만 가능하며 $s=3$은 안된다. r이 s보다 크거나 같아야 하는 이유에 대해 설명하기 위해서는 먼저 라구에르 부다항함수는 아래 식과 같이 라구에르 다항함수를 미분해서 구할 수 있다는 사실을 알아야 한다.

$$L_r^s(x)=\frac{d^s}{dx^s}L_r(x) \tag{10-79}$$

라구에르 다항함수들은 아래와 같다.

표 10-2. 라구에르 다항함수

r	$L_r(x)$
0	$L_0(x)=1$
1	$L_1(x)=-x+1$
2	$L_2(x)=x^2-4x+2$
3	$L_3(x)=-x^3+9x^2-18x+6$
4	$L_4(x)=x^4-16x^3+72x^2-96x+24$
5	$L_5(x)=-x^5+25x^4-200x^3+600x^2-600x+120$

라구에르 다항함수들 중 하나를 선택해서 적절한 횟수로 미분하였을 때 라구에르 부다항함수가 얻어짐을 확인할 수 있다. 예를 들어, 라구에르 부다항함수 $L_2^1(x)$는 라구에르 다항함수 $L_2(x)$를 x로 한 번 미분해서 얻을 수 있다.

$$L_2^1(x) = \frac{d}{dx}L_2(x) = \frac{d}{dx}(x^2 - 4x + 2) = 2x - 4 \tag{10-80}$$

라구에르 부다항함수 $L_2^2(x)$는 라구에르 다항함수 $L_2(x)$를 x로 두 번 미분해서 얻을 수 있다.

$$L_2^2(x) = \frac{d^2}{dx^2}L_2(x) = \frac{d^2}{dx^2}(x^2 - 4x + 2) = \frac{d}{dx}(2x - 4) = 2 \tag{10-81}$$

r보다 s가 더 큰 $L_2^3(x)$함수의 값은 얼마일까? $L_2^3(x)$는 $L_2(x)$를 x로 세 번 미분해서 얻을 수 있다. 그런데 $L_2(x)$는 2차 함수이기 때문에 x로 세 번 미분하게 되면 식 10-82처럼 그 값이 "0"이 되어 버린다.

$$L_2^3(x) = \frac{d^3}{dx^3}(x^2 - 4x + 2) = \frac{d^2}{dx^2}(2x - 4) = \frac{d}{dx}2 = 0 \tag{10-82}$$

즉, r보다 s가 더 큰 라구에르 부다항함수들 $L_0^1(x)$, $L_0^2(x)$, $L_0^3(x)$, $L_0^4(x)$……., $L_1^2(x)$, $L_1^3(x)$, $L_1^4(x)$, $L_1^5(x)$……., $L_2^3(x)$, $L_2^4(x)$, $L_2^5(x)$, $L_2^6(x)$…….들은 모두 "0"이라는 사실을 알 수 있다. 이러한 함수들은 당연히 라구에르 부미분방정식 10-78의 해가 된다. r보다 s가 더 큰 라구에르 부다항함수 중 하나인 $L_1^2(x)$를 식 10-25에 대입해 보면

$$x\frac{d^2}{dx^2}L_1^2(x) + (3 - x)\frac{d}{dx}L_1^2(x) - L_1^2(x) = 0 \tag{10-83}$$

와 같이 되는데 $L_1^2(x) = 0$이므로 좌변은 "0"이 되고 위 항등식은 당연히 성립하게 된다.

$$x\frac{d^2}{dx^2}0 + (3 - x)\frac{d}{dx}0 - 0 = 0 \tag{10-84}$$

즉, r보다 s가 더 큰 라구에르 부다항함수들은 모두 라구에르 부미분방정식의 좌변을 "0"으로 만들기 때문에 "자명한 해"라 할 수 있고, 의미 없는 해임을 알 수 있다. 즉, 라구에르 부미분방정식이 의미있는 해를 가

지기 위해서는 $r \ge s$이어야 함을 알 수 있다.

위에서 수소원자에 대해 유도하였던 $\nu(x)$에 관한 미분방정식 10-77이 라구에르 부미분방정식 10-78과 같아지기 위해서는 $k=s$, $n=r$이어야 한다고 하였다. 그런데 위에서 우리는 k와 n을 아래와 같이 정의하였었다.

$$k = 2J+1, \qquad n = \beta + J \tag{10-85}$$

따라서 $s=2J+1$, $n=\beta+J$ 일 때 식 10-29의 해, $\nu(x)$가 라구에르 부다항함수, $L_r^s(x)$로 주어진다는 사실을 알 수 있다. 즉, 식 10-29의 해, $\nu(x)= L_{\beta+J}^{2J+1}(x)$로 표현될 수 있다.

식 10-77의 k와 n대신에 $2J+1$과 $\beta+J$를 대입하면 식 10-77은 10-86식과 같이 변형된다.

$$\begin{aligned} & x\frac{d^2\nu}{dx^2} + (2J+1+1-x)\frac{d\nu}{dx} + (\beta+J-(2J+1))\nu = 0 \\ & \Leftrightarrow x\frac{d^2\nu}{dx^2} + (2(J+1)-x)\frac{d\nu}{dx} + (\beta-(J+1))\nu = 0 \end{aligned} \tag{10-86}$$

라구에르 부미분방정식이 의미 있는 해를 가지기 위해서는 $r \ge s$이어야 한다고 했으므로 $\beta+J \ge 2J+1$이어야 한다는 것을 알 수 있다. 따라서 $\beta-1 \ge J$이어야 한다. 식 10-22에서 $J=0, 1, 2, 3 \ldots$이라고 했으므로, $\beta=1, 2, 3, 4 \ldots$ 이어야 한다. 즉, $0 \le J \le \beta-1$과 같이 쓸 수 있다. 이러한 양자수 조건에 따라 $\nu(x)$함수들을 구해보면 아래 테이블과 같이 라구에르 부다항함수의 일부함수만이 $\nu(x)$가 된다는 것을 알 수 있다.

표 10-3. $\beta=1, 2, 3, 4 \ldots$, $0 \le J+1 \le \beta$ **조건에 따른** $\nu(x)= L_{\beta+J}^{2J+1}(x)$

β	J	$L_{\beta+J}^{2J+1}(x)$
1	0	$L_1^1(x)=-1$
2	0	$L_2^1(x)=-2!(2-x)$
	1	$L_3^3(x)=-3!$
3	0	$L_3^1(x)=-3!\left(3-3x+\frac{1}{2}x^2\right)$
3	1	$L_4^3(x)=-4!(4-x)$
⋮	⋮	⋮

다시 정리하자면 아래와 같다. 원래 우리가 풀고자 했던 미분방정식은 아래와 같은 미분방정식이었다.

$$\rho\frac{d^2}{d\rho^2}R+2\frac{d}{d\rho}R+\left\{-\frac{\rho}{4}+\beta-\frac{J(J+1)}{\rho}\right\}R=0 \tag{10-87}$$

위 미분방정식 10-87은 $x=\rho,\ \ y=R,\ \ \beta=n-J,\ \ k=2J+1$ 조건에서 미분방정식 10-88이 된다.

$$x\frac{d^2}{dx^2}y+2\frac{d}{dx}y+\left\{n-\frac{k-1}{2}-\frac{x}{4}-\frac{k^2-1}{4x}\right\}y=0 \tag{10-88}$$

따라서 위 미분방정식 10-88을 풀고 $x\rightarrow\rho,\ \ y\rightarrow R,\ \ \beta\rightarrow n-J,\ \ k\rightarrow 2J+1$ 를 대신 대입하면 우리가 풀고자 했던 미분방정식의 해가 된다. 미분방정식 10-88의 해를 아래 식 10-89와 같이 가정하면,

$$y=e^{-\frac{x}{2}}x^{\frac{k-1}{2}}\nu(x) \tag{10-89}$$

미분방정식 10-88은 $\nu(x)$에 관한 미분방정식으로 바뀌고 이 미분방정식은 라구에르 부미분방정식과 형태가 같아진다. 라구에르 부다항함수의 조건으로부터, 그리고 J는 0보다 큰 양의 정수이므로 $0\le J\le\beta-1$인 조건이 얻어지며 이 조건을 만족시켜야 하므로 $\nu(x)$는 라구에르 부다항함수 중 일부 함수가 된다. 즉, β는 1보다 큰 양의 정우, J는 0보다 큰 양의 정수로서 $0\le J\le\beta-1$인 조건을 만족시켜야 하고 그것에서 나오는 값에 해당하는 일부 라구에르 부다항식, $L_{\beta+J}^{2J+1}(x)$만이 $\nu(x)$의 해가 된다. 결론적으로 식 10-45의 해 $y(x)$는

$$y=e^{-\frac{x}{2}}x^{\frac{k-1}{2}}\nu(x)=e^{-\frac{x}{2}}x^{\frac{k-1}{2}}L_{\beta+J}^{2J+1}(x),\qquad 0\le J\le\beta-1 \tag{10-90}$$

이 된다. 식 10-33에 $x\rightarrow\rho,\ \ y\rightarrow R,\ \ k\rightarrow 2J+1$ 를 대입하고 위에서 $\rho=2\alpha r$이라고 하였으므로 식 10-90은 아래 식 10-91 그리고 10-92와 같이 변형된다.

$$R(r)=e^{-\frac{x}{2}}x^{\frac{k-1}{2}}L_{\beta+J}^{2J+1}(x)=e^{-\frac{\rho}{2}}x^{\frac{2J+1-1}{2}}L_{\beta+J}^{2J+1}(\rho) \tag{10-91}$$

$$R(r)=e^{-\frac{2\alpha r}{2}}\rho^J L_{\beta+J}^{2J+1}(2\alpha r) \tag{10-92}$$

3장 식 3-10에서 보어반경은 식 10-93이었고

$$a_0 = \frac{4\pi\epsilon_0\hbar^2}{me^2} \tag{10-93}$$

식 10-31로부터 $\alpha = \frac{1}{\beta a_0}$ 라고 할 수 있게 된다. 따라서 우리가 풀고자 했던 변수 r을 포함하고 있는 방정식의 해는 다음과 같이 주어진다.

$$R(r)= e^{-\frac{r}{\beta a_0}}\left(\frac{2}{\beta a_0}\right)^J r^J L_{n+J}^{2J+1}\left(\frac{2r}{\beta a_0}\right) \tag{10-94}$$

위 방정식은 아직 정규화된 함수가 아닌데 정규화상수를 구해보면 아래 식 10-95와 같다.

$$N_{\beta J} =- \left[\left(\frac{2}{\beta a_0}\right)^3 \frac{(\beta - J-1)!}{2\beta\{(\beta+J)!\}^3}\right]^{\frac{1}{2}} \tag{10-95}$$

정규화상수를 포함하여 최종식을 써 보면 아래 식 10-96과 같다.

$$\begin{aligned} R(r) &= N_{\beta J} e^{-\frac{r}{\beta a_0}}\left(\frac{2}{\beta a_0}\right)^J r^J L_{n+J}^{2J+1}\left(\frac{2r}{\beta a_0}\right) \\ &=- \left[\left(\frac{2}{\beta a_0}\right)^3 \frac{(\beta - J-1)!}{2\beta\{(\beta+J)!\}^3}\right]^{\frac{1}{2}} e^{-\frac{r}{\beta a_0}}\left(\frac{2}{\beta a_0}\right)^J r^J L_{\beta+J}^{2J+1}\left(\frac{2r}{\beta a_0}\right) \end{aligned} \tag{10-96}$$

물론 위 식에서 β와 J는 아래 조건을 만족시켜야 한다.

$$\beta = 1,\ 2,\ 3,\ 4.... \qquad J \le \beta - 1$$

위에서 얻어진 $R(r)$ 함수를 특별히 "방사형 파동함수"라고 부른다. β와 J에 따라 방사형 파동함수의 형태가 어떻게 주어지는지 몇 개 예를 들어 살펴보도록 하자. 먼저 $\beta = 1$일 때 $J = 0$만 가능하다. 그럴 때 방사형 파동함수를 구해보면 아래 식 10-97과 같이 구해진다.

$$R_{10} =- \left[\left(\frac{2}{a_0}\right)^3 \frac{1}{2}\right]^{\frac{1}{2}} e^{-\frac{r}{a_0}}(-1) =- \left[\left(\frac{1}{a_0}\right)^3 \frac{8}{2}\right]^{\frac{1}{2}} e^{-\frac{r}{a_0}}(-1) = 2\left(\frac{1}{a_0}\right)^{\frac{3}{2}} e^{-\frac{r}{a_0}} \tag{10-97}$$

또 $\beta = 2$일 때 $J = 0,\ 1$이 가능하다. $\beta = 2, J = 0$일 때 방사형 파동함수는 아래와 같다.

$$R_{20} = -\left[\left(\frac{2}{2a_0}\right)^3 \frac{1}{4 \cdot 8}\right]^{\frac{1}{2}} e^{-\frac{r}{2a_0}} \left(\frac{2r}{2a_0}\right)^0 L_2^1\left(\frac{2r}{2a_0}\right) \qquad (10\text{-}98)$$

$$= -\left[\left(\frac{1}{a_0}\right)^3 \frac{1}{8}\frac{1}{4}\right]^{\frac{1}{2}} e^{-\frac{r}{2a_0}} \left(\frac{2r}{2a_0}\right)^0 \left\{-2\left(2-\frac{2r}{2a_0}\right)\right\}$$

$$= -\frac{1}{\sqrt{8}}\left(\frac{1}{a_0}\right)^{\frac{3}{2}} \frac{1}{2} e^{-\frac{r}{2a_0}} \left(-4+\frac{2r}{a_0}\right) = \frac{1}{\sqrt{8}}\left(\frac{1}{a_0}\right)^{\frac{3}{2}} \left(2-\frac{r}{a_0}\right) e^{-\frac{r}{2a_0}}$$

$\beta = 2, J = 1$일 때 방사형 파동함수는

$$R_{21} = -\left[\left(\frac{2}{2a_0}\right)^3 \frac{1}{4 \cdot 216}\right]^{\frac{1}{2}} e^{-\frac{r}{2a_0}} \left(\frac{2r}{2a_0}\right)^1 L_3^3\left(\frac{2r}{2a_0}\right)$$

$$= -\left[\left(\frac{1}{a_0}\right)^3 \frac{1}{4 \cdot 216}\right]^{\frac{1}{2}} e^{-\frac{r}{2a_0}} \left(\frac{r}{a_0}\right)(-6) = -\left[\left(\frac{1}{a_0}\right)^3 \frac{1}{864}\right]^{\frac{1}{2}} e^{-\frac{r}{2a_0}} \left(\frac{r}{a_0}\right)(-6)$$

$$= -\left[\left(\frac{1}{a_0}\right)^3 \frac{1}{24}\right]^{\frac{1}{2}} \frac{1}{6} e^{-\frac{r}{2a_0}} \left(\frac{r}{a_0}\right)(-6) = \frac{1}{\sqrt{24}}\left(\frac{1}{a_0}\right)^{\frac{3}{2}} \left(\frac{r}{a_0}\right) e^{-\frac{r}{2a_0}} \qquad (10\text{-}99)$$

몇몇 양자수에 대한 방사형 파동함수를 구해보면 아래 표 10-4와 같다.

표 10-4. β, J에 따른 방사형 파동함수 $R_{\beta,J}(r)$

β	J	$R_{\beta,J}(r)$
1	0	$2\left(\frac{1}{a_0}\right)^{\frac{3}{2}} e^{-\frac{r}{a_0}}$
2	0	$\frac{1}{\sqrt{8}}\left(\frac{1}{a_0}\right)^{\frac{3}{2}}\left(2-\frac{r}{a_0}\right)e^{-\frac{r}{2a_0}}$
2	1	$=\frac{1}{\sqrt{24}}\left(\frac{1}{a_0}\right)^{\frac{3}{2}}\left(\frac{r}{a_0}\right)e^{-\frac{r}{2a_0}}$
3	0	$\frac{2}{81\sqrt{3}}\left(\frac{1}{a_0}\right)^{\frac{3}{2}}\left(27-18\frac{r}{a_0}+2\frac{r^2}{a_0^2}\right)e^{-\frac{r}{3a_0}}$
3	1	$\frac{4}{81\sqrt{6}}\left(\frac{1}{a_0}\right)^{\frac{3}{2}}\left(6\frac{r}{a_0}-\frac{r^2}{a_0^2}\right)e^{-\frac{r}{3a_0}}$
3	2	$\frac{4}{81\sqrt{30}}\left(\frac{1}{a_0}\right)^{\frac{3}{2}}\frac{r^2}{a_0^2}e^{-\frac{r}{3a_0}}$
⋮	⋮	⋮

수소 원자에서 전자를 묘사하는 파동함수 $\Psi(r,\theta,\phi)= R(r)\Theta(\theta)\Phi(\phi)$ 이므로 수소 원자의 전자를 묘사하는 전체 파동함수를 써 보면 아래와 같다.

$$\Psi(r,\theta,\phi)= N_{\beta J}\, e^{-\frac{r}{\beta a_0}}\left(\frac{2r}{\beta a_0}\right)^J r^J L_{\beta+J}^{2J+1}\left(\frac{2r}{\beta a_0}\right) N_{Jm} P_J^{|m_l|}(\cos\theta)\left(\frac{1}{2\pi}\right)^{\frac{1}{2}} e^{im_l\phi} \qquad (10\text{-}100)$$

양자수 β, J, m_l은 각각 아래와 같은 관련성이 있다. 표 10-5에 양자수에 따른 수소 원자의 파동함수를 나타내었다.

$$\beta = 1,\ 2,\ 3\ \ldots \qquad J \le \beta - 1 \qquad |m_l| \le J$$

이제 수소 원자의 전자를 묘사하는 파동함수의 몇 가지 특성에 대해 살펴보도록 하자. 첫 번째 특징은 "① 전자의 에너지는 양자화되어 있으며 에너지는 주양자수, n에만 의존한다."라는 사실이다. 우리는 위에서 방사형 파동함수 $R(r)$을 얻는 과정에서 식 10-30, 31처럼 α^2과 β를 아래와 같이 정의한 바 있다.

$$-\frac{2mE}{\hbar^2} = \alpha^2, \quad \frac{me^2}{4\pi\epsilon_0\alpha\hbar^2} = \beta$$

이 두 식으로부터 우리는 수소 원자의 에너지가 양자화되어 나타나는 것을 볼 수 있다.

$$\frac{me^2}{4\pi\epsilon_0\alpha\hbar^2} = \beta \ \Leftrightarrow \left(\frac{me^2}{4\pi\epsilon_0\alpha\hbar^2}\right)^2 = \beta^2$$

$$\Leftrightarrow \frac{m^2e^4}{16\pi^2\epsilon_0^2\alpha^2\hbar^4} = \beta^2 \qquad (10\text{-}101)$$

$-\frac{2mE}{\hbar^2} = \alpha^2$ 이므로 바로 위 식 10-101에 대입하면 식 10-102처럼 에너지가 양자화되어 나타나는 것을 볼 수 있다.

$$\frac{m^2e^4}{16\pi^2\epsilon_0^2\left(-\frac{2mE}{\hbar^2}\right)\hbar^4} = \beta^2 \Leftrightarrow -\frac{me^4}{32\pi^2\epsilon_0^2 \cdot E \cdot \hbar^2} = \beta^2$$

$$\Leftrightarrow -\frac{me^4}{32\pi^2\epsilon_0^2 \cdot E \cdot \left(\frac{h}{2\pi}\right)^2} = -\frac{4\pi^2 me^4}{32\pi^2\epsilon_0^2 \cdot E \cdot h^2} = \beta^2$$

$$\Leftrightarrow =- \frac{me^4}{8\epsilon_0^2 h^2 \beta^2} = E \qquad \beta = 1,\ 2,\ 3..... \tag{10-102}$$

표 10-5. 양자수에 따른 수소 원자의 파동함수

β	J	m_l	$\Psi(r,\theta,\phi)$	오비탈 표현
1	0	0	$\Psi_{100} = \frac{1}{\sqrt{\pi}}\left(\frac{1}{a_0}\right)^{\frac{3}{2}} e^{-\frac{r}{a_0}}$	$1s_0$
2	0	0	$\Psi_{200} = \frac{1}{4\sqrt{2\pi}}\left(\frac{1}{a_0}\right)^{\frac{3}{2}}\left(2-\frac{r}{a_0}\right) e^{-\frac{r}{2a_0}}$	$2s_0$
2	1	0	$\Psi_{210} = \frac{1}{4\sqrt{2\pi}}\left(\frac{1}{a_0}\right)^{\frac{3}{2}}\frac{r}{a_0} e^{-\frac{r}{2a_0}}\cos\theta$	$2p_0$
2	1	±1	$\Psi_{21\pm1} = \frac{1}{8\sqrt{\pi}}\left(\frac{1}{a_0}\right)^{\frac{3}{2}}\frac{r}{a_0} e^{-\frac{r}{2a_0}}\sin\theta e^{\pm i\phi}$	$2p_{\pm1}$
3	0	0	$\Psi_{300} = \frac{1}{81\sqrt{3\pi}}\left(\frac{1}{a_0}\right)^{\frac{3}{2}}\left(27-18\frac{r}{a_0}+2\frac{r^2}{a_0^2}\right) e^{-\frac{r}{3a_0}}$	$3s_0$
3	1	0	$\Psi_{310} = \frac{1}{81}\left(\frac{2}{\pi}\right)^{\frac{1}{2}}\left(\frac{1}{a_0}\right)^{\frac{3}{2}}\left(6\frac{r}{a_0}-\frac{r^2}{a_0^2}\right) e^{-\frac{r}{3a_0}}\cos\theta$	$3p_0$
3	1	±1	$\Psi_{31\pm1} = \frac{1}{81\sqrt{\pi}}\left(\frac{1}{a_0}\right)^{\frac{3}{2}}\left(6\frac{r}{a_0}-\frac{r^2}{a_0^2}\right) e^{-\frac{r}{3a_0}}\sin\theta e^{\pm i\phi}$	$3p_{\pm1}$
3	2	0	$\Psi_{320} = \frac{1}{81\sqrt{6\pi}}\left(\frac{1}{a_0}\right)^{\frac{3}{2}}\frac{r^2}{a_0^2} e^{-\frac{r}{3a_0}}(3\cos^2\theta-1)$	$3d_0$
3	2	±1	$\Psi_{32\pm1} = \frac{1}{81\sqrt{\pi}}\left(\frac{1}{a_0}\right)^{\frac{3}{2}}\frac{r^2}{a_0^2} e^{-\frac{r}{3a_0}}\sin\theta\cos\theta e^{\pm i\phi}$	$3d_{\pm1}$
3	2	±2	$\Psi_{32\pm1} = \frac{1}{162\sqrt{\pi}}\left(\frac{1}{a_0}\right)^{\frac{3}{2}}\frac{r^2}{a_0^2} e^{-\frac{r}{3a_0}}\sin^2\theta\ e^{\pm 2i\phi}$	$3d_{\pm2}$
⋮	⋮	⋮	⋮	⋮

10-102식을 보면 β값에 따라 에너지가 양자화됨을 볼 수 있다. 전자가 가질 수 있는 에너지는 $-\frac{me^4}{8\epsilon_0^2 h^2}$ (β가 1일 때), $-\frac{me^4}{8\epsilon_0^2 h^2 4}$ (β가 2일 때)로서 양자화 되어 있음을 볼 수 있다. $-\frac{me^4}{8\epsilon_0^2 h^2 2}$, $-\frac{me^4}{8\epsilon_0^2 h^2 3}$와 같은 에너지는 가질 수 없다. 9장에서 구 표면에서 회전하고 있는 전자의 에너지는 각운동량 양자수 J (or l)에 의존하였다. 수소 원자의 파동함수를 구할 때 같은 구면조화함수가 등장하는데 구 표면에서 회전하고 있는 입자에서는 에너지가 각운동량 양자수에 의존하는데 수소 원자에서는 각운동량 양자수에 무관하다는 사실이 조금 이상하게 여겨질 수 있다. 그러나 식 10-19 미분방정식을 보면 에너지에 관한 항이 없다는 것을 확인할 수 있다. 즉 10-20식에서는 9장의 9-42식에 있는 $\frac{2mr^2}{\hbar^2}K.E.$ 대신 $J(J+1)$로 표현되어 있고, 에너지에 관한 항이 없다는 것을 확인할 수 있다. 전자의 에너지는 주양자수 β에만 의존하고 각운동량 양자수 J에는 무관하다는 말은 $2s_0$ 오비탈의 에너지와 $2p_0$, $2p_{\pm 1}$ 오비탈의 에너지가 같음을 의미한다. 또한 $3s, 3p_0, 3p_{\pm 1}, 3d_0, 3d_{\pm 1}, 3d_{\pm 2}$ 오비탈의 에너지가 모두 같다는 것을 의미한다. 이쯤에서 일반화학 시간에 원자의 전자배치에 관하여 배운 내용을 기억하고 있는 독자라면 조금 의아하게 생각하고 있을지 모르겠다. 왜냐하면 일반화학 시간에 원자의 전자배치에 대해 배울 때 s오비탈보다는 p오비탈의 에너지가 더 높다고 배웠었고 p오비탈의 에너지보다는 d오비탈의 에너지가 더 높다고 배웠기 때문이다. 따라서 원자에 전자를 배치할 때 에너지가 낮은 s오비탈에 먼저 전자를 채우고 그다음에 p나 d오비탈에 전자를 채웠던 것으로 기억하기 때문이다. 아마도 그림 10-1(a)와 같은 그림을 일반화학 시간에 보았던 기억이 날 것이다.

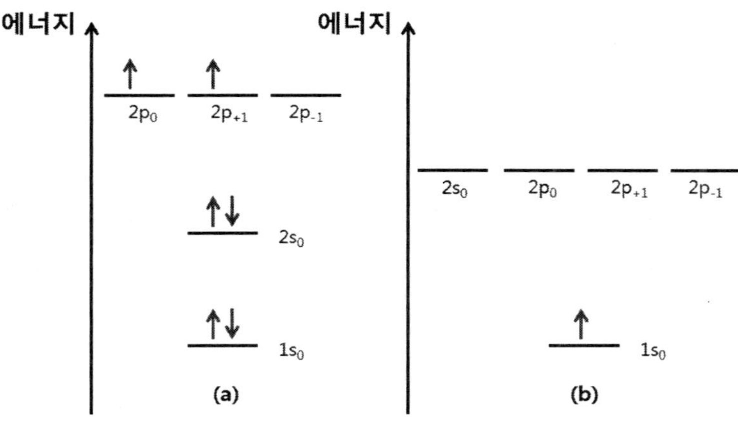

그림 10-1. (a) 탄소 원자의 전자배치, (b) 수소원자의 전자배치

위 그림 10-1(a)은 탄소 원자의 전자배치로서 그림 10-1(a)처럼 에너지가 낮은 s오비탈 먼저 채워지고 그다음에 p오비탈이 채워진다고 배웠다. 그런데 우리는 방금 수소 원자의 s오비탈과 p오비탈의 주양자수가

같다면 두 오비탈의 에너지는 그림 10-1(b)처럼 같다고 하였다. 어떤 것이 맞는 얘기일까? 그림 10-1(a), (b) 모두 정답이다. 그렇다면 수소 원자와 탄소 원자의 오비탈에 따른 에너지 준위가 다르다는 얘기인가? 맞다. 수소 원자와 탄소 원자, 좀 더 정확히 얘기하자면 전자를 하나만 가진 수소 원자와 전자를 두 개 이상 가진 다전자 원자의 오비탈에 따른 에너지 준위는 다르다. 위 계산 결과에 따르면 파동함수의 에너지가 주양자수에만 의존한다. 그런데도 탄소를 포함한 다전자 원자에서 각운동량 양자수에 따라 에너지가 달라지는 이유는 (다시 말해서, s 오비탈과 p 오비탈의 에너지가 다른 이유는) 여러 개의 전자가 존재할 때 발생할 수 있는 "전자 가리움 효과"와 "침투 효과" 때문이다. 뒤에서 "방사형 분포함수"에 관한 얘기를 할 때 다루겠지만 전자가 2s 오비탈 상태에 있을 때 2p 오비탈 상태에 있을 때보다 핵에 더 가깝게 접근할 수 있다. 이것을 침투 효과라고 한다. 2p 오비탈 상태에 있는 전자는 1s 오비탈 상태에 있는 전자보다 핵으로부터 멀리 떨어져 있으며, 1s 오비탈 상태에 있는 전자에 의해 핵의 전기장을 덜 느끼도록 항상 가려져 있게 된다. 이것을 가리움 효과라고 한다. 예를 들어, 탄소 원자에서 다섯 번째, 여섯 번째 전자는 2p 오비탈의 에너지 상태에 있고, 두 번째, 세 번째 전자는 2s 오비탈의 에너지 상태에 있는데, 2s 오비탈의 에너지 상태에 있는 두 번째, 세 번째 전자는 2p 오비탈의 에너지 상태에 있는 다섯 번째, 여섯 번째 전자보다 더 핵 쪽으로 침투할 수 있다. 2s 오비탈의 에너지 상태에 있는 두 번째, 세 번째 전자가 핵 쪽에 더 가깝게 침투할수록 2p 오비탈의 에너지 상태에 있는 다섯 번째, 여섯 번째 전자는 가리움 효과로 인해 핵의 전하를 충분히 느끼지 못하게 된다. 핵의 전하를 충분히 느끼지 못할수록 에너지는 높아진다. 하나의 전자만 가진 수소 원자는 이러한 가리움 효과가 존재하지 않기 때문에 2s, 2p 오비탈 상태의 에너지는 모두 동등하다.

수소 원자의 전자를 묘사하는 파동함수의 두 번째 특징은 "② 핵으로부터 아무리 멀리 떨어지더라도 확률 밀도가 0이 되지 않는다"라는 사실이다. $1s_0$ 오비탈을 그려보도록 하자. $1s_0$ 오비탈을 나타내는 함수는

$$\Psi_{100} = \frac{1}{\sqrt{\pi}}\left(\frac{1}{a_0}\right)^{\frac{3}{2}} e^{-\frac{r}{a_0}} \tag{10-103}$$

이다. 이 함수에서 a_0는 "보어반경"을 나타내는 상수로서, 대략 0.5 Å의 크기를 나타낸다. 파동함수에서 모든 상수를 A라고 하고 위 방정식 10-103을 다시 쓰면 다음 식 10-104처럼 쓸 수 있다.

$$\Psi_{100} = \frac{1}{\sqrt{\pi}}\left(\frac{1}{a_0}\right)^{\frac{3}{2}} e^{-\frac{r}{a_0}} = Ae^{-\frac{r}{a_0}} = \frac{A}{e^{\frac{r}{a_0}}} \approx \frac{A}{e^r} \tag{10-104}$$

핵으로부터의 반경 r이 증가함에 따라서 분모 값이 증가함을 알 수 있고 그에 따라 진폭 Ψ_{100}값은 점점 작아진다는 사실을 알 수 있다. 3차원 공간에서 진폭을 표현할 길이 없으므로 점 밀도로써 진폭을 표현하도록 하자. 즉, 아래 그림처럼 핵으로부터 거리가 멀어질수록 진폭, 즉 점 밀도가 점점 작아진다는 사실을 알 수 있다.

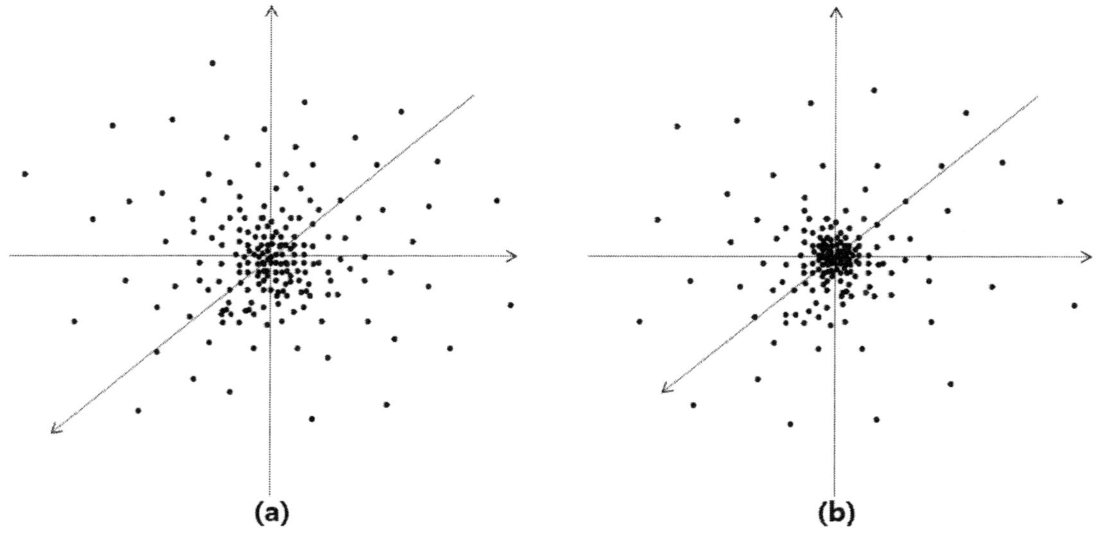

그림 10-2. (a) 파동함수 ψ_{100}를 3차원 공간에서 점 밀도로 표현한 모습,
(b) 파동함수 ψ_{100}의 복소공액 $\Psi_{100}\Psi_{100}^*$ 를 3차원 공간에서 점 밀도로 표현한 모습

위 파동함수의 복소공액이 전자를 발견할 확률밀도가 된다고 이전 장에서 설명하였다. 식 10-103의 복소공액은 아래와 같은 함수이다.

$$\Psi_{100}\Psi_{100}^* = \left(\frac{1}{\sqrt{\pi}}\left(\frac{1}{a_0}\right)^{\frac{3}{2}} e^{-\frac{r}{a_0}}\right)\left(\frac{1}{\sqrt{\pi}}\left(\frac{1}{a_0}\right)^{\frac{3}{2}} e^{-\frac{r}{a_0}}\right)^* = \frac{1}{\pi}\left(\frac{1}{a_0}\right)^3 e^{-\frac{2r}{a_0}} \tag{10-105}$$

식 10-104처럼 10-105식의 상수를 B로 놓고 대략 쓰면

$$\Psi_{100}\Psi_{100}^* = \frac{1}{\pi}\left(\frac{1}{a_0}\right)^3 e^{-\frac{2r}{a_0}} = Be^{-\frac{2r}{a_0}} = \frac{B}{e^{2r}} \tag{10-106}$$

과 같이 된다. 파동함수의 진폭함수, Ψ_{100}와 전자가 발견될 확률밀도, 복소공액 함수 $\Psi_{100}\Psi_{100}^*$의 차이는 상수로 표현된 A, B와 지수함수로 표현된 e^r, e^{2r}부분이다. $A = \frac{1}{\sqrt{\pi}}\left(\frac{1}{a_0}\right)^{\frac{3}{2}}$이고 $B = \frac{1}{\pi}\left(\frac{1}{a_0}\right)^3$이기 때문에 $A < B$ 라는 것을 알 수 있고, $\Psi_{100} \propto \frac{1}{e^r}$이고 $\Psi_{100}\Psi_{100}^* \propto \frac{1}{e^{2r}}$이므로 원점(핵)으로부터 거리가 멀어질수록 $\Psi_{100}\Psi_{100}^*$의 크기가 Ψ_{100}의 크기보다 더 빠르게 감소함을 알 수 있다. 따라서 $\Psi_{100}\Psi_{100}^*$의 크기를 그림 10-2처럼 점 밀도로 나타내면 그림 10-3처럼 원점(핵) 부분에서는 더 큰 값이 나타나지만, 반경이 커지면서 점 밀도의 농도가 더 급격하게 줄어든다는 사실을 알 수 있다. 그림 10-2(a)와 (b)를 자세히 비교해 보면 원점

부분에서의 점 밀도가 (a)보다 (b)에서 더 진하다는 것을 알 수 있다. 또한 원점에서 멀어질수록 복소공액 함수의 점 밀도(그림 10-2(b))가 파동함수의 점 밀도(그림 10-2(a))보다 더 급격하게 감소한다는 사실을 찾을 수 있다. 사실 우리가 앞으로 얘기를 진행해 나아가기 위해서는 파동함수의 진폭을 그린 그래프(그림 10-2(a))보다는 복소공액을 그린 그래프(그림 10-2(b))가 더 중요하지만, 독자의 이해를 돕기 위해 그림 10-2에 두 개의 그래프를 같이 나타내었다. 3차원 공간에 복소공액 함숫값이 점 밀도로 표현된 상황이 일반적으로 이해하기 어렵기 때문에 많은 교과서에서는 같은 내용을 아래 그림 10-3과 같이 차원을 단순화시켜 표현하곤 한다. 아래 그림은 그림 10-2(b)를 xz면으로 그리고 xy면으로 자른 뒤 점 밀도를 y축으로 놓고 그린 그래프라고 보면 된다. 원점에서 높은 점 밀도가 그림 10-3에서는 높은 y값으로 나타나고 있다.

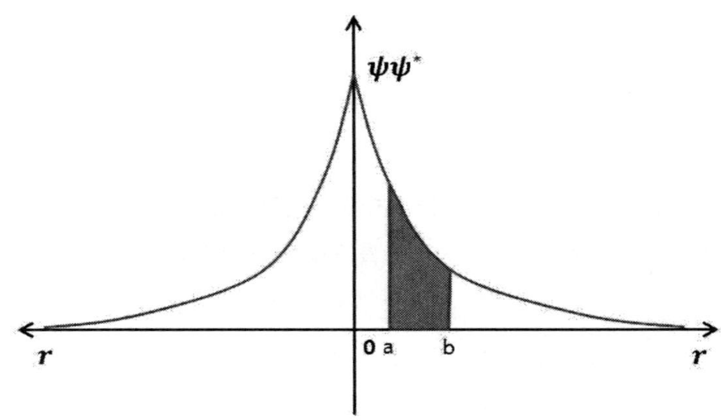

그림 10-3. 핵으로부터 거리가 증가함에 따라 확률밀도가 어떻게 달라지는지를 2차원상에 나타낸 그래프. 파란색으로 표시된 넓이가 a와 b사이에서 전자가 발견될 확률

그림 10-3을 보면 복소공액 함숫값 $\Psi_{100}\Psi^*_{100}$ 이 원점으로부터 거리가 멀어짐에 따라서 지수함수적으로 감소하는 것을 볼 수 있다. 여기서 우리는 중요한 사실을 하나 발견할 수 있다. 복소공액 함숫값이 원점으로부터 거리가 멀어짐에 따라서 지수함수적으로 감소한다는 얘기는 원점(핵)으로부터 거리가 아무리 멀어지더라도 복소공액 함숫값은 결코 "0"이 되지 않는다는 얘기이다. 복소공액의 함숫값에 공간의 부피를 곱하였을 때 그 값이 공간의 부피에서 전자가 발견될 확률을 나타낸다고 이전 장에서 우리는 이미 배웠다. 예를 들어, 원점으로부터의 거리 a와 b인 공간에서 전자를 발견할 확률은 위 그래프의 면적으로 주어진다는 사실을 우리는 이미 이전 장에서 배웠다. 핵으로부터 거리가 아무리 멀어져도 복소공액 함숫값 (즉, 확률밀도)가 "0"이 되지 않는다는 사실은 핵으로부터 아무리 멀리 떨어진 곳이더라도 전자가 발견될 확률이 결코 "0"이 되지 않는다는 의미이다. 물론 이 확률은 지극히 낮을 것이다. $10^{-100}\%$ 일수도 있고 어쩌면 이것보다 더 작은 확률일 수도 있다. 핵으로부터 거리가 멀어질수록 비록 발견될 확률은 지극히 낮아지지만 (너무 낮아서 "0"이라고 해도 될 정도로 낮아지지만) 결코 확률은 "0"이 되지 않는다. 혹시 독자 중에 확률이 이렇게 낮으면 발견될 확률이 "0"이라고 해도 되지 않을까?"라고 생각하는 사람이 있을지 모르겠다. 그러나 "0%"에 가까운 수와 0%는 엄연히 다르다. 아니 둘은 천지 차이라고 할 수 있다.

수소 원자의 전자를 묘사하는 파동함수의 세 번째 특징은, ③ "원자 내부에 확률밀도가 "0"이 되는 지점이 존재한다"라는 사실이다. 1s 오비탈의 경우 전자가 발견될 확률밀도가 "0"이 되는 지점(이 지점을 마디(node)라 한다)은 존재하지 않지만, 2s, 2p 오비탈의 경우에는 하나의 마디가 존재하고, 3s, 3p, 3d 오비탈의 경우에는 두 개의 마디가 존재한다. 물론 4s, 4p, 4d, 4f 오비탈의 경우에는 세 지점에서 확률밀도가 "0"이 된다. 흥미로운 점은 원자핵으로부터 아주 멀리 떨어진 지점의 확률밀도는 결코 "0"이 되지 않지만, 오히려 원자 내부의 특정 지점에서는 확률밀도가 "0"이 된다는 사실이다. 확률밀도가 "0"이 되는 지점, 즉 어디에 마디가 존재하는지 우리는 파동함수 수식을 통해 찾을 수 있다. 예를 들어, 2s 오비탈의 경우 파동함수 수식은 아래와 같다.

$$\Psi_{200} = \frac{1}{4\sqrt{2\pi}}\left(\frac{1}{a_0}\right)^{\frac{3}{2}}\left(2-\frac{r}{a_0}\right)e^{-\frac{r}{2a_0}} \tag{10-107}$$

2s 오비탈의 확률밀도함수는 위 식(10-107)을 제곱한 함수이다.

$$|\Psi_{200}|^2 = \Psi_{200}\Psi_{200}^* = \frac{1}{32\pi}\left(\frac{1}{a_0}\right)^3\left(2-\frac{r}{a_0}\right)^2 e^{-\frac{r}{a_0}} \tag{10-108}$$

확률밀도가 "0"이 되는 지점은 식 10-108의 값이 "0"이 되는 지점이다. $e^{-\frac{r}{a_0}}$은 0이 될 수 없으므로 10-108이 "0"이 되기 위해서는 원점으로부터 거리를 나타내는 변수, r이 포함된 괄호 안이 "0"이 되어야만 한다. 즉 아래와 같은 수식이 성립해야만 한다.

$$\left(2-\frac{r}{a_0}\right)^2 = 0 \tag{10-109}$$

식 10-109가 성립하기 위해서는 변수 r이 $2a_0$가 되어야만 한다. 즉 원점으로부터 거리가 보어반경($\sim 0.529\,nm$)의 정확히 두 배인 지점에서는 확률밀도가 "0" 된다는 것이다. 따라서 원자 내부의 아주 좁은 공간에서 전자를 발견할 확률과 원자핵으로부터 아주 멀리 떨어진 넓은 공간에서 전자를 발견할 확률을 계산해보면 우리의 상식과 달리 원자핵으로부터 아주 멀리 떨어진 공간에서 전자가 발견될 확률이 더 높을 수도 있다.

수소 원자의 전자를 묘사하는 파동함수의 네 번째 특성은 ④ 각운동량 양자수가 "1"보다 큰 경우, 즉 p, d, f 오비탈의 경우 핵에서 전자가 발견될 확률밀도가 "0"이라는 사실이다. 음의 전하를 띄고 있는 전자는 양의 전하를 띄고 있는 핵과의 인력으로 인해 핵에서(혹은 핵 근처에서) 가장 많은 시간 존재하고 있을 것으로 예상되고, 핵으로 가까이 갈수록 전자가 발견될 확률밀도가 점차 증가할 것으로 예상된다. 이러한 예상대로 각운동량 양자수가 "0"인 s 오비탈의 경우 핵에 가까이 갈수록 확률밀도가 증가한다. s 오비탈의 확률밀도 함수(식 10-106)나 그것을 그려놓은 그래프(그림 10-3)를 보더라도 이러한 양상을 확인할 수 있다. 위에서 설명했다시피 s오비탈의 파동함수에서 핵으로부터 떨어진 거리를 나타내는 변수 r은 e^{-r}의 형태로 수식에 들어가 있으므로 핵에 가까워질수록, 즉 r의 값이 점점 감소할수록 확률밀도는 점점 증가하게 된다. 그런데 각운동량 양자수가 "1" 이상인 파동함수(p, d, f 오비탈)의 경우 s 오비탈과는 다른 양상이 나타난다. p, d, f 오비탈의 경우 핵에 점점 가까워질수록 오히려 확률밀도함수의 값이 감소 되는 경향이 나타난다. 확률밀도의 값이 감소하다 못해 그림 10-4와 같이 핵에서 "0"이 되어 버리는 경향이 나타난다.

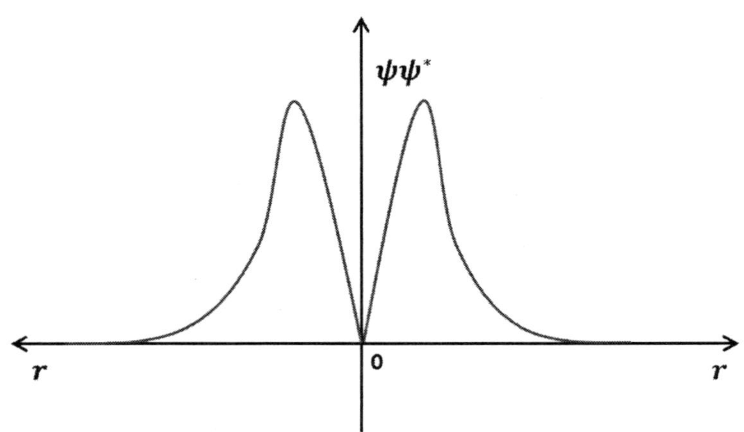

그림 10-4. 2p 오비탈의 확률밀도함수를 2차원상에 그려놓은 그래프

각운동량 양자수가 "1" 이상인 파동함수(p, d, f 오비탈)의 확률밀도 수식을 보면 왜 이러한 경향이 나타나는지 이해할 수 있다. 아래 식 10-69는 $2p_0$ 오비탈의 확률밀도함수이다.

$$|\Psi_{210}|^2 = \Psi_{210}\Psi_{210}^* = \frac{1}{32\pi}\left(\frac{1}{a_0}\right)^5 r^2 e^{-\frac{r}{a_0}}\cos^2\theta \qquad (10\text{-}110)$$

위 식 10-110을 보면 확률밀도의 값은 $e^{-\frac{r}{a_0}}$에 의해서만 영향을 받을 뿐만 아니라 r^2에 의해서도 영향을 받는다는 사실을 알 수 있다. 핵에 가까워짐에 따라서, 즉 r이 감소함에 따라서 $e^{-\frac{r}{a_0}}$의 값은 증가하지만 r^2의 값은 감소한다는 사실을 알 수 있다. 그리고 당연히 $r=0$인 지점에서는 당연히 확률밀도의 값은 "0"이 될 것이다. d 오비탈이나 f 오비탈의 수식을 보면 알겠지만 각운동량 양자수, $l \neq 0$인 경우에는 모두 $e^{-\frac{r}{a_0}}$항과 함께 r에 관한 항이 포함되어 있다는 것을 알 수 있다.

이제 수소 원자의 전자를 묘사하는 파동함수의 마지막 특성에 관해 이야기할 차례이다. 마지막 다섯 번째 특성은 "⑤ 원자에서 전자가 발견될 확률은 확률밀도의 경향과 다르다"라는 사실이다". 수소 원자의 $1s_0$ 오비탈을 예로 들어 설명해보자. $1s_0$ 오비탈의 경우 핵으로부터 거리가 멀어짐에 따라서 (즉, r이 증가함에 따라서) 확률밀도는 아래 그림 10-5의 검은색 농도처럼 감소한다.

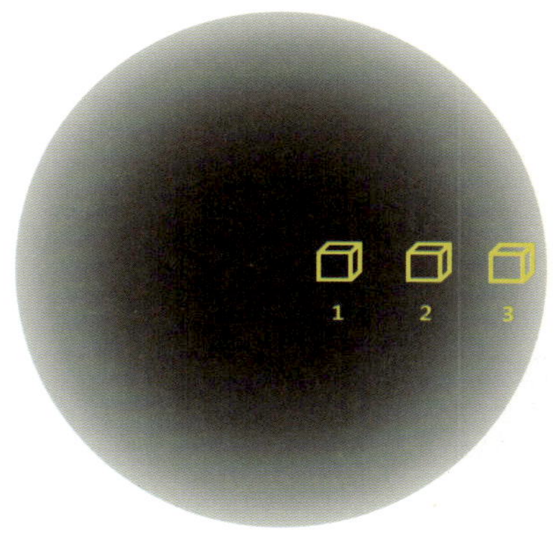

그림 10-5 원자 내부에 일정 크기를 가진 상자를 넣고 그 상자 안에서 입자가 발견될 확률을 계산한다고 가정해보자.

따라서 같은 공간의 크기(예를 들어, 그림 10-5에 그려져 있는 노란색 상자 안)에서 입자가 발견될 확률을 생각해 보면 핵 근처에서 입자가 발견될 확률이 가장 높고 핵으로부터 멀어질수록 입자가 발견될 확률은 점점 낮아질 것으로 예상된다. 예를 들어, 노란색 상자가 놓여 있는 1번, 2번, 3번의 위치 중에서 1번 위치에서의 확률밀도가 가장 클 것이고 3번 위치에서의 확률밀도가 가장 작을 것이다. 1번, 2번, 3번 위치에서의 확률밀도를 0.08 nm-3, 0.05 nm-3, 0.02 nm-3이라고 가정해보자. 노란색 상자의 크기를 2 nm3이라고 가정하면 1번, 2번, 3번 위치에 놓여 있는 노란색 상자 안에서 입자가 발견될 확률은 아래와 같이 계산된다.

① 1번 위치에 놓여 있는 노란색 상자 안에서 입자가 발견될 확률 : $0.08\,nm^{-3} \times 2\,nm^3 = 0.16$
② 2번 위치에 놓여 있는 노란색 상자 안에서 입자가 발견될 확률 : $0.05\,nm^{-3} \times 2\,nm^3 = 0.10$
③ 3번 위치에 놓여 있는 노란색 상자 안에서 입자가 발견될 확률 : $0.02\,nm^{-3} \times 2\,nm^3 = 0.04$

즉, 1번 위치에서 입자가 발견될 확률이 가장 높고 3번 위치에서 입자가 발견될 확률이 가장 낮다. 공간의 크기(노란색 상자의 크기)는 모두 같고 입자가 발견될 확률밀도는 1, 2, 3번의 순으로 작아지므로 입자가 발견될 확률도 1, 2, 3번의 순서로 작아지는 것은 당연한 결과라고 할 수 있다. 실제로 그림 10-6에 나와 있는 것과 같은 노란색 상자가 달린 꼬챙이를 원자에 찔러서 들어간 깊이에서 입자가 발견될 확률을 측정한다고 가정해보자. 1번 위치에서 입자가 발견될 확률이 0.16이라는 얘기는 노란색 상자가 정확히 1번 위치에 놓이도록 꼬챙이를 원자의 같은 지점에 100번 꽂아서 상자 안에 입자가 발견될 횟수를 세어 본다면 대략 16번 정도는 입자가 발견되고 84번 정도는 입자가 발견되지 않는다는 의미이다. 2번 위치에서 입자가 발견될 확률이 0.10이라는 의미는 노란색 상자가 2번 위치에 놓이도록 원자의 같은 지점에서 꼬챙이를 100번 꽂았을 때 10번 정도는 입자가 발견되고 90번 정도는 입자가 발견되지 않는다는 의미이다. 여기서 중요한 것은 원자의 같은 지점에서 꽂아야만 한다는 것이다.

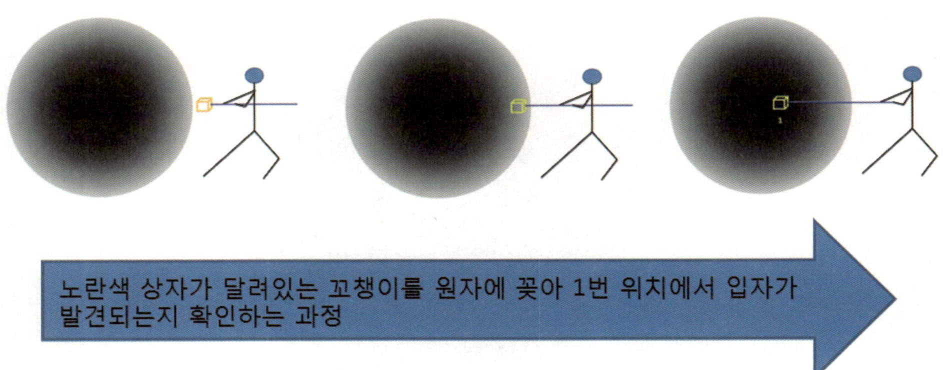

그림 10-6. 원자 내부에 노란색 상자가 달린 꼬챙이를 꽂는 과정. 1번 위치에 놓여 있는 노란색 상자 내부에서 입자가 발견될 확률이 0.16이라고 위에서 계산되었다. 이 의미는 원자의 같은 지점을 100번 꽂아서 노란색 상자를 1번 위치에 놓았을 때 상자 안에서 입자가 발견되는 횟수는 대략 16번 정도라는 의미이다.

원자의 같은 지점을 꽂아서 상자가 들어간 깊이에 따른 확률을 측정한다면 위에서 계산된 것과 같은 경향성이 얻어질 것이다. 즉, 노란색 상자가 깊이 들어가면 들어갈수록 입자가 발견될 확률은 점점 더 커질 것이고, 들어간 깊이가 얕으면 얕을수록 입자가 발견될 확률은 점점 더 낮아질 것이다. 그런데 사실 이러한 상황은 현실과는 좀 거리가 먼 상황일 수 있다. 왜냐하면, 노란색 상자를 원자에 꽂을 때 매번 같은 지점에 꽂기 위해서는 원자를 고정하고, 한 번 꽂은 지점에 표시해 둔 뒤에 그 지점만 계속 꽂아야 하기 때문이다. 이러한 제한된 상황보다는 오히려 더 자연스러운 상황은 그림 10-7처럼 원자에 노란색 상자를 꽂을 때 무작위로 선택된 지점에 꽂는 상황이다.

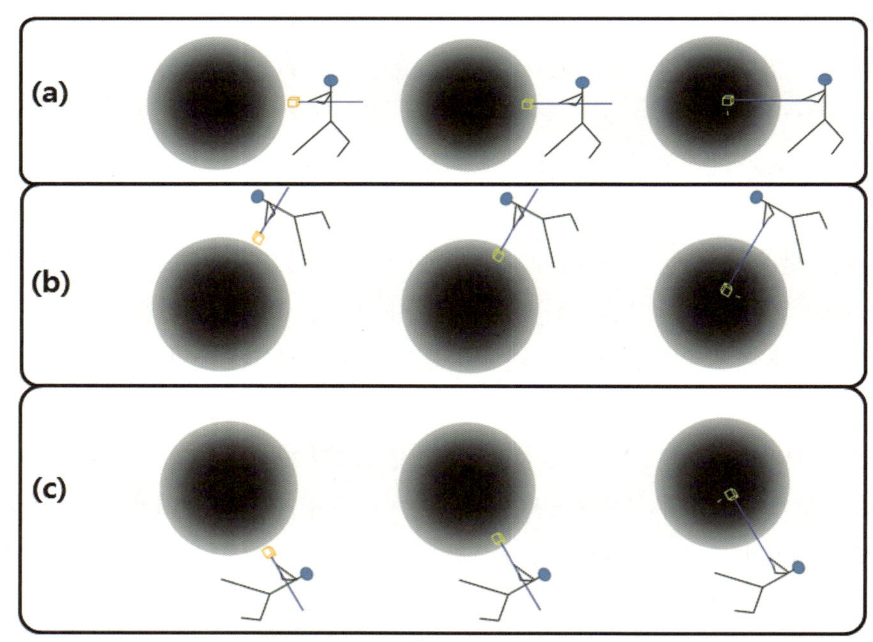

그림 10-7. 노란색 상자를 원자의 무작위 지점에 꽂는 모습

노란색 상자가 달린 꼬챙이를 100명의 사람에게 주고 각각 1개의 원자에 꼬챙이를 꽂아서 1번 위치에서 입자의 발견 여부를 관찰하는 상황을 가정해보자. 100명의 사람은 원자의 다양한 지점에 꼬챙이를 꽂을 것이기 때문에 그림 10-6보다는 그림 10-7과 유사한 상황이라고 할 수 있다. 100명의 사람이 모두 원자의 같은 지점에 꼬챙이를 꽂을 확률은 거의 "0"에 가까우므로 10-6과 같은 상황이 될 확률은 거의 "0"에 가깝다고 할 수 있다. 만일 10-6과 같은 상황이 연출되려면 원자 하나에 꽂을 지점을 표시하고 꼬챙이를 들고 있는 100명의 사람 모두 표시된 지점에만 꽂아서 관찰해야 할 것이다. 이와 같은 제한적인 상황보다는 10-7의 상황과 같이 100개의 원자를 던져주고 자유롭게 원자의 아무 위치나 꽂아서 관찰하는 실험이 훨씬 현실에 가깝고 우리가 진짜로 알고 싶은 확률일 것이다. 우리가 실제로 노란색 상자가 달린 꼬챙이를 꽂아서 전자가 발견될 확률을 측정할 수는 없을 것이다. 그러나 원자 내부에서 전자가 핵으로부터 얼마나 떨어진 거리에서 가장 많이 발견되는지 실험을 할 수 있다면 (혹은 관련 정보를 간접적으로나마 얻을 수 있다면) 10-6처럼 원자의 한 지점에서 관찰하는 것보다는 그림 10-7처럼 무작위적으로 선택된 여러 지점에서 관찰할 가능성이 훨씬 클 것이다. 이쯤 얘기를 하고 나면 독자 대부분은 도대체 "무슨 얘기를 하려고 이렇게 서론이 긴 거야?" 라고 의문을 품을지 모르겠다. 이렇게 장황한 얘기를 늘어놓는 이유는 10-6과 같은 상황을 가정했을 때와 10-7과 같은 상황을 가정했을 때 핵으로부터 일정 거리만큼 떨어진 위치에서 전자가 발견될 확률의 계산이 달라지기 때문이다.

10-7과 같은 상황에서는 임의의 방향에서 특정 깊이만큼 상자를 찔러 넣어서 확률을 구하기 때문에 구의 표면적을 고려해야 한다. 반면에 10-6과 같은 상황에서는 한 곳으로만 상자를 찔러 넣기 때문에 구의 표면적을 고려할 필요가 없다. 구의 표면적은 원점으로부터 거리의 제곱에 비례해서 변하게 되는데 원점으로부터 멀리 떨어질수록 표면적은 더 커지게 된다. 예를 들어, 원점으로부터 특정 거리만큼 떨어진 지점에서 일정 두께를 가진 껍데기 내부에서 전자가 발견될 확률을 측정한다고 가정해보자.

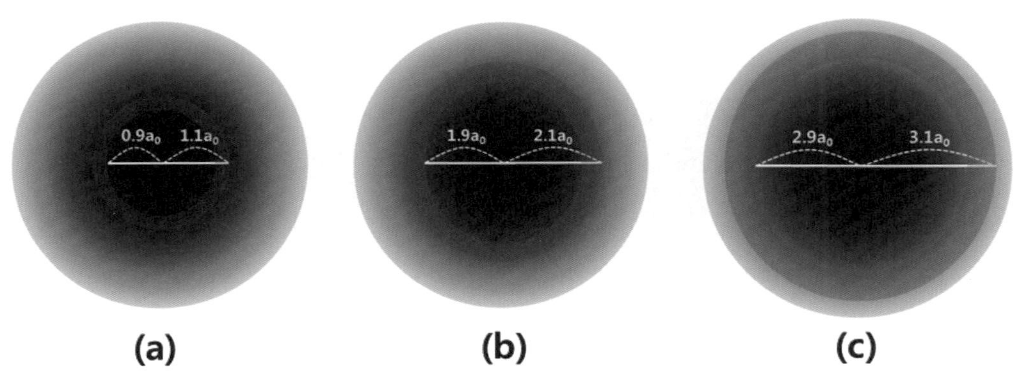

그림 10-8. 껍데기의 안쪽 반경이 (a) $0.9a_0$, (b) $1.9a_0$, (c) $2.9a_0$인 껍데기의 모습

그림 10-8처럼 껍데기의 두께는 $0.2a_0$로 모두 같다고 가정하자. 그림 (a) 껍데기의 안쪽 반경은 $0.9a_0$, 바깥쪽 반경은 $1.1a_0$, (b) 껍데기의 안쪽 반경은 $1.9a_0$, 바깥쪽 반경은 $2.1a_0$, © 껍데기의 안쪽 반경은 $2.9a_0$, 바깥쪽 반경은 $3.1a_0$다. 각각의 껍데기에서 전자가 얼마나 자주 발견되는지 관찰한다고 가정해보자.

전자가 1s 오비탈의 상태에 있을 때 확률밀도는 비록 (a) 껍데기가 있는 지점이 가장 크겠지만 껍데기의 표면적이 작으므로, (a) 껍데기에서 발견될 확률은 그리 높지 않을 수 있다. 반대로 3번 지점의 껍데기가 있는 지점은 핵으로부터 멀리 떨어져 있으므로 확률밀도는 (a) 껍데기가 있는 지점의 확률밀도, (b) 껍데기가 있는 지점의 확률밀도보다는 작지만, 껍데기의 표면적이 넓으므로 전자가 발견될 확률은 오히려 높을 수 있다. 즉, 특정 방향을 고집하지 않고 구의 모든 방향을 고려했을 때 (a), (b), (c) 어떤 껍데기에서 전자가 가장 많이 발견될까를 생각해보면 그 확률은 핵으로부터 거리에 따른 확률밀도의 변화(그림 10-3)와는 다른 양상을 나타낼 수 있다. 핵으로부터 거리가 멀어질수록 확률밀도는 비록 작아지지만, 껍데기의 표면적은 넓어지기 때문에, 껍데기에서 전자가 발견될 확률은 그림 10-3의 확률밀도 양상과는 다른 양상을 나타낼 수 있다. 이제 정성적인 얘기는 그만하고 정량적인 얘기를 해 보도록 하자. 그림 10-8에서 (a) 껍데기보다는 (b) 껍데기, (b) 껍데기보다는 (c) 껍데기의 부피가 크다고 했는데 부피가 얼마나 큰 걸까? 껍데기의 부피는 어떻게 구해야 할까? 껍데기의 부피를 먼저 계산해보도록 하자.

껍데기의 부피를 계산하는 방법은 귤 껍데기의 부피를 생각하면 아주 쉽게 이해된다. 눈앞에 귤이 있다고 가정해보자. 귤 껍데기의 부피를 계산하려면 어떻게 해야 할까? 귤을 까서 귤 껍데기의 면적을 잰 뒤, 두께를 곱하면 된다. 귤 껍데기의 면적은 귤의 표면적과 거의 비슷할 것이다. 따라서 귤의 표면적을 구한 뒤 그 두께를 곱해주면 귤 껍데기의 부피가 구해진다. 같은 방식으로 어떤 구 껍데기의 부피를 구하려면 껍데기의 표면적을 먼저 구해야 한다. 껍데기의 중심으로부터 껍데기 안쪽 면까지의 반경을 r이라고 하면 껍데기의 안쪽 표면적은 $4\pi r^2$으로 주어진다. 껍데기의 두께를 $\triangle r$이라고 하면 껍데기의 중심으로부터 바깥쪽 면까지의 반경은 $r+\triangle r$이 되고 껍데기의 바깥쪽 표면적은 $4\pi(r+\triangle r)^2$이 될 것이다. 이 껍데기를 찢어서 펼쳐 놓았다고 생각해 보자. 껍데기의 안쪽 표면적보다 바깥쪽 표면적이 약간 클 것이고 찢어놓은 껍데기의 단면은 직사각형 형태가 아니라 약간 사다리꼴의 형태가 될 것이다. 만일 껍데기의 두께가 $\triangle r$로 아주 작다면 껍데기의 안쪽 표면적과 바깥쪽 표면적 모두 $4\pi r^2$으로 표현할 수 있게 될 것이다. 그럴 때 껍데기의 부피, $\triangle V$는 $4\pi r^2 \triangle r$로 표현할 수 있다. 그림 10-8 (a) 껍데기까지의 반경을 r_1, (b) 껍데기까지의 반경을 r_2, (c) 껍데기까지의 반경을 r_3라고 하면 1, 2, 3번 껍데기 각각의 부피, $\triangle V_1$, $\triangle V_2$, $\triangle V_3$는 $4\pi r_1^2 \triangle r$, $4\pi r_2^2 \triangle r$, $4\pi r_3^2 \triangle r$가 된다. 반경이 r_1인 껍데기에서 입자가 발견될 확률밀도는 반경이 r_1일 때의 파동함수 값의 제곱이므로 $|R(r_1)\Theta(\theta),\Phi(\phi)|^2$으로 쓸 수 있다. 같은 방식으로 반경이 r_2인 껍데기에서 입자가 발견되리 확률밀도는 $|R(r_2)\Theta(\theta),\Phi(\phi)|^2$, 반경이 r_3인 껍데기에서 입자가 발견될 확률밀도는 $|R(r_3)\Theta(\theta),\Phi(\phi)|^2$으로 쓸 수 있다. 껍데기에서 입자가 발견될 확률은 "확률밀도 × 껍데기의 부피"이므로 (a), (b), (c) 껍데기에서 입자가 발견될 확률은 아래와 같이 구할 수 있다.

(a) 껍데기에서 입자가 발견될 확률 $= |R(r_1)\Theta(\theta),\Phi(\phi)|^2 \times 4\pi r_1^2 \triangle r$

(b) 껍데기에서 입자가 발견될 확률 $= |R(r_2)\Theta(\theta),\Phi(\phi)|^2 \times 4\pi r_2^2 \triangle r$

(c) 껍데기에서 입자가 발견될 확률 $= |R(r_3)\Theta(\theta),\Phi(\phi)|^2 \times 4\pi r_3^2 \triangle r$

전자가 1s 오비탈의 상태에 있을 때 확률밀도는 아래와 같은 순서로 작아질 것이다.

$$|R(r_1)\Theta(\theta),\Phi(\phi)|^2 \rangle |R(r_2)\Theta(\theta),\Phi(\phi)|^2 \rangle |R(r_3)\Theta(\theta),\Phi(\phi)|^2$$

그러나 껍데기의 부피는 아래와 같이 위 순서와는 반대 경향으로 나타난다.

$$4\pi r_1^2 \triangle r \langle 4\pi r_2^2 \triangle r \langle 4\pi r_3^2 \triangle r$$

각 껍데기에서 발견될 확률은 아래와 같은 특성으로 나타난다.
1번 껍데기에서 입자가 발견될 확률 = 큰 값 × 작은 값
2번 껍데기에서 입자가 발견될 확률 = 중간값 × 중간값
3번 껍데기에서 입자가 발견될 확률 = 작은 값 × 큰 값

자세한 값들을 사용해서 각 지점에서 전자가 발견될 확률을 계산해보면 전자가 발견될 확률은 (b) 껍데기에서 가장 크게 나오게 된다. 전자의 상태가 1s 오비탈일 때 전자가 발견될 확률밀도는 핵에서 가장 크고 핵에서 멀어질수록 점점 낮아지지만, 임의의 모든 방향에서 전자가 발견될 확률은 핵으로부터 일정 거리만큼 떨어진 지점에서 최댓값을 갖게 된다.

자, 이제 좀 더 구체적으로 계산해보도록 하자. 3차원 공간에서 묘사된 어떤 파동함수를 "$\psi(x,y,z)$"라 하자. 전 공간에서 입자가 발견될 확률은 아래 식과 같이 구할 수 있다. 전 공간이라고 하였으므로 x의 범위는 마이너스 무한대에서 플러스 무한대일 것이다. 또한 y와 z의 범위도 마이너스 무한대에서 플러스 무한대가 될 것이다. 즉, 적분하여야 할 구간은 $-\infty < x < \infty$, $-\infty < y < \infty$, $-\infty < z < \infty$이다. 이러한 무한대 공간에서 입자를 발견할 확률(P)은

$$P = \int_{-\infty}^{\infty}\int_{-\infty}^{\infty}\int_{-\infty}^{\infty} |\psi(x,y,z)|^2 dxdydz \qquad (10\text{-}111)$$

식 10-111은 직교좌표계로 표현했을 때의 확률이다. 만일 식 10-111의 $dxdydz$를 구면좌표계로 표현하면 단순히 $drd\theta d\phi$로 바뀌는 것이 아니라 $r^2 \sin\theta\, drd\theta d\phi$로 바뀌게 된다. 구면좌표계로 표현되었을 때 전 공간의 구간은 아래와 같다. r은 원점으로부터 거리이므로 음수가 존재할 수 없고 0부터 무한대까지가 전 공간이 될 것이다. θ는 x축으로부터의 각도인데 각도는 아무리 작은 값이라도 "0"보다 더 작은 값은 의미가 없으며 아무리 커도 "2π"보다 큰 값은 의미가 없다. "0"보다 작거나 "2π"보다 큰 값은 반복일 뿐이기 때문에 전 공간이라고 할 때 θ의 범위는 "0"과 "2π"사이일 것이다. ϕ는 z축으로부터의 각도를 의미하는데 전 공간이라고 할 때 이 각도는 "0"과 "π"사이가 된다. "π"보다 더 큰 각도는 반대 방향으로 정의되는 각도와 겹치기 때

문에 결국 같다고 볼 수 있다. 따라서 구면좌표계로 표현하였을 때 전 공간의 구간은 $0 \le r < \infty$, $0 \le \theta \le 2\pi$, $0 \le \phi \le \pi$이 된다. 전 공간에서 입자가 발견될 확률을 구면좌표계로 표현하면 아래와 같다.

$$P = \int_0^{\pi}\int_0^{2\pi}\int_0^{\infty} |\psi(r,\theta,\phi)|^2 r^2 \sin\theta dr d\theta d\phi \qquad (10\text{-}112)$$

만일 아래 그림 10-9와 같이 반경이 a_0 혹은 $2a_0$인 구 안에서 입자가 발견될 확률은 어떻게 구하면 될까?

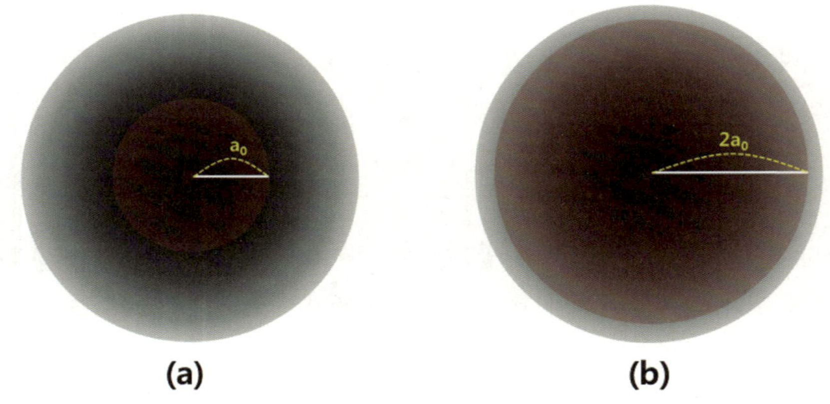

그림 10-9. 확률밀도 함수에 반경이 (a)a_0, (b)$2a_0$인 구를 표시해 놓은 모습

아래 식, 10-113, 10-114와 같이 식 10-112의 r의 범위를 바꿔서 구하면 된다.

$$P = \int_0^{\pi}\int_0^{2\pi}\int_0^{a_0} |\psi(r,\theta,\phi)|^2 r^2 \sin\theta dr d\theta d\phi \qquad (10\text{-}113)$$

$$P = \int_0^{\pi}\int_0^{2\pi}\int_0^{2a_0} |\psi(r,\theta,\phi)|^2 r^2 \sin\theta dr d\theta d\phi \qquad (10\text{-}114)$$

식 10-113과 10-114의 값을 구해보면 어떤 값이 더 크게 나올까? 자세한 계산을 해 보지 않더라도 우리는 어떤 값이 더 크게 나올지 대략 예측할 수 있다. 당연히 10-114의 값이 더 크게 나올 것이다. 왜냐하면 10-114의 값은 그림 10-9 (b)의 구 안에서 입자가 발견될 확률을 나타내는데 (a)보다 (b)의 반경이 더 크고 이에 따라 부피도 더 크기 때문에 입자가 발견될 확률 또한 더 커지게 된다. 이처럼 구의 반경이 점점 커질수록 그 구 안에서 입자가 발견될 확률 또한 점점 증가하게 되는데, 확률이 90%가 될 때 구의 반경을 일반적으로 오비탈의 경계로 그린다. 즉, 우리가 교과서에서 보았던 1s 오비탈의 경계는 그 경계 안에서 입자가 발견될 확률이 90%임을 의미한다. 그럼 이제 구 내부에서 발견될 확률이 아닌 특정 반경의 껍데기 내부에서 입자가 발견될 확률을 구해보도록 하자. 만일 아래 그림 10-8처럼 원점으로부터 거리가 $0.9a_0$ ~ 1.1 a_0인 껍데기, $1.9a_0$ ~ $2.1a_0$인 껍데기, $2.9a_0$ ~ $3.1a_0$인 껍데기에서 입자가 발견될 확률은 어떻게 구해야 할까? 역시 변수 r에 해당하는 적분 구간을 아래 식 10-115, 116, 117과 같이 변경해서 구할 수 있다.

$$P=\int_0^{\pi}\int_0^{2\pi}\int_{0.9a_0}^{1.1a_0}|\psi(r,\theta,\phi)|^2 r^2\sin\theta drd\theta d\phi \qquad (10\text{-}115)$$

$$P=\int_0^{\pi}\int_0^{2\pi}\int_{1.9a_0}^{2.1a_0}|\psi(r,\theta,\phi)|^2 r^2\sin\theta drd\theta d\phi \qquad (10\text{-}116)$$

$$P=\int_0^{\pi}\int_0^{2\pi}\int_{2.9a_0}^{3.1a_0}|\psi(r,\theta,\phi)|^2 r^2\sin\theta drd\theta d\phi \qquad (10\text{-}117)$$

위 식에서 $|\psi(r,\theta,\phi)|^2 = |R(r)|^2|\Theta(\theta)|^2|\Phi(\phi)|^2$이므로 위 식 10-115, 116, 117은 아래와 같이 바뀔 수 있다.

$$P=\int_0^{\pi}|\Phi(\phi)|^2 d\phi\int_0^{2\pi}|\Theta(\theta)|^2\sin\theta d\theta\int_{0.9a_0}^{1.1a_0}|R(r)|^2 r^2 dr \qquad (10\text{-}118)$$

$$P=\int_0^{\pi}|\Phi(\phi)|^2 d\phi\int_0^{2\pi}|\Theta(\theta)|^2\sin\theta d\theta\int_{1.9a_0}^{2.1a_0}|R(r)|^2 r^2 dr \qquad (10\text{-}119)$$

$$P=\int_0^{\pi}|\Phi(\phi)|^2 d\phi\int_0^{2\pi}|\Theta(\theta)|^2\sin\theta d\theta\int_{2.9a_0}^{3.1a_0}|R(r)|^2 r^2 dr \qquad (10\text{-}120)$$

위 식 10-118, 119, 120에서 $\Theta(\theta)$함수와 $\Phi(\phi)$함수에 관한 적분 값은 세 식에서 모두 같다. 따라서 위 세 식의 값 차이는 $R(r)$함수에 관한 적분 값이다. 즉, 특정 반경의 껍데기에서 입자가 발견될 확률을 핵으로부터 거리에 따라 나타내기 위해서는 $R(r)$함수에 관한 적분 값만 비교하면 된다. 이 $R(r)$함수에 관한 적분 값을 "방사형 확률분포함수"라고 한다. (방사형 파동함수와 혼동하지 않도록 하자) 즉, 그림 10-8의 세 개의 껍데기에서 입자가 발견될 확률의 비교는 $R(r)$함수에 관한 적분 값에만 비례한다.

$$P\propto\int_{0.9a_0}^{1.1a_0}|R(r)|^2 r^2 dr \qquad (10\text{-}121)$$

$$P\propto\int_{1.9a_0}^{2.1a_0}|R(r)|^2 r^2 dr \qquad (10\text{-}122)$$

$$P\propto\int_{2.9a_0}^{3.1a_0}|R(r)|^2 r^2 dr \qquad (10\text{-}123)$$

위 식을 보면 각각의 적분 구간(10-80의 경우 $0.9a_0 \sim 1.1a_0$, 10-81의 경우 $1.9a_0 \sim 2.1a_0$, 10-82의 경우 $2.9a_0 \sim 3.1a_0$)에서 $|R(r)|^2 r^2$ 함수를 적분하게 되어 있다. 변수 r에 따라 $|R(r)|^2 r^2$함수가 어떤 양상으로 변하는지 대략 살펴보기 위해 곱해진 두 함수 중 한 함수를 상수함수라 놓고 생각해 보도록 하자. 예를 들어, 먼저 r^2을 상수함수라고 생각해 보자. 그러면 함숫값은 변수 r이 증가함에 따라 $|R(r)|^2$ 에 의해서만 변하는데 이는 확률밀도함수로서 1s 오비탈의 경우 그림 10-10처럼 핵으로부터 거리가 멀어질수록 함숫값은 감소하게 된다. (그림 10-10의 검은색 선) 이번에는 반대로 $|R(r)|^2$ 이 상수라고 가정해보자. 그러면 함숫값은 r^2에 따라 변하게 되는데 그림 10-13의 빨간색 선처럼 핵으로부터 거리가 멀어짐에 따라서 증가하는 양상을 띠게 된다.

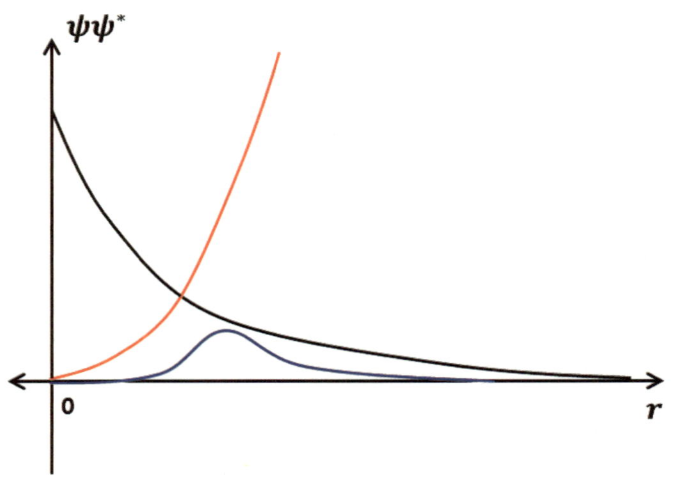

그림 10-10. (파란색 선) 핵으로부터 거리가 늘어남에 따라 감소하는 $|R(r)|^2$ 함수의 모습. (빨간색 선) 핵으로부터 거리가 늘어남에 따라 감소하는 증가하는 r^2 함수의 모습

전체 함숫값은 두 함수에 의해 모두 영향을 받기 때문에 핵에서 너무 가깝거나 핵에서 너무 멀어지게 되면 오히려 감소하게 되고 적당한 거리만큼 떨어져 있을 때 가장 큰 값을 나타내게 된다. 즉, 1s 오비탈의 경우 확률밀도는 핵에 가까이 갈수록 증가하지만, 방사형 확률분포함수(원자의 임의의 표면에서 핵으로부터 특정 거리만큼 떨어진 지점에서 전자를 발견할 확률)는 핵으로부터 적당한 거리만큼 떨어진 지점에서 최대가 된다. 1s 오비탈에서 방사형 확률분포함수가 최대가 되는 반경은 1s 오비탈 함수를 미분해서 쉽게 찾을 수 있다. 방사형 확률분포함수가 최대가 되는 지점에서 기울기는 "0"이 되므로 1s 오비탈의 방사형 확률분포함수를 r로 미분해서 "0"이 되는 r값을 찾으면 그 지점이 최댓값을 갖는 지점이 된다. 방사형 확률분포함수 $= r^2|R(r)|^2$이므로 1s 오비탈의 방사형 확률분포함수는 아래 식과 같다.

$$\text{방사형 확률분포함수}= r^2\left(\frac{1}{\sqrt{\pi}}\left(\frac{1}{a_0}\right)^{\frac{3}{2}}e^{-\frac{r}{a_0}}\right)^2 = r^2\frac{1}{\pi}\left(\frac{1}{a_0}\right)^3 e^{-\frac{2r}{a_0}} = \frac{1}{\pi}\left(\frac{1}{a_0}\right)^3 r^2 e^{-\frac{2r}{a_0}} \tag{10-124}$$

위 식을 r로 미분하면,

$$\frac{d\text{방사형확률분포함수}}{dr} = \frac{1}{\pi}\left(\frac{1}{a_0}\right)^3\left\{2re^{-\frac{2r}{a_0}} + r^2\left(-\frac{2}{a_0}\right)e^{-\frac{2r}{a_0}}\right\} \tag{10-125}$$

식 10-125가 "0"이 되는 r이 방사형 확률분포함수가 최댓값을 갖는 지점이다. 즉, 아래 식을 만족하는 r을 찾아야 한다.

$$\frac{d\text{방사형확률분포함수}}{dr} = \frac{1}{\pi}\left(\frac{1}{a_0}\right)^3\left\{2re^{-\frac{2r}{a_0}} + r^2\left(-\frac{2}{a_0}\right)e^{-\frac{2r}{a_0}}\right\} = 0 \tag{10-126}$$

식 10-126이 0이 되기 위해서는

$$2re^{-\frac{2r}{a_0}} + r^2\left(-\frac{2}{a_0}\right)e^{-\frac{2r}{a_0}} = 0 \tag{10-127}$$

이어야만 한다. $e^{-\frac{2r}{a_0}}$으로 묶어서 정리하면

$$\left(2r + r^2\left(-\frac{2}{a_0}\right)\right)e^{-\frac{2r}{a_0}} = 0 \tag{10-128}$$

위 등식이 성립하기 위해서는

$$2r - \frac{2r^2}{a_0} = 0 \tag{10-129}$$

이 성립해야 한다. 양변을 r로 묶으면

$$r\left(2 - \frac{2r}{a_0}\right) = 0 \tag{10-130}$$

즉, r이 핵으로부터 적당히 떨어진 거리 “a_0”일 때 방사형 확률분포함수는 최댓값을 갖게 됨을 알 수 있다. 전자는 핵으로부터 보어반경만큼 떨어진 지점에서 가장 많이 발견된다고 할 수 있는데 이것은 보어가 고 전양자이론을 이용하여 얻은 결과와 같은 결과임을 알 수 있다. 지금까지 우리는 수소 원자 내의 전자가 양자역학적으로 어떻게 묘사되는지 또 어떤 특성을 나타내는지에 대해 살펴보았다. 이제 다음 장에서 우리는 헬륨, 리튬과 같이 전자가 두 개 이상인 다전자 원자에 대해 논의를 하도록 하겠다.

11. 다전자원자

10장에서 우리는 수소 원자에서 전자를 묘사하는 파동함수를 구하였고 어떠한 형태가 되는지 어떠한 특성을 나타내는지에 대해 살펴보았다. 이제 핵과 전자가 두 개 이상인 원자에서 전자를 어떻게 묘사해야 하는지에 대해 알아보도록 하자. 수소 다음으로 가장 간단한 원자는 헬륨 원자인데 헬륨 원자에는 두 개의 양성자, 두 개의 전자가 존재하고 있다. (물론 헬륨 원자의 핵은 두 개의 양성자와 두 개의 중성자로 구성되어 있지만, 중성자는 전하를 띠고 있지 않고 퍼텐셜 에너지에 영향을 주지 않기 때문에 무시해도 된다) 우리는 앞으로 헬륨 원자처럼 전자가 2개 이상인 원자들에 대해서 슈뢰딩거 방정식을 어떻게 적용해야 하는지 그리고 어떤 해가 얻어지는지 살펴볼 것이다. 그러나 그 전에 양성자의 개수가 2개 이상이고 전자의 개수는 하나인 "수소꼴 원자"에 대해 잠깐 언급해 두는 것이 뒤에 나올 설명을 이해하는 데 도움이 될 것이다.

1) 수소꼴 원자

핵의 양성자 개수는 2개 이상이지만 전자의 개수는 한 개인 원자를 "수소꼴 원자"라 한다. 이런 원자가 실제로 존재할까에 대해 의심할 수 있겠지만 비록 안정한 상태는 아니더라도 존재할 수 있다. 예를 들어 양성자가 2개, 전자가 1개인 수소꼴 원자에 대해 생각해 보자. 이러한 원자는 헬륨 원자를 이온화시켜 얻을 수 있다. 헬륨 원자에 열에너지 혹은 빛 에너지를 가하여 전자 한 개를 강제로 핵으로부터 이탈하도록 하여 양성자 2개, 전자 1개인 수소꼴 원자를 만들 수 있다. 또 양성자가 3개, 전자가 1개인 수소꼴 원자의 경우에는 비록 많은 에너지가 필요하겠지만 리튬 원자에서 2개의 전자를 제거함으로써 이러한 형태의 원자를 만들 수 있다. 이러한 수소꼴 원자에 존재하는 전자를 묘사하는 파동함수는 어떻게 구할 수 있을까? 얼핏 보면 어려울 것 같지만 의외로 이러한 수소꼴 원자의 전자를 묘사하는 파동함수는 우리가 10장에서 배운 내용을 가지고 쉽게 얻을 수 있다. 우리는 10장에서 수소 원자의 전자를 묘사하는 파동함수를 구하기 위해서 아래와 같은 슈뢰딩거 방정식을 풀었다.

$$\left(-\frac{\hbar^2}{2m}\nabla^2 - \frac{1}{4\pi\epsilon_0}\frac{e^2}{r}\right)\psi(x,y,z) = E\psi(x,y,z) \tag{11-1}$$

위 방정식에서 $-\dfrac{1}{4\pi\epsilon_0}\dfrac{e^2}{r}$는 고전 역학적으로 전자와 핵 간의 퍼텐셜 에너지를 구하는 공식으로부터 얻어진 식이다. 슈뢰딩거 방정식에서는 퍼텐셜 에너지를 구하는 연산자로써 고전역학에서 퍼텐셜 에너지를 구하는 공식을 그대로 사용하게 된다. q_1, q_2 전하량을 가진 두 개의 입자가 서로 r만큼 떨어져 있을 때 두 입자 사이에 작용하는 퍼텐셜 에너지, V는 고전 역학적으로 아래 공식에 의해 계산된다.

$$V = \frac{1}{4\pi\epsilon_0}\frac{q_1 q_2}{r} \tag{11-2}$$

만일 두 개의 전하가 같은 전하를 띄고 있다면 퍼텐셜 에너지는 양수가 될 것이고 서로 반대 전하를 띄고 있다면 퍼텐셜 에너지는 음수가 될 것이다. 수소 원자의 원자핵은 양성자 한 개로 이루어져 있고 양성자 한 개의 전하량은 $+1.602 \times 10^{-19}\,C$이다. 이 값을 간단하게 $+e$로 나타낸다. 전자 한 개의 전하량은 양성자와 크기는 같고 부호만 반대이므로 $-1.602 \times 10^{-19}\,C$이다. 이 값을 간단하게 $-e$로 나타낸다. 따라서 양성자 한 개와 전자 한 개를 가진 시스템의 퍼텐셜 에너지는 아래 식과 같이 나타낼 수 있다.

$$V = \frac{1}{4\pi\epsilon_0}\frac{+e \bullet -e}{r} = -\frac{1}{4\pi\epsilon_0}\frac{e^2}{r} \tag{11-3}$$

만일 핵이 2개의 양성자를 갖고 있다면 핵과 전자 간에 작용하는 퍼텐셜 에너지는

$$V = \frac{1}{4\pi\epsilon_0}\frac{+2e \bullet -e}{r} = -\frac{1}{4\pi\epsilon_0}\frac{2e^2}{r} \tag{11-4}$$

이 될 것이다. 만일 핵이 3개의 양성자를 갖고 있다면 핵과 전자 간에 작용하는 퍼텐셜 에너지는

$$V = \frac{1}{4\pi\epsilon_0}\frac{+3e \bullet -e}{r} = -\frac{1}{4\pi\epsilon_0}\frac{3e^2}{r} \tag{11-5}$$

이 될 것이다. 즉, 핵이 Z개의 양성자를 가진 수소꼴 원자라면 핵과 전자 간에 작용하는 퍼텐셜 에너지는 아래 식과 같이 될 것이다.

$$V = \frac{1}{4\pi\epsilon_0}\frac{+Ze \bullet -e}{r} = -\frac{1}{4\pi\epsilon_0}\frac{Ze^2}{r} \tag{11-6}$$

즉, Z개의 양성자를 가진 수소꼴 원자의 슈뢰딩거 방정식은 아래와 같이 될 것이다.

$$\left(-\frac{\hbar^2}{2m}\nabla^2 - \frac{1}{4\pi\epsilon_0}\frac{Ze^2}{r}\right)\psi(x, y, z) = E\psi(x, y, z) \tag{11-7}$$

11-7의 슈뢰딩거 방정식은 수소 원자를 풀었던 방식과 같은 방식으로 풀면 된다. 단, 차이가 있다면 10장 식 10-31에서

$$\beta = \frac{me^2}{4\pi\epsilon_0\alpha\hbar^2} \text{ 로 정의하는 대신 } \beta = \frac{Zme^2}{4\pi\epsilon_0\alpha\hbar^2} \tag{11-8}$$

로 정의해야 한다는 것이다. 보어반경 $a_0 = \dfrac{4\pi\epsilon_0\hbar^2}{me^2}$이므로 식 11-8은 다음과 같이 쓸 수 있다.

$$\alpha = \frac{Z}{\beta a_0} \tag{11-9}$$

그러면 방사형 파동함수 $R(r)$은 다음 식 11-10처럼 된다.

$$R(r) = e^{-\frac{Zr}{\beta a_0}}\left(\frac{2Z}{\beta a_0}\right)^J r^J L_{n+J}^{2J+1}\left(\frac{2Zr}{\beta a_0}\right) \tag{11-10}$$

정규화상수도 식 10-95로부터 약간 변형된 다음 식 11-11이 된다.

$$N_{\beta J} = -\left[\left(\frac{2Z}{\beta a_0}\right)^3 \frac{(\beta - J - 1)!}{2\beta\{(\beta + J)!\}^3}\right]^{\frac{1}{2}} \tag{11-11}$$

정규화상수를 포함하여 최종식을 써 보면 식 11-12와 같다.

$$\begin{aligned} R(r) &= N_{\beta J} e^{-\frac{Zr}{\beta a_0}}\left(\frac{2Z}{\beta a_0}\right)^J r^J L_{n+J}^{2J+1}\left(\frac{2Zr}{\beta a_0}\right) \\ &= -\left[\left(\frac{2Z}{\beta a_0}\right)^3 \frac{(\beta - J - 1)!}{2\beta\{(\beta + J)!\}^3}\right]^{\frac{1}{2}} e^{-\frac{Zr}{\beta a_0}}\left(\frac{2Z}{\beta a_0}\right)^J r^J L_{\beta+J}^{2J+1}\left(\frac{2Zr}{\beta a_0}\right) \end{aligned} \tag{11-12}$$

식 11-12에서 $\beta = 1, 2, 3, 4 \ldots.$ $J \le \beta - 1$ 이어야 한다. β와 J에 따라 방사형 파동함수 $R(r)$몇 개를 살펴보면. $\beta = 1$, $J = 0$일 때 $R(r)$은 식 11-13과 같다.

$$R_{10} = -\left[\left(\frac{2Z}{a_0}\right)^3 \frac{1}{2}\right]^{\frac{1}{2}} e^{-\frac{Zr}{a_0}}(-1) = -\left[\left(\frac{Z}{a_0}\right)^3 \frac{8}{2}\right]^{\frac{1}{2}} e^{-\frac{Zr}{a_0}}(-1) = 2\left(\frac{Z}{a_0}\right)^{\frac{3}{2}} e^{-\frac{Zr}{a_0}} \tag{11-13}$$

또 $\beta = 2$일 때 $J = 0$, 1이 가능하다. $\beta = 2, J = 0$일 때 $R(r)$은 식 11-14와 같다.

$$R_{20} = -\left[\left(\frac{2Z}{2a_0}\right)^3 \frac{1}{4 \cdot 8}\right]^{\frac{1}{2}} e^{-\frac{Zr}{2a_0}} \left(\frac{2Zr}{2a_0}\right)^0 L_2^1\left(\frac{2Zr}{2a_0}\right)$$

$$= -\left[\left(\frac{Z}{a_0}\right)^3 \frac{1}{8}\frac{1}{4}\right]^{\frac{1}{2}} e^{-\frac{Zr}{2a_0}} \left(\frac{2Zr}{2a_0}\right)^0 \left\{-2\left(2-\frac{2Zr}{2a_0}\right)\right\}$$

$$= -\frac{1}{\sqrt{8}}\left(\frac{Z}{a_0}\right)^{\frac{3}{2}} \frac{1}{2} e^{-\frac{Zr}{2a_0}} \left(-4+\frac{2Zr}{a_0}\right) = \frac{1}{\sqrt{8}}\left(\frac{Z}{a_0}\right)^{\frac{3}{2}} e^{-\frac{Zr}{2a_0}} \left(2-\frac{Zr}{a_0}\right) \qquad (11\text{-}14)$$

몇몇 양자수에 대한 방사형 파동함수를 구해보면 아래 표 11-1와 같다.

표 11-1. β, J에 따른 방사형 파동함수 $R_{\beta J}(r)$

β	J	$R_{\beta J}(r)$
1	0	$2\left(\frac{Z}{a_0}\right)^{\frac{3}{2}} e^{-\frac{Zr}{a_0}}$
2	0	$\frac{1}{\sqrt{8}}\left(\frac{Z}{a_0}\right)^{\frac{3}{2}}\left(2-\frac{Zr}{a_0}\right)e^{-\frac{Zr}{2a_0}}$
2	1	$=\frac{1}{\sqrt{24}}\left(\frac{Z}{a_0}\right)^{\frac{3}{2}}\left(\frac{Zr}{a_0}\right)e^{-\frac{Zr}{2a_0}}$
3	0	$\frac{2}{81\sqrt{3}}\left(\frac{Z}{a_0}\right)^{\frac{3}{2}}\left(27-18\frac{Zr}{a_0}+2\frac{Z^2r^2}{a_0^2}\right)e^{-\frac{Zr}{3a_0}}$
3	1	$\frac{4}{81\sqrt{6}}\left(\frac{Z}{a_0}\right)^{\frac{3}{2}}\left(6\frac{Zr}{a_0}-\frac{Z^2r^2}{a_0^2}\right)e^{-\frac{Zr}{3a_0}}$
3	2	$\frac{4}{81\sqrt{30}}\left(\frac{Z}{a_0}\right)^{\frac{3}{2}}\frac{Z^2r^2}{a_0^2}e^{-\frac{Zr}{3a_0}}$
⋮	⋮	⋮

수소 원자에서 전자를 묘사하는 파동함수 $\Psi(r,\theta,\phi) = R(r)\Theta(\theta)\Phi(\phi)$ 이므로 수소꼴 원자의 전자를 묘사하는 전체 파동함수를 써 보면 아래와 같다.

$$\Psi(r,\theta,\phi) = N_{\beta J} e^{-\frac{Zr}{\beta a_0}} \left(\frac{2Zr}{\beta a_0}\right)^J r^J L_{\beta+J}^{2J+1}\left(\frac{2Zr}{\beta a_0}\right) N_{Jm} P_J^{|m_l|}(\cos\theta)\left(\frac{1}{2\pi}\right)^{\frac{1}{2}} e^{im_l\phi} \qquad (11\text{-}15)$$

양자수 β, J, m_l은 각각 아래와 같은 관련성이 있다. 표 11-2에 양자수에 따른 수소 원자의 파동함수를 나타내었다.

$$\beta = 1,\ 2,\ 3\ \ldots \qquad J \le \beta - 1 \qquad |m_l| \le J$$

표 11-2. 양자수에 따른 수소꼴 원자의 파동함수

β	J	m_l	$\Psi(r,\theta,\phi)$	오비탈 표현
1	0	0	$\Psi_{100} = \frac{1}{\sqrt{\pi}}\left(\frac{Z}{a_0}\right)^{\frac{3}{2}} e^{-\frac{Zr}{a_0}}$	$1s_0$
2	0	0	$\Psi_{200} = \frac{1}{4\sqrt{2\pi}}\left(\frac{Z}{a_0}\right)^{\frac{3}{2}}\left(2-\frac{Zr}{a_0}\right)e^{-\frac{Zr}{2a_0}}$	$2s_0$
2	1	0	$\Psi_{210} = \frac{1}{4\sqrt{2\pi}}\left(\frac{Z}{a_0}\right)^{\frac{3}{2}}\frac{Zr}{a_0}e^{-\frac{Zr}{2a_0}}\cos\theta$	$2p_0$
2	1	±1	$\Psi_{21\pm1} = \frac{1}{8\sqrt{\pi}}\left(\frac{Z}{a_0}\right)^{\frac{3}{2}}\frac{Zr}{a_0}e^{-\frac{Zr}{2a_0}}\sin\theta e^{\pm i\phi}$	$2p_{\pm1}$
3	0	0	$\Psi_{300} = \frac{1}{81\sqrt{3\pi}}\left(\frac{Z}{a_0}\right)^{\frac{3}{2}}\left(27-18\frac{Zr}{a_0}+2\frac{Z^2r^2}{a_0^2}\right)e^{-\frac{Zr}{3a_0}}$	$3s_0$
3	1	0	$\Psi_{310} = \frac{1}{81}\left(\frac{2}{\pi}\right)^{\frac{1}{2}}\left(\frac{Z}{a_0}\right)^{\frac{3}{2}}\left(6\frac{Zr}{a_0}-\frac{Z^2r^2}{a_0^2}\right)e^{-\frac{Zr}{3a_0}}\cos\theta$	$3p_0$
3	1	±1	$\Psi_{31\pm1} = \frac{1}{81\sqrt{\pi}}\left(\frac{Z}{a_0}\right)^{\frac{3}{2}}\left(6\frac{Zr}{a_0}-\frac{Z^2r^2}{a_0^2}\right)e^{-\frac{Zr}{3a_0}}\sin\theta e^{\pm i\phi}$	$3p_{\pm1}$
3	2	0	$\Psi_{320} = \frac{1}{81\sqrt{6\pi}}\left(\frac{Z}{a_0}\right)^{\frac{3}{2}}\frac{Z^2r^2}{a_0^2}e^{-\frac{Zr}{3a_0}}(3\cos^2\theta-1)$	$3d_0$
3	2	±1	$\Psi_{32\pm1} = \frac{1}{81\sqrt{\pi}}\left(\frac{Z}{a_0}\right)^{\frac{3}{2}}\frac{Z^2r^2}{a_0^2}e^{-\frac{Zr}{3a_0}}\sin\theta\cos\theta e^{\pm i\phi}$	$3d_{\pm1}$
3	2	±2	$\Psi_{32\pm1} = \frac{1}{162\sqrt{\pi}}\left(\frac{Z}{a_0}\right)^{\frac{3}{2}}\frac{Z^2r^2}{a_0^2}e^{-\frac{Zr}{3a_0}}\sin^2\theta\, e^{\pm 2i\phi}$	$3d_{\pm2}$
⋮	⋮	⋮	⋮	⋮

우리는 10장에서 방사형 파동함수 $R(r)$을 얻는 과정에서 식 10-30, 31처럼 α^2과 β를 아래와 같이 정의한 바 있다.

$$-\frac{2mE}{\hbar^2} = \alpha^2, \quad \frac{me^2}{4\pi\epsilon_0\alpha\hbar^2} = \beta$$

수소꼴 원자에서는 β를 식 11-8처럼 양성자의 개수 Z를 포함하여 정의하므로 수소꼴 원자의 에너지는 다음과 같이 된다.

$$\frac{Zme^2}{4\pi\epsilon_0\alpha\hbar^2}=\beta \quad \Leftrightarrow \left(\frac{Zme^2}{4\pi\epsilon_0\alpha\hbar^2}\right)^2=\beta^2$$

$$\Leftrightarrow \frac{Z^2m^2e^4}{16\pi^2\epsilon_0^2\alpha^2\hbar^4}=\beta^2 \tag{11-16}$$

$-\frac{2mE}{\hbar^2}=\alpha^2$ 이므로 바로 위 식 11-16에 대입하면 식 11-17처럼 수소꼴 원자의 에너지가 구해진다.

$$\frac{Z^2m^2e^4}{16\pi^2\epsilon_0^2\left(-\frac{2mE}{\hbar^2}\right)\hbar^4}=\beta^2 \Leftrightarrow -\frac{Z^2me^4}{32\pi^2\epsilon_0^2 \cdot E \cdot \hbar^2}=\beta^2$$

$$\Leftrightarrow -\frac{Z^2me^4}{32\pi^2\epsilon_0^2 \cdot E \cdot \left(\frac{h}{2\pi}\right)^2}=-\frac{4\pi^2Z^2me^4}{32\pi^2\epsilon_0^2 \cdot E \cdot h^2}=\beta^2$$

$$\Leftrightarrow =-\frac{Z^2me^4}{8\epsilon_0^2h^2\beta^2}=E \qquad \beta=1,\ 2,\ 3..... \tag{11-17}$$

이제 수소꼴 원자가 아닌 두 개 이상의 전자를 가진 원자에 대해 생각해 보자. 하나의 전자는 x, y, z 좌표로 묘사되기 때문에 두 개의 전자를 묘사하는 전체 파동함수, ψ는 1번 전자의 좌표 x_1, y_1, z_1과 2번 전자의 좌표 x_2, y_2, z_2 총 6개의 변수를 갖는 파동함수가 된다. 즉, 헬륨 원자에서 두 개의 전자를 묘사하는 파동함수는 $\psi(x_1, y_1, z_1, x_2, y_2, z_2)$라 할 수 있다. 아래 그림과 같이 1번 전자와 핵과의 거리를 r_1, 2번 전자와 핵과의 거리를 r_2, 1번 전자와 2번 전자의 거리를 r_{12}라 하자.

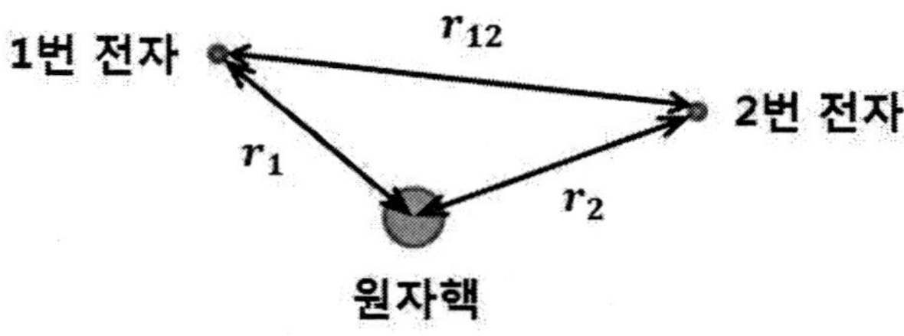

그림 11-1. 헬륨원자내의 두 개의 전자와 핵 사이의 거리에 대한 정의

쉬뢰딩거 방정식에서 전체 에너지를 구하는 해밀토니안, $\hat{H}$는 1번 전자의 운동에너지를 구하는 연산자, $\hat{T}_1$, 2번 전자의 운동에너지를 구하는 $\hat{T}_2$, 1번 전자와 핵 간의 퍼텐셜 에너지를 구하는 연산자, $\hat{V}_1$, 2번 전

자와 핵 간의 퍼텐셜 에너지를 구하는 연산자, $\widehat{V}_2$, 그리고 1번 전자와 2번 전자 간의 퍼텐셜 에너지를 구하는 연산자, $\widehat{V}_{12}$ 로 나누어서 쓸 수 있다. 즉,

$$\widehat{H}\psi(x_1, y_1, z_1, x_2, y_2, z_2) = E\psi(x_1, y_1, z_1, x_2, y_2, z_2)$$

$$\Leftrightarrow (\widehat{T}_1 + \widehat{T}_2 + \widehat{V}_1 + \widehat{V}_2 + \widehat{V}_{12})\psi(x_1, y_1, z_1, x_2, y_2, z_2) = E\psi(x_1, y_1, z_1, x_2, y_2, z_2) \tag{11-18}$$

1번 전자와 2번 전자의 운동에너지를 구하는 연산자, $\widehat{T}_1$, $\widehat{T}_2$는 각각 아래 식과 같다.

$$\widehat{T}_1 = -\frac{\hbar^2}{2m}\left(\frac{d^2}{dx_1^2} + \frac{d^2}{dy_1^2} + \frac{d^2}{dz_1^2}\right) = -\frac{\hbar^2}{2m}\nabla_1^2 \tag{11-19}$$

$$\widehat{T}_2 = -\frac{\hbar^2}{2m}\left(\frac{d^2}{dx_2^2} + \frac{d^2}{dy_2^2} + \frac{d^2}{dz_2^2}\right) = -\frac{\hbar^2}{2m}\nabla_2^2 \tag{11-20}$$

식 11-19와 20에서 $\frac{d^2}{dx_1^2} + \frac{d^2}{dy_1^2} + \frac{d^2}{dz_1^2} \Leftrightarrow \nabla_1^2$로 간편하게 나타내었다. 1번 전자와 핵 간의 퍼텐셜 에너지, 2번 전자와 핵 간의 퍼텐셜 에너지, 1번 전자와 2번 전자 간의 퍼텐셜 에너지를 구하는 각각의 연산자, $\widehat{V}_1$, $\widehat{V}_2$, $\widehat{V}_{12}$ 는 아래 식과 같다.

$$\widehat{V}_1 = -\frac{1}{4\pi\epsilon_0}\frac{4e^2}{r_1}, \quad \widehat{V}_2 = -\frac{1}{4\pi\epsilon_0}\frac{4e^2}{r_2}, \quad \widehat{V}_{12} = +\frac{1}{4\pi\epsilon_0}\frac{e^2}{r_{12}} \tag{11-21}$$

위 연산자들을 이용하여 쉬뢰딩거 방정식을 써 보면 아래와 같이 된다.

$$\left(-\frac{\hbar^2}{2m}\nabla_1^2 - \frac{\hbar^2}{2m}\nabla_2^2 - \frac{1}{4\pi\epsilon_0}\frac{2e^2}{r_1} - \frac{1}{4\pi\epsilon_0}\frac{2e^2}{r_2} + \frac{1}{4\pi\epsilon_0}\frac{e^2}{r_{12}}\right)\psi(x_1, y_1, z_1, x_2, y_2, z_2) \tag{11-22}$$
$$= E\psi(x_1, y_1, z_1, x_2, y_2, z_2)$$

위 방정식을 풀면 우리는 헬륨 원자에서 두 개의 전자를 묘사하는 파동함수를 얻게 된다. 그러나 아쉽게도 위 미분방정식을 풀어서 정확한 해를 구할 방법은 지금까지 알려지지 않았다. 헬륨 원자뿐만 아니라 수소 원자보다 더 큰 모든 원자에 대한 쉬뢰딩거 방정식의 해는 정확히 구할 수 없다. 따라서 우리는 근사법을 도입해서 대략의 해를 구하는 방법을 취해야만 한다. 근사법으로써 우리는 ① 독립전자 근사법, ② 변분법, ③ 섭동법에 관해 공부할 예정이다. 이러한 근사법을 이용해서 수소 원자보다 더 큰 원자에서 전자를 묘사하는 파동함수를 구하는 방법, 그리고 더 나아가 분자에 적용하는 방법 등에 관해 공부하게 될 것이다.

2) 독립전자 근사법 (헬륨 원자)

독립전자 근사법은 전자와 전자 간의 퍼텐셜 에너지를 "0"이라고 가정하는 근사법이다. 즉, 전자는 서로에게 영향을 미치지 못한다고 가정한다. 1번 전자는 2번 전자가 서로가 마치 없는 것처럼 움직이고 있으며 단지 핵과의 상호작용에 의해서만 영향을 받고 있다고 가정한다. 이러한 가정을 하게 되면 식 11-1의 전자와 전자 사이에 작용하는 퍼텐셜 에너지를 구하는 연산자는 "0"이 된다.

$$\widehat{V}_{12} = + \frac{1}{4\pi\epsilon_0}\frac{e^2}{r_{12}} = 0 \tag{11-23}$$

이와 같은 근사법을 도입해서 위 쉬뢰딩거 방정식을 다시 쓰게 되면 아래와 같이 된다.

$$\left(-\frac{\hbar^2}{2m}\nabla_1^2 - \frac{\hbar^2}{2m}\nabla_2^2 - \frac{1}{4\pi\epsilon_0}\frac{2e^2}{r_1} - \frac{1}{4\pi\epsilon_0}\frac{2e^2}{r_2}\right)\psi(x_1, y_1, z_1, x_2, y_2, z_2) \tag{11-24}$$
$$= E\psi(x_1, y_1, z_1, x_2, y_2, z_2)$$

1번 전자와 2번 전자 간의 작용하는 퍼텐셜 에너지, 즉 상호작용을 무시한다면 각각의 전자는 핵과 자기 자신밖에 없는 수소꼴 원자 내의 전자로 생각될 수 있고, 전체 파동함수는 식 11-15와 같이 1번 전자에 대한 수소꼴 파동함수 $\psi(x_1, y_1, z_1)$와 2번 전자에 대한 수소꼴 파동함수$\psi(x_2, y_2, z_2)$의 곱으로 표현할 수 있게 된다.

$$\psi(x_1, y_1, z_1, x_2, y_2, z_2) = \psi(x_1, y_1, z_1)\psi(x_2, y_2, z_2) \tag{11-25}$$

또한 두 개의 전자는 서로 독립적으로 존재하고 있고 1번 전자와 2번 전자 상호 간에 작용하는 퍼텐셜 에너지가 없다고 가정하였기 때문에 전체 파동함수의 에너지는 식 11-4와 같이 1번 전자의 전체 에너지, E_1 (1번 전자의 운동에너지+1번 전자와 핵 간의 퍼텐셜 에너지)과 2번 전자의 전체 에너지, E_2 (2번 전자의 운동에너지+ 2번 전자와 핵간의 퍼텐셜 에너지)로 주어질 수 있다.

$$E = E_1 + E_2 \tag{11-26}$$

식 11-25와 11-26을 이용하면 식 11-24는 아래 식 11-27과 같이 변형될 수 있다.

$$\left(-\frac{\hbar^2}{2m}\nabla_1^2 - \frac{\hbar^2}{2m}\nabla_2^2 - \frac{1}{4\pi\epsilon_0}\frac{2e^2}{r_1} - \frac{1}{4\pi\epsilon_0}\frac{2e^2}{r_2}\right)\psi(x_1, y_1, z_1)\psi(x_2, y_2, z_2) \tag{11-27}$$
$$= (E_1 + E_2)\psi(x_1, y_1, z_1)\psi(x_2, y_2, z_2)$$

식 11-27은 아래 식 11-28과 같이 전개될 수 있다.

$$\left(-\frac{\hbar^2}{2m}\nabla_1^2-\frac{1}{4\pi\epsilon_0}\frac{2e^2}{r_1}\right)\psi(x_1, y_1, z_1)\psi(x_2, y_2, z_2) + \left(-\frac{\hbar^2}{2m}\nabla_2^2-\frac{1}{4\pi\epsilon_0}\frac{2e^2}{r_2}\right)\psi(x_1, y_1, z_1)\psi(x_2, y_2, z_2) = (E_1+E_2)\psi(x_1, y_1, z_1)\psi(x_2, y_2, z_2) \quad (11\text{-}28)$$

식 11-28 좌변의 첫 번째 항의 연산자, $-\frac{\hbar^2}{2m}\nabla_1^2-\frac{1}{4\pi\epsilon_0}\frac{2e^2}{r_1}$은 1번 전자의 좌표에만 관여된 항이기 때문에 식 11-28 좌변 첫 번째 항에서 2번 전자의 관한 좌표로 묘사되는 파동함수, $\psi(r_2, \theta_2, \phi_2)$는 연산자 앞으로 나올 수 있다. 마찬가지로 식 11-28 좌변 두 번째 항에서 연산자, $-\frac{\hbar^2}{2m}\nabla_2^2-\frac{1}{4\pi\epsilon_0}\frac{2e^2}{r_2}$은 2번 전자에 관한 좌표로만 묘사되기 때문에 1번 전자의 좌표로 묘사되는 파동함수, $\psi(r_1, \theta_1, \phi_1)$ 역시 연산자 앞으로 나올 수 있다. 이와 같은 방식으로 식 11-28을 다시 써 보면 아래 식 11-29와 같이 변형된다.

$$\psi(x_2, y_2, z_2)\left(-\frac{\hbar^2}{2m}\nabla_1^2-\frac{1}{4\pi\epsilon_0}\frac{2e^2}{r_1}\right)\psi(x_1, y_1, z_1) + \psi(x_1, y_1, z_1)\left(-\frac{\hbar^2}{2m}\nabla_2^2-\frac{1}{4\pi\epsilon_0}\frac{2e^2}{r_2}\right)\psi(x_2, y_2, z_2) = (E_1+E_2)\psi(x_1, y_1, z_1)\psi(x_2, y_2, z_2) \quad (11\text{-}29)$$

양변을 $\psi(x_1, y_1, z_1)\psi(x_2, y_2, z_2)$로 나누어 주게 되면 식 11-29는 아래 식 11-30과 같이 된다.

$$\frac{1}{\psi(x_1, y_1, z_1)}\left(-\frac{\hbar^2}{2m}\nabla_1^2-\frac{1}{4\pi\epsilon_0}\frac{2e^2}{r_1}\right)\psi(x_1, y_1, z_1) + \frac{1}{\psi(x_2, y_2, z_2)}\left(-\frac{\hbar^2}{2m}\nabla_2^2-\frac{1}{4\pi\epsilon_0}\frac{2e^2}{r_2}\right)\psi(x_2, y_2, z_2) = E_1+E_2 \quad (11\text{-}30)$$

따라서 식 11-30은 아래와 같이 두 개의 식으로 나누어질 수 있다.

$$\frac{1}{\psi(x_1, y_1, z_1)}\left(-\frac{\hbar^2}{2m}\nabla_1^2-\frac{1}{4\pi\epsilon_0}\frac{2e^2}{r_1}\right)\psi(x_1, y_1, z_1)= E_1 \quad (11\text{-}31)$$

$$\frac{1}{\psi(x_2, y_2, z_2)}\left(-\frac{\hbar^2}{2m}\nabla_2^2 - \frac{1}{4\pi\epsilon_0}\frac{2e^2}{r_2}\right)\psi(x_2, y_2, z_2) = E_2 \tag{11-32}$$

식 11-31 양변에 $\psi(x_1, y_1, z_1)$, 식 11-32 양변에 $\psi(x_2, y_2, z_2)$을 곱하면 식 11-31, 11-32는 각각 아래 식 11-33, 34와 같이 수소꼴 원자에서 다루었던 쉬뢰딩거 방정식으로 변형되는 것을 확인할 수 있다.

$$\left(-\frac{\hbar^2}{2m}\nabla_1^2 - \frac{1}{4\pi\epsilon_0}\frac{2e^2}{r_1}\right)\psi(x_1, y_1, z_1) = E_1\psi(x_1, y_1, z_1) \tag{11-33}$$

$$\left(-\frac{\hbar^2}{2m}\nabla_2^2 - \frac{1}{4\pi\epsilon_0}\frac{2e^2}{r_2}\right)\psi(x_2, y_2, z_2) = E_2\psi(x_2, y_2, z_2) \tag{11-34}$$

식 11-33, 34는 수소꼴 원자에서 $Z=2$인 쉬뢰딩거 방정식과 같은 형태로서 각각의 방정식을 풀면 10장에서 수소원자 내의 전자에 대해 풀었던 것과 같은 파동함수가 얻어진다. 식 11-33을 풀면 1번 전자의 좌표로 묘사되는 1번 전자의 파동함수가 얻어지며, 식 11-34를 풀면 2번 전자의 좌표로 묘사되는 2번 전자의 파동함수가 얻어진다. 식 11-15에서 수소꼴 원자의 전자를 묘사하는 파동함수는 다음과 같았다.

$$\Psi(r, \theta, \phi) = N_{\beta J}\, e^{-\frac{Zr}{\beta a_0}}\left(\frac{2Zr}{\beta a_0}\right)^J r^J L_{\beta+J}^{2J+1}\left(\frac{2Zr}{\beta a_0}\right) N_{Jm} P_J^{|m_l|}(\cos\theta)\left(\frac{1}{2\pi}\right)^{\frac{1}{2}} e^{im_l\phi} \tag{11-35}$$

양자수 β, J, m_l은 각각 $\beta = 1,\ 2,\ 3\ \ldots,\ J \le n-1,\ |m_l| \le J$와 같은 관련성이 있었다. 식 11-33의 해를 11-35처럼 써 보면 11-33의 해는 아래 식 11-36과 같이 쓸 수 있다.

$$\begin{aligned}&\Psi(r_1, \theta_1, \phi_1) \\ &= R(r_1)\Theta(\theta_1)\Phi(\phi_1) \\ &= N_{\beta_1 J_1}\, e^{-\frac{Zr_1}{\beta_1 a_0}}\left(\frac{2Zr_1}{\beta_1 a_0}\right)^{J_1} r_1^{J_1} L_{\beta_1+J_1}^{2J_1+1}\left(\frac{2Zr_1}{\beta_1 a_0}\right) N_{J_1 m_{l1}} P_{J_1}^{|m_{l1}|}(\cos\theta_1)\left(\frac{1}{2\pi}\right)^{\frac{1}{2}} e^{im_{l1}\phi_1}\end{aligned} \tag{11-36}$$

또 같은 방식으로 식 11-34의 해를 11-35처럼 써 보면 11-34의 해는 아래 식 11-37과 같이 쓸 수 있다.

$$\begin{aligned}&\Psi(r_2, \theta_2, \phi_2) \\ &= R(r_2)\Theta(\theta_2)\Phi(\phi_2) \\ &= N_{\beta_2 J_2}\, e^{-\frac{Zr_2}{\beta_2 a_0}}\left(\frac{2Zr_2}{\beta_2 a_0}\right)^{J_2} r_2^{J_2} L_{\beta_2+J_2}^{2J_2+1}\left(\frac{2Zr_2}{\beta_2 a_0}\right) N_{J_2 m_{l2}} P_{J_1}^{|m_{l2}|}(\cos\theta_2)\left(\frac{1}{2\pi}\right)^{\frac{1}{2}} e^{im_{l2}\phi_2}\end{aligned} \tag{11-37}$$

우리가 원래 구하고자 했던 파동함수는 헬륨(양성자가 두 개 전자가 두 개인) 원자 내의 전자의 파동함수로서 독립전자 근사법을 이용하였을 때 수소꼴 원자의 곱으로 표현될 수 있다고 하였다. 따라서 헬륨 원자 내의 전자를 묘사하는 파동함수는 최종적으로 다음과 같이 구해진다.

$$\psi(x_1, y_1, z_1, x_2, y_2, z_2) = \psi(x_1, y_1, z_1)\psi(x_2, y_2, z_2) = R(r_1)\Theta(\theta_1)\Phi(\phi_1)R(r_2)\Theta(\theta_2)\Phi(\phi_2)$$
$$= N_{\beta_1 J_1} e^{-\frac{Zr_1}{\beta_1 a_0}} \left(\frac{2Zr_1}{\beta_1 a_0}\right)^{J_1} r_1^{J_1} L_{\beta_1 + J_1}^{2J_1+1}\left(\frac{2Zr_1}{\beta_1 a_0}\right) N_{J_1 m_{l1}} P_{J_1}^{|m_{l1}|}(\cos\theta_1)\left(\frac{1}{2\pi}\right)^{\frac{1}{2}} e^{im_{l1}\phi_1}$$
$$\times N_{\beta_2 J_2} e^{-\frac{Zr_2}{\beta_2 a_0}} \left(\frac{2Zr_2}{\beta_2 a_0}\right)^{J_2} r_2^{J_2} L_{\beta_2 + J_2}^{2J_2+1}\left(\frac{2Zr_2}{\beta_2 a_0}\right) N_{J_2 m_{l2}} P_{J_1}^{|m_{l2}|}(\cos\theta_2)\left(\frac{1}{2\pi}\right)^{\frac{1}{2}} e^{im_{l2}\phi_2} \quad (11\text{-}38)$$

양자수에 따라 파동함수를 몇 개 써 보면 아래와 같다. 두 전자의 양자수 β_1, β_2가 각각 $\beta_1 = 1$과 $\beta_2 = 1$이라고 할 경우 $J_1 = 0$, $J_2 = 0$, $m_{l1} = 0$, $m_{l2} = 0$이 된다. 이 양자수들을 식 11-38에 대입하면 헬륨 원자 내의 전자에 관한 파동함수를 아래와 같이 구할 수 있다. $N_{\beta J}$와 N_{Jm_l}은 정규화상수로서 아래와 같은 식이다.

$$N_{\beta J} = -\left[\left(\frac{2Z}{\beta a_0}\right)^3 \frac{(\beta - J - 1)!}{2\beta\{(\beta + J)!\}^3}\right]^{\frac{1}{2}} \quad (11\text{-}39)$$

$$N_{Jm_l} = \left\{\frac{(2J+1)(J - |m_l|)!}{2(J + |m_l|)!}\right\}^{\frac{1}{2}} \quad (11\text{-}40)$$

식 11-39과 11-40에 $\beta_1 = 1$, $J = 0$, $m_l = 0$, $\beta_2 = 1$, $J = 0$, $m_l = 0$을 대입하면,

$$N_{10} = -\left[\left(\frac{2Z}{a_0}\right)^3 \frac{1}{2}\right]^{\frac{1}{2}} \quad (11\text{-}41)$$

$$N_{00} = \left\{\frac{1}{2}\right\}^{\frac{1}{2}} \quad (11\text{-}42)$$

가 된다. 헬륨이므로 양성자가 두 개이므로 $Z = 2$, 그리고 얻어진 각각의 정규화상수를 식 11-38에 대입하면

$$= -\left[\left(\frac{4}{a_0}\right)^3 \frac{1}{2}\right]^{\frac{1}{2}} e^{-\frac{2r_1}{a_0}} \left(\frac{4r_1}{a_0}\right)^0 r_1^0 L_1^1\left(\frac{4r_1}{a_0}\right)\left\{\frac{1}{2}\right\}^{\frac{1}{2}} P_0^0(\cos\theta_1)\left(\frac{1}{2\pi}\right)^{\frac{1}{2}} e^{i\cdot 0\cdot\phi_1} \quad (11\text{-}43)$$
$$\times\left[-\left[\left(\frac{4}{a_0}\right)^3 \frac{1}{2}\right]^{\frac{1}{2}} e^{-\frac{2r_2}{a_0}} \left(\frac{4r_2}{a_0}\right)^0 r_2^0 L_1^1\left(\frac{4r_2}{a_0}\right)\left\{\frac{1}{2}\right\}^{\frac{1}{2}} P_0^0(\cos\theta_2)\left(\frac{1}{2\pi}\right)^{\frac{1}{2}} e^{i\cdot 0\cdot\phi_2}\right]$$

이 된다. $L_1^1\left(\frac{4r_1}{a_0}\right)=L_1^1\left(\frac{4r_2}{a_0}\right)=-1$, $P_0^0(\cos\theta)=1$, $\left(\frac{4r_1}{a_0}\right)^0=\left(\frac{4r_2}{a_0}\right)^0=1$, $r_1^0=r_2^0=1$이므로 11-43식을 좀 더 정리하면,

$$=-\left[\left(\frac{4}{a_0}\right)^3\frac{1}{2}\right]^{\frac{1}{2}}e^{-\frac{2r_1}{a_0}}(-1)\left\{\frac{1}{2}\right\}^{\frac{1}{2}}\left(\frac{1}{2\pi}\right)^{\frac{1}{2}}\times\left[-\left[\left(\frac{4}{a_0}\right)^3\frac{1}{2}\right]^{\frac{1}{2}}e^{-\frac{2r_2}{a_0}}(-1)\left\{\frac{1}{2}\right\}^{\frac{1}{2}}\left(\frac{1}{2\pi}\right)^{\frac{1}{2}}\right] \quad (11\text{-}44)$$

이 되고 이를 더 정리하면

$$=\left[\left(\frac{4}{a_0}\right)^3\frac{1}{2}\right]^{\frac{1}{2}}e^{-\frac{2r_1}{a_0}}\left\{\frac{1}{2}\right\}^{\frac{1}{2}}\left(\frac{1}{2\pi}\right)^{\frac{1}{2}}\times\left[\left(\frac{4}{a_0}\right)^3\frac{1}{2}\right]^{\frac{1}{2}}e^{-\frac{2r_2}{a_0}}\left\{\frac{1}{2}\right\}^{\frac{1}{2}}\left(\frac{1}{2\pi}\right)^{\frac{1}{2}} \quad (11\text{-}45)$$

$$=\left\{\frac{1}{2}\right\}^{\frac{1}{2}}\left(\frac{4}{a_0}\right)^{\frac{3}{2}}e^{-\frac{2r_1}{a_0}}\left\{\frac{1}{2}\right\}^{\frac{1}{2}}\left(\frac{1}{2\pi}\right)^{\frac{1}{2}}\times\left\{\frac{1}{2}\right\}^{\frac{1}{2}}\left(\frac{4}{a_0}\right)^{\frac{3}{2}}e^{-\frac{2r_2}{a_0}}\left\{\frac{1}{2}\right\}^{\frac{1}{2}}\left(\frac{1}{2\pi}\right)^{\frac{1}{2}} \quad (11\text{-}46)$$

$$=\frac{1}{2}\frac{4}{a_0}\left(\frac{4}{a_0}\right)^{\frac{1}{2}}e^{-\frac{2r_1}{a_0}}\left(\frac{1}{2\pi}\right)^{\frac{1}{2}}\times\frac{1}{2}\frac{4}{a_0}\left(\frac{4}{a_0}\right)^{\frac{1}{2}}e^{-\frac{2r_2}{a_0}}\left(\frac{1}{2\pi}\right)^{\frac{1}{2}} \quad (11\text{-}47)$$

$$=\frac{2}{a_0}\left(\frac{2}{\pi a_0}\right)^{\frac{1}{2}}e^{-\frac{2r_1}{a_0}}\times\frac{2}{a_0}\left(\frac{2}{\pi a_0}\right)^{\frac{1}{2}}e^{-\frac{2r_2}{a_0}} \quad (11\text{-}48)$$

$$=\frac{1}{\sqrt{\pi}}\left(\frac{2}{a_0}\right)^{\frac{3}{2}}e^{-\frac{2r_1}{a_0}}\times\frac{1}{\sqrt{\pi}}\left(\frac{2}{a_0}\right)^{\frac{3}{2}}e^{-\frac{2r_2}{a_0}} \quad (11\text{-}49)$$

와 같이 $Z=2$인 수소꼴 원자의 전자를 묘사하는 파동함수들의 곱으로 표현됨을 볼 수 있다. 즉, 헬륨 원자의 전자를 묘사하는 파동함수는 아래 식과 같이 간단하게 나타낼 수 있다.

$$\psi_{\beta_1,\beta_2,l_1,l_2,m_1,m_2}(x_1,y_1,z_1,x_2,y_2,z_2)=\psi_{\beta_1,l_1,m_1}(x_1,y_1,z_1)\psi_{\beta_2,l_2,m_2}(x_2,y_2,z_2) \quad (11\text{-}50)$$

한편, 헬륨 원자 내의 전자의 에너지는 각 수소꼴 원자 내의 전자의 에너지를 더한 것이 된다. (식 11-26) 수소꼴 원자 내의 전자의 에너지는 식 11-51과 같다.

$$E=-\frac{mZ^2e^4}{8\epsilon_0^2h^2\beta^2} \qquad \beta=1,\ 2,\ 3..... \quad (11\text{-}51)$$

헬륨 원자 내의 1번 및 2번 전자의 1번 전자와 2번 전자의 양자수가 모두 “1”이라고 가정하였을 때 (즉, $\beta_1=1$, $\beta_2=1$) 헬륨 원자 내의 전자들의 전체 에너지(E)는,

$$E = E_1 + E_2 = -\frac{4me^4}{8\epsilon_0^2 h^2} + \left(-\frac{4me^4}{8\epsilon_0^2 h^2}\right) = -\frac{8me^4}{8\epsilon_0^2 h^2} \quad (11\text{-}52)$$

실제 이 에너지를 계산해보면,

$$E = -\frac{8 \times 9.109 \times 10^{-31}\, kg \times (1.602 \times 10^{-19}\, C)^4}{8 \times (8.854 \times 10^{-12}\, C^2 N^{-1} m^{-2})^2 \times (6.626 \times 10^{-34}\, Js)^2} \quad (11\text{-}53)$$

$$E = -\frac{8 \times 9.109 \times (1.602)^4}{8 \times (8.854)^2 \times (6.626)^2} \times \frac{10^{-31} \times 10^{-76}}{10^{-24} \times 10^{-68}} \left(\frac{kg \cdot C^4}{C^4 N^{-2} m^{-4}} \cdot \frac{1}{kg^2 m^4 s^{-4} s^2}\right) \quad (11\text{-}54)$$

$$E = -\frac{8 \times 9.109 \times 6.586}{8 \times 78.39 \times 43.90} \times \frac{10^{-31} \times 10^{-76}}{10^{-24} \times 10^{-68}} \left(\frac{N^2}{1} \cdot \frac{1}{kgs^{-2}}\right) \quad (11\text{-}55)$$

$$E = -\frac{8 \times 9.109 \times 6.586}{8 \times 78.39 \times 43.90} \times \frac{10^{-107}}{10^{-92}} \left(\frac{kg^2 m^2 s^{-4}}{1} \cdot \frac{1}{kgs^{-2}}\right) \quad (11\text{-}56)$$

$$E = -\frac{59.99}{3441} \times 10^{-15} (kgm^2 s^{-2}) \quad (11\text{-}57)$$

$$E = -0.01743 \times 10^{-15} (kgm^2 s^{-2}) \quad (11\text{-}58)$$

$$E = -1.743 \times 10^{-17} (J) \quad (11\text{-}59)$$

$$E = -1.743 \times 10^{-17} (J) \times \frac{1\, eV}{1.602 \times 10^{-19}\, J} = -1.088 \times 10^2\, eV = -108.8\, eV \quad (11\text{-}60)$$

실험적으로 측정된 헬륨 원자의 바닥 상태 에너지는 $-79.02\, eV$로써 계산한 값보다 크다. 우리가 헬륨 원자 내의 전자들의 에너지를 계산할 때 전자와 전자 간의 반발력을 무시하였는데 실제로는 전자 간의 반발력이 존재한다. 따라서 실제로는 전자 간의 반발력으로 인해 전자 간의 반발력을 무시했을 때보다 불안정해질 것이고 우리가 계산한 값보다 에너지는 클 것이다. 리튬 원자 내에 존재하는 전자들의 에너지를 계산하면 더욱 많은 전자 간 반발력이 존재하게 되는데 이로 인해 독립전자 근사법을 이용하여 계산된 값과 실제 실험을 통해 얻은 값의 차이는 더욱 벌어지게 된다.

3) 독립전자 근사법 (리튬 원자)

이번에는 양성자와 전자가 헬륨보다 하나 더 많은 리튬 원자에 대해 생각해 보자. 그림 11-2처럼 리튬 원자 내에는 세 개의 전자가 존재한다. 그리고 양성자가 세 개 있으므로 핵의 전하량은 "+3"이다. 그림 11-2와 같이 1, 2, 3번 전자와 핵 간의 거리를 각각 "r_1, r_2, r_3"라 하고 전자와 전자 사이의 거리는 "r_{12}(1번 전자와 2번 전자 사이의 거리)", "r_{13}(1번 전자와 3번 전자 사이의 거리)", "r_{23}(2번 전자와 3번 전자 사이의 거리)"라고 하자. 리튬 원자 내의 전자들은 아래와 같이 총 6가지 퍼텐셜 에너지에 의해 지배를 받는다.

① 1번 전자와 핵 간의 퍼텐셜 에너지 : $V_1 = -\frac{1}{4\pi\epsilon_0}\frac{(+3e)\cdot(-e)}{r_1} = \frac{1}{4\pi\epsilon_0}\frac{3e^2}{r_1}$

② 2번 전자와 핵 간의 퍼텐셜 에너지 : $V_2 = -\frac{1}{4\pi\epsilon_0}\frac{(+3e)\cdot(-e)}{r_2} = \frac{1}{4\pi\epsilon_0}\frac{3e^2}{r_2}$

③ 3번 전자와 핵 간의 퍼텐셜 에너지 : $V_3 = -\frac{1}{4\pi\epsilon_0}\frac{(+3e)\cdot(-e)}{r_3} = \frac{1}{4\pi\epsilon_0}\frac{3e^2}{r_3}$

④ 1번 전자와 2번 전자 간의 퍼텐셜 에너지 : $V_{12} = -\frac{1}{4\pi\epsilon_0}\frac{(-e)\cdot(-e)}{r_{12}} = -\frac{1}{4\pi\epsilon_0}\frac{e^2}{r_{12}}$

⑤ 1번 전자와 3번 전자 간의 퍼텐셜 에너지 : $V_{12} = -\frac{1}{4\pi\epsilon_0}\frac{(-e)\cdot(-e)}{r_{13}} = -\frac{1}{4\pi\epsilon_0}\frac{e^2}{r_{13}}$

⑥ 2번 전자와 3번 전자 간의 퍼텐셜 에너지 : $V_{23} = -\frac{1}{4\pi\epsilon_0}\frac{(-e)\cdot(-e)}{r_{23}} = -\frac{1}{4\pi\epsilon_0}\frac{e^2}{r_{23}}$

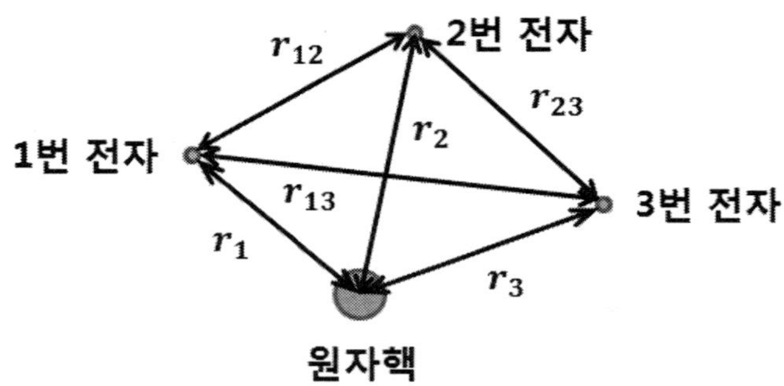

그림 11-2. 리튬원자내의 존재하는 세 개의 전자들 간의 거리를 나타낸 그림

각 전자의 운동에너지 연산자는 아래와 같다.

① 1번 전자의 운동에너지 연산자 : $\widehat{T_1} = -\frac{\hbar^2}{2m}\left(\frac{d^2}{dx_1^2} + \frac{d^2}{dy_1^2} + \frac{d^2}{dz_1^2}\right) = -\frac{\hbar^2}{2m}\nabla_1^2$

② 2번 전자의 운동에너지 연산자 : $\widehat{T_2} = -\frac{\hbar^2}{2m}\left(\frac{d^2}{dx_2^2} + \frac{d^2}{dy_2^2} + \frac{d^2}{dz_2^2}\right) = -\frac{\hbar^2}{2m}\nabla_2^2$

③ 3번 전자의 운동에너지 연산자 : $\widehat{T_3} = -\frac{\hbar^2}{2m}\left(\frac{d^2}{dx_3^2} + \frac{d^2}{dy_3^2} + \frac{d^2}{dz_3^2}\right) = -\frac{\hbar^2}{2m}\nabla_3^2$

따라서 쉬뢰딩거 방정식은 아래와 같이 쓸 수 있다.

$$\widehat{H}\Psi(x_1, y_1, z_1, x_2, y_2, z_2, x_3, y_3, z_3)$$

$$\Leftrightarrow(\widehat{T_1}+\widehat{T_2}+\widehat{T_3}+\widehat{V_1}+\widehat{V_2}+\widehat{V_3}+\widehat{V_{12}}+\widehat{V_{13}}+\widehat{V_{23}})\Psi(x_1,y_1,z_1,x_2,y_2,z_2,x_3,y_3,z_3) \quad (11\text{-}61)$$
$$=E\Psi(x_1,y_1,z_1,x_2,y_2,z_2,x_3,y_3,z_3)$$

연산자들을 모두 제대로 써주면 아래와 같은 식이 된다.

$$(-\frac{\hbar^2}{2m}\nabla_1^2-\frac{\hbar^2}{2m}\nabla_2^2-\frac{\hbar^2}{2m}\nabla_3^2+\frac{1}{4\pi\epsilon_0}\frac{3e^2}{r_1}+\frac{1}{4\pi\epsilon_0}\frac{3e^2}{r_2}+\frac{1}{4\pi\epsilon_0}\frac{3e^2}{r_3}-\frac{1}{4\pi\epsilon_0}\frac{e^2}{r_{12}}$$
$$-\frac{1}{4\pi\epsilon_0}\frac{e^2}{r_{13}}-\frac{1}{4\pi\epsilon_0}\frac{e^2}{r_{23}})\Psi(x_1,y_1,z_1,x_2,y_2,z_2,x_3,y_3,z_3)=E\Psi(x_1,y_1,z_1,x_2,y_2,z_2,x_3,y_3,z_3) \quad (11\text{-}62)$$

독립전자 근사법을 사용하면 전자와 전자 간의 상호작용은 무시하기 때문에 식 11-62의 전자와 전자 간의 반발에너지에 해당하는 퍼텐셜 에너지 항, $\widehat{V_{12}}$, $\widehat{V_{13}}$, $\widehat{V_{23}}$은 모두 사라진다. 그러면 위 방정식 11-62는 아래와 같이 바뀐다.

$$(-\frac{\hbar^2}{2m}\nabla_1^2-\frac{\hbar^2}{2m}\nabla_2^2-\frac{\hbar^2}{2m}\nabla_3^2+\frac{1}{4\pi\epsilon_0}\frac{3e^2}{r_1}+\frac{1}{4\pi\epsilon_0}\frac{3e^2}{r_2}+\frac{1}{4\pi\epsilon_0}\frac{3e^2}{r_3})\Psi(x_1,y_1,z_1,x_2,y_2,z_2,x_3,y_3,z_3)$$
$$=E\Psi(x_1,y_1,z_1,x_2,y_2,z_2,x_3,y_3,z_3) \quad (11\text{-}63)$$

독립전자 근사법에서는 전자와 전자 간의 상호작용이 없다고 가정하기 때문에 3개의 전자를 묘사하는 파동함수도 전자들의 위치를 나타내는 각각의 변수들로 변수 분리된다고 가정할 수 있다. 즉, 3개의 전자를 묘사하는 파동함수, $\Psi(x_1,y_1,z_1,x_2,y_2,z_2,x_3,y_3,z_3)$는 아래와 같이 변수 분리되어 쓰여질 수 있다.

$$\Psi(x_1,y_1,z_1,x_2,y_2,z_2,x_3,y_3,z_3)=\psi_1(x_1,y_1,z_1)\psi_2(x_2,y_2,z_2)\psi_3(x_3,y_3,z_3) \quad (11\text{-}64)$$

그러면 식 11-63은 아래와 같이 쓰여질 수 있다.

$$(-\frac{\hbar^2}{2m}\nabla_1^2-\frac{\hbar^2}{2m}\nabla_2^2-\frac{\hbar^2}{2m}\nabla_3^2+\frac{1}{4\pi\epsilon_0}\frac{3e^2}{r_1}+\frac{1}{4\pi\epsilon_0}\frac{3e^2}{r_2}+\frac{1}{4\pi\epsilon_0}\frac{3e^2}{r_3})\psi_1(x_1,y_1,z_1) \quad (11\text{-}65)$$
$$\psi_2(x_2,y_2,z_2)\psi_3(x_3,y_3,z_3)=E\psi_1(x_1,y_1,z_1)\psi_2(x_2,y_2,z_2)\psi_3(x_3,y_3,z_3)$$

11-65식을 전개하면 아래와 같이 된다.

$$
\begin{aligned}
&(-\frac{\hbar^2}{2m}\nabla_1^2+\frac{1}{4\pi\epsilon_0}\frac{3e^2}{r_1})\psi_1(x_1,y_1,z_1)\psi_2(x_2,y_2,z_2)\psi_3(x_3,y_3,z_3)\\
&+(-\frac{\hbar^2}{2m}\nabla_2^2+\frac{1}{4\pi\epsilon_0}\frac{3e^2}{r_2})\psi_1(x_1,y_1,z_1)\psi_2(x_2,y_2,z_2)\psi_3(x_3,y_3,z_3)\\
&+(-\frac{\hbar^2}{2m}\nabla_3^2+\frac{1}{4\pi\epsilon_0}\frac{3e^2}{r_3})\psi_1(x_1,y_1,z_1)\psi_2(x_2,y_2,z_2)\psi_3(x_3,y_3,z_3)\\
&\quad = E\,\psi_1(x_1,y_1,z_1)\psi_2(x_2,y_2,z_2)\psi_3(x_3,y_3,z_3) \qquad (11\text{-}66)
\end{aligned}
$$

식 1-66에서 $\nabla_1^2=\frac{\partial^2}{\partial x_1^2}+\frac{\partial^2}{\partial y_1^2}+\frac{\partial^2}{\partial z_1^2}$, $\nabla_2^2=\frac{\partial^2}{\partial x_2^2}+\frac{\partial^2}{\partial y_2^2}+\frac{\partial^2}{\partial z_2^2}$, $\nabla_3^2=\frac{\partial^2}{\partial x_3^2}+\frac{\partial^2}{\partial y_3^2}+\frac{\partial^2}{\partial z_3^2}$ 로서 ∇_1^2은 1번 전자의 좌표로만 ∇_2^2은 2번 전자의 좌표로만, 그리고 ∇_3^2은 3번 전자의 좌표로만 정의되는 연산자이므로 해당하는 변수를 포함하고 있지 않은 함수는 앞으로 나갈 수 있다. 따라서 식 11-66은 아래와 같이 된다.

$$
\begin{aligned}
&\psi_2(x_2,y_2,z_2)\psi_3(x_3,y_3,z_3)(-\frac{\hbar^2}{2m}\nabla_1^2+\frac{1}{4\pi\epsilon_0}\frac{3e^2}{r_1})\psi_1(x_1,y_1,z_1)\\
&+\psi_1(x_1,y_1,z_1)\psi_3(x_3,y_3,z_3)(-\frac{\hbar^2}{2m}\nabla_2^2++\frac{1}{4\pi\epsilon_0}\frac{3e^2}{r_2})\psi_2(x_2,y_2,z_2)\\
&+\psi_1(x_1,y_1,z_1)\psi_2(x_2,y_2,z_2)(-\frac{\hbar^2}{2m}\nabla_3^2+\frac{1}{4\pi\epsilon_0}\frac{3e^2}{r_3})\psi_3(x_3,y_3,z_3)\\
&\quad = E\,\psi_1(x_1,y_1,z_1)\psi_2(x_2,y_2,z_2)\psi_3(x_3,y_3,z_3) \qquad (11\text{-}67)
\end{aligned}
$$

식 11-67의 양변을 $\psi_1(x_1,y_1,z_1)\psi_2(x_2,y_2,z_2)\psi_3(x_3,y_3,z_3)$으로 나누면,

$$
\begin{aligned}
&\frac{1}{\psi_1(x_1,y_1,z_1)}(-\frac{\hbar^2}{2m}\nabla_1^2+\frac{1}{4\pi\epsilon_0}\frac{3e^2}{r_1})\psi_1(x_1,y_1,z_1) \qquad (11\text{-}68)\\
&+\frac{1}{\psi_2(x_2,y_2,z_2)}(-\frac{\hbar^2}{2m}\nabla_2^2+\frac{1}{4\pi\epsilon_0}\frac{3e^2}{r_2})\psi_2(x_2,y_2,z_2)\\
&+\frac{1}{\psi_3(x_3,y_3,z_3)}(-\frac{\hbar^2}{2m}\nabla_3^2+\frac{1}{4\pi\epsilon_0}\frac{3e^2}{r_3})\psi_3(x_3,y_3,z_3)=E
\end{aligned}
$$

이 된다. 전체에너지, E는 1번 전자의 에너지, E_1, 2번 전자의 에너지, E_2, 3번 전자의 에너지, E_3의 합으로 표현될 수 있다. 즉,

$$E=E_1+E_2+E_3 \qquad (11\text{-}69)$$

따라서 식 11-68은 아래와 같이 쓰여질 수 있다.

$$\frac{1}{\psi_1(x_1,y_1,z_1)}(-\frac{\hbar^2}{2m}\nabla_1^2+\frac{1}{4\pi\epsilon_0}\frac{3e^2}{r_1})\psi_1(x_1,y_1,z_1) + \frac{1}{\psi_2(x_2,y_2,z_2)}(-\frac{\hbar^2}{2m}\nabla_2^2+\frac{1}{4\pi\epsilon_0}\frac{3e^2}{r_2})\psi_2(x_2,y_2,z_2) + \frac{1}{\psi_3(x_3,y_3,z_3)}(-\frac{\hbar^2}{2m}\nabla_3^2+\frac{1}{4\pi\epsilon_0}\frac{3e^2}{r_3})\psi_3(x_3,y_3,z_3)= E_1+E_2+E_3 \quad (11\text{-}70)$$

결국 식 11-70은 아래와 같이 세 개의 방정식으로 분리될 수 있다.

① $\frac{1}{\psi_1(x_1,y_1,z_1)}(-\frac{\hbar^2}{2m}\nabla_1^2+\frac{1}{4\pi\epsilon_0}\frac{3e^2}{r_1})\psi_1(x_1,y_1,z_1)= E_1$

② $\frac{1}{\psi_2(x_2,y_2,z_2)}(-\frac{\hbar^2}{2m}\nabla_2^2+\frac{1}{4\pi\epsilon_0}\frac{3e^2}{r_2})\psi_2(x_2,y_2,z_2)= E_2$

③ $\frac{1}{\psi_3(x_3,y_3,z_3)}(-\frac{\hbar^2}{2m}\nabla_3^2+\frac{1}{4\pi\epsilon_0}\frac{3e^2}{r_3})\psi_3(x_3,y_3,z_3)= E_3$

좌변에 있는 파동함수를 우변으로 이동하면,

① $(-\frac{\hbar^2}{2m}\nabla_1^2+\frac{1}{4\pi\epsilon_0}\frac{3e^2}{r_1})\psi_1(x_1,y_1,z_1)= E_1\psi_1(x_1,y_1,z_1)$

② $(-\frac{\hbar^2}{2m}\nabla_2^2+\frac{1}{4\pi\epsilon_0}\frac{3e^2}{r_2})\psi_2(x_2,y_2,z_2)= E_2\psi_2(x_2,y_2,z_2)$

③ $(-\frac{\hbar^2}{2m}\nabla_3^2+\frac{1}{4\pi\epsilon_0}\frac{3e^2}{r_3})\psi_3(x_3,y_3,z_3)= E_3\psi_3(x_3,y_3,z_3)$

위 세 개의 방정식을 보면 위에서 풀었던 수소꼴 원자의 쉬뢰딩거 방정식과 같다는 사실을 알 수 있다. 즉, 위 세 개의 방정식을 풀어보면 $Z=3$인 수소꼴 원자의 파동함수가 얻어지고 전체 에너지는 각각의 전자가 가진 에너지의 합으로 얻어지게 된다. 즉, 전체 에너지, E_T는 아래 식과 같이 1번 전자의 에너지, E_1, 2번 전자의 에너지, E_2, 3번 전자의 에너지, E_3의 합으로 주어진다. 또한 세 개의 전자를 묘사하는 파동함수도 아래 식과 같이 각각의 수소꼴 원자의 전자를 묘사하는 파동함수들, $\psi(x_1,y_1,z_1)$, $\psi(x_2,y_2,z_2)$, $\psi(x_3,y_3,z_3)$의 곱으로 표현할 수 있게 된다.

$$E_T = E_1+E_2+E_3 \quad (11\text{-}71)$$

$$\psi(x_1,y_1,z_1,x_2,y_2,z_2,x_3,y_3,z_3)= \psi(x_1,y_1,z_1)\psi(x_2,y_2,z_2)\psi(x_3,y_3,z_3) \quad (11\text{-}72)$$

지금부터는 (x, y, z) 좌표를 $(\vec{r})$로 표시하기로 하자. 3차원 공간에서 한 개의 벡터는 x, y, z 3개의 위치 좌표로 표시할 수 있으므로 편의상 하나의 벡터로 표시하도록 하겠다. 벡터를 사용해서 식 11-72를 표현하면 아래와 같이 표현된다.

$$\psi(\vec{r_1}, \vec{r_2}, \vec{r_3}) = \psi(\vec{r_1})\psi(\vec{r_2})\psi(\vec{r_3}) \tag{11-73}$$

수소꼴 원자 내 전자의 에너지는 아래와 같은 수식으로 표현된다.

$$E = -\frac{mZ^2e^4}{8\epsilon_0^2h^2n^2} \qquad n = 1,\ 2,\ 3..... \tag{11-74}$$

리튬 원자의 3 전자가 모두 100인 상태(1s 오비탈)에 있을 때 에너지는 아래 수식과 같이 구하여진다.

$$E_T = -\frac{9me^4}{8\epsilon_0^2h^2}\left(\frac{1}{1^2} + \frac{1}{1^2} + \frac{1}{1^2}\right) = -\frac{27me^4}{8\epsilon_0^2h^2} = -367.2\,eV \tag{11-75}$$

리튬 원자의 바닥상태에너지는 -203.5 eV로 알려져 있는데 식 11-75에서 얻어진 값과 상당히 차이가 있음을 알 수 있다. 헬륨 원자에서 계산된 값과 실험값의 차이보다 더 큰 차이를 보이고 있는데 리튬 원자에서는 더 많은 수의 전자-전자 반발 항을 무시하였기 때문에 오차는 더 크게 날 수밖에 없다. 더 큰 원자로 갈수록 더 많은 수의 전자-전자 반발 항이 존재하고 더 많은 수의 항을 무시해야 하므로 오차는 더 커질 것으로 예상된다.

3개의 전자가 모두 양자수 100인 상태(1s 오비탈)에 있다고 하였을 때 완전한 수식을 사용해서 파동함수를 써 보면 아래 식과 같다.

$$\psi(\vec{r_1}, \vec{r_2}, \vec{r_3}) = \psi_{100}(\vec{r_1})\psi_{100}(\vec{r_2})\psi_{100}(\vec{r_3}) \tag{11-76}$$

$$= \frac{1}{\sqrt{\pi}}\left(\frac{3}{a_0}\right)^{\frac{3}{2}} e^{-\frac{3r_1}{a_0}} \cdot \frac{1}{\sqrt{\pi}}\left(\frac{3}{a_0}\right)^{\frac{3}{2}} e^{-\frac{3r_2}{a_0}} \cdot \frac{1}{\sqrt{\pi}}\left(\frac{3}{a_0}\right)^{\frac{3}{2}} e^{-\frac{3r_3}{a_0}}$$

자, 이런 방식으로 다전자 원자에서 전자들을 묘사하는 파동함수를 구할 수 있고 각 전자의 양자수에 따른 에너지를 구할 수 있다. 즉, 다전자 원자에서 전자들의 총 에너지와 파동함수는 아래와 같이 구할 수 있다.

$$E_T = -\frac{9me^4}{8\epsilon_0^2h^2}\left(\frac{1}{\beta_1^2} + \frac{1}{\beta_2^2} + \frac{1}{\beta_3^2} + \cdot\cdot\cdot\right) \tag{11-77}$$

$$\psi(\overrightarrow{r_1}, \overrightarrow{r_2}, \overrightarrow{r_3}, \cdots) = \psi_{\beta_1 J_1 m_{l1}}(\overrightarrow{r_1})\psi_{\beta_2 J_2 m_{l2}}(\overrightarrow{r_2})\psi_{\beta_3 J_3 m_{l3}}(\overrightarrow{r_3}) \cdots \tag{11-78}$$

이런 방식을 사용한다면 비록 오차는 크더라도 다전자 원자의 에너지와 파동함수를 쓸 수는 있다. 단점은 전자수가 많아지면서 실험값과의 오차의 격차가 점점 커진다는 사실이다. 그런데 이것보다 더 큰 문제가 하나 더 있다. 그것은 이전까지 미처 생각하지 못했던 문제였는데, 그것은 바로 전자가 "스핀(자전)"의 성질을 갖고 있다는 사실이다.

4) 전자의 스핀

전자가 스핀을 갖고 있다는 사실은 1921년이 되어서야 실험적으로 관찰된다. 그전에도 물론 여러 가지 정황 증거들이 있었지만 정확한 이유를 알지 못했었는데 1921년 Stern(스턴)과 Gerlach(게를라흐)의 실험 이후 전자가 스핀을 갖고 있다는 사실은 명확해졌다. 스턴과 게를라흐는 전자가 자기장을 통과할 때 두 방향 중 한 방향으로 휜다는 사실을 발견하였다. 자기장에 반응한다는 얘기는 전자 스스로 자성을 띠고 있다는 얘기이고 전자가 자성을 가질 수 있는 유일한 방법은 스스로 회전하는 길뿐이다. 전자는 음의 전하를 띠고 있으므로 회전운동을 할 때 자성을 나타낼 수 있기 때문이다. 아래 그림 11-5(a)와 같이 오른쪽으로 회전할 때 아래쪽으로 향하는 자기장이 발생하며 (b)와 같이 왼쪽으로 회전하게 될 때 위쪽으로 향하는 자기장이 발생하게 된다.

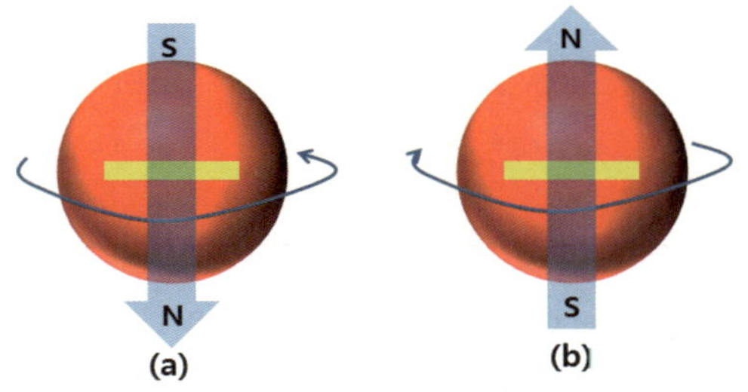

그림 11-3. (a) 오른쪽으로 회전하는 전자는 아래쪽으로 향하는 자기장을 만들어 낼 수 있고, (b) 왼쪽으로 회전하는 전자는 위쪽으로 향하는 자기장을 만들어 낼 수 있다.

전자는 스핀을 갖고 있으므로 전자를 묘사하는 파동함수에는 스핀에 관한 정보가 포함되어야 한다. 위에서 우리가 헬륨 원자 내의 전자에 대해 쓴 파동함수 식 11-25, 리튬 원자 내의 전자에 대해 쓴 파동함수 식 11-64에는 스핀에 관한 정보가 없으므로 완전한 파동함수라고 할 수 없다. 스핀에 관한 정보를 파동함수에 포함해야 전자를 완벽하게 묘사하는 파동함수 식이 될 것이다. 스핀은 그림 11-3과 같이 두 종류밖에 없다. 그림 11-3의 (a)를 다운 스핀, (b)를 업 스핀이라고 하고 β와 α라는 기호를 이용하여 파동함수 식에 포함하도록 하자. 이와 같은 스핀 기호를 포함해서 헬륨 원자의 두 개의 전자를 묘사하는 완전한 파동함수 식을 써 보면 아래 식과 같이 된다.

$$\psi_{n_1,n_2,l_1,l_2,m_1,m_2}(\overrightarrow{r_1},\overrightarrow{r_2}) = \psi_{n_1,l_1,m_1}(\overrightarrow{r_1})\alpha(1)\psi_{n_2,l_2,m_2}(\overrightarrow{r_2})\beta(2) \tag{11-79}$$

위 식에서 몇 가지 주의해야 할 사항이 있다. 첫 번째는 스핀을 나타내는 함수 α와 β는 전자의 위치에 영향을 주지 않는다는 것이다. 왜냐하면 전자의 스핀은 전자의 위치와는 무관하기 때문이다. 전자는 제자리에서 회전하는 자전이기 때문에 전자의 위치를 표시하는 좌표에 전혀 영향을 주지 않는다. 전자의 모습은 위치 좌표로 표현되는 파동함수로 묘사된다. 전자의 스핀은 위치 좌표에 전혀 영향을 주지 않기 때문에 파동함수의 형태는 $\psi_{n_1,l_1,m_1}(\overrightarrow{r_1})$ 와 $\psi_{n_2,l_2,m_2}(\overrightarrow{r_2})$ 에 의해서만 결정되며 스핀을 나타내는 기호 α와 β는 단지 파동함수의 특성을 나타내는 표시 정도로 생각하면 된다. 따라서 α와 β가 정확히 어떤 수식을 의미하는지는 중요하지 않다. 두 번째는 첫 번째에서 설명했던 것과 같은 이유로 스핀 함수(α, β)가 포함된 완벽한 파동함수, $\psi_{n_1,l_1,m_1}(\overrightarrow{r_1})\alpha(1)$ 을 공간 파동함수 $\psi_{n_1,l_1,m_1}(\overrightarrow{r_1})$ 와 스핀 파동함수$\alpha(1)$ 의 단순 곱으로 생각해서는 안 된다는 것이다. 두 파동함수를 곱한 것으로 생각을 한다면 공간 파동함수와 스핀 파동함수가 서로 분리되어 연산될 가능성도 있을 텐데, 공간에서 파동이 어떤 형태인지 정의되지 않고 스핀에 대한 정의는 의미가 없을 것이다.

이제 헬륨 원자 내에 존재하는 두 개의 전자에 스핀에 관한 정보를 표현해서 파동함수를 표현해 보자. 그림 11-4와 같이 몇 가지 다양한 경우의 수가 존재한다는 사실을 알 수 있다. 두 개의 전자가 모두 바닥 상태 ($n=1, l=0, m_l=0$)에 있을 때, 가능한 스핀의 조합은 아래 그림 11-4와 같이 4가지가 존재한다. 즉, 두 개의 전자가 모두 업 스핀을 갖는 경우 (그림 11-4(a)), 1번 전자는 업 스핀, 2번 전자는 다운 스핀을 갖는 경우 (그림 11-4(b)), 1번 전자는 다운 스핀, 2번 전자는 업 스핀을 갖는 경우 (그림 11-4(c)), 두 개의 전자 모두 다운 스핀을 갖는 경우 (그림 11-4(d)), 이렇게 총 4가지 경우를 상상할 수 있다.

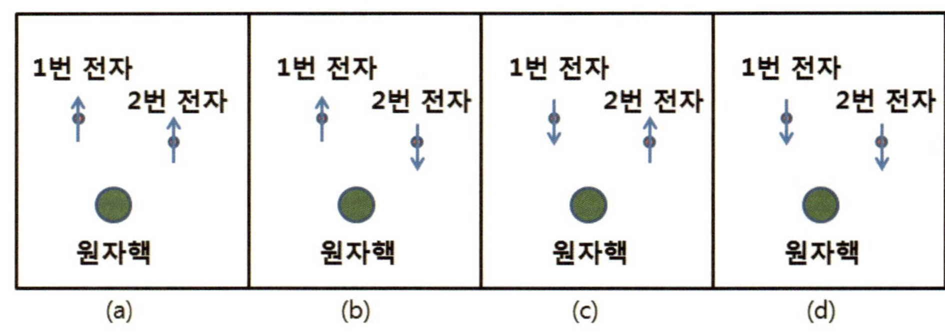

그림 11-4. (a) 모든 전자가 업 스핀을 갖는 경우, (b) 1번 전자는 업 스핀, 2번 전자는 다운 스핀을 갖는 경우, (c) 1번 전자는 다운 스핀, 2번 전자는 업 스핀을 갖는 경우, (d) 모든 전자가 다운 스핀을 갖는 경우

독자 중에 혹시 일반화학을 배운 학생들이 있다면 “어? 두 개의 전자가 같은 오비탈에 같은 스핀을 가질 수 있나?”라고 생각할 수도 있다. 파울리의 배타원리에 의하면 두 개의 전자가 같은 오비탈의 상태에 있으려

면 스핀 양자수가 달라야 하기 때문이다. 즉, 파울리의 배타 원리에 의하면 그림 11-4의 (a)와 (d)처럼 두 전자가 동시에 같은 업 스핀, 혹은 다운 스핀을 가질 수 없다. 그러나 우리는 아직 파울리의 배타원리를 배우지 않았다고 가정하자. 파울리의 배타원리를 무시하면 헬륨 원자에서 두 개의 전자는 위 그림 11-4와 같이 4개의 조합을 가질 수 있다. 11-4의 4가지 상태를 파동함수로 쓰면 아래와 같다.

$$\text{(a)}\ \psi_{100100}(\overrightarrow{r_1}, \overrightarrow{r_2}) = \psi_{100}(\overrightarrow{r_1})\alpha(1)\psi_{100}(\overrightarrow{r_2})\alpha(2) \tag{11-80}$$

$$\text{(b)}\ \psi_{100100}(\overrightarrow{r_1}, \overrightarrow{r_2}) = \psi_{100}(\overrightarrow{r_1})\alpha(1)\psi_{100}(\overrightarrow{r_2})\beta(2) \tag{11-81}$$

$$\text{(c)}\ \psi_{100100}(\overrightarrow{r_1}, \overrightarrow{r_2}) = \psi_{100}(\overrightarrow{r_1})\beta(1)\psi_{100}(\overrightarrow{r_2})\alpha(2) \tag{11-82}$$

$$\text{(d)}\ \psi_{100100}(\overrightarrow{r_1}, \overrightarrow{r_2}) = \psi_{100}(\overrightarrow{r_1})\beta(1)\psi_{100}(\overrightarrow{r_2})\beta(2) \tag{11-83}$$

이 조합 모두 논리적으로 타당한 조합일까? 아니면 이 중에서 하나만 논리적으로 타당한 조합일까? 아니면 모두 논리적으로 올바르지 못한 파동함수일까? 이것을 판단하기 위해서는 특별한 조건이 필요하다. 우리는 전자가 가져야만 하는 자명한 성질로부터 이러한 조건을 찾을 수 있다. 전자가 가져야만 하는 자명한 성질은 바로 전자의 "비구별성"이다. 전자의 모습을 직접 본 사람은 아무도 없겠지만 모든 전자의 모습이 같다는 것에는 모든 사람이 동의할 것이다. 만일 모든 전자가 서로 다르다면 같은 원소라고 하더라도 성질이나 특성이 모두 다를 텐데 현실은 그렇지 않기 때문이다. 따라서 모든 전자의 모습이 같아서 서로 구별할 수 없다고 하는 이 "비구별성"은 자명한 사실(굳이 증명할 필요 없이 진실로 받아들일 수 있는 사실)로 받아들일 수 있을 것이다. 그런데 모든 전자가 같은 모습이라면, 스핀을 포함한 모든 특성은 유지한 채 두 개의 전자 좌표만 바뀌었을 때 우리는 그 차이를 구별할 수 없을 것이다. 즉, 두 개 전자의 좌표를 바꾸더라도 우리는 그 파동함수의 변화를 알 수 없을 것이다. 파동함수에 대해 우리가 관찰할 수 있는 것은 파동함수 자체가 아니라 파동함수의 확률밀도를 통한 확률뿐이다. 따라서 두 개 전자의 좌표를 바꾸더라도 파동함수의 확률밀도는 변화가 없어야 한다는 결론에 도달하게 된다. 즉, 두 개 전자의 좌표를 바꾸기 전 파동함수를 $\Psi(\overrightarrow{r_1}, \overrightarrow{r_2})$라고 하고 두 개 전자의 좌표를 바꾼 파동함수를 $\Psi(\overrightarrow{r_2}, \overrightarrow{r_1})$라고 하면 두 함수의 확률밀도는 같아야 한다.

$$\left|\Psi(\overrightarrow{r_1}, \overrightarrow{r_2})\right|^2 = \left|\Psi(\overrightarrow{r_2}, \overrightarrow{r_1})\right|^2 \tag{11-84}$$

위 식 11-84의 제곱을 풀면 두 개 전자의 좌표를 바꾼 파동함수는 좌표를 바꾸기 전 파동함수와 같던지 혹은 음수를 붙인 상태에서 같아야 한다. 결론적으로 전자의 "비구별성"이라는 특성으로부터 아래와 같은 조건이 발생한다.

$$\Psi(\overrightarrow{r_1}, \overrightarrow{r_2}) = \pm\Psi(\overrightarrow{r_2}, \overrightarrow{r_1}) \tag{11-85}$$

두 개 전자의 좌표를 바꾸었을 때 원래 파동함수와 같은 파동함수를 "대칭 파동함수"라 하고 "-"를 붙였을 때 원래 파동함수와 같아진다면 "반대칭 파동함수"라 한다. 전자를 비롯한 모든 입자는 이러한 "비구별성"으로부터 대칭 혹은 반대칭 파동함수이어야만 한다. 대칭 조건을 만족시키는 입자를 "보존(Boson)"이라 하고 반대칭 조건을 따르는 입자를 "페르미온(Fermion)"이라고 한다. 전자는 대표적인 페르미온 입자 중 하나이다. 대표적인 보존입자로는 광자가 있다. 전자는 페르미온 입자이기 때문에 반대칭 조건을 따라야 한다. 즉, 두 개 전자의 좌표를 바꾼 파동함수에 "-"를 붙이면 원래 파동함수와 같아져야 한다. 자, 그럼 지금부터 식 11-80부터 83까지의 식 중에서 어떤 식이 반대칭 파동함수 조건을 만족시키는지 살펴보도록 하자. 11-80식을 풀어서 쓰면 아래와 같다.

$$\begin{aligned}\Psi_{100100}(\overrightarrow{r_1},\overrightarrow{r_2}) &= \psi_{100}(\overrightarrow{r_1})\alpha(1)\psi_{100}(\overrightarrow{r_2})\alpha(2) \\ &= \frac{1}{\sqrt{\pi}}\left(\frac{2}{a_0}\right)^{\frac{3}{2}} e^{-\frac{2r_1}{a_0}}\alpha(1) \cdot \frac{1}{\sqrt{\pi}}\left(\frac{2}{a_0}\right)^{\frac{3}{2}} e^{-\frac{2r_2}{a_0}}\alpha(2)\end{aligned} \tag{11-86}$$

두 개 전자의 좌표를 바꾼 파동함수는 아래와 같다.

$$\begin{aligned}\Psi_{100100}(\overrightarrow{r_2},\overrightarrow{r_1}) &= \psi_{100}(\overrightarrow{r_2})\alpha(2)\psi_{100}(\overrightarrow{r_1})\alpha(1) \\ &= \frac{1}{\sqrt{\pi}}\left(\frac{2}{a_0}\right)^{\frac{3}{2}} e^{-\frac{2r_2}{a_0}}\alpha(2) \cdot \frac{1}{\sqrt{\pi}}\left(\frac{2}{a_0}\right)^{\frac{3}{2}} e^{-\frac{2r_1}{a_0}}\alpha(1)\end{aligned} \tag{11-87}$$

식 11-86과 11-87을 비교해 보면 두 식이 같은 함수라는 것을 알 수 있다. 즉, 식 11-80처럼 쓰인 파동함수는 대칭 파동함수이다. 전자는 반대칭 파동함수이어야 하는데 11-80은 대칭 파동함수이기 때문에 식 11-80은 올바르게 쓰인 파동함수라고 할 수 없다. 식 11-81 파동함수(식 11-88)와 전자의 좌표를 바꾼 파동함수(11-89)는 아래와 같다.

$$\psi_{100100}(\overrightarrow{r_1},\overrightarrow{r_2}) = \psi_{100}(\overrightarrow{r_1})\alpha(1)\psi_{100}(\overrightarrow{r_2})\beta(2) \tag{11-88}$$

$$\psi_{100100}(\overrightarrow{r_2},\overrightarrow{r_1}) = \psi_{100}(\overrightarrow{r_2})\alpha(2)\psi_{100}(\overrightarrow{r_1})\beta(1) \tag{11-89}$$

식 11-88에서는 1번 좌표에 있는 전자가 업 스핀임에 반하여 11-89에서는 1번 위치에 있는 전자가 다운 스핀이다. 즉, 위 두 함수는 대칭함수도, 반대칭 함수도 아닌 서로 다른 함수라는 것을 알 수 있다. 그림 11-4(c)의 전자 상태에 대한 파동함수(식 11-82와 식 11-90)와 두 개 전자의 좌표를 바꾼 파동함수(11-91)는 아래와 같다.

$$\psi_{100100}(\overrightarrow{r_1},\overrightarrow{r_2}) = \psi_{100}(\overrightarrow{r_1})\beta(1)\psi_{100}(\overrightarrow{r_2})\alpha(2) \tag{11-90}$$

$$\psi_{100100}(\overrightarrow{r_2}, \overrightarrow{r_1}) = \psi_{100}(\overrightarrow{r_2})\beta(2)\psi_{100}(\overrightarrow{r_1})\alpha(1) \quad (11\text{-}91)$$

위 두 함수 역시 서로 다른 함수임을 알 수 있다. 마지막 네 번째 그림 11-4(d)의 전자 상태에 대한 파동함수(식 11-83과 11-92)와 두 개 전자의 좌표를 바꾼 파동함수(11-93)를 쓰면 아래와 같다.

$$\psi_{100100}(\overrightarrow{r_1}, \overrightarrow{r_2}) = \psi_{100}(\overrightarrow{r_1})\beta(1)\psi_{100}(\overrightarrow{r_2})\beta(2) \quad (11\text{-}92)$$

$$\psi_{100100}(\overrightarrow{r_2}, \overrightarrow{r_1}) = \psi_{100}(\overrightarrow{r_2})\beta(2)\psi_{100}(\overrightarrow{r_1})\beta(1) \quad (11\text{-}93)$$

위 두 함수는 서로 같은 함수이다. 즉, 식 11-80, 81, 82, 83중에는 반대칭 파동함수가 없다. 그림 11-4(a)와 (d)는 대칭 파동함수이고 (b)와 (c) 서로 다른 함수가 된다. 그렇다면 반대칭 조건을 만족하는 파동함수를 어떻게 써야 할까? 9장에서 우리는 복소수함수를 실함수로 바꾸기 위해서 같은 에너지를 가진 몇 개의 파동함수들을 선형결합 시킨 적이 있다. 11-80, 81, 82, 83의 파동함수는 모두 같은 에너지를 가지고 있으므로 이 함수들을 선형결합 시킨 함수도 같은 에너지를 갖게 된다. (이것에 대한 자세한 증명은 9장을 참고하기를 바란다) 몇 개의 함수들을 사용하여 선형결합 시킬 수 있는데 그중 아래와 같은 선형결합 함수에 대해 살펴보도록 하자. 식 11-94 선형결합의 첫 번째 항은 식 11-81이고, 선형결합의 두 번째 항은 식 11-82이다.

$$\Psi(\overrightarrow{r_1}, \overrightarrow{r_2}) = \psi_{100}(\overrightarrow{r_1})\alpha(1)\psi_{100}(\overrightarrow{r_2})\beta(2) - \psi_{100}(\overrightarrow{r_1})\beta(1)\psi_{100}(\overrightarrow{r_2})\alpha(2) \quad (11\text{-}94)$$

두 개 전자의 좌표를 바꾼 함수는 아래와 같다.

$$\Psi(\overrightarrow{r_2}, \overrightarrow{r_1}) = \psi_{100}(\overrightarrow{r_2})\alpha(2)\psi_{100}(\overrightarrow{r_1})\beta(1) - \psi_{100}(\overrightarrow{r_2})\beta(2)\psi_{100}(\overrightarrow{r_1})\alpha(1) \quad (11\text{-}95)$$

식 11-95에 "-"를 붙이고 원래 식 11-94와 비교해 보면 같은 함수가 됨을 알 수 있다. 즉, 11-94는 반대칭 조건을 만족시키는 반대칭 파동함수라는 것을 알 수 있다. 결론적으로 독립전자 근사법을 사용하여 전자의 스핀과 전자의 비구별성을 고려하였을 때 올바로 쓰인 완전한 파동함수는 식 11-94가 되는 것이다.

자, 이번에는 전자가 하나 더 늘어난 리튬 원자 내의 3개의 전자를 묘사하는 파동함수를 구해보도록 하자. 리튬 원자에는 전자가 하나 더 늘어난 3개의 전자가 있으므로 스핀의 조합은 더욱 다양해져서 아래 그림과 같이 8가지나 된다.

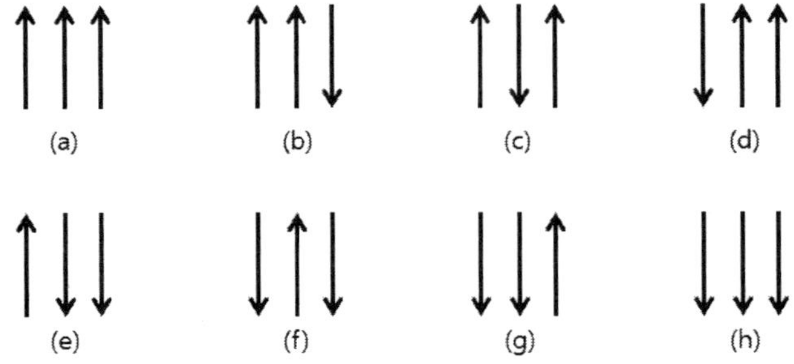

그림 11-5. 리튬 원자 내의 3개의 전자가 가질 수 있는 8가지 스핀 조합

그림 11-5의 스핀 조합에 따른 파동함수를 써 보면 아래와 같다.

$$\Psi(\vec{r_1}, \vec{r_2}, \vec{r_3}) = \psi_{100}(\vec{r_1})\alpha(1)\psi_{100}(\vec{r_2})\alpha(2)\psi_{100}(\vec{r_3})\alpha(3) \tag{11-96}$$

$$\Psi(\vec{r_1}, \vec{r_2}, \vec{r_3}) = \psi_{100}(\vec{r_1})\alpha(1)\psi_{100}(\vec{r_2})\alpha(2)\psi_{100}(\vec{r_3})\beta(3) \tag{11-97}$$

$$\Psi(\vec{r_1}, \vec{r_2}, \vec{r_3}) = \psi_{100}(\vec{r_1})\alpha(1)\psi_{100}(\vec{r_2})\beta(2)\psi_{100}(\vec{r_3})\alpha(3) \tag{11-98}$$

$$\Psi(\vec{r_1}, \vec{r_2}, \vec{r_3}) = \psi_{100}(\vec{r_1})\beta(1)\psi_{100}(\vec{r_2})\alpha(2)\psi_{100}(\vec{r_3})\alpha(3) \tag{11-99}$$

$$\Psi(\vec{r_1}, \vec{r_2}, \vec{r_3}) = \psi_{100}(\vec{r_1})\alpha(1)\psi_{100}(\vec{r_2})\beta(2)\psi_{100}(\vec{r_3})\beta(3) \tag{11-100}$$

$$\Psi(\vec{r_1}, \vec{r_2}, \vec{r_3}) = \psi_{100}(\vec{r_1})\beta(1)\psi_{100}(\vec{r_2})\alpha(2)\psi_{100}(\vec{r_3})\beta(3) \tag{11-101}$$

$$\Psi(\vec{r_1}, \vec{r_2}, \vec{r_3}) = \psi_{100}(\vec{r_1})\beta(1)\psi_{100}(\vec{r_2})\beta(2)\psi_{100}(\vec{r_3})\alpha(3) \tag{11-102}$$

$$\Psi(\vec{r_1}, \vec{r_2}, \vec{r_3}) = \psi_{100}(\vec{r_1})\beta(1)\psi_{100}(\vec{r_2})\beta(2)\psi_{100}(\vec{r_3})\beta(3) \tag{11-103}$$

파울리의 배타원리에 의하면 세 번째 전자는 100 양자상태에 있을 수 없다. 왜냐하면 100 양자상태에 이미 두 개의 전자가 있기 때문이다. 그러나 앞서 설명했다시피 파울리의 배타원리는 아직 고려하지 않고 현시점에서는 모든 조합이 가능하다고 생각하도록 하자. 위 8개의 파동함수에서 두 개의 전자 좌표를 교환하였을 때 반대칭이 되는 파동함수를 찾아야 하는데 위 8개의 파동함수 중에는 그러한 파동함수가 없다. 그렇다면 위 8개의 함수 중 일부를 선형결합 시킨 함수는 어떨까? 아쉽게도 위 8개의 함수를 아무리 선형결합 시켜도 반대칭 조건을 만족시키는 함수를 만들 수는 없다. 그럼 3번째 전자의 양자상태가 100이 아니라 200인 상태에 있다면 어떻게 될까? 세 번째 전자의 양자상태가 200인 상태에 있을 때 스핀 방향에 따른 조합 역시 8개가 나온다.

$$\Psi(\vec{r_1}, \vec{r_2}, \vec{r_3}) = \psi_{100}(\vec{r_1})\alpha(1)\psi_{100}(\vec{r_2})\alpha(2)\psi_{200}(\vec{r_3})\alpha(3) \tag{11-104}$$

$$\Psi(\vec{r_1}, \vec{r_2}, \vec{r_3}) = \psi_{100}(\vec{r_1})\alpha(1)\psi_{100}(\vec{r_2})\alpha(2)\psi_{200}(\vec{r_3})\beta(3) \tag{11-105}$$

$$\Psi(\vec{r_1}, \vec{r_2}, \vec{r_3}) = \psi_{100}(\vec{r_1})\alpha(1)\psi_{100}(\vec{r_2})\beta(2)\psi_{200}(\vec{r_3})\alpha(3) \tag{11-106}$$

$$\Psi(\overrightarrow{r_1}, \overrightarrow{r_2}, \overrightarrow{r_3}) = \psi_{100}(\overrightarrow{r_1})\beta(1)\psi_{100}(\overrightarrow{r_2})\alpha(2)\psi_{200}(\overrightarrow{r_3})\alpha(3) \quad (11\text{-}107)$$

$$\Psi(\overrightarrow{r_1}, \overrightarrow{r_2}, \overrightarrow{r_3}) = \psi_{100}(\overrightarrow{r_1})\alpha(1)\psi_{100}(\overrightarrow{r_2})\beta(2)\psi_{200}(\overrightarrow{r_3})\beta(3) \quad (11\text{-}108)$$

$$\Psi(\overrightarrow{r_1}, \overrightarrow{r_2}, \overrightarrow{r_3}) = \psi_{100}(\overrightarrow{r_1})\beta(1)\psi_{100}(\overrightarrow{r_2})\alpha(2)\psi_{200}(\overrightarrow{r_3})\beta(3) \quad (11\text{-}109)$$

$$\Psi(\overrightarrow{r_1}, \overrightarrow{r_2}, \overrightarrow{r_3}) = \psi_{100}(\overrightarrow{r_1})\beta(1)\psi_{100}(\overrightarrow{r_2})\beta(2)\psi_{200}(\overrightarrow{r_3})\alpha(3) \quad (11\text{-}110)$$

$$\Psi(\overrightarrow{r_1}, \overrightarrow{r_2}, \overrightarrow{r_3}) = \psi_{100}(\overrightarrow{r_1})\beta(1)\psi_{100}(\overrightarrow{r_2})\beta(2)\psi_{200}(\overrightarrow{r_3})\beta(3) \quad (11\text{-}111)$$

위 함수들을 선형결합 시켜서 반대칭 조건을 만족시키는 파동함수를 구해보면 다음과 같은 선형 결합함수가 반대칭 파동함수라는 것을 알 수 있다. 앞으로 양자상태를 나타내는 100 대신 1s와 같은 오비탈 이름을 쓰도록 하겠다.

$$\begin{aligned}\Psi(\overrightarrow{r_1}, \overrightarrow{r_2}, \overrightarrow{r_3}) = &\ \psi_{1s}(\overrightarrow{r_1})\alpha(1)\psi_{1s}(\overrightarrow{r_2})\beta(2)\psi_{2s}(\overrightarrow{r_3})\alpha(3) + \psi_{1s}(\overrightarrow{r_1})\beta(1)\psi_{2s}(\overrightarrow{r_2})\alpha(2)\psi_{1s}(\overrightarrow{r_3})\alpha(3) \\ &+ \psi_{1s}(\overrightarrow{r_2})\alpha(2)\psi_{1s}(\overrightarrow{r_3})\alpha(3)\psi_{2s}(\overrightarrow{r_1})\alpha(1) - \psi_{2s}(\overrightarrow{r_1})\alpha(1)\psi_{1s}(\overrightarrow{r_2})\beta(2)\psi_{1s}(\overrightarrow{r_3})\alpha(3) \\ &- \psi_{1s}(\overrightarrow{r_1})\beta(1)\psi_{1s}(\overrightarrow{r_2})\alpha(2)\psi_{2s}(\overrightarrow{r_3})\alpha(3) - \psi_{1s}(\overrightarrow{r_1})\alpha(1)\psi_{1s}(\overrightarrow{r_3})\alpha(3)\psi_{2s}(\overrightarrow{r_2})\alpha(2) \quad (11\text{-}112)\end{aligned}$$

위 식에서 1번 전자와 2번 전자의 좌표를 바꾸면 아래와 같은 수식이 된다.

$$\begin{aligned}\Psi(\overrightarrow{r_2}, \overrightarrow{r_1}, \overrightarrow{r_3}) = &\ \psi_{1s}(\overrightarrow{r_2})\alpha(2)\psi_{1s}(\overrightarrow{r_1})\beta(1)\psi_{2s}(\overrightarrow{r_3})\alpha(3) + \psi_{1s}(\overrightarrow{r_2})\beta(2)\psi_{2s}(\overrightarrow{r_1})\alpha(1)\psi_{1s}(\overrightarrow{r_3})\alpha(3) \\ &+ \psi_{1s}(\overrightarrow{r_1})\alpha(1)\psi_{1s}(\overrightarrow{r_3})\alpha(3)\psi_{2s}(\overrightarrow{r_2})\alpha(2) - \psi_{2s}(\overrightarrow{r_2})\alpha(2)\psi_{1s}(\overrightarrow{r_1})\beta(1)\psi_{1s}(\overrightarrow{r_3})\alpha(3) \\ &- \psi_{1s}(\overrightarrow{r_2})\beta(2)\psi_{1s}(\overrightarrow{r_1})\alpha(1)\psi_{2s}(\overrightarrow{r_3})\alpha(3) - \psi_{1s}(\overrightarrow{r_2})\alpha(2)\psi_{1s}(\overrightarrow{r_3})\alpha(3)\psi_{2s}(\overrightarrow{r_3})\alpha(3) \quad (11\text{-}113)\end{aligned}$$

식 11-113에 "-"를 붙여서 변형시켜 보면 아래와 같은 수식(11-114)이 되는데 원래 수식(11-112)과 같은 함수가 됨을 확인할 수 있다.

$$\begin{aligned}-\Psi(\overrightarrow{r_2}, \overrightarrow{r_1}, \overrightarrow{r_3}) = &\ \psi_{2s}(\overrightarrow{r_2})\alpha(2)\psi_{1s}(\overrightarrow{r_1})\beta(1)\psi_{1s}(\overrightarrow{r_3})\alpha(3) + \psi_{1s}(\overrightarrow{r_2})\beta(2)\psi_{1s}(\overrightarrow{r_1})\alpha(1)\psi_{2s}(\overrightarrow{r_3})\alpha(3) \\ &+ \psi_{1s}(\overrightarrow{r_2})\alpha(2)\psi_{1s}(\overrightarrow{r_3})\alpha(3)\psi_{2s}(\overrightarrow{r_1})\alpha(1) - \psi_{1s}(\overrightarrow{r_2})\alpha(2)\psi_{1s}(\overrightarrow{r_1})\beta(1)\psi_{2s}(\overrightarrow{r_3})\alpha(3) \\ &- \psi_{1s}(\overrightarrow{r_2})\beta(2)\psi_{2s}(\overrightarrow{r_1})\alpha(1)\psi_{1s}(\overrightarrow{r_3})\alpha(3) - \psi_{1s}(\overrightarrow{r_1})\alpha(1)\psi_{1s}(\overrightarrow{r_3})\alpha(3)\psi_{2s}(\overrightarrow{r_2})\alpha(2) \quad (11\text{-}114)\end{aligned}$$

즉, 식 11-112가 독립전자 근사법을 사용하고 전자의 스핀과 비구별성이 고려된 완전한 파동함수이다. 자, 그렇다면 이러한 반대칭 파동함수를 어떻게 찾아야 할까? 수많은 스핀 조합을 다 열거해 놓고 하나하나 선형 결합해 가며 반대칭 파동함수가 되는지 안 되는지 일일이 확인해야만 할까? 아무래도 이렇게 찾는 방법은 해보지 않아도 너무나 많은 시간이 소비될 것 같다. 게다가 위에서 우리는 3번 전자가 2s 오비탈 상태에 있다고 가정했는데 1번 전자 혹은 2번 전자가 2s 오비탈에 있는 상태에서도 각각 8개의 조합이 나오기 때문에 스핀 조합은 더욱 많아진다. 전자의 개수가 점점 많아진다면 그 조합은 상상도 하기 싫을 만큼 많은 조합이 나올 텐데 이 많은 조합을 선형결합 시켜서 반대칭 파동함수가 되는지 안 되는지 찾아야 한다면 너무나 많은 시간이 할애 될 것이다. 다행히 손쉽게 찾는 방법이 1929년 John C. Slater에 의해 소개되었다. 슬레이터는 "행렬식"이라고 불리는 수학적 방법을 통해서 반대칭 파동함수를 쉽게 찾는 방법을 발견하였는데 이를 "슬레이터의 행렬식"이라고 한다. 슬레이터의 행렬식에 관해 설명하기 전에 먼저 행렬식이란 무엇인지에 대해 간략하게 설명하도록 하자.

5) 행렬식

먼저 행렬과 행렬식은 비록 비슷한 이름을 갖고 있고 수학적 표기법 또한 유사하지만, 영어식 이름은 완전히 다르며 (영어로 행렬은 "matrix", 행렬식은 "determinant"라고 불린다) 수학적으로도 완전히 다른 개념이다.

$$\begin{pmatrix} 1 & 4 & 9 \\ -5 & 0 & 0 \\ 1 & 7 & 10 \end{pmatrix} \qquad \begin{vmatrix} 1 & 4 & 9 \\ -5 & 0 & 0 \\ 1 & 7 & 10 \end{vmatrix}$$

(a) **(b)**

그림 11-6. (a) 행렬과 (b) 행렬식의 예

행렬은 그림 11-6의 (a) 와 같이 양 끝이 구부러진 괄호를 사용하고 행렬식은 (b)처럼 절댓값을 나타내는 기호와 같은 직선을 사용한다. 행렬과 행렬식 모두 숫자를 괄호 안에 모아 놓았다는 점에서는 같다. 그러나 행렬식은 정해진 전개 방식을 통해 전개될 수 있고 또 구성하고 있는 원소들이 숫자일 경우 하나의 숫자로 계산될 수 있다는 것이 행렬과의 차이점이다. 2×2 행렬식과 3 × 3 행렬식은 단순한 규칙에 따라 한 번에 전개할 수 있다. 그림 11-7에 전개 방식이 나와있다. 그림 11-7(a)은 2×2 행렬식의 전개 방식이며, (b)는 3×3 행렬식의 전개 방식이다. (a) 2×2 행렬식의 경우 전개 방식에 의해 "$ad-bc$"가 되며 (b)3×3 행렬식의 경우 조금 복잡하지만 그림에 나와 있는 순서대로 전개하면 "$aei+bfg+cdh-ceg-bdi-afh$"와 같은 수식이 된다. 직접 숫자로 되어 있는 행렬식을 전개해 보도록 하자. 식 11-115와 같은 행렬식을 전개해 보자. 2×2 행렬식 전개 방식에 따라 전개하면 -2라는 값이 얻어진다. 이번에는 식 11-116처럼 숫자로 되어 있는 3×3 행렬식을 전개해 보자. 그림 11-7(b) 전개 방식에 따라 전개해 보면 식 11-116처럼 8이 얻어진다. 식 11-115와 116을 통해 행렬식 전개를 해봐서 알겠지만 숫자로 이루어진 행렬식을 전개하면 특정값이 얻어진다.

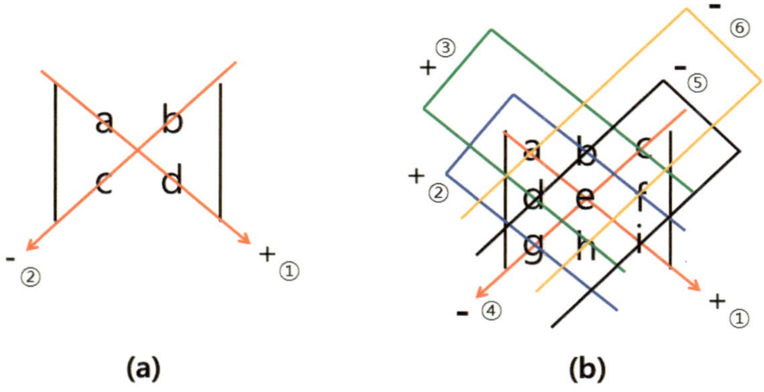

그림 11-7. (a) 2 × 2 (b) 3 × 3 행렬식 전개 방식

$$\begin{vmatrix} 1 & 2 \\ 3 & 4 \end{vmatrix} = 4 - 6 = -2 \tag{11-115}$$

$$\begin{vmatrix} 1 & 0 & 3 \\ 2 & 1 & 1 \\ 0 & 1 & 3 \end{vmatrix} = 3 + 0 + 6 - (0 + 0 + 1) = 9 - 1 = 8 \tag{11-116}$$

3×3 행렬식보다 더 큰 행렬식은 어떻게 전개해야 할까? 아쉽게도 2×2 행렬식이나 3×3 행렬식과 같은 간단한 공식은 더 이상 존재하지 않는다. 따라서 행렬식의 원래 정의대로 차근차근 전개해나가야 한다. 아래와 같이 숫자로 된 4×4 행렬식(그림 11-8(a))이 있다고 가정하고 행렬식의 원래 전개 방식을 따라 전개해 보도록 하자. 전개 방식은 아래와 같다.

① 행렬식에서 아무 행이나 선택한다. 여기서는 1행을 선택했다고 하자. (그림 11-8(b))

② 1행 1열의 숫자를 이용하여 아래와 같이 여인자($2 \times (-1)^{1+1}$)를 만들고 1행 1열을 제외한 나머지 숫자로 구성된 3×3 행렬식(식 11-117)을 구한 뒤 여인자와 곱하기 형식으로 써준다.

$$\begin{vmatrix} 1 & 5 & 0 \\ 2 & 4 & -1 \\ 0 & -2 & 0 \end{vmatrix} \tag{11-117}$$

③ 1행 2열의 숫자를 이용하여 아래와 같이 여인자($-5 \times (-1)^{1+2}$)를 만들고 1행 2열을 제외한 나머지 숫자로 구성된 3×3 행렬식(식 11-118)을 구한 뒤 여인자와 곱하기 형식으로 써준다.

$$\begin{vmatrix} 0 & 5 & 0 \\ 0 & 4 & -1 \\ 0 & -2 & 0 \end{vmatrix} \tag{11-118}$$

④ 1행 3열의 숫자를 이용하여 아래와 같이 여인자($7 \times (-1)^{1+3}$)를 만들고 1행 3열을 제외한 나머지 숫

자로 구성된 3×3 행렬식(식 11-119)을 구한 뒤 여인자와 곱하기 형식으로 써준다.

$$\begin{vmatrix} 0 & 1 & 0 \\ 0 & 2 & -1 \\ 0 & 0 & 0 \end{vmatrix} \tag{11-119}$$

⑤ 1행 4열의 숫자를 이용하여 아래와 같이 여인자$(3\times(-1)^{1+4})$를 만들고 1행 4열을 제외한 나머지 숫자로 구성된 3×3 행렬식(식 11-120)을 구한 뒤 여인자와 곱하기 형식으로 써준다.

$$\begin{vmatrix} 0 & 1 & 5 \\ 0 & 2 & 4 \\ 0 & 0 & -2 \end{vmatrix} \tag{11-120}$$

⑥ ②, ③, ④, ⑤에서 얻어진 여인자 및 소행렬식을 모두 더한 뒤 같은 방식으로 3×3 행렬식을 더 작은 2×2 소행렬로 전개한다.

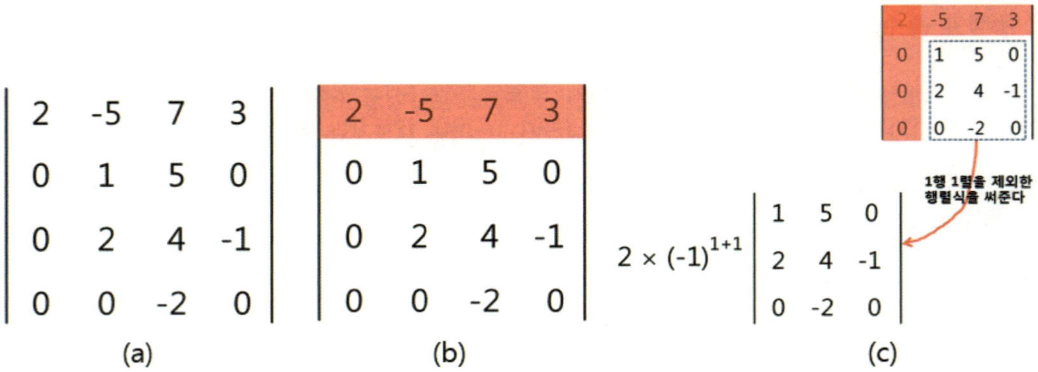

$$\begin{vmatrix} 2 & -5 & 7 & 3 \\ 0 & 1 & 5 & 0 \\ 0 & 2 & 4 & -1 \\ 0 & 0 & -2 & 0 \end{vmatrix} \qquad \begin{vmatrix} 2 & -5 & 7 & 3 \\ 0 & 1 & 5 & 0 \\ 0 & 2 & 4 & -1 \\ 0 & 0 & -2 & 0 \end{vmatrix} \qquad 2\times(-1)^{1+1}\begin{vmatrix} 1 & 5 & 0 \\ 2 & 4 & -1 \\ 0 & -2 & 0 \end{vmatrix}$$

(a) (b) (c)

그림 11-8. (a) 숫자로 구성되어 있는 4×4 행렬, (b) 첫 번째 행을 선택하였다면, (c) 1행 1열 원소로 여인자를 나머지 행렬을 곱한다. 이렇게 만들어진 소행렬을 모두 더한 뒤 위 과정을 반복해서 전개한다.

위와 같은 규칙에 따라 그림 11-8(a) 행렬식을 전개하면 다음과 같다.

$$\begin{vmatrix} 2 & -5 & 7 & 3 \\ 0 & 1 & 5 & 0 \\ 0 & 2 & 4 & -1 \\ 0 & 0 & -2 & 0 \end{vmatrix} \tag{11-121}$$

$$= 2(-1)^{1+1}\begin{vmatrix} 1 & 5 & 0 \\ 2 & 4 & -1 \\ 0 & -2 & 0 \end{vmatrix} + (-5)(-1)^{1+2}\begin{vmatrix} 0 & 5 & 0 \\ 0 & 4 & -1 \\ 0 & -2 & 0 \end{vmatrix} + 7(-1)^{1+3}\begin{vmatrix} 0 & 1 & 0 \\ 0 & 2 & -1 \\ 0 & 0 & 0 \end{vmatrix}$$

$$+ 3(-1)^{1+4}\begin{vmatrix} 0 & 1 & 5 \\ 0 & 2 & 4 \\ 0 & 0 & -2 \end{vmatrix}$$

$$= 2\left\{1(-1)^{1+1}\begin{vmatrix}4 & -1\\ -2 & 0\end{vmatrix} + 5(-1)^{1+2}\begin{vmatrix}2 & -1\\ 0 & 0\end{vmatrix} + 0(-1)^{1+3}\begin{vmatrix}2 & 4\\ 0 & -2\end{vmatrix}\right\}$$
$$+ 5\left\{0(-1)^{1+1}\begin{vmatrix}4 & -1\\ -2 & 0\end{vmatrix} + 5(-1)^{1+2}\begin{vmatrix}0 & -1\\ 0 & 0\end{vmatrix} + 0(-1)^{1+3}\begin{vmatrix}0 & 4\\ 0 & -2\end{vmatrix}\right\}$$
$$+ 7\left\{0(-1)^{1+1}\begin{vmatrix}2 & -1\\ 0 & 0\end{vmatrix} + 1(-1)^{1+2}\begin{vmatrix}0 & -1\\ 0 & 0\end{vmatrix} + 0(-1)^{1+3}\begin{vmatrix}0 & 2\\ 0 & 0\end{vmatrix}\right\} \tag{11-122}$$
$$+ (-3)\left\{0(-1)^{1+1}\begin{vmatrix}2 & 4\\ 0 & -2\end{vmatrix} + 1(-1)^{1+2}\begin{vmatrix}0 & 4\\ 0 & -2\end{vmatrix} + 5(-1)^{1+3}\begin{vmatrix}0 & 2\\ 0 & 0\end{vmatrix}\right\}$$

$$= 2\{(-2) + (-5) \cdot 0 + 0\} + 5(0+0+0) + 7(0+0+0) + (-3)(0+0+0) = -4 \tag{11-123}$$

행렬식을 전개할 때 첫 번째 행렬을 기준으로 꼭 할 필요는 없다. 두 번째, 세 번째, 혹은 네 번째 행을 기준으로 전개해도 같은 값이 나온다. 예를 들어, 4번째 행을 기준으로 전개해 보면 다음과 같은 과정에 의해 같은 -4라는 값이 나온다.

$$\begin{vmatrix}2 & -5 & 7 & 3\\ 0 & 1 & 5 & 0\\ 0 & 2 & 4 & -1\\ 0 & 0 & -2 & 0\end{vmatrix}$$

$$= 0(-1)^{1+1}\begin{vmatrix}-5 & 7 & 3\\ 1 & 5 & 0\\ 2 & 4 & -1\end{vmatrix} + 0(-1)^{1+2}\begin{vmatrix}2 & 7 & 3\\ 0 & 5 & 0\\ 0 & 4 & -1\end{vmatrix} + (-2)(-1)^{1+3}\begin{vmatrix}2 & -5 & 3\\ 0 & 1 & 0\\ 0 & 2 & -1\end{vmatrix} + 0(-1)^{1+4}\begin{vmatrix}2 & -5 & 7\\ 0 & 1 & 5\\ 0 & 2 & 4\end{vmatrix}$$

$$= (-2)(-1)^{1+3}\begin{vmatrix}2 & -5 & 3\\ 0 & 1 & 0\\ 0 & 2 & -1\end{vmatrix} = -2(-2) = -4 \tag{11-124}$$

6) 슬레이터의 행렬식

자, 그럼 이제 행렬식을 이용하여 전자의 스핀과 반대칭성이 고려된 파동함수를 쓰는 방법에 대해 알아보도록 하자. 다양한 스핀 조합을 이용하여 반대칭 파동함수를 만드는 방법은 다음과 같다.

① 가장 낮은 에너지의 오비탈부터 순서대로 써주고 전자를 파울리의 배타원리에 맞춰 순서대로 배정한다. 스핀은 업, 다운 교대로 지정한다. 예를 들어, 헬륨 원자라면 식 11-125처럼 써 주면 된다. 1번 전자를 1s 오비탈에 그리고 업 스핀을 배정하고, 2번 전자 역시 1s 오비탈에 그리고 이번에는 다운 스핀을 배정한다. 파울리의 배타 원리에 의하면 전자는 4개의 양자수가 모두 같을 수 없다.

$$\psi_{1s}(\overrightarrow{r_1})\alpha(1),\ \psi_{1s}(\overrightarrow{r_2})\beta(2) \tag{11-125}$$

② 식 11-125의 두 파동함수를 식 11-126처럼 행렬식의 대각선 요소로 왼쪽 위부터 써 준다.

$$\begin{vmatrix} \psi_{1s}(\overrightarrow{r_1})\alpha(1) & \\ & \psi_{1s}(\overrightarrow{r_2})\beta(2) \end{vmatrix} \qquad (11\text{-}126)$$

③ 식 11-127처럼 같은 열에는 같은 오비탈을 써 주고 같은 행에는 같은 전자 번호를 써 준다. 식 11-126이 전자의 반대칭성을 만족시키는 완벽 파동함수이다.

$$\Psi(\overrightarrow{r_1}, \overrightarrow{r_2}) = \begin{vmatrix} \psi_{1s}(\overrightarrow{r_1})\alpha(1) & \psi_{1s}(\overrightarrow{r_1})\beta(1) \\ \psi_{1s}(\overrightarrow{r_2})\alpha(2) & \psi_{1s}(\overrightarrow{r_2})\beta(2) \end{vmatrix} \qquad (11\text{-}126)$$

정리하자면 열이 같으면 오비탈의 종류가 갖고 행이 같으면 전자 번호가 같다. 다시 말해서 열이 늘어남에 따라 오비탈의 종류가 바뀌고 행이 늘어날수록 전자 번호가 늘어난다. (그림 11-9)

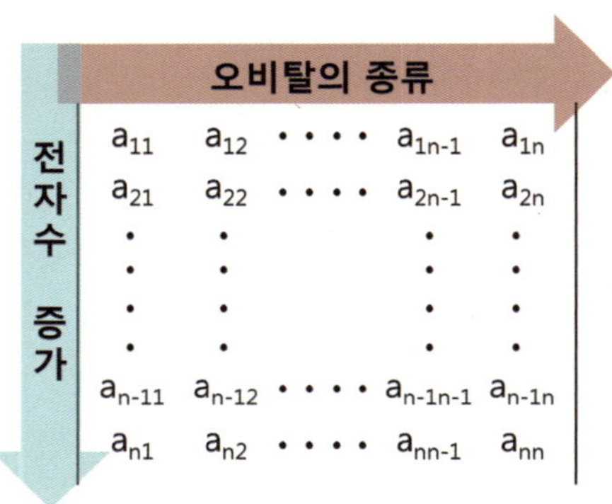

그림 11-9. 슬레이터의 행렬식을 쓰는 방법

식 11-126을 전개하면 $\psi_{1s}(\overrightarrow{r_1})\alpha(1)\psi_{1s}(\overrightarrow{r_2})\beta(2) - \psi_{1s}(\overrightarrow{r_1})\beta(1)\psi_{1s}(\overrightarrow{r_2})\alpha(2)$로서 위에서 우리가 구했던 반대칭 파동함수와 같은 함수가 얻어진다는 사실을 알 수 있다. 위 행렬식에서 대각선은 전자의 상태를 나타낸다. 즉, $\psi_{1s}(\overrightarrow{r_1})\alpha(1)$는 1번 전자가 1s 오비탈 상태에서 업 스핀을 갖고 있다는 것을 의미하고 $\psi_{1s}(\overrightarrow{r_2})\beta(2)$는 2번 전자가 1s 오비탈 상태에서 다운 스핀을 갖고 있다는 것을 의미한다. 만일 2번째 전자가 1번 전자처럼 1s 오비탈 상태에서 업 스핀을 갖고 있다면 어떻게 될까? (식 11-127) 모든 열은 같은 오비탈을 상태여야 하므로 두 번째 행 두 번째 열의 다운 스핀을 업 스핀으로 바꾸면 첫 번째 행 두 번째 열의 다운 스핀도 업 스핀으로 바뀌어야 한다.

$$\Psi(\overrightarrow{r_1}, \overrightarrow{r_2}) = \begin{vmatrix} \psi_{1s}(\overrightarrow{r_1})\alpha(1) & \psi_{1s}(\overrightarrow{r_1})\alpha(1) \\ \psi_{1s}(\overrightarrow{r_2})\alpha(2) & \psi_{1s}(\overrightarrow{r_2})\alpha(2) \end{vmatrix} \qquad (11\text{-}127)$$

식 11-127을 전개해 보면 행렬식의 값이 "0"이 된다는 사실을 확인할 수 있다. 즉, 두 개의 전자가 모두 같은 양자수 상태에 있다면 (같은 1s 오비탈과 같은 스핀 상태) 파동함수는 존재하지 않게 된다는 사실을 알 수 있다. 즉, 파동함수가 존재하려면 다시 말해서 전자가 존재하려면 두 개의 전자는 4개의 양자수가 모두 같아서는 안 된다는 결론에 도달하게 된다. 같은 오비탈에 같은 스핀을 가진 전자가 들어갈 수 없으며, 같은 오비탈에 전자가 들어가기 위해서는 반드시 스핀이 서로 반대 방향이어야 한다. 이 원리를 우리는 "파울리의 배타원리"라고 부른다.

자, 이제 헬륨 원자보다 더 큰 리튬 원자의 3개의 전자를 슬레이터의 행렬식으로 써 보도록 하자. 리튬 원자는 세 개의 전자를 가지고 있으므로 아래 식과 같이 쓸 수 있다.

$$\Psi(\overrightarrow{r_1}, \overrightarrow{r_2}, \overrightarrow{r_3}) = \begin{vmatrix} \psi_{1s}(\overrightarrow{r_1})\alpha(1) & \psi_{1s}(\overrightarrow{r_1})\beta(1) & \psi_{2s}(\overrightarrow{r_1})\alpha(1) \\ \psi_{1s}(\overrightarrow{r_2})\alpha(2) & \psi_{1s}(\overrightarrow{r_2})\beta(2) & \psi_{2s}(\overrightarrow{r_2})\alpha(2) \\ \psi_{1s}(\overrightarrow{r_3})\alpha(3) & \psi_{1s}(\overrightarrow{r_3})\beta(3) & \psi_{2s}(\overrightarrow{r_3})\alpha(3) \end{vmatrix} \qquad (11\text{-}128)$$

위 행렬식을 전개하면 11-112와 같은 식이 얻어진다. 사실 위에서 소개한 11-112는 11-128 행렬식을 전개하여 구한 식이다. 11-128 행렬식의 대각선을 보면 현재 1번 전자는 1s 오비탈 상태에서 업 스핀, 2번 전자는 1s 오비탈 상태에서 다운 스핀, 3번 전자는 2s 오비탈 상태에서 업 스핀을 갖고 있으며 만일 3번째 전자가 1번 전자와 같은 양자상태가 된다면 위 행렬식의 값은 "0"이 된다. 즉, 3번 전자가 1번 전자와 같이 1s 오비탈 상태에서 업 스핀을 가진다면 행렬식의 값은 "0"이 되고, 이는 이러한 양자상태는 허용되지 않음을 나타낸다. 즉, 모든 전자는 같은 4개의 양자수를 가질 수 없는 것이다. 위 행렬식에서 행은 전자 번호를 나타낸다. 따라서 두 행의 위치를 서로 바꾼다는 것은 두 전자의 좌표를 바꾼다는 것을 의미한다. 두 전자의 좌표를 바꾸었을 때 반대칭 파동함수가 되어야 하는데 이러한 특성을 위 행렬식에서 두 행의 위치를 바꿈으로써 확인할 수 있다. 예를 들어, 1번 전자와 3번 전자의 좌표를 바꾸는 것은 위 행렬식에서 1번 행과 3번 행의 위치를 바꾼다는 것을 의미한다. 행렬식 11-129를 전개하면 11-128을 전개한 식과 반대칭 관계가 된다.

$$\Psi(\overrightarrow{r_3}, \overrightarrow{r_2}, \overrightarrow{r_1}) = \begin{vmatrix} \psi_{1s}(\overrightarrow{r_3})\alpha(3) & \psi_{1s}(\overrightarrow{r_3})\beta(3) & \psi_{2s}(\overrightarrow{r_3})\alpha(3) \\ \psi_{1s}(\overrightarrow{r_2})\alpha(2) & \psi_{1s}(\overrightarrow{r_2})\beta(2) & \psi_{2s}(\overrightarrow{r_2})\alpha(2) \\ \psi_{1s}(\overrightarrow{r_1})\alpha(1) & \psi_{1s}(\overrightarrow{r_1})\beta(1) & \psi_{2s}(\overrightarrow{r_1})\alpha(1) \end{vmatrix} \qquad (11\text{-}129)$$

현재 위에서 쓴 행렬식에는 정규화상수가 포함되어 있지 않다. 비록 행렬식에 사용된 함수들은 모두 정규화된 함수들이지만 이 함수들을 선형결합 시키게 되면 정규화상수는 달라진다. 슬레이터의 행렬식에서 정규화상수는 $\frac{1}{\sqrt{n!}}$로 구하며 여기서 n은 전자의 개수이다. 정규화상수를 포함하여 식 11-128을 표현하면 아래와 같다.

$$\Psi(\overrightarrow{r_1}, \overrightarrow{r_2}, \overrightarrow{r_3}) = \frac{1}{\sqrt{3!}} \begin{vmatrix} \psi_{1s}(\overrightarrow{r_1})\alpha(1) & \psi_{1s}(\overrightarrow{r_1})\beta(1) & \psi_{2s}(\overrightarrow{r_1})\alpha(1) \\ \psi_{1s}(\overrightarrow{r_2})\alpha(2) & \psi_{1s}(\overrightarrow{r_2})\beta(2) & \psi_{2s}(\overrightarrow{r_2})\alpha(2) \\ \psi_{1s}(\overrightarrow{r_3})\alpha(3) & \psi_{1s}(\overrightarrow{r_3})\beta(3) & \psi_{2s}(\overrightarrow{r_3})\alpha(3) \end{vmatrix} \quad (11\text{-}130)$$

자, 이런 식으로 우리는 이제 독립전자 근사법 하에서 전자의 스핀이 고려된 완전한 반대칭 파동함수를 쓸 수 있게 되었고 그 에너지도 구할 수 있게 되었다. 그런데 초반에도 말했다시피 이 근사법에서는 전자와 전자 사이의 반발을 전적으로 무시하기 때문에 전자의 수가 많아질수록 실제 실험 결과와 많은 오차가 발생하게 된다. 이 오차를 어떻게 줄여야 할까? 전자와 전자 사이의 반발을 고려하게 되면 쉬뢰딩거 방정식이 너무 복잡해져서 풀 수가 없는 상황이 되고 그렇다고 독립전자 근사법처럼 전자와 전자 사이의 반발을 무시하자니 현실 세계와 너무나 동떨어진 결과가 얻어진다. 전자와 전자 사이의 반발을 고려하면서 쉬뢰딩거 방정식을 푸는 방법은 없을까? 다행히도 전자와 전자 사이의 반발을 적절히 고려하면서 쉬뢰딩거 방정식을 풀 수 있는 교묘한 방법이 개발되었다. 이 방법은 "자체일관성장 방법 (Self-consistent field method)이라고 불리는 방법이다. 이 방법에서는 전자와 전자 사이의 반발을 입자와 입자 사이의 반발로 생각하지 않고 하나의 전자가 만들어놓은 퍼텐셜 에너지 하에서 다른 전자가 받는 영향으로 생각함으로써 풀어야 할 변수를 줄이는 방식이다. 다음 장에서 이 방법에 대해 구체적으로 설명하도록 하자.

12. 변분법

양자역학을 이용해서 다전자 원자 및 분자에 대한 쉬뢰딩거 방정식을 풀 수가 없고 그 결과 관련 파동함수 및 에너지를 구할 수 없으므로 양자역학을 다전자 원자 및 분자 시스템에 적용하기 위해서는 근사법을 사용해야 한다. 근사법 중 하나가 여기서 소개하고자 하는 변분법이다. 변분법을 소개하기 위해서는 먼저 아래에 설명할 세 가지 기본 지식(기댓값, 직교정규화, 변분원리)을 알고 있어야 한다. 세 가지에 대해 먼저 설명하고 그다음에 변분법에 관해 설명하도록 하겠다.

1) 기댓값

10명의 학생이 시험을 쳤는데 50, 90, 20, 40, 20, 60, 50, 80, 50, 60의 점수가 나왔다고 가정해보자. 학생들의 점수 평균은 아래와 같이 학생들이 얻은 성적을 모두 더하고 이 값을 학생들 수로 나누어서 구할 수 있다.

$$\text{평균} = \frac{50+90+20+40+20+60+50+80+50+60}{10} = \frac{520}{10} = 52 \qquad (12\text{-}1)$$

아주 간단한 문제였을 것이다. 자 그럼 이번에는 위와 같은 방식이지만 조금은 다르게 평균을 구해보도록 하자. 위 점수 분포를 보면 몇몇 학생들이 같은 점수를 받았다는 사실을 알 수 있다. 같은 점수를 받은 학생들이 몇 명인지 명수를 세어서 정리하면 아래와 같다.

표 12.1 학생들이 받은 점수를 같은 점수를 받은 학생 수로 분류하여 나타낸 표

점수	90	80	60	50	40	20
학생수	1	1	2	3	1	2

위 테이블을 기준으로 평균을 구해보면 다음식과 같다.

$$\frac{90\times1+80\times1+60\times2+50\times3+40\times1+20\times2}{10} = \frac{520}{10} = 52 \qquad (12\text{-}2)$$

식 12-2를 다음과 같이 표현할 수도 있다.

$$\left(90\times\frac{1}{10}\right)+\left(80\times\frac{1}{10}\right)+\left(60\times\frac{2}{10}\right)+\left(50\times\frac{3}{10}\right)+\left(40\times\frac{1}{10}\right)+\left(20\times\frac{1}{10}\right)=52 \qquad (12\text{-}3)$$

식 12-3을 자세히 들여다보면 각각의 점수에 그 점수에 해당하는 학생들의 비율을 곱한 뒤 그 값들을 모두 더했음을 볼 수 있다. 식 12-3과 같이 구한 평균을 "가중평균"이라고 한다. 혹시 독자 중에 식 12-3과 같은 방식을 생소하게 여기는 사람이 있을 수도 있는데 식 12-2를 식 12-1과 12-3을 비교해 보면 알 수 있겠지만 두 방식은 같은 방식이라는 것을 쉽게 확인할 수 있다. 식 12-1 에서는 각각의 점수를 모두 더한 뒤 전체 학생 수로 나누어서 평균을 구했지만, 식 12-3 에서는 특정 점수와 그 점수를 받은 학생의 비율을 곱해서 평균을 구하고 있다. 따라서 식 12-3은 식 12-4와 같이 표현할 수 있다.

$$\sum(\text{점수} \times \text{점수를 받은 학생들의 비율}) \tag{12-4}$$

위에서 우리는 평균이라는 용어를 사용하였고 각각의 점수를 받은 학생들의 비율이라는 용어를 사용하였는데 이 용어들은 각각 기댓값과 각각의 점수를 받을 학생들의 확률이라는 용어로 대체해서 사용할 수 있다. 시간상으로 이미 시험을 치른 상태라면 점수를 받은 학생들의 비율이 될 것이고 평균이라는 용어를 사용해야 하겠지만, 시험을 아직 치르기 전이고 점수를 받을 학생들의 비율이 예상되는 값이라면 즉, 점수를 받을 확률이라면 비율 대신 확률이라는 용어를 사용할 수 있고 평균 대신 기댓값이라는 용어를 사용할 수 있을 것이다. 즉, 학생들이 받을 점수의 기댓값은 식 12-5와 같이 구할 수 있다.

$$\text{점수의 기댓값} = \sum(\text{점수} \times \text{점수를 받을 학생들의 확률}) \tag{12-5}$$

식 12-5는 학생들이 받은 혹은 받을 시험점수에 대한 기댓값에 관한 식이지만 단지 점수에만 국한돼서 사용될 필요는 없다. 우리는 같은 방식으로 모든 물리량에 해당하는 기댓값을 구할 수 있다. 구하고자 하는 물리량에 확률을 곱한 뒤 그 값을 모두 더하면 되는 것이다. 에너지 기댓값(기호 $\langle E \rangle$로 나타낸다)을 구하고 싶다면 에너지에 확률을 곱한 뒤 그 값들을 모두 더하면 되고 운동량 기댓값(기호로 $\langle \mathrm{p} \rangle$로 표시한다)을 구하고 싶다면 운동량에 확률을 곱한 뒤 그 값들을 모두 더하면 되는 것이다.

$$< E > \; = \sum(\text{에너지} \times \text{확률}), \qquad < p > \; = \sum(\text{운동량} \times \text{확률}) \tag{12-6}$$

앞 장에서 우리는 파동함수의 확률론적 해석에 관해 배웠다. 확률론적 해석에 의하면 $d\tau(dxdydz)$라는 아주 작은 공간(미소 공간)에서 입자가 발견될 확률은 그 입자를 묘사하는 파동함수 ψ의 제곱 $\psi^*\psi$와 미소 공간의 부피 $d\tau$와의 곱 $\psi^*\psi d\tau$, 으로 표현된다. 식 12-5의 "시그마" 기호 대신 적분 기호를 사용하고 확률로서 양자역학적으로 정의된 확률을 사용하게 되면 식 12-6의 에너지 기댓값은 아래와 같이 표현될 수 있다.

$$< E > \; = \int E \psi^* \psi d\tau \tag{12-7}$$

E는 상수이므로 두 파동함수 사이로 자리를 바꿔도 된다. 그리고 해밀토니안 연산자의 고유치가 에너지이므로 식 12-7은 식 13-7과 같이 변경될 수 있다.

$$< E > = \int E \psi^* \psi d\tau = \int \psi^* E \psi d\tau = \int \psi^* \hat{H} \psi d\tau \qquad (12\text{-}8)$$

식 12-8에서는 에너지에 대한 기댓값만 나타내었는데 어떤 물리량의 기댓값도 같은 방식으로 구할 수 있다. 즉, 파동함수 ψ로 묘사되는 시스템에서 A라는 물리량의 기댓값은 A라는 물리량에 대응하는 연산자, $\hat{a}$를 이용하여 식 12-9과 같이 구할 수 있다.

$$< A > = \int \psi^* \hat{a} \psi d\tau \qquad (12\text{-}9)$$

그런데 여기서 한 가지 추가로 알아야 할 사항이 있다. 식 12-3으로 다시 돌아가 보자. 식 12-3에서 점수를 받은 학생들의 비율, $\frac{1}{10}, \frac{1}{10}, \frac{2}{10}, \dots$을 모두 더해보면 1이 된다. 즉, 이 비율은 이미 정규화된 비율이라고 할 수 있다. 만일 정규화된 비율이 아니라 그냥 점수를 받은 학생들의 비율을 사용하여 계산한다면 다음과 같이 계산될 것이다.

$$90 \times 1 + 80 \times 1 + 60 \times 2 + 50 \times 3 + 40 \times 1 + 20 \times 2 = 520 \qquad (12\text{-}10)$$

식 12-10에서 90에 곱한 값 1, 80에 곱한 값 1, 60에 곱한 값 2등의 값들은 점수를 받은 학생들의 정규화되지 않은 비율이다. 제대로 된 평균, 제대로 된 기댓값을 구하려면 점수에 정규화되지 않은 비율을 곱한 뒤 모두 더한 값 520을 전체 수 10으로 나누어 주어야 한다. 이러한 상황은 식 12-5에서도 똑같다. 식 13-5에서 확률을 구하기 위해서 사용된 파동함수가 정규화된 파동함수라면 식 12-5의 확률은 정규화된 확률이다. 만일 정규화된 파동함수가 사용되지 않아서 정규화된 확률이 아니라면 전체 값 $\int \psi^* \psi d\tau$으로 나누어 주어야 한다. 즉, 식 12-9의 파동함수 ψ이 정규화된 파동함수라면 A의 기댓값 $\langle A \rangle$는 식 12-9을 그대로 사용하면 된다. 그러나 만일 파동함수 ψ이 정규화된 파동함수가 아니라면 식 12-9을 전체 값 $\int \psi^* \psi d\tau$으로 나누어준 식 12-10의 식이 사용되어야 한다.

$$< A > = \frac{\int \psi^* \hat{a} \psi d\tau}{\int \psi^* \psi d\tau} \qquad (12\text{-}10)$$

그런데 만일 정규화된 파동함수였음에도 불구하고 식 12-10을 사용하면 어떻게 될까? 파동함수 ψ이 정규화된 파동함수라면 식 12-10을 사용하더라도 식 12-10의 분모 값은 어차피 1이 되기 때문에 결국 식 12-8을 사용한 것과 같은 결과가 된다. 즉, 식 12-8에서는 정규화된 파동함수만 사용되어야 하지만 식 12-10에서는 정규화된 파동함수 또는 정규화되지 않은 파동함수 모두 사용 가능하므로 식 12-10이 더 일반적인 식이라 할 수 있다. 따라서 다음과 같이 결론 내릴 수 있다. 파동함수 ψ로 묘사되는 시스템에서 A라는 물리량의 기댓값은 A라는 물리량에 대응하는 연산자, $\hat{a}$를 이용하여 식 12-10을 이용하여 구할 수 있다.

2) 구체적인 사례에서 기댓값 구하기

위 절에서 우리는 기댓값을 어떻게 구하는지에 대해 살펴보았다. 이 절에서는 구체적인 사례를 들어 기댓값을 직접 구해보자. 1장에서 우리는 1차원 상자 안에 갇혀있는 입자를 양자역학적으로 어떻게 풀어야 하는지 그리고 어떻게 묘사되는지에 대해 배웠다. 쉬뢰딩거 방정식을 풀어서 우리는 1차원 상자 안에 갇혀있는 입자의 파동함수로서 식 12-11과 같은 식을 얻었다. 식 12-11에서 $n=1,2,3,\ldots$으로 나아가는 양의 정수이다.

$$\psi_n(x)=\sqrt{\frac{2}{L}}\sin\frac{n\pi x}{L} \tag{12-11}$$

1차원 상자 안에 갇혀있는 입자의 에너지를 구하려면 에너지에 대응하는 연산자 즉, $\hat{H}$을 식 12-11의 함수에 적용해야 한다. 에너지 연산자, 해밀토니안 $\hat{H}$은 운동에너지 연산자 $\hat{T}$와 퍼텐셜 에너지 연산자 $\hat{V}$로 구성되는데 6장에서 우리는 상자 안 입자의 퍼텐셜 에너지를 0으로 가정했기 때문에 에너지 연산자는 운동에너지 연산자로만 구성된다. 1차원 운동에너지 연산자 $-\frac{\hbar^2}{2m}\frac{d^2}{dx^2}$을 식 12-11에 적용해서 정리하면 식 13-12와 같이 연산자를 적용하기 전 파동함수(식 12-11)와 같은 파동함수가 나오는 것을 볼 수 있다.

$$\begin{aligned}\hat{T}\psi_n(x)&=-\frac{\hbar^2}{2m}\frac{d^2}{dx^2}\sqrt{\frac{2}{L}}\sin\frac{n\pi x}{L}=-\frac{\hbar^2}{2m}\left(\frac{n\pi}{L}\right)^2\left(-\sqrt{\frac{2}{L}}\sin\frac{n\pi x}{L}\right)\\&=\frac{\hbar^2}{2m}\left(\frac{n\pi}{L}\right)^2\left(\sqrt{\frac{2}{L}}\sin\frac{n\pi x}{L}\right)=\frac{1}{2m}\left(\frac{h}{2\pi}\right)^2\left(\frac{n\pi}{L}\right)^2\left(\sqrt{\frac{2}{L}}\sin\frac{n\pi x}{L}\right)\\&=\frac{1}{2m}\frac{h^2}{4\pi^2}\frac{n^2\pi^2}{L^2}\left(\sqrt{\frac{2}{L}}\sin\frac{n\pi x}{L}\right)=\frac{n^2h^2}{8mL^2}\left(\sqrt{\frac{2}{L}}\sin\frac{n\pi x}{L}\right)\end{aligned} \tag{12-12}$$

따라서, 1차원 상자 안 입자의 파동함수는 에너지 연산자의 고유함수이고 그 고유치 $\frac{n^2h^2}{8mL^2}$이 바로 에너지라는 사실을 알 수 있다. 이제 식 12-10을 이용해서 상자 안 입자의 에너지의 기댓값을 한 번 구해보도록 하자. 파동함수 식 13-11은 이미 정규화된 파동함수이므로 식 12-10에 1차원 운동에너지 연산자를 대입하여 정리하면 다음과 같은 식이 된다. 식 12-10의 적분을 풀기 위해 삼각함수 덧셈 공식을 사용하자.

$$< E > \; = \int_0^L \psi^*(x)\,\hat{T}\psi(x)dx = \int_0^L \sqrt{\frac{2}{L}}\sin\frac{n\pi x}{L}\left(-\frac{\hbar^2}{2m}\frac{d^2}{dx^2}\right)\sqrt{\frac{2}{L}}\sin\frac{n\pi x}{L}dx$$

$$= \frac{2}{L}\left(-\frac{\hbar^2}{2m}\right)\int_0^L \sin\frac{n\pi x}{L}\left(\frac{d^2}{dx^2}\right)\sin\frac{n\pi x}{L}dx = \frac{2}{L}\left(-\frac{\hbar^2}{2m}\right)\int_0^L \sin\frac{n\pi x}{L}\left(\frac{n\pi}{L}\right)^2\left(-\sin\frac{n\pi x}{L}\right)dx$$

$$= \frac{2}{L}\left(\frac{\hbar^2}{2m}\right)\left(\frac{n\pi}{L}\right)^2\int_0^L \sin\frac{n\pi x}{L}\left(\sin\frac{n\pi x}{L}\right)dx = \frac{2}{L}\left(\frac{\hbar^2}{2m}\right)\left(\frac{n\pi}{L}\right)^2\int_0^L \sin^2\frac{n\pi x}{L}dx \qquad (12\text{-}13)$$

삼각함수 덧셈 공식 $\cos(\alpha+\beta) = \cos\alpha cos\beta - \sin\alpha\sin\beta$에서 $\alpha = \beta$라면

$$\cos(2\alpha) = \cos^2\alpha - \sin^2\alpha = 1 - \sin^2\alpha - \sin^2\alpha = 1 - 2\sin^2\alpha$$

$$\therefore \sin^2\alpha = \frac{1-\cos(2\alpha)}{2} \qquad (12\text{-}14)$$

이 된다. 식 12-14를 식 12-13에 대입한 뒤 적분해 보면

$$\langle E \rangle = \frac{2}{L}\left(\frac{\hbar^2}{2m}\right)\left(\frac{n\pi}{L}\right)^2\left[\frac{1}{2}x - \frac{1}{2}\frac{L}{n\pi}\cos\frac{2n\pi x}{L}\right]_0^L = \frac{2}{L}\left(\frac{\hbar^2}{2m}\right)\left(\frac{n\pi}{L}\right)^2\frac{L}{2}$$

$$\langle E \rangle = \left(\frac{\hbar^2}{2m}\right)\left(\frac{n\pi}{L}\right)^2 = \frac{1}{2m}\frac{h^2}{4\pi^2}\frac{n^2\pi^2}{L^2} = \frac{1}{2m}\frac{h^2}{4}\frac{n^2}{L^2} = \frac{n^2h^2}{8mL^2} \qquad (12\text{-}15)$$

식 12-15에서 얻어진 에너지 기댓값을 보면 $\frac{n^2h^2}{8mL^2}$으로 식 12-12에서 고유치로 얻은 값과 같다는 것을 알 수 있다. 즉, 어떤 함수가 어떤 물리량에 대응하는 연산자의 고유함수라면 그 고유치는 그 물리량의 기댓값과 같다고 할 수 있다. 그렇다면 만일 어떤 함수가 어떤 물리량에 대응하는 연산자의 고유함수가 아니라면 어떻게 될까? 1차원 상자 안 입자의 운동량을 통해 확인해 보도록 하자. 선운동량에 대응하는 연산자는 $-i\hbar\frac{d}{dx}$이다. 이 연산자를 1차원 상자 안 입자의 파동함수에 적용하면 식 12-16에서 볼 수 있는 바와 같이 연산자를 적용하기 전 함수와는 다른 함수가 되는 것을 볼 수 있다.

$$\hat{p}\psi_n(x) = -i\hbar\frac{d}{dx}\sqrt{\frac{2}{L}}\sin\frac{n\pi x}{L} = -i\hbar\left(\frac{n\pi}{L}\right)\left(\sqrt{\frac{2}{L}}\cos\frac{n\pi x}{L}\right) \qquad (12\text{-}16)$$

연산자를 적용하기 전에는 $\sqrt{\frac{2}{L}}\sin\frac{n\pi x}{L}$이었던 함수가 선운동량 연산자를 적용하고 나니 $\sqrt{\frac{2}{L}}\cos\frac{n\pi x}{L}$으로 바뀌었음을 확인할 수 있다. 즉, 1차원 상자 안 입자의 파동함수는 선운동량 연산자의 고유함수가 아니다. 그렇다면 선운동량의 기댓값은 어떻게 되는지 한번 계산해보도록 하자. 선운동량의 기댓값을 계산해보면 식 12-17과 같이 된다.

$$\begin{aligned} <p> &= \int_0^L \psi^*(x)\hat{p}\,\psi(x)dx = \int_0^L \sqrt{\frac{2}{L}}\sin\frac{n\pi x}{L}\left(-i\hbar\frac{d}{dx}\right)\sqrt{\frac{2}{L}}\sin\frac{n\pi x}{L}dx \\ &= -i\hbar\frac{2}{L}\int_0^L \sin\frac{n\pi x}{L}\left(\frac{d}{dx}\right)\sin\frac{n\pi x}{L}dx = -i\hbar\frac{2}{L}\frac{n\pi}{L}\int_0^L \sin\frac{n\pi x}{L}\cos\frac{n\pi x}{L}dx \end{aligned} \tag{12-17}$$

식 12-17의 적분은 다음 식으로부터 유도된 삼각함수 공식을 이용하여 적분할 수 있다.

$$\sin(\alpha+\beta) = \sin\alpha\cos\beta + \cos\alpha\sin\beta \qquad \sin(\alpha-\beta) = \sin\alpha\cos\beta - \cos\alpha\sin\beta \tag{12-18}$$

식 12-18의 두 삼각함수 덧셈정리 식을 더하면

$$\sin(\alpha+\beta) + \sin(\alpha-\beta) = \sin\alpha\cos\beta + \cos\alpha\sin\beta + \sin\alpha\cos\beta - \cos\alpha\sin\beta = 2\sin\alpha\cos\beta \tag{12-19}$$

이 된다. 식 12-19로부터

$$\sin\alpha\cos\beta = \frac{1}{2}\{\sin(\alpha+\beta) + \sin(\alpha-\beta)\} \tag{12-20}$$

이 됨을 알 수 있다. 식 12-20을 통해 식 12-17의 적분 기호 안에 들어있는 삼각함수 곱셈을 식 12-21처럼 덧셈으로 바꾸어서 적분할 수 있다.

$$\begin{aligned} \langle p\rangle &= -i\hbar\frac{2}{L}\frac{n\pi}{L}\int_0^L \sin\frac{n\pi x}{L}\cos\frac{n\pi x}{L}dx \\ &= -i\hbar\frac{2}{L}\frac{n\pi}{L}\int_0^L \frac{1}{2}\left\{\sin\left(\frac{n\pi x}{L}+\frac{n\pi x}{L}\right) + \sin\left(\frac{n\pi x}{L}-\frac{n\pi x}{L}\right)\right\}dx \\ \langle p\rangle &= -i\hbar\frac{2}{L}\frac{n\pi}{L}\int_0^L \frac{1}{2}\sin\left(\frac{2n\pi x}{L}\right)dx = -i\hbar\frac{2}{L}\frac{n\pi}{L}\frac{1}{2}\left[-\frac{L}{2n\pi}\cos\left(\frac{2n\pi x}{L}\right)\right]_0^L = 0 \end{aligned} \tag{12-21}$$

식 12-21을 보면 선운동량의 기댓값은 0이 된다는 사실을 볼 수 있다. 선운동량의 기댓값이 0이라는 것은 무슨 의미일까? 1차원 상자 안 입자의 파동함수를 구했던 과정을 다시 한번 상기해보자. 1차원 상자 안 입자의 파동함수로서 $\psi_n(x)=\sqrt{\frac{2}{L}}\sin\frac{n\pi x}{L}$ 을 얻기 전에 우리는 먼저 쉬뢰딩거 방정식의 해로서

$$\psi = e^{i\left(\frac{2mE_k}{\hbar^2}\right)^{1/2}x} \tag{12-22}$$

$$\psi = e^{-i\left(\frac{2mE_k}{\hbar^2}\right)^{1/2}x} \tag{12-23}$$

을 얻었다. 그리고 이 두함수를 선형결합 시켜서 경계조건을 적용한 뒤 식 12-11과 같은 파동함수를 얻었다. 파동함수 식 12-11은 정상파로서 1차원 상자 안에서 제자리 진동을 하는 파동이다. 이러한 정상파는 서로 반대방향으로 이동하고 있는 동일한 두 개의 파동을 선형 결합시킬 때 보통 나타난다. 즉, 선형결합 시키기 전 두 파동함수 식 12-22와 식 12-23은 서로 반대방향으로 이동하고 있는 파동인 것이다. 식 12-22와 1223에 선운동량 연산자를 각각 적용해보자.

$$-i\hbar\frac{d}{dx}\psi = -i\hbar\frac{d}{dx}e^{i\left(\frac{2mE_k}{\hbar^2}\right)^{1/2}x} = -i\hbar i\frac{\sqrt{2mE_k}}{\hbar}e^{i\left(\frac{2mE_k}{\hbar^2}\right)^{1/2}x} = \sqrt{2mE_k}\,e^{i\left(\frac{2mE_k}{\hbar^2}\right)^{1/2}x} \tag{12-24}$$

$$-i\hbar\frac{d}{dx}\psi = -i\hbar\frac{d}{dx}e^{-i\left(\frac{2mE_k}{\hbar^2}\right)^{1/2}x} = -i\hbar(-i)\frac{\sqrt{2mE_k}}{\hbar}e^{i\left(\frac{2mE_k}{\hbar^2}\right)^{1/2}x} = -\sqrt{2mE_k}\,e^{i\left(\frac{2mE_k}{\hbar^2}\right)^{1/2}x} \tag{12-25}$$

연산자를 적용하기 전과 후의 함수가 서로 같으므로 각 함수는 선운동량 연산자의 고유함수임을 알 수 있다. 각각의 파동함수에서 얻어진 고유치는 각각의 파동함수의 선운동량을 나타내는데 $+\sqrt{2mE_k}$ 와 $-\sqrt{2mE_k}$ 로 크기는 같고 서로 부호는 반대이다. $+\sqrt{2mE_k}$ 가 선운동량인지 확인하기 위해 단위를 연산해보면 $\sqrt{kg\cdot kgm^2s^{-2}}=\sqrt{kg^2m^2s^{-2}}=kgms^{-1}$ 로 선운동량의 단위임을 확인할 수 있다. 즉, 서로 반대방향으로 움직이고 있는 파동함수이기 때문에 얻어진 선운동량의 부호 역시 반대인 것이며, 서로 반대방향으로 이동하는 두 파동함수를 선형결합 시켜서 얻은 파동함수는 제자리에서 진동하는 정상파이기 때문에 크기가 같고 부호가 반대인 두 선운동량의 값이 서로 상쇄되어 0이 나온 것이라고 이해할 수 있다. 한쪽 방향으로 이동하고 있는 파동함수 식 12-22를 사용해서 선운동량의 기댓값을 구하면 어떻게 될까? 식 12-22는 정규화된 파동함수가 아니기 때문에 식 12-10을 사용하여야 한다. 파동함수 식 12-22를 사용해서 선운동량의 기댓값을 계산해보면 다음과 같다.

$$\langle p \rangle = \frac{\int_0^L e^{-i\left(\frac{2mE_k}{\hbar^2}\right)^{1/2}x}\left(-i\hbar\frac{d}{dx}\right)e^{i\left(\frac{2mE_k}{\hbar^2}\right)^{1/2}x}dx}{\int_0^L e^{-i\left(\frac{2mE_k}{\hbar^2}\right)^{1/2}x}e^{i\left(\frac{2mE_k}{\hbar^2}\right)^{1/2}x}dx}$$

$$\langle p \rangle = \frac{-i\hbar\int_0^L e^{-i\left(\frac{2mE_k}{\hbar^2}\right)^{1/2}x}\left(i\left(\frac{2mE_k}{\hbar^2}\right)^{1/2}\right)e^{i\left(\frac{2mE_k}{\hbar^2}\right)^{1/2}x}dx}{\int_0^L e^0 dx}$$

$$\langle p \rangle = \frac{-i\hbar\left(i\left(\frac{2mE_k}{\hbar^2}\right)^{1/2}\right)\int_0^L e^0 dx}{L} = \frac{\sqrt{2mE_k}\,L}{L} = \sqrt{2mE_k} \qquad (12\text{-}26)$$

식 12-26과 같이 식 12-24로부터 구한 값과 같은 값이 얻어짐을 확인할 수 있다.

3) 직교정규화된 함수들

변분원리를 이해하기 위해서는 직교정규화된 함수가 어떤 것인지부터 알아야 한다. 직교정규화된 함수들의 성질은 벡터에서 단위벡터의 성질과 유사하므로 단위벡터의 성질로부터 직교정규화된 함수들의 성질을 이해할 수 있다. 먼저 벡터에 대해서 간략하게 알아본 후 이야기를 진행해 나가도록 하겠다.

벡터란 고등학교 수학 시간에 배웠듯이 크기와 방향을 가진 양이다. 벡터와는 달리 크기만을 가진 양은 "스칼라"라고 한다. 벡터는 크기와 방향을 갖고 있기 때문에 그림 12-1처럼 화살표로 표시하는데 화살표의 길이는 크기를 나타내며 화살표가 가리키는 방향은 벡터의 방향을 나타낸다. 벡터의 경우에도 스칼라와 마찬가지로 사칙연산을 수행할 수 있는데 벡터의 덧셈은 평행사변형법이라고 불리는 방법에 의해 행해진다. 즉, 아래 그림과 같이 $\vec{a}$ 벡터와 $\vec{b}$ 벡터가 정의된다면 두 벡터의 합, $\vec{a}+\vec{b}$ 는 $\vec{a}$ 벡터와 $\vec{b}$ 벡터를 두 변으로 하는 평행사변형의 대각선 벡터가 된다 (그림 12-1 (a)). 두 개 이상의 벡터를 더할 때에도 평행사변형의 원리를 연속해서 적용하면 된다. 예를 들어 그림 12-1 (c)와 같이 세 개의 벡터를 더한다고 가정해보자. 먼저 $\vec{a}$와 $\vec{b}$를 평행사변형 원리에 의해 더한 뒤 빨간색 점선과 같은 벡터를 구한다. 그다음에 빨간색 점선 벡터와 $\vec{c}$벡터를 다시 평행사변형 원리에 의해 더하면 빨간색 실선과 같은 벡터가 얻어진다. 결론적으로 $\vec{a}+\vec{b}+\vec{c}$는 세 벡터로 이루어진 직육면체의 대각선 방향 벡터와 동일해진다. 벡터의 정수배는 벡터의 방향은 유지한 채 벡터의 길이만 정수배만큼 늘려주면 된다. 그림 12-1 (b)처럼 $2\vec{b}$라면 $\vec{b}$와 방향은 유지한 채 길이만 두 배로 늘려주면 된다. 이와 같은 방식으로 임의의 어떤 벡터라도 단위벡터들의 선형결합으로 표현할 수 있다. 예를 들어, 그림 12-1 (c)에 빨간색 실선으로 되어 있는 벡터를 단위벡터를 이용해서 표현하면

$$\text{빨간색 벡터} = 2\vec{i}+3\vec{j}+4\vec{k} \qquad (12\text{-}27)$$

와 같이 된다. 또 단위벡터로 표현되어 있는 $2\vec{i}+3\vec{j}+4\vec{k}$ 대신 편의를 위해 단위벡터를 생략한 채 (2,3,4)로만 써서 나타내기도 한다. 즉,

$$\text{빨간색 벡터} = 2\vec{i}+3\vec{j}+4\vec{k} = (2,3,4) \tag{12-28}$$

로 표현할 수 있다.

이제 벡터의 곱셈에 대해 살펴보도록 하자. 벡터의 곱셈은 "내적"이라고 불리는 연산과 "외적"이라고 불리는 두 가지 연산 방식이 있다. 내적과 외적을 표현하는 방식은 아래 식처럼 내적은 두 벡터 사이에 "점"으로 표시하고 외적은 두 벡터 사이에 "곱셈 기호"로 표시한다.

$\vec{a}+\vec{b}$
$\vec{b}$
$\vec{a}$
$2\vec{b}$
$\vec{b}$
4
$\vec{c}$
$\vec{b}$
$\vec{a}$
3
2
(a)
(b)
(c)

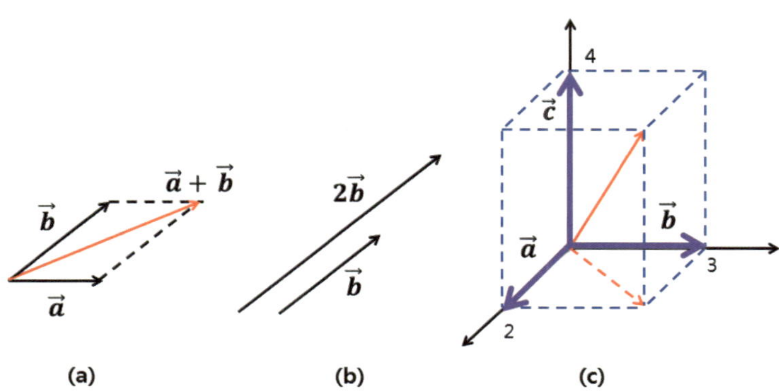

그림 12-1. (a) 벡터의 덧셈을 나타내는 그림, (b) 벡터의 정수배를 나타내는 의미, (c) 3차원 공간에서 임의의 벡터는 세 단위벡터를 선형결합 시켜서 표현할 수 있다.

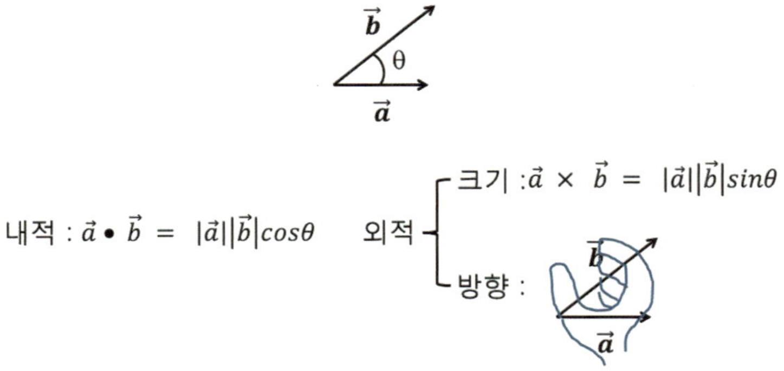

$\vec{b}$
θ
$\vec{a}$
크기 : $\vec{a} \times \vec{b} = |\vec{a}||\vec{b}|sin\theta$
내적 : $\vec{a} \bullet \vec{b} = |\vec{a}||\vec{b}|cos\theta$
외적
방향 :
$\vec{b}$
$\vec{a}$

그림 12-2. 내적과 외적을 연산하는 방법을 나타낸 그림

$$\vec{a} \bullet \vec{b} \ (\text{내적}), \quad \vec{a} \times \vec{b} \ (\text{외적}) \tag{12-29}$$

내적을 연산하는 방법은 그림 13-2에 나와 있듯이 두 벡터의 크기를 곱한 뒤 두 벡터가 이루고 있는 각도

에 해당하는 cos 값을 곱하는 것이다. 두 벡터의 크기만을 곱하기 때문에 내적을 하고 난 뒤에는 방향이 없고 크기만 있는 “스칼라양”으로 바뀌게 된다. 내적과 달리 외적은 연산을 하고 난 뒤에도 벡터량을 유지한다. 따라서 크기와 방향 모두 구해야 하는데 먼저 외적 연산의 크기는 그림 13-2와 같이 두 벡터의 크기를 곱한 뒤 두 벡터가 이루는 각도에 해당하는 sin 값을 곱하는 것이다. 외적 연산이 행해진 벡터의 방향은 오른손을 이용해서 구한다. 그림 12-2처럼 오른손의 네 손가락을 외적이 행해지는 순서를 따라 향하도록 놓는다. 현재 외적이 $\vec{a}\times\vec{b}$ 순서이므로 네 손가락의 방향도 $\vec{a}$ 에서 $\vec{b}$ 를 향하도록 놓는다. 그때 두 벡터가 놓여 있는 평면에 수직인 방향으로 엄지손가락이 향하는 방향이 생기는 데 그 방향이 외적이 행해진 후 벡터의 방향이 된다.

이제 단위벡터를 사용해서 내적과 외적을 구해보도록 하자. 단위벡터는 크기가 “1”이고 x, y, z 축에 평행한 벡터를 의미한다. x, y, z 축에 평행한 단위벡터를 일반적으로 $\vec{i},\vec{j},\vec{k}$ 로 나타낸다. 같은 단위벡터끼리 이루는 각도는 0°도 이기 때문에 같은 단위벡터끼리의 내적을 구해 보면 아래 식 12-12와 같이 항상 “1”이 됨을 알 수 있다.

$$\vec{i}\cdot\vec{i}=|\vec{i}||\vec{i}|\cos 0^{\circ}=1,\ \vec{j}\cdot\vec{j}=|\vec{j}||\vec{j}|\cos 0^{\circ}=1,\ \vec{k}\cdot\vec{k}=|\vec{k}||\vec{k}|\cos 0^{\circ}=1 \qquad (12\text{-}30)$$

또 서로 다른 벡터끼리 이루는 각도는 항상 90°이기 때문에 서로 다른 단위벡터기리의 내적은 항상 “0”이 됨을 알 수 있다 (식 13-15).

$$\vec{i}\cdot j=|\vec{i}||\vec{j}|\cos 90^{\circ}=0,\ \vec{j}\cdot\vec{k}=|\vec{j}||\vec{k}|\cos 90^{\circ}=0,\ \vec{i}\cdot\vec{k}=|\vec{i}||\vec{k}|\cos 90^{\circ}=0 \qquad (12\text{-}31)$$

함수 중에도 단위벡터의 이러한 성질과 유사한 성질을 가진 함수들이 존재한다. 서로 다른 함수끼리 곱한 뒤 적분하였을 때 “0”이 되는 함수들이 존재하는데 이러한 함수들을 서로 “직교하는 함수”라고 한다. 이와 같은 직교하는 함수들이 과연 있을까 생각하겠지만 직교하는 함수들은 무수히 많이 존재한다. 예를 들어 $-2\le x\le 2$ 구간에서 함수 $f_1(x)=x$과 $f_2(x)=x^2$은 서로 직교한다. 직교하기 위해서는 함수를 서로 곱한 뒤 주어진 구간에서 적분하였을 때 “0”이 되는지 되지 않는지 확인해 보면 된다.

$$\int_{-2}^{2}f_1(x)\cdot f_2(x)dx=\int_{-2}^{2}x\cdot x^2dx=\int_{-2}^{2}x^3dx=\left[\frac{1}{4}x^4\right]_{-2}^{2} \qquad (12\text{-}32)$$

$$=\left(\frac{1}{4}2^4\right)-\left(\frac{1}{4}(-2)^4\right)=4-4=0$$

위 식에서 본 바와 같이 두 함수를 곱한 뒤 주어진 구간에서 적분하였을 때 “0”이 됨을 확인할 수 있다. 즉, 두 함수는 주어진 구간에서 직교하는 것이다. 반면에 $-2\le x\le 2$ 구간에서 함수 $f_1(x)=x$과 $f_2(x)=x$은 서로 직교하지 않는다.

$$\int_{-2}^{2} f_1(x) \cdot f_2(x) dx = \int_{-2}^{2} x \cdot x dx = \int_{-2}^{2} x^2 dx = \left[\frac{1}{3}x^3\right]_{-2}^{2} \tag{12-33}$$

$$= \left(\frac{1}{3}2^3\right) - \left(\frac{1}{3}(-2)^3\right) = \frac{8}{3} - \left(-\frac{8}{3}\right) = \frac{16}{3}$$

식 12-15를 보면 두 함수를 제곱한 뒤 적분한 값이 "0"이 되지 않음을 볼 수 있고 이는 두 함수가 서로 직교하지 않는다는 것을 의미한다. 위에서 우리는 직교하는 함수 한 가지 경우에 대해서만 살펴보았지만 직교하는 함수의 예는 무한히 존재한다.

위에서 우리는 단위벡터의 특성에 대해 이야기할 때 같은 단위벡터끼리의 내적은 "1"이 된다는 이야기를 하였다. 함수 중에서도 이와 유사한 성질을 가진 함수들이 있는데 자기 자신과 곱한 함수, 즉 자기 자신을 제곱한 함수를 적분하였을 때 "1"이 되는 함수들이 존재한다. 이러한 함수를 "정규화된 함수"라고 한다. 예를 들어, $f(x) = x$라는 함수는 $0 \le x \le 1$구간에서 정규화되어 있지 않다. 왜냐하면 제곱한 함수를 $0 \le x \le 1$ 구간에서 적분하였을 때 "1"이 안되기 때문이다.

$$\int_{0}^{1} x^2 dx = \left[\frac{1}{3}x^3\right]_{0}^{1} = \frac{1}{3} \tag{12-34}$$

반면에 $f(x) = \sqrt{3}x$함수는 $0 \le x \le 1$구간에서 정규화 되어 있다. 제곱한 함수를 $0 \le x \le 1$구간에서 적분해 보면,

$$\int_{0}^{1} 3x^2 dx = \left[3\frac{1}{3}x^3\right]_{0}^{1} = 1 \tag{12-35}$$

과 같이 "1"이 되기 때문이다. 그렇다면 $f(x) = \frac{1}{\sqrt{2\pi}}e^{i\phi}$라는 함수는 $0 \le \phi \le 2\pi$구간에서 정규화되어 있을까? 정규화 되어 있는 함수인지 아닌지 판단하려면 함수를 제곱한 뒤 주어진 구간에서 적분을 해보면 된다. 복소수 함수의 경우 제곱한 함수는 자기 자신과의 켤레복소수를 곱한 함수이다. 즉, 제곱한 함수는

$$f(x) \cdot f^*(x) = \frac{1}{\sqrt{2\pi}}e^{i\phi} \cdot \frac{1}{\sqrt{2\pi}}e^{-i\phi} = \frac{1}{2\pi}e^{i\phi - i\phi} = \frac{1}{2\pi}e^0 = \frac{1}{2\pi} \tag{12-36}$$

이 된다. 이 함수를 주어진 구간에서 적분하면,

$$\int_{0}^{2\pi} \frac{1}{2\pi} d\phi = \frac{1}{2\pi}[\phi]_{0}^{2\pi} = \frac{1}{2\pi}(2\pi - 0) = 1 \tag{12-37}$$

이 되므로 정규화된 함수임을 알 수 있다. 어떤 함수들은 스스로 정규화되어 있으면서 동시에 상호 간에 직교할 수도 있다. 식 12-14에서 다루었던 $f_1(x) = x$ 함수와 $f_2(x) = x^2$ 함수는 현재 구간 $-2 \le x \le 2$에서 정규화되어 있지 않다. 왜냐하면 제곱한 뒤 주어진 구간에서 적분하였을 때 "1"이 되지 않기 때문이다.

$$\int_{-2}^{2} x^2 dx = \left[\frac{1}{3}x^3\right]_{-2}^{2} = \frac{1}{3}2^3 - \frac{1}{3}(-2)^3 = \frac{8}{3} + \frac{8}{3} = \frac{16}{3} \tag{12-38}$$

$$\int_{-2}^{2} x^4 dx = \left[\frac{1}{5}x^5\right]_{-2}^{2} = \frac{1}{5}2^5 - \frac{1}{5}(-2)^5 = \frac{32}{5} + \frac{32}{5} = \frac{64}{5} \tag{12-39}$$

만일 두 함수에 각각 $\frac{\sqrt{3}}{4}$와 $\frac{\sqrt{5}}{8}$를 곱하면 두 함수는 각각 정규화된다.

$$\int_{-2}^{2} \frac{\sqrt{3}}{4}x \cdot \frac{\sqrt{3}}{4}x dx = \frac{3}{16}\int_{-2}^{2} x^2 dx = \frac{3}{16}\left[\frac{1}{3}x^3\right]_{-2}^{2} = \frac{3}{16}\left\{\frac{8}{3} - \left(-\frac{8}{3}\right)\right\} = 1 \tag{12-40}$$

$$\int_{-2}^{2} \frac{\sqrt{5}}{8}x^2 \cdot \frac{\sqrt{5}}{8}x^2 dx = \frac{5}{64}\int_{-2}^{2} x^4 dx = \frac{5}{64}\left[\frac{1}{5}x^5\right]_{-2}^{2} = \frac{5}{64}\left\{\frac{32}{5} - \left(-\frac{32}{5}\right)\right\} = 1 \tag{12-41}$$

또 위와 같은 계수를 곱하더라도 위 두 함수는 서로 직교함을 알 수 있다.

$$\begin{aligned} &\int_{-2}^{2} \frac{\sqrt{3}}{4}x \cdot \frac{\sqrt{5}}{8}x^2 dx = \frac{\sqrt{15}}{32}\int_{-2}^{2} x^3 dx = \frac{\sqrt{15}}{32}\left[\frac{1}{4}x^4\right]_{-2}^{2} \\ &= \frac{\sqrt{15}}{32}\left(\frac{16}{4} - \frac{16}{4}\right) = 0 \end{aligned} \tag{12-42}$$

따라서 함수 $f_1(x) = \frac{\sqrt{3}}{4}x$와 $f_2(x) = \frac{\sqrt{5}}{8}x^2$는 $-2 \le x \le 2$ 구간에서 스스로 정규화되어 있고 서로 직교하는 함수라는 것을 알 수 있다. 이처럼 스스로 정규화되어 있고 상호 간에 직교하는 함수들을 "직교정규화된(orthonormal)" 함수라고 하고 이러한 함수들의 세트를 "orthonormal set"라고 부른다. 즉, 위의 함수 $f_1(x)$, $f_2(x)$는 아래와 같이 쓸 수 있다.

$$\int_{-2}^{2} f_m(x) \cdot f_n(x) dx = \begin{cases} 1 & m = n \\ 0 & m \ne n \end{cases} \tag{12-43}$$

$$(m = 1, 2 \qquad n = 1, 2)$$

식 12-25와 같은 조건을 만족하는 함수를 기호로 "δ_{mn}"이라고 쓰고 "Kronecker delta"라고 읽는다. 즉, 식 12-25는 식 12-26과 같이 쓸 수 있다.

$$\int_{-2}^{2} f_m(x) \cdot f_n(x)dx = \delta_{mn} \tag{12-44}$$

$$(m = 1, 2 \qquad n = 1, 2)$$

현재 우리는 직교정규화된 한 쌍의 함수를 살펴보았다. 그러나 직교하는 함수들 중에는 한 쌍이 아니라 여러 개로 구성된 세트들도 있다. 즉, 한 쌍의 함수들로 구성된 orthonormal set이 아니라 여러 개의 함수로 구성된 orthonormal set도 존재한다. 예를 들어, $f_1(x), f_2(x), f_3(x), f_4(x), f_5(x)$가 전공간에서 orthonormal set을 이룬다면 (이 말을 다른 Kronecker delta를 이용하여 표현한다면) 아래와 같이 쓸 수 있다.

$$\int_{-\infty}^{\infty} f_m(x) \cdot f_n(x)dx = \delta_{mn} \tag{12-45}$$

$$(m = 1, 2, 3, 4, 5 \quad n = 1, 2, 3, 4, 5)$$

즉, 식 12-27의 의미는 식 12-28처럼 서로 다른 함수끼리 곱한 뒤 주어진 구간에서 적분하였을 때 "0"이 된다는 것을 의미하고 제곱한 함수를 주어진 구간에서 적분하였을 때에는 "1"이 된다는 것을 의미한다.

$$\int_{-\infty}^{\infty} f_1(x) \cdot f_2(x)dx = 0, \int_{-\infty}^{\infty} f_1(x) \cdot f_3(x)dx = 0, \int_{-\infty}^{\infty} f_1(x) \cdot f_4(x)dx = 0..... \tag{12-46}$$

$$\int_{-\infty}^{\infty} f_1(x) \cdot f_1(x)dx = 1, \int_{-\infty}^{\infty} f_2(x) \cdot f_2(x)dx = 1, \int_{-\infty}^{\infty} f_3(x) \cdot f_3(x)dx = 1..... \tag{12-47}$$

위 사례에서 우리는 5개의 함수로 이루어진 orthonormal set 사례를 들었지만 사실 함수의 개수는 무한대로 늘어날 수도 있다. 즉, 무한개의 함수로 이루어진 orthonormal set이 다수 존재한다.

$$\int_{-\infty}^{\infty} f_m(x) \cdot f_n(x)dx = \delta_{mn} \tag{12-48}$$

$$(m = 1, 2, 3... \quad n = 1, 2, 3...)$$

무한개의 함수로 이루어진 orthonormal set의 한 예로 다음과 같은 함수를 들 수 있다.

$$f(x) = \frac{1}{\sqrt{\pi}} \sin nx \qquad n = 1,2,3... \tag{12-49}$$

위의 함수에서 n은 양의 정수로서 1부터 무한대까지 가능하고, $-\pi \le x \le +\pi$ 구간에서 정의된다고 하자. 식 12-34에 나와 있는 함수는 식 12-35와 같이 n값에 따라 무한개의 함수가 가능하므로 무한개의 함수라고 할 수 있다.

$$f_1(x) = \frac{1}{\sqrt{\pi}} \sin x, \quad f_2(x) = \frac{1}{\sqrt{\pi}} \sin 2x, \quad f_3(x) = \frac{1}{\sqrt{\pi}} \sin 3x, ... \tag{12-50}$$

위에서 설명한 직교와 정규화의 정의를 통해 위의 함수는 n이 서로 다를 경우 서로 직교하고 스스로 정규화되어 있음을 확인할 수 있다. 즉, 식 12-36과 같이 $n=2$인 함수와 $n=1$인 함수를 서로 곱한 뒤 주어진 구간에서 적분해보면 "0"이 됨을 확인할 수 있고 서로 직교한다는 사실을 알 수 있다.

$$\int_{-\pi}^{+\pi} f_2^*(x) f_1(x) dx = \int_{-\pi}^{+\pi} \frac{1}{\sqrt{\pi}} \sin 2x \frac{1}{\sqrt{\pi}} \sin x dx = \left[\frac{1}{\pi} \left\{ \frac{\sin x}{2} - \frac{\sin 3x}{6} \right\} \right]_{-\pi}^{+\pi} = 0 \tag{12-51}$$

식 12-36을 적분하기 위해서 식 12-37에 나와 있는 적분공식을 활용하였다.

$$\int \sin ax \sin bx dx = \frac{\sin(a-b)x}{2(a-b)} - \frac{\sin(a+b)x}{2(a+b)} + C \qquad \text{if, } a^2 \ne b^2 \tag{12-52}$$

또 같은 함수를 제곱한 뒤 주어진 공간에서 적분하였을 때에는 "1"이 됨을 알 수 있고 정규화되어 있다는 사실을 알 수 있다. (식 12-38)

$$\begin{aligned} \int_{-\pi}^{+\pi} f_1^*(x) f_1(x) dx &= \frac{1}{\pi} \int_{-\pi}^{+\pi} \sin^2 x dx = \frac{1}{\pi} \left[\frac{x}{2} - \frac{\sin 2x}{4} \right]_{-\pi}^{+\pi} \\ &= \frac{1}{\pi} \left(\frac{\pi}{2} - 0 - \left(-\frac{\pi}{2} - 0 \right) \right) = 1 \end{aligned} \tag{12-53}$$

식 12-38을 적분하기 위해서 식 12-39에 나와 있는 적분 공식을 활용하였다.

$$\int \sin^2(ax+b) dx = \frac{x}{2} - \frac{\sin 2(ax+b)}{4a} + C \tag{12-54}$$

위에서 확인한 바와 같이 식 12-34에 나와 있는 함수는 스스로 정규화되어 있고 다른 함수끼리는 서로 직교하는 무한개의 함수로 이루어진 orthonormal set인 것이다. 이러한 orthonormal set은 이외에도 많은 함수들이 존재한다. 많이 존재하는 것을 넘어서 거의 무한개가 존재한다고 할 수 있는데 식 12-40, 41과 같이 x앞에 특정 상수를 곱해주더라도 orthonormal set이 된다.

$$f(x)=\frac{1}{\sqrt{\pi}}\sin 2nx \qquad n=1,2,3\ldots \tag{12-55}$$

$$f(x)=\frac{1}{\sqrt{\pi}}\sin 3nx \qquad n=1,2,3\ldots \tag{12-56}$$

•

•

또한 식 12-42, 43과 같이 x앞에 특정 상수를 곱하고 또 특정상수를 더한 함수들도 모두 orthonormal set이 된다.

$$f(x)=\frac{1}{\sqrt{\pi}}\sin(nx+\pi) \quad n=1,2,3\ldots \tag{12-57}$$

$$f(x)=\frac{1}{\sqrt{\pi}}\sin(2nx+\pi) \quad n=1,2,3\ldots \tag{12-58}$$

•

•

쉬뢰딩거 방정식을 풀어 얻어진 파동함수들도 모두 orthonormal set가 된다. 쉬뢰딩거 방정식을 풀게 되면 양자수에 따라 무한개의 파동함수가 얻어지는데 이 파동함수들은 모두 서로 직교한다. 또한 파동함수를 얻은 뒤 정규화상수를 구하여 각각의 파동함수들을 정규화 시킨다면 이 함수들은 무한개의 함수로 이루어진 orthonormal set가 된다. 예를 들어, 상자 안 입자 문제를 풀어 얻어진 아래와 같은 무한개의 파동함수들은 $0 \le x \le L$ 구간에서 모두 서로 직교한다. 여기서 L은 입자가 갇혀있는 상자의 길이이다.

$$\psi_n(x)=\sqrt{\frac{2}{L}}\sin\frac{n\pi x}{L} \quad n=1,2,3\ldots \tag{12-59}$$

서로 다른 양자수($n=1, n=2$)를 가진 파동함수들을 서로 곱해서 $0 \le x \le L$ 구간에서 적분해보면 "0"이 됨을 알 수 있고 서로 직교함을 알 수 있다.

$$\int_0^L \psi_2^*(x)\psi_1(x)dx=\int_0^L\sqrt{\frac{2}{L}}\sin\frac{2\pi x}{L}\sqrt{\frac{2}{L}}\sin\frac{\pi x}{L}dx=\frac{2}{L}\int_0^L\sin\frac{2\pi x}{L}\sin\frac{\pi x}{L}dx \tag{12-60}$$

$$=\frac{2}{L}\left[\frac{\sin\left(\frac{2\pi}{L}-\frac{\pi}{L}\right)x}{2\left(\frac{2\pi}{L}-\frac{\pi}{L}\right)}-\frac{\sin\left(\frac{2\pi}{L}+\frac{\pi}{L}\right)x}{2\left(\frac{2\pi}{L}+\frac{\pi}{L}\right)}\right]_0^L=\frac{2}{L}\left\{\frac{\sin\pi}{\frac{2\pi}{L}}-\frac{\sin 3\pi}{\frac{6\pi}{L}}-(0-0)\right\}=0$$

또 같은 함수끼리 서로 곱한 뒤 주어진 구간에서 적분해보면 "1"이 됨을 알 수 있고 정규화되어 있음을 알 수 있다. (식 12-47)

$$\int_0^L \psi_2^*(x)\psi_2(x)dx = \int_0^L \sqrt{\frac{2}{L}}\sin\frac{2\pi x}{L}\sqrt{\frac{2}{L}}\sin\frac{2\pi x}{L}dx = \frac{2}{L}\int_0^L \sin^2\frac{2\pi x}{L}dx \tag{12-61}$$

$$= \frac{2}{L}\left[\frac{x}{2} - \frac{\sin 2\left(\frac{2\pi}{L}\right)x}{4\frac{2\pi}{L}}\right]_0^L = \frac{2}{L}\left\{\frac{L}{2} - \frac{\sin 4\pi}{\frac{8\pi}{L}} - (0-0)\right\} = 1$$

즉, 1차원 상자 안 입자 시스템에 쉬뢰딩거 방정식을 적용시켜서 구한 파동함수들은 orthonormal set이라는 사실을 알 수 있다. 이외에도 쉬뢰딩거 방정식을 풀어서 구한 파동함수들은 모두 orthonormal set을 형성한다. 이러한 orthonormal set이 중요한 이유는 임의의 어떤 함수를 orthonormal set를 구성하는 함수들을 선형결합 시켜서 표현할 수 있기 때문이다. 임의의 어떤 벡터라도 orthonormal set인 단위벡터들을 선형결합시켜서 표현할 수 있듯이 임의의 어떤 함수는 orthonormal set인 함수들로 표현될 수 있다. 예를 들어, $-\pi$ (-3.141592)에서 $+\pi$(+3.141592)에서 정의되는 함수 $g(x) = x$라는 함수는 식 12-34와 같은 orthonormal set인 함수들을 선형결합 시켜서 표현할 수 있다. 물론 많은 함수를 사용하여 선형결합을 많이 시킬수록 그림 12-3과 같이 점점 더 원래 함수와 가까워진다.

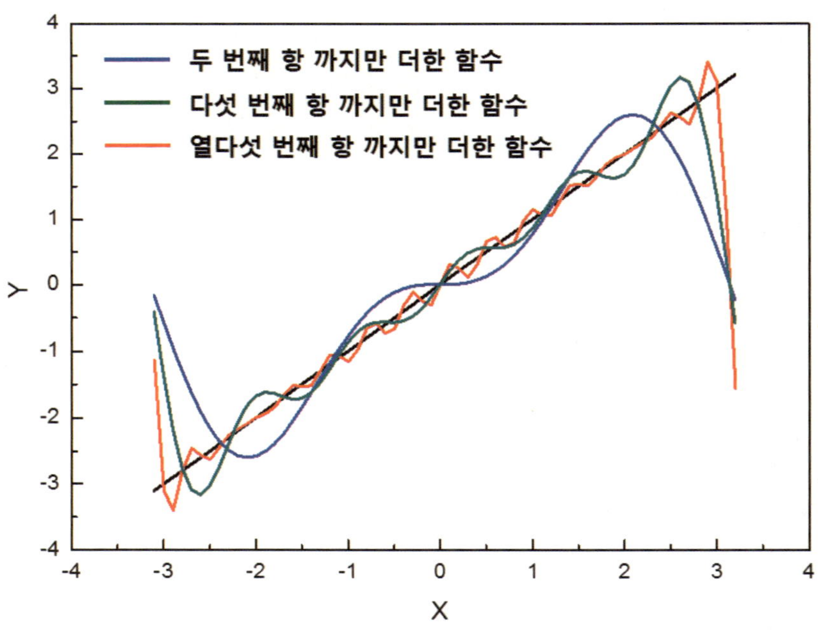

그림 12-3. $g(x) = x$ 함수를 orthonormal set 함수들의 선형결합으로 표현한 모습

그림 12-3에서 검은색 선은 $g(x)=x$라는 함수를 대략 $-\pi$ (-3.141592)에서 $+\pi$(+3.141592) 구간에서 나타낸 그래프이다. 알고 있다시피 이 함수는 직선을 나타낸다. 파란색 선은 두 개의 직교정규화된 함수를 선형결합 시킨 함수($h_1(x)$)(식 12-48)에 의해 그려진 그래프이고 녹색 선은 다섯 개의 직교정규화된 함수($h_2(x)$)(식 12-49)를, 빨간색 선은 15개의 직교정규화된 함수($h_3(x)$)(식 12-50)를 선형결합 시킨 함수를 그린 그래프이다.

$$h_1(x)=c_1\frac{1}{\sqrt{\pi}}\sin x+c_2\frac{1}{\sqrt{\pi}}\sin 2x \tag{12-62}$$

$$h_2(x)=c_1\frac{1}{\sqrt{\pi}}\sin x+c_2\frac{1}{\sqrt{\pi}}\sin 2x+\ldots+c_5\frac{1}{\sqrt{\pi}}\sin 5x \tag{12-63}$$

$$h_3(x)=c_1\frac{1}{\sqrt{\pi}}\sin x+\ldots+c_{15}\frac{1}{\sqrt{\pi}}\sin 15x \tag{12-64}$$

선형결합 시킨 함수의 개수가 점점 늘어날수록 검은색 선, $g(x)=x$에 점점 근접해 간다는 사실을 알 수 있다. 이와 같은 방식으로 모든 함수들을 직교정규화된 함수들의 선형결합으로 표현할 수 있다. 다음 장에서 변분원리를 다룰 때 이 내용이 필요하기 때문에 잘 알아두고 넘어갈 필요가 있다.

4) 변분원리

이제 이 챕터의 주제인 변분법에 대한 이야기를 들을 준비가 되었다. 양자이론은 원자 내부에 존재하는 전자의 특성을 연구하는 과정에서 탄생하였고 수소원자에 존재하는 한 개의 전자에 대한 정확한 해를 얻을 수 있다. 여기서 정확한 해를 얻을 수 있다는 얘기는 "수소원자의 전자 한 개를 묘사하는 파동함수를 쉬뢰딩거 방정식을 풀어 구할 수 있다"는 얘기이다. 같은 원리를 헬륨원자의 두 개 전자에도 적용할 수 있고 리튬원자의 세 개 전자에도 적용할 수 있다면 좋겠지만 아쉽게도 전자의 개수가 두 개만 되더라도 현재의 수학 수준으로는 쉬뢰딩거 방정식을 풀 수 없는 상황이 되고 두 개 전자를 묘사하는 파동함수를 구할 수 없다. 전자의 개수가 두 개인 경우도 해결할 수 없기 때문에 당연히 전자의 개수가 두 개 이상인 3개, 4개인 경우에 대해서는 정확한 해를 구할 수 없게 된다. 우리 주변에 존재하는 대부분의 물질은 원자 자체로 존재하기 보다는 몇 개의 원자들이 결합된 분자의 형태로 존재한다. 따라서 양자이론을 이용하여 어떤 물질의 특성을 설명하기 위해서는 양자이론을 분자 시스템에 적용하여 분자에 해당하는 파동함수를 구해야 하는데 전자의 개수가 두 개인 헬륨원자도 해결 못하는 상황에서 분자 시스템에 양자이론을 어떻게 적용할 수 있단 말인가? 그러나 이러한 절망적인 상황에서도 현명한 인간들은 비록 정확한 해답은 아닐지라도 비슷한 해답을 찾아낼 수 있는 방법(근사법이라고 한다)을 개발하였는데 이러한 근사법 중 하나가 바로 이 장에서 다루고 있는 "변분법"이다. 조금 전에 설명하였듯이 양자이론에서 최종적인 목표는 우리가 관심 있는 계를 묘사하는 파동함수를 찾는 일이다. 양자이론에서 내세우고 있는 가설 중 하나는 이 파동함수가 시스템의 모든 정보를 담고 있다는 것이다. 따라서 파동함수만 구한다면 우리는 그 파동함수로부터 여러 가지 연산자를 통해 물리적 특성을 이론적으로 도출할 수 있게 된다. 문제는 파동함수를 찾기 위해서는 쉬뢰딩거 방정식을 풀어야 하는데 시스템이 조금만 복잡해지면 파동함수를 풀 수 없는 상황이 된다는 것이다. 변분법에서는 정확한 파동함수를 찾는 대신 그 와 유사할 것이라고 예상되는 함수(이러한 함수를 "시도함수"라고 부른다)를 사용한다. 조금 뒤에 증명하겠지만 정확한 파동함수 대신 시도함수를 사용할 경우 에너지는 항상 정확한 파동함수를 사용하였을 때의 바닥상태 에너지보다 크게 나온다. 따라서 가장 작은 에너지를 주는 시도함수일수록 실제 파동함수와 가장 유사한 파동함수라고 할 수 있다. 변분법에서는 시도함수의 형태를 변화시켜 가면서 각각의 시도함수에 따른 에너지를 구하게 되는데 그중에서 가장 낮은 에너지를 주는 시도함수가 실제 파동함수와 가장 유사한 파동함수가 되는 것이다. 이와 같은 방식으로 실제 파동함수와 가장 유사한 파동함수를 찾아내는 방법을 "변분법"이라고 한다.

그림 12-4에서처럼 우리가 알고자 하는 어떤 실제 시스템이 있고 그 시스템을 묘사하는 정확한 파동함수를 Ψ라고 하자. 이 파동함수 Ψ가 어떤 수식인지는 쉬뢰딩거 방정식을 풀면 얻어지겠지만 위에서 누차 설명했듯이 전자가 두 개만 되더라도 쉬뢰딩거 방정식은 풀기가 어렵기 때문에 현재의 수학 기술로는 파동함수 Ψ가 어떤 수식인지 알 수가 없는 상태이다. 파동함수 Ψ가 어떤 수식인지 알아야만 실제 시스템의 양자수에 따른 에너지를 구할 수 있는데 파동함수 Ψ가 어떤 수식인지 알 수 없기 때문에 에너지 또한 알 수 없다. 즉, 양자수가 1부터 시작해서 2, 3, 4, 5...등으로 나간다면 양자수가 1일 때 에너지 E_1, 양자수가 2일 때 에너지 E_2, 양자수가 3일 때 에너지 E_3 등을 알 수 없게 된다. 이 값들을 구하기 위해서는 쉬뢰딩거 방정식을 풀어서 얻어진 정확한 파동함수를 알아야 하는데 정확한 파동함수를 구할 수 없기 때문에 정확한 에너지도 알 수가 없게 된다. 이러한 에너지 중에서 양자수가 가장 작을 때의 에너지를 "참 바닥상태 에너지"라고 부르고 E_1으로 나타내도록 하자. 우리는 비록 참 바닥상태 에너지 E_1을 구할 수는 없지만 E_1과 가장 근접한 값은 구할 수 있다. 이제 설명을 시작하려고 하는 변분법을 이용해서 우리는 참 바닥상태 에너지와 가장 유사한 값을 구할 수 있게 되는데 변분법을 통해 이와 같은 일을 할 수 있는 이유는 바로 변분법이 변분원리에 기초를 두고 있기 때문이다. 변분원리란, "임의의 함수(시도함수)를 사용해서 얻어진 에너지 기댓값은 항상 참 바닥상태 에너지보다 크다"라는 것이다. 이 원리를 하나의 수식으로 쓰면 식 12-65와 같다. 식 12-65에서 ϕ는 시도함수로서 경계조건만 만족시킨다면 다양한 함수의 형태로 쓸 수 있다. 특정변수가 없는 시도함수를 만들 수도 있고 특정 변수를 포함하고 있는 시도함수를 만들 수도 있다. 식 12-65의 좌변은 시도함수 ϕ를 사용하였을 때 에너지 기댓값을 구하는 공식이고 우변에 있는 E_1은 참 파동함수를 안다고 가정했을 때 그 파동함수를 통해서 얻어지는 참 바닥상태 에너지이다. 시도함수를 사용해서 구한 에너지 기댓값 $\langle E_t \rangle$은 식 12-65처럼 항상 참 바닥상태 에너지보다 같거나 크게 되는데 이러한 원리를 "변분원리"라고 한다.

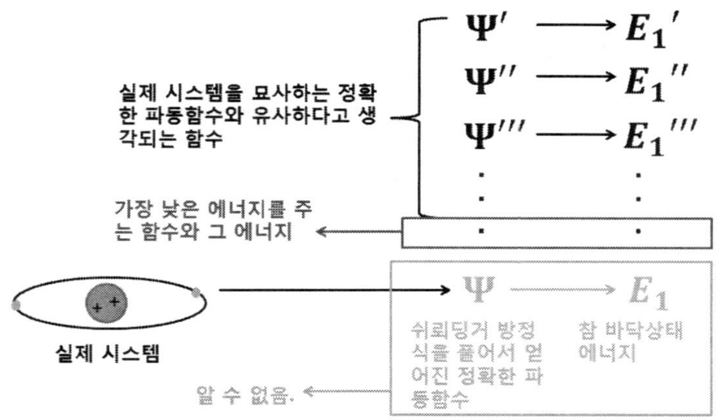

그림 12-4. 변분법을 통해 미지의 파동함수와 에너지를 어떻게 구하는지를 개략적으로 나타낸 그림.

$$\langle E_t \rangle = \frac{\int \phi^* \widehat{H} \phi \, d\tau}{\int \phi^* \phi \, d\tau} \geq E_1 \tag{12-65}$$

식 12-65는 특정 시도함수를 사용했을 때에만 성립하는 것이 아니라 어떤 시도함수를 사용하더라도 항상 성립한다. 그런데 사람들은 이것을 어떻게 알게 되었을까? 모든 시도함수에 대해 식 12-65가 성립한다는 사실을 어떻게 확신할 수 있을까? 모든 시도함수에 대해 식 12-65가 성립하는지 확인해 보는 가장 단순한 방법은 실제로 모든 시도함수에 대해 식 12-65가 성립하는지 확인해 보는 것이다. 이 방법은 아주 단순한 방법이긴 한데 이 방법으로는 식 12-65가 모든 시도함수에 대해 성립한다고 증명할 수 없다. 왜냐하면 시도함수의 종류는 무한대이기 때문에 모든 시도함수에 대해 확인해 본다는 것은 불가능하기 때문이다. 그렇다면 식 12-65가 모든 시도함수에 대해 성립한다는 사실을 어떻게 증명해야 할까? 증명이 어려울 것 같지만 모든 시도함수들은 직교정규화된 함수들을 선형결합 시켜서 표현할 수 있다는 원리를 이용하기만 하면 식 12-65는 다음과 같이 의외로 쉽게 증명될 수 있다. 어떤 함수라도 직교정규화된 함수를 선형결합 시켜서 표현할 수 있다고 하였다. 또한 쉬뢰딩거 방정식을 풀면 양자수에 따라 다양한 파동함수가 얻어지는데 이 파동함수들은 서로 직교한다고 하였다. 만일 각각의 파동함수가 정규화 되어 있다면 양자수에 따른 다양한 파동함수들은 직교정규화된 함수들이 된다. 따라서 우리가 사용할 시도함수는 쉬뢰딩거 방정식을 풀어서 얻어진 정규화된 파동함수들을 선형결합 시켜서 표현할 수 있다. 예를 들어, 그림 12-4에 나와 있는 실제 시스템에 해당하는 쉬뢰딩거 방정식을 풀어서 정확한 파동함수를 구했다고 가정해보자. 파동함수는 양자수에 따라 다음과 같은 파동함수들이 얻어질 것이다.

$$\psi_1,\ \psi_2,\ \psi_3,\ \ldots\ldots,\ \psi_n \tag{12-66}$$

쉬뢰딩거 방정식을 풀어서 얻어진 파동함수들은 서로 직교한다고 하였으므로 주어진 구간에서 다음과 같이 양자수가 서로 다른 함수끼리 곱한 뒤 적분을 하게 되면 "0"이 된다.

$$\int_{-\infty}^{+\infty} \psi_1^* \cdot \psi_2 \, d\tau = 0, \quad \int_{-\infty}^{+\infty} \psi_1^* \cdot \psi_3 \, d\tau = 0, \quad \int_{-\infty}^{+\infty} \psi_2^* \cdot \psi_3 \, d\tau = 0, \quad .... \qquad (12\text{-}67)$$

식 12-67에서는 주어진 구간을 $-\infty$에서 $+\infty$라고 가정하였으며 이 주어진 구간은 시스템마다 달라진다. 각 파동함수의 정규화상수를 N_1, N_2, $N_3, \ldots$라고 하면 정규화된 파동함수 Ψ_1, Ψ_2, $\Psi_3, \ldots$는 식 12-68과 같이 쓸 수 있다.

$$\Psi_1 = N_1\psi_1, \;\; \Psi_2 = N_2\psi_2, \;\; \Psi_3 = N_3\psi_3, \ldots \qquad (12\text{-}68)$$

식 12-68의 각 파동함수는 정규화 되었기 때문에 양자수가 같은 함수끼리 곱한 뒤 주어진 구간에서 적분을 하게 되면 식 12-69와 같이 "1"이 될 것이다.

$$\int_{-\infty}^{+\infty} \Psi_1^* \cdot \Psi_1 \, d\tau = 1, \quad \int_{-\infty}^{+\infty} \Psi_2^* \cdot \Psi_2 \, d\tau = 1, \quad \int_{-\infty}^{+\infty} \Psi_3^* \cdot \Psi_3 \, d\tau = 1, \quad .... \qquad (12\text{-}69)$$

정규화된 파동함수들 또한 서로 직교한다. 식 12-70처럼 각 함수들의 정규화상수는 적분기호 밖으로 나올 수 있고 서로 다른 양자수를 가진 함수들끼리 곱한 뒤 주어진 구간에서 적분을 하게 되면 식 12-70처럼 "0"이 되기 때문이다.

$$\int_{-\infty}^{+\infty} \Psi_1^* \cdot \Psi_2 \, d\tau = \int_{-\infty}^{+\infty} N_1\psi_1^* \cdot N_2\psi_2 \, d\tau = N_1N_2\int_{-\infty}^{+\infty} \psi_1^* \cdot \psi_2 \, d\tau = 0 \qquad (12\text{-}70)$$

우리가 풀고자 하는 어떤 시스템을 묘사하는 정확한 파동함수는 쉬뢰딩거 방정식을 풀어서 얻을 수 있다. 쉬뢰딩거 방정식을 비록 풀 수는 없지만 만일 풀었다고 가정하고 얻어진 정규화된 파동함수가 $\Psi_1, \Psi_2, \Psi_3, \ldots, \Psi_n$이라고 가정해보자. 쉬뢰딩거 방정식을 풀어서 얻어진 $\Psi_1, \Psi_2, \Psi_3, \ldots, \Psi_n$ 함수들은 직교정규화된 세트이다. 따라서 어떤 시도함수든지 $\Psi_1, \Psi_2, \Psi_3, \ldots, \Psi_n$들을 선형결합 시켜서 표현할 수 있다. 즉, 식 12-65에서 사용된 시도함수 ϕ도 식 12-71처럼 $\Psi_1, \Psi_2, \Psi_3, \ldots, \Psi_n$들을 선형결합 시켜서 표현할 수 있다.

$$\phi = c_1\Psi_1 + c_2\Psi_2 + c_3\Psi_3 + \ldots + c_n\Psi_n \qquad (12\text{-}71)$$

시도함수를 이용하여 에너지 기댓값을 구하는 식 13-65를 식 13-71을 이용하여 써 보면 식 12-72와 같이 됨을 알 수 있다.

$$\langle E_t \rangle = \frac{\int \phi^* \widehat{H} \phi \, d\tau}{\int \phi^* \phi \, d\tau}$$

$$= \frac{\int (c_1\Psi_1 + c_2\Psi_2 + c_3\Psi_3 + \ldots + c_n\Psi_n)^* \widehat{H} (c_1\Psi_1 + c_2\Psi_2 + c_3\Psi_3 + \ldots + c_n\Psi_n) d\tau}{\int (c_1\Psi_1 + c_2\Psi_2 + c_3\Psi_3 + \ldots + c_n\Psi_n)^* (c_1\Psi_1 + c_2\Psi_2 + c_3\Psi_3 + \ldots + c_n\Psi_n) d\tau} \quad (12\text{-}72)$$

식 12-72의 우변을 전개해 보도록 하자. 무수히 많은 함수들을 어떻게 전개하나 싶겠지만 몇 개 함수를 전개해보면 의외로 쉽게 전개가 된다는 사실을 알 수 있다. 먼저 상대적으로 쉬운 식 12-72의 분모를 전개해 보도록 하자. 식 12-72의 분모를 전개하면 식 12-73과 같이 될 것이다.

$$\int (c_1\Psi_1 + c_2\Psi_2 + c_3\Psi_3 + \ldots + c_n\Psi_n)^* (c_1\Psi_1 + c_2\Psi_2 + c_3\Psi_3 + \ldots + c_n\Psi_n) d\tau =$$
$$\int \left(c_1^*\Psi_1^* c_1\Psi_1 + c_1^*\Psi_1^* c_2\Psi_2 + \ldots + c_2^*\Psi_2^* c_1\Psi_1 + c_2^*\Psi_2^* c_2\Psi_2 + \ldots + c_n^*\Psi_n^* c_1\Psi_1 + c_n^*\Psi_n^* c_2\Psi_2 + \ldots c_n^*\Psi_n^* c_n\Psi_n\right) d\tau$$
$$= \int c_1^*\Psi_1^* c_1\Psi_1 d\tau + \int c_1^*\Psi_1^* c_2\Psi_2 d\tau + \ldots + \int c_2^*\Psi_2^* c_1\Psi_1 d\tau + \int c_2^*\Psi_2^* c_2\Psi_2 d\tau + \ldots \quad (12\text{-}73)$$
$$+ \int c_n^*\Psi_n^* c_1\Psi_1 d\tau + \int c_n^*\Psi_n^* c_2\Psi_2 d\tau + \ldots + \int c_n^*\Psi_n^* c_n\Psi_n d\tau$$

식 12-73의 적분기호 안에 들어있는 상수는 모두 적분기호 밖으로 나올 수 있다. 따라서 식 12-73은 식 12-74와 같이 된다.

$$= c_1^* c_1 \int \Psi_1^*\Psi_1 d\tau + c_1^* c_2 \int \Psi_1^*\Psi_2 d\tau + \ldots + c_2^* c_1 \int \Psi_2^*\Psi_1 d\tau + c_2^* c_2 \int \Psi_2^*\Psi_2 d\tau + \ldots \quad (12\text{-}74)$$
$$+ c_n^* c_1 \int \Psi_n^*\Psi_1 d\tau + c_n^* c_2 \int \Psi_n^*\Psi_2 d\tau + \ldots + c_n^* c_n \int \Psi_n^*\Psi_n d\tau$$

함수 Ψ_1, Ψ_2, Ψ_3, ...들은 직교정규화된 함수들이기 때문에 같은 함수끼리 곱한 뒤 적분한 값은 "1"이 되고 서러 다른 함수끼리 곱한 뒤 적분한 값은 "0"이 된다. 따라서 식 13-74는 식 12-75와 같이 정리될 수 있다. 즉,

$$\int (c_1\Psi_1 + c_2\Psi_2 + c_2\Psi_2 + \ldots)^* (c_1\Psi_1 + c_2\Psi_2 + c_2\Psi_2 + \ldots) d\tau \quad (12\text{-}75)$$
$$= c_1^* c_1 + c_2^* c_2 + c_3^* c_3 + \ldots + c_n^* c_n$$

자, 이제 식 12-72의 분자를 계산해 보자. 식 12-72의 분자를 전개하면 식 12-76과 같이 전개된다.

$$\begin{aligned}
&\int (c_1\Psi_1 + c_2\Psi_2 + c_2\Psi_2 + \ldots)^* \hat{H}(c_1\Psi_1 + c_2\Psi_2 + c_2\Psi_2 + \ldots)\, d\tau \\
&= \int (c_1^*\Psi_1^* \hat{H} c_1\Psi_1 + c_1^*\Psi_1^* \hat{H} c_2\Psi_2 + \ldots + c_1^*\Psi_1^* \hat{H} c_n\Psi_n \\
&\quad + c_2^*\Psi_2^* \hat{H} c_1\Psi_1 + c_2^*\Psi_2^* \hat{H} c_2\Psi_2 + \ldots + c_2^*\Psi_2^* \hat{H} c_n\Psi_n + \ldots \\
&\quad + c_n^*\Psi_n^* \hat{H} c_1\Psi_1 + \ldots + c_n^*\Psi_n^* \hat{H} c_n\Psi_n)\, d\tau \\
&= \int c_1^*\Psi_1^* \hat{H} c_1\Psi_1 d\tau + \int c_1^*\Psi_1^* \hat{H} c_2\Psi_2 d\tau + \ldots + \int c_1^*\Psi_1^* \hat{H} c_n\Psi_n d\tau \\
&\quad + \int c_2^*\Psi_2^* \hat{H} c_1\Psi_1 d\tau + \int c_2^*\Psi_2^* \hat{H} c_2\Psi_2 d\tau + \ldots + \int c_2^*\Psi_2^* \hat{H} c_n\Psi_n d\tau + \ldots \\
&\quad + \int c_n^*\Psi_n^* \hat{H} c_1\Psi_1\, d\tau + \ldots + \int c_n^*\Psi_n^* \hat{H} c_n\Psi_n\, d\tau
\end{aligned} \tag{12-76}$$

식 12-76에서 상수들을 적분기호 앞으로 꺼내어 보면 다음과 같이 된다.

$$\begin{aligned}
&= c_1^* c_1 \int \Psi_1^* \hat{H}\Psi_1 d\tau + c_1^* c_2 \int \Psi_1^* \hat{H}\Psi_2 d\tau + \ldots + c_1^* c_n \int \Psi_1^* \hat{H}\Psi_n d\tau \\
&\quad + c_2^* c_1 \int \Psi_2^* \hat{H}\Psi_1 d\tau + c_2^* c_2 \int \Psi_2^* \hat{H}\Psi_2 d\tau + \ldots + c_2^* c_n \int \Psi_2^* \hat{H}\Psi_n d\tau + \ldots \\
&\quad + c_n^* c_1 \int \Psi_n^* \hat{H}\Psi_1\, d\tau + \ldots + c_n^* c_n \int \Psi_n^* \hat{H}\Psi_n\, d\tau
\end{aligned} \tag{12-77}$$

위에서 우리는 $\Psi_1, \Psi_2, \Psi_3, \ldots$ 함수들을 쉬뢰딩거 방정식을 풀어서 얻어진 정규화된 참 파동함수라고 하였다. 따라서 아래와 같이 쓸 수 있다.

$$\hat{H}\Psi_1 = E_1\Psi_1,\ \hat{H}\Psi_2 = E_2\Psi_2,\ \hat{H}\Psi_3 = E_3\Psi_3,\ \ldots\ldots,\ \hat{H}\Psi_n = E_n\Psi_n \tag{12-78}$$

따라서 식 12-77의 적분 기호 안은 다음 식 12-79와 같이 바뀔 수 있다.

$$\begin{aligned}
&\int (c_1\Psi_1 + c_2\Psi_2 + c_2\Psi_2 + \ldots)^* \hat{H}(c_1\Psi_1 + c_2\Psi_2 + c_2\Psi_2 + \ldots)\, d\tau \\
&= c_1^* c_1 \int \Psi_1^* E_1 \Psi_1 d\tau + c_1^* c_2 \int \Psi_1^* E_2 \Psi_2 d\tau + \ldots + c_1^* c_n \int \Psi_1^* E_n \Psi_n d\tau \\
&\quad + c_2^* c_1 \int \Psi_2^* E_1 \Psi_1 d\tau + c_2^* c_2 \int \Psi_2^* E_2 \Psi_2 d\tau + \ldots + c_2^* c_n \int \Psi_2^* E_n \Psi_n d\tau + \ldots \\
&\quad + c_n^* c_1 \int \Psi_n^* E_1 \Psi_1\, d\tau + \ldots + c_n^* c_n \int \Psi_n^* E_n \Psi_n\, d\tau
\end{aligned} \tag{12-79}$$

$E_1, E_2, E_3, \ldots, E_n$ 등은 상수이기 때문에 이제 적분기호 밖으로 나올 수 있다. 따라서 식 12-79는 식 12-80과 같이 된다.

$$\int (c_1\Psi_1 + c_2\Psi_2 + c_2\Psi_2 + \ldots)^* \hat{H}(c_1\Psi_1 + c_2\Psi_2 + c_2\Psi_2 + \ldots)\, d\tau$$
$$= c_1^* c_1 E_1 \int \Psi_1^* \Psi_1 d\tau + c_1^* c_2 E_2 \int \Psi_1^* \Psi_2 d\tau + \ldots + c_1^* c_n E_n \int \Psi_1^* \Psi_n d\tau \quad (12\text{-}80)$$
$$+ c_2^* c_1 E_1 \int \Psi_2^* \Psi_1 d\tau + c_2^* c_2 E_2 \int \Psi_2^* \Psi_2 d\tau + \ldots + c_2^* c_n E_n \int \Psi_2^* \Psi_n d\tau + \ldots$$
$$+ c_n^* c_1 E_1 \int \Psi_n^* \Psi_1\, d\tau + \ldots + c_n^* c_n E_n \int \Psi_n^* \Psi_n\, d\tau$$

Ψ_1, Ψ_2, $\Psi_3, \ldots$함수들은 정규화 되어 있고 서로 직교하므로 같은 함수끼리 곱한 뒤 적분한 값은 "1"이 되고 다른 함수끼리 곱한 뒤 적분한 값은 "0"이 된다. 따라서 식 12-80은 식 12-81과 같이 된다.

$$\int (c_1\Psi_1 + c_2\Psi_2 + c_2\Psi_2 + \ldots)^* \hat{H}(c_1\Psi_1 + c_2\Psi_2 + c_2\Psi_2 + \ldots)\, d\tau$$
$$= c_1^* c_1 E_1 \bullet 1 + c_1^* c_2 E_2 \bullet 0 + \ldots + c_1^* c_n E_n \bullet 0 + c_2^* c_1 E_1 \bullet 0 + c_2^* c_2 E_2 \bullet 1 + \ldots$$
$$+ c_2^* c_n E_n \bullet 0 + c_n^* c_1 E_1 \bullet 0 + \ldots + c_n^* c_n E_n \bullet 1 = c_1^* c_1 E_1 + c_2^* c_2 E_2 + \ldots + c_n^* c_n E_n$$
$$= c_1^* c_1 E_1 \bullet 1 + \ldots + c_2^* c_2 E_2 \bullet 1 + \ldots + c_n^* c_n E_n \bullet 1 = c_1^* c_1 E_1 + c_2^* c_2 E_2 + \ldots + c_n^* c_n E_n \quad (12\text{-}81)$$

식 12-75와 12-81에서 얻은 최종 수식을 이용하여 에너지 기댓값 $\langle E_t \rangle$ 식 12-72를 써 보면 식 12-82와 같이 된다.

$$\langle E_t \rangle = \frac{\int \phi^* \hat{H} \phi\, d\tau}{\int \phi^* \phi\, d\tau} = \frac{\int (c_1\Psi_1 + c_2\Psi_2 + c_3\Psi_3 + \ldots + c_n\Psi_n)^* \hat{H} (c_1\Psi_1 + c_2\Psi_2 + c_3\Psi_3 + \ldots + c_n\Psi_n)\, d\tau}{\int (c_1\Psi_1 + c_2\Psi_2 + c_3\Psi_3 + \ldots + c_n\Psi_n)^* (c_1\Psi_1 + c_2\Psi_2 + c_3\Psi_3 + \ldots + c_n\Psi_n)\, d\tau}$$
$$= \frac{c_1^* c_1 E_1 + c_2^* c_2 E_2 + \ldots + c_n^* c_n E_n}{c_1^* c_1 + c_2^* c_2 + \ldots + c_n^* c_n} \quad (12\text{-}82)$$

식 12-82에서 최종적으로 얻어진 식을 참 바닥상태 에너지 E_1과 비교해 보자. E_1의 분모를 식 12-82의 분모와 일치시키기 위해 식 12-83 분모, 분자에 $c_1^* c_1 + c_2^* c_2 + \ldots + c_n^* c_n$을 곱하면

$$E_1 = \frac{c_1^* c_1 E_1 + c_2^* c_2 E_1 + \ldots + c_n^* c_n E_1}{c_1^* c_1 + c_2^* c_2 + \ldots + c_n^* c_n} \quad (12\text{-}83)$$

식 12-82와 식 12-83을 비교해 보면 다음과 같이 항상 식 12-82의 값이 더 크다는 사실을 알 수 있다.

$$\frac{c_1^* c_1 E_1 + c_2^* c_2 E_2 + \ldots + c_n^* c_n E_n}{c_1^* c_1 + c_2^* c_2 + \ldots + c_n^* c_n} \geq \frac{c_1^* c_1 E_1 + c_2^* c_2 E_1 + \ldots + c_n^* c_n E_1}{c_1^* c_1 + c_2^* c_2 + \ldots + c_n^* c_n} \quad (12\text{-}84)$$

우변을 좌변으로 이항하면

$$\Leftrightarrow \frac{c_1^*c_1E_1 + c_2^*c_2E_2 + \ldots + c_n^*c_nE_n}{c_1^*c_1 + c_2^*c_2 + \ldots + c_n^*c_n} - \frac{c_1^*c_1E_1 + c_2^*c_2E_1 + \ldots + c_n^*c_nE_1}{c_1^*c_1 + c_2^*c_2 + \ldots + c_n^*c_n} \geq 0 \quad (12\text{-}85)$$

$$\Leftrightarrow \frac{c_1^*c_1(E_1 - E_1) + c_2^*c_2(E_2 - E_1) + \ldots + c_n^*c_n(E_n - E_1)}{c_1^*c_1 + c_2^*c_2 + \ldots + c_n^*c_n} \geq 0 \quad (12\text{-}86)$$

와 같이 된다. E_2, E_3, $\ldots E_n$들은 바닥상태 에너지 E_1보다 크기 때문에 식 12-86의 좌변은 늘 "0"보다 크다고 할 수 있고 결국 시도함수를 통해 구한 에너지 기댓값은 참 바닥상태의 에너지보다 크다는 사실을 알 수 있다. 이것을 한 마디로 쓰면 식 12-65처럼 쓸 수 있고 이것을 변분원리라고 한다. 이제 다음절에서 실제로 이러한 변분법의 원리를 이용하여 구체적인 시스템의 에너지를 구해 보도록 하자.

5) 변분법 사례 1

쉬뢰딩거 방정식을 적용하기 가장 간단한 시스템은 이전 장에서 배웠던 상자 안 입자이다. 따라서 이러한 상자 안 입자의 경우를 통해 변분법으로 에너지를 어떻게 구할 수 있는지 좀 더 자세히 알아보도록 하자. 상자 안 입자에 해당하는 쉬뢰딩거 방정식은 이전 장을 통해 보았듯이 간단하게 풀린다. 양자수가 "1"일 때 그 정규화된 해(정규화된 파동함수)는 식 12-88과 같았고 에너지는 식 12-89와 같았다.

$$\psi_1 = \sqrt{\frac{2}{a}}\sin\frac{\pi x}{a} \quad (13\text{-}88)$$

$$E_1 = \frac{h^2}{8ma^2} \quad (13\text{-}89)$$

식 13-88을 그려보면 그림 13-6의 검은색 포물선과 같이 그려진다. 쉬뢰딩거 방정식을 통해서 구한 해(파동함수)는 $\psi(0)=0$, $\psi(a)=0$ 이라는 경계조건을 만족시켜야 하는데 식 13-88의 x에 "0"과 "a"를 대입해 보면 "0"이 된다는 사실을 알 수 있다. 즉 식 13-88은 경계조건을 잘 만족시키는 함수임을 알 수 있다. 이와 같은 경계조건을 만족시키는 함수는 식 13-88외에도 여러 가지 만들어 낼 수 있다. 예를 들어, 식 13-90에 나와 있는 모든 함수들은 경계조건을 모두 만족시키는 함수들이다.

$$\phi(x) = x(x-a),\ \phi(x) = -x(x-a),\ \phi(x) = x^2(x-a),\ \phi(x) = 5x(x-a), \ldots.. \quad (12\text{-}90)$$

이 함수들 중에서 두 번째 함수, $\phi(x) = -x(x-a)$를 시도함수로 사용했을 대 에너지의 기댓값 E_t는 식

12-91을 통해 구할 수 있다.

$$\langle E_t \rangle = \frac{\int_0^a \phi(x)^* \hat{H} \phi(x)\, dx}{\int_0^a \phi(x)^* \phi(x)\, dx} = \frac{\int_0^a \{-x(x-a)\}^* \hat{H} \{-x(x-a)\}\, dx}{\int_0^a \{-x(x-a)\}^* \{-x(x-a)\}\, dx} \tag{12-91}$$

식 12-91의 분모를 먼저 계산해보면,

$$\begin{aligned}
&\int_0^a \phi(x)^* \phi(x)\, dx = \int_0^a (-x^2+ax)^*(-x^2+ax)dx = \int_0^a (x^4 - ax^3 - ax^3 + a^2x^2)dx \\
&= \int_0^a (x^4 - 2ax^3 + a^2x^2)dx = \left[\frac{1}{5}x^5 - \frac{2}{4}ax^4 + \frac{a^2}{3}x^3\right]_0^a = \frac{1}{5}a^5 - \frac{2}{4}aa^4 + \frac{a^2}{3}a^3 \\
&= \frac{1}{5}a^5 - \frac{1}{2}aa^4 + \frac{a^2}{3}a^3 = \frac{a^5}{5} - \frac{a^5}{2} + \frac{a^5}{3} = \frac{6a^5 - 15a^5 + 10a^5}{30} = \frac{a^5}{30}
\end{aligned} \tag{12-92}$$

이 된다. 식 12-91의 분자를 계산해보면,

$$\begin{aligned}
&\int_0^a \phi(x)^* \hat{H} \phi(x)\, dx = \int_0^a (-x^2+ax)^* \left(-\frac{\hbar^2}{2m}\frac{d^2}{dx^2}\right)(-x^2+ax)dx \\
&= -\frac{\hbar^2}{2m}\int_0^a (-x^2+ax)^* \left(\frac{d}{dx}\right)(-2x+a)dx = -\frac{\hbar^2}{2m}\int_0^a (-x^2+ax)^*(-2)dx \\
&= \frac{\hbar^2}{m}\int_0^a (-x^2+ax)^* dx = \frac{\hbar^2}{m}\left[-\frac{1}{3}x^3 + \frac{a}{2}x^2\right]_0^a = \frac{\hbar^2}{m}\left(-\frac{1}{3}a^3 + \frac{1}{2}a^3\right) \\
&= \frac{\hbar^2}{m}\left(-\frac{2}{6}a^3 + \frac{3}{6}a^3\right) = \frac{a^3\hbar^2}{6m}
\end{aligned} \tag{12-93}$$

식 12-92와 12-93을 식 12-91에 대입해서 E_t를 구해보면,

$$\langle E_t \rangle = \frac{\int_0^a \phi(x)^* \hat{H} \phi(x)\, dx}{\int_0^a \phi(x)^* \phi(x)\, dx} = \frac{\frac{a^3\hbar^2}{6m}}{\frac{a^5}{30}} = \frac{30a^3\hbar^2}{6ma^5} = \frac{5\hbar^2}{ma^2} \tag{12-94}$$

$\hbar = \frac{h}{2\pi}$ 이므로 이것을 식 12-94에 대입하면 식 12-94는 식 12-95와 같이 변한다.

$$\langle E_t \rangle = \frac{5h^2}{4\pi^2 ma^2} = \frac{5}{39.4784}\frac{h^2}{ma^2} = 0.12665\frac{h^2}{ma^2} \tag{12-95}$$

쉬뢰딩거 방정식을 풀어서 얻어진 상자 안 입자의 참 에너지는 양자수 n에 따라 다음식과 같이 주어진다.

$$E = \frac{n^2h^2}{8ma^2} \tag{12-96}$$

양자수가 "1"일 때 참 바닥상태 에너지 E는,

$$E_1 = 0.125\frac{h^2}{ma^2} \tag{12-97}$$

와 같이 주어진다. 시도함수를 이용하여 얻은 에너지 기댓값은 항상 쉬뢰딩거 방정식을 제대로 풀어서 얻어진 참 바닥상태 에너지보다 크다고 하였는데 식 12-95와 12-97을 비교해 보면 식 12-95가 식 12-97보다 크다는 것을 확인할 수 있고 변분원리가 성립한다는 사실을 알 수 있다. 지금 우리는 시도함수로서 $\phi(x) = -x(x-a)$을 사용하였지만 다른 시도함수를 사용할 수도 있다. 예를 들어, 시도함수로서 $\phi(x) = -x^2(x-a)$을 사용한다면 어떻게 될까? 이 함수를 시도함수로 사용하였을 때 예상되는 에너지 기댓값은 식 13-98과 같다.

$$\langle E_t \rangle = \frac{\int_0^a \phi(x)^* \widehat{H}\,\phi(x)\,dx}{\int_0^a \phi(x)^* \phi(x)\,dx} = \frac{\int_0^a \{x^2(x-a)\}^* \widehat{H}\,\{x^2(x-a)\}\,dx}{\int_0^a \{x^2(x-a)\}^* \{x^2(x-a)\}\,dx} \tag{12-98}$$

분모를 계산하면 식 12-99와 같이 된다.

$$\begin{aligned}\int_0^a \{x^2(x-a)\}^*\{x^2(x-a)\}dx &= \int_0^a (x^3-ax^2)^*(x^3-ax^2)dx = \int_0^a (x^6-2ax^5+a^2x^4)dx \\ &= \left[\frac{1}{7}x^7 - \frac{2a}{6}x^6 + \frac{a^2}{5}x^5\right]_0^a = \frac{1}{7}a^7 - \frac{2a}{6}a^6 + \frac{a^2}{5}a^5 = \frac{1}{7}a^7 - \frac{a}{3}a^6 + \frac{a^2}{5}a^5 \\ &= \frac{a^7}{7} - \frac{a^7}{3} + \frac{a^7}{5} = \frac{15a^7 - 35a^7 + 21a^7}{105} = \frac{a^7}{105}\end{aligned} \tag{12-99}$$

분자를 계산하면 식 12-100과 같이 된다.

$$\int_0^a \{x^2(x-a)\}^*\left(-\frac{\hbar^2}{2m}\frac{d^2}{dx^2}\right)\{x^2(x-a)\}dx = \int_0^a (x^3-ax^2)^*\left(-\frac{\hbar^2}{2m}\frac{d^2}{dx^2}\right)(x^3-ax^2)dx$$

$$=-\frac{\hbar^2}{2m}\int_0^a (x^3-ax^2)^*\left(\frac{d}{dx}3x^2-2ax\right)dx = -\frac{\hbar^2}{2m}\int_0^a (x^3-ax^2)^*(6x-2a)dx$$

$$=-\frac{\hbar^2}{2m}\int_0^a (6x^4-2ax^3-6ax^3+2a^2x^2)dx = -\frac{\hbar^2}{2m}\int_0^a (6x^4-8ax^3+2a^2x^2)dx$$

$$=-\frac{\hbar^2}{2m}\left[\frac{6}{5}x^5-\frac{8a}{4}x^4+\frac{2a^2}{3}x^3\right]_0^a = -\frac{\hbar^2}{2m}\left(\frac{6}{5}a^5-2aa^4+\frac{2a^2}{3}a^3\right)$$

$$=-\frac{\hbar^2}{2m}\left(\frac{6}{5}a^5-2aa^4+\frac{2a^2}{3}a^3\right) = -\frac{\hbar^2}{2m}\left(\frac{18a^5}{15}-\frac{30a^5}{15}+\frac{10a^5}{15}\right) = -\frac{\hbar^2}{2m}\left(\frac{18a^5-30a^5+10a^5}{15}\right)$$

$$=-\frac{\hbar^2}{2m}\left(\frac{-2a^5}{15}\right) = \frac{\hbar^2a^5}{15m} \qquad (12\text{-}100)$$

시도함수를 이용하여 얻어진 에너지 기댓값은 식 12-101과 같이 구해진다.

$$\langle E_t \rangle = \frac{\int_0^a \phi(x)^* \widehat{H}\phi(x)\,dx}{\int_0^a \phi(x)^*\phi(x)\,dx} = \frac{\frac{\hbar^2a^5}{15m}}{\frac{a^7}{105}} = \frac{105\hbar^2a^5}{15ma^7} = \frac{7\hbar^2}{ma^2} = \frac{7}{4\pi^2}\frac{h^2}{ma^2} = 0.177\frac{h^2}{ma^2} \qquad (12\text{-}101)$$

최종적으로 얻어진 값을 보면 역시 참 바닥상태 에너지 식 12-97보다 작다는 것을 알 수 있다. 지금까지 우리는 $\phi(x) = -x(x-a)$와 $\phi(x) = x^2(x-a)$ 두 가지 시도함수를 사용하여 에너지 기댓값을 구해 보았고 참 바닥 상태에너지와 비교해 보았다. 두 가지 경우 모두 참 바닥상태 에너지보다 높은 에너지가 기댓값으로 계산되어졌다. 이외에도 다양한 시도함수를 사용할 수 있고 에너지 기댓값을 구할 수 있는데 어떤 시도함수를 사용하더라도 변분원리에 의해 참 바닥상태 에너지보다는 높은 에너지 기댓값이 구하여 진다. 따라서 여러 가지 종류의 시도함수를 사용하였을 때 계산되어지는 에너지 기댓값 중에서 가장 낮은 것이 참 바닥상태 에너지와 가장 유사하다고 할 수 있다. 예를 들어, 위에서 예로 든 두 가지 시도함수 외에 $\phi(x) = x^3(x-a)$, $\phi(x) = x^4(x-a)\ldots$과 같은 함수들도 시도함수로서 사용할 수 있다. 함수 $\phi(x) = x^3(x-a)$을 시도함수로 사용하였을 때 에너지 기댓값은 얼마가 될까? $\phi(x) = x^2(x-a)$을 이용하여 구한 식 12-101보다 높게 나올까? 아니면 적은 값이 나올까? 또 $\phi(x) = x^4(x-a)$을 시도함수로 사용하면 어떻게 될 까? $\phi(x) = x^2(x-a)$을 시도함수로 사용하였을 때 에너지 기댓값 식 12-101보다 더 높은 값이 나올까? 아니면 더 적은 값이 나올까? 더 적은 값이 참 바닥상태에너지와 가장 가깝기 때문에 가장 낮은 에너지 기댓값이 나오는 시도함수를 사용해야 할 텐데 가장 낮은 에너지 기댓값이 나오는 파동함수가 어떤 것인지 어떻게 알 수 있을까? 위에서 계산한 것처럼 일일이 모든 시도함수를 사용하여 에너지 기댓값을 계산해 보아야만 할까? 아니면 조금 더 효과적으로 찾는 방법이 있을까? 위에서 했듯이 여러 가지 시도함수를 사용하여 에너지 기댓값을 직접 구하는 것이 가장 간단한 방법이긴 한데 이 방법은 너무 힘든 방법이 될 것이다. 왜냐하면 사용할 수 있는 시도함수는 무한대가 존재하기 때문이다. 게다가 사용할 수 있는 시도함수는 무한대가 존재하기 때문에 모든 시도함수가 어떤 에너지 기댓값을 주는지 계산하는 것은 불가능하다. 따라서 가장 낮은 에너지 기댓값을 주는 시도함수를 찾기 위해서 우리는 식 12-102과 같이 변수 "c"가 포함된 함수를 시도함수로 사용해보도록 하자.

$$\phi(x) = -x^c(x-a) = -x^{c+1} + ax^c \tag{12-102}$$

식 12-102 시도함수에서 사용된 변수를 "변분 파라미터"라고 부른다. 이 함수를 시도함수로 사용하였을 때 에너지 기댓값은 식 12-103 식으로 주어진다.

$$\langle E_t \rangle = \frac{\int_0^a \phi(x)^* \widehat{H} \phi(x)\, dx}{\int_0^a \phi(x)^* \phi(x)\, dx} = \frac{\int_0^a (-x^{c+1}+ax^c)^* \widehat{H} (-x^{c+1}+ax^c)\, dx}{\int_0^a (-x^{c+1}+ax^c)^* (-x^{c+1}+ax^c)\, dx} \tag{12-103}$$

먼저 분모를 계산하면 식 12-104와 같다.

$$\begin{aligned}
&\int_0^a (-x^{c+1}+ax^c)^*(-x^{c+1}+ax^c)dx = \int_0^a (x^{2c+2} - 2ax^{2c+1} + a^2x^{2c})dx \\
&= \left[\frac{1}{2c+3}x^{2c+3} - \frac{2a}{2c+2}x^{2c+2} + \frac{a^2}{2c+1}x^{2c+1}\right]_0^a = \frac{1}{2c+3}a^{2c+3} - \frac{2a}{2c+2}a^{2c+2} + \frac{a^2}{2c+1}a^{2c+1} \\
&= \frac{1}{2c+3}a^{2c+3} - \frac{1}{c+1}a^{2c+3} + \frac{1}{2c+1}a^{2c+3} = \left(\frac{1}{2c+3} - \frac{1}{c+1} + \frac{1}{2c+1}\right)a^{2c+3} \\
&= \left\{\frac{(c+1)(2c+1) - (2c+3)(2c+1) + (2c+3)(c+1)}{(2c+3)(c+1)(2c+1)}\right\}a^{2c+3} \\
&= \left\{\frac{2c^2+3c+1-(4c^2+8c+3)+2c^2+5c+3}{(2c+3)(c+1)(2c+1)}\right\}a^{2c+3} = \frac{1-3+3}{(2c+3)(c+1)(2c+1)}a^{2c+3} \\
&= \frac{a^{2c+3}}{(2c+3)(c+1)(2c+1)}a^{2c+3}
\end{aligned} \tag{12-104}$$

분자를 계산하면 식 12-105와 같이 된다.

$$\begin{aligned}
&-\frac{\hbar^2}{2m}\int_0^a (-x^{c+1}+ax^c)^* \frac{d^2}{dx^2}(-x^{c+1}+ax^c)dx \\
&= -\frac{\hbar^2}{2m}\int_0^a (-x^{c+1}+ax^c)^* \frac{d}{dx}\{-(c+1)x^c + acx^{c-1}\}dx
\end{aligned}$$

$$=-\frac{\hbar^2}{2m}\int_0^a(-x^{c+1}+ax^c)^*\{-c(c+1)x^{c-1}+ac(c-1)x^{c-2}\}dx$$

$$=-\frac{\hbar^2}{2m}\int_0^a\{c(c+1)x^{c+1}x^{c-1}-ac(c-1)x^{c+1}x^{c-2}-ac(c+1)x^cx^{c-1}+a^2c(c-1)x^cx^{c-2}\}dx$$

$$=-\frac{\hbar^2}{2m}\int_0^a\{c(c+1)x^{2c}-ac(c-1)x^{2c-1}-ac(c+1)x^{2c-1}+a^2c(c-1)x^{2c-2}\}dx$$

$$=-\frac{\hbar^2}{2m}\int_0^a\{c(c+1)x^{2c}-(ac(c-1)+ac(c+1))x^{2c-1}+a^2c(c-1)x^{2c-2}\}dx$$

$$=-\frac{\hbar^2}{2m}\int_0^a\{c(c+1)x^{2c}-(ac^2-ac+ac^2+ac)x^{2c-1}+a^2c(c-1)x^{2c-2}\}dx$$

$$=-\frac{\hbar^2}{2m}\int_0^a\{c(c+1)x^{2c}-2ac^2x^{2c-1}+a^2c(c-1)x^{2c-2}\}dx$$

$$=-\frac{\hbar^2}{2m}\left[\frac{c(c+1)}{2c+1}x^{2c+1}-\frac{2ac^2}{2c}x^{2c}+\frac{a^2c(c-1)}{2c-1}x^{2c-1}\right]_0^a$$

$$=-\frac{\hbar^2}{2m}\left\{\frac{c(c+1)}{2c+1}a^{2c+1}-\frac{2ac^2}{2c}a^{2c}+\frac{a^2c(c-1)}{2c-1}a^{2c-1}\right\}$$

$$=-\frac{\hbar^2}{2m}\left\{\frac{c(c+1)}{2c+1}a^{2c+1}-\frac{2c^2}{2c}a^{2c+1}+\frac{c(c-1)}{2c-1}a^{2c+1}\right\}$$

$$=-\frac{\hbar^2}{2m}\left\{\frac{c(c+1)}{2c+1}a^{2c+1}-ca^{2c+1}+\frac{c(c-1)}{2c-1}a^{2c+1}\right\}$$

$$=-\frac{\hbar^2}{2m}\left\{\frac{c(c+1)(2c-1)-c(2c+1)(2c-1)+c(c-1)(2c+1)}{(2c+1)(2c-1)}\right\}a^{2c+1}$$

$$=-\frac{\hbar^2}{2m}\left\{\frac{c(2c^2+2c-c-1)-c(4c^2-1)+c(2c^2-2c+c-1)}{(2c+1)(2c-1)}\right\}a^{2c+1}$$

$$=-\frac{\hbar^2}{2m}\left\{\frac{2c^3+c^2-c-4c^3+c+2c^3-c^2-c}{(2c+1)(2c-1)}\right\}a^{2c+1}=-\frac{\hbar^2}{2m}\left\{\frac{-c}{(2c+1)(2c-1)}\right\}a^{2c+1}$$

$$=\left(\frac{\hbar^2}{2m}\right)\frac{ca^{2c+1}}{(2c+1)(2c-1)}$$

$$=\frac{ca^{2c+1}}{(2c+1)(2c-1)}\frac{\hbar^2}{2m} \tag{12-105}$$

식 12-104과 12-105를 이용하여 시도함수를 사용한 에너지 기댓값 $\langle E_t\rangle$를 구하면 식 12-106과 같이 된다.

$$\langle E_t\rangle=\frac{\dfrac{ca^{2c+1}}{(2c+1)(2c-1)}\dfrac{\hbar^2}{2m}}{\dfrac{a^{2c+3}}{(2c+3)(c+1)(2c+1)}}=\frac{(2c+3)(c+1)(2c+1)ca^{2c+1}}{(2c+1)(2c-1)a^{2c+3}}\frac{\hbar^2}{2m}$$

$$\langle E_t \rangle = \frac{(2c+3)(c+1)c}{(2c-1)a^2}\frac{\hbar^2}{2m}$$

$$\langle E_t \rangle = \frac{(2c+3)(c+1)c}{(2c-1)}\frac{\hbar^2}{2ma^2} = \frac{(2c+3)(c+1)c}{(2c-1)}\frac{1}{4\pi^2}\frac{h^2}{2ma^2} \tag{12-106}$$

식 12-106이 올바르게 얻어진 식인지 확인하기 위해 $c=1$인 경우에 $\langle E_t \rangle$를 구해보도록 하자. 식 12-106의 c에 1을 대입하면,

$$\langle E_t \rangle = \frac{(2c+3)(c+1)c}{(2c-1)}\frac{1}{4\pi^2}\frac{h^2}{2ma^2} = \frac{(2+3)(1+1)}{(2-1)}\frac{1}{4\pi^2}\frac{h^2}{2ma^2} = \frac{5}{4\pi^2}\frac{h^2}{ma^2} \tag{12-107}$$

로서 식 12-95와 동일한 결과가 얻어진다는 사실을 알 수 있다. 또 $c=2$인 경우에도 위에서 구한 에너지 기댓값이 나오는지 확인해 보도록 하자. 식 12-106의 c에 2를 대입하면,

$$\langle E_t \rangle = \frac{(2c+3)(c+1)c}{(2c-1)}\frac{1}{4\pi^2}\frac{h^2}{2ma^2} = \frac{(4+3)(2+1)2}{(4-1)}\frac{1}{4\pi^2}\frac{h^2}{2ma^2} = \frac{7}{4\pi^2}\frac{h^2}{ma^2} \tag{12-108}$$

로서 식 12-101과 같아짐을 확인할 수 있다. 이로써 우리는 식 12-106이 올바르게 구해진 식이라는 것을 알 수 있다. 이제 우리는 c에 따른 다양한 함수를 시도함수로 사용하였을 때 에너지 기댓값이 얼마가 될지 일일이 계산할 필요 없이 그냥 식 12-106에만 대입만 하면 되는 것이다. c가 0.8 일 경우의 시도함수는 $\phi(x) = x^{0.8}(x-a)$인데 이 함수를 사용하였을 때 에너지 기댓값은 식 12-106의 c에 0.8을 대입하기만 하면 된다. 식 12-106의 c에 0.8을 대입해서 풀어보면,

$$\langle E_t \rangle = \frac{(2c+3)(c+1)c}{(2c-1)4\pi^2}\frac{h^2}{2ma^2} = \frac{(1.6+3)(0.8+1)0.8}{(1.6-1)4\pi^2}\frac{h^2}{2ma^2} = 0.1398232334\frac{h^2}{ma^2} \tag{12-109}$$

이 됨을 알 수 있다. 식 12-106을 통해서 에너지 기댓값을 구할 때 주의할 점이 몇 가지 있다. 일단 $c>0$이어야만 한다. c가 -1혹은 -2와 같은 음수일 경우 시도함수의 형태는

$$\phi(x) = -x^{-1}(x-a) = -\frac{1}{x}(x-a) \text{ 또는 } \phi(x) = -x^{-2}(x-a) = -\frac{1}{x^2}(x-a) \tag{12-110}$$

와 같은 형태가 되는데 $x=0$일 때, $\phi(x)=0$이 되어야 한다는 경계조건을 만족시키지 못하기 때문이다. 즉, 식 12-106식은 $x=0$인 지점에서 함수값이 정의되지 않는다. x에 0을 대입해 보면, $\phi(0) = \frac{1}{0}(x-a)$으로

서 정의할 수 없는 부정형의 값이 나와 버린다. 따라서 식 12-106에서 c는 양수이어야만 한다. 그런데 우리는 식 12-106식을 자세히 보면 c는 양수일 뿐만 아니라 $c > 0.5$이어야 함을 알 수 있다. c가 0.5보다 작다면 식 12-106의 분모가 음수가 되어 에너지가 음수가 되기 때문이다. c는 0.5이어서도 안 되는데 $c = 0.5$이라면 식 12-106의 분모가 "0"이 되어 부정형의 수식이 되기 때문이다. 따라서 $\phi(x) = x^c(x-a)$을 시도함수로 사용하였을 때 에너지 기댓값은 식 12-106을 통해 얻어지는데 이때 변분 파라미터 c는 $c > 0.5$이어야만 의미 있는 해가 구하여진다. 자, 그렇다면 $c > 0.5$인 값 중에서 c가 어떤 값을 가져야만 가장 낮은 에너지 기댓값이 얻어질까? 그 값이 가장 참 바닥상태 에너지와 가장 근접한 값일 것이고 그때 사용된 시도함수가 참 파동함수와 가장 유사한 함수일 것이다. 먼저 $0.5 < c < 3.5$인 범위에서 0.01 간격으로 양수에 따른 에너지 기댓값을 구해 보도록 하자. 이런 작업은 그래프를 그리는 소프트웨어를 사용해서 쉽게 할 수 있다. 에너지 기댓값을 구해보면 그림 13-6과 같이 그려짐을 확인할 수 있다.

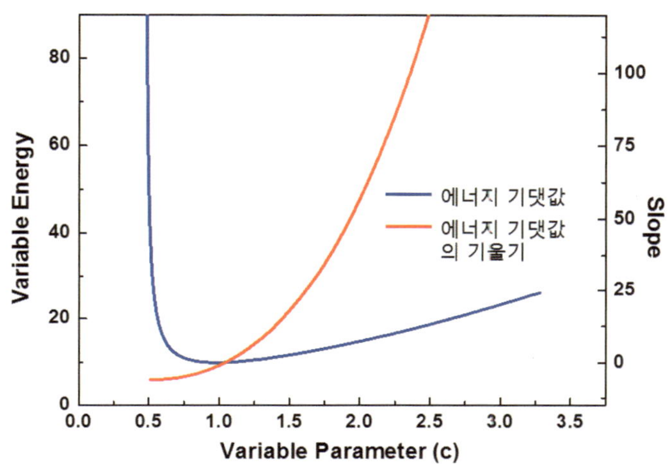

그림 12-5. 변분 파라미터 "c"에 따른 에너지 기댓값 (파란색 실선)과 그 기울기를 나타낸 그래프(빨간색 실선). 변분 파라미터가 대략 1.04일 때 에너지가 가장 낮고 그 지점에서 기울기는 "0"이다.

그림 12-6의 파란색 실선이 변분 파라미터 c에 따른 에너지 기댓값을 나타낸 그래프인데 c가 0.5에 가까워질수록 에너지 기댓값은 무한대로 증가하는 것을 볼 수 있다. 이는 당연한 결과인데 c가 0.5에 가까워질수록 식 12-92의 분모는 점점 "0"으로 접근하고 이에 따라 전체 에너지 기댓값은 증가하기 때문이다. c가 0.5에서 점점 1로 가까워짐에 따라 에너지 기댓값은 급격히 떨어지다가 대략 "1"을 기점으로 에너지 기댓값은 다시 서서히 증가하기 시작한다. 그리고 그 이후로는 c가 증가함에 따라 에너지 기댓값도 같이 증가하게 된다. 즉, c가 대략 "1" 일 때 최소의 에너지 기댓값이 얻어진다는 사실을 알 수 있다. 그 값이 참 바닥상태 에너지와 가장 비슷한 값이 될 것이고, 그 때 사용된 시도함수가 참 파동함수와 가장 유사한 파동함수가 될 것이다. 최소의 에너지 기댓값이 주어지는 c를 구하기 위해서 우리는 방금 그림 12-5에서 본 것과 같은 그래프를 이용해서 구했지만 그래프를 굳이 그리지 않고서도 구할 수 있는 방법이 있다. 그림 12-5의 파란색 실선을 보면 최소의 에너지 기댓값이 나타나는 부분에서 기울기가 "0"이 됨을 알 수 있다. 따라서 우리는 그림

12-6의 파란색 실선을 그릴 때 사용했던 식 12-102를 c로 미분한 뒤 "0"이 되는 c를 찾으면 된다. 이제 식 12-102를 c로 미분해 보도록 하자. 식 12-102는 분수함수이고 분수함수의 미분공식은 식 12-111과 같다고 배웠다.

$$\frac{d}{dx}\left\{\frac{f(x)}{g(x)}\right\}=\frac{f'(x)g(x)-f(x)g'(x)}{\{g(x)\}^2} \qquad (12\text{-}111)$$

만일 식 12-111의 분수함수를 $H(x)$라고 한 뒤 $g(x)$를 이항하면 식 12-112와 같이 된다.

$$\frac{f(x)}{g(x)}=H(x) \Leftrightarrow f(x)=H(x)g(x) \qquad (12\text{-}112)$$

식 12-112 양변을 x로 미분하면 식 12-113과 같이 된다.

$$\frac{d}{dx}f(x)=g(x)\frac{d}{dx}H(x)+H(x)\frac{d}{dx}g(x) \qquad (12\text{-}113)$$

식 12-113을 조금만 변형시켜보면 식 12-111과 같은 식이라는 사실을 쉽게 확인할 수 있다. 식 12-113의 우변에 있는 항을 왼쪽으로 이항한 뒤 정리하면 식 12-114와 같이 된다.

$$\frac{d}{dx}f(x)-H(x)\frac{d}{dx}g(x)=g(x)\frac{d}{dx}H(x)$$

$$\Leftrightarrow \frac{\frac{d}{dx}f(x)-H(x)\frac{d}{dx}g(x)}{g(x)}=\frac{d}{dx}H(x) \qquad (12\text{-}114)$$

$H(x)=\frac{f(x)}{g(x)}$이므로 식 12-114는 12-115와 같이 쓸 수 있다.

$$\frac{\frac{d}{dx}f(x)-\frac{f(x)}{g(x)}\frac{d}{dx}g(x)}{g(x)}=\frac{d}{dx}H(x) \qquad (12\text{-}115)$$

식 12-115를 다시 정리하면 식 12-116와 같이 된다.

$$\frac{\frac{g(x)}{g(x)}\frac{d}{dx}f(x)-\frac{f(x)}{g(x)}\frac{d}{dx}g(x)}{g(x)}=\frac{d}{dx}H(x)$$

$$\Leftrightarrow \frac{\dfrac{g(x)\dfrac{d}{dx}f(x)}{g(x)} - \dfrac{f(x)\dfrac{d}{dx}g(x)}{g(x)}}{g(x)} = \frac{d}{dx}H(x)$$

$$\Leftrightarrow \frac{g(x)\dfrac{d}{dx}f(x) - f(x)\dfrac{d}{dx}g(x)}{\{g(x)\}^2} = \frac{d}{dx}H(x)$$

$$\Leftrightarrow \frac{d}{dx}\frac{f(x)}{g(x)} = \frac{g(x)f'(x) - f(x)g'(x)}{\{g(x)\}^2} = \frac{f'(x)g(x) - f(x)g'(x)}{\{g(x)\}^2} \qquad (12\text{-}116)$$

식 12-116을 보면 식 12-111과 같아졌음을 볼 수 있다. 즉, 분수함수의 미분은 식 12-113과 같이 쓸 수 있다. 우리는 식 12-102를 미분할 때 식 12-111과 같은 방식으로 하지 않고 12-113처럼 분모를 이항한 뒤 양변을 미분하고자 한다. 어떤 방식으로 미분하더라도 결론은 같지만 12-113과 같은 방식으로 처리하는 방식을 뒤에서 다시 다룰 예정이기 때문에 여기서도 12-113과 같은 방식으로 처리하도록 하겠다. 자, 이제 식 12-102를 미분해보도록 하자. 식 12-102를 c로 미분하기 전에 식 12-102의 우변에 있는 분모를 좌변으로 이항하도록 하자. 그러면 식 12-102는 식 12-117과 같이 된다.

$$\langle E_t \rangle (2c-1)8\pi^2 ma^2 = (2c+3)(c+1)ch^2$$

$$\Leftrightarrow 16\pi^2 ma^2 \langle E_t \rangle c - 8\pi^2 ma^2 \langle E_t \rangle = (2c+3)(c^2h^2 + ch^2)$$

$$\Leftrightarrow 16\pi^2 ma^2 \langle E_t \rangle c - 8\pi^2 ma^2 \langle E_t \rangle = 2c^3h^2 + 2c^2h^2 + 3c^2h^2 + 3ch^2$$

$$\Leftrightarrow 16\pi^2 ma^2 \langle E_t \rangle c - 8\pi^2 ma^2 \langle E_t \rangle = 2c^3h^2 + 5c^2h^2 + 3ch^2 \qquad (12\text{-}117)$$

식 12-117의 양변을 c로 미분하면 식 12-118과 같이 된다.

$$\frac{d}{dc}\left\{16\pi^2 ma^2 \langle E_t \rangle c - 8\pi^2 ma^2 \langle E_t \rangle\right\} = \frac{d}{dc}\left\{2c^3h^2 + 5c^2h^2 + 3ch^2\right\}$$

$$\Leftrightarrow \frac{d}{dc}\left\{16\pi^2 ma^2 \langle E_t \rangle c\right\} - \frac{d}{dc}\left\{8\pi^2 ma^2 \langle E_t \rangle\right\} = 6h^2c^2 + 10h^2c + 3h^2$$

$$\Leftrightarrow \frac{d}{dc}\left\{16\pi^2 ma^2 \langle E_t \rangle c\right\} - \frac{d}{dc}\left\{8\pi^2 ma^2 \langle E_t \rangle\right\} = 6h^2c^2 + 10h^2c + 3h^2$$

$$\Leftrightarrow 16\pi^2 ma^2 c\frac{d}{dc}\langle E_t \rangle + 16\pi^2 ma^2 \langle E_t \rangle - 8\pi^2 ma^2 \frac{d}{dc}\langle E_t \rangle = 6h^2c^2 + 10h^2c + 3h^2 \qquad (12\text{-}118)$$

식 12-118의 좌변을 $\frac{d}{dc}\langle E_t \rangle$로 묶은 뒤 이항하면 식 12-119와 같이 된다.

$$\frac{d}{dc}\langle E_t \rangle(16\pi^2 ma^2 c - 8\pi^2 ma^2) + 16\pi^2 ma^2 \langle E_t \rangle = 6h^2c^2 + 10h^2c + 3h^2$$

$$\Leftrightarrow \frac{d}{dc}\langle E_t \rangle(16\pi^2 ma^2 c - 8\pi^2 ma^2) = (6c^2 + 10c + 3)h^2 - 16\pi^2 ma^2 \langle E_t \rangle$$

$$\Leftrightarrow \frac{d}{dc}\langle E_t \rangle = \frac{(6c^2 + 10c + 3)h^2 - 16\pi^2 ma^2 \langle E_t \rangle}{16\pi^2 ma^2 c - 8\pi^2 ma^2} \quad (12\text{-}119)$$

에너지 기댓값이 최소인 지점에서 $\frac{d}{dc}\langle E_t \rangle = 0$이므로 식 12-119가 "0"이 되는 c를 찾으면 된다. 식 12-119의 분모는 "0"이 될 수 없기 때문에 식 12-119가 "0"이 되기 위해서는 분자가 "0"이 되어야 한다. 즉,

$$(6c^2 + 10c + 3)h^2 - 16\pi^2 ma^2 \langle E_t \rangle = 0 \quad (12\text{-}120)$$

식 12-106에서 $\langle E_t \rangle = \frac{(2c+3)(c+1)c}{(2c-1)} \frac{1}{4\pi^2} \frac{h^2}{2ma^2}$이므로 이 식을 식 12-120에 대입해서 정리하면 식 12-121이 된다.

$$(6c^2 + 10c + 3)h^2 - 16\pi^2 ma^2 \left\{ \frac{(2c+3)(c+1)ch^2}{(2c-1)8\pi^2 ma^2} \right\} = 0$$

$$\Leftrightarrow (6c^2 + 10c + 3)h^2 - \frac{2(2c+3)(c+1)ch^2}{(2c-1)} = 0$$

$$\Leftrightarrow \frac{(2c-1)(6c^2 + 10c + 3)h^2}{(2c-1)} - \frac{2(2c+3)(c+1)ch^2}{(2c-1)} = 0$$

$$\Leftrightarrow \frac{(12c^3 + 20c^2 + 6c - 6c^2 - 10c - 3)h^2}{(2c-1)} - \frac{(4c+6)(c^2+c)h^2}{(2c-1)} = 0$$

$$\Leftrightarrow \frac{(12c^3 + 14c^2 - 4c - 3)h^2}{(2c-1)} - \frac{(4c^3 + 4c^2 + 6c^2 + 6c)h^2}{(2c-1)} = 0$$

$$\Leftrightarrow \frac{(12c^3 + 14c^2 - 4c - 3)h^2 - (4c^3 + 4c^2 + 6c^2 + 6c)h^2}{(2c-1)} = 0 \quad (12\text{-}121)$$

식 12-121의 분모는 역시 "0"이 될 수 없기 때문에 식 12-121이 "0"이 되기 위해서는 분자가 "0"이 되어야만 한다. 따라서

$$(12c^3 - 4c^3 + 14c^2 - 10c^2 - 4c - 6c - 3)h^2 = 0 \Leftrightarrow (8c^3 + 4c^2 - 10c - 3)h^2 = 0 \quad (12\text{-}122)$$

$h \neq 0$이므로 식 12-122는 식 12-123이 된다.

$$8c^3 + 4c^2 - 10c - 3 = 0 \qquad (12\text{-}123)$$

식 12-123은 3차 방정식으로서 근의 공식을 이용해서 해를 구할 수 있다. 그러나 근의 공식이 2차 방정식과는 달리 상당히 복잡한 형태로 되어 있기 때문에 여기서 굳이 근의 공식을 이용하여 정확한 해를 구하지는 않도록 하겠다. 대신 식 12-123을 그래프로 그려서 대략 c가 얼마일 때 "0"이 되는지 확인할 수 있는데 식 12-123을 그려놓은 그래프가 그림 13-6의 빨간색 실선이다. 빨간색 실선은 c값에 따라 기울기가 어떻게 되는지를 나타낸 그래프로서 기울기의 값이 오른쪽 y축으로 표현되어 있다. 그림 12-6의 빨간색 실선을 보면 대략 c가 대략 "1" 근처에 있을 때 빨간색 실선의 y축 값, 기울기가 "0"이 됨을 알 수 있다. 조금 더 정확히 얘기하자면 c가 1.04일 때 기울기가 "0"이 된다. c가 1.04일 때 기울기가 "0"이 된다는 얘기는 $c = 1.04$일 때 파란색 실선의 y축 값(시도함수를 통해 계산된 에너지 기댓값)이 최소가 된다는 것이다. 결론적으로 변분법을 통해서 얻어지는 참 바닥상태 에너지와 가장 비슷한 에너지 기댓값은 $c = 1.04$일 때이다. 식 12-106을 이용하여 $c = 1.04$일 때의 에너지 기댓값을 구해보면 12-124와 같이 얻어짐을 확인할 수 있다.

$$\begin{aligned}\langle E_t \rangle &= \frac{(2c+3)(c+1)c}{(2c-1)} \frac{1}{4\pi^2} \frac{h^2}{2ma^2} \\ &= \frac{(2 \cdot 1.04+3)(1.04+1)1.04}{(2 \cdot 1.04-1)} \frac{1}{4\pi^2} \frac{h^2}{2ma^2} = \frac{5.08 \times 2.04 \times 1.04}{1.08} \frac{1}{4\pi^2} \frac{h^2}{2ma^2} \\ &= \frac{10.777728}{1.08} \frac{1}{4\pi^2} \frac{h^2}{2ma^2} = 9.97937777778 \frac{1}{4\pi^2} \frac{h^2}{2ma^2} = \frac{9.97937777778}{8\pi^2} \frac{h^2}{ma^2} \\ &= 0.1263902961 \frac{h^2}{ma^2} \end{aligned} \qquad (12\text{-}124)$$

위에서 $c = 1$이었을 때 에너지 기댓값 $\langle E_t \rangle = 0.12665 \frac{h^2}{ma^2}$이었는데 $c = 1.04$일 때 에너지 기댓값 $\langle E_t \rangle = 0.1263902961 \frac{h^2}{ma^2}$으로서 더 작은 에너지가 구해졌음을 알 수 있다. 결론적으로 $\phi(x) = -x^c(x-a)$ 형태의 시도함수를 사용하였을 때 참 파동함수와 가장 유사한 시도함수는 $c = 1.04$일 때이며 시도함수의 형태는 $\phi(x) = -x^{1.04}(x-a)$이다. 그리고 이 시도함수를 사용하였을 때 참 바닥상태 에너지와 가장 비슷한 에너지 기댓값 $\langle E_t \rangle = 0.1263902961 \frac{h^2}{ma^2}$이 얻어진다. 사용되었던 시도함수 $\phi(x) = -x^{1.04}(x-a)$의 그래프를 그려서 바닥상태의 참 파동함수 $\psi_n(x) = \sqrt{\frac{2}{L}} \sin \frac{\pi x}{L}$와 비교해 봄으로서 사용되었던 시도함수가 얼마나 참 파동함수에 가까운 지 확인할 수 있다. 우리는 여기서 c가 "0.8", "1", "1.04", "2" 일 때의 그래프를 그려서 참 파동함수의 바닥상태 그래프와 비교해 보고 c가 몇 일 때 가장 비슷한지 확인해 보고자 한다. 파동함수의 그래프를 서로 비교하기 위해서는 먼저 각 파동함수들을 정규화시켜야 한다. 먼저 사용되었던 시도함수 $\phi(x)=-x^{1.04}(x-a)$을 정규화 시켜 보도록 하자. 시도함수의 정규화 상수를 A라고 하면 정규화된 시도함수 $\Phi(x)$는 $\Phi(x)=-Ax^{1.04}(x-a)$과 같이 된다. 정규화된 함수는 정규화 조건을 만족시켜야 하므로

$$\int_0^a \Phi^*(x)\Phi^*(x)dx = \int_0^a -Ax^{1.04}(x-a)*\{-Ax^{1.04}(x-a)\}dx = 1 \qquad (12\text{-}125)$$

이 되어야 한다. 식 12-125를 풀어보면 정규화상수 A는 식 12-126과 같이 얻어진다.

$$\int_0^a Ax^{1.04}(x-a)Ax^{1.04}(x-a)dx = A^2\int_0^a x^{1.04}(x-a)x^{1.04}(x-a)dx = 1$$

$$\Leftrightarrow A^2\int_0^a x^{2.08}(x-a)(x-a)dx = A^2\int_0^a x^{2.08}(x^2-2ax+a^2)dx = 1$$

$$\Leftrightarrow A^2\int_0^a (x^{4.08}-2ax^{3.08}+a^2x^{2.08})dx = A^2\left[\frac{1}{5.08}x^{5.08}-\frac{2a}{4.08}x^{4.08}+\frac{a^2}{3.08}x^{3.08}\right]_0^a = 1$$

$$\Leftrightarrow A^2\left[\frac{1}{5.08}x^{5.08}-\frac{2a}{4.08}x^{4.08}+\frac{a^2}{3.08}x^{3.08}\right]_0^a = A^2\left[\frac{1}{5.08}a^{5.08}-\frac{2a}{4.08}a^{4.08}+\frac{a^2}{3.08}a^{3.08}\right] = 1$$

$$\Leftrightarrow A^2\left[\frac{1}{5.08}a^{5.08}-\frac{1}{2.04}a^{5.08}+\frac{1}{3.08}a^{5.08}\right] = A^2\left[\frac{1}{5.08}-\frac{1}{2.04}+\frac{1}{3.08}\right]a^{5.08} = 1$$

$$\Leftrightarrow A^2\left[\frac{(2.04)(3.08)-(5.08)(3.08)+(5.08)(2.04)}{(5.08)(2.04)(3.08)}\right]a^{5.08} = 1$$

$$\Leftrightarrow A^2\left[\frac{6.2832-15.6464+10.3632}{31.918656}\right]a^{5.08} = A^2\left(\frac{1}{31.918656}\right)a^{5.08} = 1$$

$$\Leftrightarrow A^2 = \frac{31.918656}{a^{5.08}}$$

$$\Leftrightarrow A = \frac{5.6496598128}{a^{2.54}} \qquad (12\text{-}126)$$

즉, 정규화된 파동함수는 다음과 같다.

$$\Phi(x) = -\frac{5.6496598128}{a^{2.54}}x^{1.04}(x-a)$$

$c=1$일 때 시도함수 $\phi(x)=-x(x-a)$의 정규화상수도 같은 방식으로 구할 수 있다. 정규화상수를 A라고 하고 정규화된 함수 $A\phi(x)=-Ax(x-a)$을 $\Phi(x)$라고 할 때, 정규화상수 A를 구해보면 식 13-127과 같이 구해진다.

$$\int_0^a \Phi(x)^* \Phi(x)\,dx = \int_0^a A\phi(x) A\phi(x) dx = \int_0^a -Ax(x-a)\{-A(x-a)\}dx = 1$$

$$\Leftrightarrow A^2 \int_0^a (x^4 - 2ax^3 + a^2x^2)dx = A^2 \left[\frac{1}{5}x^5 - \frac{2}{4}ax^4 + \frac{a^2}{3}x^3\right]_0^a = 1$$

$$\Leftrightarrow A^2 \left[\frac{1}{5}a^5 - \frac{2}{4}aa^4 + \frac{a^2}{3}a^3\right] = A^2 \left[\frac{1}{5}a^5 - \frac{2}{4}a^5 + \frac{1}{3}a^5\right] = 1$$

$$\Leftrightarrow A^2 \left(\frac{1}{5}a^5 - \frac{1}{2}a^5 + \frac{1}{3}a^5\right) = A^2 \left(\frac{6a^5 - 15a^5 + 10a^5}{30}\right) = A^2 \frac{a^5}{30} = 1$$

$$\Leftrightarrow A^2 = \frac{30}{a^5}$$

$$\Leftrightarrow A = \frac{\sqrt{30}}{a^{2.5}} \qquad (12\text{-}127)$$

따라서 정규화된 파동함수 $\Phi(x)\Phi(x) = -\frac{\sqrt{30}}{a^{2.5}}x(x-a)$ 이 된다. $c=2$일 때 $\phi(x) = -x^2(x-a)$ 시도함수의 정규화상수도 같은 방식으로 구해보면 식 12-128과 같이 구해진다.

$$\int_0^a \Phi(x)^* \Phi(x)\,dx = \int_0^a A\phi(x) A\phi(x) dx = \int_0^a -Ax^2(x-a)\{-Ax^2(x-a)\}dx = 1$$

$$\Leftrightarrow A^2 \int_0^a (x^3 - ax^2)^*(x^3 - ax^2)dx = A^2 \int_0^a (x^6 - 2ax^5 + a^2x^4)dx = 1$$

$$\Leftrightarrow A^2 \left[\frac{1}{7}x^7 - \frac{2a}{6}x^6 + \frac{a^2}{5}x^5\right]_0^a = A^2 \left(\frac{1}{7}a^7 - \frac{2a}{6}a^6 + \frac{a^2}{5}a^5\right) = 1$$

$$\Leftrightarrow A^2 \left(\frac{a^7}{7} - \frac{a^7}{3} + \frac{a^7}{5}\right) = A^2 \left(\frac{15a^7 - 35a^7 + 21a^7}{105}\right) = A^2 \frac{a^7}{105} = 1$$

$$\Leftrightarrow A^2 = \frac{105}{a^7}$$

$$\Leftrightarrow A = \frac{\sqrt{105}}{a^{3.5}} \qquad (12\text{-}128)$$

정규화된 파동함수는 $\Phi(x) = -\frac{\sqrt{105}}{a^{3.5}}x^2(x-a)$ 와 같은 함수가 된다. 또한 $c=0.8$일 때 $\phi(x) = -x^{0.8}(x-a)$ 시도함수의 정규화상수는 식 12-129와 같이 된다.

$$\int_0^a \Phi(x)^* \Phi(x)\,dx = \int_0^a A\phi(x) A\phi(x) dx = \int_0^a -Ax^{0.8}(x-a)\{-Ax^{0.8}(x-a)\}dx = 1$$

$$\Leftrightarrow A^2\int_0^a x^{1.6}(x^2-2ax+a^2)dx = A^2\int_0^a (x^{3.6}-2ax^{2.6}+a^2x^{1.6})dx = 1$$

$$\Leftrightarrow A^2\left[\frac{1}{4.6}x^{4.6}-\frac{2a}{3.6}x^{3.6}+\frac{a^2}{2.6}x^{2.6}\right]_0^a = A^2\left(\frac{1}{4.6}a^{4.6}-\frac{2}{3.6}a^{4.6}+\frac{1}{2.6}a^{4.6}\right)=1$$

$$\Leftrightarrow A^2\left(\frac{1}{4.6}-\frac{2}{3.6}+\frac{1}{2.6}\right)a^{4.6} = A^2\left(\frac{4.68-11.96+8.28}{21.528}\right)a^{4.6}=1$$

$$\Leftrightarrow A^2\left(\frac{1}{21.528}\right)a^{4.6}=1$$

$$\Leftrightarrow A^2=\frac{21.528}{a^{4.6}}$$

$$\Leftrightarrow A=\frac{\sqrt{21.528}}{a^{2.3}} \qquad (12\text{-}129)$$

정규화된 파동함수는 $\Phi(x)=-\frac{\sqrt{21.528}}{a^{2.3}}x^{0.8}(x-a)$이 된다. 정리하자면 바닥상태의 참 파동함수 $\psi(x)_1$와 위에서 다룬 4개의 정규화된 시도함수, $\Phi_{0.80}(x), \Phi_{1.00}(x), \Phi_{1.04}(x), \Phi_{2.00}(x)$ 그리고 각 함수에 해당하는 에너지는 아래와 같다.

$$\psi(x)_1=\sqrt{\frac{2}{a}}\sin\frac{\pi x}{a}, \quad \langle E_t\rangle=0.125\frac{h^2}{ma^2}$$

$$\Phi_{0.80}(x)=-\frac{\sqrt{21.528}}{a^{2.3}}x^{0.8}(x-a), \quad \langle E_t\rangle_{0.80}=0.1398232334\frac{h^2}{ma^2},$$

$$\Phi_{1.00}(x)=-\frac{\sqrt{30}}{a^{2.5}}x^{1.00}(x-a), \quad \langle E_t\rangle_{1.00}=0.12665\frac{h^2}{ma^2}$$

$$\Phi_{1.04}(x)=-\frac{\sqrt{31.918656}}{a^{2.3}}x^{1.04}(x-a), \quad \langle E_t\rangle_{1.04}=0.1263902961\frac{h^2}{ma^2}$$

$$\Phi_{2.00}(x)=-\frac{\sqrt{105}}{a^{3.50}}x^{2.00}(x-a), \quad \langle E_t\rangle_{2.00}=0.177\frac{h^2}{ma^2}$$

위 5개의 파동함수를 그래프로 그려서 4개 중에서 어떤 함수가 참 파동함수와 가장 비슷한 지 살펴보도록 하자. 각 파동함수에 변수 a는 입자가 갇혀있는 상자의 길이로서 임의로 "1"이라 가정하고 그래프를 그려 보았다. 그래프를 그리는 소프트웨어에서 $x^{0.8}$ 과 같은 값을 계산하기 어려운데 아래 식 12-130에 나와 있는 증명과정을 보면 $x^a=e^{a\ln x}$ 이므로 $x^{0.8}$ 대신 $e^{0.8\ln x}$를 사용하여 계산하였다.

$$x^a=e^{a\ln x} \Leftrightarrow \ln x^a=\ln e^{a\ln x} \Leftrightarrow a\ln x=a\ln x \cdot \ln e \Leftrightarrow a\ln x=a\ln x \qquad (12\text{-}130)$$

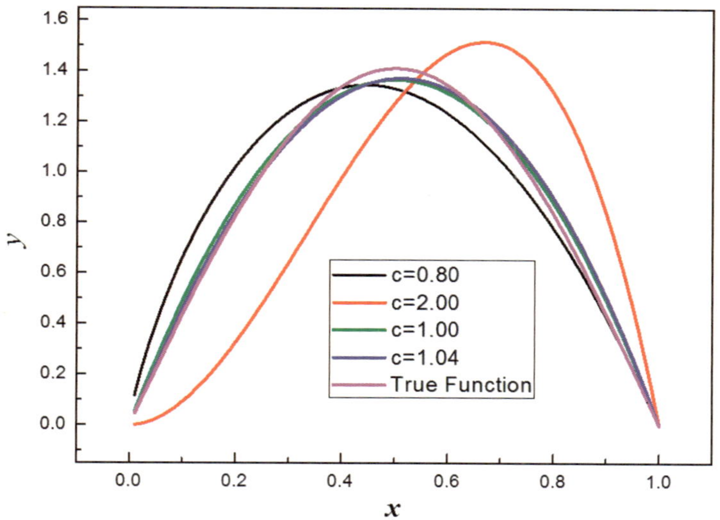

그림 12-6. 1차원 상자 안 입자의 쉬뢰딩거 방정식을 풀어서 얻은 참 파동함수(검은색 실선) 변분 파라미터를 바꿔가면서 얻은 시도함수들 (검은색 실선을 제외한 나머지 실선들).

그림 12-6에는 참 파동함수의 그래프(마젠타 색으로 표시된 그래프)와 c에 따른 시도함수의 그래프가 그려져 있다. $c=2.00$ 일 때(빨간색 실선) 그리고 $c=0.80$ 일 때 (검은색 실선) 보다 $c=1.00$이나 $c=1.04$ 일 때의 그래프가 참 파동함수의 그래프와 가장 유사하다는 사실을 확인할 수 있다. $c=1.00$이나 $c=1.04$ 일 때 참 바닥상태 에너지와 가장 근접한 에너지가 얻어졌듯이 파동함수도 $c=1.00$이나 $c=1.04$ 일 때 참 파동함수와 가장 유사한 파동함수의 형태를 하게 된다는 사실을 그림 13-6을 통해 확인할 수 있다.

6) 변분법 사례 2

이번 절에서도 지난 절에 이어 경계조건은 만족하지만 변분 변수가 없는 그리고 한 개의 변분 파라미터를 가진 함수를 사용해서 변분법으로 어떻게 파동함수와 에너지를 구할 수 있는지에 대해 살펴보도록 하자. 시도함수 $\phi(x)$로서 사용하고자 하는 함수는 식 12-131과 같은 함수이다.

$$\phi(x)=\left(\frac{x}{a}-\frac{x^3}{a^3}\right) \tag{12-131}$$

식 12-131의 x에 a와 0을 대입했을 때 0이 된다는 사실로부터 위의 함수는 경계 조건을 잘 만족시킨다는 사실을 알 수 있다. 위의 함수를 시도함수로 사용하였을 때 기대되는 에너지 기댓값은 변분 원리에 의해 식 13-132와 같이 구할 수 있다.

$$\langle E_t \rangle = \frac{\int_0^a \phi(x)^* \hat{H} \phi(x)\, dx}{\int_0^a \phi(x)^* \phi(x)\, dx} = \frac{\int_0^a \left(\frac{x}{a} - \frac{x^3}{a^3}\right)\left(-\frac{\hbar^2}{2m}\frac{d^2}{dx^2}\right)\left(\frac{x}{a} - \frac{x^3}{a^3}\right)dx}{\int_0^a \left(\frac{x}{a} - \frac{x^3}{a^3}\right)\left(\frac{x}{a} - \frac{x^3}{a^3}\right)dx} \qquad (12\text{-}132)$$

식 12-132의 분모를 계산해 보자. 분모를 계산하면 아래와 같은 과정을 거쳐 식 12-133이 얻어진다.

$$\begin{aligned}\int_0^a \left(\frac{x}{a} - \frac{x^3}{a^3}\right)\left(\frac{x}{a} - \frac{x^3}{a^3}\right)dx &= \int_0^a \left(\frac{x^2}{a^2} - 2\frac{x}{a}\frac{x^3}{a^3} + \frac{x^6}{a^6}\right)dx \\ &= \left[\frac{1}{a^2}\frac{1}{3}x^3 - \frac{2}{a^4}\frac{1}{5}x^5 + \frac{1}{a^6}\frac{1}{7}x^7\right]_0^a \\ &= \frac{1}{3a^2}a^3 - \frac{2}{5a^4}a^5 + \frac{1}{7a^6}a^7 = \frac{a}{3} - \frac{2a}{5} + \frac{a}{7} \\ &= \frac{a}{3} - \frac{2a}{5} + \frac{a}{7} = \frac{35a - 42a + 15a}{105} = \frac{8a}{105} \end{aligned} \qquad (12\text{-}133)$$

식 12-132의 분자를 풀기 전에 적분기호 안에 있는 미분을 먼저 풀어보도록 하자. 식 12-132의 분자에 포함되어 있는 미분을 풀어보면 다음과 같다.

$$\begin{aligned}\frac{d}{dx}\left(\frac{x}{a} - \frac{x^3}{a^3}\right) &= \frac{1}{a} - \frac{1}{a^3} \cdot 3x^2 \\ \frac{d}{dx}\left(\frac{1}{a} - \frac{1}{a^3} \cdot 3x^2\right) &= -\frac{3}{a^3} \cdot 2x = -\frac{6x}{a^3}\end{aligned} \qquad (12\text{-}134)$$

식 12-134의 값을 식 12-132에 대입해서 정리하면 다음과 같다.

$$\begin{aligned}&\int_0^a \left(\frac{x}{a} - \frac{x^3}{a^3}\right)\left(-\frac{\hbar^2}{2m}\frac{d^2}{dx^2}\right)\left(\frac{x}{a} - \frac{x^3}{a^3}\right)dx \\ &= -\frac{\hbar^2}{2m}\int_0^a \left(\frac{x}{a} - \frac{x^3}{a^3}\right)\left(-\frac{6x}{a^3}\right)dx \\ &= -\frac{\hbar^2}{2m}\int_0^a \left(-\frac{6x^2}{a^4} + \frac{6x^4}{a^6}\right)dx = -\frac{\hbar^2}{2m}\left[-\frac{6}{a^4}\frac{1}{3}x^3 + \frac{6}{a^6}\frac{1}{5}x^5\right]_0^a \\ &= -\frac{\hbar^2}{2m}\left[-\frac{2}{a^4}a^3 + \frac{6}{5a^6}a^5\right] = -\frac{\hbar^2}{2m}\left[-\frac{2}{a} + \frac{6}{5a}\right] = -\frac{\hbar^2}{2m}\left[-\frac{10}{5a} + \frac{6}{5a}\right] \\ &= -\frac{\hbar^2}{2m}\left[-\frac{4}{5a}\right] = \frac{4\hbar^2}{10ma}\end{aligned} \qquad (12\text{-}135)$$

식 12-134와 12-135를 식 12-132에 대입해서 정리하면 식 12-136과 같이 $0.133\frac{h^2}{ma^2}$이 얻어진다. 이 값은 변분원리에서 예측되듯이 참 바닥상태 에너지 $E_0=\frac{h^2}{8ma^2}=0.125\frac{h^2}{ma^2}$ 보다 크다.

$$\langle E_t \rangle = \frac{\frac{4\hbar^2}{10ma}}{\frac{8a}{105}} = \frac{420\hbar^2}{80ma^2} = \frac{420}{80ma^2}\frac{h^2}{4\pi^2} = \frac{420h^2}{320\pi^2 ma^2} = \frac{420h^2}{3158ma^2} = 0.133\frac{h^2}{ma^2} \qquad (12\text{-}136)$$

변분법 사례 1에서 설명했듯이 경계조건을 만족시키는 함수는 위에서 사용한 시도 함수 외에도 비슷한 형태의 수많은 함수들을 시도함수로 사용할 수 있다. 그리고 시도함수에 따라 얻게 되는 에너지도 다르게 얻어진다. 가장 낮은 에너지가 얻어지는 시도함수는 어떤 시도함수일까? 변분 파라미터를 사용해서 시도함수를 만들고 얻어진 에너지를 변분 파라미터로 미분해서 최소값을 구함으로써 가장 낮은 에너지가 얻어지는 시도함수를 구할 수 있다. 위에서 사용했던 것과 유사하지만 변분 파라미터를 포함하고 있는 함수를 시도함수로 사용하여 가장 낮은 에너지가 얻어지는 시도함수를 구해보도록 하자. 식 12-137과 같이 하나의 변분 파라미터 α를 포함하고 있는 함수를 시도함수로 사용해 보자.

$$\phi(x) = \left(\frac{x}{a} - \frac{x^3}{a^3}\right) + \alpha\left(\frac{x^5}{a^5} - \frac{1}{2}\left(\frac{x^7}{a^7} + \frac{x^9}{a^9}\right)\right) \qquad (12\text{-}137)$$

위 시도함수를 사용했을 때 에너지의 기댓값은 다음 식으로 얻어진다.

$$\langle E_t \rangle \qquad (12\text{-}138)$$
$$= \frac{\int_0^a \left\{\left(\frac{x}{a} - \frac{x^3}{a^3}\right) + \alpha\left(\frac{x^5}{a^5} - \frac{1}{2}\left(\frac{x^7}{a^7} + \frac{x^9}{a^9}\right)\right)\right\}\hat{H}\left\{\left(\frac{x}{a} - \frac{x^3}{a^3}\right) + \alpha\left(\frac{x^5}{a^5} - \frac{1}{2}\left(\frac{x^7}{a^7} + \frac{x^9}{a^9}\right)\right)\right\}dx}{\int_0^a \left\{\left(\frac{x}{a} - \frac{x^3}{a^3}\right) + \alpha\left(\frac{x^5}{a^5} - \frac{1}{2}\left(\frac{x^7}{a^7} + \frac{x^9}{a^9}\right)\right)\right\}^2 dx}$$

식 12-138의 분모는 다음과 같이 계산된다.

$$\int_0^a \left\{\left(\frac{x}{a} - \frac{x^3}{a^3}\right) + \alpha\left(\frac{x^5}{a^5} - \frac{1}{2}\left(\frac{x^7}{a^7} + \frac{x^9}{a^9}\right)\right)\right\}^2 dx$$
$$= \int_0^a \left\{\left(\frac{x}{a} - \frac{x^3}{a^3}\right)^2 + 2\left(\frac{x}{a} - \frac{x^3}{a^3}\right)\alpha\left(\frac{x^5}{a^5} - \frac{1}{2}\left(\frac{x^7}{a^7} + \frac{x^9}{a^9}\right)\right) + \alpha^2\left(\frac{x^5}{a^5} - \frac{1}{2}\left(\frac{x^7}{a^7} + \frac{x^9}{a^9}\right)\right)^2\right\}dx \qquad (12\text{-}139)$$

식 12-139의 적분을 아래와 같이 세 개의 적분(12-140, 141, 142)으로 나누어서 계산해 보도록 하자.

$$①\int_0^a \left(\frac{x}{a}-\frac{x^3}{a^3}\right)^2 dx \tag{12-140}$$

$$②\int_0^a 2\left(\frac{x}{a}-\frac{x^3}{a^3}\right)\alpha\left(\frac{x^5}{a^5}-\frac{1}{2}\left(\frac{x^7}{a^7}+\frac{x^9}{a^9}\right)\right)dx \tag{12-141}$$

$$③\int_0^a \alpha^2\left(\frac{x^5}{a^5}-\frac{1}{2}\left(\frac{x^7}{a^7}+\frac{x^9}{a^9}\right)\right)^2 dx \tag{12-142}$$

식 12-140은 식 12-133에서 풀었으며 $\frac{8a}{105}$라는 값을 얻었다. ②번과 ③번 적분을 해 보자. ②번을 적분하면 식 12-143과 같이 $\frac{8a}{273}\alpha$라는 값을 얻을 수 있다. ③번을 적분하면 식 12-144와 같이 $\frac{1514a}{230945}\alpha^2$라는 값을 얻을 수 있다.

$$\int_0^a 2\left(\frac{x}{a}-\frac{x^3}{a^3}\right)\alpha\left(\frac{x^5}{a^5}-\frac{1}{2}\left(\frac{x^7}{a^7}+\frac{x^9}{a^9}\right)\right)dx = 2\alpha\int_0^a \left(\frac{x}{a}-\frac{x^3}{a^3}\right)\left(\frac{x^5}{a^5}-\frac{1}{2}\left(\frac{x^7}{a^7}+\frac{x^9}{a^9}\right)\right)dx$$

$$= 2\alpha\int_0^a \left\{\frac{x^6}{a^6}-\frac{1}{2}\frac{x}{a}\left(\frac{x^7}{a^7}+\frac{x^9}{a^9}\right)-\frac{x^8}{a^8}+\frac{1}{2}\frac{x^3}{a^3}\left(\frac{x^7}{a^7}+\frac{x^9}{a^9}\right)\right\}dx$$

$$= 2\alpha\int_0^a \left\{\frac{x^6}{a^6}-\frac{x^8}{2a^8}-\frac{x^{10}}{2a^{10}}-\frac{x^8}{a^8}+\frac{x^{10}}{2a^{10}}+\frac{x^{12}}{2a^{12}}\right\}dx$$

$$= 2\alpha\int_0^a \left\{\frac{x^6}{a^6}-\frac{3x^8}{2a^8}+\frac{x^{12}}{2a^{12}}\right\}dx = 2\alpha\left[\frac{1}{a^6}\frac{1}{7}x^7-\frac{3}{2a^8}\frac{1}{9}x^9+\frac{1}{2a^{12}}\frac{1}{13}x^{13}\right]_0^a$$

$$= 2\alpha\left[\frac{a^7}{7a^6}-\frac{3a^9}{18a^8}+\frac{a^{13}}{26a^{12}}\right]_0^a = 2\alpha\left(\frac{a}{7}-\frac{a}{6}+\frac{a}{26}\right) = \frac{8a}{273}\alpha \tag{12-143}$$

$$\int_0^a \alpha^2\left(\frac{x^5}{a^5}-\frac{1}{2}\left(\frac{x^7}{a^7}+\frac{x^9}{a^9}\right)\right)^2 dx$$

$$= \alpha^2\int_0^a \left(\frac{x^{10}}{a^{10}}-2\cdot\frac{1}{2}\left(\frac{x^5}{a^5}\right)\left(\frac{x^7}{a^7}+\frac{x^9}{a^9}\right)+\frac{1}{4}\left(\frac{x^7}{a^7}+\frac{x^9}{a^9}\right)^2\right)dx$$

$$= \alpha^2\int_0^a \left(\frac{x^{10}}{a^{10}}-\frac{x^{12}}{a^{12}}-\frac{x^{14}}{a^{14}}+\frac{1}{4}\left(\frac{x^{14}}{a^{14}}+2\frac{x^{16}}{a^{16}}+\frac{x^{18}}{a^{18}}\right)\right)dx$$

$$= \alpha^2\int_0^a \left(\frac{x^{10}}{a^{10}}-\frac{x^{12}}{a^{12}}-\frac{x^{14}}{a^{14}}+\frac{1}{4}\frac{x^{14}}{a^{14}}+\frac{1}{2}\frac{x^{16}}{a^{16}}+\frac{1}{4}\frac{x^{18}}{a^{18}}\right)dx$$

$$= \alpha^2 \int_0^a \left(\frac{x^{10}}{a^{10}} - \frac{x^{12}}{a^{12}} - \frac{3x^{14}}{4a^{14}} + \frac{1}{2}\frac{x^{16}}{a^{16}} + \frac{1}{4}\frac{x^{18}}{a^{18}} \right) dx$$

$$= \alpha^2 \left[\frac{1}{a^{10}}\frac{1}{11}x^{11} - \frac{1}{a^{12}}\frac{1}{13}x^{13} - \frac{3}{4}\frac{1}{a^{14}}\frac{1}{15}x^{15} + \frac{1}{2}\frac{1}{a^{16}}\frac{1}{17}x^{17} + \frac{1}{4}\frac{1}{a^{18}}\frac{1}{19}x^{19} \right]_0^a$$

$$= \alpha^2 \left[\frac{a}{11} - \frac{a}{13} - \frac{3}{4}\frac{a}{15} + \frac{1}{2}\frac{a}{17} + \frac{1}{4}\frac{a}{19} \right] = \alpha^2 \left[\frac{a}{11} - \frac{a}{13} - \frac{a}{20} + \frac{a}{34} + \frac{a}{76} \right]$$

$$= \alpha^2 \left[\frac{671840a - 568480a - 369512a + 217360a + 97240a}{7390240} \right] = \alpha^2 \frac{48448a}{7390240}$$

$$= \alpha^2 \frac{24224a}{3695120} = \alpha^2 \frac{12112a}{1847560} = \alpha^2 \frac{6056a}{923780} = \alpha^2 \frac{3028a}{461890} = \alpha^2 \frac{1514a}{230945} \qquad (12\text{-}144)$$

결론적으로 식 12-138의 분모는

$$\frac{8a}{105} + \frac{8a}{273}\alpha + \frac{1514a}{230945}\alpha^2 \qquad (12\text{-}145)$$

이 된다. 식 12-138의 분자를 계산하기 전에 적분 기호 안에 포함되어 있는 미분을 먼저 풀어보도록 하자. 적분 기호 안의 1차 미분을 행하면

$$\frac{d}{dx}\left\{ \left(\frac{x}{a} - \frac{x^3}{a^3} \right) + \alpha \left(\frac{x^5}{a^5} - \frac{1}{2}\left(\frac{x^7}{a^7} + \frac{x^9}{a^9} \right) \right) \right\}$$

$$= \frac{d}{dx}\left(\frac{x}{a} - \frac{x^3}{a^3} + \frac{\alpha x^5}{a^5} - \frac{\alpha}{2}\frac{x^7}{a^7} - \frac{\alpha}{2}\frac{x^9}{a^9} \right)$$

$$= \frac{1}{a} - \frac{1}{a^3}3x^2 + \frac{\alpha}{a^5}5x^4 - \frac{\alpha}{2}\frac{1}{a^7}7x^6 - \frac{\alpha}{2}\frac{1}{a^9}9x^8 \qquad (12\text{-}146)$$

이 된다. 식 12-146을 한 번 더 x로 미분하면

$$\frac{d}{dx}\left(\frac{1}{a} - \frac{1}{a^3}3x^2 + \frac{\alpha}{a^5}5x^4 - \frac{\alpha}{2}\frac{1}{a^7}7x^6 - \frac{\alpha}{2}\frac{1}{a^9}9x^8 \right)$$

$$= -\frac{1}{a^3}6x + \frac{5\alpha}{a^5}4x^3 - \frac{\alpha}{2}\frac{7}{a^7}6x^5 - \frac{\alpha}{2}\frac{9}{a^9}8x^7$$

$$= -\frac{6x}{a^3} + \frac{20\alpha x^3}{a^5} - \frac{21\alpha x^5}{a^7} - \frac{36\alpha x^7}{a^9} \qquad (12\text{-}147)$$

식 12-147을 식 12-138의 분자에 대입한 뒤 분자를 풀어보면 다음과 같다.

$$-\frac{\hbar^2}{2m}\int_0^a\left\{\left(\frac{x}{a}-\frac{x^3}{a^3}\right)+\alpha\left(\frac{x^5}{a^5}-\frac{1}{2}\left(\frac{x^7}{a^7}+\frac{x^9}{a^9}\right)\right)\right\}\left\{-\frac{6x}{a^3}+\frac{20\alpha x^3}{a^5}-\frac{21\alpha x^5}{a^7}-\frac{36\alpha x^7}{a^9}\right\}dx$$

$$=-\frac{\hbar^2}{2m}\int_0^a\left\{\begin{aligned}&\left(\frac{x}{a}-\frac{x^3}{a^3}\right)\left(-\frac{6x}{a^3}+\frac{20\alpha x^3}{a^5}-\frac{21\alpha x^5}{a^7}-\frac{36\alpha x^7}{a^9}\right)\\&+\alpha\left(\frac{x^5}{a^5}-\frac{1}{2}\left(\frac{x^7}{a^7}+\frac{x^9}{a^9}\right)\right)\left(-\frac{6x}{a^3}+\frac{20\alpha x^3}{a^5}-\frac{21\alpha x^5}{a^7}-\frac{36\alpha x^7}{a^9}\right)\end{aligned}\right\}dx \qquad (12\text{-}148)$$

식 12-148의 적분은 크게 두 부분으로 이루어져 있다. 두 부분을 따로따로 계산해 보도록 하자. 식 12-148의 첫 번째 적분을 먼저 계산하면 식 12-149처럼 $-\frac{58\alpha}{231a}-\frac{4}{5a}$이 얻어진다.

$$\int_0^a\left\{\left(\frac{x}{a}-\frac{x^3}{a^3}\right)\left(-\frac{6x}{a^3}+\frac{20\alpha x^3}{a^5}-\frac{21\alpha x^5}{a^7}-\frac{36\alpha x^7}{a^9}\right)\right\}dx$$

$$=\int_0^a\left\{\frac{x}{a}\left(-\frac{6x}{a^3}+\frac{20\alpha x^3}{a^5}-\frac{21\alpha x^5}{a^7}-\frac{36\alpha x^7}{a^9}\right)-\frac{x^3}{a^3}\left(-\frac{6x}{a^3}+\frac{20\alpha x^3}{a^5}-\frac{21\alpha x^5}{a^7}-\frac{36\alpha x^7}{a^9}\right)\right\}dx$$

$$=\int_0^a\left\{\left(-\frac{6x^2}{a^4}+\frac{20\alpha x^4}{a^6}-\frac{21\alpha x^6}{a^8}-\frac{36\alpha x^8}{a^{10}}\right)-\left(-\frac{6x^4}{a^6}+\frac{20\alpha x^6}{a^8}-\frac{21\alpha x^8}{a^{10}}-\frac{36\alpha x^{10}}{a^{12}}\right)\right\}dx$$

$$=\left[-\frac{6}{a^4}\frac{1}{3}x^3+\frac{20\alpha}{a^6}\frac{1}{5}x^5-\frac{21\alpha}{a^8}\frac{1}{7}x^7-\frac{36\alpha}{a^{10}}\frac{1}{9}x^9\right]_0^a+\left[\frac{6}{a^6}\frac{1}{5}x^5-\frac{20\alpha}{a^8}\frac{1}{7}x^7+\frac{21\alpha}{a^{10}}\frac{1}{9}x^9+\frac{36\alpha}{a^{12}}\frac{1}{11}x^{11}\right]_0^a$$

$$=-\frac{6}{a^4}\frac{1}{3}a^3+\frac{20\alpha}{a^6}\frac{1}{5}a^5-\frac{21\alpha}{a^8}\frac{1}{7}a^7-\frac{36\alpha}{a^{10}}\frac{1}{9}a^9+\frac{6}{a^6}\frac{1}{5}a^5-\frac{20\alpha}{a^8}\frac{1}{7}a^7+\frac{21\alpha}{a^{10}}\frac{1}{9}a^9+\frac{36\alpha}{a^{12}}\frac{1}{11}a^{11}$$

$$=-\frac{2}{a}+\frac{4\alpha}{a}-\frac{3\alpha}{a}-\frac{4\alpha}{a}+\frac{6}{5a}-\frac{20\alpha}{7a}+\frac{21\alpha}{9a}+\frac{36\alpha}{11a}$$

$$=-\frac{2}{a}-\frac{3\alpha}{a}+\frac{6}{5a}+\frac{-1980\alpha+1617\alpha+2268\alpha}{693a}$$

$$=-\frac{2}{a}-\frac{3\alpha}{a}+\frac{6}{5a}+\frac{1905\alpha}{693a}=-\frac{3\alpha}{a}+\frac{6-10}{5a}+\frac{635\alpha}{231a}=\frac{-693\alpha+635\alpha}{231a}-\frac{4}{5a}$$

$$=-\frac{58\alpha}{231a}-\frac{4}{5a} \qquad (12\text{-}149)$$

식 12-148의 두 번째 적분을 행하면 다음과 같다.

$$=\int_0^a\left\{\alpha\left(\frac{x^5}{a^5}-\frac{1}{2}\left(\frac{x^7}{a^7}+\frac{x^9}{a^9}\right)\right)\left(-\frac{6x}{a^3}+\frac{20\alpha x^3}{a^5}-\frac{21\alpha x^5}{a^7}-\frac{36\alpha x^7}{a^9}\right)\right\}dx$$

$$= \int_0^a \left\{ \begin{array}{l} \dfrac{\alpha x^5}{a^5}\left(-\dfrac{6x}{a^3}+\dfrac{20\alpha x^3}{a^5}-\dfrac{21\alpha x^5}{a^7}-\dfrac{36\alpha x^7}{a^9}\right) \\ \qquad -\dfrac{\alpha}{2}\left(\dfrac{x^7}{a^7}+\dfrac{x^9}{a^9}\right)\left(-\dfrac{6x}{a^3}+\dfrac{20\alpha x^3}{a^5}-\dfrac{21\alpha x^5}{a^7}-\dfrac{36\alpha x^7}{a^9}\right) \end{array} \right\} dx$$

$$= \int_0^a \left\{ \begin{array}{l} \left(-\dfrac{6\alpha x^6}{a^8}+\dfrac{20\alpha^2 x^8}{a^{10}}-\dfrac{21\alpha^2 x^{10}}{a^{12}}-\dfrac{36\alpha^2 x^{12}}{a^{14}}\right) \\ -\dfrac{\alpha}{2}\left(-\dfrac{6x^8}{a^{10}}+\dfrac{20\alpha x^{10}}{a^{12}}-\dfrac{21\alpha x^{12}}{a^{14}}-\dfrac{36\alpha x^{14}}{a^{16}}-\dfrac{6x^{10}}{a^{12}}+\dfrac{20\alpha x^{12}}{a^{14}}-\dfrac{21\alpha x^{14}}{a^{16}}-\dfrac{36\alpha x^{16}}{a^{18}}\right) \end{array} \right\} dx$$

$$= \int_0^a \left\{ \begin{array}{l} -\dfrac{6\alpha x^6}{a^8}+\dfrac{20\alpha^2 x^8}{a^{10}}-\dfrac{21\alpha^2 x^{10}}{a^{12}}-\dfrac{36\alpha^2 x^{12}}{a^{14}} \\ +\dfrac{6\alpha x^8}{2a^{10}}-\dfrac{20\alpha^2 x^{10}}{2a^{12}}+\dfrac{21\alpha^2 x^{12}}{2a^{14}}+\dfrac{36\alpha^2 x^{14}}{2a^{16}}+\dfrac{6\alpha x^{10}}{2a^{12}}-\dfrac{20\alpha^2 x^{12}}{2a^{14}}+\dfrac{21\alpha^2 x^{14}}{2a^{16}}+\dfrac{36\alpha^2 x^{16}}{2a^{18}} \end{array} \right\} dx$$

$$= \int_0^a \left\{ -\frac{6\alpha}{a^8}x^6+\frac{(20\alpha^2+3\alpha)}{a^{10}}x^8+\frac{(-31\alpha^2+3\alpha)}{a^{12}}x^{10}+\frac{-71\alpha^2}{2a^{14}}x^{12}+\frac{57\alpha^2}{2a^{16}}x^{14}+\frac{18\alpha^2}{a^{18}}x^{16} \right\} dx$$

$$= \left[\begin{array}{l} -\dfrac{6\alpha}{a^8}\dfrac{1}{7}x^7+\dfrac{(20\alpha^2+3\alpha)}{a^{10}}\dfrac{1}{9}x^9+\dfrac{(-31\alpha^2+3\alpha)}{a^{12}}\dfrac{1}{11}x^{11} \\ \qquad +\dfrac{-71\alpha^2}{2a^{14}}\dfrac{1}{13}x^{13}+\dfrac{57\alpha^2}{2a^{16}}\dfrac{1}{15}x^{15}+\dfrac{18\alpha^2}{a^{18}}\dfrac{1}{17}x^{17} \end{array} \right]_0^a$$

$$= -\frac{6\alpha}{7a}+\frac{(20\alpha^2+3\alpha)}{9a}+\frac{(-31\alpha^2+3\alpha)}{11a}+\frac{-71\alpha^2}{26a}+\frac{57\alpha^2}{30a}+\frac{18\alpha^2}{17a}$$

$$= \frac{20\alpha^2}{9a}-\frac{31\alpha^2}{11a}-\frac{71\alpha^2}{26a}+\frac{57\alpha^2}{30a}+\frac{18\alpha^2}{17a}-\frac{6\alpha}{7a}+\frac{3\alpha}{9a}+\frac{3\alpha}{11a}$$

$$= \frac{2917200\alpha^2-3699540\alpha^2-3584790\alpha^2+2494206\alpha^2+1389960\alpha^2}{1312740a}+\frac{-594\alpha+231\alpha+189\alpha}{693a}$$

$$= -\frac{482964\alpha^2}{1312740a}-\frac{-174\alpha}{693a} = -\frac{120741\alpha^2}{328185a}-\frac{-58\alpha}{231a} = -\frac{40247\alpha^2}{109395a}-\frac{-58\alpha}{231a}$$

$$= -\frac{40247\alpha^2}{109395a}-\frac{-58\alpha}{231a} \qquad (12\text{-}150)$$

식 12-149와 150으로부터 식 12-138의 분자를 최종적으로 계산해보면 식 12-151이 된다

$$\int_0^a \left\{\left(\frac{x}{a}-\frac{x^3}{a^3}\right)+\alpha\left(\frac{x^5}{a^5}-\frac{1}{2}\left(\frac{x^7}{a^7}+\frac{x^9}{a^9}\right)\right)\right\}\hat{H}\left\{\left(\frac{x}{a}-\frac{x^3}{a^3}\right)+\alpha\left(\frac{x^5}{a^5}-\frac{1}{2}\left(\frac{x^7}{a^7}+\frac{x^9}{a^9}\right)\right)\right\}dx$$

$$= -\frac{\hbar^2}{2m}\left(-\frac{58\alpha}{231a}-\frac{4}{5a}-\frac{40247\alpha^2}{109395a}-\frac{58\alpha}{231a}\right) = \frac{\hbar^2}{2m}\left(\frac{4}{5a}+\frac{116\alpha}{231a}+\frac{40247\alpha^2}{109395a}\right)$$

$$= \frac{\hbar^2}{2m}\left(\frac{4}{5a}+\frac{116\alpha}{231a}+\frac{40247\alpha^2}{109395a}\right) \qquad (12\text{-}151)$$

식 12-145, 12-151을 이용하여 에너지 기댓값을 구하면 다음과 같다.

$$\langle E_t \rangle = \frac{\hbar^2}{2m}\left(\frac{\frac{4}{5a}+\frac{116\alpha}{231a}+\frac{40247\alpha^2}{109395a}}{\frac{8a}{105}+\frac{8a\alpha}{273}+\frac{1514a\alpha^2}{230945}}\right) = \frac{\hbar^2}{2m}\frac{\frac{1}{a}}{\frac{a}{1}}\left(\frac{\frac{4}{5}+\frac{116\alpha}{231}+\frac{40247\alpha^2}{109395}}{\frac{8}{105}+\frac{8\alpha}{273}+\frac{1514\alpha^2}{230945}}\right)$$

$$\langle E_t \rangle = \frac{\hbar^2}{2ma^2}\left(\frac{\frac{4}{5}+\frac{116\alpha}{231}+\frac{40247\alpha^2}{109395}}{\frac{8}{105}+\frac{8\alpha}{273}+\frac{1514\alpha^2}{230945}}\right) \tag{12-152}$$

α에 따른 $\langle E_t \rangle$의 최소값을 구하기 위해서 식 12-152의 $\langle E_t \rangle$를 α로 미분하도록 하자.

$$\frac{d\langle E_t \rangle}{d\alpha} \tag{12-153}$$

$$= \frac{\left(\frac{116}{231}+\frac{80494\alpha}{109395}\right)\left(\frac{8}{105}+\frac{8\alpha}{273}+\frac{1514\alpha^2}{230945}\right)-\left(\frac{4}{5}+\frac{116\alpha}{231}+\frac{40247\alpha^2}{109395}\right)\left(\frac{8}{273}+\frac{3028\alpha}{230945}\right)}{\left(\frac{8}{105}+\frac{8\alpha}{273}+\frac{1514\alpha^2}{230945}\right)^2}$$

식 12-153이 0이 되는 α가 최소 또는 최대값이다. 분모는 0이 될 수 없기 때문에 위 식이 0이 되기 위해서는 분자가 0이 되어야 한다. 즉,

$$\left(\frac{116}{231}+\frac{80494\alpha}{109395}\right)\left(\frac{8}{105}+\frac{8\alpha}{273}+\frac{1514\alpha^2}{230945}\right)-\left(\frac{4}{5}+\frac{116\alpha}{231}+\frac{40247\alpha^2}{109395}\right)\left(\frac{8}{273}+\frac{3028\alpha}{230945}\right)=0 \tag{12-154}$$

식 12-154를 모두 소수로 바꾼 뒤 첫 번째 항과 두 번째 항을 나누어서 계산하면 다음과 같다. 먼저 첫 번째 항은 식 13-155와 같이 된다.

$$\begin{aligned}&(0.502+0.736\alpha)(0.076+0.029\alpha+0.00655\alpha^2)\\&=0.038+0.0145\alpha+0.00329\alpha^2+0.0559\alpha+0.021\alpha^2+0.0048\alpha^3\\&=0.048\alpha^3+0.02429\alpha^2+0.0704\alpha+0.038\end{aligned} \tag{12-155}$$

두 번째 항은 식 12-156과 같이 된다.

$$(0.8+0.502\alpha+0.368\alpha^2)(0.029+0.013\alpha)$$

$$= 0.0232 + 0.0104\alpha + 0.0145\alpha + 0.0065\alpha^2 + 0.0107\alpha^2 + 0.00478\alpha^3$$

$$= 0.0048\alpha^3 + 0.0172\alpha^2 + 0.0249\alpha + 0.0232 \qquad (12\text{-}156)$$

식 12-155에서 식 12-156을 빼면 다음과 같이 된다.

$$(0.048\alpha^3 + 0.02429\alpha^2 + 0.0704\alpha + 0.038) - (0.0048\alpha^3 + 0.0172\alpha^2 + 0.0249\alpha + 0.0232)$$

$$= 0.007\alpha^2 + 0.0455\alpha + 0.0148 = 0 \qquad (12\text{-}157)$$

근의 공식을 이용하여 식 13-157에서 α를 구하면 다음과 같다.

$$\alpha = \frac{-0.0455 \pm \sqrt{0.0455^2 - 4 \cdot 0.007 \cdot 0.0148}}{2 \cdot 0.007}$$

$$= \frac{-0.0455 \pm \sqrt{0.00207 - 0.0004144}}{0.014}$$

$$= \frac{-0.0455 \pm 0.0407}{0.014} \qquad (12\text{-}158)$$

식 12-158로부터 α값으로 -0.343과 -6.157을 얻을 수 있다. $\alpha = -0.343$일 경우 에너지 기댓값을 구해보면 식 12-159와 같이 $0.127\frac{h^2}{ma^2}$이 얻어진다.

$$\langle E_t \rangle = \frac{\hbar^2}{2ma^2}\left(\frac{\frac{4}{5} + \frac{116}{231}(-0.343) + \frac{40247}{109395}(-0.343)^2}{\frac{8}{105} + \frac{8}{273}(-0.343) + \frac{1514}{230945}(-0.343)^2}\right)$$

$$= \frac{\hbar^2}{2ma^2}\left(\frac{0.8 - 0.1722 + 0.04328}{0.0762 - 0.01005 + 0.00077}\right)$$

$$= \frac{\hbar^2}{2ma^2}\left(\frac{0.67108}{0.06692}\right) \approx \frac{\hbar^2}{2ma^2} \cdot 10 = \frac{h^2}{ma^2}\frac{10}{8\pi^2}$$

$$= 0.127\frac{h^2}{ma^2} \qquad (12\text{-}159)$$

$\alpha = -6.157$일 때 에너지 기댓값을 구해보면 식 12-160과 같이 $1.02\frac{h^2}{ma^2}$이 얻어진다.

$$\langle E_t \rangle = \frac{\hbar^2}{2ma^2}\left(\frac{\frac{4}{5}+\frac{116}{231}(-6.157)+\frac{40247}{109395}(-6.157)^2}{\frac{8}{105}+\frac{8}{273}(-6.157)+\frac{1514}{230945}(-6.157)^2}\right)$$

$$= \frac{\hbar^2}{2ma^2}\left(\frac{0.8-3.09+13.947}{0.0762-0.180+0.2485}\right)$$

$$= \frac{\hbar^2}{2ma^2}\left(\frac{11.657}{0.1447}\right) \approx \frac{\hbar^2}{2ma^2} \cdot 80.56 = \frac{h^2}{ma^2}\frac{80.56}{8\pi^2}$$

$$= 1.02\frac{h^2}{ma^2} \qquad (12\text{-}160)$$

식 12-160보다 식 12-159가 더 작으므로 최소값은 $0.127\frac{h^2}{ma^2}$임을 알 수 있다. 지금까지 우리는 변분 파라미터가 한 개 포함된 시도함수를 사용하여 참 바닥 상태 에너지를 어떻게 구하는지 또 그때의 파동함수는 참 파동함수와 얼마나 유사한 지에 관해 공부하였다. 다음 장에서 우리는 변분 파라미터가 두 개 이상인 경우에 대해 살펴볼 계획이다. 변분 파라미터가 두 개 이상이라고 하더라도 풀이 과정 및 적용되는 원리는 같기 때문에 너무 걱정할 필요는 없다. 이제 변분 파라미터가 두 개 이상인 경우의 사례를 살펴보도록 하자.

7) 변분법 사례 3

이전 절에서 우리는 정해진 함수를 시도함수로 사용하거나 변분 파라미터가 포함된 한 가지 함수만을 시도함수로 사용하였지만 일반적으로 양자화학에서는 변분 파라미터를 선형계수로 갖는 몇 개의 함수가 서로 선형 결합된 함수를 시도함수로 사용한다. 예를 들어, 변분 파라미터 c_1, c_2를 선형계수로 갖고 함수 $\phi(x)= x(a-x)$와 $\phi(x)= x^2(a-x)^2$ 함수를 선형 결합한 식 12-161과 같은 함수를 시도함수로 사용하게 된다.

$$\Phi(x)= c_1\{x(a-x)\}+c_2\{x^2(a-x)^2\} \qquad (\text{식 } 12\text{-}161)$$

식 12-161을 사용하였을 때 에너지 기댓값은 식 12-162과 같이 주어진다.

$$\langle E_t \rangle = \frac{\int_0^a \Phi(x)^* \widehat{H}\Phi(x)\,dx}{\int_0^a \Phi(x)^*\Phi(x)\,dx} \qquad (12\text{-}162)$$

$$= \frac{\int_0^a \left[c_1\{x(a-x)+c_2\{x^2(a-x)^2\}\}\right]^* \widehat{H}\left[c_1\{x(a-x)+c_2\{x^2(a-x)^2\}\}\right]dx}{\int_0^a \left[c_1\{x(a-x)+c_2\{x^2(a-x)^2\}\}\right]^*\left[c_1\{x(a-x)+c_2\{x^2(a-x)^2\}\}\right]dx}$$

여기서 우리는 편의를 위해 $\phi_1(x)=x(a-x)$, $\phi_2(x)=x^2(a-x)^2$로 쓰기로 하자. 그러면 식 12-162는 식 12-163과 같이 조금 간단하게 쓸 수 있게 된다.

$$\langle E_t \rangle \equiv \frac{\int_0^a (c_1\phi_1(x)+c_2\phi_2(x))^* \widehat{H} (c_1\phi_1(x)+c_2\phi_2(x))\,dx}{\int_0^a (c_1\phi_1(x)+c_2\phi_2(x))^* (c_1\phi_1(x)+c_2\phi_2(x))\,dx} \tag{12-163}$$

식 12-163의 분모를 전개하면 식 12-164와 같이 된다.

$$\begin{aligned}
&\int_0^a (c_1\phi_1(x)+c_2\phi_2(x))^* (c_1\phi_1(x)+c_2\phi_2(x))\,dx \\
&= \int_0^a \left(c_1^2\phi_1(x)\phi_1(x)+2c_1\phi_1(x)c_2\phi_2(x)+c_2^2\phi_2(x)\phi_2(x)\right)dx \\
&= c_1^2\int_0^a \phi_1(x)\phi_1(x)dx+2c_1c_2\int_0^a \phi_1(x)\phi_2(x)dx+c_2^2\int_0^a \phi_2(x)\phi_2(x)\,dx
\end{aligned} \tag{12-164}$$

식 12-161에서 사용된 두 함수는 정규화된 함수는 아니었지만 정규화상수를 구해 정규화된 함수를 사용할 수도 있다. 정규화된 함수를 사용하였을 경우 식 12-164는 12-165와 같이 쓸 수 있게 된다.

$$c_1^2+2c_1c_2\int_0^a \phi_1(x)\phi_2(x)dx+c_2^2 \tag{12-165}$$

선형결합에 사용된 함수들을 정규화된 함수로 사용해도 되지만 좀 더 일반적인 논의를 하기 위해서 시도함수에 사용된 함수들은 일단 정규화된 함수가 아니라고 가정하도록 하겠다. 식 12-164를 보면 세 가지 종류의 적분이 등장하는데 각각의 적분을 아래와 같은 기호로 쓰도록 하자. 선형결합에 사용된 첫 번째 시도함수들을 서로 곱한 뒤 적분한 값, $\int_0^a \phi_1(x)\phi_1(x)dx$은 S_{11}이라고 하고 첫 번째, 두 번째 시도함수들을 서로 곱한 뒤 적분한 값, $\int_0^a \phi_1(x)\phi_2(x)dx$와 두 번째 시도함수들을 서로 곱한 뒤 적분한 값, $\int_0^a \phi_2(x)\phi_2(x)dx$을 각각 S_{12}, S_{22}라 하도록 하자. 정리하면 다음과 같다.

$$\int_0^a \phi_1(x)\phi_1(x)dx=S_{11}, \quad \int_0^a \phi_1(x)\phi_2(x)dx=S_{12}, \quad \int_0^a \phi_2(x)\phi_2(x)dx=S_{22}$$

정의된 기호에 따라 식 12-120을 써 보면 식 12-166과 같이 된다.

$$c_1^2 S_{11} + 2c_1c_2S_{12} + c_2^2 S_{22} \tag{12-166}$$

이제 식 12-163의 분자를 계산해 보도록 하자. 식 12-163의 분자를 전개하면 식 12-167과 같이 된다.

$$\int_0^a (c_1\phi_1(x)+c_2\phi_2(x))^* \hat{H}(c_1\phi_1(x)+c_2\phi_2(x))dx$$

$$\int_0^a \left\{c_1^2\phi_1(x)^*\hat{H}\phi_1(x)+c_1c_2\phi_1(x)^*\hat{H}\phi_2(x)+c_1c_2\phi_2(x)^*\hat{H}\phi_1(x)+c_2^2\phi_2(x)^*\hat{H}\phi_2(x)\right\}dx$$

$$c_1^2\int_0^a \phi_1(x)^*\hat{H}\phi_1(x)dx + c_1c_2\int_0^a \phi_1(x)^*\hat{H}\phi_2(x)dx + c_2c_1\int_0^a \phi_2(x)^*\hat{H}\phi_1(x)dx + c_2^2\int_0^a \phi_2(x)^*\hat{H}\phi_2(x)dx \tag{12-167}$$

식 12-167의 두 번째 항, $c_1c_2\int_0^a \phi_1(x)^*\hat{H}\phi_2(x)dx$와 세 번째 항, $c_2c_1\int_0^a \phi_2(x)^*\hat{H}\phi_1(x)dx$은 뒤에서 증명하겠지만 서로 같은 값이다. 따라서 식 12-167은 12-168과 같이 쓸 수 있다.

$$c_1^2\int_0^a \phi_1(x)^*\hat{H}\phi_1(x)dx + 2c_1c_2\int_0^a \phi_1(x)^*\hat{H}\phi_2(x)dx + c_2^2\int_0^a \phi_2(x)^*\hat{H}\phi_2(x)dx \tag{12-168}$$

식 12-168의 적분들을 다음과 같이 줄여서 쓰도록 하자.

$$\int_0^a \phi_1(x)^*\hat{H}\phi_1(x)dx = H_{11},\ \int_0^a \phi_1(x)^*\hat{H}\phi_2(x)dx = H_{12},\ \int_0^a \phi_2(x)^*\hat{H}\phi_2(x)dx = H_{22} \tag{12-168}$$

그러면 식 12-168은 다음과 같이 간단하게 쓸 수 있다.

$$c_1^2 H_{11} + 2c_1c_2H_{12} + c_2^2 H_{22} \tag{12-169}$$

식 12-166과 식 12-169를 이용해서 변분 에너지를 구하는 식 13-163을 써 보면 식 12-170과 같이 된다.

$$\langle E_t \rangle = \frac{c_1^2 H_{11} + 2c_1c_2H_{12} + c_2^2 H_{22}}{c_1^2 S_{11} + 2c_1c_2S_{12} + c_2^2 S_{22}} \tag{12-170}$$

식 12-170을 보면 여러 가지 기호로 쓰여 있기 때문에 무엇이 변수인지 무엇이 상수인지 헷갈릴 수가 있기 때문에 다음과 같은 사실을 잘 기억하고 있어야 한다. c_1과 c_2는 변분 파라미터라고 불렀던 우리가 구해야 할 변수이다. 그 외에 나머지 기호들 $S_{11}, S_{12}, S_{22}, H_{11}, H_{12}, H_{22}$들은 모두 우리가 적분을 통해 구할 수 있는 값들이기 때문에 상수라고 할 수 있다. 뒤에서 관련 적분을 통해 어떤 상수가 얻어지는지 직접 확인해 볼 계획이다. 즉, 식 12-170의 변분 에너지 $\langle E_t \rangle$는 변수 c_1과 c_2에 의해 값이 달라지기 때문에 c_1과 c_2를 변수로 갖는 함수라고 할 수 있다. 위에서 설명했듯이 c_1과 c_2에 의해 값이 달라지는 함수 $\langle E_t \rangle$의 최솟값이 가장 참 바닥상태에너지에 가까운 값이다. 따라서 우리는 $\langle E_t \rangle$가 최소값을 나타내는 변수 c_1과 c_2를 찾을 수 있는데 구하여진 변수 c_1과 c_2를 통해 참 파동함수와 가장 유사한 파동함수를 구할 수 있게 된다. 자, 그럼 이제 식 12-170의 최솟값을 구해보도록 하자. $\langle E_t \rangle$가 c_1, c_2에 따라 그려지는 그래프이므로 최솟값인 부분에서 그래프의 기울기는 "0"이 될 것이다. 즉, 최소값인 부분에서 변수 c_1으로 미분한 값과 c_2로 미분한 값은 식 12-171과 같이 "0"이 되어야 한다.

$$\frac{\partial \langle E_t \rangle}{\partial c_1} = 0 \qquad , \qquad \frac{\partial \langle E_t \rangle}{\partial c_1} = 0 \tag{12-171}$$

식 12-170을 c_1과 c_2로 각각 미분해보자. 식 12-170의 분모를 좌변으로 이항한 뒤 양변을 c_1과 c_2로 각각 미분하도록 한다. 식 12-170의 분모를 좌변으로 이항한 뒤 정리하면

$$\langle E_t \rangle \left(c_1^2 S_{11} + 2c_1 c_2 S_{12} + c_2^2 S_{22}\right) = c_1^2 H_{11} + 2c_1 c_2 H_{12} + c_2^2 H_{22} \tag{12-172}$$

이 된다. 식 12-172 양변을 c_1으로 미분하면

$$\frac{\partial \langle E_t \rangle}{\partial c_1}\left(c_1^2 S_{11} + 2c_1 c_2 S_{12} + c_2^2 S_{22}\right) + \langle E_t \rangle \left(2c_1 S_{11} + 2c_2 S_{12}\right) = 2c_1 H_{11} + 2c_2 H_{12} \tag{12-173}$$

좌변에 $\partial \langle E_t \rangle / \partial c_1$만 남기고 모두 우변으로 이항해서 정리하면

$$\frac{\partial \langle E_t \rangle}{\partial c_1} = \frac{2c_1 H_{11} + 2c_2 H_{12} - \langle E_t \rangle \left(2c_1 S_{11} + 2c_2 S_{12}\right)}{c_1^2 S_{11} + 2c_1 c_2 S_{12} + c_2^2 S_{22}} \tag{12-174}$$

식 12-172 양변을 c_2로 미분하면

$$\frac{\partial \langle E_t \rangle}{\partial c_2}\left(c_1^2 S_{11} + 2c_1 c_2 S_{12} + c_2^2 S_{22}\right) + \langle E_t \rangle \left(2c_1 S_{12} + 2c_2 S_{22}\right) = 2c_1 H_{12} + 2c_2 H_{22} \tag{12-175}$$

좌변에 $\partial\langle E_t\rangle/\partial c_2$만 남기고 모두 우변으로 이항해서 정리하면

$$\frac{\partial\langle E_t\rangle}{\partial c_2}=\frac{2c_1H_{12}+2c_2H_{22}-\langle E_t\rangle(2c_1S_{12}+2c_2S_{22})}{c_1^2S_{11}+2c_1c_2S_{12}+c_2^2S_{22}} \qquad (12\text{-}176)$$

이 된다. 식 12-174와 12-176이 0이 되기 위해서는 분모는 "0"이 되어서는 안 되므로 분자가 0이 되어야 한다. 따라서

$$(2c_1H_{11}+2c_2H_{12})-\langle E_t\rangle(2c_1S_{11}+2c_2S_{12})=0 \qquad (12\text{-}177)$$

$$(2c_1H_{12}+2c_2H_{22})-\langle E_t\rangle(2c_1S_{12}+2c_2S_{22})=0 \qquad (12\text{-}178)$$

이 되어야 한다. 식 12-177과 12-178 양변을 2로 나눈 뒤, 전개해서 변분 파라미터 "c_1"과 "c_2"로 묶어서 정리하면 식 13-177과 13-178은 아래 식 12-179와 12-180이 얻어진다.

$$(H_{11}-\langle E_t\rangle S_{11})c_1-(H_{12}-\langle E_t\rangle S_{12})c_2=0 \qquad (12\text{-}179)$$

$$(H_{12}-\langle E_t\rangle S_{12})c_1-(H_{22}-\langle E_t\rangle S_{22})c_2=0 \qquad (12\text{-}180)$$

너무나 많은 기호가 나오기 때문에 이 시점에서 각각 기호의 의미를 다시 확인하고 넘어가는 것이 좋을 것 같다. c_1과 c_2는 변분 파라미터로 우리가 구해야 할 값이다. 이 값을 구하게 되면 $\Phi(x)=c_1\{-x(x-a)\}+c_2\{-x^2(x-a)\}$를 시도함수로 사용하였을 때 최저 에너지, $\langle E_t\rangle$를 주는 시도함수를 구할 수 있게 되고 이때 구해진 시도함수가 가장 실제 파동함수와 유사한 파동함수가 될 것이다. S_{ij}와 H_{ij}는 다음과 같은 적분을 나타내는 기호였다.

$$\int_0^a \phi_i(x)\phi_j(x)dx=S_{ij} \qquad\qquad \int_0^a \phi_i(x)^*\hat{H}\phi_j(x)dx=H_{ij}$$

즉, S_{11}, S_{12}, S_{22}를 나타내는 적분은 다음과 같다.

$$S_{11}=\int_0^a \phi_1(x)\phi_1(x)dx \qquad S_{12}=\int_0^a \phi_1(x)\phi_2(x)dx \qquad S_{22}=\int_0^a \phi_2(x)\phi_2(x)dx$$

위 적분 식에서 $S_{12}=\int_0^a \phi_1(x)\phi_2(x)dx$는 $\phi_1(x)\phi_2(x)$의 순서를 바꿔서 곱한 뒤 적분해도 차이가 없으므

로 $S_{12} = \int_0^a \phi_1(x)\phi_2(x)dx = \int_0^a \phi_2(x)\phi_1(x)dx = S_{21}$라고 할 수 있다. 즉, 식 12-180은 다음과 같이 식 12-181로 바꿔 쓸 수 있다.

$$(H_{12} - \langle E_t \rangle S_{21})c_1 - (H_{22} - \langle E_t \rangle S_{22})c_2 = 0 \tag{12-181}$$

또, H_{11}, H_{12}, H_{22}를 나타내는 적분은 다음과 같다.

$$H_{11} = \int_0^a \phi_1(x)^* \hat{H}\phi_1(x)dx \qquad H_{12} = \int_0^a \phi_1(x)^* \hat{H}\phi_2(x)dx \qquad H_{22} = \int_0^a \phi_2(x)^* \hat{H}\phi_2(x)dx$$

위 적분식에서 $H_{12} = \int_0^a \phi_1(x)^* \hat{H}\phi_2(x)dx$은 $H_{21} = \int_0^a \phi_2(x)^* \hat{H}\phi_1(x)dx$과 같다. 이것이 같은 이유에 대해서는 조금 길게 이야기해야만 하는데 지금 단계에서는 일단 받아들이고 넘어가도록 하자. 아무튼 $\int_0^a \phi_1(x)^* \hat{H}\phi_2(x)dx = \int_0^a \phi_2(x)^* \hat{H}\phi_1(x)dx$ 라고 하면 $H_{12} = H_{21}$ 이라고 할 수 있게 되며 식 12-180은 아래 식 12-182와 같이 바꿔 쓸 수 있게 된다.

$$(H_{21} - \langle E_t \rangle S_{21})c_1 - (H_{22} - \langle E_t \rangle S_{22})c_2 = 0 \tag{12-182}$$

식 12-181, 182를 이용하여 식 12-179, 180을 다시 써보면 아래 식과 같다.

$$(H_{11} - \langle E_t \rangle S_{11})c_1 - (H_{12} - \langle E_t \rangle S_{12})c_2 = 0 \tag{12-183}$$
$$(H_{21} - \langle E_t \rangle S_{21})c_1 - (H_{22} - \langle E_t \rangle S_{22})c_2 = 0 \tag{12-184}$$

12-145와 12-146식이 모두 기호로 쓰여 있으므로 어떤 기호가 우리가 구할 수 있는 것이고 어떤 것이 미지수인지 헷갈릴 수 있지만, 위에서 정리한 것들을 주의 깊게 기억해 주기를 바란다. 식 12-183과 12-184에서 미지수, 즉 우리가 구해야 하는 수는 c_1, c_2, E_t 이고 $H_{11}, H_{12}, H_{21}, H_{22}, S_{11}, S_{12}, S_{21}, S_{22}$는 모두 구할 수 있는 수이다. 즉, 식 13-183과 13-184는 미지수가 3개이고 방정식이 2개인 연립방정식임을 알 수 있다. 기호로 쓰여 있으므로 복잡해 보일 뿐이지 사실 연립방정식이다. 그것도 제곱이나 세제곱 등의 항들이 포함되어 있지 않은 일차연립방정식이다. 연립방정식의 풀이는 보통 중학교 때 배우게 되는데 풀이 과정이 어렵지 않기 때문에 많은 사람이 기억하고 있으리라 생각한다. 중학교 때 연립방정식을 푸는 방식은 "소거법"이라고 불리는 방식으로서 미지수를 차례로 제거하고 남는 식을 이용하여 해를 구하는 방법이다. 예를 들어, 아래와 같은 연립방정식이 있다고 가정해보자.

$$3x + y = 11 \tag{12-185}$$
$$5x - 10y = 5 \tag{12-186}$$

식 12-185에 "5"를 곱하고 식 12-186에 "3"을 곱한 뒤

$$15x + 5y = 55 \tag{12-187}$$
$$15x - 30y = 15 \tag{12-188}$$

식 12-187에서 식 12-188을 빼면 식 12-189가 된다.

$$35y = 70 \tag{12-189}$$

식 12-189로부터 $y = 2$임을 알 수 있고 식 12-185나 식 12-186의 y에 2를 대입하면 $x = 3$이 얻어진다. 지금 소개한 방법이 학창 시절에 배운 방법이고 가장 일반적인 방법이다. 식 12-185과 186의 숫자들을 "a, b, c, d, e, f"로 치환해서 조금 전에 다루었던 "소거법"을 조금 더 일반화 시켜서 이야기해 보도록 하자. 식 12-185과 186의 숫자를 "a, b, c, d, e, f"로 치환하면 아래와 같은 식이 된다.

$$ax + by = e \tag{12-190}$$
$$cx + dy = f \tag{12-191}$$

식 12-190에 "c"를 곱하고 식 12-191에 "a"를 곱하면 위 두 식은 아래 식 12-192, 193식과 같이 될 것이다.

$$acx + bcy = ec \tag{12-192}$$
$$acx + ady = af \tag{12-193}$$

식 12-192에서 식 12-193을 빼서 x에 관한 항을 제거하면 아래 식 12-194와 같이 된다.

$$bcy - ady = ec - af \tag{12-194}$$

식 12-194의 좌변을 y로 묶은 뒤 좌변에 y만 남기고 이항하면 식 12-195와 같이 된다.

$$y = \frac{ec - af}{bc - ad} \tag{12-195}$$

식 12-153 우변 분모, 분자에 "-"를 곱해서 순서를 바꾸게 되면 식 13-196과 같이 된다.

$$y = \frac{af - ec}{ad - bc} \tag{12-196}$$

같은 방식으로 x에 대해서도 정리할 수 있는데 정리를 해 보면 식 12-197과 같이 됨을 알 수 있다.

$$x = \frac{ed - bf}{ad - bc} \tag{12-197}$$

이처럼 구하고자 하는 미지수로 정리를 하는 이유에 관해서 설명하기 위해서는 연립방정식을 행렬로 표현할 수 있다는 사실에 대해 먼저 알고 있어야 한다.

고등학교 혹은 대학교에서 행렬에 대한 기초적인 것들을 배워 잘 알고 있을 수도 있겠지만 혹시라도 잘 모르는 학생들을 위해서 여기서 필요한 행렬의 두 가지 사항에 관해서만 이야기하도록 하겠다. 행렬은 식 12-198과 같이 숫자들을 나열해 놓은 것을 의미하며 가로줄을 "행", 세로줄을 "열"이라 한다.

$$\begin{pmatrix} 1 & 3 \\ 5 & 0 \end{pmatrix} \qquad \begin{pmatrix} a & b & c \\ d & e & f \\ g & h & i \end{pmatrix} \tag{12-198}$$

행렬에 대해 알아야 할 첫 번째 사항은 "행렬의 상등"이라는 것이다. 행과 열이 같은 두 개의 행렬이 같다면 그것은 각각의 원소가 같다는 것을 의미한다. 즉,

$$\begin{pmatrix} a & b \\ c & d \end{pmatrix} = \begin{pmatrix} 1 & 2 \\ 3 & 4 \end{pmatrix}$$

라면, $a = 1, b = 2, c = 3, d = 4$ 을 의미한다. 행렬에 대해 알아야 할 두 번째 사항은 행렬의 곱셈이다. 두 행렬의 곱은 다음과 같이 정의된다.

$$\begin{pmatrix} a & b \\ c & d \end{pmatrix} \begin{pmatrix} e \\ f \end{pmatrix} = \begin{pmatrix} ae + bf \\ ce + df \end{pmatrix}$$

행렬의 이와 같은 두 가지 사항을 기반으로 식 12-190과 191 연립방정식은 아래 식 12-199과 같이 행렬로 표현될 수 있다. 식 12-199를 풀어보면 식 12-200과 같이 기존 연립방정식과 같은 형태가 됨을 알 수 있다.

$$\begin{pmatrix} a & b \\ c & d \end{pmatrix}\begin{pmatrix} x \\ y \end{pmatrix} = \begin{pmatrix} e \\ f \end{pmatrix} \tag{12-199}$$

$$\begin{pmatrix} a & b \\ c & d \end{pmatrix}\begin{pmatrix} x \\ y \end{pmatrix} = \begin{pmatrix} e \\ f \end{pmatrix} \Leftrightarrow \begin{pmatrix} ax+by \\ cx+dy \end{pmatrix} = \begin{pmatrix} e \\ f \end{pmatrix} \Leftrightarrow ax+by=e,\, cx+dy=f \tag{12-200}$$

식 12-190, 191 연립방정식을 식 12-199처럼 행렬로써 놓고 보면 미지수 y를 구하던 식이었던 식 12-196의 분모가 연립방정식의 계수들로 이루어진 식 12-199 행렬의 행렬식임을 알 수 있다. 즉,

$$\begin{vmatrix} a & b \\ c & d \end{vmatrix} = ad-bc \tag{12-201}$$

그리고 미지수 y를 구하던 식이었던 식 12-196의 분자는 연립방정식의 계수들로 이루어진 행렬식의 일부를 다른 값으로 치환한 행렬의 행렬식임을 알 수 있다. 즉, 식 12-201 행렬식의 원소 b, d를 식 12-199 행렬의 원소로 치환한 식 12-202와 같은 행렬식임을 알 수 있다.

$$\begin{vmatrix} a & e \\ c & f \end{vmatrix} = af-ec \tag{12-202}$$

즉 식 12-196은 아래 식 12-203과 같이 쓸 수 있다.

$$y = \frac{\begin{vmatrix} a & e \\ c & f \end{vmatrix}}{\begin{vmatrix} a & b \\ c & d \end{vmatrix}} = \frac{af-ec}{ad-bc} \tag{12-203}$$

같은 방식으로 식 12-197은 아래 식 12-204와 같이 표현될 수 있다.

$$x = \frac{\begin{vmatrix} e & b \\ f & d \end{vmatrix}}{\begin{vmatrix} a & b \\ c & d \end{vmatrix}} = \frac{ed-bf}{ad-bc} \tag{12-204}$$

이와 같은 방법으로 n원 n차 방정식의 해를 구할 수 있는데 식 12-203, 204와 같은 규칙을 “크래머 규칙 (Cramer Rule)”이라 한다. 연립방정식에서 우변이 모두 “0”인 방정식을 생각해 볼 수 있다.

$$ax+by=0 \tag{12-205}$$

$$cx+dy=0 \tag{12-206}$$

위와 같이 우변이 "0"인 연립방정식을 "영년방정식"이라 한다. 식 12-205, 206의 해를 크래머 규칙을 사용해서 구하면 x, y가 아래 식 12-207, 208과 같이 0이 됨을 알 수 있다.

$$x = \frac{\begin{vmatrix} 0 & b \\ 0 & d \end{vmatrix}}{\begin{vmatrix} a & b \\ c & d \end{vmatrix}} = \frac{0 \cdot d - b \cdot 0}{ad - bc} = 0 \tag{12-207}$$

$$y = \frac{\begin{vmatrix} a & 0 \\ c & 0 \end{vmatrix}}{\begin{vmatrix} a & b \\ c & d \end{vmatrix}} = \frac{a \cdot 0 - 0 \cdot c}{ad - bc} = 0 \tag{12-208}$$

그런데 구하여진 해 $x = 0, y = 0$을 식 12-205과 12-206에 바로 대입해 보면 알겠지만, 이 해는 계수 a, b, c, d에 상관없이 늘 해가 된다는 사실을 알 수 있다. a, b, c, d에 어떤 수가 오더라도 $x = 0, y = 0$은 이 방정식의 해가 된다. 계수에 상관없이 늘 해가 되는 이러한 당연한 해를 "자명한 해"라고 한다. 방정식 12-207과 208이 $x = 0, y = 0$의 자명한 해 말고 의미 있는 해를 가지려면 식 12-207과 208의 분모가 0이 되는 수밖에 없다. $\frac{0}{0}$을 수학적으로 정의할 수는 없지만 적어도 0이라고는 할 수 없을 것이다. 즉, $ad - bc = 0$이라면 방정식 12-205과 206은 자명한 해 외에 의미 있는 해를 가질 수 있게 된다. 아래에 예를 들어 보도록 하자. 다음과 같은 연립방정식이 자명하지 않은 해 (의미 있는 해)를 가지려면 k는 얼마여야 할까?

$$2x + ky + z = 0 \tag{12-209}$$

$$(k-1)x - y + 2z = 0$$

$$4x + y + 4z = 0$$

위 방정식은 영년 방정식이며 $x = 0, y = 0, z = 0$을 자명한 해로 갖는다. 위 연립 방정식이 자명한 해 외에 의미 있는 해를 가지려면 계수로 구성된 행렬식의 값이 0이 되어야 한다. 즉,

$$\begin{vmatrix} 2 & k & 1 \\ k-1 & -1 & 2 \\ 4 & 1 & 4 \end{vmatrix} = 0 \tag{12-210}$$

이 되어야 한다. 식 12-209를 아래와 같이 풀어보면 $k = \frac{9}{4}$ 또는 1이 얻어진다.

$$-8 + 8k + (k-1) - \{-4 + 4 + 4k(k-1)\} = 0$$

$$\Leftrightarrow -8+8k+k-1-4k(k-1)=0$$
$$\Leftrightarrow 9k-9-4k^2+4k=0$$
$$\Leftrightarrow -4k^2+13k-9=0$$
$$\Leftrightarrow 4k^2-13k+9=0$$
$$\Leftrightarrow (4k-9)(k-1)=0$$
$$\therefore k=\frac{9}{4} \quad \text{or} \quad 1 \tag{12-211}$$

$k=1$이라면 연립방정식 12-209는 다음과 같은 방정식이 된다.

$$2x+y+z=0 \tag{12-212}$$
$$-y+2z=0$$
$$4x+y+4z=0$$

식 12-212의 두 번째 식으로부터 $y=2z$이므로 첫 번째 식의 y대신 $2z$를 대입하면

$$2x+2z+z=0 \Leftrightarrow 2x+3z=0 \Leftrightarrow -\frac{2}{3}x=z \tag{12-213}$$

이 된다. $y=2z$에서 z대신 식 12-213을 통해 얻은 $-\frac{2}{3}x$를 대입하면

$$y=2\left(-\frac{2}{3}x\right)=-\frac{4}{3}x \tag{12-214}$$

이 얻어진다. 식 12-21과 214로부터 x, y, z의 비율을 구할 수 있다.

$$x:y:z=x:-\frac{4}{3}x:-\frac{2}{3}x=1:-\frac{4}{3}:-\frac{2}{3} \tag{12-215}$$

즉, x, y, z의 비율이 식 12-215와 같기만 하다면 그 모든 수도 방정식 12-212의 해가 될 수 있다는 의미이다. 만일 파동함수의 정규화 조건과 유사한 $\sqrt{x^2+y^2+z^2}=1$의 조건이 추가로 주어진다면 구체적인 x, y, z의 값을 아래와 같이 구할 수 있다.

$$\sqrt{x^2+y^2+z^2}=1$$

$$\Leftrightarrow x^2+y^2+z^2=1 \quad \Leftrightarrow (1x)^2+\left(-\frac{4}{3}x\right)^2+\left(-\frac{2}{3}x\right)^2=1$$

$$\Leftrightarrow x^2+\frac{16}{9}x^2+\frac{4}{9}x^2=1 \quad \Leftrightarrow \frac{29}{9}x^2=1 \quad \Leftrightarrow x^2=\frac{9}{29} \quad \Leftrightarrow x^2=\frac{9}{29}$$

$$\therefore x=\pm\frac{3}{\sqrt{29}},\ y=\mp\frac{4}{\sqrt{29}},\ z=\mp\frac{2}{\sqrt{29}} \tag{12-216}$$

식 12-216의 x, y, z를 방정식 12-212에 넣어 해가 되는지 확인해 보자.

$$2\left(\pm\frac{3}{\sqrt{29}}\right)+\left(\mp\frac{4}{\sqrt{29}}\right)+\left(\mp\frac{2}{\sqrt{29}}\right)=0 \tag{12-217}$$

$$-\left(\mp\frac{4}{\sqrt{29}}\right)+2\left(\mp\frac{2}{\sqrt{29}}\right)=0$$

$$4\left(\pm\frac{3}{\sqrt{29}}\right)+\left(\mp\frac{4}{\sqrt{29}}\right)+4\left(\mp\frac{2}{\sqrt{29}}\right)=0$$

식 12-217에서 볼 수 있는 바와 같이 모든 연립방정식을 만족시킨다는 사실을 알 수 있다. 식 12-211에서 우리는 $k=\frac{9}{4}$일 때도 자명하지 않은 해가 존재할 수 있다고 하였다. $k=\frac{9}{4}$일 때 그리고 $\sqrt{x^2+y^2+z^2}=1$일 때 x, y, z의 값이 어떻게 되는지 구체적으로 구해보도록 하자. $k=\frac{9}{4}$일 때 연립방정식은 다음과 같이 된다.

$$2x+\frac{9}{4}y+z=0 \tag{12-218}$$

$$\frac{5}{4}x-y+2z=0$$

$$4x+y+4z=0$$

식 12-218의 첫 번째 식에 2를 곱한 뒤 두 번째 식을 빼면

$$\frac{11}{4}x+\frac{11}{2}y=0 \tag{12-219}$$

첫 번째 식에 4를 곱한 뒤 세 번째 식을 빼면

$$4x+8y=0 \tag{12-220}$$

이 얻어진다. 식 12-219에 4를 곱한 뒤 11로 나누어주면 식 12-220과 같은 식이라는 것을 알 수 있다. 즉, 두 식으로부터 우리가 알 수 있는 것은

$$-\frac{1}{2}x=y \tag{12-221}$$

라는 것뿐이다. 식 12-221을 연립방정식 13-218의 한 방정식에 넣어서 x와 z의 비율을 구할 수 있다. 식 12-221을 연립방정식 12-218의 마지막 방정식에 넣어주게 되면

$$4x-\frac{1}{2}x+4z=0 \Leftrightarrow \frac{7}{2}x=-4z$$

$$\therefore -\frac{7}{8}x=z \tag{12-222}$$

식 12-221과 222로부터 x, y, z의 비율을 구할 수 있다.

$$x:y:z=x:-\frac{1}{2}x:-\frac{7}{8}x=1:-\frac{1}{2}:-\frac{7}{8} \tag{12-223}$$

$\sqrt{x^2+y^2+z^2}=1$인 조건에서 구체적인 x, y, z의 값을 아래와 같이 구할 수 있다.

$$\sqrt{x^2+y^2+z^2}=1$$

$$\Leftrightarrow x^2+y^2+z^2=1 \quad \Leftrightarrow (1x)^2+\left(-\frac{1}{2}x\right)^2+\left(-\frac{7}{8}x\right)^2=1$$

$$\Leftrightarrow x^2+\frac{1}{4}x^2+\frac{49}{64}x^2=1 \Leftrightarrow \frac{64}{64}x^2+\frac{16}{64}x^2+\frac{49}{64}x^2=1 \Leftrightarrow \frac{129}{64}x^2=1$$

$$\Leftrightarrow x=\pm\sqrt{\frac{64}{129}}=\pm\frac{8}{\sqrt{129}},\ y=\mp\frac{4}{\sqrt{129}},\ z=\mp\frac{7}{\sqrt{129}} \tag{12-216}$$

식 12-216에서 구한 x, y, z의 값을 12-218 연립방정식에 대입해 보면 위에서 구한 값이 해가 됨을 식 12-217로부터 확인할 수 있다.

$$2\left(\pm\frac{8}{\sqrt{129}}\right)+\frac{9}{4}\left(\mp\frac{4}{\sqrt{129}}\right)+\left(\mp\frac{7}{\sqrt{129}}\right)z=0 \quad (12\text{-}217)$$

$$\frac{5}{4}\left(\pm\frac{8}{\sqrt{129}}\right)-\left(\mp\frac{4}{\sqrt{129}}\right)+2\left(\mp\frac{7}{\sqrt{129}}\right)=0$$

$$4\left(\pm\frac{8}{\sqrt{129}}\right)+\left(\mp\frac{4}{\sqrt{129}}\right)+4\left(\mp\frac{7}{\sqrt{129}}\right)=0$$

위에서 우리는 $k=\frac{9}{4}$ 또는 1일 때에만 자명하지 않은 해가 얻어진다고 했는데 만일 $k=2$라면 연립방정식의 해는 어떻게 될까? $k=2$일 때 식 12-209 연립방정식은 다음과 같이 된다.

$$2x+2y+z=0 \quad (12\text{-}218)$$

$$x-y+2z=0$$

$$4x+y+4z=0$$

위 연립방정식을 풀기 위해서 첫 번째 방정식에 2를 곱한 뒤 두 번째 방정식을 빼면

$$3x+5y=0 \quad (12\text{-}219)$$

첫 번째 방정식에 4를 곱한 뒤 세 번째 방정식을 빼면

$$2x+3y=0 \quad (12\text{-}220)$$

이 얻어진다. 식 12-219에 2를 곱하고 식 12-220에 3을 곱해서 서로 빼면 $y=0$이라는 값이 얻어진다. $y=0$이므로 $x=0$, $z=0$이 되어 버린다. 즉, $k=2$일 때 식 12-209 연립방정식의 해는 자명한 해만이 얻어지게 된다.

그동안 얘기가 길었는데 이제 우리가 원래 풀고자 했던 연립방정식은 아래와 같은 연립방정식이었다.

$$(H_{11}-E_tS_{11})c_1-(H_{12}-E_tS_{12})c_2=0 \quad (12\text{-}221)$$

$$(H_{21}-E_tS_{21})c_1-(H_{22}-E_tS_{22})c_2=0 \quad (12\text{-}222)$$

위 연립방정식을 행렬로 바꾸면 다음과 같다.

$$\begin{pmatrix} H_{11}-\langle E_t\rangle S_{11} & H_{12}-\langle E_t\rangle S_{12} \\ H_{21}-\langle E_t\rangle S_{21} & H_{22}-\langle E_t\rangle S_{22} \end{pmatrix}\begin{pmatrix} c_1 \\ c_2 \end{pmatrix}=\begin{pmatrix} 0 \\ 0 \end{pmatrix} \quad (12\text{-}223)$$

위 연립방정식이 $c_1 = c_2 = 0$인 자명한 해 말고 의미 있는 해를 가지려면

$$\begin{vmatrix} H_{11} - \langle E_t \rangle S_{11} & H_{12} - \langle E_t \rangle S_{12} \\ H_{21} - \langle E_t \rangle S_{21} & H_{22} - \langle E_t \rangle S_{22} \end{vmatrix} = 0 \tag{12-224}$$

이어야 한다. $H_{11}, S_{11}, H_{12}, H_{21}, S_{12}, S_{21}, H_{22}, S_{22}$는 직접 구할 수 있는 값이라고 하였다. 이제 이 값들을 구체적으로 구해보자.

$$\begin{aligned} H_{11} &= \int_0^a x(a-x)\left(-\frac{\hbar^2}{2m}\frac{d^2}{dx^2}\right)x(a-x)dx = \int_0^a (ax-x^2)\left(-\frac{\hbar^2}{2m}\frac{d^2}{dx^2}\right)(ax-x^2)dx \\ &= \int_0^a (ax-x^2)\left(-\frac{\hbar^2}{2m} \cdot (-2)\right)dx = \frac{\hbar^2}{m}\int_0^a (ax-x^2)dx \\ &= \frac{\hbar^2}{m}\left[\frac{a}{2}x^2 - \frac{x^3}{3}\right]_0^a = \frac{\hbar^2}{m}\left(\frac{a^3}{2} - \frac{a^3}{3}\right) \\ &= \frac{\hbar^2}{m}\frac{a^3}{6} \end{aligned}$$

$$\begin{aligned} H_{12} &= \int_0^a x(a-x)\left(-\frac{\hbar^2}{2m}\frac{d^2}{dx^2}\right)x^2(a-x)^2dx = \int_0^a (ax-x^2)\left(-\frac{\hbar^2}{2m}\frac{d^2}{dx^2}\right)\{x^2(a^2-2ax+x^2)\}dx \\ &= \int_0^a (ax-x^2)\left(-\frac{\hbar^2}{2m}\frac{d^2}{dx^2}\right)(a^2x^2-2ax^3+x^4)dx = \int_0^a (ax-x^2)\left(-\frac{\hbar^2}{2m}\right)(2a^2-12ax+12x^2)dx \\ &= -\frac{\hbar^2}{2m}\int_0^a (2a^3x-12a^2x^2+12ax^3-2a^2x^2+12ax^3-12x^4)dx \\ &= -\frac{\hbar^2}{2m}\int_0^a (2a^3x-14a^2x^2+24ax^3-12x^4)dx = -\frac{\hbar^2}{2m}\left[a^3x^2 - \frac{14a^2}{3}x^3 + 6ax^4 - \frac{12}{5}x^5\right]_0^a \\ &= -\frac{\hbar^2}{2m}\left[a^5 - \frac{14}{3}a^5 + 6a^5 - \frac{12}{5}a^5\right] = -\frac{\hbar^2}{2m}\left[\frac{15a^5-70a^5+90a^5-36a^5}{15}\right] \\ &= -\frac{\hbar^2}{2m}\left[\frac{-a^5}{15}\right] \\ &= \frac{\hbar^2}{m}\frac{a^5}{30} \end{aligned}$$

$$H_{21} = \int_0^a x^2(a-x)^2\left(-\frac{\hbar^2}{2m}\frac{d^2}{dx^2}\right)x(a-x)dx$$

$$= \int_0^a x^2(a-x)^2\left(-\frac{\hbar^2}{2m}\frac{d^2}{dx^2}\right)(ax-x^2)dx = \int_0^a x^2(a-x)^2\left(-\frac{\hbar^2}{2m}\right)(-2)dx$$

$$= -\frac{\hbar^2}{2m}\int_0^a -2x^2(a-x)^2dx = -\frac{\hbar^2}{2m}\int_0^a -2x^2(a^2-2ax+x^2)dx$$

$$= -\frac{\hbar^2}{2m}\int_0^a (-2a^2x^2+4ax^3-2x^4)dx = -\frac{\hbar^2}{2m}\left[-\frac{2}{3}a^2x^3+ax^4-\frac{2}{5}x^5\right]_0^a$$

$$= -\frac{\hbar^2}{2m}\left[-\frac{10}{15}a^5+\frac{15}{15}a^5-\frac{6}{15}a^5\right] = -\frac{\hbar^2}{2m}\left(-\frac{1}{15}a^5\right)$$

$$= \frac{\hbar^2}{m}\frac{a^5}{30}$$

$$H_{22} = \int_0^a x^2(a-x)^2\left(-\frac{\hbar^2}{2m}\frac{d^2}{dx^2}\right)x^2(a-x)^2dx$$

$$= \int_0^a x^2(a-x)^2\left(-\frac{\hbar^2}{2m}\frac{d^2}{dx^2}\right)x^2(a^2-2ax+x^2)dx = \int_0^a x^2(a-x)^2\left(-\frac{\hbar^2}{2m}\frac{d^2}{dx^2}\right)(a^2x^2-2ax^3+x^4)dx$$

$$= \int_0^a x^2(a-x)^2\left(-\frac{\hbar^2}{2m}\right)(2a^2-12ax+12x^2)dx = -\frac{2\hbar^2}{2m}\int_0^a x^2(a^2-2ax+x^2)(a^2-6ax+6x^2)dx$$

$$= -\frac{2\hbar^2}{2m}\int_0^a x^2(a^4-6a^3x+6a^2x^2-2a^3x+12a^2x^2-12ax^3+c^2x^2-6ax^3+6x^4)dx$$

$$= -\frac{\hbar^2}{m}\int_0^a x^2(a^4-8a^3x+19a^2x^2-18ax^3+6x^4)dx$$

$$= -\frac{\hbar^2}{m}\int_0^a x^2(a^4x^2-8a^3x^3+19a^2x^4-18ax5+6x^6)dx$$

$$= -\frac{\hbar^2}{m}\left[\frac{a^4}{3}x^3-2a^3x^4+\frac{19a^2}{5}x^5-3ax^6+\frac{6}{7}x^7\right]_0^a = -\frac{\hbar^2}{m}\left[\frac{a^7}{3}-2a^7+\frac{19a^7}{5}-3a^7+\frac{6}{7}a^7\right]$$

$$= -\frac{\hbar^2}{m}\left[\frac{35a^7}{105}-\frac{210a^7}{105}+\frac{399a^7}{105}-\frac{315a^7}{105}+\frac{90a^7}{105}\right] = -\frac{\hbar^2}{m}\left[\frac{-a^7}{105}\right]$$

$$= \frac{\hbar^2}{m}\frac{a^7}{105}$$

$$S_{11} = \int_0^a x(a-x)x(a-x)dx$$

$$= \int_0^a (ax-x^2)(ax-x^2)dx = \int_0^a (a^2x^2-2ax^3+x^4)dx$$

$$= \left[\frac{a^2}{3}x^3-\frac{a}{2}x^4+\frac{1}{5}x^5\right]_0^a = \left[\frac{a^5}{3}-\frac{a^5}{2}+\frac{a^5}{5}\right] = \left[\frac{10a^5-15a^5+6a^5}{30}\right]$$

$$= \frac{1}{30}a^5$$

$$S_{12} = S_{21} = \int_0^a x(a-x)x^2(a-x)^2 dx$$

$$= \int_0^a (ax-x^2)x^2(a^2-2ax+x^2)dx = \int_0^a (ax-x^2)(a^2-2ax+x^2)x^2 dx$$

$$= \int_0^a (a^3x - 3a^2x^2 + 3ax^3 - x^4)x^2 dx = \int_0^a (a^3x^3 - 3a^2x^4 + 3ax^5 - x^6)x^2 dx$$

$$= \left[\frac{1}{4}a^3x^4 - \frac{3}{5}a^2x^5 + \frac{a}{2}x^6 - \frac{1}{7}x^7\right]_0^a = \frac{a^7}{4} - \frac{3a^7}{5} + \frac{a^7}{2} - \frac{a^7}{7}$$

$$= \frac{70a^7 - 168a^7 + 140a^7 - 40a^7}{280} = \frac{2a^7}{280}$$

$$= \frac{1}{140}a^7$$

$$S_{22} = \int_0^a x^2(a-x)^2 x^2(a-x)^2 dx$$

$$= \int_0^a x^2(a^2-2ax+x^2)x^2(a^2-2ax+x^2)dx$$

$$= \int_0^a x^4(a^4 - 2a^3x + a^2x^2 - 2a^3x + 4a^2x^2 - 2ax^3 + a^2x^2 - 2ax^3 + x^4)dx$$

$$= \int_0^a x^4(a^4 - 4a^3x + 6a^2x^2 - 4ax^3 + x^4)dx = \int_0^a (a^4x^4 - 4a^3x^5 + 6a^2x^6 - 4ax^7 + x^8)dx$$

$$= \left[\frac{a^4}{5}x^5 - \frac{2a^3}{3}x^6 + \frac{6a^2}{7}x^7 - \frac{a}{2}x^8 + \frac{1}{9}x^9\right]_0^a = \left[\frac{a^9}{5} - \frac{2a^9}{3} + \frac{6a^9}{7} - \frac{a^9}{2} + \frac{a^9}{9}\right]$$

$$= \frac{126a^9 - 420a^9 + 540a^9 - 315a^9 + 70a^9}{630}$$

$$= \frac{1}{630}a^9$$

위에서 구한 값들을 12-224에 정리해서 쓰면 행렬식은 다음과 같이 된다.

$$\begin{vmatrix} \frac{\hbar^2}{m}\frac{a^3}{6} - \langle E_t \rangle \frac{a^5}{30} & \frac{\hbar^2}{m}\frac{a^5}{30} - \langle E_t \rangle \frac{a^7}{140} \\ \frac{\hbar^2}{m}\frac{a^5}{30} - \langle E_t \rangle \frac{a^7}{140} & \frac{\hbar^2}{m}\frac{a^7}{105} - \langle E_t \rangle \frac{a^9}{630} \end{vmatrix} = 0 \qquad (12\text{-}224)$$

식 12-224에서 a는 1차원 상자 안의 크기이다. 계산의 편리를 위해 $a=1m$라고 가정하고 행렬식의 행렬식 요소를 계산하자. 계산하기 전에 현재까지의 계산과정이 맞는지 $\langle E_t \rangle$의 단위를 통해 확인해 보자. $\frac{\hbar^2}{m}\frac{a^3}{6}-\langle E_t \rangle \frac{a^5}{30}$의 단위를 계산해 보면 아래와 같다.

$$\begin{aligned} &\frac{J^1 s^2}{kg}m^3 - \langle E_t \rangle m^5 = \frac{kg^2 m^4 s^{-4} s^2}{kg}m^3 - \langle E_t \rangle m^5 \\ &= kgm^4 s^{-2} m^3 - \langle E_t \rangle m^5 = kgm^2 s^{-2} m^5 - \langle E_t \rangle m^5 \\ &= Jm^5 - \langle E_t \rangle m^5 \end{aligned} \tag{12-225}$$

식 12-225의 뺄셈 연산을 수행하기 위해서는 두 연산이 같아야 한다. 즉, $\langle E_t \rangle$의 단위는 J 이라는 것을 확인할 수 있고 행렬식 12-224의 1행 1열의 단위는 Jm^5이라는 것을 알 수 있다. 같은 방식으로 행렬식의 요소들의 단위를 계산해 보면 1행 2열과 2행 1열의 단위는 Jm^7, 2행 2열의 단위는 Jm^9 이 얻어진다. $a=1$ 을 대입하고 이 단위들을 행렬식의 각 요소 옆에 식 12-226처럼 나타내도록 하자.

$$\begin{vmatrix} \frac{\hbar^2}{m}\frac{1}{6} - \langle E_t \rangle \frac{1}{30}\ (Jm^5) & \frac{\hbar^2}{m}\frac{1}{30} - \langle E_t \rangle \frac{1}{140}\ (Jm^7) \\ \frac{\hbar^2}{m}\frac{1}{30} - \langle E_t \rangle \frac{a^7}{140}\ (Jm^7) & \frac{\hbar^2}{m}\frac{1}{105} - \langle E_t \rangle \frac{1}{630}\ (Jm^9) \end{vmatrix} = 0 \tag{12-226}$$

이제 행렬식 12-226을 풀어보도록 하자. 식 12-226 양변을 $\frac{m}{\hbar^2}$으로 나누어주자.

$$\begin{vmatrix} \frac{1}{6} - \frac{m\langle E_t \rangle}{\hbar^2}\frac{1}{30}\ (Jm^5) & \frac{1}{30} - \frac{m\langle E_t \rangle}{\hbar^2}\frac{1}{140}\ (Jm^7) \\ \frac{1}{30} - \frac{m\langle E_t \rangle}{\hbar^2}\frac{1}{140}\ (Jm^7) & \frac{1}{105} - \frac{m\langle E_t \rangle}{\hbar^2}\frac{1}{630}\ (Jm^9) \end{vmatrix} = 0 \tag{12-227}$$

식 12-227의 $\frac{m\langle E_t \rangle}{\hbar^2} = \epsilon$ 으로 치환하고 단위를 구해보면 식 12-229가 된다. ϵ의 단위는 식 12-228처럼 m^{-2}가 된다.

$$\frac{kg\,J}{J^2 s^2} = \frac{kg}{Js^2} = \frac{kg}{kgm^2 s^{-2} s^2} = \frac{1}{m^2} = m^{-2} \tag{12-228}$$

$$\begin{vmatrix} \frac{1}{6}-\frac{\epsilon}{30}(Jm^5) & \frac{1}{30}-\frac{\epsilon}{140}(Jm^7) \\ \frac{1}{30}-\frac{\epsilon}{140}(Jm^7) & \frac{1}{105}-\frac{\epsilon}{630}(Jm^9) \end{vmatrix}=0 \tag{12-229}$$

행렬식 12-229를 전개하면

$$\left(\frac{1}{6}-\frac{\epsilon}{60}\right)\left(\frac{1}{105}-\frac{\epsilon}{630}\right)(J^2m^{14})-\left(\frac{1}{30}-\frac{\epsilon}{140}\right)\left(\frac{1}{30}-\frac{\epsilon}{140}\right)(J^2m^{14})=0$$

$$\left\{\frac{1}{630}-\frac{\epsilon}{3780}-\frac{\epsilon}{3150}+\frac{\epsilon^2}{18900}-\left(\frac{1}{900}-\frac{\epsilon}{4200}-\frac{\epsilon}{4200}+\frac{\epsilon^2}{19600}\right)\right\}(J^2m^{14})=0 \tag{12-230}$$

식 12-230을 간단하게 하기 위해 양변에 10을 곱한다.

$$\left\{\frac{1}{63}-\frac{\epsilon}{378}-\frac{\epsilon}{315}+\frac{\epsilon^2}{1890}-\left(\frac{1}{90}-\frac{\epsilon}{420}-\frac{\epsilon}{420}+\frac{\epsilon^2}{1960}\right)\right\}(J^2m^{14})=0 \tag{12-231}$$

식 12-231을 정리하면

$$\left\{\frac{1}{63}-\frac{1}{90}-\frac{\epsilon}{378}-\frac{\epsilon}{315}+\frac{2\epsilon}{420}+\frac{\epsilon^2}{1890}-\frac{\epsilon^2}{1960}\right\}(J^2m^{14})=0$$

$$\Leftrightarrow \left(\frac{90-63}{5670}\right)-\left(\frac{(315+378)\epsilon}{119070}\right)+\frac{\epsilon}{210}+\frac{1960\epsilon^2-1890\epsilon^2}{3704400}(J^2m^{14})=0$$

$$\Leftrightarrow \left(\frac{27}{5670}\right)-\left(\frac{693\epsilon}{119070}\right)+\frac{\epsilon}{210}+\frac{70\epsilon^2}{3704400}(J^2m^{14})=0$$

$$\Leftrightarrow \left(\frac{1}{210}\right)+\left(\frac{119070\epsilon-145530\epsilon}{25004700}\right)+\frac{\epsilon^2}{52920}(J^2m^{14})=0$$

$$\Leftrightarrow \left(\frac{1}{210}\right)-\left(\frac{26460\epsilon}{25004700}\right)+\frac{\epsilon^2}{52920}(J^2m^{14})=0$$

$$\Leftrightarrow \left(\frac{1}{210}\right)-\left(\frac{\epsilon}{945}\right)+\frac{\epsilon^2}{52920}(J^2m^{14})=0$$

$$\Leftrightarrow \frac{\epsilon^2}{52920}-\frac{\epsilon}{945}+\frac{1}{210}(J^2m^{14})=0 \tag{12-232}$$

식 12-232를 근의 공식을 이용해서 쉽게 풀기 위해 양변에 52920을 곱한다.

$$\epsilon^2 - 56\epsilon + 252\left(J^2 m^{14}\right) = 0 \qquad (12\text{-}233)$$

근의 공식을 이용해서 ϵ을 구해보면

$$\epsilon = \frac{56 \pm \sqrt{56^2 - 4 \cdot 1 \cdot 252}}{2} = \frac{56 \pm \sqrt{2128}}{2} = \frac{56 \pm 46.13}{2}$$

$$\therefore \epsilon = 51.065\,m^{-2} \quad \text{or} \quad \epsilon = 4.935\,m^{-2} \qquad (13\text{-}234)$$

$\frac{m\langle E_t \rangle}{\hbar^2} = \epsilon$이므로 ϵ가 작을수록 $\langle E_t \rangle$도 작다. 따라서 $\langle E_t \rangle$ 최소값은 $\epsilon = 4.935\,m^{-2}$일 때이다. 상자 안 입자를 전자라고 가정하고 $\frac{m\langle E_t \rangle}{\hbar^2} = \epsilon$에 $\epsilon = 4.935\,m^{-2}$을 대입해서 $\langle E_t \rangle$을 구하면 다음과 같다.

$$\begin{aligned}\langle E_t \rangle &= \frac{\epsilon\hbar^2}{m} = 4.935\,m^{-2}\frac{1}{4\pi^2}\frac{\left(6.626\times 10^{-34}\,Js\right)}{9.109\times 10^{-31}\,kg} \\ &= \frac{4.935}{4\pi^2}\frac{6.626^2}{9.109}\times\frac{10^{-68}}{10^{-31}}\left(\frac{m^{-2}kg^2m^4s^{-4}s^2}{kg}\right) \\ &= 0.125\times 4.820\times 10^{-37}\left(kgm^2s^{-2}\right) = 0.603\times 10^{-37}\,J \qquad (12\text{-}235)\end{aligned}$$

$a = 1\,m$라고 가정하고 상자 안 입자를 전자라고 가정했을 때 참 바닥상태 에너지는 다음과 같다.

$$\begin{aligned}E_1 &= \frac{1^2h^2}{8ma^2} = \frac{\left(6.626\times 10^{-34}\,Js\right)^2}{8\times 9.109\times 10^{-31}\,kg\times 1\,m} = \frac{6.626^2}{8\times 9.109}\times\frac{10^{-68}}{10^{-31}}\left(\frac{kg^2m^4s^{-4}s^2}{kg\,m^2}\right) \\ &= \frac{43.904}{72.872}\times 10^{-37}\left(kgm^2s^{-2}\right) = 0.602\times 10^{-37}(J) \qquad (12\text{-}236)\end{aligned}$$

변분법을 이용해서 구한 에너지 기댓값 12-235와 참 바닥 상태 에너지 식 12-226의 값이 놀라울 정도로 서로 비슷하다는 것을 확인할 수 있다.

지금까지 우리는 $\Phi(x) = c_1\{x(a-x)\} + c_2\{x^2(a-x)^2\}$을 시도함수로 사용하여 에너지 기댓값을 구해보았다. 이제 시도함수의 c_1, c_2를 구해서 시도함수의 완벽한 형태를 구해보자. 연립방정식은 다음과 같았다.

$$(H_{11} - \langle E_t \rangle S_{11})c_1 - (H_{12} - \langle E_t \rangle S_{12})c_2 = 0 \qquad (12\text{-}237)$$

$$(H_{21} - \langle E_t \rangle S_{21})c_1 - (H_{22} - \langle E_t \rangle S_{22})c_2 = 0 \qquad (12\text{-}238)$$

각각의 기호가 의미하는 바는 다음과 같았다.

$$H_{11} = \frac{\hbar^2}{m}\frac{a^3}{6} \qquad H_{12} = H_{21} = \frac{\hbar^2}{m}\frac{a^3}{30} \qquad H_{22} = \frac{\hbar^2}{m}\frac{a^3}{105}$$

$$S_{11} = \frac{a^5}{30} \qquad S_{12} = S_{21} = \frac{a^7}{140} \qquad S_{22} = \frac{a^9}{630}$$

$$\langle E_t \rangle = 4.935\,(m^{-2})\frac{\hbar^2}{m}$$

위 값들을 식 12-237과 238에 대입하면

$$\left(\frac{\hbar^2}{m}\frac{a^3}{6} - 4.935(m^{-2})\frac{\hbar^2}{m}\frac{a^5}{30}\right)c_1 + \left(\frac{\hbar^2}{m}\frac{a^5}{30} - 4.935(m^{-2})\frac{\hbar^2}{m}\frac{a^7}{140}\right)c_2 = 0 \tag{12-239}$$

$$\left(\frac{\hbar^2}{m}\frac{a^5}{30} - 4.935(m^{-2})\frac{\hbar^2}{m}\frac{a^7}{140}\right)c_1 + \left(\frac{\hbar^2}{m}\frac{a^7}{105} - 4.935(m^{-2})\frac{\hbar^2}{m}\frac{a^9}{630}\right)c_2 = 0 \tag{12-240}$$

식 12-239를 정리하면 다음과 같다.

$$\left(\frac{\hbar^2}{m}\frac{a^3}{6} - 4.935(m^{-2})\frac{\hbar^2}{m}\frac{a^5}{30}\right)c_1 + \left(\frac{\hbar^2}{m}\frac{a^5}{30} - 4.935(m^{-2})\frac{\hbar^2}{m}\frac{a^7}{140}\right)c_2 = 0$$

$$\Leftrightarrow \left(\frac{\hbar^2}{m}\frac{a^3}{6} - 4.935(m^{-2})\frac{\hbar^2}{m}\frac{a^5}{30}\right)c_1 = -\left(\frac{\hbar^2}{m}\frac{a^5}{30} - 4.935(m^{-2})\frac{\hbar^2}{m}\frac{a^7}{140}\right)c_2$$

$$\Leftrightarrow \frac{c_2}{c_1} = -\frac{\left(\frac{\hbar^2}{m}\frac{a^3}{6} - 4.935(m^{-2})\frac{\hbar^2}{m}\frac{a^5}{30}\right)}{\left(\frac{\hbar^2}{m}\frac{a^5}{30} - 4.935(m^{-2})\frac{\hbar^2}{m}\frac{a^7}{140}\right)} = -\frac{\frac{1}{6} - 4.935(m^{-2})\frac{a^2}{30}}{\frac{a^2}{30} - 4.935(m^{-2})\frac{a^4}{140}} \tag{12-241}$$

식 12-241에서 $a = 1\,m$라면

$$\frac{c_2}{c_1} = -\frac{\frac{1}{6} - \frac{4.935}{30}}{\frac{1}{30}(m^2) - \frac{4.935}{140}(m^2)} = -\frac{\frac{5 - 4.935}{30}}{\frac{140 - 148.05}{4200}}(m^{-2})$$

$$= \frac{\frac{0.065}{30}}{\frac{8.05}{4200}} = \frac{4200 \times 0.065}{30 \times 8.05}(m^{-2}) = \frac{9.1}{8.05}(m^{-2}) = 1.130\,m^{-2}$$

$$\therefore c_2 = 1.130\,(m^{-2})c_1 \tag{12-242}$$

식 12-240을 정리하면 다음과 같다.

$$\left(\frac{\hbar^2}{m}\frac{a^5}{30}-4.935(m^{-2})\frac{\hbar^2}{m}\frac{a^7}{140}\right)c_1+\left(\frac{\hbar^2}{m}\frac{a^7}{105}-4.935(m^{-2})\frac{\hbar^2}{m}\frac{a^9}{630}\right)c_2=0$$

$$\Leftrightarrow \left(\frac{\hbar^2}{m}\frac{a^5}{30}-4.935(m^{-2})\frac{\hbar^2}{m}\frac{a^7}{140}\right)c_1=-\left(\frac{\hbar^2}{m}\frac{a^7}{105}-4.935(m^{-2})\frac{\hbar^2}{m}\frac{a^9}{630}\right)c_2$$

$$\Leftrightarrow \frac{c_2}{c_1}=-\frac{\left(\frac{\hbar^2}{m}\frac{a^5}{30}-4.935(m^{-2})\frac{\hbar^2}{m}\frac{a^7}{140}\right)}{\left(\frac{\hbar^2}{m}\frac{a^7}{105}-4.935(m^{-2})\frac{\hbar^2}{m}\frac{a^9}{630}\right)}=-\frac{\frac{1}{30}-4.935(m^{-2})\frac{a^2}{140}}{\frac{a^2}{105}-4.935(m^{-2})\frac{a^4}{630}} \qquad (12\text{-}243)$$

식 12-243에서 $a=1\,m$라면

$$\frac{c_2}{c_1}=-\frac{\frac{1}{30}-\frac{4.935}{140}}{\frac{1}{105}(m^2)-\frac{4.935}{630}(m^2)}=-\frac{\frac{140-148.05}{4200}}{\frac{630-518.175}{66150}}(m^{-2})$$

$$=\frac{\frac{8.05}{4200}}{\frac{111.825}{66150}}=\frac{0.001917}{0.00169}(m^{-2})=1.134\,m^{-2}$$

$$\therefore c_2=1.134\,(m^{-2})c_1 \qquad (12\text{-}244)$$

식 12-242와 244로부터 c_1과 c_2의 비율을 구하였다. 정규화 조건을 이용하면 c_1과 c_2의 구체적인 값을 구할 수 있다. 시도함수는 $\Phi(x)=c_1\{x(a-x)\}+c_2\{x^2(a-x)^2\}$이었고 정규화 조건은 다음과 같다.

$$\int_0^a \Phi^*(x)\Phi(x)dx=1$$

$$\Leftrightarrow \int_0^a \left[c_1\{x(a-x)\}+c_2\{x^2(a-x)^2\}\right]^*\left[c_1\{x(a-x)\}+c_2\{x^2(a-x)^2\}\right]dx=1 \qquad (12\text{-}245)$$

식 12-245에서 $\phi_1(x)=x(a-x)$, $\phi_2(x)=x^2(a-x)^2$로 쓰기로 하면 식 12-245는

$$\int_0^a \left[c_1\phi_1(x)+c_2\phi_2(x)\right]^*\left[c_1\phi_1(x)+c_2\phi_2(x)\right]dx=1 \qquad (12\text{-}246)$$

와 같이 쓸 수 있다. 식 12-246을 전개하면

$$c_1^2 S_{11} + 2c_1 c_2 S_{12} + c_2^2 S_{22} = 1 \Leftrightarrow c_1^2 \frac{a^5}{30} + 2c_1 c_2 \frac{a^7}{140} + c_2^2 \frac{a^9}{630} = 1 \tag{12-247}$$

이 된다. $c_2 = 1.134\,(m^{-2})\,c_1$이고, $a = 1\,m$라고 하면

$$\begin{aligned}
&\frac{c_1^2}{30}(m^5) + 2c_1(1.134\,m^{-2})c_1\frac{1}{140}(m^7) + \left(1.134\,m^{-2}c_1\right)^2\frac{1}{630}(m^9) = 1\\
&\Leftrightarrow \frac{c_1^2}{30}(m^5) + \frac{1.134c_1^2}{70}(m^5) + \frac{1.286c_1^2}{630}(m^5) = 1\\
&\Leftrightarrow \frac{44100c_1^2(m^5) + 21432.6c_1^2(m^5) + 2700.6c_1^2(m^5)}{1323000} = 1\\
&\Leftrightarrow 68232.2c_1^2(m^5) = 1323000\\
&\Leftrightarrow c_1^2 = \frac{1323000}{68233.2}(m^{-5}) = 19.389(m^{-5})\\
&\therefore\ c_1 = \pm 4.40\,(m^{-5/2}),\ \ c_1 = \pm 4.97\,(m^{-9/2})
\end{aligned} \tag{12-248}$$

식 12-248에서 얻어진 계수를 시험함수에 대입하고 $a = 1\,m$를 대입하면 완벽한 형태의 시도함수는 식 12-249처럼 구해진다.

$$\Phi(x) = \pm 4.4\,(m^{-5/2})\{x(1\,(m) - x)\} \pm 4.97(m^{-9/2})\{x^2(1\,(m) - x)^2\} \tag{12-249}$$

시도함수가 참 파동함수와 얼마나 유사한지 비교하기 위해 $x = 0.5\,m$일 때 진폭을 구해보도록 하자. 시도함수에 $x = 0.5\,m$를 대입하면

$$\begin{aligned}
&\Phi(0.5(m)) = \pm 4.4\,(m^{-5/2})\{0.5\,m(0.5\,m)\} \pm 4.97(m^{-9/2})\{(0.5\,m)^2(0.5\,m)^2\}\\
&\Phi(0.5(m)) = \pm 4.4\,(m^{-5/2})\{0.25\,m^2\} \pm 4.97(m^{-9/2})\{0.0625\,m^4\}\\
&\Phi(0.5(m)) = \pm 1.1\,(m^{-1/2}) \pm 0.31(m^{-1/2}) = \pm 1.41(m^{-1/2})
\end{aligned} \tag{12-250}$$

파동함수의 진폭 단위가 $m^{-1/2}$로 나와서 조금 이상해 보일 수 있으나 실제 참 파동함수의 단위를 구해보면 같은 단위라는 것을 알 수 있다. 참 파동함수를 이용해서 양자수 $n = 1$이고 $a = 1\,m$일 때, $x = 0.5\,m$에서의 진폭을 구해보면

$$\psi_n(x) = \sqrt{\frac{2}{q}}\sin\frac{n\pi x}{a}$$

$$\psi_1(0.5\,m) = \sqrt{\frac{2}{1\,m}}\sin\frac{\pi \cdot 0.5\,m}{1\,m} = \sqrt{2}\sin\frac{\pi}{2}(m^{-1/2}) \approx 1.414(m^{-1/2}) \qquad (12\text{-}251)$$

12-251의 값이 얻어지는데 이 값은 12-250과 거의 비슷하다는 것을 알 수 있다.

Ⅱ. 분자—분광학

우리는 1단원에서 20세기 들어와서 양자역학이라는 학문이 어떻게 출발하게 되었는지 그리고 양자역학 이론이 다전자원자나 분자 시스템에 어떻게 적용되는지에 대해 살펴보았다. 이처럼 다전자원자나 분자 시스템에 적용되는 양자역학 이론을 양자화학이라고 한다. 그렇다면 양자화학에서 예측되는 결과는 실제로 실험에서 입증이 되는가? 다시 말해서 양자화학은 현실 세계를 올바르게 예측할 수 있는가? 수학과 달리 과학에서 이론은 아무리 우아한 수학적 기반을 갖추고 있다고 할지라도, 현실 세계를 제대로 반영하지 못한다면 잘못된 이론이라고 할 수 있을 것이다. 양자화학이 현실 세계를 제대로 반영한다는 사실을 어떻게 확인할 수 있을까? 1단원을 통해 보아서 알겠지만, 양자화학은 미시 세계에서 일어나는 현상을 다루는 학문으로써 너무나 작은 크기에서 일어나는 일을 관찰해야 하므로 실험적으로 구현하기가 쉽지 않다. 그럼에도 불구하고 양자화학에서 예견되는 여러 가지 결과들을 실험적으로 구현할 방법은 여러 가지가 있다. 본 단원의 학습 목표는 양자 화학적으로 예측되는 현상들이 실험적으로 어떻게 나타나는지 살펴보고 이를 통해 양자화학의 타당성과 응용성을 살펴보는 것이다.

양자 화학적 결과를 실험적으로 확인하는 방법은 여러 가지가 있겠지만 대표적이면서도 상대적으로 쉬운 방법은 빛과의 상호작용을 살펴보는 것이다. 빛과의 상호작용을 통해 물질의 여러 가지 특성을 파악할 수 있는데 이와 관련된 학문을 "분광학"이라고 한다. 특히 빛과 상호 작용하는 시스템이 분자일 때 우리는 그것을 "분자분광학"이라고 한다. 쬐어준 빛의 에너지에 따라 빛과 분자의 상호작용은 분자에서 다른 양상으로 나타난다. 쬐어준 빛은 분자의 회전운동을 일으킬 수도 있고, 진동운동을 일으킬 수도 있으며 전자전이를 일으키거나 분자를 파괴할 수도 있다. 본 단원에서는 이처럼 쬐어준 빛의 에너지에 따라 분자에서 일어나는 양상을 기준으로 분류해서 설명해 나가도록 하겠다.

앞서 설명했다시피 본 단원의 목표는 양자 화학적으로 예측되는 현상들이 실험적으로 어떻게 나타나고 증명되는지 살펴보는 것이다. 따라서 본 단원에서는 빛과 분자의 상호 작용뿐만 아니라 전자와 분자의 상호작용도 같이 살펴볼 예정이다. 13장에서는 전자와 물질의 상호작용, 그리고 현실 세계에서 관찰 가능한 양자 화학적 결과와 그 응용에 대해서 살펴볼 예정이다. 14장부터 16장까지는 빛에 의해 유발되는 분자의 회전운동을, 17장부터 19장까지는 빛에 의해 유발되는 분자의 진동운동을 고전 역학적으로, 그리고 양자역학적으로 풀어서 어떤 차이가 있는지 또 각각의 이론으로부터 예측되는 현상과 실제로 나타나는 현상과는 어떤 차이가 있는지에 대해 살펴볼 예정이다.

13. 터널링 현상

1) 무한한 퍼텐셜 에너지 장벽에 갇혀 있는 입자

우리는 6장에서 1차원 상자 안에 갇혀 있는 입자에 관한 쉬뢰딩거 방정식 문제를 다룬 바 있다. 입자가 갇혀 있는 1차원 상자의 길이는 그림 13-1(a)처럼 0~L이고, 이 지점을 제외한 영역에서는 퍼텐셜 에너지가 무한대인 반면, 상자 안 퍼텐셜 에너지는 0이라고 가정하였다. 상자 밖 퍼텐셜 에너지는 무한대이기 때문에 입자는 상자 안에서만 존재할 수 있었다. 이런 상태에 있는 입자에 관해 쉬뢰딩거 방정식을 풀었을 때 식 13-1, 13-2와 같은 파동함수를 해로 얻은 바 있다. 물론 식 13-1, 13-2를 선형 결합 시킨 함수도 해가 되었으며 오일러 공식을 이용하여 삼각함수의 형태로 바꾼 함수도 해가 될 수 있다. 또한 경계조건을 적용하여 위의 해 들을 더욱 구체화 시킬 수도 있다.

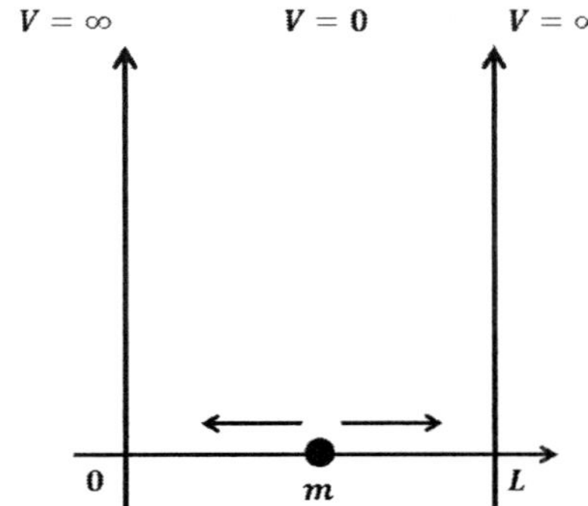

그림 13-1. 길이가 L인 1차원 상자 안에 갇혀 있는 질량 m을 가진 입자의 모습

$$\psi(x) = e^{+ikx} \tag{13-1}$$

$$\psi(x) = e^{-ikx} \tag{13-2}$$

식 13-1, 13-2에서 k는 식 13-3과 같이 정의된다.

$$k = \frac{\sqrt{2mE}}{\hbar} \tag{13-3}$$

운동량을 구하기 위해 식 13-1에 식 13-3과 같이 운동량 연산자를 적용시켜 보자.

$$\hat{p}\psi(x) = -i\hbar\frac{d}{dx}e^{+ikx} = -i\hbar(ik)e^{+ikx} = \hbar k e^{+ikx} \tag{13-3}$$

식 13-3를 보면 연산자를 적용하기 전 함수와 적용 후의 함수가 동일한 것으로 보아 함수 13-1은 운동량 연산자의 고유함수이며, 고유치로 $+\hbar k$가 얻어졌고 이 값이 운동량이라는 것을 알 수 있다. 고유치로 얻어진 $+\hbar k$가 운동량인지 단위 계산을 통해 확인해 보도록 하자. 운동량 $p=mv$이므로 운동량의 단위는 $kgms^{-1}$이다. $+\hbar k$를 원래 정의대로 풀어서 쓰면 식 14-4와 같다.

$$\hbar k = \hbar \frac{\sqrt{2mE}}{\hbar} \tag{13-4}$$

식 14-4의 단위만 따로 모아서 아래처럼 계산해보면

$$\hbar k = \hbar \frac{\sqrt{2mE}}{\hbar} \rightarrow \sqrt{kgkgm^2s^{-2}} = kgms^{-1} \tag{13-5}$$

식 13-5처럼 운동량의 단위가 나온다는 것을 확인할 수 있고 $+\hbar k$는 운동량임을 확인할 수 있다. 이번에는 식 13-2에 운동량 연산자를 적용해 보자.

$$\hat{p}\psi(x) = -i\hbar \frac{d}{dx} e^{-ikx} = -i\hbar(-ik)e^{-ikx} = -\hbar k e^{-ikx} \tag{13-4}$$

연산자를 적용한 결과 식 13-3과 달리 부호가 반대인 $-\hbar k$가 운동량으로 얻어짐을 확인할 수 있다. 서로 부호가 반대라는 말은 운동량의 방향이 서로 반대 방향임을 의미한다. 즉, 파동함수 $\psi(x)=e^{+ikx}$ (식 13-1)와 $\psi(x)=e^{-ikx}$ (식 13-2)는 서로 반대방향으로 움직이고 있는 파동을 나타낸다고 할 수 있다. 우리는 5장에서 서로 반대 방향으로 움직이는 파동을 서로 더했을 때 정상파가 나타난다는 사실을 배운 바 있다. 6장에서 우리는 식 13-1과 13-2를 오일러 공식을 이용해서 삼각함수로 바꾸고, 이를 선형 결합 시켜서 정상파를 해로 얻은 바 있다. 이러한 사실들을 통해 보았을 때 두 파동함수 $\psi(x)=e^{+ikx}$와 $\psi(x)=e^{-ikx}$은 서로 반대방향으로 운동하는 파동으로 볼 수 있으며 본 장에서는 $\psi(x)=e^{+ikx}$을 상자 내에서 오른쪽으로 이동하는 파동, $\psi(x)=e^{-ikx}$을 왼쪽으로 이동하는 파동으로 정의하도록 하겠다. 지금까지 우리는 퍼텐셜 에너지가 무한대인 상자 안에 갇혀있는 입자에 대한 이야기를 하였다. 이 장에서 우리는 퍼텐셜 에너지가 무한대가 아닌, 유한한 퍼텐셜 에너지 장벽에 갇혀있는 입자에 관한 이야기를 하고자 한다.

2) 유한한 퍼텐셜 에너지 장벽에 갇혀있는 입자

앞서 얘기했듯이 우리는 이제 유한한 퍼텐셜 에너지 장벽을 가진 상자 안 입자를 가정할 것이다. 장벽의 퍼텐셜 에너지 크기 V는 그림 13-2처럼 장벽의 높이로 나타낼 것이며, 상자 안 입자는 입자가 가진 에너지에 따라 입자의 높낮이를 조절하여 나타내도록 하겠다. 시스템의 왼쪽 장벽은 그대로 무한대의 퍼텐셜 에너지를 갖고 있다고 가정하고 오른쪽 장벽만 유한한 퍼텐셜 에너지를 갖고 있다고 가정하자. 현재 상자 안에는 20 J, 100 J의 운동에너지를 가진 두 개의 입자가 있고, 장벽의 퍼텐셜 에너지 $V = 70\,J$ 이라고 하자. 고전 역학적 관점에서는 20 J의 운동에너지를 가진 입자는 장벽을 넘을 수 없으며, 100 J의 운동에너지를 가진 입자는 장벽을 넘어 상자를 탈출할 수 있다. (그림 13-2(a)). 입자의 운동에너지 $E_k < V$ 일 때 장벽을 넘을 수 없다는 것은 장벽 바깥에서 입자가 발견될 확률이 0%라는 것과 같은 의미이다. 그러나 양자역학적 관점에서는 입자의 운동에너지 $E_k < V$ 라고 하더라도 입자는 충분히 장벽 바깥에서 발견될 수 있다. (그림 13-2(b)). 이처럼 장벽보다 낮은 에너지를 가진 상태에서 더 높은 에너지 장벽을 뚫고 장벽 바깥으로 나가는 현상을 "터널링 현상"이라고 한다. 입자의 질량이 무겁고 크기가 큰 거시적 세계에서는 이러한 터널링 현상이 잘 관찰되지 않지만, 입자의 크기가 작은 미시 세계에서는 이러한 터널링 현상이 관찰된다. 양자역학 이론에서 이러한 터널링 현상이 어떻게 설명되고 터널링 될 확률은 어떻게 예측되는지 살펴보도록 하자.

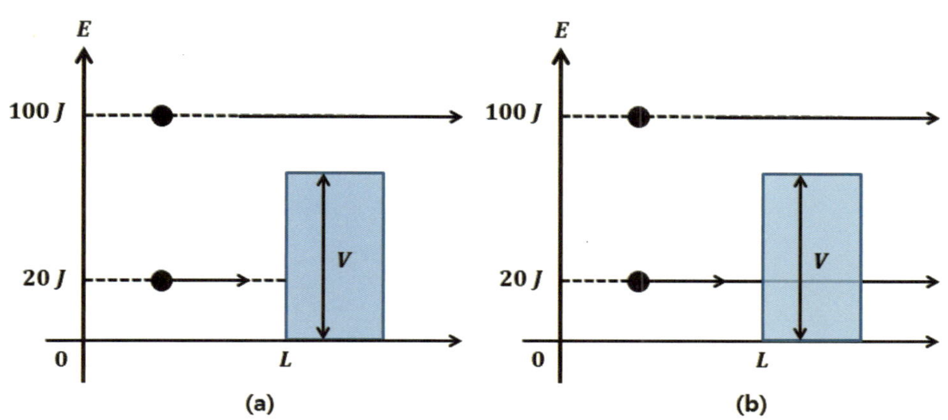

그림 13-2. 고전 역학적 관점에서는 장벽의 에너지보다 더 큰 에너지를 가진 입자는 장벽을 넘을 수 있지만, 장벽보다 작은 에너지를 가진 입자는 장벽을 넘을 수 없다.

3) 터널링 확률

그림 14-3과 같이 두께가 L 높이가 V인 어떤 장벽이 상자 안 입자의 오른쪽에 놓여 있다고 해 보자. 상자 안(장벽의 왼쪽 영역)에는 에너지가 E인 어떤 입자가 들어있다. 장벽 왼쪽은 상자 안쪽 영역이며 장벽을 기준으로 오른쪽은 상자 바깥 영역이다. 장벽 왼쪽 영역 상자 안쪽에서의 파동함수 $\psi_l(x)$는 6장에서 구했던 1차원 상자 안 입자의 파동함수와 같다. 따라서 장벽 왼쪽 영역에서의 파동함수 $\psi_l(x)$는 식 13-5처럼 쓸 수 있다.

$$\psi_l(x) = Ae^{+ikx} + Be^{-ikx}, \quad k = \frac{\sqrt{2mE}}{\hbar} \tag{13-5}$$

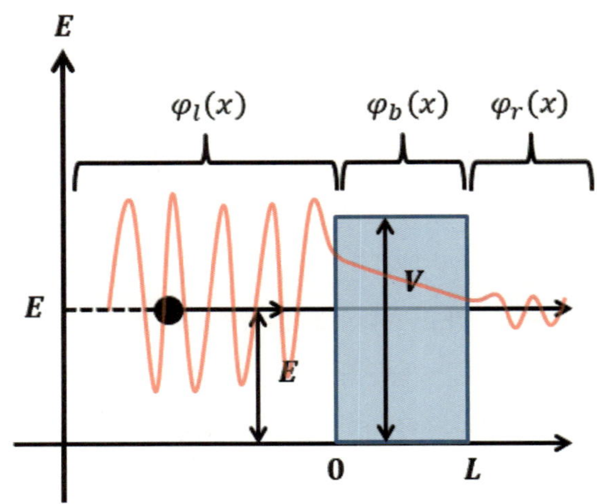

그림 13-3. $V > E$이더라도 상자 안에 갇혀있는 입자가 상자 바깥으로 나갈 수 있다는 것을 보여주기 위해 구분된 각 영역의 파동함수 이름.

장벽 내에서의 파동함수 $\psi_b(x)$를 구해보자. 장벽 내에는 퍼텐셜 에너지 V가 존재하므로 쉬뢰딩거 방정식은 식 13-6처럼 퍼텐셜 에너지 항이 추가되어 쓰여야 한다.

$$-\frac{\hbar^2}{2m}\frac{d^2}{dx^2}\psi_b(x) + V\psi_b(x) = E\psi_b(x) \tag{13-6}$$

식 13-6을 풀기 위해 식 13-6의 퍼텐셜 에너지 항을 우변으로 이항한다.

$$-\frac{\hbar^2}{2m}\frac{d^2}{dx^2}\psi_b(x) = E\psi_b(x) - V\psi_b(x) = (E - V)\psi_b(x) \tag{13-7}$$

양변에 $-\dfrac{2m}{\hbar^2}$을 곱하면,

$$\frac{d^2}{dx^2}\psi_b(x) = -\frac{2m}{\hbar^2}(E - V)\psi_b(x) \tag{13-8}$$

식 13-8에서

$$E - V = -(V - E) \tag{13-9}$$

이므로 E와 V의 위치를 바꾼 뒤 우변을 좌변으로 이항하면 식 13-10이 된다.

$$\frac{d^2}{dx^2}\psi_b(x) - \frac{2m}{\hbar^2}(V-E)\psi_b(x) = 0 \tag{13-10}$$

식 13-10 미분방정식은 선형제차 미분방정식이므로 해 $\psi_b(x) = e^{Dx}$의 꼴로 주어진다. 이 식을 대입하고 정리하면 식 13-11가 된다.

$$\left\{D^2 - \frac{2m}{\hbar^2}(V-E)\right\}e^{Dx} = 0 \tag{13-11}$$

식 13-11에서 e^{Dx}는 0이 될 수 없으므로 위 식이 성립하려면 식 13-12가 성립해야 한다.

$$D^2 - \frac{2m}{\hbar^2}(V-E) = 0 \Leftrightarrow D^2 = \frac{2m}{\hbar^2}(V-E) \quad \therefore D = \frac{\sqrt{2m(V-E)}}{\hbar} \tag{13-12}$$

식 13-12로부터 우리는 장벽 내에서의 파동함수 $\psi_b(x)$를 구할 수 있다. (식 13-13).

$$\psi_b(x) = e^{+\kappa x}, \ \psi_b(x) = e^{-\kappa x}, \ \kappa = \frac{\sqrt{2m(V-E)}}{\hbar} \tag{13-13}$$

식 13-13의 두 함수를 선형 결합 시켜서 좀 더 일반적인 해로 바꾸면 식 13-14과 같다.

$$\psi_b(x) = Ce^{+\kappa x} + De^{-\kappa x} \tag{13-14}$$

식 13-14을 보면 일단 장벽 내에서도 파동함수가 존재함을 알 수 있다. 또 한 가지 특이한 점은 장벽 왼쪽에서의 파동함수 $\psi_l(x)$과는 달리 지수 항에 허수가 없다는 것이다. 지수 항에 허수가 있을 때 그 함수는 삼각함수의 형태로 바뀔 수 있고 진동하는 파동의 형태를 띠게 된다. 식 13-14의 지수 항에는 허수가 없다는 것은 장벽 내에서 파동은 진동하는 형태로 나타나는 것이 아니라 지수적으로 증가하거나 감소하는 형태로 나타난다는 것을 의미한다. 장벽 오른쪽에서의 파동함수 $\psi_r(x)$도 장벽 왼쪽에서의 파동함수와 같은 형태의 함수(식 13-15)로 주어진다. 장벽 오른쪽 너머에는 더 이상 장벽이 존재하지 않으므로 장벽 오른쪽으로 빠져나온 파동이 다시 왼쪽으로 이동할 가능성은 없다. 따라서 왼쪽으로 이동하는 항을 제거하면 $\psi_r(x)$는 식 13-16과 같이 된다.

$$\psi_r(x) = A' e^{+ikx} + B' e^{-ikx}, \quad k = \frac{\sqrt{2mE}}{\hbar} \tag{13-15}$$

$$\psi_r(x) = A' e^{+ikx} \tag{13-16}$$

상자 안에서(즉, 장벽 왼쪽 영역에서) 오른쪽으로 이동하는 입자가 발견될 확률과 터널링이 된 후 장벽 오른쪽 영역에서 오른쪽으로 이동하는 입자가 발견될 확률 간의 비율을 투과도라고 할 수 있다. 장벽 왼쪽 영역에서 오른쪽에 있는 장벽 쪽으로 이동하는 입자의 파동함수는 $\psi_l(x) = Ae^{+ikx}$이며 확률밀도는 $|Ae^{+ikx}|^2$이고, 장벽을 빠져나온 뒤 장벽 오른쪽 영역에서 오른쪽으로 이동하는 입자의 파동함수는 $\psi_r(x) = A' e^{+ikx}$이며 확률밀도는 $|A' e^{+ikx}|^2$이다. 따라서 투과율 T는 식 14-14를 계산하여 구할 수 있다.

$$T = \frac{|A' e^{+ikx}|^2}{|Ae^{ikx}|^2} = \frac{A'^2}{A^2} \tag{13-17}$$

파동함수가 갖추어야 할 조건으로부터 파동함수의 계수 A, B, C, D, A'사이의 관계 식을 구할 수 있고 이를 통해 투과율을 계산할 수 있다. 양자역학에서 쉬뢰딩거 방정식을 풀어서 얻어진 파동함수는 모든 점에서 1, 2차 미분할 수 있어야 한다.

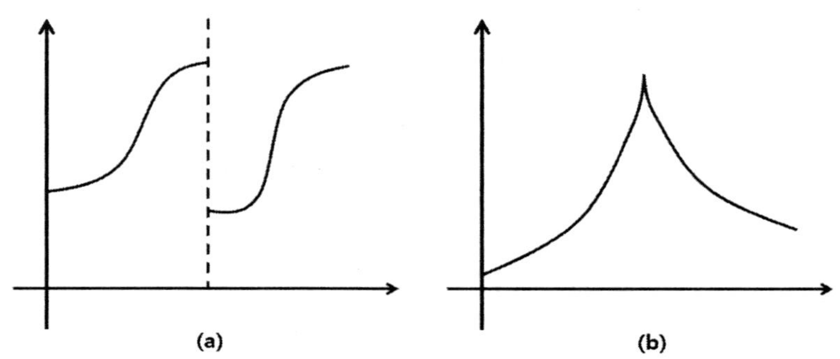

그림 13-3. (a) 불연속적인 파동함수, (b) 기울기가 불연속적인 파동함수

예를 들어, 양자역학에서의 파동함수는 그림 13-3(a)처럼 불연속적이어서는 안 된다. 이러한 불연속적인 함수는 특정 지점에서 1차 미분할 수 없다. 즉, 양자역학에서 인정될 수 있는 파동함수는 모든 점에서 연속적이어야만 한다. 또한 그림 13-3(b)처럼 기울기가 불연속이어서도 안 된다. 그림 13-3(b)과 같은 그래프는 특정 지점에서 2차 미분을 할 수 없다. 양자역학에서 인정될 수 있는 파동함수는 모든 점에서 기울기가 연속적이어야만 한다. 이 조건으로부터 우리는 그림 13-3의 파동함수가 갖추어야 할 조건을 아래와 같이 찾을 수 있다. 그림 13-3의 파동함수는 모든 점에서 연속적이어야 하므로 장벽이 시작되는 지점에서 장벽 왼쪽에 있는 파동함수의 진폭과 장벽 내에서의 파동함수 진폭이 같아야 한다. 또 같은 이유로 장벽이 끝나는

지점에서도 장벽 내에서의 파동함수의 진폭과 장벽 오른쪽에 있는 파동함수의 진폭이 같아야 한다. 이 조건을 수식으로 나타내면 식 13-18, 13-19과 같이 나타낼 수 있다.

$$\psi_l(0)=\psi_b(0) \tag{13-18}$$

$$\psi_b(L)=\psi_r(L) \tag{13-19}$$

각각의 영역에서 미분한 함수들도 모든 점에서 연속적이어야 하므로 장벽이 시작되는 지점과 장벽이 끝나는 지점에서 모든 파동함수의 값 역시 같아야 한다. 이 조건을 수식으로 나타내면 식 13-18, 13-21과 같다.

$$\psi_l{}'(0)=\psi_b{}'(0) \tag{13-20}$$

$$\psi_b{}'(L)=\psi_r{}'(L) \tag{13-21}$$

식 13-17를 구체적으로 전개하기 위해 $\psi_l(0)$, $\psi_b(0)$를 구하면 식 13-22가 된다.

$$\psi_l(0)=Ae^{+ik\cdot 0}+Be^{-ik\cdot 0}=A+B, \quad \psi_b(0)=Ce^{+\kappa\cdot 0}+De^{-\kappa\cdot 0}=C+D \tag{13-22}$$

따라서 식 13-18는 식 13-23과 같이 구체화 된다.

$$A+B=C+D \tag{13-23}$$

식 13-19을 구체화하기 위해 $\psi_b(L)$, $\psi_r(L)$을 구하면 식 13-24이 된다.

$$\psi_b(L)=Ce^{+\kappa L}+De^{-\kappa L}, \quad \psi_r(L)=A'e^{+ikL} \tag{13-24}$$

식 13-24로부터 식 13-19은 아래 식 13-25처럼 구체화 된다.

$$Ce^{+\kappa L}+De^{-\kappa L}=A'e^{+ikL} \tag{13-25}$$

식 13-20을 구체화하기 위해 $\psi_l(x), \psi_b(x)$를 미분하자. 이 두 함수를 미분하면

$$\psi_l{}'(x)=Aike^{+ikx}+B(-ik)e^{-ikx}, \quad \psi_b{}'(x)=C\kappa e^{+\kappa x}-D\kappa e^{-\kappa x} \tag{13-26}$$

이 된다. 식 13-26에 0을 대입하면

$$\psi_l{}'(0) = Aike^{+ik\cdot 0} + B(-ik)e^{-ik\cdot 0} = ikA - ikB \tag{13-27}$$

$$\psi_b{}'(0) = C\kappa e^{+\kappa\cdot 0} - D\kappa e^{-\kappa\cdot 0} = C\kappa - D\kappa \tag{13-28}$$

식 13-27, 13-28로부터 식 13-20은 아래와 같이 구체화 된다.

$$ikA - ikB = \kappa C - \kappa D \tag{13-29}$$

식 13-21을 구체화하기 위해 $\psi_b(x), \psi_r(x)$를 미분하자. 이 두 함수를 미분하면

$$\psi_b{}'(x) = C\kappa e^{+\kappa x} - D\kappa e^{-\kappa x}, \qquad \psi_r{}'(x) = A'ike^{+ikx} \tag{13-30}$$

이 된다. 식 13-30에 L을 대입하면

$$\psi_b{}'(L) = C\kappa e^{+\kappa L} - D\kappa e^{-\kappa L}, \qquad \psi_r{}'(L) = A'ike^{+ikL} \tag{13-31}$$

이 된다. 식 13-31로부터 식 13-21은 식 13-32와 같이 구체화 된다.

$$C\kappa e^{+\kappa L} - D\kappa e^{-\kappa L} = ikA'e^{+ikL} \tag{13-32}$$

우리가 모르는 미지수의 종류와 위에서 구한 방정식을 표 13-1에 정리하였다. 현재 우리가 값을 모르는 파동함수의 계수는 A, B, C, D, A'로 총 5개이며 파동함수가 갖추어야 할 조건으로부터 얻어진 계수들 사이의 관계식은 4개이다. 미지수의 개수보다 방정식의 개수가 하나 부족하므로 계수들의 값을 구할 수는 없지만, 계수들 사이의 비율은 구할 수 있다. 아래에서 계수들 사이의 비율을 구해보도록 하자. 과정이 조금 길고 지루할 수 있다. 결과만 알고 이해해도 되지만 그 과정을 궁금해하는 독자들도 있을 수 있으므로 일단 과정을 아래에 나타내었다. 그러나 만일 따라오기 힘들다면 결과만 알고 이해해도 된다.

표 13-1. 모르는 미지수의 종류와 파동함수가 갖추어야 할 조건으로부터 얻어진 관계식

미지수	관계식	
A, B, C, D, A'	①	$A + B = C + D$
	②	$ikA - ikB = \kappa C - \kappa D$
	③	$Ce^{+\kappa L} + De^{-\kappa L} = A'e^{+ikL}$
	④	$C\kappa e^{+\kappa L} - D\kappa e^{-\kappa L} = ikA'e^{+ikL}$

표 13-1의 관계식 ①로부터 아래 관계식을 얻을 수 있다.

$$B = C + D - A \tag{13-33}$$

표 13-1의 관계식 ②로부터 아래 관계식을 얻을 수 있다.

$$B = A - \frac{\kappa C}{ik} + \frac{\kappa D}{ik} \tag{13-34}$$

식 13-33과 13-34로부터 식 13-35를 얻을 수 있다.

$$C + D - A = A - \frac{\kappa C}{ik} + \frac{\kappa D}{ik} \tag{13-35}$$

식 13-35의 우변에 있는 C에 관한 항을 왼쪽으로 옮겨서 C로 정리하면 식 13-36과 같이 정리된다.

$$C + \frac{\kappa C}{ik} = A + \frac{\kappa D}{ik} + A - D = 2A + \frac{\kappa D}{ik} - D \tag{13-36}$$

$$\Leftrightarrow C\left(1 + \frac{\kappa}{ik}\right) = 2A + \frac{\kappa D}{ik} - D \tag{13-37}$$

$$\Leftrightarrow C = \frac{2A + \frac{\kappa D}{ik} - D}{1 + \frac{\kappa}{ik}} \tag{13-38}$$

$$\Leftrightarrow C = \frac{\frac{2Aik + \kappa D - Dik}{ik}}{\frac{ik + \kappa}{ik}} \tag{13-39}$$

$$\Leftrightarrow C = \frac{2Aik + \kappa D - Dik}{ik + \kappa} \tag{13-40}$$

$$\Leftrightarrow C = \frac{2Aik + D(\kappa - ik)}{\kappa + ik} \tag{13-41}$$

이번에는 표 13-1의 ③, ④번식으로부터 C에 관한 식을 유도해보자. 표 13-1의 ③, ④번식을 A'으로 정리하면 식 14-42, 43과 같이 된다.

$$A' = e^{-ikL}(Ce^{+\kappa L} + De^{-\kappa L}) \tag{13-42}$$

$$A' = \frac{\kappa e^{-ikL}}{ik}(Ce^{+\kappa L} - De^{-\kappa L}) \tag{13-43}$$

식 13-42와 13-43은 모두 A'이므로 식 13-44처럼 서로 같다고 놓을 수 있다.

$$e^{-ikL}(Ce^{+\kappa L} + De^{-\kappa L}) = \frac{\kappa e^{-ikL}}{ik}(Ce^{+\kappa L} - De^{-\kappa L}) \tag{13-44}$$

식 13-44을 $Ce^{+\kappa L}$과 $-De^{-\kappa L}$로 정리하기 위해 서로 이항하면 식 13-45, 13-46과 같이 된다.

$$Ce^{+\kappa L} - \frac{\kappa}{ik}Ce^{+\kappa L} = -De^{-\kappa L} - \frac{\kappa}{ik}De^{-\kappa L} \tag{13-45}$$

$$Ce^{+\kappa L}\left(1 - \frac{\kappa}{ik}\right) = -De^{-\kappa L}\left(1 + \frac{\kappa}{ik}\right) \tag{13-46}$$

식 13-46의 좌변에 $Ce^{+\kappa L}$만 남기고 모두 우변으로 이항해서 정리하면 다음과 같이 된다.

$$Ce^{+\kappa L} = \frac{-\left(1 + \frac{\kappa}{ik}\right)De^{-\kappa L}}{\left(1 - \frac{\kappa}{ik}\right)} = \frac{\left(1 + \frac{\kappa}{ik}\right)De^{-\kappa L}}{\left(\frac{\kappa}{ik} - 1\right)} = \frac{\left(\frac{ik + \kappa}{ik}\right)De^{-\kappa L}}{\left(\frac{\kappa - ik}{ik}\right)} = \frac{\left(\frac{De^{-\kappa L}(ik + \kappa)}{ik}\right)}{\left(\frac{\kappa - ik}{ik}\right)}$$
$$= \frac{\{De^{-\kappa L}(ik + \kappa)\}}{(\kappa - ik)} \tag{13-47}$$

식 13-47 양변을 $e^{+\kappa L}$로 나누면 식 13-48는 다음과 같이 된다.

$$C = \frac{\{De^{-2\kappa L}(ik + \kappa)\}}{(\kappa - ik)} \tag{13-48}$$

식 13-41과 13-48 모두 C로 정리되어 있으므로 두 식을 같다고 볼 수 있다.

$$C = \frac{\{De^{-2\kappa L}(ik + \kappa)\}}{(\kappa - ik)} = \frac{2Aik + D(\kappa - ik)}{\kappa + ik} \tag{13-49}$$

식 13-49의 우변 중 일부를 이항해서 정리하면 식 13-54이 된다.

$$\frac{\{De^{-2\kappa L}(ik+\kappa)\}}{(\kappa-ik)} - \frac{D(\kappa-ik)}{\kappa+ik} = \frac{2Aik}{\kappa+ik} \tag{13-50}$$

$$\frac{De^{-2\kappa L}(ik+\kappa)^2 - D(\kappa-ik)^2}{(\kappa-ik)(\kappa+ik)} = \frac{2Aik}{\kappa+ik} \tag{13-51}$$

$$D\left[\frac{e^{-2\kappa L}(ik+\kappa)^2 - (\kappa-ik)^2}{(\kappa-ik)(\kappa+ik)}\right] = \frac{2Aik}{\kappa+ik} \tag{13-52}$$

$$D = \frac{2Aik}{\kappa+ik}\frac{(\kappa-ik)(\kappa+ik)}{e^{-2\kappa L}(ik+\kappa)^2 - (\kappa-ik)^2} \tag{13-53}$$

$$D = \frac{2Aik(\kappa-ik)}{e^{-2\kappa L}(ik+\kappa)^2 - (\kappa-ik)^2} \tag{13-54}$$

식 13-54을 식 13-48에 대입해서 정리하면 식 13-55이 된다.

$$C = \frac{\{e^{-2\kappa L}(ik+\kappa)\}}{(\kappa-ik)}\frac{2Aik(\kappa-ik)}{e^{-2\kappa L}(\kappa+ik)^2 - (\kappa-ik)^2} \tag{13-55}$$

$$C = \frac{2Aike^{-2\kappa L}(ik+\kappa)}{e^{-2\kappa L}(\kappa+ik)^2 - (\kappa-ik)^2} \tag{13-56}$$

식 13-42의 C와 D를 식 13-54과 13-56에서 구한 C와 D로 치환한다.

$$A' = e^{-ikL}\left(Ce^{+\kappa L} + De^{-\kappa L}\right) \tag{13-57}$$

$$A' = e^{-ikL}\left[\left\{\frac{2Aike^{-2\kappa L}(\kappa+ik)\cdot e^{\kappa L}}{(\kappa+ik)^2e^{-2\kappa L} - (\kappa-ik)^2}\right\} + \left\{\frac{2Aik(\kappa-ik)\cdot e^{-\kappa L}}{(\kappa+ik)^2e^{-2\kappa L} - (\kappa-ik)^2}\right\}\right] \tag{13-58}$$

$$A' = e^{-ikL}\left[\frac{\{2Aik(\kappa+ik)\cdot e^{-\kappa L}\} + \{2Aik(\kappa-ik)\cdot e^{-\kappa L}\}}{(\kappa+ik)^2e^{-2\kappa L} - (\kappa-ik)^2}\right] \tag{13-59}$$

$$A' = e^{-ikL}\left[\frac{2Aik\{(\kappa+ik)\cdot e^{-\kappa L} + (\kappa-ik)\cdot e^{-\kappa L}\}}{(\kappa+ik)^2e^{-2\kappa L} - (\kappa-ik)^2}\right] \tag{13-60}$$

$$A' = \frac{2Aike^{-ikL}\{(\kappa+ik)\cdot e^{-\kappa L} + (\kappa-ik)\cdot e^{-\kappa L}\}}{(\kappa+ik)^2e^{-2\kappa L} - (\kappa-ik)^2} \tag{13-61}$$

$$A' = \frac{2Aike^{-ikL}\{\kappa e^{-\kappa L} + ike^{-\kappa L} + \kappa e^{-\kappa L} - ike^{-\kappa L}\}}{(\kappa+ik)^2e^{-2\kappa L} - (\kappa-ik)^2} \tag{13-62}$$

$$A' = \frac{2Aike^{-ikL}\{\kappa e^{-\kappa L} + \kappa e^{-\kappa L}\}}{(\kappa+ik)^2e^{-2\kappa L} - (\kappa-ik)^2} \tag{13-63}$$

$$A' = \frac{2Aike^{-ikL}\{2\kappa e^{-\kappa L}\}}{(\kappa+ik)^2e^{-2\kappa L} - (\kappa-ik)^2} \tag{13-64}$$

$$A' = \frac{4Aike^{-ikL}\kappa e^{-\kappa L}}{(\kappa+ik)^2e^{-2\kappa L}-(\kappa-ik)^2} \tag{13-65}$$

식 13-65 분모, 분자를 $e^{\kappa L}$을 곱한다.

$$A' = \frac{4Aike^{-ikL}\kappa}{(\kappa+ik)^2e^{-\kappa L}-(\kappa-ik)^2e^{\kappa L}} \tag{13-66}$$

투과확률 T는 다음과 같다.

$$T=\frac{|A'|^2}{|A|^2}=\frac{1}{|A|^2}\left[\frac{4Aike^{-ikL}\kappa}{(\kappa+ik)^2e^{-\kappa L}-(\kappa-ik)^2e^{\kappa L}}\right]\left[\frac{4Aike^{-ikL}\kappa}{(\kappa+ik)^2e^{-\kappa L}-(\kappa-ik)^2e^{\kappa L}}\right]^* \tag{13-67}$$

$$T=\frac{|A'|^2}{|A|^2}=\frac{1}{|A|^2}\left[\frac{4Aike^{-ikL}\kappa}{(\kappa+ik)^2e^{-\kappa L}-(\kappa-ik)^2e^{\kappa L}}\right]\left[\frac{-4Aike^{+ikL}\kappa}{(\kappa-ik)^2e^{-\kappa L}-(\kappa+ik)^2e^{\kappa L}}\right] \tag{13-68}$$

식 13-68를 전개하면

$$T=\frac{1}{|A|^2}\left[\frac{16A^2k^2\kappa^2}{(\kappa+ik)^2(\kappa-ik)^2e^{-2\kappa L}-(\kappa+ik)^2(\kappa+ik)^2-(\kappa-ik)^2(\kappa-ik)^2+(\kappa-ik)^2(\kappa+ik)^2e^{+2\kappa L}}\right]$$

위 식에서 $(\kappa+ik)^2(\kappa-ik)^2=\{(\kappa+ik)(\kappa-ik)\}^2=\{\kappa^2-(ik)^2\}^2=\{\kappa^2+k^2\}^2$ 이므로 투과확률 T는 다음과 같이 된다.

$$T=\frac{1}{|A|^2}\left[\frac{16A^2k^2\kappa^2}{(\kappa^2+k^2)^2e^{-2\kappa L}-(\kappa+ik)^2(\kappa+ik)^2-(\kappa-ik)^2(\kappa-ik)^2+(\kappa^2+k^2)^2e^{+2\kappa L}}\right] \tag{13-69}$$

$$T=\frac{1}{|A|^2}\left[\frac{16A^2k^2\kappa^2}{(\kappa^2+k^2)^2(e^{-2\kappa L}+e^{+2\kappa L})-(\kappa+ik)^4-(\kappa-ik)^4}\right] \tag{13-70}$$

식 13-70의 분모 중 일부는 다음과 같이 계산된다.

$$\begin{aligned}
&-(\kappa+ik)^4-(\kappa-ik)^4=-\left[(\kappa+ik)^4+(\kappa-ik)^4\right]\\
&=-\left[(\kappa^2+2i\kappa k-k^2)^2+(\kappa^2-2i\kappa k-k^2)^2\right]\\
&=-\left[(\kappa^2+2i\kappa k-k^2)(\kappa^2+2i\kappa k-k^2)+(\kappa^2-2i\kappa k-k^2)(\kappa^2-2i\kappa k-k^2)\right]
\end{aligned}$$

$$
\begin{aligned}
&=-\begin{bmatrix}\kappa^4+2i\kappa^3k-\kappa^2k^2+2i\kappa^3k-4\kappa^2k^2-2i\kappa k^3-\kappa^2k^2-2i\kappa k^3+k^4\\ +\kappa^4-2i\kappa^3k-\kappa^2k^2-2i\kappa^3k-4\kappa^2k^2+2i\kappa k^3-\kappa^2k^2+2i\kappa k^3+k^4\end{bmatrix}\\
&=-\left(2\kappa^4-12\kappa^2k^2+2k^4\right)\\
&=-\left(2\kappa^4+4\kappa^2k^2+2k^4-16\kappa^2k^2\right)\\
&=-\left[2\left(\kappa^2+k^2\right)^2-16\kappa^2k^2\right]
\end{aligned}
\tag{13-71}
$$

식 13-71을 다시 식 13-70에 대입한다. 그러면 식 13-70은 아래와 같이 바뀐다.

$$
\begin{aligned}
T&=\frac{1}{|A|^2}\left[\frac{16A^2k^2\kappa^2}{\left(\kappa^2+k^2\right)^2\left(e^{-2\kappa L}+e^{+2\kappa L}\right)-(\kappa+ik)^4-(\kappa-ik)^4}\right]\\
T&=\frac{1}{|A|^2}\left[\frac{16A^2k^2\kappa^2}{\left(\kappa^2+k^2\right)^2\left(e^{-2\kappa L}+e^{+2\kappa L}\right)-\left[2\left(\kappa^2+k^2\right)^2-16\kappa^2k^2\right]}\right]\\
T&=\frac{1}{|A|^2}\left[\frac{16A^2k^2\kappa^2}{\left(\kappa^2+k^2\right)^2\left(e^{-2\kappa L}-2+e^{+2\kappa L}\right)+16\kappa^2k^2}\right]\\
T&=\left[\frac{16k^2\kappa^2}{\left(\kappa^2+k^2\right)^2\left(e^{-2\kappa L}-2+e^{+2\kappa L}\right)+16\kappa^2k^2}\right]\\
T&=\left[\frac{\left(\kappa^2+k^2\right)^2\left(e^{-2\kappa L}-2+e^{+2\kappa L}\right)+16\kappa^2k^2}{16k^2\kappa^2}\right]^{-1}
\end{aligned}
\tag{13-72}
$$

식 13-72의 $e^{-2\kappa L}-2+e^{+2\kappa L}=\left(e^{-\kappa L}-e^{\kappa L}\right)^2$이므로 식 13-72는 다음과 같이 바뀐다.

$$
T=\left[\frac{\left(\kappa^2+k^2\right)^2\left(e^{-\kappa L}-e^{\kappa L}\right)^2}{16k^2\kappa^2}+1\right]^{-1}
\tag{13-73}
$$

$k^2=\dfrac{2mE}{\hbar^2}$, $\kappa^2=\dfrac{2m(V-E)}{\hbar^2}$ 이므로 식 13-73에 대입하면 식 13-73의 일부분은 다음과 같이 바뀐다.

$$
\frac{\left(\kappa^2+k^2\right)^2}{k^2\kappa^2}=\frac{\left[\dfrac{2m(V-E)}{\hbar^2}+\dfrac{2mE}{\hbar^2}\right]^2}{\dfrac{2m(V-E)}{\hbar^2}\dfrac{2mE}{\hbar^2}}=\frac{\left(\dfrac{2mV}{\hbar^2}\right)^2}{\dfrac{2m(V-E)}{\hbar^2}\dfrac{2mE}{\hbar^2}}=\frac{V^2}{E(V-E)}
\tag{13-74}
$$

$$
=\frac{V^2}{EV-E^2}=\frac{1}{\dfrac{EV}{V^2}-\dfrac{E^2}{V^2}}=\frac{1}{\dfrac{E}{V}-\dfrac{E^2}{V^2}}
$$

식 13-73의 마지막 식에서 $\frac{E}{V}=\epsilon$이라고 하면 식 13-74은 $\frac{1}{\epsilon(1-\epsilon)}$이 된다. 이것을 식 13-73에 대입하면 다음과 같이 된다.

$$T=\left[1+\frac{(e^{-\kappa L}-e^{\kappa L})^2}{16\epsilon(1-\epsilon)}\right]^{-1} \tag{13-75}$$

$\kappa=\frac{\sqrt{2m(V-E)}}{\hbar}$로 정의되므로 장벽의 퍼텐셜 에너지 V가 커질수록 κ도 커진다. 또한 장벽의 두께가 두꺼워질수록 L이 커진다. 즉, 장벽이 높고 두꺼울수록 κL의 값이 증가하면서 $e^{-\kappa L}$은 0으로 수렴하게 된다. 따라서 장벽이 높고 두꺼울 때 식 13-75는 식 13-77와 같이 간결한 형태가 된다.

$$T\approx\left[\frac{(-e^{\kappa L})^2}{16\epsilon(1-\epsilon)}\right]^{-1}=\left[\frac{e^{2\kappa L}}{16\epsilon(1-\epsilon)}\right]^{-1}=\left[e^{2\kappa L}\{16\epsilon(1-\epsilon)\}^{-1}\right]^{-1} \tag{13-76}$$

$$T\approx e^{-2\kappa L}16\epsilon(1-\epsilon) \tag{13-77}$$

식 13-77를 보면 터널링 될 확률은 장벽의 두께에 대해 지수함수적으로 감소한다는 것을 알 수 있다. 즉, 장벽의 두께에 매우 민감하게 달라진다는 사실을 알 수 있다. 만일 장벽의 두께가 원자 크기 정도만 달라져도 터널링 될 확률은 크게 달라짐을 식 13-77를 통해서 계산할 수 있다. 즉, 다시 말해서 이러한 터널링 될 확률을 측정할 수만 있다면 우리는 원자의 두께까지도 인식할 수 있다는 기대를 할 수 있게 된다. 이러한 메커니즘이 구현된 현미경을 "주사터널 현미경"이라 한다.

14. 분자의 회전운동

분자의 회전에 관해 이야기하기 전에 회전운동에 관한 몇 가지 기본 지식(각속도, 관성모멘트, 각운동량)을 먼저 공부하고, 그 뒤에 양자역학적으로 회전운동은 어떻게 묘사되는지, 그리고 그 결과로서 나타나는 특성은 무엇인지에 대해 이야기하도록 하자.

1) 각속도

각도는 크게 두 가지 단위로 나타낼 수 있다. 하나는 일반적으로 흔히 사용되는 "도(degree)"이고 다른 하나는 회전반경과 호의 길이 비율로 정의되는 "라디안(radian)"이다. 초등학교 시절 배워서 알고 있겠지만 한 바퀴에 대한 각도는 "도" 단위로 "360°"이며, 직각은 "90°"이다 (그림 14-1(a)). 한 편, 라디안은 앞서 말했다시피 회전반경이 "r"이고 "θ"만큼 원주를 따라 이동한 거리(호의 길이)를 "l"이라고 했을 때, "θ"에 해당하는 각도는 "라디안"으로 $\frac{l}{r}$로 표현된다. 즉, $\theta = \frac{l}{r}$이라고 할 수 있다 (그림 14-1(b)). 한 바퀴에 해당하는 호의 길이는 원주이고 원주는 $2\pi r$ 이므로 "라디안"의 정의에 따라, $360° = \frac{2\pi r}{r} = 2\pi$임을 알 수 있다. 같은 방식으로 $90° = \frac{2\pi}{4} = \frac{\pi}{2}$가 된다. 360°를 "라디안"으로 정의된 각도로 읽을 때 우리는 2π 라디안이라고 읽지만 정의에서 보는 바와 같이 "라디안" 단위는 길이를 길이로 나누어주기 때문에 無 단위이다. 즉, 단위가 없다. 따라서 그냥 숫자 2π 라고 읽어야 하지만 그럴 경우 숫자 2π 와 혼동될 수 있으므로 숫자 뒤에 "라디안"이라는 명칭을 사용하는 것이다. 표 1은 "도"로 표현된 몇몇 각도에 대한 "라디안"으로 표현된 값들이다. 이러한 전환은 아주 많이 사용되므로 암기하도록 해야 한다.

표 14-1. "도"와 "라디안"으로 표현된 각도의 비교

도	라디안	도	라디안
0°	0 (라디안)	180°	π (라디안)
45°	$\frac{\pi}{4}$ (라디안)	270°	$\frac{3\pi}{2}$ (라디안)
90°	$\frac{\pi}{2}$ (라디안)	360°	2π (라디안)

가끔 학생들 중에 계산기를 이용해서 계산을 할 때 "라디안"으로 설정해 놓고 계산을 해야 하는데 "도"로 설정해 놓고 하는 바람에 틀린 답을 제시하는 학생들을 심심찮게 볼 수 있다. 많은 학생들이 "도"로 설정되어 있는 계산기를 "라디안"으로 어떻게 바꾸는지 모를 뿐만 아니라, 심지어는 본인의 계산기가 어떤 각도 단위로

설정되어 있는지 모르는 학생들도 더러 있다. 본인의 계산기가 어떤 각도 단위로 설정되어 있는지 살펴보고 "도"와 "라디안"으로 어떻게 변환할 수 있는지, 그리고 표 1에 나와 있는 각도들의 대응이 맞는지 한 번 씩들 확인하기를 바란다.

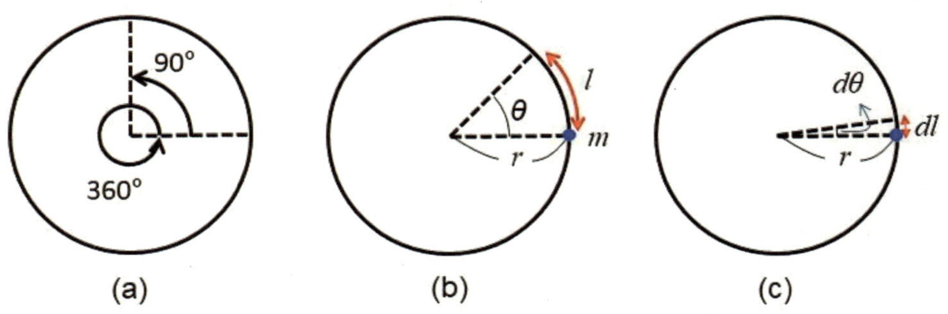

그림 14-1. (a) "도"로 표현된 몇몇 각도, (b) "도"로 표현된 각도, θ는 반경, r, 호의 길이 l로 표현될 수 있다. (b)에서 θ가 감소해서 $d\theta$가 되면 (c)처럼 호의 길이 l도 감소해서 dl이 된다.

자, 이제 질량이 m인 어떤 물체가 반경이 r인 원을 따라 회전하고 있다고 가정해보자 (그림 14-2(a)). 이 물체의 회전속도는 두 가지 방식으로 표현할 수 있다. 첫 번째 방식은 단위 시간당 움직인 호의 길이로 정의되는 "선속도"이다. 만일 아주 짧은 시간, dt동안 호의 길이 dl만큼 이동했다면 선속도, $v=\frac{dl}{dt}$이 된다. 선속도는 이동거리를 시간으로 나누어주기 때문에 길이/시간, 즉 m/s의 단위를 갖게 된다. 또 다른 방식은 단위 시간당 움직인 각도로 정의되는 "각속도"이다. 마찬가지로 짧은 시간, dt동안 호의 길이 dl에 해당하는 각도 $d\theta$만큼 이동했다면 각속도, $\omega=\frac{d\theta}{dt}$가 된다. 물론 여기서 각도의 단위는 "라디안"을 사용해야 한다. 따라서 각속도의 단위는 라디안/시간인데, 라디안은 실제로 無단위라고 했으므로 각속도의 단위는 1/시간, 즉 s^{-1}이 된다. "도"와 "라디안"의 관계식, $\theta=\frac{l}{r}$을 이용하면 선속도를 각속도로 또는 각속도를 선속도로 변환할 수 있다. 그림 14-2(a)와 (b)를 비교해 보면 θ이 감소함에 따라 r은 그대로지만 l는 감소하는 것을 알 수 있다. 따라서 $d\theta=\frac{dl}{r}$이라고 쓸 수 있으며 $rd\theta=dl$이 된다. 식 14-1과 같이 선속도의 dl을 $rd\theta$로 치환하게 되면 선속도와 각속도의 관계식을 찾을 수 있게 된다.

$$v=\frac{dl}{dt}=\frac{rd\theta}{dt}=r\omega \qquad (14\text{-}1)$$

2) 관성모멘트

이제 그림 14-1(b)처럼 회전하고 있는 물체의 운동에너지를 구해보자. 운동에너지, $E_k = \frac{1}{2}mv^2$이며 여기서 v는 물체의 선속도이다. 식 3-1에 따라 $v = r\omega$이므로 v대신 $r\omega$를 운동에너지 식에 대입해보면 식 14-2와 같이 선운동에 해당하는 운동에너지 식을 회전운동에 해당하는 각속도로 표현할 수 있게 된다.

$$E_k = \frac{1}{2}mv^2 = \frac{1}{2}m(r\omega)^2 = \frac{1}{2}mr^2\omega^2 \tag{14-2}$$

식 14-2의 선속도로 표현된 운동에너지 식, $E_k = \frac{1}{2}mv^2$과 각속도로 표현된 운동에너지 식, $E_k = \frac{1}{2}mr^2\omega^2$을 비교해보자. 뭔가 비슷하면서도 약간 다르다는 것을 알 수 있다. 만일 우리가 각속도로 표현된 운동에너지 식에서 mr^2을 I 라는 기호로 표시하게 되면 선운동에 해당하는 선속도로 표현된 운동에너지 식과 회전운동에 해당하는 각속도로 표현된 운동에너지 식이 거의 동일해짐을 알 수 있다. 그림 14-2와 같이 두 식 모두 1/2 계수를 갖고 있고, 선운동에 해당하는 운동에너지는 선속도의 제곱으로 표현되어 있으며 회전운동에 해당하는 운동에너지는 각속도의 제곱으로 표현되어 있다는 사실을 알 수 있다. 선운동에 해당하는 운동에너지 식과 회전운동에 해당하는 운동에너지 식의 이러한 대칭성을 고려해서 생각해보면 회전운동에서 mr^2 은 선운동에서 질량, m의 역할을 한다고 볼 수 있다. 즉, 회전운동에서 mr^2은 특별한 의미를 갖는 양이며 따라서 이를 "관성모멘트"라는 값으로 특별히 정의하는 것이다.

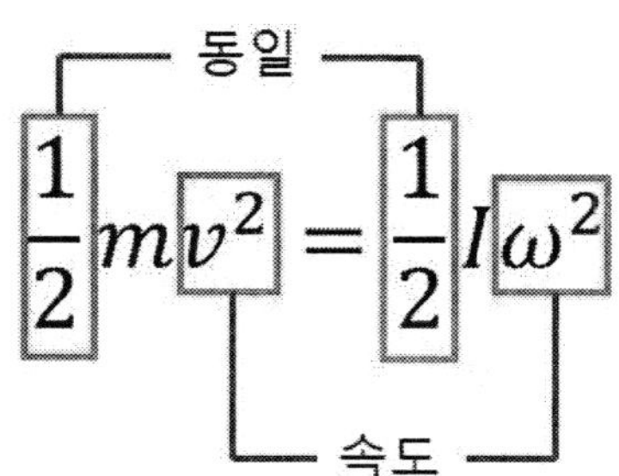

그림 14-2. mr^2을 I 로 나타내면 선속도로 표현된 식과 각속도로 표현된 식은 상당히 유사해진다.

위에서 우리는 관성모멘트를 선운동을 하는 물체의 질량, m과 비슷한 개념으로 이해하면 된다고 했는데 수식적으로는 이해가 되지만 직관적으로는 이해가 되지 않을 수 있다. 우리가 알고 있는 질량은 어떤 물체의 무거운 정도를 나타내는데 회전운동에서 관성모멘트는 물체의 무거운 정도와 어떤 관련이 있다는 것인가? 선운동의 질량과 회전운동의 관성모멘트를 서로 비교해서 이해하려면 질량을 단순히 무거운 정도라고만 이해해서는 안 된다. 그렇다면 질량을 어떻게 이해해야 할까? 우리는 질량을 단순히 무거운 정도가 아닌 관성의 입장에서 이해해야 한다. "관성"이란, 어떤 물체가 본인의 운동 상태를 유지하려고 하는 성질이다. 즉, 정지해 있는 물체는 정지해 있으려는 성질이 있고 움직이고 있는 물체는 계속해서 움직이려고 하는 성질이 있는데 이 성질을 "관성"이라고 한다. 어떤 물질의 관성이 크다는 것은 그 물질의 운동 상태를 바꾸려고 할 때 많은 힘과 에너지가 필요하다는 의미이다. 정지해 있는 물체가 정지해 있으려는 성질이 아주 커서 움직이기 위해서는 많은 힘과 에너지가 필요하다면, 그 물질은 관성이 크다고 할 수 있다. 움직이고 있는 어떤 물체의 관성이 크면 클수록 그 물체를 정지시키기 위해서는 더욱 많은 힘과 에너지가 필요할 것이다. 어떤 물체가 무겁다면 그래서 우리가 정지해 있는 그 물체를 들어서 혹은 밀어서 움직이도록 하기 위해서는 많은 힘과 에너지가 필요하다면 그 물질은 관성이 크다고 할 수 있다. 반대로 물체가 너무 가벼워서 적은 힘과 에너지로도 정지해 있던 물체를 운동하도록 할 수 있다면 그 물체는 관성이 작다고 할 수 있다. 즉, 우리가 직관적으로 무겁고 가벼운 정도로 이해하고 있던 질량은 더 큰 의미에서 관성의 크기로 이해될 수 있다. 이 관성의 크기를 "관성모멘트"라고 한다. 그림 14-2에서 우리는 선운동에서 질량, m은 회전운동에서 mr^2으로 이해할 수 있다고 하였다. 즉, 선운동에서 관성의 크기가 물질의 질량, m으로 주어진다면, 회전운동에서는 관성의 크기가 mr^2으로 주어진다는 의미이다. 다시 말해서 회전운동에서는 관성의 크기가 질량에 비례할 뿐만 아니라 회전반경의 제곱에 비례해서 증가한다는 의미이다. 같은 질량의 물체가 서로 다른 반경으로 회전을 하고 있다면 회전반경이 클수록 운동하고 있는 물체를 정지시키거나 혹은 정지해 있는 물체를 움직이도록 하기 더 어렵다는 의미이다. 이러한 사실은 간단한 실험을 통해 확인할 수 있다. 긴 실과 짧은 실을 준비한 뒤 실 한쪽 끝에 단추를 묶어놓고 돌려보면 긴 실에 매달려 있는 단추를 돌릴 때 더 많은 힘과 에너지가 필요하다는 사실을 알 수 있다.

3) 각운동량

각운동량은 크기와 방향을 가진 벡터량이으로, $\vec{l}$과 같이 벡터기호를 써서 표시하도록 하자. 만일 질량 m의 물체가 반경 r에서 v의 선속도로 돌고 있을 때, 각운동량의 크기는 식 14-3과 같이 구한다.

$$|\vec{l}| = mvr \tag{14-3}$$

$v = r\omega$이므로 식 14-3은 각속도로 표현될 수 있고, mr^2은 관성모멘트, I 이므로 식 14-3은 14-4식과 같이 표현될 수 있다

$$|\vec{l}| = mvr = mr\omega r = mr^2\omega = I\omega \tag{14-4}$$

그림 14-2에서 운동에너지 $E_k = \frac{1}{2}I\omega^2$인데 분모, 분자에 관성모멘트를 곱해주고 식 14-4를 이용해서 각운동량으로 바꿔주면 운동에너지는 식 14-5와 같이 관성모멘트와 각운동량으로 표현될 수 있다.

$$E_k = \frac{1}{2}I\omega^2 = \frac{I\omega^2}{2} = \frac{I^2\omega^2}{2I} = \frac{|\vec{l}|^2}{2I} \tag{14-5}$$

각운동량의 방향은 "오른손 법칙"을 따른다. 어떤 물체가 회전하는 방향으로 네 손가락을 향했을 때 엄지손가락이 향하는 방향이 각운동량의 방향이 된다. 예를 들어, 그림 14-3(a) 와 같이 회전하고 있는 어떤 물체가 있다고 했을 때 이 회전하는 물체의 각운동량 방향은 지면으로부터 밖으로 튀어나오는 방향이 된다. 반대로 그림 14-3(b) 와 같이 회전하는 물체의 각운동량 방향은 밖에서 지면으로 들어가는 방향이 된다.

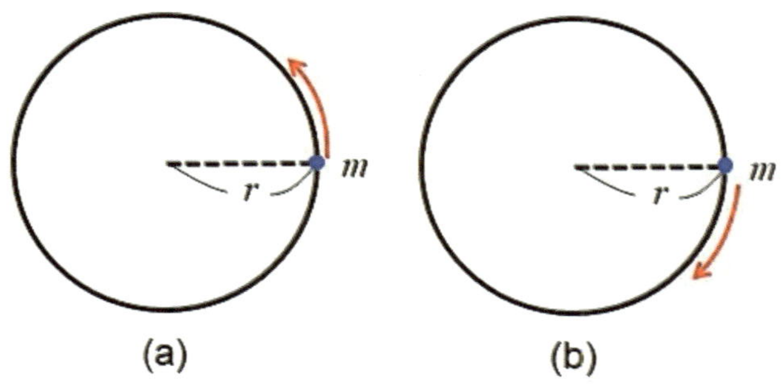

그림 14-3. 서로 반대방향으로 회전하고 있는 물체. (a)와 같은 회전에서는 각운동량 방향이 지면으로부터 튀어나오는 방향이며, (b)와 같은 회전에서는 밖으로부터 지면으로 들어가는 방향이 각운동량 방향이 된다.

위에서 우리는 각운동량의 크기와 방향을 어떻게 구하는지에 관해 이야기하였다. 이 방법에서는 각운동량의 크기와 방향을 각각 따로 구하기 때문에 각운동량의 크기와 방향을 알기 위해서는 회전하고 있는 물체의 질량, 선속도 뿐만 아니라, 실제로 물체가 어떻게 돌고 있는지를 알아야만 했다. 각운동량의 크기와 방향을 한 번에 구할 수 있는 방법이 있는데 이것을 이해하기 위해서는 벡터의 특성을 이해해야만 한다. 따라서 다음절에서 우리는 벡터의 특성에 대해 살펴보고, 그 후에 각운동량의 크기와 방향을 한 번에 구하는 방법에 관해 이야기해 보도록 하자.

4) 벡터

알고 있다시피 벡터는 크기와 방향을 가진 양이다. 따라서 벡터를 나타내기 위해서는 크기와 함께 방향을 나타내야 하는데, 일반적으로 이 두 가지를 함께 나타내기 위해서 화살표를 사용한다. 화살표의 방향은 벡터의 방향을 나타내며 화살표의 길이는 벡터의 크기를 나타낸다. 14-4(a)에 두 개의 벡터가 그려져 있다. 긴 벡터와 짧은 벡터의 길이 비율은 대략 2 대 1이며, 이는 긴 벡터가 짧은 벡터보다 약 2배 정도 더 크다는 것을 의미한다. 또한 두 개 벡터는 각각 북동쪽과 북서쪽을 가리키고 있는데, 이것을 통해 벡터의 방향을 알 수 있다.

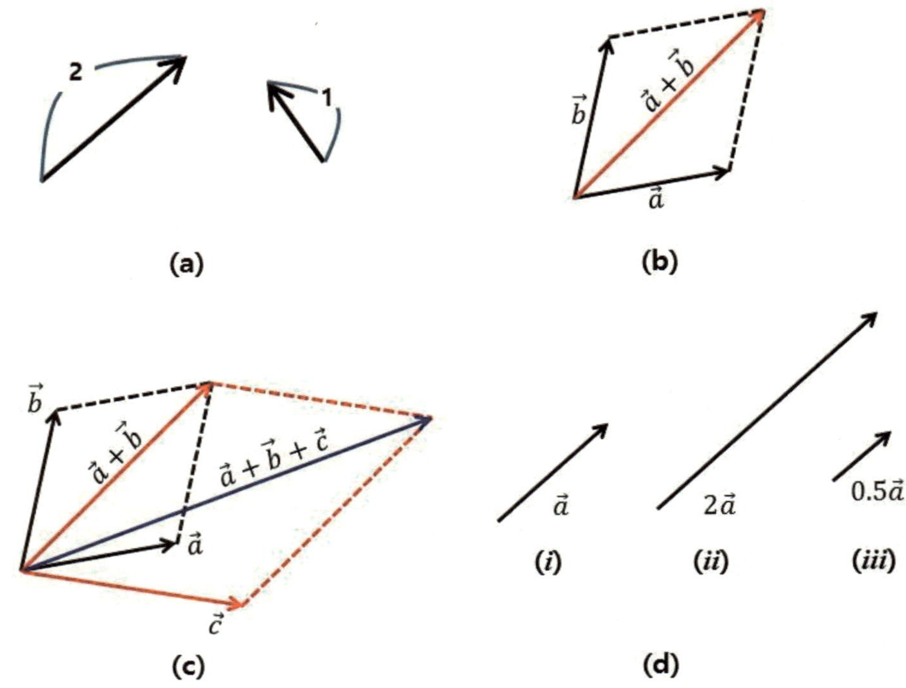

그림 14-4. (a) 서로 크기가 2 대 1이고 대략 북동쪽과 북서쪽을 가리키고 있는 두 벡터, (b) 평행사변형 방법으로 구한 $\vec{a}$ 벡터와 $\vec{b}$ 벡터의 합, (c) 세 개 벡터의 합을 구할 때는 두 개 벡터로부터 평행사변형 방법에 따라 합 벡터를 구하고, 그 합 벡터를 또 다른 벡터와 다시 평행사변형 방법을 이용해서 구한다. (d) (i) $\vec{a}$ 벡터에 스칼라양 2를 곱하면 방향은 변하지 않지만 길이만 두 배인 벡터, (ii) $2\vec{a}$ 벡터가 되고, 스칼라양 0.5를 곱하면 역시 방향을 그대로이면서 크기만 0.5배인 벡터 (iii) $0.5\vec{a}$ 가 된다.

화살표로 표현된 두 벡터는 더할 수 있다. 화살표로 표현된 두 벡터를 더하는 방법은 두 벡터를 변으로 하는 "평행사변형"을 그린 뒤 그 평행사변형의 대각선 벡터를 합 벡터로 취하면 된다. 예를 들어, 그림 14-4(b)에서처럼 $\vec{a}$ 벡터와 $\vec{b}$ 벡터의 합은 그려진 평행사변형의 대각선 벡터(빨간색 벡터)가 된다. 그렇다면 그림 14-4(c)와 같은 $\vec{a}$, $\vec{b}$, $\vec{c}$ 세 벡터의 합은 어떻게 구해야 할까? 세 벡터의 합도 두 벡터의 합을 구할 때 사용했던 방법과 동일한 방법을 순차적으로 사용해서 구할 수 있다. 즉, 먼저 $\vec{a}$, $\vec{b}$ 두 벡터의 합을 구한 뒤, 그 합 벡터를 다시 $\vec{c}$ 벡터와 평행사변형 방식을 사용해서 더하면 된다 (파란색 벡터).

벡터의 크기는 그 벡터에 스칼라양을 곱해서 조절될 수 있다. 예를 들어, 그림 14-4(d)의 벡터를 $\vec{a}$ 벡터라고 했을 때 (그림 14-4(d)의 (i)), 이 벡터에 스칼라양 2를 곱한 벡터, $2\vec{a}$ 는 방향은 동일한 채 길이만 두 배가 늘어나 벡터가 된다. (그림 14-4(d)의 (ii)). 물론 스칼라양 0.5를 곱한 벡터, $0.5\vec{a}$ 는 방향은 동일한 채 길이가 반인 벡터가 될 것이다 (그림 14-4(d)의 (iii)). 지금까지 우리는 벡터를 어떻게 나타내는지, 그리고 벡터의 합은 어떻게 구하는지, 그리고 벡터에 스칼라양을 곱해서 벡터의 방향은 유지한 채 벡터의 크기만 어떻게 바뀌는지에 대해 알아보았다. 화살표로 표현된 두 벡터는 위에서 알아본 연산 외에 서로 곱하기도 가능한데, 스칼라양 사이의 곱셈과는 달리 곱하는 방법에 따라 "내적"과 "외적"으로 나뉜다. 화살표로 표현된 벡터의 두 곱셈, 내적과 외적에 대해 다음 절에서 알아보도록 하자.

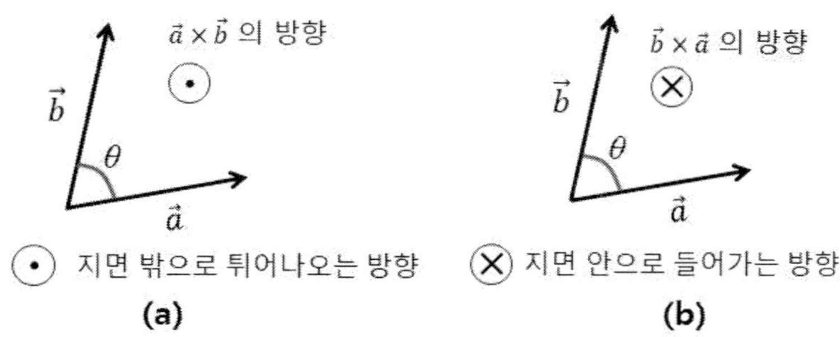

그림 14-5. Θ 만큼 벌어져 있는 $\vec{a}$, $\vec{b}$ 벡터와 (a) $\vec{a}\times\vec{b}$ 의 방향, (b) $\vec{b}\times\vec{a}$ 의 방향을 나타낸 그림

5) 화살표로 표현된 벡터들의 내적 및 외적 구하기

벡터의 곱셈은 내적과 외적 두 가지로 나뉜다. 그림 3-5와 같이 서로 θ의 각도만큼 벌어져 있는 두 개의 벡터 $\vec{a}$, $\vec{b}$ 가 있다고 가정했을 때 두 벡터의 내적 $\vec{a}\bullet\vec{b}$ 는 식 14-6과 같이 $|\vec{a}||\vec{b}|\cos\theta$ 로 계산된다.

$$\vec{a}\bullet\vec{b}=|\vec{a}||\vec{b}|\cos\theta \tag{14-6}$$

$|\vec{a}|$는 $\vec{a}$ 의 크기를 나타내는 기호다. 내적을 보면 결론적으로 스칼라양이 얻어졌음을 알 수 있다. 즉, 두 벡터를 내적 하면 스칼라양이 된다. 반면에 두 벡터를 외적 하게 되면 얻어진 값은 여전히 벡터가 된다. 외적을 나타내는 기호는 흔히 "곱하기"라고 부르는 기호로 나타내며 크기는 두 벡터의 크기에다 두 벡터 사이의 각도를 사인함수에 대입한 값을 곱해서 얻어진다. (식 14-7)

$$\vec{a}\times\vec{b}=|\vec{a}||\vec{b}|\sin\theta \tag{14-7}$$

두 벡터를 외적 했을 때 방향은 벡터가 쓰여진 순서에 따라 달라지는데, 오른손을 이용해서 정할 수 있다. $\vec{a}\times\vec{b}$ 로 쓰여져 있을 때, 순서에 따라 $\vec{a}$에서 $\vec{b}$를 향해 오른손, 네 손가락을 펼쳤을 때 자연스럽게 엄지손가락이 향하는 방향이 $\vec{a}\times\vec{b}$의 방향이 된다 (그림 14-5(a)). 반대로 $\vec{b}\times\vec{a}$ 로 쓰여져 있을 때는 네 손가락이 $\vec{b}$에서 $\vec{a}$ 쪽으로 향하므로 엄지손가락은 반대 방향을 향하게 된다 (그림 14-5 (b)).

6) 단위벡터로 벡터 표현하기

위에서 간략하게 살펴보았듯이 벡터는 화살표를 사용하여 크기와 방향을 나타내기 때문에 무척 간단한 방법이라고 할 수 있다. 화살표를 사용하여 벡터를 나타내는 방법은 매우 간단하긴 하지만 간단한 만큼 불완전한 방법이다. 위에서 잠깐 언급했듯이 화살표로 나타내어진 그림 14-4(a)의 두 벡터는 우리에게 "두 벡터의 크기가 2대 1이라는 것", 그리고 두 벡터가 각각 대략 북동쪽과 북서쪽을 향하고 있다는 것"만을 알려준다. 정확히 북쪽으로부터 시계방향으로 혹은 반시계 방향으로 얼마의 각도만큼 돌아간 방향을 가리키는 벡터인지 알 수가 없다. 또 두 벡터의 길이 비율을 통해서 두 벡터의 상대적인 크기 비율은 알 수 있지만 두 벡터의 크기가 절대적으로 얼마인지는 알 수가 없다. 두 벡터의 크기가 "2" 그리고 "1"일 때에도 그 비율은 2대 1이지만, 두 벡터의 크기가 "20" 그리고 "10"일 때에도 그 비율은 2대 1이기 때문이다. 즉, 우리는 그림 3-4(a)의 화살표만 봐서는 그 벡터의 절대적 크기, 그리고 정확한 방향을 알 수 없는 것이다. 그뿐만 아니라, 우리가 두 벡터의 방향이라고 얘기했던 북동쪽, 북서쪽마저도 사실은 기준좌표를 어디로 잡느냐에 따라서 달라진다. 북동쪽, 북서쪽이라고 하였을 때 우리는 자연스럽게 위쪽을 북쪽으로 가정하고 각 벡터의 방향을 정했지만 만일 지금 읽고 있는 이 책을 거꾸로 뒤집기만 하면 두 벡터의 모습은 그림 14-6(a)와 같이 보이게 된다. 이 책을 거꾸로 뒤집었을 때 여전히 위쪽을 북쪽, 아래쪽을 남쪽으로 정의한다면 조금 전에 북동쪽, 북서쪽으로 정의되었던 두 벡터의 방향은 각각 남서쪽과 남동쪽으로 바뀌게 될 것이다. 이러한 이유로 화살표로 벡터를 표현하는 것은 간단하지만 정확성을 위해서 벡터를 표현하는 다른 방법이 필요해지게 되고, 그중 하나가 벡터를 단위벡터로 표현하는 것이다. 대부분의 학생들이 벡터를 처음 접하는 시점은 아마도 고등학교 수학 시간일 것이다. 그리고 대부분의 수학 교과서에서는 벡터를 표현하는 방법에 대해 화살표로 표현하는 방법과 더불어 단위벡터로 표현하는 방법을 가르쳐 준다. 그러나 대부분의 수학 교과서에서는 왜 단위벡터를 도입해야 하는지 정확한 이유를 설명해 주지 않는다. 그냥 벡터를 나타내는 여러 방법 중 하나로서 단위벡터를 이용한 표현법을 소개하고 있을 뿐, 화살표로 간단하게 표현할 수 있는 벡터를 왜 굳이 복잡한 단위벡터를 이용해서 표현해야 하는지에 대해서는 친절하게 설명해 주지 않는다.

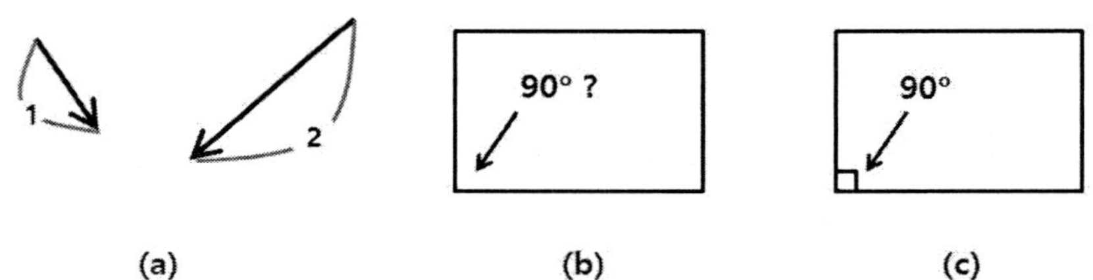

그림 14-6. (a) 3-4(a)의 두 벡터를 180° 돌렸을 때의 모습,
(b) 직사각형으로 보이지만 모서리의 각도가 90°인지는 알 수 없다.
(c) 모서리의 각도가 90°로 정의되었기 때문에 모서리의 각도는 정확히 90°이며 직사각형이다.

이 책을 읽는 학생들 중에는 아마도 이러한 생각을 하는 사람들이 있으리라 생각한다. "화살표의 길이로부터 크기를 알 수 없다고?" "화살표의 방향으로부터 정확한 방향을 알 수 없다고?", "자로 길이를 재거나, 각도기로 각도를 재면 정확한 크기, 방향을 알 수 있는 것 아닌가?"라고 의문을 제기할지 모르겠다. 물론 우리는 자로 길이를 재거나 각도기로 화살표의 방향을 재서 벡터의 정확한 크기와 방향을 알기 위해 노력할 수 있다. 그러나 이러한 측정 행위는 정확한 값을 우리에게 제공할 수 없다. 왜냐하면 측정값에는 항상 오차가 존재하기 때문이다. 예를 들어, 그림 14-6(b)와 같은 도형이 있다고 가정해 보자. 일단 이 도형은 직사각형으로 보인다. 즉, 각 모서리의 각도는 90°일 것으로 여겨진다. 직접 각도기로 측정을 해 보면 90°라는 것을 알 수 있다. 그러나 우리는 이 사각형이 직사각형이라고 확신할 수 없다. 왜냐하면 우리가 측정을 잘못했을 수도 있고, 측정을 정확히 했다고 하더라도 우리의 각도기가 올바르지 않을 수도 있기 때문이다. 각도기가 평평하지 않을 수도 있고 각도기의 눈금이 잘못 매겨져 있을지도 모른다. 엄밀하게 얘기해서 지구는 완벽한 평면이 아니기 때문에 완벽히 평평한 각도기는 현실 세계에 존재할 수 없다. 이 외에도 측정된 각도가 잘못될 가능성은 무궁무진하게 많다. 반면에 그림 14-6(c)처럼 이 직사각형의 모서리 각도가 90°라고 애초에 정의가 되었다고 해 보자. 우리는 실제로 이 직사각형의 모서리 각도가 그림을 제대로 못 그렸던지 혹은 그 외 여러 가지 이유로 설사 90°가 안 되더라도 우리는 모서리의 각도는 90°라고 생각한다. 왜냐하면 90°라고 애초에 정의가 되었기 때문이다. 즉, 우리는 현실 세계에서 불완전한 직사각형을 보고 있지만 (현실 세계는 여러 가지 이유로 불완전할 수밖에 없다) 완벽한 직사각형을 상상하는 것이다. 같은 이유로 화살표로 표현된 벡터의 크기와 방향은 측정을 아무리 정확하게 한다고 하더라도 측정을 통해서 벡터의 크기와 각도를 아는 것은 한계가 있고 그 값을 절대적으로 신뢰할 수 없다. 반면에 단위벡터로 정의된 벡터는 논리적으로 크기와 방향을 구하기 때문에 오차가 전혀 없는 완벽한 값이라고 받아들일 수 있다.

7) 단위벡터로 임의의 벡터를 표현하는 방법

단위벡터란 방향은 서로 수직이고 크기가 "1"인 벡터를 말한다. 3차원 공간에서 서로 수직인 방향은 "x", "y", "z"축 방향이다. 따라서 "x", "y", "z"축 방향과 평행하며 크기가 "1"인 벡터를 단위벡터라고 할 수 있다 (그림 14-7(a)). 각 축에 해당하는 단위벡터는 보통 $\vec{i}, \vec{j}, \vec{k}$로 나타내는데, 이러한 단위벡터에 어떤 스칼라양을 곱한 뒤 그 벡터들을 서로 더하게 되면 어떤 방향으로 향한 벡터이든, 어떤 크기의 벡터이든 표현할 수 있게 된다. 즉, 3차원 공간 안에 정의된 어떤 벡터(예를 들어, 그림 14-7(b)의 $\vec{l}$ 벡터)라도 임의의 어떤 수 (a, b, c)가 곱해진 단위벡터의 합으로 표현할 수 있게 된다 (식 14-6).

$$\vec{l} = a\vec{i} + b\vec{j} + c\vec{k} \tag{14-6}$$

식 14-6을 보면 $\vec{l}$ 벡터가 각각 a, b, c의 스칼라양 만큼 곱해진 단위벡터 $\vec{i}, \vec{j}, \vec{k}$ 의 합으로 이루어져 있음을 알 수 있다. 이처럼 스칼라양이 곱해진 어떤 벡터들의 합, $a\vec{i} + b\vec{j} + c\vec{k}$ 을 $\vec{i}, \vec{j}, \vec{k}$ 의 선형결합이라고 한다. 즉, 임의의 어떤 벡터도 단위벡터들의 선형결합으로 표현될 수 있는 것이다. 그림 14-8에 단위 벡터들의 선형결합으로 표현된 몇 가지 벡터들이 그려져 있다. $\overrightarrow{l_1}=2\vec{i}+1\vec{j}+1\vec{k}$ 로 표현될 수 있으며 $\overrightarrow{l_2}=-1\vec{i}-2\vec{j}-2\vec{k}$ 로 표현될 수 있음을 알 수 있다. 때로는 $\vec{i},\vec{j},\vec{k}$ 를 생략하고 $\overrightarrow{l_1}=(2,1,1)$로 $\overrightarrow{l_2}=(-1,-2,-2)$로 표현되기도 하며 벡터의 이러한 표기법을 성분 표기법이라 한다.

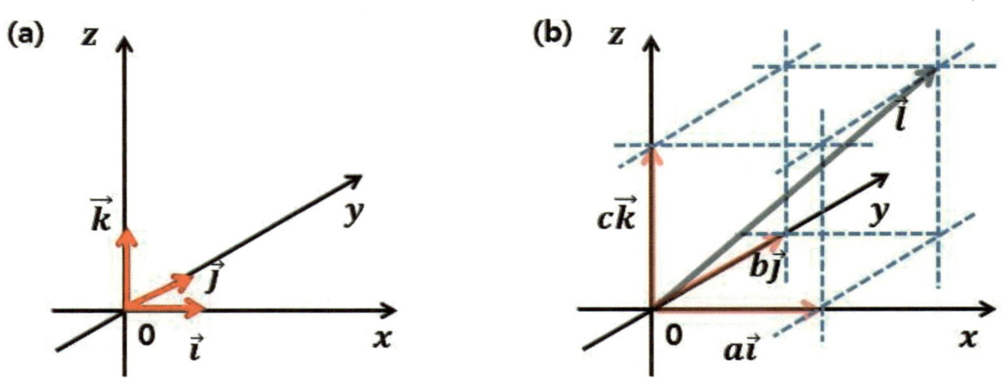

그림 14-7. (a) 3차원 공간에서의 x, y, z축에 나란한 단위벡터 $\vec{i},\vec{j},\vec{k}$ 와 (b) 각 단위벡터의 어떤 수 a, b, c를 곱한 뒤 그 벡터들의 합으로 표현된 임의의 $\vec{l}$ 벡터.

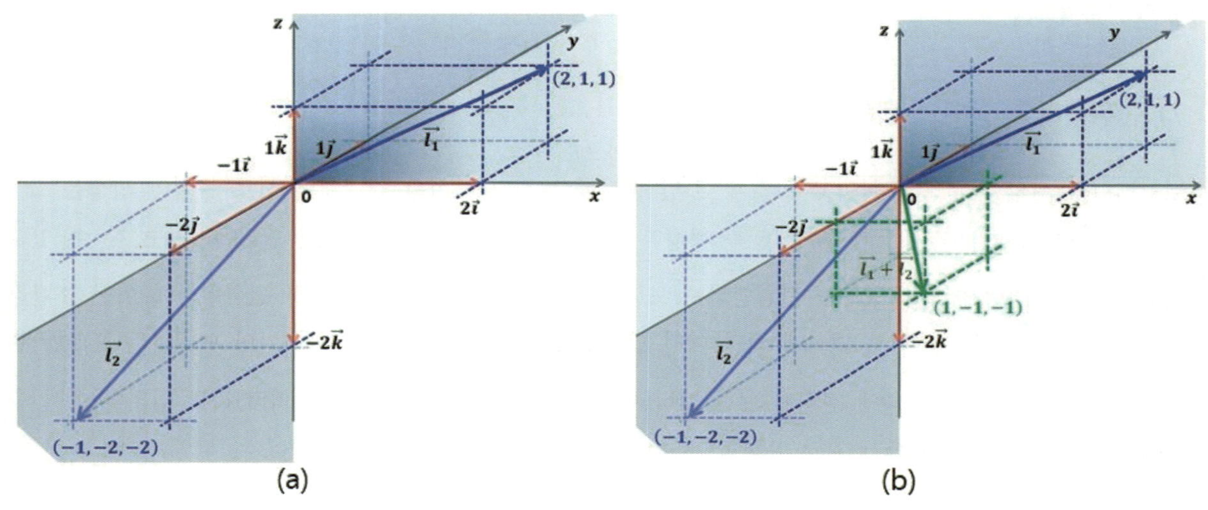

그림 14-8. 단위벡터들의 선형결합으로 표현된 임의의 두 벡터 $\vec{l}_1, \vec{l}_2$

앞서 언급했다시피 벡터를 성분으로 표기하게 되면 벡터의 크기와 방향을 정확히 알 수 있다. 예를 들어, $\overrightarrow{l_1}=(2,1,1)$이므로 이 벡터의 크기, $\left|\overrightarrow{l_1}\right|=\sqrt{2^2+1^2+1^2}=\sqrt{6}$ 으로 정확히 구할 수 있다. 또한 z축과

이루는 각도를 θ라고 했을 때, $\cos\theta = \frac{1}{\sqrt{6}}$ 이므로, $\theta = \cos^{-1}\left(\frac{1}{\sqrt{6}}\right) = 65.9^\circ$ 로 정확히 구할 수 있다. 그림 3-8에 있는 두 벡터의 합을 평행사변형 방법을 이용해서 구하려 한다면 쉽지 않음을 바로 알 수 있다. 지면 밖으로 튀어나온 그 어딘가에 점을 향해 합 벡터가 그려질 텐데 2차원 지면 위에서 상상하기가 쉽지 않다. 그러나 이와 같은 두 벡터의 합도 성분 표기법을 이용하게 되면 상당히 쉽게 구할 수 있게 된다. 성분으로 표기된 두 벡터의 합을 구하는 방법은 각 단위벡터를 그냥 더해주는 것이다. 즉,

$$\vec{l_1} + \vec{l_2} = (2,1,1) + (-1,-2,-2) = (1,-1,-1) \tag{14-7}$$

이 된다. 성분 표기법으로 구한 합 벡터의 성분, $(1,-1,-1)$을 이용해서 벡터를 화살표로 그려보게 되면 그림 14-8(b)의 녹색 화살표와 같은 방향으로 그려지게 된다. 지금까지 본 바와 같이 벡터를 성분으로 표시하게 되면 벡터의 크기와 방향을 정확히 알 수 있을 뿐만 아니라 벡터의 덧셈도 손쉽게 할 수 있게 된다. 그렇다면 벡터의 곱셈도 벡터의 성분을 이용해서 계산할 수 있을까? 물론 가능하다. 먼저 벡터의 내적부터 살펴보기로 하자. 벡터의 내적을 벡터의 성분으로 계산하기 위해서는 뒤에 곱해지는 벡터의 성분을 열벡터로 표현한 뒤 벡터의 곱셈을 이용하여 계산하게 된다. 그림 14-8(a)에 있는 두 개의 벡터를 이용해서 내적을 구해 보도록 하자. 만일 $\vec{l_1} \cdot \vec{l_2}$를 구하고자 한다면 뒤에 나오는 벡터 $\vec{l_2}$ 벡터의 성분을 열벡터로 바꾼 뒤 행벡터로 표현되어 있는 $\vec{l_1}$ 벡터의 성분과 곱해주어야 한다 (식 14-8). 즉,

$$\vec{l_1} \cdot \vec{l_2} = (2\,1\,1)\begin{pmatrix}-1\\-2\\-2\end{pmatrix} = 2\times(-1) + 1\times(-2) + 1\times(-2) = -6 \tag{14-8}$$

으로 스칼라양이 됨을 확인할 수 있다. 그럼, 벡터의 성분을 이용해서 외적은 어떻게 구해야 할까? 벡터의 성분을 이용한 외적은 식 14-9와 같이 두 벡터와 단위벡터를 이용해서 행렬식을 만든 뒤 행렬식을 전개함으로써 얻을 수 있다. 행렬식에서 첫 번째 행은 단위벡터를 순서대로 써 주어야 하며, 두 번째, 세 번째 행은 외적을 행하는 두 벡터의 성분을 순서대로 써 주어야 한다. 예를 들어, $\vec{l_1} \times \vec{l_2}$ 라면 두 번째 행은 $\vec{l_1}$의 성분, 세 번째 행은 $\vec{l_2}$의 성분을 써 주어야 하고 외적을 행하는 두 벡터의 순서가 바뀐다면 행의 위치도 바뀌어야 한다. 즉,

$$\vec{l_1} \times \vec{l_2} = \begin{vmatrix} \vec{i} & \vec{j} & \vec{k} \\ 2 & 1 & 1 \\ -1 & -2 & -2 \end{vmatrix} \tag{14-9}$$

이 된다. 식 14-9의 행렬식을 전개하면 $\vec{l_1} \times \vec{l_2}$ 값이 자동으로 얻어지게 된다. 식 14-9와 같은 3×3 행렬식을 전개하는 방식은 그림 14-9와 같다.

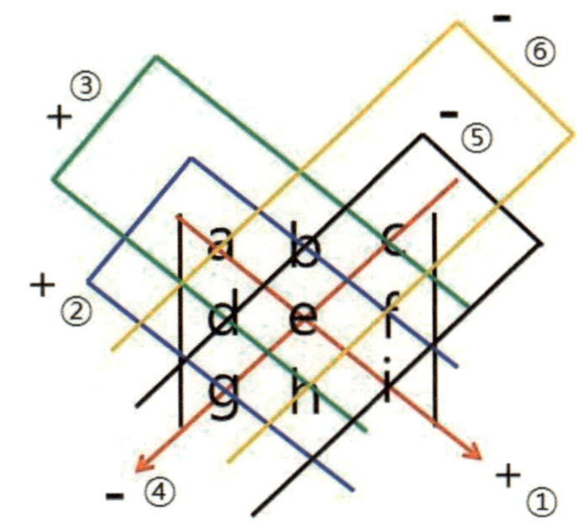

그림 14-9. 3×3 행렬식을 전개하는 연산순서

그림 14-9에 나와 있는 연산순서대로 식 14-9 행렬식을 전개하면 식 14-10과 같이 $3\vec{j} - 3\vec{k}$ 가 얻어짐을 확인할 수 있다.

$$1(-2)\vec{i} + 1(-1)\vec{j} + 2(-2)\vec{k} - \{1(-1)\vec{k} + 2(-2)\vec{j} + 1(-2)\vec{i}\} = 3\vec{j} - 3\vec{k} \quad (14\text{-}10)$$

8) 벡터의 성분을 이용한 각운동량 구하기

지금까지 벡터에 대한 여러 가지 특성을 알아보았다. 이제 처음에 하고자 했던 회전운동에서 각운동량의 크기와 방향을 한 번에 구하는 방법에 관해 이야기해 보도록 하자. 그림 14-10(a)과 같이 질량이 m인 어떤 물체가 반경이 r, 선속도가 v인 회전운동을 하고 있다고 가정해 보자. 선속도는 원주를 따라 회전하는 속도지만 무한히 짧은 순간을 가정하면 선속도의 방향은 그림 14-10(b)의 빨간색 화살표와 같을 것이다. 즉, 매 순간 선속도의 방향은 물체의 회전과 함께 계속해서 바뀌게 된다. 선운동량, $p = mv$ 인데 $\vec{v}$가 벡터로 주어지게 되면 선운동량 p도 벡터로 표현된다. 즉,

$$\vec{p} = m\vec{v} \quad (14\text{-}11)$$

이 되며, 선운동량의 방향은 속도의 방향과 일치하고 선운동량의 크기는 속도의 크기에다 질량을 곱한 것만큼 커지게 된다. 회전운동의 중심에서 물체 쪽으로 향하는 벡터를 $\vec{r}$ 벡터라고 해 보자. 이 벡터는 물체의 위치를 나타내는 벡터이기 때문에 "위치벡터"라고 한다. 이처럼 위치벡터를 정의하고 나면 이 회전운동의 각운

동량은 위치벡터와 선운동량의 벡터의 외적, $\vec{r}\times\vec{p}$로 주어지게 된다. 실제로 맞는지 확인하기 위해 그림 14-10(c)과 같이 위치벡터의 출발점을 이동시켜 두 벡터의 출발점을 일치시켜 놓고 생각해보도록 하자. 먼저 3절에서 배운 각운동량의 정의에 따라 각운동량의 크기와 방향을 구해 보면 크기는 $|\vec{l}|=mvr$로 주어지고 방향은 오른손 법칙을 따라 지면에서 밖으로 튀어나오는 방향이 된다. 이 각운동량의 크기와 방향은 위치벡터와 선운동량 벡터의 외적으로 구할 수 있다. 두 벡터의 외적, $\vec{r}\times\vec{p}$의 크기, $|\vec{r}\times\vec{p}|$는 외적의 정의에 따라 식 14-11과 같이 mvr로 주어지고 각운동량의 정의에 따라 구한 값과 같다는 사실을 알 수 있다.

$$\vec{r}\times\vec{p}=|\vec{r}||\vec{p}|\sin\theta=|\vec{r}|m|\vec{v}|\sin\theta=|\vec{r}|m|\vec{v}|\sin 90^\circ=mvr \tag{14-11}$$

식 14-11에서 θ는 두 벡터 사이의 각도인데 위치벡터와 선운동량 벡터는 늘 수직이기 때문에 90°가 된다. 외적의 정의에 따라 $\vec{r}\times\vec{p}$의 방향을 구해 보면 오른손 법칙을 따라 지면에서 밖으로 튀어나오는 방향이 되고 (그림 14-11(c)) 이는 각운동량의 정의에 따라 구한 각운동량의 방향과 같게 됨을 알 수 있다. 즉, 우리는 식 14-12와 같이 각운동량 벡터와 위치벡터와 선운동량 벡터의 외적은 같다고 할 수 있다.

$$\vec{l}=\vec{r}\times\vec{p} \tag{14-12}$$

그럼 이제, 위치벡터와 선운동량의 벡터 외적을 벡터의 성분을 이용해서 구해 보도록 하자. 위치벡터는 위치를 나타내기 세 개의 좌표, x, y, z를 통해 성분으로 표시되며, 선운동량 벡터는 운동량 벡터의 각각의 축 성분, x축성분(p_x), y축성분(p_y), y축성분(p_z)을 통해 성분으로 표시된다 (식 14-13, 14-14).

$$\vec{r}=x\vec{i}+y\vec{j}+z\vec{k}=(x, y, z) \tag{14-13}$$

$$\vec{p}=p_x\vec{i}+p_y\vec{j}+p_z\vec{k}=(p_x, p_y, p_z) \tag{14-14}$$

두 벡터의 외적을 각각의 성분으로 계산하면 식 14-15와 같다.

$$\vec{r}\times\vec{p}=\begin{vmatrix}\vec{i} & \vec{j} & \vec{k}\\ x & y & z\\ p_x & p_y & p_z\end{vmatrix}=yp_z\vec{i}+zp_x\vec{j}+xp_y\vec{k}-\left(yp_x\vec{k}+zp_y\vec{i}+xp_z\vec{j}\right) \tag{14-15}$$

$$=(yp_z-zp_y)\vec{i}+(zp_x-xp_z)\vec{j}+(xp_y-yp_x)\vec{k}$$

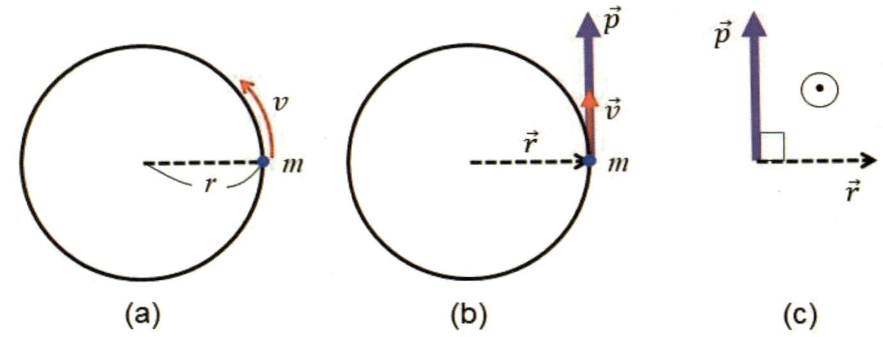

그림 14-10. (a) 질량 m인 물체가 v의 선속도로 반경 r인 지점에서 회전하고 있는 모습, (b) 원운동하고 있는 물체의 위치벡터, 속도벡터, 운동량 벡터, (c) 위치벡터와 선운동량 벡터로부터 각운동량 벡터를 구하기 위해 벡터의 시작점을 서로 일치시킨 모습

9) 환산질량

단원자분자는 원자 하나로만 이루어져 있기 때문에 회전운동이 있을 수 없다. 위에서 설명한 관성모멘트, 각운동량 등을 정의하려면 원자가 특정 지점을 중심으로 특정 반경을 그리며 회전해야 하는데 단원자분자는 그러한 회전을 할 수가 없기 때문이다. 따라서 분자의 회전은 적어도 두 개의 원자로 구성된 이원자 분자부터 해당된다고 할 수 있다. 그런데 이원자분자의 회전에 대해서 생각해 보면 두 원자의 회전을 따로따로 고려해야 한다는 사실을 알 수 있다.

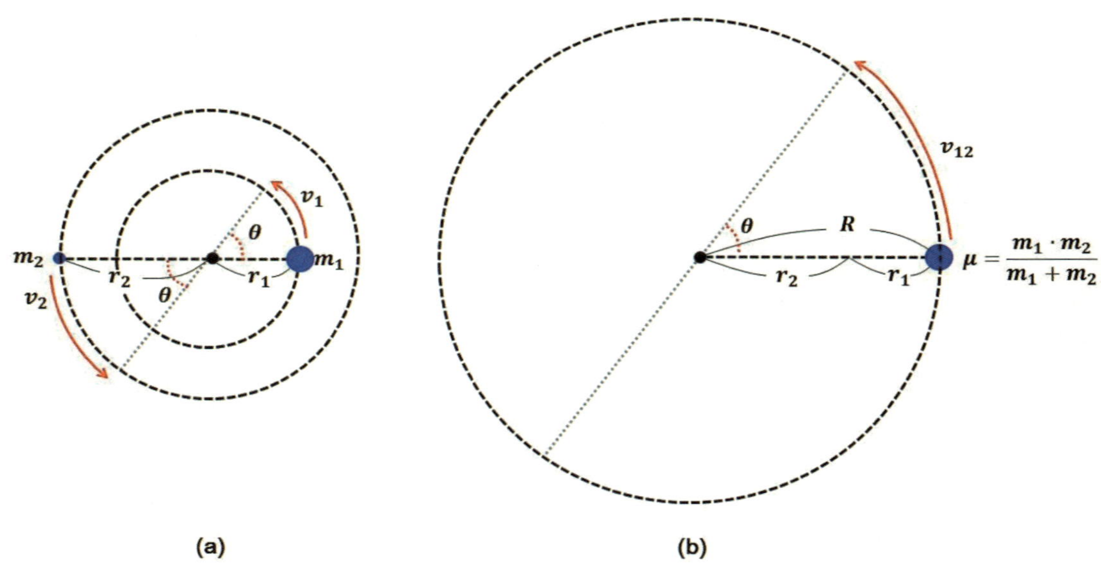

그림 14-11. (a) m_1, m_2의 질량을 가진 두 개의 원자로 이루어진 이원자 분자가 무게중심을 회전중심으로 회전하고 있는 모습, (b) μ의 환산질량을 가진 원자가 r_1+r_2를 회전반경으로 돌고 있는 모습.

그림 14-11(a)에 m_1, m_2 두 개의 서로 다른 질량을 가진 이원자분자가 회전하고 있다. 이처럼 서로 다른 질량을 가진 두 개의 원자가 서로 연결된 상태로 회전할 때 양 끝에 있는 원자의 질량이 서로 다르므로 두 원자는 서로 다른 회전반경을 가진 채 회전하게 된다. 각 원자의 회전반경은 식 14-16과 같이 두 원자의 질량 비율로 정해진다.

$$m_1 r_1 = m_2 r_2 \tag{14-16}$$

m_1, m_2 원자의 회전반경, r_1, r_2를 비교해보면 알 수 있듯이 원자의 무게가 무거울수록 회전반경은 그에 비례해서 작아지고, 무게가 가벼울수록 더 큰 회전반경을 가진 채 회전한다는 사실을 알 수 있다. 두 원자가 회전하는 회전반경이 달라서 두 원자가 한 바퀴 도는데 이동해야 할 원주 또한 서로 다르다. 한 바퀴 도는데 걸리는 시간을 T라고 한다면 m_1 질량을 가진 원자의 선속도, v_1은 $2\pi r_1/T$, m_2 질량을 가진 원자의 선속도, v_2는 $2\pi r_2/T$로 서로 다른 값을 나타내게 된다. 그러나 두 원자는 같은 시간 동안 같은 각도, θ만큼 회전하기 때문에 두 원자의 각속도는 서로 같다. 즉, m_1 질량을 가진 원자의 각속도, ω_1과 m_2 질량을 가진 원자의 각속도, ω_2는 식 3-17과 같이 서로 같다는 것을 알 수 있다.

$$\omega_1 = \frac{v_1}{r_1} = \frac{1}{r_1}\frac{2\pi r_1}{T} = \frac{2\pi}{T}, \quad \omega_2 = \frac{v_2}{r_2} = \frac{1}{r_2}\frac{2\pi r_2}{T} = \frac{2\pi}{T} \tag{14-17}$$

관성모멘트, $I = mr^2$이므로 각 원자의 관성모멘트, I_1, I_2는 각각 $m_1 r_1^2$, $m_2 r_2^2$이고, 전체 관성모멘트,

$$I = I_1 + I_2 = m_1 r_1^2 + m_2 r_2^2 \tag{14-18}$$

이다. 식 14-18에 $(m_1 + m_2)$를 곱한 뒤 분자를 전개하고 $(m_1 + m_2)$로 나누어주게 되면 식 14-19, 14-20을 거쳐 14-21을 얻게 된다.

$$\frac{(m_1 + m_2)(m_1 r_1^2 + m_2 r_2^2)}{m_1 + m_2} = \frac{(m_1 + m_2)m_1 r_1^2 + (m_1 + m_2)m_2 r_2^2}{m_1 + m_2} \tag{14-19}$$

$$= \frac{m_1^2 r_1^2 + m_1 m_2 r_1^2 + m_1 m_2 r_2^2 + m_2^2 r_2^2}{m_1 + m_2} \tag{14-20}$$

$$= \frac{m_1 m_1 r_1 r_1 + m_1 m_2 r_1^2 + m_1 m_2 r_2^2 + m_2 m_2 r_2 r_2}{m_1 + m_2} \tag{14-21}$$

식 14-16을 이용하여 식 14-21의 첫 번째 항 $m_1m_1r_1r_1$을 $m_1m_2r_1r_2$로 바꾸고 네 번째 항 $m_2m_2r_2r_2$를 $m_1m_2r_1r_2$로 바꾸게 되면 식 14-21은 식 14-22와 같이 된다.

$$\frac{m_1m_2r_1r_2 + m_1m_2r_1^2 + m_1m_2r_2^2 + m_1m_2r_1r_2}{m_1+m_2} \tag{14-22}$$

식 14-22의 분자를 m_1m_2로 묶으면 식 14-23이 된다.

$$\frac{m_1m_2\left(r_1^2 + 2r_1r_2 + r_2^2\right)}{m_1+m_2} \tag{14-23}$$

$r_1^2 + 2r_1r_2 + r_2^2 = \left(r_1 + r_2\right)^2$이므로 결국 전체 관성모멘트, I는 14-24와 같이 됨을 알 수 있다.

$$I = \frac{m_1m_2}{m_1+m_2}\left(r_1 + r_2\right)^2 \tag{14-24}$$

식 14-24를 보면 이원자분자의 전체 관성모멘트를 구하기 위해서 각 원자의 관성모멘트를 따로따로 구한 뒤에 더할 필요 없이 각각의 원자 질량, m_1, m_2를 이용해서 $m_1m_2/\left(m_1+m_2\right)$비율을 구한 뒤 분자 결합길이의 제곱, R^2을 곱해주면 된다는 것을 알 수 있다. 각 원자의 질량을 대입해서 $m_1m_2/\left(m_1+m_2\right)$ 비율을 구해 보면 다시 질량 단위가 나온다는 사실을 알 수 있는데 이러한 비율로 얻어진 새로운 질량을 "환산질량"이라고 한다. 다시 말해서 그림 14-11(a) 와 같이 회전하고 있는 이원자분자 시스템의 전체 관성모멘트는 환산질량과 분자의 결합길이를 이용해서 간단하게 구할 수 있다. 지금 우리는 개개 원자의 관성모멘트 합과 환산질량과 분자의 결합길이를 이용해서 구한 관성모멘트의 크기가 같다는 것을 살펴보았는데 관성모멘트 외에도 각운동량, 운동에너지 등도 모두 같다. 우리는 앞으로 이원자분자의 회전을 다룰 때 환산질량을 가진 물체 하나의 회전으로 바꾸어서 생각할 것이다.

10) 이원자분자의 쉬뢰딩거 방정식

이제 이원자분자의 쉬뢰딩거 방정식을 세워보고 풀어본 뒤 여러 가지 특성을 살펴보도록 하자. 앞서 말했지만 그림 14-11(a) 와 같은 이원자분자의 회전은 그림 14-11(b)처럼 환산질량을 가진 물체가 분자의 결합길이를 회전반경으로 회전하고 있는 것과 같다고 생각해도 된다고 하였다. 그림 14-11(b)에서 구한 모든 물리량은 그림 14-11(a)에서 구한 전체 물리량과 같았다. 따라서 우리는 그림 14-11(a)과 같은 이원자분자의 회전을 다루지만 그림 14-11(b) 와 같은 시스템을 가정하고 쉬뢰딩거 방정식을 풀 계획이다. 실제 분자는 회전하면서 결합길이가 약간 늘어나는 경향이 있는데 이 시스템에서는 분자의 결합길이가 변하지 않는다고 가정할 것이다. 이처럼 회전하더라도 결합길이가 변하지 않는 물체를 “강체회전자”라고 한다. 결국 이원자분자의 회전은 환산질량을 가진 물체가 3차원 공간에서 반경이 유지된 채 회전하고 있는 시스템이라고 할 수 있는데, 기억할지 모르겠지만 이 시스템은 “구면조화함수”를 얻을 때 상정했던 시스템과 같은 시스템이다. 따라서 뒤에서 보면 알겠지만, 이원자분자의 회전에 관한 쉬뢰딩거 방정식을 풀어서 얻게 되는 함수 역시 구면조화함수가 된다. 이와 같은 이유로 교과서 대부분에서는 원자의 구조와 관련된 구면조화함수를 설명할 때 이원자분자의 회전에 대한 특성도 슬쩍 집어넣어 설명하곤 하는데 이는 독자들로 하여금 관련파트 이해를 더욱 어렵게 만드는 요인 중 하나로 작용한다. 본 교재에서는 그러한 실수를 다시 범하지 않기 위해서 3차원 공간에서 반경이 일정한 채 회전하는 회전자에 관한 쉬뢰딩거 방정식 풀이를 간략하게나마 다시 설명하고자 한다. 만일 설명이 부족하다 싶으면 9장을 참조하기를 바란다.

양자역학에서는 모든 시스템은 파동함수로 표현된다고 가정한다. 당연히 회전하고 있는 이원자분자 시스템도 파동함수로 묘사될 수 있다. 시스템을 잘 묘사하는 파동함수를 구하기 위해서는 시스템에 맞는 쉬뢰딩거 방정식을 세운 뒤 그 방정식을 풀어야 한다. 이원자분자는 3차원 공간에서 움직이고 있는 시스템이므로 x, y, z 세 개의 변수를 갖는 파동함수로 묘사될 것이다. 즉, 이원자분자의 파동함수는 $\psi(x, y, z)$로 쓸 수 있고, 쉬뢰딩거 방정식은 식 14-25와 같이 쓸 수 있다.

$$\hat{H}\psi(x, y, z) = E\psi(x, y, z) \tag{14-25}$$

해밀토니안, $\hat{H}$ 는 운동에너지 연산자, $\hat{T}$ 와 퍼텐셜에너지 연산자, $\hat{V}$ 로 구성되어 있으며, 전체 에너지, E 도 운동에너지, E_k와 퍼텐셜에너지, E_p로 나누어서 쓸 수 있다. 즉, 식 14-25는 식 14-26이 된다.

$$(\hat{T} + \hat{V})\psi(x, y, z) = (E_k + E_p)\psi(x, y, z) \tag{14-26}$$

회전하고 있는 분자는 어떠한 장(예, 중력장, 전기장, 자기장 등)에도 영향을 받지 않고 있다고 가정하면 퍼텐셜에너지, $E_p = 0$이 되고 퍼텐셜에너지 연산자, $\hat{V}$ 도 생략되어야만 한다. 따라서 식 14-26은 식 14-27과 같이 간략해진다.

$$\hat{T}\psi(x, y, z) = E_k\psi(x, y, z) \tag{14-27}$$

그림 14-11(b)과 같이 질량, μ의 입자가 3차원 공간에서 운동하고 있을 때 이 물체에 대한 운동에너지 연산자, $\hat{T} = -\frac{\hbar^2}{2\mu}\left(\frac{\partial^2}{\partial x^2} + \frac{\partial^2}{\partial y^2} + \frac{\partial^2}{\partial z^2}\right)$이므로 식 14-27은 식 14-28과 같이 쓸 수 있다.

$$-\frac{\hbar^2}{2\mu}\left(\frac{\partial^2}{\partial x^2}+\frac{\partial^2}{\partial y^2}+\frac{\partial^2}{\partial z^2}\right)\psi(x,y,z)=E_k\psi(x,y,z) \tag{14-28}$$

현재 식 14-28은 직교좌표계의 형태로 표현되어 있다. 회전운동을 다루고 있으므로 구면좌표계로 바꾸게 되면 식 14-29와 같이 된다.

$$-\frac{\hbar^2}{2\mu}\left\{\frac{\partial^2}{\partial r^2}+\frac{2}{r}\frac{\partial}{\partial r}+\frac{1}{r^2}\left(\frac{1}{\sin^2\theta}\frac{\partial^2}{\partial\phi^2}+\frac{1}{\sin\theta}\frac{\partial}{\partial\theta}\sin\theta\frac{\partial}{\partial\theta}\right)\right\}\psi(r,\theta,\phi)=E_k\psi(r,\theta,\phi) \tag{14-29}$$

파동함수, $\psi(r,\theta,\phi)$이 $R(r)\Psi(\theta)\Phi(\phi)$로 변수분리 된다고 가정하자. 우리는 앞서 회전하고 있는 이원자분자를 강체회전자, 즉 분자의 결합길이가 일정한 회전자라고 가정하였다. 분자의 결합길이를 상수, r_0라고 한다면, $R(r)$은 상수로 표현되는 상수함수이고, $R(r)=r_0$ 로 쓸 수 있다. 식 14-29의 앞 두 항만 전개를 해보면 식 14-30과 같이 된다.

$$-\frac{\hbar^2}{2\mu}\left\{\frac{\partial^2}{\partial r^2}R(r)\Theta(\theta)\Phi(\phi)+\frac{2}{r}\frac{\partial}{\partial r}R(r)\Theta(\theta)\Phi(\phi)+\ldots\right\}=E_kR(r)\Theta(\theta)\Phi(\phi) \tag{14-30}$$

θ와 ϕ를 변수로 갖는 함수, $\Theta(\theta),\Phi(\phi)$은 회전반경에 관한 변수, r과 무관하므로 미분 기호 앞으로 나올 수 있다. (식 14-31)

$$-\frac{\hbar^2}{2\mu}\left\{\Theta(\theta)\Phi(\phi)\frac{\partial^2}{\partial r^2}R(r)+\frac{2}{r}\Theta(\theta)\Phi(\phi)\frac{\partial}{\partial r}R(r)+\ldots\right\}=E_kR(r)\Theta(\theta)\Phi(\phi) \tag{14-31}$$

위에서 $R(r)=r_0$라고 했으므로

$$\frac{\partial^2}{\partial r^2}R(r)=0,\ \frac{\partial}{\partial r}R(r)=0 \tag{14-32}$$

이 된다. 따라서 식 14-29는 식 14-33이 된다.

$$-\frac{\hbar^2}{2\mu}\left\{\frac{1}{r_0^2}\left(\frac{1}{\sin^2\theta}\frac{\partial^2}{\partial\phi^2}+\frac{1}{\sin\theta}\frac{\partial}{\partial\theta}\sin\theta\frac{\partial}{\partial\theta}\right)\right\}\Theta(\theta)\Phi(\phi)=E_k\Theta(\theta)\Phi(\phi) \tag{14-33}$$

위 미분방정식을 풀기 위해서 먼저 양변에 $-\frac{2\mu r^2}{\hbar^2}\sin^2\theta$를 곱하자. 그러면 식 14-33은 식 14-34와 같이 변형된다.

$$\left(\frac{\partial^2}{\partial\phi^2}+\sin\theta\frac{\partial}{\partial\theta}\sin\theta\frac{\partial}{\partial\theta}\right)\Theta(\theta)\Phi(\phi) =-\frac{2\mu r^2}{\hbar^2}\sin^2\theta E_k\Theta(\theta)\Phi(\phi) \qquad (14\text{-}34)$$

우변에 있는 항을 왼쪽으로 이항한 뒤 괄호를 전개하면,

$$\frac{\partial^2}{\partial\phi^2}\Theta(\theta)\Phi(\phi)+\sin\theta\frac{\partial}{\partial\theta}\sin\theta\frac{\partial}{\partial\theta}\Theta(\theta)\Phi(\phi)+\frac{2\mu r^2}{\hbar^2}\sin^2\theta E_k\Theta(\theta)\Phi(\phi)=0 \qquad (14\text{-}35)$$

이 된다. 식 14-35에서 첫 번째 항은 뒤에 나오는 함수를 ϕ로 두 번 미분하라는 의미이므로 $\Theta(\theta)$는 상수 취급할 수 있고 미분 기호 $\frac{\partial^2}{\partial\phi^2}$ 앞으로 나올 수 있다. 두 번째 항에서 $\Phi(\phi)$함수도 같은 이유로 $\frac{\partial}{\partial\theta}$ 앞으로 나올 수 있다. 즉, 식 14-35는 식 14-36과 같이 된다.

$$\Theta(\theta)\frac{\partial^2}{\partial\phi^2}\Phi(\phi)+\Phi(\phi)\sin\theta\frac{\partial}{\partial\theta}\sin\theta\frac{\partial}{\partial\theta}\Theta(\theta)+\frac{2mr^2}{\hbar^2}\sin^2\theta K.E.\Theta(\theta)\Phi(\phi)=0 \qquad (14\text{-}36)$$

식 14-36의 양변을 $\Theta(\theta)\Phi(\phi)$로 나누어 주면,

$$\frac{1}{\Phi(\phi)}\frac{\partial^2}{\partial\phi^2}\Phi(\phi)+\frac{1}{\Theta(\theta)}\sin\theta\frac{\partial}{\partial\theta}\sin\theta\frac{\partial}{\partial\theta}\Theta(\theta)+\frac{2mr^2}{\hbar^2}\sin^2\theta K.E.=0 \qquad (14\text{-}37)$$

이 된다. $\Phi(\phi)$에 관련된 항을 오른쪽으로 이항하면,

$$\frac{1}{\Theta(\theta)}\sin\theta\frac{\partial}{\partial\theta}\sin\theta\frac{\partial}{\partial\theta}\Theta(\theta)+\frac{2\mu r^2}{\hbar^2}\sin^2\theta K.E.=-\frac{1}{\Phi(\phi)}\frac{\partial^2}{\partial\phi^2}\Phi(\phi) \qquad (14\text{-}38)$$

이 되는데 여기서 우리는 양변의 항들이 "상수"임을 알 수 있다. 왜냐하면 좌변 같은 경우 θ로 미분한 함수들이고 우변 같은 경우 ϕ로 미분한 함수들인데 두 함수가 같아지기 위해서는 상수함수이어야만 한다. 예를 들어 아래와 같은 식에서

$$\frac{d}{dx}f(x)=\frac{d}{dy}g(y) \tag{14-39}$$

$f(x)$와 $g(y)$가 상수함수가 아니고 아래와 같은 함수라면,

$$f(x)=2x^2+x,\ \ g(y)=4y^2+2y \tag{14-40}$$

식 14-39는 절대 성립할 수 없다. 왜냐하면 $f(x)=2x^2+x$를 x로 미분하게 되면 x를 변수로 갖는 함수가 되는데 $g(y)=4y^2+2y$를 y로 미분하게 되면 y를 변수로 갖는 함수가 되어 두 함수는 같아질 수 없기 때문이다. 따라서 양변이 같아지기 위해서는 $f(x), g(y)$함수는 아래와 같이 상수함수이어야만 한다.

$$f(x)=3,\ g(y)=8 \tag{14-41}$$

그러면 양변을 서로 다른 변수, x, y로 미분하더라도 양변의 값은 "0"으로서 같아지게 된다.

$$\frac{d}{dx}(3)=\frac{d}{dy}(8)\Leftrightarrow 0=0 \tag{14-42}$$

따라서 식 14-38의 양변은 상수라는 사실을 알 수 있고, 그 상수를 m_l^2이라 하면 위 미분방정식은 아래와 같이 두 개의 미분방정식으로 분리된다.

$$① \ \frac{1}{\Theta(\theta)}\sin\theta\frac{\partial}{\partial\theta}\sin\theta\frac{\partial}{\partial\theta}\Theta(\theta)+\frac{2\mu r^2}{\hbar^2}\sin^2\theta K.E.=m_l^2 \tag{14-43}$$

$$② \ -\frac{1}{\Phi(\phi)}\frac{\partial^2}{\partial\phi^2}\Phi(\phi)=m_l^2 \tag{14-44}$$

여기서 독자 중에 혹시 "왜 상수를 m_l^2이라고 정하지? 그냥 m 또는 a, 이런 걸로 하면 안 되나?"라고 궁금해하는 사람이 있을지 모르겠다. 중요한 문제는 아니지만, 굳이 설명하자면 m대신에 m_l을 사용하는 이유는 그냥 m을 사용할 때 입자의 질량을 나타내는 m과 혼동될 여지가 있기 때문이다. 또한, 식 14-43의 방정식을 풀기 위해서 식 14-43을 이미 해가 알려진 미분방정식의 형태로 바꾸게 되는데 "이 두 방정식에서 사용되는 기호를 일치시키기 위해서 아마도 m_l이 사용되어 오지 않았을까"라고 생각한다. m_l대신 m_l^2을 사용하는 이유는 뒤에서 보면 알겠지만 상수를 m_l로 정하게 되면 방정식의 해가 근의 기호가 씌어진 형태로 얻어진다. 상수를 나타내는 기호야 m_l이던 m_l^2이건 상관없으므로 가능하다면 해의 형태가 근의 기호 깔끔해

보이는 것이 좋을 것이다. 이제 식 14-43, 14-44의 미분방정식을 풀어보도록 하자. 이 중에서 풀기 쉬운 두 번째 미분방정식부터 풀어보고 얻어진 함수에 대해 논의하도록 하겠다. 일단 두 번째 미분방정식을 아래와 같이 변형하자.

$$-\frac{1}{\Phi(\phi)}\frac{\partial^2}{\partial\phi^2}\Phi(\phi)=m_l^2 \tag{14-45}$$
$$\Leftrightarrow \frac{\partial^2}{\partial\phi^2}\Phi(\phi)=-m_l^2\Phi(\phi) \Leftrightarrow \frac{\partial^2}{\partial\phi^2}\Phi(\phi)+m_l^2\Phi(\phi)=0$$

위 미분방정식의 해, $\Phi(\phi)$는 $e^{D\phi}$의 형태로 주어진다. 따라서 $\Phi(\phi)$에 $e^{D\phi}$를 대입하고 풀어보면,

$$\frac{\partial^2}{\partial\phi^2}e^{D\phi}+m_l^2e^{D\phi}=0 \tag{14-46}$$

$$\Leftrightarrow D^2e^{D\phi}+m_l^2e^{D\phi}=0 \tag{14-47}$$

$$\Leftrightarrow \left(D^2+m_l^2\right)e^{D\phi}=0 \tag{14-48}$$

식 14-48에서 $e^{D\phi}$는 “0”이 될 수 없으므로 식 14-48이 “0”이 되기 위해서는 D^2+m^2이 “0”이 되어야 한다. 따라서 식 14-48은 아래와 같은 식 14-49로 되며

$$D^2+m_l^2=0 \tag{14-49}$$

해로서 $D=\pm im_l$이 얻어지고, 식 14-50과 같은 함수가 해로 얻어진다.

$$\Phi(\phi)=Ae^{+im_l\phi} \text{ 또는 } \Phi(\phi)=Ae^{+im_l\phi} \tag{14-50}$$

물론 두 함수를 선형 결합한 함수(식 14-51)도 역시 해가 된다.

$$\Phi(\phi)=Ae^{+im_l\phi}+Be^{-im_l\phi} \tag{14-51}$$

식 14-50, 51은 정규화가 된 함수가 아니다. 파동함수를 제곱한 함수를 전 공간 0 ~ 2π에서 적분했을 때 값이 “1”이 되어야만 하므로, 정규화 상수 A를 아래와 같이 간단하게 구할 수 있다. 식 14-51로 표현된 함수의 경우 식 14-50으로 표현된 함수와는 다른 정규화상수가 얻어지는데 여기서는 식 14-50에 대한 정규화상수만을 구해 보도록 하자. 정규화 조건에 의하여,

$$\int_0^{2\pi}(Ae^{+im\phi})(A'e^{-im\phi})d\phi = 1 \tag{14-52}$$

이 되어야 하며, 식 14-52를 풀어보면,

$$AA'\int_0^{2\pi}(e^{+im\phi})(e^{-im\phi})d\phi = 1$$

$$\Leftrightarrow AA'\int_0^{2\pi}e^0\,d\phi = 1 \Leftrightarrow AA'\int_0^{2\pi}1\,d\phi = 1$$

$$\Leftrightarrow AA'[2\pi - 0] = 1 \Leftrightarrow AA' = \frac{1}{2\pi}$$

$$\therefore A = \pm\sqrt{\frac{1}{2\pi}} \quad \text{or} \quad \pm i\sqrt{\frac{1}{2\pi}} \tag{14-53}$$

정규화상수가 얻어진다. 정규화상수를 실수의 범위로 한정하면, $A = \pm\sqrt{\frac{1}{2\pi}}$ 로서 교과서에 흔히 등장하는 정규화상수가 얻어지게 되고, 식 14-54와 같이 정규화된 최종적인 파동함수가 얻어진다.

$$\Phi(\phi) = \pm\sqrt{\frac{1}{2\pi}}\,e^{\pm im_l\phi},\ m_l = 0, \pm1, \pm2, \ldots. \tag{14-54}$$

식 14-54에서 $+\sqrt{\frac{1}{2\pi}}\,e^{\pm im_l\phi}$와 $-\sqrt{\frac{1}{2\pi}}\,e^{\pm im_l\phi}$는 상(phase)만 다를 뿐 같은 함수라고 할 수 있다. 따라서 일반적으로 양수의 정규화상수만을 사용하여 식 14-55와 같이 파동함수를 표현해 준다.

$$\Phi(\phi) = +\sqrt{\frac{1}{2\pi}}\,e^{\pm im_l\phi},\ m_l = 0, \pm1, \pm2, \ldots. \tag{14-55}$$

위 식에서 $m_l = 0, \pm1, \pm2, \ldots.$은 "0"을 포함한 양의 정수, 음의 정수를 나타내기 때문에 식 14-55처럼 써주게 되면 이중으로 써 준 셈이 된다. 함수를 한 번씩만 써주기 위해서 식 14-55를 아래 식 14-56과 같이 써 준다.

$$\Phi(\phi) = +\sqrt{\frac{1}{2\pi}}\,e^{\pm i|m_l|\phi}, \qquad m_l = 0, \pm1, \pm2, \ldots. \tag{14-56}$$

자, 이제 Θ에 관한 미분방정식이었던 첫 번째 미분방정식 (식 14-43)을 풀어보도록 하자. 첫 번째 미분방정식은 아래와 같은 형태를 가진 식이었다.

$$\frac{1}{\Theta(\theta)}\sin\theta\frac{\partial}{\partial\theta}\sin\theta\frac{\partial}{\partial\theta}\Theta(\theta)+\frac{2\mu r^2}{\hbar^2}\sin^2\theta K.E.=m_l^2 \quad (14\text{-}43)$$

앞서 잠깐 언급했듯이 위 미분방정식은 풀이가 잘 알려진 미분방정식의 한 형태로 변형 시킬 수 있다. 잘 알려진 미분방정식은 "르장드르 부미분방정식"이라고 불리는 미분방정식으로 아래와 같은 형태를 하고 있다.

$$(1-x^2)\frac{d^2}{dx^2}P(x)-2x\frac{d}{dx}P(x)+\left\{\beta-\frac{m_l^2}{1-x^2}\right\}P(x)=0 \quad (14\text{-}57)$$

위 식에서 β와 m_l은 상수로서 아래와 같은 특별한 조건을 만족시킬 때에만 미분방정식의 해가 "르장드르 부다항함수"의 형태로 주어지게 된다.

$$\beta=l(l+1),\quad |m_l|\leq l \quad (l=0,1,2,3....) \quad (14\text{-}58)$$

예를 들어, l값에 따라 β와 m_l은 아래와 같은 값만을 가져야 한다. β와 m_l이 이와 같은 값을 가질 때 르장드르 부미분방정식의 해는 "르장드르 부다항함수"라고 불리는 다항식의 형태로 주어진다. 르장드르 부다항함수의 변수는 x이고 l와 m_l에 따라 형태가 달라지는 함수이다. 이 함수를 보통 "P"로 표현하는데 아래 식 14-59와 같이 x, l, m_l이 모두 등장한다.

$$\text{르장드르 부다항식} = P_l^{|m_l|}(x) \quad (14\text{-}59)$$

이때 l와 m_l은 식 3-58의 규칙을 따라야 한다. 예를 들어, $l=0$일 경우 $m_l=0$, $|m_l|=0$이기 때문에 $P_0^0(x)$으로 표시할 수 있으며 이 함수의 값은 "1"로 알려져 있다. 또 다른 예로 만일 $l=1$일 경우 $m_l=0$ ($|m_l|=0$)과 $m_l=\pm1$ ($|m_l|=1$)의 값을 가질 수 있으므로 이러한 조건에서 르장드르 부다항식은 $P_1^0(x)$와 $P_1^1(x)$로 표시할 수 있으며 각각의 함수값은 "x"와 "$(1-x^2)^{\frac{1}{2}}$"로 알려져 있다. 지금 언급된 르장드르 부다항식의 몇몇 예를 아래 테이블에 나타내었다.

표 14-1. l과 m_l에 따른 몇몇 르장드르 부다항함수

l	m_l	$\|m_l\|$	$P_l^{\|m_l\|}(x)$
0	0	0	$P_0^0(x)=1$
1	0	0	$P_1^0(x)=x$
	±1	1	$P_1^1(x)=(1-x^2)^{1/2}$
2	0	0	$P_2^0(x)=\frac{1}{2}(3x^2-1)$
	±1	1	$P_2^1(x)=-3x(1-x^2)^{1/2}$
	±2	2	$P_2^2(x)=3(1-x^2)$
•	•	•	•
•	•	•	•

자, 이제 원래 우리가 풀고자 했던 미분방정식으로 돌아가자. 우리가 풀고자 했던 미분방정식은 아래와 같은 형태였다.

$$\frac{1}{\Theta(\theta)}\sin\theta\frac{\partial}{\partial\theta}\sin\theta\frac{\partial}{\partial\theta}\Theta(\theta)+\frac{2\mu r^2}{\hbar^2}\sin^2\theta K.E.=m_l^2 \qquad (14\text{-}43)$$

위 미분방정식을 르장드르 미분방정식으로 바꾸기 위해서 양변에 $\frac{\Theta(\theta)}{\sin^2\theta}$를 곱한 뒤 우변에 있는 항을 좌변으로 옮겨서 정리하면 위 미분방정식은 식 14-60과 같은 형태로 바뀐다.

$$\frac{1}{\sin\theta}\frac{\partial}{\partial\theta}\sin\theta\frac{\partial}{\partial\theta}\Theta(\theta)+\frac{2\mu r^2}{\hbar^2}E_k\Theta(\theta)-\frac{m_l^2\Theta(\theta)}{\sin^2\theta}=0 \qquad (14\text{-}60)$$

위 미분방정식에서 $\frac{\partial}{\partial\theta}\sin\theta\frac{\partial}{\partial\theta}\Theta(\theta)$ 부분에는 두 개의 미분기호, $\frac{\partial}{\partial\theta}$가 나온다. 이 미분기호의 의미는 미분기호 뒤에 나오는 숫자 혹은 함수를 θ로 미분하라는 의미이다. 예를 들어, 미분기호 뒤에 θ^2이라는 함수가 올 경우 θ^2 이라는 함수를 θ로 미분하라는 의미이기 때문에 풀면 "2θ"가 된다. 즉, $\frac{\partial}{\partial\theta}\theta^2=2\theta$ 이다. 만일 미분기호 뒤에 $\sin\theta cos\theta$라는 함수가 온다면, 먼저 앞에 나온 함수 $\sin\theta$를 미분하고 뒤에 나온 함수 $\cos\theta$를 그냥 써준 함수와 앞에 나온 함수 $\sin\theta$를 그냥 써주고 뒤에 나온 함수 $\cos\theta$를 미분한 함수의 합으로 표현하면 된다. 즉,

$$\frac{\partial}{\partial\theta}\sin\theta cos\theta = \cos\theta sin\theta + \sin\theta(-\sin\theta) = \cos\theta sin\theta - \sin^2\theta \tag{14-61}$$

이 됨을 알 수 있다. 또 미분기호 뒤에 같은 미분기호가 올 경우에는 미분기호의 제곱으로 써 주면 된다. 즉, $\frac{\partial}{\partial\theta}\frac{\partial}{\partial\theta}\Theta(\theta) = \frac{\partial^2}{\partial\theta^2}\Theta(\theta)$가 된다. 지금까지 언급한 내용을 바탕으로 미분방정식, 14-60의 첫 항을 풀어보면 아래와 같다.

$$\frac{\partial}{\partial\theta}\sin\theta\frac{\partial}{\partial\theta}\Theta(\theta) = \frac{\partial}{\partial\theta}\sin\theta\frac{\partial}{\partial\theta}\Theta(\theta) + \sin\theta\frac{\partial}{\partial\theta}\frac{\partial}{\partial\theta}\Theta(\theta) = \cos\theta\frac{\partial}{\partial\theta}\Theta(\theta) + \sin\theta\frac{\partial^2}{\partial\theta^2}\Theta(\theta) \tag{14-62}$$

식 14-62에서 얻어진 결과를 미분방정식 14-60에 대입하면 식 14-63과 같이 변형된다.

$$\frac{1}{\sin\theta}\left(\cos\theta\frac{\partial}{\partial\theta}\Theta(\theta) + \sin\theta\frac{\partial^2}{\partial\theta^2}\Theta(\theta)\right) + \frac{2\mu r^2}{\hbar^2}E_k\Theta(\theta) - \frac{m_l^2\Theta(\theta)}{\sin^2\theta} = 0 \tag{14-63}$$

식 14-63의 첫 항을 전개한 뒤 첫 번째, 두 번째 항의 위치를 서로 바꾸면 식 14-63은 식 14-64와 같이 된다.

$$\frac{\partial^2}{\partial\theta^2}\Theta(\theta) + \frac{\cos\theta}{\sin\theta}\frac{\partial}{\partial\theta}\Theta(\theta) + \frac{2\mu r^2}{\hbar^2}K.E.\Theta(\theta) - \frac{m_l^2\Theta(\theta)}{\sin^2\theta} = 0 \tag{14-64}$$

위 식의 $\cos\theta$를 x로 치환하게 되면 식 14-64를 르장드르 부미분방정식(식 14-57)으로 변형할 수 있다. 먼저 르장드르 부미분방정식(식 14-57)과 위에 나와 있는 미분방정식(식 14-64)을 비교하면 표현되어있는 기호가 서로 다르다는 사실을 알 수 있다. 르장드르 부미분방정식에서는 함수가 "$P(x)$"로 표현되어 있는데 위 미분방정식에서는 함수가 "$\Theta(\theta)$"로 표현되어 있음을 알 수 있다. $P(x)$는 x를 변수로 갖는 임의의 함수임을 나타내는 것이고 $\Theta(\theta)$는 θ를 변수로 갖는 임의의 함수를 나타낸다. 우리는 위에서 $\cos\theta = x$라고 정의함으로써 θ와 x의 관계를 정의했기 때문에 θ를 변수로 갖는 $\Theta(\theta)$를 x를 변수로 갖는 $P(x)$로 쉽게 변형 시킬 수 있다. 예를 들어, $\Theta(\theta) = \cos\theta$라면 $\cos\theta = x$이므로 $\Theta(\theta) = \cos\theta = x = P(x)$이 됨을 알 수 있다. 즉, θ를 변수로 갖는 $\Theta(\theta)$함수가 x를 변수로 갖는 $P(x)$함수로 변형된 것이다. θ를 변수로 갖는 어떤 함수라도 x를 변수로 갖는 $P(x)$로 변형시킬 수 있다. 만일, $\Theta(\theta) = \theta + 2$라면, $\theta = \cos^{-1}x$이므로 $\Theta(\theta) = \theta + 2 = \cos^{-1}x + 2 = P(x)$가 된다. θ를 변수로 갖는 어떤 $\Theta(\theta)$함수라도 x를 변수로 갖는 $P(x)$함수로 변형시킬 수 있으므로 $\cos\theta = x$라고 정의를 해주기만 한다면 우리는 $\Theta(\theta) = P(x)$라고 할 수 있다. $\cos\theta = x$라는 정의를 수식에 포함하기 위해서 $P(x)$대신에 $P(\cos\theta)$로 표현할 수도 있다. $\Theta(\theta) = P(x)$이기

때문에 위 미분방정식의 $\Theta(\theta)$함수는 $P(x)$함수로 바꿀 수 있다. 즉,

$$\frac{\partial^2}{\partial\theta^2}P(x)+\frac{\cos\theta}{\sin\theta}\frac{\partial}{\partial\theta}P(x)+\frac{2\mu r^2}{\hbar^2}E_kP(x)-\frac{m_l^2P(x)}{\sin^2\theta}=0 \qquad (14\text{-}65)$$

이 된다. $\sin^2\theta=1-\cos^2\theta=1-x^2$이므로 위 수식은 또 아래와 같이 변형된다.

$$\frac{\partial^2}{\partial\theta^2}P(x)+\frac{\cos\theta}{\sin\theta}\frac{\partial}{\partial\theta}P(x)+\frac{2\mu r^2}{\hbar^2}E_kP(x)-\frac{m_l^2P(x)}{1-x^2}=0 \qquad (14\text{-}65)$$

세 번째 네 번째 항을 $P(x)$로 묶으면,

$$\frac{\partial^2}{\partial\theta^2}P(x)+\frac{\cos\theta}{\sin\theta}\frac{\partial}{\partial\theta}P(x)+\left(\frac{2\mu r^2}{\hbar^2}E_k-\frac{m_l^2}{1-x^2}\right)P(x)=0 \qquad (14\text{-}66)$$

식 14-66을 르장드르 부미분방정식(식 14-57)과 비교해보면 점점 닮아가고 있음을 확인할 수 있다. 자, 이제 첫 번째 항과 두 번째 항에 나와 있는 θ로 미분하라는 의미의 미분기호, $\frac{\partial}{\partial\theta}$를 x로 미분하라는 미분기호, $\frac{\partial}{\partial x}$로 바꾸기만 하면 된다. $\frac{\partial}{\partial\theta}$는 $\frac{\partial x}{\partial\theta}\frac{\partial}{\partial x}$로 쓸 수 있다. 왜냐하면 ∂x가 분모, 분자에 놓여있기 때문에 서로 지워지고 결국 $\frac{\partial}{\partial\theta}$만 남게 되기 때문이다. 사실 $\frac{\partial x}{\partial\theta}$기호는 x라는 함수를 θ로 미분하라는 얘기이지 나누라는 얘기가 아니므로 엄격하게 얘기하면 분모, 분자에 놓여있는 숫자가 서로 약분되어 제거되는 것은 아니다. 여기서 이것에 관한 자세한 얘기를 하는 것은 이 글에 목적과 조금 어긋나기 때문에 여기서는 일단 숫자처럼 약분되어 사라진다고 생각하도록 하겠다. 사실 특별한 경우를 제외하고는 그렇게 생각해도 틀리지는 않는다. $x=\cos\theta$이므로 $\frac{\partial x}{\partial\theta}=\frac{\partial}{\partial\theta}\cos\theta$ 이고 결국 $\frac{\partial}{\partial\theta}$는,

$$\frac{\partial}{\partial\theta}=\frac{\partial x}{\partial\theta}\frac{\partial}{\partial x}=\frac{\partial}{\partial\theta}\cos\theta\frac{\partial}{\partial x}=-\sin\theta\frac{\partial}{\partial x} \qquad (14\text{-}67)$$

가 된다. 같은 방식으로 $\frac{\partial^2}{\partial\theta^2}$는 식 14-68이 된다.

$$\frac{\partial^2}{\partial\theta^2}=\frac{\partial x}{\partial\theta}\frac{\partial}{\partial x}\left(\frac{\partial x}{\partial\theta}\frac{\partial}{\partial x}\right)=\frac{\partial}{\partial\theta}\cos\theta\frac{\partial}{\partial x}\left(\frac{\partial}{\partial\theta}\cos\theta\frac{\partial}{\partial x}\right)=-\sin\theta\frac{\partial}{\partial x}\left(-\sin\theta\frac{\partial}{\partial x}\right) \qquad (14\text{-}68)$$

식 14-68에서 한 가지 주의할 사항이 하나 있다. 자칫 잘못하면 식 14-68에서 얻어진 식을 아래와 같이 쓰기 쉬운데 그렇게 써서는 안 된다.

$$-\sin\theta\frac{\partial}{\partial x}\left(-\sin\theta\frac{\partial}{\partial x}\right)=\sin^2\theta\frac{\partial^2}{\partial\theta^2} \tag{14-69}$$

왜냐하면 $\cos\theta = x$라고 했기 때문에 $\sin\theta$도 x에 무관한 함수가 아니기 때문이다. 따라서 상수 취급되어 $\frac{\partial}{\partial x}$ 앞으로 그냥 나갈 수 없다. 따라서 식 14-68은 식 14-70이 된다.

$$\frac{\partial^2}{\partial\theta^2}=-\sin\theta\frac{\partial}{\partial x}\left(-\sin\theta\frac{\partial}{\partial x}\right)=-\sin\theta\left\{\frac{\partial}{\partial x}(-\sin\theta)\frac{\partial}{\partial x}+(-\sin\theta)\frac{\partial^2}{\partial x^2}\right\} \tag{14-70}$$

여기서 $\sin\theta=(1-\cos^2\theta)^{\frac{1}{2}}=(1-x^2)^{\frac{1}{2}}$이므로, 식 14-70은 식 14-71이 된다.

$$\frac{\partial^2}{\partial\theta^2}=-\sin\theta\left\{\frac{\partial}{\partial x}\left(-(1-x^2)^{\frac{1}{2}}\right)\frac{\partial}{\partial x}+(-\sin\theta)\frac{\partial^2}{\partial x^2}\right\} \tag{14-71}$$

식 14-71을 쭉 풀어보면 아래와 같이 된다.

$$\frac{\partial^2}{\partial\theta^2}=-\sin\theta\left\{\frac{\partial}{\partial x}\left(-(1-x^2)^{\frac{1}{2}}\right)\frac{\partial}{\partial x}+(-\sin\theta)\frac{\partial^2}{\partial x^2}\right\} \tag{14-72}$$

$$=-\sin\theta\left\{-\frac{1}{2}(1-x^2)^{-\frac{1}{2}}\cdot(-2x)\frac{\partial}{\partial x}+(-\sin\theta)\frac{\partial^2}{\partial x^2}\right\} \tag{14-73}$$

$$=-\sin\theta\left\{x(1-x^2)^{-\frac{1}{2}}\frac{\partial}{\partial x}+(-\sin\theta)\frac{\partial^2}{\partial x^2}\right\} \tag{14-74}$$

$$=-\sin\theta\left\{\cos\theta(1-\cos^2\theta)^{-\frac{1}{2}}\frac{\partial}{\partial x}+(-\sin\theta)\frac{\partial^2}{\partial x^2}\right\} \tag{14-75}$$

$$=-\sin\theta\left\{\cos\theta\frac{1}{(1-\cos^2\theta)^{\frac{1}{2}}}\frac{\partial}{\partial x}+(-\sin\theta)\frac{\partial^2}{\partial x^2}\right\} \tag{14-76}$$

$$=-\sin\theta\left\{\cos\theta\frac{1}{(\sin^2\theta)^{\frac{1}{2}}}\frac{\partial}{\partial x}+(-\sin\theta)\frac{\partial^2}{\partial x^2}\right\} \tag{14-77}$$

$$= -\sin\theta\left\{\cos\theta\frac{1}{\sin\theta}\frac{\partial}{\partial x} + (-\sin\theta)\frac{\partial^2}{\partial x^2}\right\} \quad (14\text{-}78)$$

$$= -\cos\theta\frac{\partial}{\partial x} + \sin^2\theta\frac{\partial^2}{\partial x^2} \quad (14\text{-}79)$$

$$= -x\frac{\partial}{\partial x} + (1-x^2)\frac{\partial^2}{\partial x^2} \quad (14\text{-}80)$$

이제 위에서 구한 식 14-67과 식 14-80을 원래 미분방정식 (식 14-66)에 대입하도록 하자. 그러면 식 14-66은 아래와 같이 바뀐다.

$$(1-x^2)\frac{\partial^2}{\partial x^2}P(x) - x\frac{\partial}{\partial x}P(x) + \frac{\cos\theta}{\sin\theta}\left(-\sin\theta\frac{\partial}{\partial x}\right)P(x) + \left(\frac{2\mu r^2}{\hbar^2}E_k - \frac{m_l^2}{1-x^2}\right)P(x) = 0 \quad (14\text{-}67)$$

$$\Leftrightarrow (1-x^2)\frac{\partial^2}{\partial x^2}P(x) - x\frac{\partial}{\partial x}P(x) - \cos\theta\frac{\partial}{\partial x}P(x) + \left(\frac{2\mu r^2}{\hbar^2}E_k - \frac{m_l^2}{1-x^2}\right)P(x) = 0 \quad (14\text{-}68)$$

$$\Leftrightarrow (1-x^2)\frac{\partial^2}{\partial x^2}P(x) - x\frac{\partial}{\partial x}P(x) - x\frac{\partial}{\partial x}P(x) + \left(\frac{2\mu r^2}{\hbar^2}E_k - \frac{m_l^2}{1-x^2}\right)P(x) = 0 \quad (14\text{-}69)$$

$$\Leftrightarrow (1-x^2)\frac{\partial^2}{\partial x^2}P(x) - 2x\frac{\partial}{\partial x}P(x) + \left(\frac{2\mu r^2}{\hbar^2}E_k - \frac{m_l^2}{1-x^2}\right)P(x) = 0 \quad (14\text{-}70)$$

식 14-70을 르장드르 부미분방정식 (식 14-57)과 비교해보자. $\frac{2\mu r^2 E_k}{\hbar^2} = \beta$라면 우리가 풀고자 했던 미분방정식(식 14-70)은 르장드르 부미분방정식과 정확히 같은 형태가 됨을 알 수 있다. 즉, 우리가 풀고자 했던 미분방정식이 해를 가지려면 $\frac{2\mu r^2 E_k}{\hbar^2} = \beta$ (여기서 $\beta = l(l+1)$, $\quad l = 0, 1, 2, 3....$)이어야만 하고 해는 르장드르 부다항식의 형태로 주어진다는 사실을 알 수 있다. 즉,

$$\frac{2\mu r^2 E_k}{\hbar^2} = \beta = l(l+1) \quad (14\text{-}71)$$

$$E = \frac{l(l+1)\hbar^2}{2\mu r^2} = \frac{l(l+1)}{2\mu r^2}\frac{h^2}{4\pi^2} \quad (14\text{-}72)$$

으로 운동에너지가 양자화되어 나타나는 것을 확인할 수 있다. 그리고 우리가 처음에 풀고자 했던 미분방정식(식 14-43)의 해는 l과 m_l에 따라 표 14-1에 나와 있는 르장드르 부다항식으로 주어진다. 그러나 식 14-43의 해는 일반적으로 알려진 르장드르 부다항식과 한 가지 다른 점이 있다. 위에서 우리는 $x = \cos\theta$

라고 정의하였다. 따라서 다른 점은 일반적인 르장드르 부당항함수의 x가 $\cos\theta$로 대체되어야 한다는 것이다. 이렇게 x를 $\cos\theta$로 치환하게 되면 우리는 일반적인 르장드르 부다항함수로부터 $\Theta(\theta)$ 함수를 얻게 된다. 이렇게 해서 우리는 $\Theta(\theta)$에 관한 함수를 얻을 수 있는데 이 함수는 아직 양자역학적으로 완전한 함수라고 할 수 없다. 왜냐하면 위 함수들은 아직 정규화가 되지 않은 함수들이기 때문이다. 여기서 우리는 정규화 상수를 직접 구하지는 않을 것이다. 단지 정규화 상수가 필요하다는 사실과 그 정규화 상수가 어떠한 형태로 주어지는지에 대해서만 이해하고 넘어갈 계획이다. $\Theta(\theta)$ 함수의 경우 l와 m_l에 따라 함수가 달라지므로 정규화 상수 역시 l와 m_l에 따라 다른 값을 나타내며 따라서 N_{lm_l} 으로 표현할 수 있다. 정규화상수를 구하는 식은 아래와 같다.

$$N_{lm_l} = \left\{ \frac{(2l+1)(l-|m_l|)!}{2(l+|m_l|)!} \right\}^{\frac{1}{2}} \tag{14-73}$$

표 14-2. l과 m_l에 따른 르장드르 부다항함수와 $\Theta(\theta)$ 함수

l	m_l	$\lvert m_l \rvert$	$P_l^{\lvert m_l \rvert}(\cos\theta)$	$\Theta_l^{\lvert m_l \rvert}(\theta)$
0	0	0	$P_0^0(x)=1$	$\Theta_0^0(\theta)=1$
1	0	0	$P_1^0(x)=x$	$\Theta_1^0(\theta)=\cos\theta$
	±1	1	$P_1^1(x)=(1-x^2)^{\frac{1}{2}}$	$\Theta_1^1(\theta)=\sin\theta$
2	0	0	$P_2^0(x)=\frac{1}{2}(3x^2-1)$	$\Theta_2^0(\theta)=\frac{1}{2}(3\cos^2\theta-1)$
	±1	1	$P_2^1(x)=-3x(1-x^2)^{1/2}$	$\Theta_2^1(\theta)=-3\cos\theta(1-\cos^2\theta)^{1/2}$ $=-3\cos\theta sin\theta$
	±2	2	$P_2^2(x)=3(1-x^2)$	$\Theta_2^2(\theta)=3(1-\cos^2\theta)=3\sin^2\theta$
⋮	⋮	⋮	⋮	⋮

자, 이제 우리는 3차원에서 분자의 결합길이가 고정된 채 퍼텐셜에너지가 전혀 없는 상태에서 회전하고 있는 이원자분자를 묘사할 수 있는 수식을 양자역학적으로 찾아내었다. 전체 수식을 써 보면 아래식과 같다.

$$Y_{lm_l}(\theta,\phi)=N_{lm_l}P_l^{|m_l|}(\cos\theta)\frac{1}{\sqrt{2\pi}}e^{im_l\phi}, \qquad l=0,\ 1,\ 2,\ 3\ldots \qquad |m_l|\le l \tag{14-74}$$

이 수식을 구면조화함수라고 부르며 기호로 $Y_l^{m_l}(\theta,\phi)$로 나타낸다. l와 m_l에 따른 구면조화함수 몇 개를

구해보면 아래와 같다.

$$Y_0^0(\theta,\phi)=\left(\frac{1}{2}\right)^{\frac{1}{2}} \cdot 1 \cdot \frac{1}{\sqrt{2\pi}}=\frac{1}{\sqrt{2}}\frac{1}{\sqrt{2\pi}}=\frac{1}{\sqrt{4\pi}} \qquad (14\text{-}75)$$

$$Y_1^0(\theta,\phi)=\left(\frac{3}{2}\right)^{\frac{1}{2}} \cdot \cos\theta \cdot \left(\frac{}{2\pi}\right)^{\frac{1}{2}}=\left(\frac{3}{4\pi}\right)^{\frac{1}{2}}\cos\theta \qquad (14\text{-}76)$$

$$Y_1^1(\theta,\phi)=\left(\frac{3}{4}\right)^{\frac{1}{2}} \cdot \sin\theta \cdot \left(\frac{1}{2\pi}\right)^{\frac{1}{2}}e^{i\phi}=\left(\frac{3}{8\pi}\right)^{\frac{1}{2}}\sin\theta\, e^{i\phi} \qquad (14\text{-}77)$$

표 14.3 l과 m_l에 따른 구면조화함수

l	m_l	$Y_l^{m_l}(\theta,\phi)$
0	0	$\frac{1}{\sqrt{4\pi}}$
1	0	$\left(\frac{3}{4\pi}\right)^{\frac{1}{2}}\cos\theta$
	+1	$\left(\frac{3}{8\pi}\right)^{\frac{1}{2}}\sin\theta\, e^{i\phi}$
⋮	⋮	⋮

〈$m_1 \ll m_2$일 경우 환산질량, $\mu \approx m_1$임의 증명〉

m_1, m_2로 이루어진 시스템의 환산질량, μ는 정의에 따라 식 14-78과 같이 쓸 수 있다.

$$\mu=\frac{m_1m_2}{m_1+m_2} \qquad (14\text{-}78)$$

$m_1 \ll m_2$이므로 $m_1+m_2 \approx m_2$라고 할 수 있다. 따라서 식 14-78은 14-79와 같이 쓸 수 있다.

$$\mu=\frac{m_1m_2}{m_1+m_2}\approx\frac{m_1m_2}{m_2}=m_1 \qquad (14\text{-}79)$$

따라서 $m_1 \ll m_2$일 경우 m_2는 거의 중심에서 움직이지 않으며, m_1 만 회전하고 있는 모습이 된다.

〈개개 원자의 각운동량 합과 환산질량으로 계산된 각운동량이 같다는 사실의 증명〉

질량 m_1, m_2를 가진 그림 3-11(a)의 두 원자의 각운동량, $|\vec{l_1}|$, $|\vec{l_2}|$는 각각 식 14-80, 14-81과 같다.

$$|\vec{l_1}| = m_1 v_1 r_1 \tag{14-80}$$

$$|\vec{l_2}| = m_2 v_2 r_2 \tag{14-81}$$

두 원자의 각속도는 같으므로 $v = r\omega$ 관계식을 이용해서 식 14-80, 14-81을 각속도를 이용해서 표현하면, 식 14-82, 14-83이 된다.

$$|\vec{l_1}| = m_1 r_1^2 \omega \tag{14-82}$$

$$|\vec{l_2}| = m_2 r_2^2 \omega \tag{14-83}$$

전체 각운동량, $|\vec{L}| = |\vec{l_1}| + |\vec{l_2}|$이므로 식 14-84가 된다.

$$|\vec{L}| = m_1 r_1^2 \omega + m_2 r_2^2 \omega = \left(m_1 r_1^2 + m_2 r_2^2\right)\omega \tag{14-84}$$

식 14-81에 $m_1 m_2$를 곱한 뒤 전개하고 $m_1 + m_2$로 나누어주면 식 14-85가 된다.

$$|\vec{L}| = \frac{(m_1 + m_2)\left(m_1 r_1^2 + m_2 r_2^2\right)\omega}{m_1 + m_2} = \frac{\left(m_1^2 r_1^2 + m_1 m_2 r_2^2 + m_1 m_2 r_1^2 + m_2^2 r_2^2\right)\omega}{m_1 + m_2} \tag{14-85}$$

식 14-16을 이용해서 $m_1 r_1$을 $m_2 r_2$로 바꾸게 되면 식 14-85는 식 14-86과 같이 된다.

$$|\vec{L}| = \frac{\left(m_1 r_1 m_2 r_2 + m_1 m_2 r_2^2 + m_1 m_2 r_1^2 + m_1 r_1 m_2 r_2\right)\omega}{m_1 + m_2} \tag{14-86}$$

$m_1 m_2$로 묶게 되면 식 14-86은 식 14-87과 같이 된다.

$$|\vec{L}| = \frac{m_1 m_2\left(r_1 r_2 + r_2^2 + r_1^2 + r_1 r_2\right)\omega}{m_1 + m_2} = \frac{m_1 m_2\left(r_1^2 + 2 r_1 r_2 + r_2^2\right)\omega}{m_1 + m_2} = \mu R^2 \omega \tag{14-87}$$

15. 분자의 회전 특성

1) 회전하는 이원자분자의 각운동량 1

양자역학에서의 가정 중 하나는 "특정 시스템에 관한 쉬뢰딩거 방정식을 풀어서 얻은 파동함수는 해당 시스템에 관한 모든 정보를 담고 있다"라는 것이다. 또한 양자역학에서는 물리량에 대응하는 연산자가 존재하고, 이 연산자를 파동함수에 적용하면 연산자에 대응하는 물리량이 고유치로 주어진다고 가정한다. 예를 들어, 회전하고 있는 이원자분자로부터 어떤 물리량, P를 구하고 싶다면 물리량에 대응하는 연산자, $\hat{P}$을 3장에서 구한 파동함수, $Y_{lm_l}(\theta,\phi)$에 적용시키면 된다. 구하고자 했던 물리량, P는 식 15-1처럼 고유치로 주어지게 된다.

$$\hat{P}Y_{lm_l}(\theta,\phi) = PY_{lm_l}(\theta,\phi) \tag{15-1}$$

위에서 설명된 양자역학의 기본가정을 바탕으로 이원자분자의 각운동량을 한 번 구해보도록 하자. 먼저 각운동량을 양자역학적으로 구하기 위해서는 먼저 각운동량에 해당하는 각운동량 연산자를 구해야 한다. 우리는 3장에서 단위벡터로 표현된 위치벡터와 선운동량 벡터를 이용하여 각운동량 벡터가 식 15-2와 같이 된다는 사실을 배웠다.

$$\vec{l} = \vec{r}\times\vec{p} = \begin{vmatrix} \vec{i} & \vec{j} & \vec{k} \\ x & y & z \\ p_x & p_y & p_z \end{vmatrix} = yp_z\vec{i} + zp_x\vec{j} + xp_y\vec{k} - \left(yp_x\vec{k} + zp_y\vec{i} + xp_z\vec{j}\right) \tag{15-2}$$

$$= (yp_z - zp_y)\vec{i} + (zp_x - xp_z)\vec{j} + (xp_y - yp_x)\vec{k}$$

각운동량 벡터, $\vec{l}$의 x, y, z축성분을 각각 l_x, l_y, l_z라고 한다면, 각운동량 벡터는 $\vec{l} = l_x\vec{i} + l_y\vec{j} + l_z\vec{k}$와 같이 쓸 수 있고 결국 l_x, l_y, l_z는 식 15-3과 같이 나타낼 수 있다.

$$l_x = yp_z - zp_y,\ l_y = zp_x - xp_z,\ l_z = xp_y - yp_x \tag{15-3}$$

따라서 각운동량 각각의 성분에 해당하는 연산자는 식 15-4와 같이 쓸 수 있는데,

$$\hat{l_x} = \hat{y}\hat{p_z} - \hat{z}\hat{p_y},\ \hat{l_y} = \hat{z}\hat{p_x} - \hat{x}\hat{p_z},\ \hat{l_z} = \hat{x}\hat{p_y} - \hat{y}\hat{p_x} \tag{15-4}$$

양자역학에서 x, y, z 위치에 관한 연산자, $\hat{x}, \hat{y}, \hat{z}$는 각각 x, y, z를 적용되는 함수에 곱해주는 것이고, 선운동량에 해당하는 연산자, $\widehat{p_x}$, $\widehat{p_y}$, $\widehat{p_z}$는 식 15-5이므로,

$$\widehat{p_x} = -i\hbar\frac{d}{dx},\ \widehat{p_y} = -i\hbar\frac{d}{dy},\ \widehat{p_z} = -i\hbar\frac{d}{dz} \qquad (15\text{-}5)$$

각운동량 각각의 성분에 해당하는 연산자는 식 15-6과 같이 된다.

$$\begin{aligned}\widehat{l_x} &= y\left(-i\hbar\frac{d}{dz}\right) - z\left(-i\hbar\frac{d}{dy}\right) = -i\hbar\left(y\frac{d}{dz} - z\frac{d}{dy}\right) \\ \widehat{l_y} &= x\left(-i\hbar\frac{d}{dz}\right) - z\left(-i\hbar\frac{d}{dx}\right) = -i\hbar\left(x\frac{d}{dz} - z\frac{d}{dx}\right) \\ \widehat{l_z} &= x\left(-i\hbar\frac{d}{dy}\right) - y\left(-i\hbar\frac{d}{dx}\right) = -i\hbar\left(x\frac{d}{dy} - y\frac{d}{dx}\right)\end{aligned} \qquad (15\text{-}6)$$

이제 우리는 위 각운동량 성분을 회전하는 이원자분자의 파동함수에 적용하면, 각운동량의 세 성분을 구할 수 있고, 결국 회전하는 이원자분자의 각운동량 방향 및 크기를 구할 수 있게 되는 것이다. 그러나, 불행히도 우리는 각운동량의 세 성분을 모두 구할 수 없다. 수학적 기술이나 원리가 부족해서가 아니라 원리적으로 구할 수가 없는데 이 원리를 "불확정성 원리"라고 한다. 이러한 원리를 처음으로 제안한 사람이 하이젠베르크이기 때문에 흔히 "하이젠베르크의 불확정성 원리"라고도 불린다. 회전하는 이원자분자의 각운동량을 구하는 문제를 더 진전시키기 전에 이 불확정성 원리가 도대체 무엇인지 어떤 이유로 각운동량의 세 성분을 구할 수 없다는 것인지에 대해 먼저 알아보도록 하자.

2) 하이젠베르크의 불확정성 원리

20세기 양자역학이 등장하기 전 고전역학적 사고방식의 틀 안에 있었던 과학자들은 기술만 허락된다면 모든 물리량은 원하는 만큼의 정확도로 정확히 측정될 수 있다고 생각하였었다. 예를 들어, 날아가고 있는 공이 있다고 가정했을 때, 기술이 허락하는 한도 내에서 공의 위치와 운동량을 모두 정확히 측정할 수 있다고 생각하였다. 고전역학적 사고방식에서는 우리가 행하는 "측정"이라는 행위가 물체의 상태에 전혀 영향을 주지 않는다고 생각하였기 때문에 모든 물리량을 정확히 측정하는데 있어서 원리적으로 방해될 것은 전혀 없었다. 물체의 크기가 클 때에는 이러한 가정이 타당하지만, 물질의 크기가 분자나 원자의 크기처럼 작아지게 되면 이 가정은 더 이상 타당하지 않을 수 있다. 우리가 어떤 물체를 본다고 했을 때 우리는 물체에 전혀 영향을 주지 않고 외부세계에서 관찰을 하고 있다고 생각하지만 사실, 본다는 것은 물체에 맞고 튕겨 나온 광자(전자기파)를 보는 것이다. 물체의 크기가 광자보다 훨씬 커서 광자의 충돌이 물체의 상태에 거의 영향을 주지

않을경우 물체의 상태는 보는 행위에 의해 영향을 받지 않겠지만 물체의 크기가 분자나 원자만큼 작아지게 되면 광자와의 충돌로 인해 물체의 상태는 바뀔 수 있다. 예를 들어, 그림 15-1(a)처럼 질량 m을 가진 원자나 전자와 같은 어떤 작은 입자가 왼쪽에서 오른쪽으로 v의 속도로 운동하고 있다고 가정해보자. 입자가 움직이고 있는 주변은 너무 깜깜해서 현재 입자가 움직이고 있는 모습은 보이지 않는다. 이 입자의 위치를 알기 위해서 사진을 찍는다고 가정해보자. 주변은 너무 어둡기 때문에 카메라의 플래시를 터뜨려야만 사진을 찍을 수 있다. 카메라의 플래시를 터뜨려서 사진을 찍는다는 것은 플래시로부터 나온 전자기파가 입자에 맞고 튕겨 나온 패턴을 측정한다는 것이다. 물체의 크기보다 전자기파의 파장이 짧아야 우리는 물체의 모습을 제대로 볼 수 있다. 물체의 크기에 비해 파장이 길면 물체의 모습을 제대로 볼 수 없고 물체의 위치 또한 파악하기 어렵게 된다. 카메라 플래시에서 나온 전자기파의 파장이 만일 길다면 카메라에 찍힌 입자의 모습은 그림 15-1(b)처럼 선명하지 않게 되고 입자의 위치를 정확히 알 수 없게 된다. 입자의 모습을 더 선명하게 얻기 위해서 그래서 입자의 위치를 정확히 파악하기 위해서는 플래시에서 나온 전자기파의 파장이 짧아야 한다. 파장이 짧으면 짧을수록 물체의 모습을 더 정확히 볼 수 있고 물체의 위치 또한 더 정확히 알 수 있을 것이다. 그러나 전자기파의 파장은 식 15-7과 같이 전자기파의 운동량과 반비례한다.

$$\frac{h}{\lambda}=p \tag{15-7}$$

즉, 파장이 짧으면 짧을수록 전자기파의 운동량은 증가하게 되고 운동량이 큰 전자기파와 충돌한 입자의 운동량 또한 달라질 것이다. 즉, 파장이 짧은 전자기파를 사용해서 입자를 촬영했을 때 입자의 모습, 즉, 입자의 위치는 그림 15-1(c)처럼 정확히 파악할 수 있지만, 입자의 위치를 파악하는 순간 입자의 운동량은 알 수 없는 상태가 되어 버린다.

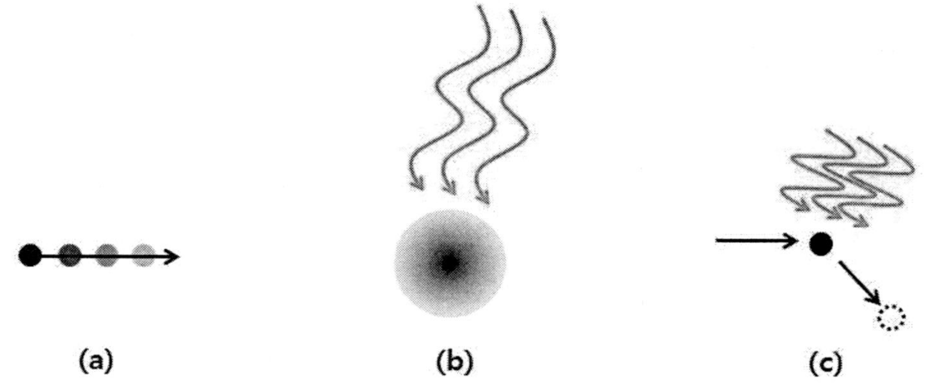

그림 15-1. (a) 왼쪽에서 오른쪽으로 v의 속도로 이동하고 있는 질량 m을 가진 어떤 입자, (b) 장파장의 빛을 사용해서 입자의 모습을 찍었을 때의 모습을 나타낸 그림, (c) 단파장의 빛을 사용해서 찍었을 때의 모습과 빛의 운동량에 의해서 운동량이 달라진다는 것을 나타낸 그림.

결론적으로 입자의 위치와 운동량 모두를 동시에 정확히 측정할 수는 없다. 위치를 정확히 측정하고자 할수록 운동량은 점점 더 불확실해지고, 운동량을 정확히 측정하고자 할수록 위치는 점점 더 불확실해진다. 위치와 운동량의 불확실한 정도를 Δx, Δp라고 해 보자. Δx, Δp의 값이 크다는 얘기는 위치나 운동량에 대한 불확실한 정도가 크다는 의미이고 값이 작다는 것은 그만큼 정확한 값을 알고 있다는 의미가 된다. 예를 들어, 입자가 그림 15-2(a)처럼 수직선 위의 대략 5와 6 사이 어딘가에 있다면 $\Delta x = 1$이 될 것이다. 그러나 만일 그림 15-2(b)처럼 입자가 5.3과 5.4 사이에 있다면 $\Delta x = 0.1$이 될 것이고 그만큼 우리는 입자의 위치를 더 정확히 알고 있다는 의미가 된다. 물론 $\Delta x = 0$이라면 입자의 위치를 오차 없이 정확히 알고 있다는 의미가 된다.

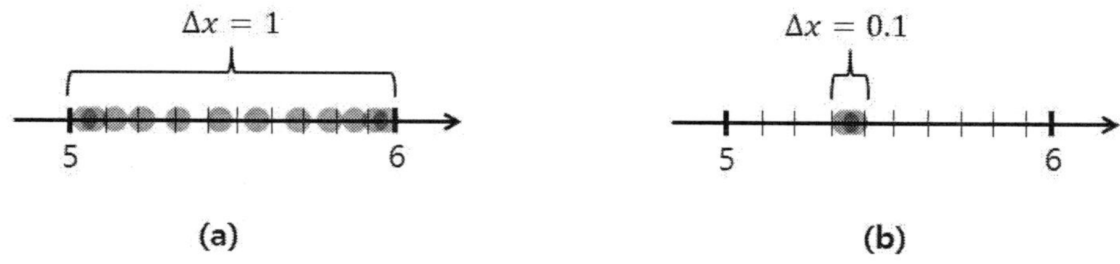

그림 15-2. (a) 어떤 입자가 수직선상에서 5와 6사이 어딘가에 있을 때 위치의 불확실한 정도, $\Delta x = 1$을 나타낸 그림, (b) 어떤 입자가 수직선상에서 5.3과 5.4 사이 어딘가에 있을 때 위치의 불확실한 정도, $\Delta x = 0.1$을 나타낸 그림.

만일 위치와 운동량 모두 정확히 측정할 수 있다면 $\Delta x = 0, \Delta p = 0$ 일 것이고, $\Delta x \cdot \Delta p = 0$이 될 것이다. 그러나 위에서 설명한 바와 같이 Δx와 Δp 는 동시에 "0"이 될 수 없다. 둘 중 하나의 오차가 0에 가깝게 접근한다면, 다른 물리량의 불확실한 정도는 무한대로 접근하게 된다. 예를 들어, 위치의 불확실한 정도가 0으로 수렴할수록 ($\Delta x \to 0$), 운동량의 불확실한 정도는 무한대로 증가하게 된다 ($\Delta p \to \infty$). 반대로 운동량의 불확실한 정도가 0으로 수렴하게 되면 ($\Delta p \to 0$) 위치의 불확실성은 무한대로 커지게 된다 ($\Delta x \to \infty$). 이와 같은 불확정성원리가 성립하는 상태에서는 $\Delta x \cdot \Delta p \neq 0$이 될 것이다. 정확한 계산에 의하면 $\Delta x \cdot \Delta p$는 당연히 0은 아니고 특정 값보다 커야 하는데 그 값은 $\hbar/2$ 로 알려져 있다. 여기서 $\hbar = h/2\pi$를 의미한다. 즉,

$$\Delta x \cdot \Delta p \geq \frac{\hbar}{2} \tag{15-8}$$

이다. 하이젠베르크의 불확정성 원리를 이해하는데 있어서 한 가지 주의 깊게 생각해야 할 것은 위치와 운동량, 두 물리량을 모두 동시에 정확히 알 수 없다는 것은 단지 두 물리량 모두를 정확히 측정할 수 없다는 것이 아니라, 두 물리량 모두를 정확히 아는 것 자체가 원리적으로 불가능하다는 것이다. 불확정성원리의 근본

원인은 관찰이라는 행위로 인해 시스템이 교란되기 때문에 나타나는데 물질의 크기가 작을 경우 교란 없이 측정할 수 있는 방법은 원리적으로 불가능하므로 두 물리량을 모두 정확히 측정하는 것은 원리적으로 불가능하다는 것이다. 하이젠베르크를 비롯해서 20세기 양자역학을 만들어낸 몇몇 주역들은 이러한 해석을 기반으로 양자역학을 발전시켜왔고(이러한 해석을 옹호하는 학파를 소위 "코펜하겐 학파"라고 한다) 이러한 해석의 기반을 두고 양자역학은 현재까지 큰 성공을 거두어 왔지만 사실 이러한 해석에 대한 반발도 꾸준히 제기되어 왔다. 이러한 반발에 대표적인 주자 격인 사람이 바로 아인슈타인이다. 아인슈타인은 불확정성원리를 포함하여 양자역학에 관한 코펜하겐 학파의 해석들을 반박하기 위해 많은 사고실험을 제안하곤 했었는데, 그중 하나가 위치와 운동량 모두를 정확히 측정할 수 없다고 한 하이젠베르크의 주장에 대한 반박이다. 아인슈타인은 시스템을 교란하지 않고도 두 물리량을 동시에 정확히 측정할 수 있는 방법이 있을 것으로 생각하였다. 예를 들어, "하나의 입자를 둘로 나누어서 두 입자가 서로 방향은 다르지만 같은 운동 상태를 유지하도록 한다면, 한쪽에서는 위치를 측정하고 다른 한쪽에서는 운동량을 측정해서 그 입자의 위치와 운동량을 모두 정확히 알 수 있지 않을까?"라고 생각했던 것이다. 아인슈타인의 설명은 다음과 같다. 둘로 나누어진 두 입자의 질량은 같고, 두 입자가 이동하는 환경도 동등한 상태라면, 두 입자의 속도는 작용, 반작용 법칙에 의해 방향만 반대일 뿐 크기는 같은 상태일 것이다. 만일 특정 시간에 오른쪽 입자가 중심으로부터 1 m 되는 거리에 있다면 비록 왼쪽 입자의 위치를 측정하지 않더라도 왼쪽 입자 역시 같은 시간에 중심으로부터 1 m 되는 거리에 있다는 사실을 우리는 알 수 있다. 즉, 왼쪽 입자의 위치는 우리가 직접 측정해보지 않더라도 왼쪽 입자의 위치에 관한 정보를 우리는 알아낼 수 있다. 마찬가지로 한쪽 입자의 운동량을 측정함으로써 다른 입자의 운동량 또한 알아낼 수 있다. 만일 오른쪽 입자로부터 위치를 정확히 측정하고 (이때 오른쪽 입자의 운동량 불확실성은 커져서 우리가 알 수 없을 것이다), 왼쪽 입자로부터 운동량을 정확히 측정한다면 (이때 왼쪽 입자의 위치 불확실성은 커져서 우리가 위치는 알 수 없을 것이다) 우리는 이 입자의 위치와 운동량 모두를 정확히 알 수 있게 될 것이다. 이러한 아인슈타인의 사고실험은 일견 타당해 보이며 이러한 사고실험을 실제로 해보려는 시도가 현재까지도 있어왔다. 불확정성원리를 비롯해서 양자역학의 모든 해석이 잘 못되었을 수도 있고 훗날 더 많은 연구를 통해 새로운 해석, 더 상식에 부합하는 해석들이 등장할지 모르겠다. 그러나 중요한 것은 불확정성 원리를 비롯해서 많은 양자역학의 해석들이 지금까지는 자연현상을 잘 예측하고 설명해오고 있다는 것이다. 이러한 이유로 코펜하겐 학파의 해석이 일견 비상식적으로 보임에도 불구하고 일반적으로 학계에서 받아들여지고 있다. 따라서 본 교재에서도 이러한 해석을 기반으로 이야기를 풀어나갈 계획이다.

위에서 언급했듯이 불확정성원리가 성립하는 근본 원인은 측정이라는 과정에 의해 시스템의 상태가 달라지기 때문이다. 따라서 어떤 입자의 운동량을 측정하게 되면 입자의 상태는 운동량을 측정하기 전과는 달라진다. 마찬가지로 어떤 입자의 위치를 측정하고 나면 그 입자의 상태는 위치를 측정하기 전과는 달라진다. 이러한 사실로부터 우리는 같은 물리량을 측정하더라도 언제 측정하느냐에 따라 얻어지는 물리량이 달라질 것이라고 예상할 수 있다. 그림 15-3(a)처럼 어떤 상자 안에 입자가 하나 놓여 있다고 가정해보자. 현재 상자는 뚜껑으로 덮여 있어서 입자가 어떻게 움직이고 있는지 어디에 있는지 위치와 운동량에 관한 정보가 전혀 없는 상태이다. 입자의 현재 어떤 상태인지는 알 수 없지만 서로 다른 상태라는 것을 나타내기 위해서 입자의 상태를 색깔로 나타내기로 하자. 같은 색깔이라면 입자는 현재 같은 상태에 있는 것이며 서로 다른 색깔이라면 두 상태는 서로 다른 상태를 의미한다. 편의상 그림 15-3(a)의 왼쪽 과정을 1번 과정, 오른쪽 과정을 2번 과정이라고 하자. 1번 과정에서는 입자의 위치가 먼저 측정되고 그 후에 운동량이 측정되고 있으며, 2번 과정에서는 입자의 운동량이 먼저 측정되고 그 후에 위치가 측정되고 있다. 1번 과정에서 입자의 위치는 시스템의 상태가 노란색일 때 측정되었고 측정 후 시스템의 상태는 노란색에서 주황색으로 바뀌었다. 다시 그 상태에서 운동량을 측정하게 되면 운동량은 입자의 상태가 주황색일 때 측정되며 입자의 상태는 다시 주황색에서 빨간색으로 바뀌게 된다. 이제 2번 과정을 살펴보도록 하자. 2번 과정에서는 운동량이 먼저 측정되는데 1번 과정과 달리 노란색 상태에서 운동량이 먼저 측정된다. 1번 과정과는 입자의 상태가 다르기 때문에 같은 운동량이라고 하더라도 측정된 두 값은 서로 다를 것이며, 이 상태에서 입자의 위치 역시 1번 과정과는 다른 녹색 상태에서 측정되기 때문에 1번 과정에서 측정된 위치와 2번 과정에서 측정된 위치는 다를 것이다. 측정된 순서에 따라 측정된 물리량이 다르므로 당연히 1번 과정의 측정 순서를 통해 얻은 위치와 운동량을 곱한 값 (위치1×운동량1)과, 2번 과정의 측정 순서를 통해 얻은 운동량과 위치를 곱한 값(운동량2×위치1)은 서로 다를 것이다.

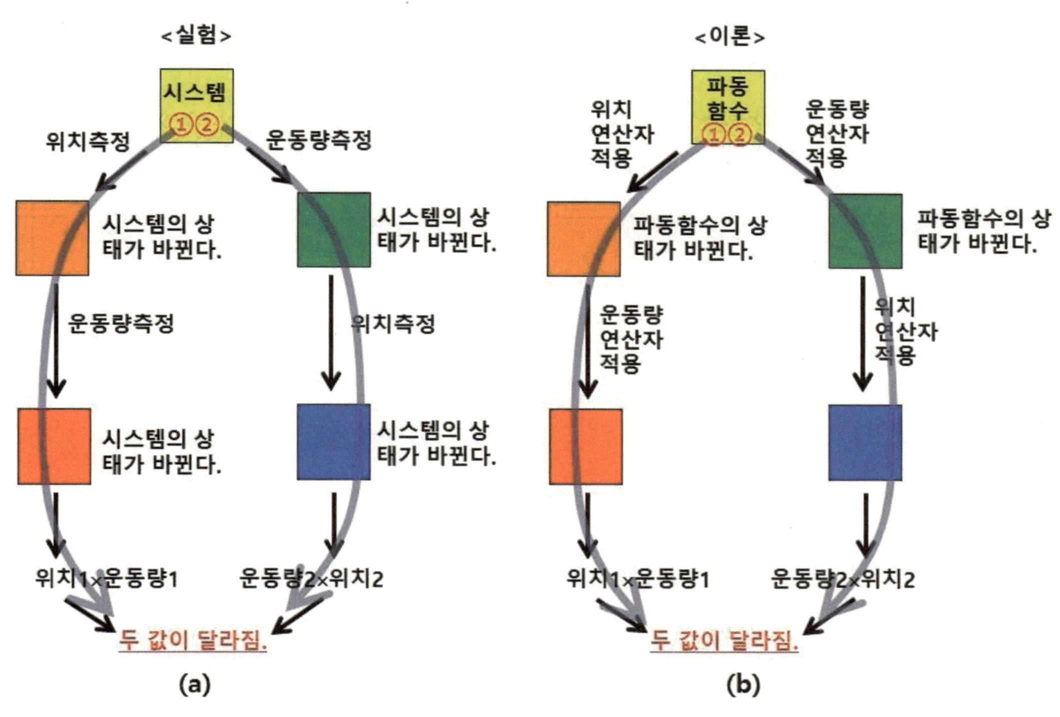

그림 15-3. (a) 측정순서에 따라 입자의 최종상태가 달라진다는 것을 나타낸 그림. (b) 연산자 적용 순서에 따라 파동함수의 최종상태가 달라진다는 것을 나타낸 그림.

그림 15-3(a)에서 우리는 물리량을 측정하는 순서에 따라 측정된 물리량이 달라질 수 있다는 사실을 알았다. 이러한 상황이 양자역학 이론에서도 반영이 될까? 만일 양자역학 이론이 옳은 이론이라면, 즉 현실을 제대로 반영하고 있는 이론이라면 측정 순서에 따라 측정된 물리량이 달라지는 상황이 이론에서도 재현되어야 할 것이다. 양자역학 이론에서 어떤 물리량을 구하는 과정은 물리량에 해당하는 연산자를 시스템의 파동함수에 적용하는 것이다. 이러한 과정에서 물리량은 고유값으로 주어진다. 실험에서 시스템에 대한 측정을 통해 어떤 물리량을 구하는 과정은 이론에서 물리량에 해당하는 연산자를 시스템에 대한 파동함수에 적용시켜서 고유값을 구하는 과정에 해당한다. 실험에서 측정순서에 따라 측정된 물리량의 크기가 달라진다는 사실을 이론에서는 물리량에 해당하는 연산자를 적용하는 순서에 따라 얻어지는 고유값의 크기가 달라진다고 이해할 수 있다. 즉, 그림 15-3(b)의 1번 과정과 같이 위치연산자를 먼저 적용하고 운동량 연산자를 적용한 뒤 얻어지는 고유값과 운동량 연산자를 먼저 적용하고 나서 위치 연산자를 적용하는 2번 과정을 통해 얻은 고유값은 서로 다르다는 의미이다. 이러한 내용을 수식으로 좀 더 자세히 기술하자면 다음과 같다.

x축에서만 움직이고 있는 입자의 위치에 관한 연산자, $\hat{x}$와 선형운동량에 관한 연산자, $\hat{p}$는 다음과 같다.

$$\hat{x} = x\times \qquad \hat{p} = -i\hbar\frac{d}{dx} \tag{15-9}$$

1차원에서 움직이고 있는 입자에 대한 파동함수를 $\psi(x)$라고 한다면, 15-3(b)의 1번 과정과 같이 위치연산자를 먼저 적용하고 운동량 연산자를 나중에 적용하는 과정은 식 15-10과 같이, 그리고 운동량 연산자를 먼저 적용하고 위치 연산자를 나중에 적용하는 과정은 식 15-11과 같이 쓸 수 있다.

$$\hat{p}\hat{x}\psi(x) = -i\hbar\frac{d}{dx}x\psi(x) \tag{15-10}$$

$$\hat{x}\hat{p}\psi(x) = x\left(-i\hbar\frac{d}{dx}\right)\psi(x) \tag{15-11}$$

양자역학이 현실 세계를 올바르게 설명하는 이론이라면 식 15-10, 15-11 두 식의 고유값은 서로 달라야만 하고 식 15-11에서 15-10을 뺀 값은 "0"이 되지 말아야 한다 (식 15-12).

$$\hat{x}\hat{p}\psi(x) \neq \hat{p}\hat{x}\psi(x) \tag{15-12}$$

$$\Leftrightarrow \hat{x}\hat{p}\psi(x) - \hat{p}\hat{x}\psi(x) \neq 0$$

식 15-12의 마지막 식을 $\psi(x)$로 묶으면 식 15-13이 된다.

$$(\hat{x}\hat{p}-\hat{p}\hat{x})\psi(x)\neq 0 \tag{15-13}$$

다시 정리해서 얘기하자면, 위치와 선형운동량은 불확정성원리 때문에 두 물리량을 동시에 정확히 측정할 수 없다. 이처럼 두 물리량을 동시에 정확히 측정할 수 없다면 식 15-13처럼 물리량에 해당하는 연산자를 서로 다른 순서로 적용한 뒤 그 차이를 구했을 때 "0"이 되지 말아야 한다. 여기서 우리는 위치와 운동량에 한정 지어서 이야기를 끌어가고 있고 위치와 운동량은 불확정성 원리를 따라 두 물리량을 동시에 정확히 측정할 수 없지만 그 외 다른 물리량들 중에는 불확정성 원리에 영향을 받지 않는 쌍들도 있다. 그러한 물리량들은 동시에 정확히 측정할 수 있으며 식 15-13의 값이 "0"이 된다. 즉, 식 4-13은 두 물리량이 불확정성 원리에 영향을 받는지 받지 않는지를 판가름할 수 있는 수식이 된다. 만일 어떤 두 물리량에 해당하는 연산자, $\hat{a}, \hat{b}$가 있다고 했을 때, $(\hat{a}\hat{b}-\hat{b}\hat{a})\psi(x)=0$이라면 두 물리량은 불확정성 원리에 영향을 받지 않는다는 의미이고 두 물리량을 동시에 정확히 구할 수 있다는 말이 된다. 반면에, $(\hat{a}\hat{b}-\hat{b}\hat{a})\psi(x)\neq 0$라면 두 물리량은 불확정성 원리에 영향을 받으므로 두 물리량을 동시에 정확히 구할 수 없다는 얘기가 된다. 여기서 $\hat{a}\hat{b}-\hat{b}\hat{a}$를 줄여서 $[a,b]$과 같이 줄여서 쓰며 일종의 연산자로 취급하여 "교환자"라고 부른다. 즉, 위치와 운동량 연산자를 이용해서 교환자를 만들면 식 15-14와 같이 된다.

$$[\hat{x},\hat{p}]\psi(x)\neq 0 \tag{15-14}$$

$$\Leftrightarrow(\hat{x}\hat{p}-\hat{p}\hat{x})\psi(x)\neq 0$$

$$\Leftrightarrow\hat{x}\hat{p}\psi(x)-\hat{p}\hat{x}\psi(x)\neq 0$$

상자의 길이가 L인 1차원 상자에서 움직이고 있는 입자의 파동함수를 이용하여 식 15-14를 한 번 계산해 보자. 길이가 L인 1차원 상자에서 움직이고 있는 질량 m인 입자의 파동함수, $\psi(x)$는 식 15-15와 같다.

$$\psi(x)=\sqrt{\frac{2}{L}}\sin\frac{n\pi x}{L} \tag{15-15}$$

위 파동함수에 운동량 연산자를 먼저 적용하고 위치 연산자를 적용하게 되면 식 15-16과 같이 된다.

$$\hat{x}\hat{p}\psi(x)=x\left(-i\hbar\frac{d}{dx}\right)\sqrt{\frac{2}{L}}\sin\frac{n\pi x}{L} \tag{15-16}$$

$$\Leftrightarrow -i\hbar\sqrt{\frac{2}{L}}\frac{n\pi}{L}x\cos\frac{n\pi x}{L}$$

식 15-15 파동함수에 위치연산자를 먼저 적용하고 운동량 연산자를 적용하면 식 15-17과 같이 된다.

$$\hat{p}\hat{x}\psi(x)=\left(-i\hbar\frac{d}{dx}\right)x\sqrt{\frac{2}{L}}\sin\frac{n\pi x}{L} \tag{15-17}$$

$$\Leftrightarrow -i\hbar\left(\sqrt{\frac{2}{L}}\sin\frac{n\pi x}{L}+x\sqrt{\frac{2}{L}}\frac{n\pi}{L}\cos\frac{n\pi x}{L}\right)$$

식 15-16에서 식 15-17을 빼면

$$-i\hbar\sqrt{\frac{2}{L}}\frac{n\pi}{L}x\cos\frac{n\pi x}{L}-\left\{-i\hbar\left(\sqrt{\frac{2}{L}}\sin\frac{n\pi x}{L}+x\sqrt{\frac{2}{L}}\frac{n\pi}{L}\cos\frac{n\pi x}{L}\right)\right\} \tag{15-18}$$

$$=-i\hbar\sqrt{\frac{2}{L}}\frac{n\pi}{L}x\cos\frac{n\pi x}{L}+i\hbar\sqrt{\frac{2}{L}}\sin\frac{n\pi x}{L}+i\hbar x\sqrt{\frac{2}{L}}\frac{n\pi}{L}\cos\frac{n\pi x}{L}$$

$$=i\hbar\sqrt{\frac{2}{L}}\sin\frac{n\pi x}{L}=i\hbar\psi(x)$$

으로 "0"이 안 됨을 확인할 수 있고, 위치와 운동량은 불확정성 원리의 영향을 받는 두 물리량이며 두 물리량을 동시에 정확히 측정하는 것은 불가능하다는 실험적 사실이 양자역학 이론에서 잘 반영됨을 확인할 수 있다. 식 15-17과 15-18을 교환자 연산자를 이용해서 요약해서 나타내면 식 15-19와 같다.

$$[\hat{x},\hat{p}]\psi(x)=i\hbar\psi(x) \tag{15-19}$$

식 15-19를 통해 우리는 위치와 운동량, 두 물리량으로 이루어진 교환자의 고유치 값이 "0"이 아닌 $i\hbar$이며 두 물리량은 불확정성 원리의 영향을 받는 두 물리량이라는 사실을 알 수 있다. 그렇다면 교환자를 만들었을 때 고유치가 "0"이 되는 두 연산자가 있을까? 제한된 2차원 공간에서 움직이고 있는 입자의 x축 방향, y축 방향 위치는 불확정성 원리에 영향을 받지 않으므로 두 물리량 모두 동시에 정확히 측정할 수 있다. x축 방향 공간의 길이가 a, y축 방향 공간의 길이가 b인 2차원 공간에서 움직이고 있는 질량 m의 입자에 대한 파동함수는 식 15-20과 같다.

$$\psi(x,y)=\sqrt{\frac{2}{a}}\sqrt{\frac{2}{b}}\sin\frac{n_x\pi x}{a}\sin\frac{n_y\pi y}{b} \tag{15-20}$$

이 입자의 x축 방향 위치와 y축 방향 위치에 해당하는 연산자는 각각 $\hat{x}=x\times$, $\hat{y}=y\times$ 이다. 두 연산자를 이용하여 교환자를 만들어 파동함수에 적용하면 식 15-21과 같이 고유치가 "0"이 되면서 전체적인 결과가 "0"이 됨을 알 수 있다.

$$[\hat{x}, \hat{y}]\psi(x, y) = (\hat{x}\hat{y} - \hat{y}\hat{x})\psi(x) \tag{15-21}$$

$$= xy\sqrt{\frac{2}{a}}\sqrt{\frac{2}{b}}\sin\frac{n_x\pi x}{a}\sin\frac{n_y\pi y}{b} - yx\sqrt{\frac{2}{a}}\sqrt{\frac{2}{b}}\sin\frac{n_x\pi x}{a}\sin\frac{n_y\pi y}{b}$$

$$= (xy - yx)\sqrt{\frac{2}{a}}\sqrt{\frac{2}{b}}\sin\frac{n_x\pi x}{a}\sin\frac{n_y\pi y}{b} = 0$$

$$= 0 \cdot \sqrt{\frac{2}{a}}\sqrt{\frac{2}{b}}\sin\frac{n_x\pi x}{a}\sin\frac{n_y\pi y}{b}$$

즉, 2차원 공간에서 x축 방향 위치와 y축 방향 위치는 불확정성 원리에 영향을 받지 않는 물리량이므로 두 물리량 모두 정확히 측정할 수 있다는 말이 된다. 위치와 운동량처럼 교환자의 고유값이 "0"이 아닐 때 두 물리량은 가환이 안 된다고 하며, 방금 위에서 x축 방향 위치와 y축 방향 위치에 관한 연산자처럼 교환자의 고유값이 "0"일 때 두 물리량은 가환이라고 한다. 지금까지 하이젠베르크의 불확정성 원리에 대한 긴 이야기를 하였는데, 이제 다시 1로 돌아가서 하다만 이원자분자의 각운동량에 관한 얘기를 해 보도록 하자.

3) 회전하는 이원자분자의 각운동량 2

1절에서 우리는 각운동량의 세 축성분, l_x, l_y, l_z을 구하는 연산자, $\hat{l_x}, \hat{l_y}, \hat{l_z}$를 구하였다. 그 연산자를 다시 써 보면 식 15-22와 같다.

$$\hat{l_x} = -i\hbar\left(y\frac{d}{dz} - z\frac{d}{dy}\right) \qquad \hat{l_y} = -i\hbar\left(x\frac{d}{dz} - z\frac{d}{dx}\right) \qquad \hat{l_z} = -i\hbar\left(x\frac{d}{dy} - y\frac{d}{dx}\right) \tag{15-22}$$

이 세 연산자를 이용해서 교환자를 만들어보면 식 15-23과 같이 세 교환자를 만들 수 있다.

$$[\hat{l_x}, \hat{l_y}] \qquad [\hat{l_x}, \hat{l_z}] \qquad [\hat{l_y}, \hat{l_z}] \tag{15-23}$$

이 세 교환자의 고유치를 계산해보면 "0"이 안 된다는 사실 즉, 각각의 연산자는 서로 가환되지 않는다는 사실을 알 수 있는데, 이것은 각운동량의 세 축성분 모두를 동시에 정확히 구할 수 없다는 것을 의미한다. 식 15-23 교환자들의 고유치가 "0"이 되는지 되지 않는지를 확인하려면 식 15-23을 파동함수에 적용해야 하는데 파동함수에 적용하지 않더라도 식 15-23을 간단히 정리함으로써 우리는 고유치가 "0"이 되는지 되지 않는지를 확인할 수 있다. $[\hat{l_x}, \hat{l_y}]$는 다음과 같이 간단히 $\hat{l_z}$의 형태로 정리가 되는데 이 과정을 살펴보기로 하자.

$$[\hat{l_x}, \hat{l_y}] = \hat{l_x}\hat{l_y} - \hat{l_y}\hat{l_x} \tag{15-24}$$
$$= \left\{-i\hbar\left(y\frac{d}{dz} - z\frac{d}{dy}\right)\right\}\left\{-i\hbar\left(x\frac{d}{dz} - z\frac{d}{dx}\right)\right\} - \left\{-i\hbar\left(x\frac{d}{dz} - z\frac{d}{dx}\right)\right\}\left\{-i\hbar\left(y\frac{d}{dz} - z\frac{d}{dy}\right)\right\}$$

식 15-24의 첫 번째 항과 두 번째 항을 나누어서 계산하도록 한다. 먼저 첫 번째 항은 다음과 같이 계산된다.

$$(i\hbar)^2\left(y\frac{d}{dz}x\frac{d}{dz} - y\frac{d}{dz}z\frac{d}{dx} - z\frac{d}{dy}x\frac{d}{dz} + z^2\frac{d}{dy}\frac{d}{dx}\right) \tag{15-25}$$
$$= (i\hbar)^2\left(yx\frac{d^2}{dz^2} - y\frac{d}{dz}z\frac{d}{dx} - zx\frac{d}{dy}\frac{d}{dz} + z^2\frac{d}{dy}\frac{d}{dx}\right)$$
$$= (i\hbar)^2\left(yx\frac{d^2}{dz^2} - y\left(\frac{d}{dx} + z\frac{d}{dz}\frac{d}{dx}\right) - zx\frac{d}{dy}\frac{d}{dz} + z^2\frac{d}{dy}\frac{d}{dx}\right)$$
$$= (i\hbar)^2\left(yx\frac{d^2}{dz^2} - y\frac{d}{dx} - yz\frac{d}{dz}\frac{d}{dx} - zx\frac{d}{dy}\frac{d}{dz} + z^2\frac{d}{dy}\frac{d}{dx}\right)$$

식 15-24의 두 번째 항은 다음과 같이 계산된다.

$$(i\hbar)^2\left(x\frac{d}{dz}y\frac{d}{dz} - x\frac{d}{dz}z\frac{d}{dy} - z\frac{d}{dx}y\frac{d}{dz} + z^2\frac{d}{dx}\frac{d}{dy}\right) \tag{15-26}$$
$$= (i\hbar)^2\left(xy\frac{d^2}{dz^2} - x\frac{d}{dz}z\frac{d}{dy} - zy\frac{d}{dx}\frac{d}{dz} + z^2\frac{d}{dx}\frac{d}{dy}\right)$$
$$= (i\hbar)^2\left(xy\frac{d^2}{dz^2} - x\left(\frac{d}{dy} + z\frac{d}{dz}\frac{d}{dy}\right) - zy\frac{d}{dx}\frac{d}{dz} + z^2\frac{d}{dx}\frac{d}{dy}\right)$$
$$= (i\hbar)^2\left(xy\frac{d^2}{dz^2} - x\frac{d}{dy} - xz\frac{d}{dz}\frac{d}{dy} - zy\frac{d}{dx}\frac{d}{dz} + z^2\frac{d}{dx}\frac{d}{dy}\right)$$

첫 번째 항에서 두 번째 항을 빼면

$$[\hat{l_x}, \hat{l_y}] = (i\hbar)^2\left(-y\frac{d}{dx}\right) - (i\hbar)^2\left(-x\frac{d}{dy}\right) \tag{15-27}$$

이 되고 $(i\hbar)^2$으로 묶으면

$$[\hat{l_x}, \hat{l_y}] = (i\hbar)^2\left(x\frac{d}{dy} - y\frac{d}{dx}\right) = (i\hbar)(i\hbar)\left(x\frac{d}{dy} - y\frac{d}{dx}\right) \tag{15-28}$$

이 되는데 $\hat{l_z} = i\hbar\left(x\frac{d}{dy} - y\frac{d}{dx}\right)$이므로 식 15-28은 앞서 언급했듯이 $\hat{l_z}$의 형태로 정리 된다 (식 15-29).

$$[\hat{l_x}, \hat{l_y}] = (i\hbar)\hat{l_z} \tag{15-29}$$

같은 방식으로 $[\hat{l_x}, \hat{l_z}]$, $[\hat{l_y}, \hat{l_z}]$을 계산해보면

$$[\hat{l_x}, \hat{l_z}] = (i\hbar)\hat{l_y} \qquad [\hat{l_y}, \hat{l_z}] = (i\hbar)\hat{l_x} \tag{15-30}$$

이 됨을 알 수 있다. 식 15-29, 15-30을 보면 교환자 $[\hat{l_x}, \hat{l_y}]$, $[\hat{l_x}, \hat{l_z}]$, $[\hat{l_y}, \hat{l_z}]$ 모두 "0"이 아닌 것을 볼 수 있고 이는 운동량의 세 축성분을 모두 동시에 정확히 구하는 것은 불확정성 원리 때문에 불가능하다는 것을 의미한다. 각운동량 벡터의 세 축성분 중 하나를 정확히 알면 알수록 나머지 두 축성분의 값은 점점 더 알 수 없게 된다. 자 그러면 세 축성분 중 한 축의 성분만이라도 구해 보도록 하자. 어떤 축의 성분을 구해볼까? 우리는 식 15-22에서 각운동량 벡터의 세 축성분에 해당하는 연산자를 구한바 있다. 그러나 식 15-22에서 우리가 구한 연산자들은 직교좌표계로 표현된 연산자이다. 회전하는 이원자분자에 대해 우리가 얻은 파동함수는 구면좌표계로 표현되어 있기 때문에 각운동량 벡터의 세 축성분에 해당하는 연산자들도 모두 구면좌표계로 표현해서 파동함수에 적용해야 할 것이다. 식 15-22에 직교좌표계로 표현된 각운동량 벡터의 세 축성분에 대응하는 연산자들을 구면좌표계로 바꾸면 다음과 같다.

$$\hat{l_x} = -i\hbar\left(-\sin\phi\frac{\partial}{\partial\theta} - \cos\phi\cot\theta\frac{\partial}{\partial\theta}\right) \tag{15-31}$$

$$\hat{l_y} = -i\hbar\left(\cos\phi\frac{\partial}{\partial\phi} - \sin\phi\cot\theta\frac{\partial}{\partial\phi}\right)$$

$$\hat{l_z} = -i\hbar\frac{\partial}{\partial\phi}$$

이 중에서 가장 간단한 형태의 연산자는 $\hat{l_z}$이므로 $\hat{l_z}$연산자를 이용하여 각운동량 벡터의 z축성분을 구해보자. 3장에서 우리가 구한 회전하는 이원자분자에 관한 파동함수에 $\hat{l_z}$를 적용하며 다음과 같이 z축성분이 고유치로 주어진다.

$$-i\hbar\frac{\partial}{\partial\phi}\left\{N_{lm_l}P_l^{|m_l|}(\cos\theta)\frac{1}{\sqrt{2\pi}}e^{\pm i|m_l|\phi}\right\} \tag{15-32}$$

$$= N_{lm_l}P_l^{|m_l|}(\cos\theta)\frac{1}{\sqrt{2\pi}}(-i\hbar)\frac{\partial}{\partial\phi}e^{\pm i|m_l|\phi}$$

$$= (-i\hbar)(\pm i|m_l|)\left\{N_{lm_l}P_l^{|m_l|}(\cos\theta)\frac{1}{\sqrt{2\pi}}e^{\pm i|m_l|\phi}\right\}$$

$$=\pm m_l\hbar\left\{N_{lm_l}P_l^{|m_l|}(\cos\theta)\frac{1}{\sqrt{2\pi}}e^{\pm i|m_l|\phi}\right\} \quad (m_l = 0,\ \pm 1,\ \pm 2, ...)$$

식 15-32를 보면 회전하는 이원자분자의 각운동량 벡터 중 z축성분의 크기가 $\pm m_l\hbar$로 얻어진다는 사실을 확인할 수 있다. 3장에서 회전하는 이원자분자의 파동함수를 구할 때, $m_l = 0,\ \pm 1,\ \pm 2, ...$이었으므로 각운동량 벡터의 z축성분의 크기,

$$l_z = m_l\hbar \quad (m_l = 0,\ \pm 1,\ \pm 2, ...) \tag{15-33}$$

라고만 써도 ±가 모두 포함된다. 위에서 얘기했듯이 각운동량의 세 축성분의 값을 동시에 아는 것은 불가능하다. 그러나 각운동량의 세 축 성분중 하나의 값과 각운동량의 벡터의 크기를 아는 것은 가능하다. 각운동량 벡터의 크기에 대응하는 연산자를 구해 보도록 하자.

고전역학에 의하면, 그리고 14장 14-5식에 의하면 회전하고 있는 물체의 운동에너지는,

$$E_k = \frac{|\vec{l}|^2}{2I} \tag{15-34}$$

이었다. 양자역학 이론에 의하면, 그리고 14장 14-72식에 의하면 운동에너지는,

$$E_k = \frac{\hbar^2}{2I}l(l+1) \quad (l = 0,\ 1,\ 2,\ 3, ...) \tag{15-35}$$

이다. 두 식을 비교하면 각운동량 벡터 크기의 제곱 및 각운동량 벡터의 크기는

$$|\vec{l}|^2 = \hbar^2 l(l+1), \quad \therefore |\vec{l}| = \hbar\sqrt{l(l+1)} \tag{15-36}$$

임을 알 수 있다. 이제 우리는 3차원 공간에서 회전하고 있는 2원자 분자의 각운동량 벡터 크기와 각운동량 벡터 세 축 성분중 하나를 알았다. 이 두 가지를 통해서 2원자 분자가 3차원 공간에서 어떻게 회전하고

있는지 살펴보도록 하자. 식 15-33과 15-36을 보면 회전하는 2원자 분자의 각운동량 양자수, l과 자기양자수, m_l에 따라 달라진다는 사실을 알 수 있다. 각운동량 양자수, l과 자기양자수, m_l은 서로 다음과 같은 식으로 연결되어 있다.

$$|m_l| \leq l \qquad (15\text{-}37)$$

또한 3장에서 양자역학적으로 얻어진 회전하는 2 원자 분자의 에너지

$$E = \frac{\hbar^2}{2I} l(l+1) \qquad (15\text{-}38)$$

이므로 양자수에 따라 각운동량 벡터의 크기, 각운동량 벡터의 z축성분, 그리고 에너지를 구해보면 표 15-1과 같다. 표 15-1의 각운동량 벡터의 크기와 z축성분만 갖고는 각운동량 벡터의 정확한 방향을 알 수는 없다. 그러나 그림 15-4(a)처럼 지면에서 위로 향하는 방향을 z축 방향이라고 설정하면 3차원 공간에서 이원자분자가 어떤 상태로 회전을 하고 있는지 중요한 정보를 하나 얻을 수 있다. 각운동량 양자수가 "1"일 때, 각운동량 벡터의 크기는 $\sqrt{2}\hbar$이고 그때 자기양자수의 값이 +1일 때, z축성분의 값은 $+\hbar$이다. 이처럼 어떤 벡터의 크기가 $\sqrt{2}\hbar$이고 z축성분의 값이 $+\hbar$가 되려면 각운동량 벡터는 z축으로부터 특정 각도만큼 기울어져야 하는데 그 각도는 코사인 정의에 따라 식 15-39와 같이 주어진다.

표 15-1. 각운동량 양자수, 자기 양자수에 따른 각운동량 벡터의 크기, z축성분, 에너지

l	m_l	$\lvert\vec{l}\rvert$	l_z	E
0	0	0	0	0
1	+1	$\sqrt{2}\hbar$	$+\hbar$	$\frac{2\hbar^2}{2I}$
	0	$\sqrt{2}\hbar$	0	
	-1	$\sqrt{2}\hbar$	$-\hbar$	
2	+2	$\sqrt{6}\hbar$	$+2\hbar$	$\frac{6\hbar^2}{2I}$
	+1	$\sqrt{6}\hbar$	$+\hbar$	
	0	$\sqrt{6}\hbar$	0	
	-1	$\sqrt{6}\hbar$	$-\hbar$	
	-2	$\sqrt{6}\hbar$	$-2\hbar$	
⋮	⋮	⋮	⋮	⋮

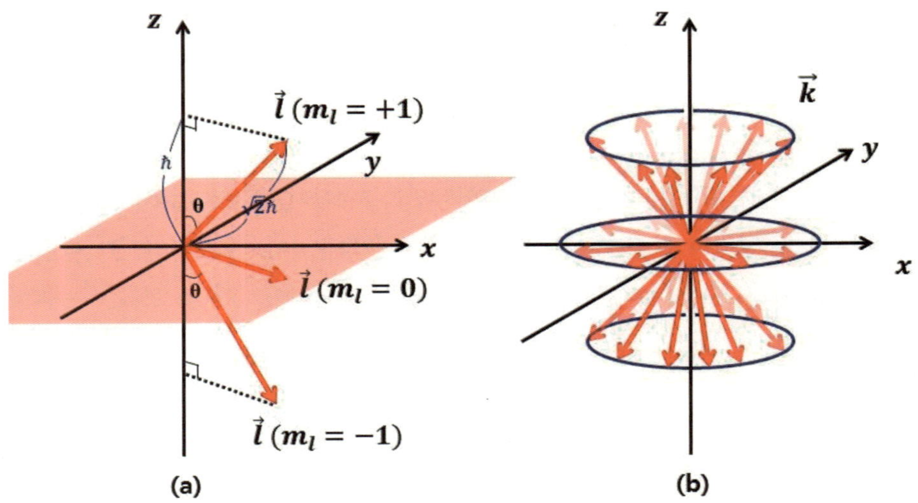

그림 15-4. (a) 각운동량 벡터의 크기와 z축성분의 값으로부터 각운동량 벡터가 z축으로부터 어떤 각도로 기울어져 있는지 알 수 있다. (b) 파란색으로 그려진 원을 향한 벡터들은 모두 각운동량 크기와 z축성분의 크기 조건을 만족시키는 벡터들이다.

식 15-39로부터 각운동량 벡터가 z축으로부터 기울어진 각도를 도 단위로 구해보면 $m_l = +1$일 때에는 45°, $m_l = 0$일 때에는 90°, $m_l = -1$일 때에는 135°임을 알 수 있다.

$$\cos\theta = \frac{\hbar}{\sqrt{2}\,\hbar} = \frac{1}{\sqrt{2}} \quad (m_l = +1) \tag{15-39}$$

$$\cos\theta = \frac{0}{\sqrt{2}\,\hbar} = 0 \quad (m_l = 0)$$

$$\cos\theta = \frac{-\hbar}{\sqrt{2}\,\hbar} = -\frac{1}{\sqrt{2}} \quad (m_l = -1),$$

그런데 잘 생각해보면 각운동량 벡터의 크기, $\sqrt{2}\,\hbar$와 z축성분의 값, $+\hbar$, 0, $-\hbar$를 만족시키는 벡터는 15-4(a)에 그려져 있는 세 개의 벡터 외에도 다양한 벡터들이 존재한다는 사실을 알 수 있다. 그림 15-4(b)를 보면 z축의 값이 $+\hbar$인 부분, 0인 부분, 그리고 $-\hbar$인 부분에 세 개의 원이 파란색 선으로 그려져 있는데 이 선을 향한 모든 벡터들은 각운동량 벡터의 크기와 z축 성분의 값 조건을 모두 만족시키는 벡터들이라는 사실을 알 수 있다. z축의 값이 $+\hbar$인 부분에 그려져 있는 원을 향한 벡터들은 모두 z축 양의 부분으로부터 45° 기울어져 있는 벡터들인데 이 벡터들의 크기는 모두 $\sqrt{2}\,\hbar$이며 z축 성분의 값은 $+\hbar$이고, 자기양자수, $m_l = +1$이다. 자기양자수가 0 그리고 -1일 때에는 각각 z가 0, 그리고 $-\hbar$에 그려져 있는 원을 향한 벡터들이 모두 각운동량 벡터의 크기와 z축 성분의 값 조건을 만족시키는 벡터들이 되는데 이 벡터들은 모두 z축 양의 부분으로부터 90° 그리고 135° 기울어져 있는 벡터들이다. 지금 우리는 각운동량 양자수가 1인 경우에 대해서만 살펴보고 있는데 만일 각운동량 양자수가 달라진다면 각운동량 벡터의 크기, z축 성분의 값들이 달라지기 때문에 z축 양의 부분으로부터의 각도 역시 달라지게 될 것이다. 각운동량 양자수가 2일 경우 회전하는 분자의 각운동량 벡터가 z축 양의 부분으로부터 기울어진 각도가 얼마가 될지 각자 한 번씩 구해보도록 하자.

4) 공간 양자화

위에서 보았듯이 각운동량의 z축성분은 자기양자수, m_l에 따라 결정된다. 각운동량의 세 축성분은 불확정성 원리에 지배를 받기 때문에 세 축성분 모두를 정확히 알 수는 없었지만, 그 크기와 z축성분의 값은 알 수 있었고, 이를 통해 각운동량 벡터가 z축으로부터 어떤 각도로 기울어져 있는지 알 수 있었다. 14장에서 각운동량의 정의를 통해 배웠듯이 각운동량 벡터가 z축으로부터 어떤 각도로 기울어져 있는지 안다는 것은 곧 어떤 방향으로 회전이 일어나고 있는지 안다는 것을 의미한다. 예를 들어, 각운동량 양자수, $l=1$일 때 각운동량의 크기는 $\sqrt{2}\hbar$이며, z축성분의 값은 m_l 값에 따라 $+\hbar$, 0, $-\hbar$가 된다. 만일 아래에서 위로 향하는 방향을 z축 방향이라고 할 때, m_l 값에 따른 각운동량의 방향은 각각 그림 15-5 (a, b, c)의 검은색 화살표와 같으며 그에 따른 회전운동은 빨간색으로 그려진 원과 같다.

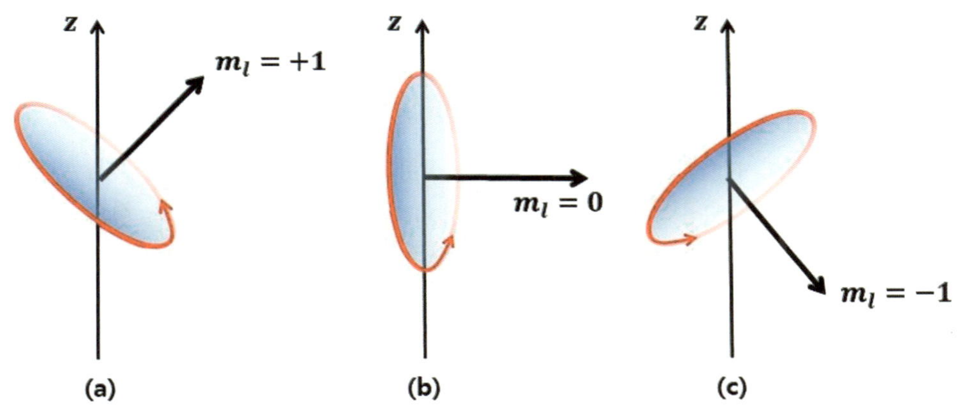

그림 15-5. 자기양자수 m_l이 (a) +1, (b) 0, (c) -1일 때 회전운동을 하는 물체의 각운동량 방향과 그에 따른 회전운동.

즉, 각운동량 양자수 $l=1$일 때 그리고 z축이 위 방향으로 고정되어 있을 때 분자는 그림 15-5에 그려져 있는 z축으로부터 기울어진 각도로만 회전이 가능하다는 말이 된다. 다시 말해서 분자는 공간에서 아무 방향으로나 회전할 수 있는 것이 아니라 고정된 z축으로부터 특정 각도만큼 기울어진 회전만 가능하다는 것이다. 각운동량 양자수 $l=1$일 때 분자는 z축으로부터 45°, 90°, 135°로 기울어진 회전만이 가능하다. 왜 다른 각도로 기울어진 회전은 불가능하고 정해진 각도로 기울어진 회전만 가능할까? 이 질문에 대해 명쾌한 답을 할 수 있는 사람은 아마 아무도 없을 것이다. "에너지는 왜 양자화되어 나타나는가? 원자의 궤도는 왜 양자화되어 나타나는가?"라는 질문에 명확히 답변해 줄 수 없는 것처럼 분자의 회전이 왜 특정 각도로 기울어진 상태에서만 가능한지에 대해서도 명확한 답을 하긴 어렵다. 사실 양자역학에서 상식적으로 이해되지 않는 결과들이 이것뿐이랴. 물질의 파동성, 파동함수의 붕괴, 확률론적 세계관 등 우리의 상식으로 이해되지 않는 결과들을 우리는 쭉 지켜보아 왔다. 중요한 것은 양자역학으로부터 도출되어 나오는 이러한 비상식적인 결과들이 우리의 마음에 들진 않지만, 자연현상을 잘 예측한다는 사실이다. 따라서 우리는 그 유명한 과학자, 리처드 파인먼이 "자연이 우리의 상식에 부합할 이유는 없으니, 그냥 그대로 받아들여야 한다"라고 주장하였듯이 우리도 그냥 받아들이는 수밖에 없을 것이다.

"각운동량 양자수가 1일 때 분자의 회전은 왜 45°, 90°, 135°로 기울어진 상태에서만 일어날까? 30°, 50°, 160°처럼 다른 각도로 기울어진 상태에서는 회전이 왜 불가능할까?" 이러한 질문에 대해 명쾌하게 답변을 해 줄 수 있는 사람은 아무도 없겠지만 필자에게 이러한 질문을 한다면 필자는 "분자의 회전이 특정 각도로 기울어진 상태에서만 일어나는 이유는 그 특정 각도 외에는 다른 각도로 기울어질 공간이 없기 때문이다"라고 답을 하고 싶다. 즉, 에너지, 빛, 원자의 궤도와 더불어 우리가 사는 이 공간 역시 양자화되어 있는 것이다. 그림 4-6(a)처럼 거시적 시각에서는 연속적으로 보이지만 점점 확대해 들어가다 보면 작은 픽셀로 되어있는 컴퓨터 화면과 같이 (그림 4-6(b, c)), 이 세상도 거시적 시각에서는 연속적으로 보이지만 사실은 양자화되어 있는 것이다. 그림 5-3(c)에서 한 픽셀의 크기를 1 μm라고 하면 4 μm의 선 다음에 그릴 수 있는 선의 길이는 5 μm이지 4.1 μm, 4.25 μm와 같은 길이의 선은 그릴 수가 없다. 왜냐하면 그와 같은 길이의 선들을 그릴 수 있는 공간이 없기 때문이다. 같은 이유로 각운동량 양자수가 1일 때 분자의 회전은 45°, 90°, 135°로 기울어진 상태에서만 일어날 수 있고 그 외의 각도에서는 일어날 수가 없는 것이다. 왜냐하면 다른 각도로 기울어질 만한 공간이 없기 때문이다. 실제로 공간이 양자화 되어 있을까? 일반적인 상식과는 부합하지 않지만 지금까지 과학자들에 의해 밝혀진 상황으로는 인정할 수밖에 없다. 미래에 새로운 이론이 등장해서 실험적으로 나타나는 현상을 공간양자화 개념의 도입 없이 설명할 수 있는 날이 올지 모르겠지만 그 전 까지는 양자역학이 말하는 바를 믿어야 할 것이다. 지금까지 우리는 회전하는 이원자분자 시스템을 양자역학적으로 어떻게 묘사하는지 그리고 어떤 특성들이 있는지에 대해 배웠다. 다음 절에서 우리는 이론적으로 얻어진 결과들이 실제 실험에서 어떻게 나타나는지에 대해 알아보도록 하자.

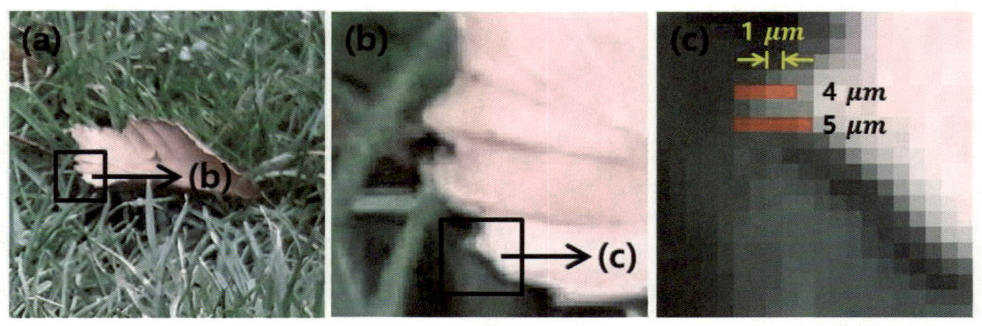

그림 15-6. (a) 잔디밭에 떨어져 있는 나뭇잎의 모습, (b) (a)의 검은색 사각형 부분을 확대한 모습, (c) (b)의 검은색 사각형 부분을 더 확대한 모습.

16. 회전분광학

1) 회전에너지 준위

우리는 앞장에서 회전하는 이원자분자 시스템이 어떻게 양자역학적으로 묘사되는지 그리고 어떤 특성들이 나타나는지에 대해 배웠다. 이론으로 배운 이러한 내용들이 실험적으로 증명될 수 있을까? 물론 증명될 수 있고 증명되었기 때문에 양자역학 이론이 현재까지 성공적인 이론으로 받아들여지고 있는 것이다. 양자역학 이론은 현실세계에서 일어나는 여러 가지 현상들을 잘 설명해주고 있는데 분자와 같이 작은 시스템에 대해서는 특히 빛과의 상호작용에서 나타나는 여러 가지 현상들을 잘 설명해준다. 이처럼 빛과의 상호작용을 통해 분자나 물질의 상태나 특성을 이해하는 학문을 "분광학"이라고 한다. 이제 이 장에서 우리는 양자역학적으로 묘사된 이원자분자의 회전 특성들이 빛과의 상호작용을 통해서 실험적으로 어떻게 나타나는지 그리고 그러한 실험적 특성들이 양자역학적으로 어떻게 설명되고 이해되는지에 대해 살펴보도록 하자.

우리는 14장과 15장에서 회전하는 이원자분자의 에너지가 식 16-1과 같이 주어진다는 사실을 배웠다.

$$E=\frac{\hbar^2}{2I}l(l+1) \tag{16-1}$$

이 식에 나오는 관성모멘트, I와 $\hbar$를 모두 풀어서 정리해보면 식 16-2와 같이 정리된다.

$$E=\frac{\hbar^2}{2I}l(l+1)=\frac{1}{2\mu r^2}\frac{h^2}{4\pi^2}l(l+1)=\frac{h^2}{8\pi^2\mu r^2}l(l+1) \tag{16-2}$$

식 16-2 분모, 분자에 빛의 속도 c를 곱하고 $\frac{h}{8\pi^2 c\mu r^2}$을 회전 상수, B로 치환하면 식 16-2는 식 16-3과 같이 된다.

$$E_l=\frac{ch^2}{8\pi^2 c\mu r^2}l(l+1)=hcBl(l+1) \tag{16-4}$$

각운동량 양자수에 따른 에너지를 구해보면 표 16-1과 같다. 각운동량 양자수 사이의 에너지 간격을 표 맨 오른쪽 칼럼에 표시하였는데 양자수가 증가함에 따라서 에너지 간격이 점점 커지는 것을 볼 수 있다. 각운동량 양자수 1과 0 사이의 에너지 간격은 $2hcB$인데 양자수 2와 1 사이, 그리고 3과 2 사이 에너지 간격은 각각 $4hcB$, $6hcB$로 점점 커진다는 것을 확인할 수 있다. 따라서 회전운동에너지를 그림으로 나타내면 그림 16-1(a)처럼 간격이 위로 갈수록 점점 넓어지는 그래프가 된다.

표 16-1. 각운동량 양자수에 따른 회전운동에너지와 에너지 사이의 간격

l	E_l	$\triangle E(E_{l+1} - E_l)$
0	$E_0 = 0$	$\triangle E = 2hcB - 0 = 2hcB$
1	$E_1 = 2hcB$	
2	$E_1 = 6hcB$	$\triangle E = 6hcB - 2hcB = 4hcB$
3	$E_1 = 12hcB$	$\triangle E = 12hcB - 6hcB = 6hcB$
⋮	⋮	⋮

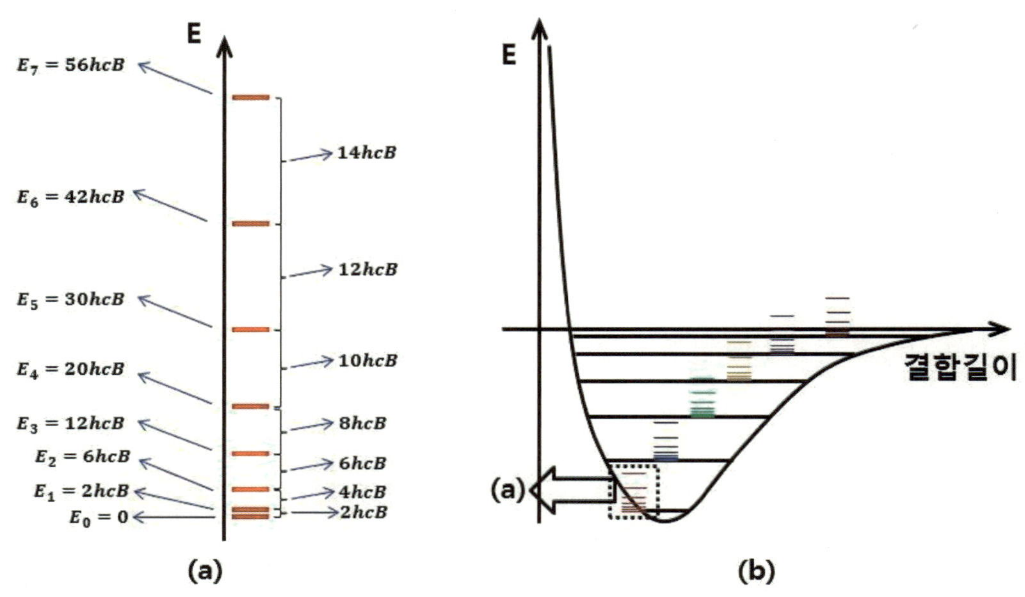

그림 16-1. (a) 각운동량 양자수에 따른 회전운동에너지 준위,
(b) 진동에너지 준위와 회전운동에너지 준위를 같이 나타낸 그래프.

회전운동에너지 준위 사이의 간격은 분자의 진동에너지 준위 사이의 간격에 비해 엄청 작다. 회전운동에너지 준위는 분자가 어떤 진동 상태에 있든 간에 존재할 수 있다. 예를 들어, 분자가 약간 진동하고 있는 상태에서도 회전운동은 느리게 혹은 빠르게 일어날 수 있으며 분자가 세게 진동하고 있는 상태에서도 회전운동은 느리게 또는 빠르게 일어날 수 있다. 회전운동에너지 준위와 진동에너지 준위를 동시에 그리게 되면 그림 16-1(b)와 같이 그려진다. 각 진동에너지 상태에 수많은 회전운동에너지 준위가 존재한다는 사실을 알 수 있다.

2) 회전스펙트럼 1

이제 지금까지 설명한 내용들이 실제 회전스펙트럼에서 어떻게 나타나는지에 대해 살펴보도록 하자. 우리는 위에서 분자의 회전운동에너지 준위가 그림 16-1(a)처럼 주어진다는 사실을 알았다. 기본적으로 양자역학에서는 두 에너지 준위 사이의 간격에 해당하는 에너지, $\triangle E$를 가진 빛을 쬐어주게 되면 분자는 빛을 흡수해서 그 위에 에너지 상태로 올라간다고 생각한다. 그림 16-2에 나타나 있듯이 E_1과 E_0 사이의 간격에 해당하는 에너지를 $\triangle E_{10}$이라고 하면, $\triangle E_{10}$의 에너지를 가진 빛을 쬐어주게 되면 분자의 회전상태는 $l=0$인 상태에서 $l=1$인 상태로 바뀌게 된다. 마찬가지로, E_2과 E_0 사이의 간격에 해당하는 에너지, $\triangle E_{20}$의 에너지를 가진 빛을 쬐어주게 되면 분자의 회전상태는 $l=0$인 상태에서 $l=2$인 상태로 바뀌게 된다. 각운동량 양자수가 증가할수록 회전운동의 각운동량 크기는 식 5-5과 같이 증가하게 된다.

$$|\vec{L}| = \hbar\sqrt{l(l+1)} \tag{16-5}$$

고전 역학적으로 각운동량의 크기는 식 16-6와 같이 주어지고 회전하는 동안 원자의 질량과 결합길이는 거의 일정하므로 각운동량 양자수가 증가할수록 분자는 빠르게 회전한다고 볼 수 있다.

$$|\vec{L}| = mvr \tag{16-6}$$

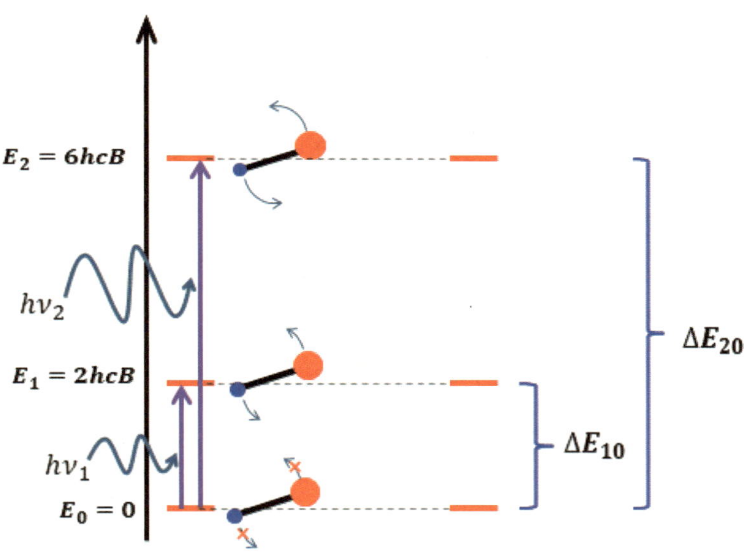

그림 16-2. 분자의 회전운동에너지 준위 간에 일어나는 전이

즉, 그림 16-2에 그려져 있듯이 $l=0$일 때 분자는 회전하고 있지 않은 상태에 있다가, $\triangle E_{10}$의 에너지를 가진 빛을 흡수하게 되면 느리게 회전하는 분자의 상태로 바뀌게 되고, $\triangle E_{20}$의 에너지를 가진 빛을 흡수하게 되면 분자는 회전하고 있지 않은 상태에 있다가 빠르게 회전하는 상태로 바뀌게 된다. 기본적으로는 이처럼 두 에너지 준위 간의 간격에 해당하는 에너지, $\triangle E$의 에너지를 가진 빛을 쬐어주게 되면 전이 현상이 일어날 수 있지만 좀 더 구체적으로 들어가게 되면 이러한 전이가 성공적으로 일어나기 위한 몇 가지 조건이 필요하다. 아래에서 그 조건에 대해 하나씩 살펴보도록 하자.

전이가 일어나기 위해서 만족해야 할 첫 번째 조건은 바로 "공명"이다. 화학 분야에서 공명이라는 단어는 분자의 구조와 관련지어서 많이 사용되지만 사실 공명이란 단어는 주파수나 에너지가 일치한다는 의미로 더 많이 쓰인다. 그림 16-2에 나타나 있듯이 분자의 회전운동에너지 준위 간의 간격, $\triangle E_{10}$, $\triangle E_{20}$와 외부에서 가해진 에너지, $h\nu_1$, $h\nu_2$가 일치한 상태에 있을 때 이를 "공명상태"라고 한다. 빛에 의해서 전이가 일어나기 위해서는 가해진 빛의 에너지와 회전 에너지 준위가 공명을 일으켜야 한다. 즉, 두 에너지의 크기가 같아야만 한다. 그림 16-3(a)처럼 주어진 빛의 에너지, $h\nu$가 에너지 준위 간의 간격, $\triangle E$ 보다 작거나 ($h\nu < \triangle E$) 혹은 크다면 ($h\nu > \triangle E$) 전이는 일어나지 않게 된다. 흔히들 전이를 일으키기에 충분한 에너지가 가해지면 전이가 일어날 수도 있냐고 생각할 수도 있는데 그렇지 않다. $\triangle E = h\nu$인 공명상태에서만 전이가 일어날 수 있으며, 이러한 특성으로 인해 분자에 빛을 쬐어주며 흡수 스펙트럼을 측정할 때 특정 파장(주파수)에서만 흡수 피크가 나타나는 것을 볼 수 있다 (그림 16-3(b)).

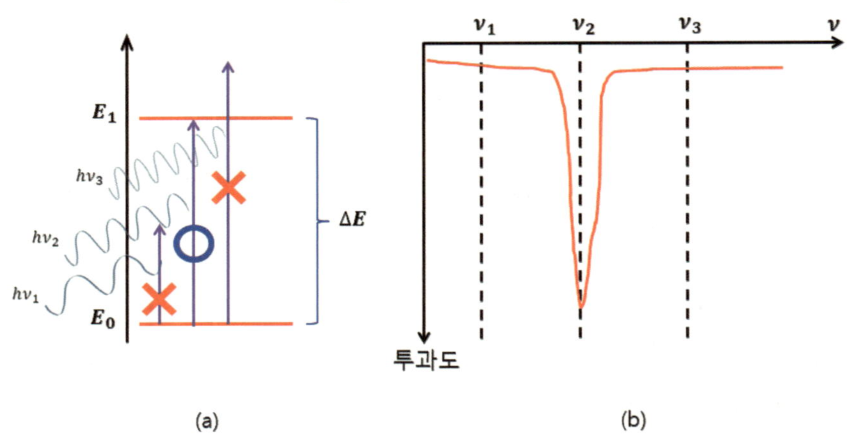

그림 16-3. 빛의 에너지와 에너지 준위 간의 공명

염화수소 기체를 예로 들어보도록 하자. 염화수소 분자의 결합길이는 127 pm이며, 수소원자와 염소 원자의 몰 질량을 각각 1 g/mol, 35.5 g/mol이다. 환산 몰 질량은 식 16-7과 같이 0.97 g/mol이 되며, 이 값을 1 mol (6.02 × 1023개)로 나누어주게 되면 1.6 × 10-27 kg의 값을 얻을 수 있게 된다 (식 16-8). 즉, 회전하고 있는 염화수소 기체 분자를 1.6 × 10-27 kg의 질량을 가진 입자가 0.3 pm를 반경으로 회전하고 있는 시스템으로 묘사할 수 있다.

$$\mu = \frac{1\,g/mol \times 35.5\,g/mol}{1\,g/mol + 35.5\,g/mol} = 0.97\,g/mol \tag{16-7}$$

$$\mu = \frac{0.97\,g/mol}{6.02 \times 10^{23}/mol} = 1.6 \times 10^{-27}\,kg \tag{16-8}$$

각운동량 양자수에 따른 회전운동에너지 E_l은 식 16-4와 같다. 각운동량 양자수 $l=1$일 때 회전운동에너지를 구해보면 식 16-9와 같은 계산과정을 통해서 $4.3 \times 10^{-22}\,J$의 값이 얻어진다.

$$\begin{aligned} E_1 &= \frac{h^2}{8\pi^2 \mu r^2} l(l+1) = \frac{2(6.626 \times 10^{-34}\,Js)^2}{8\pi^2(1.6 \times 10^{-27}\,kg)(127 \times 10^{-12}\,m)^2} \\ &= \frac{2 \times 6.626^2}{8\pi^2 \times 1.6 \times 127^2} \times \frac{(10^{-34})^2}{10^{-27} \times (10^{-12})^2} \frac{(Js)^2}{kgm^2} \\ &= \frac{87.808}{2037592} \times 10^{-17} \frac{(kgm^2 s^{-2} s)^2}{kgm^2} \\ &= 4.3 \times 10^{-5} \times 10^{-17} \frac{kg^2 m^4 s^{-2}}{kgm^2} = 4.3 \times 10^{-22}\,J \end{aligned} \tag{16-9}$$

$4.3 \times 10^{-22}\,J$의 값을 파장으로 바꿔보자. $E = h\nu = \frac{hc}{\lambda}$이므로, $\lambda = \frac{hc}{E}$이다. 따라서

$$\begin{aligned} \lambda &= \frac{6.626 \times 10^{-34}\,Js \times 3.0 \times 10^8\,ms^{-1}}{4.3 \times 10^{-22}\,J} \\ &= \frac{6.626 \times 3.0}{4.3} \times \frac{10^{-34} \times 10^8}{10^{-22}} \frac{Js\,ms^{-1}}{J} \\ &= 4.623 \times 10^{-4}\,m = 462 \times 10^{-6}\,m = 462\,\mu m \end{aligned} \tag{16-10}$$

이 된다. $462\,\mu m$를 wavenumber(파수) (cm-1)로 바꾸면 식 16-11과 같이 대략 $22\,cm^{-1}$ 정도가 된다.

$$\frac{1}{462\,\mu m} \times \frac{1\,\mu m}{10^{-6}\,m} \times \frac{1\,m}{10^2\,cm} = 2.16 \times 10^{-3} \times 10^4\,cm^{-1} \approx 22\,cm^{-1} \tag{16-11}$$

같은 방식으로 $l=2$일 때 회전운동에너지를 구해보면 $13 \times 10^{-22}\,J$의 값이 얻어지고 이 에너지를 파장과 파수로 바꿔보면 $153\,\mu m$, $65\,cm^{-1}$가 된다. 이러한 에너지 준위가 분광학적으로 어떻게 측정될 수 있는지 간략하게 묘사된 가상의 장치를 통해 알아보도록 하자. 그림 16-4(a)처럼 $1\,\mu m$부터 $500\,\mu m$의 파장을 가

진 빛을 방출하는 광원이 있다고 가정하고 그 빛을 프리즘을 통해 파장별로 분산시킬 수 있다고 가정해보자. 현재 샘플 앞에 작은 슬릿이 설치되어 있어서 특정 파장의 빛만 순차적으로 들어올 수 있다. $1\mu m$부터 $152\ \mu m$의 빛이 샘플에 들어오더라도 샘플은 이 빛을 흡수하지 않는다. 왜냐하면 이러한 파장을 가진 빛들의 에너지는 $\triangle E_{20}$, $\triangle E_{10}$와 맞지 않기 때문이다. 즉, 공명 조건이 성립하지 않기 때문에 빛은 샘플에 흡수되지 못한다. $153\mu m$의 파장을 가진 빛이 들어올 때 샘플은 비로소 빛을 흡수하기 시작하고 그림 16-4(b) 스펙트럼처럼 $153\mu m$에서의 투과도는 감소하게 된다. 왜냐하면, $153\mu m$의 파장을 가진 빛의 에너지는 $13 \times 10^{-22} J$ 이고 이 에너지는 $\triangle E_{20}$와 일치하기 때문이다. 같은 이유로 $154\mu m$부터 $461\mu m$까지의 빛은 샘플에 흡수되지 않다가 $\triangle E_{10}$ 와 에너지가 일치하는 $462\mu m$가 돼서야 빛을 흡수하고 $463\mu m$부터 $500\mu m$의 빛은 다시 샘플에 흡수되지 않는다. 이처럼 분자들은 회전에너지 준위의 간격과 공명을 일으킬 수 있는 빛만을 흡수하게 되는데 분자마다 회전에너지 준위가 다르므로 분자마다 다른 스펙트럼을 보여준다. 이러한 스펙트럼의 차이를 통해 특정 분자를 규명할 수 있고 분자의 특성을 파악할 수 있게 된다.

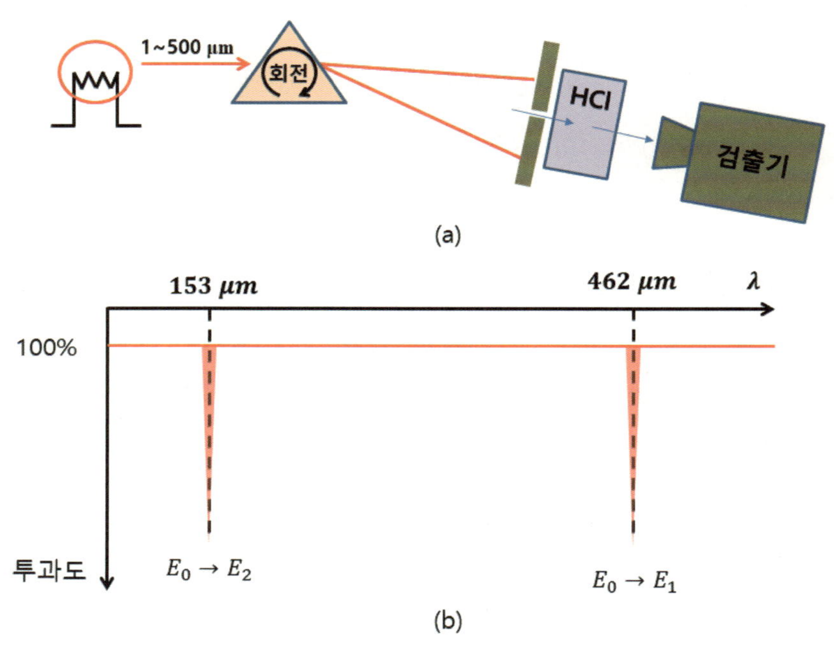

그림 16-4. (a) 흡수 스펙트럼을 측정하는 분광기의 개략도,
(b) 염화수소 기체 분자의 회전에너지 준위로부터 예상되는 흡수 파장과 전이 상태

전이가 일어나기 위해서 만족해야 할 두 번째 조건은 “쌍극자 모멘트”이다. 쌍극자란, 하나의 몸체에 두 개의 극을 가진 시스템을 의미한다. 위에서 예로 든 염화수소 분자의 경우 염소 원자 쪽은 부분적으로 음의 전하(δ^-), 수소 원자 족은 부분적으로 양의 전하(δ^+)를 띠고 있는데, 이처럼 하나의 분자가 전기적으로 서로 다른 두 개의 극을 갖고 있을 때 이 시스템을 쌍극자, 더 정확하게는 전기쌍극자라 한다. 분자에서 이와 같

은 전기쌍극자가 나타나는 이유는 원자마다 전자를 끌어당기는 힘, 즉 "전기음성도"가 다르기 때문이다. 염소 원자의 전기음성도는 수소원자의 전기음성도보다 더 크므로 전자는 주로 염소원자 쪽으로 몰려 있게 되고, 이로 인해 염소원자 쪽은 음의 전하, 수소 원자 쪽은 양의 전하를 띤 전기 쌍극자가 생기게 된다. 쌍극자는 크기와 방향을 갖는 벡터로서 그림 16-5(a)에서와 같이 음의 전하부터 양의 전하로 향하는 화살표로 나타낸다.

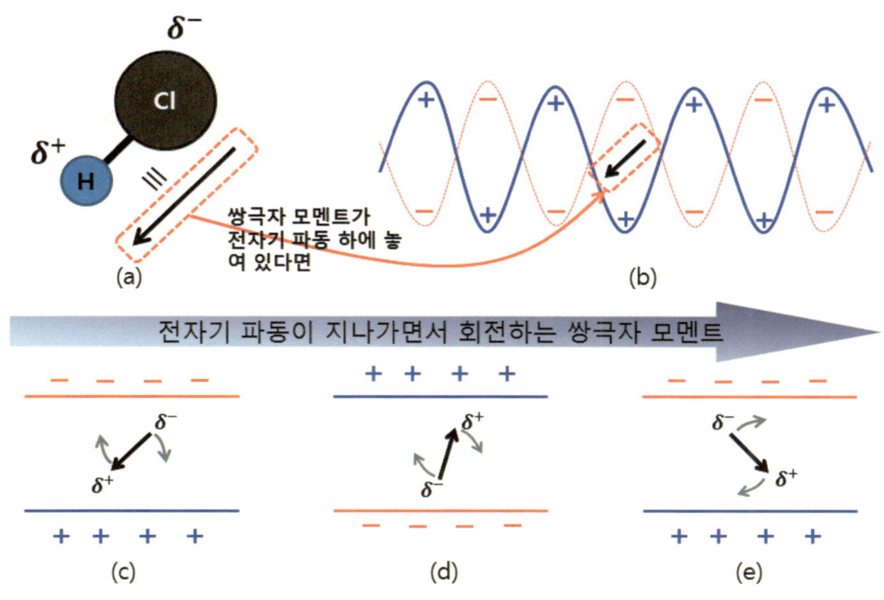

그림 16-5. (a) 염화수소 분자의 쌍극자 모멘트, (b) 전자기 파동,
(c) 전자기 파동이 지나가면서 회전하는 쌍극자 모멘트

쌍극자의 크기와 방향을 나타낸 벡터를 "쌍극자 모멘트"라고 하는데, 이 값은 분자의 구조, 분자를 구성하고 있는 원자의 전기음성도, 그리고 결합길이에 따라 달라진다. 분자가 빛을 흡수하기 위해서는 쌍극자 모멘트를 갖고 있어야만 하는데 이것이 바로 빛에 의해 전이가 일어나기 위한 두 번째 조건이 된다. 분자가 빛을 흡수하기 위해서 쌍극자 모멘트가 있어야만 하는 이유는 빛이 전자기파동이기 때문이다. 빛은 그림 16-5(b)에 그려져 있듯이 "+", "-" 전기장이 교대로 진동하며 공간을 따라 전파해 나가는 파동이다. 일반적으로 빛을 전자기 파동으로 나타낼 때, 그림 16-5(b)처럼 진동하는 실선으로만 묘사가 되는데 이는 "+"전기장의 진동만 나타낸 것이다. 실선과는 상반된 방향에서 "-"전기장을 띠고 있는 파동이 "+"전기장과 동시에 진동하며 나아가고 있다는 사실을 알아야만 한다. 그림 16-5(b)에서는 이처럼 진동하는 "-"전기장의 존재를 나타내기 위해 실선으로 된 파동과 더불어 점선으로 된 파동을 같이 나타내었다. 즉, "+" 전기장은 실선과 같은 파동의 형태로 동시에 "-" 전기장은 점선과 같은 형태로 진동하며 나아가는 파동을 빛이라고 생각하면 된다. 그림 16-5(b)처럼 이러한 전기장 하에 쌍극자 모멘트를 가진 분자가 놓여 있다고 가정해보자. 그림 16-5(c)처럼 분자는 "-"전하를 띠고 있는 부분이 위쪽으로 향해 있고 음의 전기장 역시 위쪽 부분에 있다. 같은 전하끼리

느끼는 반발력으로 인해 분자는 회색 화살표로 나타낸 부분과 같은 힘을 받게 될 것이다. 이러한 힘으로 분자는 특정 각도만큼 회전하게 되고 그림 16-5(d)처럼 "+"전하를 띤 부분이 위쪽을 향한 상태에 놓이게 된다. 동시에 전기장의 상황도 바뀌게 되는데 만일 분자의 회전속도와 전기장이 바뀌는 속도가 적절할 경우 위쪽 부분이 양의 전하, 아래쪽 부분이 음의 전하를 띤 부분으로 바뀌게 될 것이다. 이와 같은 상황이 반복된다면 분자는 그림 16-5(e)처럼 전기장의 진동과 함께 회전을 하게 될 것이다. 즉, 전자기 파동은 쌍극자 모멘트를 가진 분자의 회전을 유도할 수 있게 된다. 그림 16-5에 묘사된 상황을 보면 전기장은 아무런 에너지 소비 없이 분자의 회전운동을 유발할 수 있는 것처럼 보이지만 실제로 전기장이 회전운동을 유발할 때 에너지를 잃게 된다. 분자가 회전운동을 하기 위해서는 에너지가 필요한 데 그 에너지를 전자기 파동으로부터 얻는 것이고 이는 분자의 전자기파동 흡수로서 나타난다. 만일 분자가 쌍극자 모멘트를 갖고 있지 않다면 어떻게 될까? 쌍극자 모멘트가 없는 분자는 전하를 띠고 있지 않기 때문에 전자기 파동의 전기장이 바뀌더라도 분자의 회전운동은 영향을 받지 않게 된다. 즉, 쌍극자 모멘트가 없는 분자는 전자기 파동을 흡수하지 않는다.

3) 선택규칙 1

앞 절에서 설명했듯이 분자가 빛을 흡수해서 회전운동을 일으키기 위해서는 쌍극자 모멘트를 갖고 있어야만 한다. 분자의 회전상태가 달라진다는 것은 회전운동에너지 준위 간의 전이가 일어남을 의미한다. 즉, 분자가 빛을 흡수할 확률과 에너지 준위 간의 전이가 일어날 확률은 비례한다고 할 수 있는데 이처럼 빛을 흡수해서 전이가 일어날 확률은 전이가 일어날 기댓값이라고 볼 수 있으며, 따라서 기댓값을 나타내는 기호를 이용해서 $\langle \mu \rangle$로 표시할 수 있다. 이전 장에서 우리는 어떤 물리량, a의 기댓값, $\langle a \rangle$를 구할 때 물리량에 대응하는 연산자, $\hat{A}$를 켤레 파동함수, ψ^*와 파동함수, ψ 사이에 넣은 뒤 전 공간에 걸쳐 적분하여 구하였다. 전이가 일어날 기댓값, $\langle \mu \rangle$도 같은 방식으로 구할 수 있다. 즉, 전이가 일어날 확률에 비례하는 쌍극자 모멘트 연산자, $\hat{\mu}$를 켤레 파동함수와 파동함수 사이에 놓고 연산한 뒤 전 공간에 걸쳐 적분함으로써 전이가 일어날 기댓값, "전이 쌍극자 모멘트"를 구할 수 있게 된다. 따라서 파동함수, ψ_i에서 파동함수 ψ_f로 전이가 일어날 확률, $\langle \mu \rangle_{fi}$는 식 16-12와 같다.

$$\langle \mu \rangle_{fi} = \int_{-\infty}^{+\infty} \psi_f^* \hat{\mu}\, \psi_i \, d\tau \qquad (16\text{-}12)$$

양자역학에서 운동 에너지, 운동량, 그리고 위치에 해당하는 연산자를 제외하고 쌍극자 모멘트를 포함한 퍼텐셜 에너지를 구하는 연산자는 고전역학에서 퍼텐셜 에너지를 구하는 공식을 곱하는 것과 동일하다. 즉, 쌍극자 모멘트를 구하는 연산자, $\hat{\mu}$는 분자의 쌍극자 모멘트를 구하는 공식을 곱한 것이 된다. 그림 16-6과 같이 하나의 몸체에서 양 끝이 양의 전하, 음의 전하를 띠고 있을 때 각 전하량의 크기를 $|q|$라 하고 각 전하간의 거리를 r이라고 했을 때 고전역학적으로 쌍극자 모멘트의 크기, $\mu = |q|r$이고 쌍극자 모멘트의 연산

자 역시, $\hat{\mu} = |q|r$이 된다. 식 16-12에서 $d\tau$는 미소부피로서 직교좌표계에서는 $dxdydz$이며, 구면좌표계에서는 $r^2\sin\theta d\theta d\phi dr$이다. 여기서 r은 환산질량을 가진 입자의 회전반경으로서 두 원자 사이의 거리, 결합길이에 해당한다. 결합길이는 회전운동이 일어나는 동안 변하지 않는 상수라고 가정하고 풀고 있으므로 dr은 무시해도 되며 분자의 결합길이를 "1"로 가정하면 $d\tau = \sin\theta d\theta d\phi$가 된다.

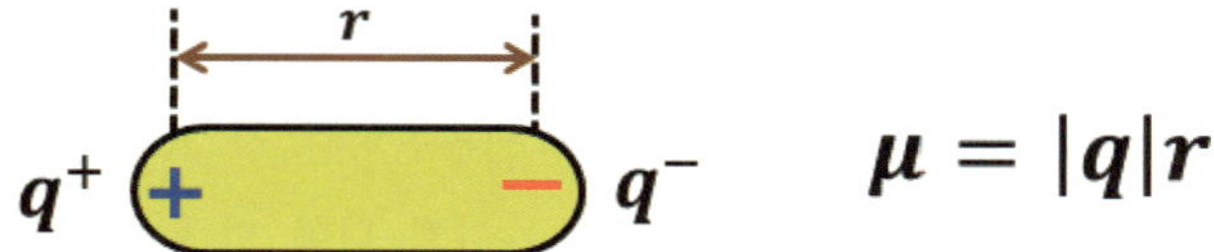

그림 16-6. 쌍극자 모멘트의 크기

우리는 이제 쌍극자 모멘트 연산자를 식 16-12에 대입해서 전이 쌍극자 모멘트를 구할 수 있다. 그러나 그 전에 한 가지 더 생각해 봐야 할 것이 있다. 그것은 바로 "μ의 크기를 가진 쌍극자 모멘트가 전기장 영향 아래에서 같은 크기의 쌍극자 모멘트로 작용할 수 있느냐"이다.

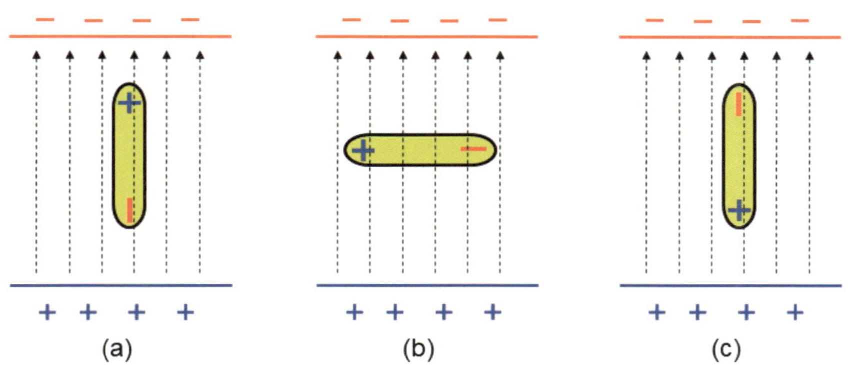

그림 16-7. 전기장 하에 서로 다른 배향으로 놓여 있는 쌍극자

그림 16-7을 보도록 하자. 현재 세 개의 쌍극자는 전기장 하에서 서로 다른 방식으로 배향을 하고 있다. 그림 16-7(a)을 보면 쌍극자의 양극은 전기장의 음극을 향해 있고 쌍극자의 음극은 전기장의 양극을 향해 있음을 볼 수 있다. 쌍극자가 이러한 배향을 하고 있을 때 쌍극자는 어떤 회전력도 받지 않을 것이며 이 상태가 가장 안정한 상태가 될 것이다. 반면에 그림 16-7(c)을 보면 (a)와는 반대로 쌍극자의 음극이 전기자의 음극을, 쌍극자의 양극이 전기장의 양극을 향해 있음을 볼 수 있다. 이 쌍극자는 강한 회전력을 받으며 (a)와 같은 상태가 되기 위해 회전력을 받게 될 것이다. (b)의 상태 역시 쌍극자의 양극은 전기장의 음극으로 쌍극자의 음극은 전기장의 양극을 향하게 하도록 회전력을 받게 될 것이다. 그러나 그 회전력은 (c)보다는 약할 것이다. 이와같이, 동일한 쌍극자 모멘트를 가진 물질임에도 불구하고 전기장 하에서 어떤 방식으로

배향을 하고 있느냐에 따라 받는 힘이 다르게 된다. 그리고 이는 각각의 쌍극자가 전기장과 이루고 있는 각도에 따라 퍼텐셜 에너지가 다르다는 것을 의미한다. 전이 쌍극자 모멘트에 관한 설명을 하기에 앞서 전기장 하에서 쌍극자가 놓여있는 배향에 따라 어떤 회전력을 받게 되는지, 그리고 그에 따른 퍼텐셜 에너지가 어떻게 달라지는지 다음 절에서 좀 더 자세히 살펴본 뒤 전이 쌍극자 모멘트에 관한 얘기를 다시 하도록 하자.

4) 전기장 하에서 쌍극자가 받는 토크와 퍼텐셜 에너지

"토크"란 물체가 받는 회전력으로 정의할 수 있다. 그림 16-8처럼 점 O를 중심으로 회전할 수 있는 어떤 막대기가 있다고 가정해보자. 이 막대기 한쪽 끝에 힘을 가하게 되면 막대기는 회전력을 받으며 회전을 하게 된다. 막대기가 받는 회전력 즉, 토크는 (a, b)를 보면 바로 알 수 있듯이 물체가 받는 힘에 비례한다. (a)보다 (b)에 더 큰 힘이 가해지고 있기 때문에 회전력 역시 (b)가 (a)보다 더 크다. 그런데 회전력은 비단 가해진 힘에 크기에만 비례하는 것은 아니다. 중심으로부터 얼마나 떨어진 지점에 힘이 가해졌느냐에 따라 회전력은 달라진다. 같은 크기의 힘이 가해지더라도 (a)처럼 회전중심으로부터 가까운 거리에 힘이 가해질 때보다, (c)처럼 회전중심으로부터 먼 거리에 힘이 가해질 때 회전력은 더 클 것이다. 따라서 토크, τ는 식 16-14와 같이 물체에 가해진 힘과 물체에 힘이 가해진 위치(회전중심으로부터의 거리)의 곱으로 나타낼 수 있다.

$$\tau = Fr \tag{16-14}$$

그림 16-8(a, b, c)에서는 막대기에 가해지는 힘의 방향이 회전운동의 접선 방향과 평행한 방향이었지만, 만일 그림 16-8(d)처럼 평행이 아니라면, 막대기의 축과 힘의 방향이 θ라면 접선 성분의 힘 성분(F_t)만 고려해야 할 것이다. $F_t = F\sin\theta$이므로 그림 16-8(d)의 막대기가 받는 토크는 식 16-15가 된다.

$$\tau = F_t r = F r \sin\theta \tag{16-15}$$

그림 16-8(a)처럼 회전중심 O로부터 거리 r만큼 떨어진 지점 P에 회전운동의 접선 방향과 평행한 방향으로 힘 F가 가해져서 어떤 물체가 θ만큼 회전하였을 때 한 일, W는 식 16-16과 같다.

$$W = F \cdot s \tag{16-16}$$

여기서 s는 회전한 호의 길이를 나타낸다. 라디안의 정의로부터 $s/r = \theta$이므로 $s = r\theta$이고 이 식을 식 16-16에 대입하고, Fr은 토크이므로 한 일은 식 16-17이 된다.

$$W = F \cdot r \cdot \theta = \tau \cdot \theta \tag{16-17}$$

막대기에 가해지는 힘의 방향이 회전운동의 접선 방향과 평행하지 않고, 그림 16-8(d)처럼 막대기의 축과 힘의 방향이 θ라면 식 16-17은 식 16-18과 같이 된다.

$$W = F \cdot r \cdot \sin\theta = \tau \cdot sin\theta \tag{16-18}$$

위 식들 16-16, 17, 18은 θ만큼 회전하는 동안 힘의 크기가 변하지 않는 특별한 경우에 대해서만 성립하는 식인데 만일 θ만큼 회전하는 동안 힘의 크기가 변한다면 일의 미소량, dW를 구한 뒤 회전한 각도 구간에서 적분을 통해 한 일, W를 구해야 한다. 즉, θ만큼 회전하는 동안 힘의 크기가 변한다면 힘은 θ의 함수이며, $F(\theta)$로 쓸 수 있고 한 일의 미소량, dW는 식 16-19, 20과 같다.

$$dW = F(\theta) \cdot ds \tag{16-19}$$

$$W = \int_i^f dW = \int_i^f F(\theta) ds \tag{16-20}$$

라디안의 정의로부터 $ds/r = d\theta$이므로 $ds = rd\theta$이고 식 16-20은 식 16-21이 된다.

$$W = \int_i^f F(\theta) r d\theta = \int_i^f \tau(\theta) d\theta \tag{16-21}$$

이제 전기장 하에 놓여 있는 쌍극자가 받는 토크에 대해 생각해 보자. 그림 16-9와 같이 전기장은 아래에서 위로 향하고 있으며 전기장의 세기는 E이다. $|q|$의 전하량을 가진 양극과 음극이 전기장 하에서 받는 힘의 크기는 각각, $F^+ = |q|E$, $F^- = |q|E$이고, 양극과 음극에 의해 막대기가 받는 토크, τ^+, τ^-는 각각,

$$\tau^+ = F^+\left(\frac{d}{2}\right)\sin\theta = |q|E\left(\frac{d}{2}\right)\sin\theta \tag{16-22}$$

$$\tau^- = F^-\left(\frac{d}{2}\right)\sin\theta = |q|E\left(\frac{d}{2}\right)\sin\theta \tag{16-23}$$

이므로 쌍극자가 받는 전체 토크, τ는 식 16-24가 된다.

$$\tau = \tau^+ + \tau^- = |q|E\left(\frac{d}{2}\right)\sin\theta + |q|E\left(\frac{d}{2}\right)\sin\theta = |q|Ed\sin\theta \tag{16-24}$$

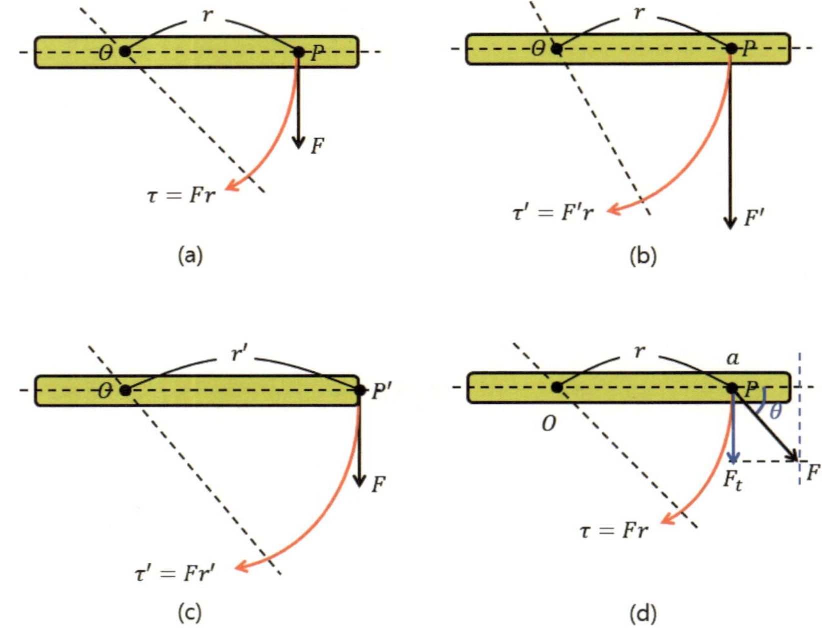

그림 16-8. (a) P 위치에 F 라는 힘이, (b) P 위치에 F'라는 힘이 (c) P' 위치에 F 라는 힘이 가해질 때 막대기가 받는 토크, (d) P 위치에 F 라는 힘이 막대기의 축과 θ만큼 기울어진 방향으로 가해질 때 막대기가 받는 토크.

식 16-24와 같이 전기장 하에 놓여 있는 쌍극자가 받는 토크는 회전 각도 θ에 따라 달라진다. 따라서 θ 만큼 회전하는 동안 한 일, W는 식 16-21을 이용해서 구해야 한다. 식 16-21에 식 16-24를 대입하면 식 16-25가 된다.

$$W = \int_{\theta_i}^{\theta_f} \tau(\theta) d\theta = \int_{\theta_i}^{\theta_f} |q| Ed \sin\theta d\theta = -|q| Ed(\cos(\theta_f) - \cos(\theta_i)) \tag{16-25}$$

만일 쌍극자 모멘트가 전기장과 같은 방향으로 놓여 있을 때를 초기 상태라고 해보자. 즉, $\theta_i = 0^\circ$ 이다. 쌍극자를 돌려서 $\theta_f = 90^\circ$ 가 되었을 때, 그리고 쌍극자를 더 돌려서 $\theta_f = 180^\circ$ 가 되었을 때 한 일을 구해 보면 식 16-26, 16-27과 같이 $+|q|Ed$, $+2|q|Ed$ 가 됨을 알 수 있다.

$$W_{0^\circ \to 90^\circ} = \int_{0^\circ}^{90^\circ} |q| Ed \sin\theta d\theta = -|q| Ed(\cos(90^\circ) - \cos(0^\circ)) = +|q| Ed \tag{16-26}$$

$$W_{0^\circ \to 180^\circ} = \int_{0^\circ}^{180^\circ} |q| Ed \sin\theta d\theta = -|q| Ed(\cos(180^\circ) - \cos(0^\circ)) = +2|q| Ed \tag{16-27}$$

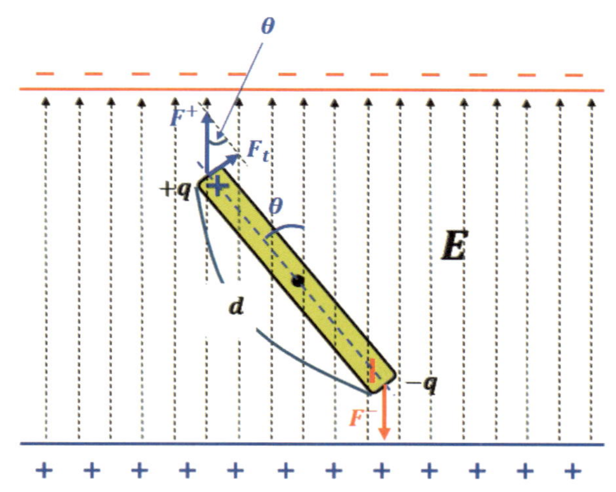

그림 16-9. 전기장 하에 놓여 있는 쌍극자 모멘트의 토크

한 일이 0에서 $+|q|Ed$, 그리고 $+2|q|Ed$ 로 증가한다는 말은 외부에서 행한 일이 쌍극자 모멘트에 에너지로 축적됨을 의미한다. 즉, 쌍극자 모멘트가 전기장과 이루는 각도가 0°일 때를 초기 상태로 정했을 때는 쌍극자 모멘트가 전기장과 이루는 각도, $\theta = 0^\circ$ 일 때 쌍극자 모멘트의 에너지가 "0", $\theta = 90^\circ$ 일 때 에너지가 "$+|q|Ed$", $\theta = 180^\circ$ 일 때 에너지가 "$+2|q|Ed$"가 됨을 의미한다. 이번에는 초기 상태에 쌍극자 모멘트가 전기장의 방향과 수직인 방향으로 놓여 있을 때를 가정해보자. 즉, $\theta_i = 90^\circ$ 이다. 쌍극자 모멘트가 전기장과 평행하게 되도록 혹은 쌍극자 모멘트의 방향이 전기장과 180°가 되도록 쌍극자를 돌렸을 때 한 일은 각각 16-28, 16-29와 같다.

$$W_{90^\circ \to 0^\circ} = \int_{90^\circ}^{0^\circ} |q|Ed\sin\theta d\theta = -|q|Ed(\cos(0^\circ) - \cos(90^\circ)) = -|q|Ed \tag{16-28}$$

$$W_{90^\circ \to 180^\circ} = \int_{90^\circ}^{180^\circ} |q|Ed\sin\theta d\theta = -|q|Ed(\cos(180^\circ) - \cos(90^\circ)) = +|q|Ed \tag{16-29}$$

앞서 쌍극자 모멘트가 전기장과 이루는 각도가 0°일 때를 초기 상태로 정했을 때와는 달리 쌍극자 모멘트가 전기장과 이루는 각도가 90°일 때 쌍극자 모멘트의 에너지가 "0"이 됨을 알 수 있다. 그리고 이 상태에서 $\theta = 0^\circ$ 이 될 때 쌍극자 모멘트의 에너지는 "$-|q|Ed$", $\theta = 180^\circ$ 일 때 에너지가 "$+|q|Ed$"가 됨을 알 수 있다. 쌍극자 모멘트와 전기장이 이루는 각도가 180°일 때를 초기 상태로 정하게 되면, $\theta = 180^\circ$ 이 될 때 쌍극자 모멘트의 에너지는 "0"이 되며, $\theta = 90^\circ$ 일 때 에너지는 "$-|q|Ed$", $\theta = 180^\circ$ 일 때 에너지는 "$-2|q|Ed$"가 됨을 알 수 있다. 쌍극자 모멘트가 전기장에 대해 어떤 각도로 있을 때를 초기 상태로 놓느냐에 따라 에너지가 "0"이 되는 각도는 달라지지만, 각도에 따른 에너지 차이는 같다는 사실을 알 수 있다. 세 상황 모두 쌍극자 모멘트의 방향이 전기장의 방향과 이루는 각도가 $\theta = 180^\circ$ 일 때 가장 큰 에너지를 함유하고 있었으며 $\theta = 0^\circ$ 일 때 쌍극자는 가장 낮은 에너지를 갖는다. 그리고 그 두 각도에서의 에너지 차이는

세 상황 모두 "$2|q|Ed$" 이었다. 쌍극자 모멘트가 전기장과 반대 방향일 때 에너지가 크다는 얘기는 더 불안하다는 의미이다. 따라서 쌍극자를 전기장과 반대 방향인 상태로 그냥 두게 되면 자발적으로 안정한 상태, 즉 전기장과 평행한 방향으로 돌아가게 된다. 쌍극자 모멘트와 전기장이 이루는 각도가 90°일 때를 초기 상태라고 한다면 $|q|d=\mu$이므로 식 16-25는 식 16-30과 같이 쓰여질 수 있다.

$$W=-|q|Ed\cos\theta=-E\mu\cos\theta \tag{16-30}$$

식 16-30을 보면 전기장 하에서 쌍극자 모멘트가 회전할 때 한 일은 전기장의 크기와 전기장의 방향을 기준으로 한 유효쌍극자 모멘트, $\mu\cos\theta$의 곱으로 주어진다는 사실을 알 수 있다.

5) 선택규칙 2

4절에서 우리는 전기장 하에서 쌍극자의 회전운동이 일어날 때 한 일(즉, 쌍극자에 축적되는 에너지)은 전기장의 크기와 전기장의 방향을 기준으로 한 유효쌍극자 모멘트, $\mu\cos\theta$에 비례한다는 사실을 알았다. 전자기파의 전기장에 의해 회전운동이 유도될 때(즉, 회전운동 에너지 준위 간의 전이가 일어날 때)도 동일한 방식으로 생각할 수 있다. 전자기파의 전기장에 의해 회전운동이 유도될 때 분자의 쌍극자 모멘트가 온전히 기여하는 것은 아니다. 전자기파 전기장의 방향을 기준으로 유효쌍극자 모멘트의 크기만큼만 회전운동에 기여한다고 볼 수 있다. 따라서 식 16-12의 전이 쌍극자 모멘트, $\langle\mu\rangle$를 구하는 식에 쓰여 있는 쌍극자 모멘트 연산자, $\hat{\mu}$는 $|q|r$이 아니라 $|q|r\cos\theta$ 로 써야만 한다. 식 16-12를 유효 쌍극자 모멘트와 위에서 언급한 미소부피를 이용해서 다시 써 보면 식 16-31과 같다.

$$\langle\mu\rangle=\int_{-\infty}^{+\infty}\psi^*\hat{\mu}\psi d\tau=\int_{-\infty}^{+\infty}\psi^*|q|r\cos\theta\,\psi\sin\theta d\theta d\phi \tag{16-31}$$

이제 식 16-31을 이용해서 $l=0, m_l=0$ 상태에서 $l=1, m_l=0$인 상태로 전이가 일어날 확률, $\langle\mu\rangle_{10}$을 한 번 구해보도록 하자.

$$\langle\mu\rangle_{10}=\int_0^{\pi}\int_0^{2\pi}\left(Y_1^0\right)^*|q|r\cos\theta\left(Y_0^0\right)\sin\theta d\theta d\phi \tag{16-32}$$

$$=\int_0^{\pi}\int_0^{2\pi}\left(\frac{3}{4\pi}\right)^{1/2}\cos\theta|q|r\cos\theta\left(\frac{1}{4\pi}\right)^{1/2}\sin\theta d\theta d\phi \tag{16-33}$$

$$=\left(\frac{3}{4\pi}\right)^{1/2}\left(\frac{1}{4\pi}\right)^{1/2}|q|r\int_0^{\pi}\int_0^{2\pi}\cos^2\theta\,\sin\theta d\theta d\phi \tag{16-34}$$

$$= \left(\frac{3}{4\pi}\right)^{1/2}\left(\frac{1}{4\pi}\right)^{1/2}|q|r\int_0^{2\pi}d\phi\int_0^{\pi}\cos^2\theta\,\sin\theta d\theta \tag{16-35}$$

$$= \frac{\sqrt{3}}{4\pi}|q|r\,2\pi\int_0^{\pi}\cos^2\theta\,\sin\theta d\theta = \frac{\sqrt{3}}{2}|q|r\int_0^{\pi}\cos^2\theta\,\sin\theta d\theta \tag{16-36}$$

식 16-36에서 남은 적분만 아래에서 따로 해보도록 하자. $\cos\theta = u$로 치환하면 적분구간 $0 \sim \pi$는 $1 \sim -1$로 바뀐다. 양변을 θ로 미분하면 $\frac{du}{d\theta} = -\sin\theta$가 되고, $-du = \sin\theta\, d\theta$가 된다. 따라서 식 16-36의 적분은 아래와 같이 바뀔 수 있다.

$$\int_0^{\pi}\cos^2\theta\sin\theta\,d\theta = -\int_1^{-1}u^2du = -\left[\frac{1}{3}u^3\right]_1^{-1} = -\left(-\frac{1}{3}-\frac{1}{3}\right) = \frac{2}{3} \tag{16-37}$$

결국 $l = 0, m_l = 0$ 상태에서 $l = 1, m_l = 0$인 상태로 전이가 일어날 확률, $\langle\mu\rangle_{10}$는

$$\langle\mu\rangle_{10} = \frac{\sqrt{3}}{2}|q|r\frac{2}{3} = \frac{\sqrt{3}}{3}|q|r \tag{16-38}$$

이번에는 $l = 0, m_l = 0$ 상태에서 $l = 2, m_l = 0$인 상태로 전이가 일어날 확률, $\langle\mu\rangle_{20}$는 어떻게 될지 한 번 구해보도록 하자.

$$\langle\mu\rangle_{20} = \int_0^{\pi}\int_0^{2\pi}\left(Y_2^0\right)^*|q|r\cos\theta\left(Y_0^0\right)\sin\theta d\theta d\phi \tag{16-39}$$

$$= \int_0^{\pi}\int_0^{2\pi}\left(\frac{5}{16\pi}\right)^{1/2}\left(3\cos^2\theta - 1\right)|q|r\cos\theta\left(\frac{1}{4\pi}\right)^{1/2}\sin\theta d\theta d\phi \tag{16-40}$$

$$= \left(\frac{5}{16\pi}\right)^{1/2}\left(\frac{1}{4\pi}\right)^{1/2}|q|r\int_0^{2\pi}d\phi\int_0^{\pi}\left(3\cos^3\theta\sin\theta - \cos\theta\,\sin\theta\right)d\theta \tag{16-41}$$

$$= \left(\frac{5}{16\pi}\right)^{1/2}\left(\frac{1}{4\pi}\right)^{1/2}|q|r\,2\pi\int_0^{\pi}\left(3\cos^3\theta\sin\theta - \cos\theta\,\sin\theta\right)d\theta \tag{16-42}$$

식 16-42의 적분 부분만 따로 떼어서 계산해 보도록 하자. 위에서 했던 것과 같은 방식으로 $\cos\theta = u$로 치환하면 적분구간 $0 \sim \pi$는 $1 \sim -1$로 바뀐다. 양변을 θ로 미분하면 $\frac{du}{d\theta} = -\sin\theta$가 되고, $-du = \sin\theta\, d\theta$가 된다. 따라서 식 16-42의 적분은 아래와 같이 바뀔 수 있다.

$$= \int_0^{\pi} 3\cos^3\theta \sin\theta d\theta - \int_0^{\pi} \cos\theta \sin\theta d\theta \quad (16\text{-}43)$$

$$=- \int_0^{\pi} 3u^3 du + \int_0^{\pi} u du \quad (16\text{-}44)$$

$$=- \left[\frac{3}{4}u^4\right]_1^{-1} + \left[\frac{1}{2}u^2\right]_1^{-1} =- \left(\frac{3}{4} - \frac{3}{4}\right) + \left(\frac{1}{2} - \frac{1}{2}\right) = 0 \quad (16\text{-}45)$$

식 16-45처럼 적분부분이 "0"이 되므로 $l=0, m_l=0$ 상태에서 $l=2, m_l=0$인 상태로 전이가 일어날 확률, $\langle\mu\rangle_{20}$ 역시 "0"이라는 것을 알 수 있다. $\langle\mu\rangle_{30}$을 구해보면 역시 "0"이라는 것을 알 수 있다.

$$\langle\mu\rangle_{30} = \int_0^{\pi}\int_0^{2\pi} \left(Y_3^0\right)^* |q| r\cos\theta \left(Y_0^0\right) \sin\theta d\theta d\phi \quad (16\text{-}46)$$

$$= \int_0^{\pi}\int_0^{2\pi} \left(\frac{7}{16\pi}\right)^{1/2} (5\cos^3\theta - 3\cos\theta) |q| r\cos\theta \left(\frac{1}{4\pi}\right)^{1/2} \sin\theta d\theta d\phi \quad (16\text{-}47)$$

$$= \left(\frac{7}{16\pi}\right)^{1/2} \left(\frac{1}{4\pi}\right)^{1/2} |q| r \int_0^{2\pi} d\phi \int_0^{\pi} (5\cos^3\theta - 3\cos\theta)\cos\theta \sin\theta d\theta \quad (16\text{-}48)$$

식 16-48의 적분 부분만 따로 떼어서 계산해 보도록 하자. 위에서 했던 것과 같은 방식으로 $\cos\theta = u$로 치환하면 적분구간 $0 \sim \pi$는 $1 \sim -1$로 바뀐다. 양변을 θ로 미분하면 $\frac{du}{d\theta} =- \sin\theta$가 되고, $-du = \sin\theta\, d\theta$가 된다. 따라서 식 16-48의 적분은 아래와 같이 바뀔 수 있다.

$$= \int_0^{\pi} 5\cos^4\theta \sin\theta d\theta - \int_0^{\pi} 3\cos^2\theta \sin\theta d\theta \quad (16\text{-}49)$$

$$=- \int_1^{-1} 5u^4 du + \int_1^{-1} 3u^2 du \quad (16\text{-}50)$$

$$=- \left[\frac{5}{5}u^5\right]_1^{-1} + \left[\frac{3}{3}u^3\right]_1^{-1} =- (-1-1) + (-1-1) = 0 \quad (16\text{-}51)$$

식 16-51과 같이 적부부분이 "0"이 됨을 확인할 수 있고 $l=0, m_l=0$ 상태에서 $l=3, m_l=0$인 상태로 전이가 일어날 확률은 "0"이라는 사실을 알 수 있다. 이외에도 모든 전이에 대해 살펴보면 $\Delta l = \pm 1$인 경우를 제외하고 모두 "0"이 됨을 알 수 있다. 즉, 빛에 의해 일어날 수 있는 회전운동 간의 전이는 $\Delta l = \pm 1$인 경우만 가능하다는 것이다. 이러한 규칙을 "선택규칙"이라고 한다. $l=0, m_l=0$ 상태에서 $l=1, m_l=0$인 상태로의 전이처럼 전이 쌍극자 모멘트가 "0"이 아닐 경우 이러한 전이를 "허락된 전이"라고 하고 $l=0, m_l=0$ 상태에서 $l=2, m_l=0$, $l=3, m_l=0$인 상태로의 전이처럼 전이 쌍극자 모멘트가 "0"인 전이를 "금지된 전이"라고 한다. 우리는 위에서 전자기파에 의한 전기장이 z축과 나란한 경우에 대해서만 살펴보았지만 분자의 회전은 3차원 공간에서 일어나고 있으므로 3축을 모두 고려해야 하고 전이 쌍극자 모멘트는 벡터양으로 계산되어야 한다. 벡터양으로 계산될 경우 자기양자수 m_l에 대해서도 선택규칙이 나타나는데 m_l에 대한 선택규칙은 $\Delta m_l = 0$이다.

6) 회전운동의 분포

우리는 위에서 빛에 의한 회전운동간의 전이는 일정한 선택 규칙에 따라 일어난다는 사실을 배웠다. 각운동량 양자수에 대한 선택규칙은 $\Delta l = \pm 1$이었으며, 자기양자수에 대하나 선택규칙은 $\Delta m_l = 0$이었다. 이러한 선택규칙에 의하면 $l = 0, m_l = 0$ 상태에서 전이가 일어날 수 있는 다른 상태는 $l = 1, m_l = 0$이며 $l = 1, m_l = 1$이나 $l = 1, m_l = -1$ 혹은 $l = 2, m_l = 0$으로는 전이가 일어날 수 없다. 만일 모든 분자들이 상온에서 회전운동에너지 바닥상태, $l = 0, m_l = 0$ 상태에 있다면 $l = 1, m_l = 0$ 상태로의 전이만 일어날 것이다. 그러나 만일 분자들이 $l = 0, m_l = 0$ 상태보다 높은 에너지 상태, 예를 들어 $l = 1, m_l = 0, \pm 1$상태에도 머무르고 있다면 분자들은 $l = 2, m_l = 0, \pm 1$로의 전이 또한 일어날 것이다. 따라서 분자들이 상온에서 빛에 의해 어떤 전이를 일으킬 것인지 알기 위해서는 상온에서 분자들의 회전운동이 어떤 에너지 상태에 어떻게 분포하고 있는지를 먼저 알아야 할 것이다.

우리는 이전 장에서 대부분의 분자들은 상온에서 가장 낮은 진동에너지 준위 상태에 머물고 있다는 것을 배웠다. 상온에서 분자들은 회전운동에너지 준위에 어떻게 분포하고 있을까? 진동운동처럼 가장 낮은 바닥상태에만 머물고 있을까? 아니면 높은 에너지 상태에도 존대하고 있을까? 진동운동에서 했던 것처럼 볼츠만 분포식을 이용하면 분자들이 회전운동 에너지 상태에 어떻게 분포되어 있는지 알 수 있다. 2원자 분자의 진동에너지 분포를 알아볼 때 우리는 식 16-5와 같은 볼츠만 분포식을 사용하였다.

$$\frac{N_J}{N_0} = e^{-\frac{(E_J - E_0)}{kT}} \qquad (16\text{-}52)$$

이 식에서 E_0, N_0는 바닥 상태의 에너지와 바닥 상태에 있는 입자들의 개수를 의미하고, E_J, N_J는 J라는 상태의 에너지, 그리고 그 상태에 머물고있는 입자들의 개수를 의미한다. 진동에너지 준위처럼 만일 각각의 에너지 준위에 하나의 상태만이 존재한다면 식 16-5를 쓰면 되겠지만 만일 한 에너지 준위에 여러 개의 상태가 존재할 수 있다면 존재할 수 있는 상태의 개수를 고려해 주어야 한다. 우리는 14장과 15장에서 회전운동은 각운동량 양자수, l과 자기양자수, m_l로 표현된다는 사실을 배웠고, 회전운동에너지는 식 16-6처럼 각운동량 양자수, l에 의해서만 결정된다는 사실을 배웠다.

$$E_l = hcBl(l+1) \qquad (16\text{-}53)$$

각운동량 양자수가 커짐에 따라 자기양자수의 개수도 늘어나는데, 예를 들어 $l=0$일 때 $m_l=0$으로서 1개지만, $l=1$일 때에는 $m_l=+1, 0, -1$로서 3개, 그리고 $l=2$일 때 m_l의 개수는 5개가 된다. l에 따른 m_l의 개수를 일반화시켜서 쓰면 식 16-7과 같이 l로 묘사된다.

$$m_l\text{의 개수} = 2l+1 \tag{16-54}$$

$l=0$일 때 회전운동에너지, $E_1=0$ 이며 이때 m_l의 개수는 1개이기 때문에 한 에너지 준위에 하나의 상태만이 존재한다. 그러나 $l=1$일 때 m_l의 개수는 3개이기 때문에 같은 회전운동에너지 준위, $E_2=2hcB$에 3개의 상태가 공존할 수 있다. 이처럼 같은 에너지 준위에 공존하고 있는 상태의 수를 "축퇴도"라고 하는데 이러한 축퇴도를 고려해서 회전운동에너지 준위를 나타내면 그림 16-2와 같이 그려진다. 그림 16-1에서는 편의상 이러한 축퇴도를 고려하지 않은 채 그림이 그려져 있지만 좀 더 정확히 그린다면 그림 16-1도 그림 16-2처럼 $l=1$이상일 때부터는 각 에너지 준위에 식 16-7로 계산된 개수만큼의 에너지 상태들이 공존하는 형태로 그려져야 한다. 열에너지에 따른 회전운동에너지의 분포는 이러한 축퇴도가 고려된 볼츠만 분포식을 사용해서 묘사되어야 한다. 축퇴도가 고려된 볼츠만 분포식은 식 16-8과 같다.

$$\frac{N_l}{N_0} = \frac{g_l}{g_0} e^{-\frac{(E_l - E_0)}{kT}} \tag{16-55}$$

식 16-8에서 g_0, g_l은 각각 $l=0$일 때의 축퇴도와 l 상태일 때의 축퇴도를 의미한다. $l=0$일 때 축퇴도는 1이며 l 상태일 때의 축퇴도는 $2l+1$이다. 회전운동에서는 각운동량 양자수에 따라 에너지가 결정되며 각운동량 양자수의 기호로서 l을 사용하였으므로 식 16-5의 J를 l로 바꾸어서 식 16-8에 나타내었다. $l=0$일 때 회전운동에너지는 0이므로 $E_0=0$이고, l상태의 에너지, E_l은 식 5-6과 같다. 따라서 l 상태에 머무는 분자의 개수, N_l은 식 16-9와 같다.

$$N_l = N_0(2l+1)e^{-\frac{l(l+1)hcB}{kT}} \tag{16-56}$$

298 K에서 일산화탄소 분자의 분포가 어떻게 될지 한 번 살펴보도록 하자. 탄소원자와 산소원자의 질량은 각각 12 amu, 16 amu 이므로 환산질량은 6.9 amu이고 $1\,amu = 1.66\times10^{-27}kg$이므로 kg 단위로 구한 일산화탄소의 환산질량은 $11.5\times10^{-27}kg$이다. 일산화탄소 분자의 결합길이는 1.13 Å이므로 회전 상수 B를 식 16-9와 같이 구할 수 있다.

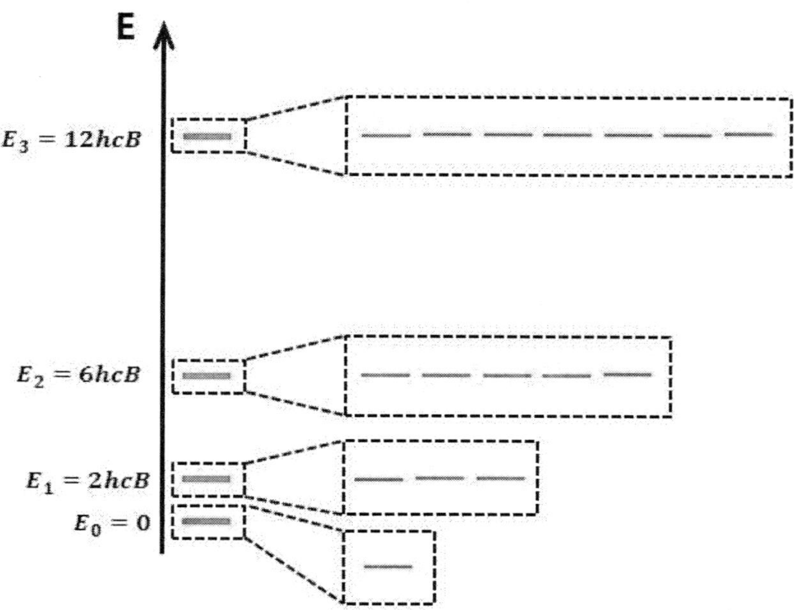

그림 16-10. 회전운동에너지의 에너지 준위가 자기양자수에 따라 다양한 상태로 존재한다는 것을 나타낸 그림

$$B = \frac{h}{8\pi^2 c\mu r^2} = \frac{6.626 \times 10^{-34}\,Js}{8\pi^2 \times 3 \times 10^8\,ms^{-1} \times 11.5 \times 10^{-27}\,kg \times (1.13 \times 10^{-10})^2} \tag{16-57}$$

$$= \frac{6.626}{8\pi^2 \times 3 \times 11.5 \times 1.13^2} \times \frac{10^{-34}}{10^8 \times 10^{-27} \times 10^{-20}} \left(\frac{Js}{ms^{-1}kgm^2} \right)$$

$$= \frac{6.626}{3478.3} \times 10^5\,m^{-1} = 190\,m^{-1}$$

식 16-9에서 얻은 회전상수를 이용해서 hcB/kT를 구해보면 식 16-10과 같다.

$$\frac{hcB}{kT} = \frac{6.626 \times 10^{-34}\,Js \times 3 \times 10^8\,ms^{-1} \times 190\,m^{-1}}{1.38 \times 10^{-23}\,JK^{-1} \times 298\,K} \tag{16-58}$$

$$= \frac{6.626 \times 3 \times 190}{1.38 \times 298} \times \frac{10^{-34} \times 10^8}{10^{-23}} \left(\frac{Jsms^{-1}m^{-1}}{JK^{-1}K} \right)$$

$$= \frac{3776.82}{411.24} \times 10^{-3} = 0.009$$

식 16-10에서 구한 값을 이용해서 각 에너지 준위에 분포하고 있는 분자들의 개수와 $l = 0$인 상태에 존재하는 분자들의 개수비를 구하면 표 16-2와 같고 이것을 그래프로 나타낸 것이 그림 16-3이다. 표 16-2와

그림 16-3으로부터 우리는 두 가지 사실을 확인할 수 있다. 첫 번째는 상온에서 분자는 다양한 에너지 상태에 분포하고 있다는 사실이다. 진동운동의 경우 상온에서 대부분의 분자들이 가장 낮은 바닥상태에 머물고 있는데 반해서, 회전운동의 경우 많은 분자들이 바닥상태뿐만 아니라 그 위에 에너지 상태도 점유하고 있음을 알 수 있다. 뒤에서 보겠지만 이러한 이유로 어떤 분자의 회전 스펙트럼은 진동 스펙트럼과 달리 여러 개의 피크로 구성되어 나타난다. 표 16-2와 그림 16-3으로부터 알 수 있는 두 번째 사실은 일산화탄소의 경우 298 K에서 $l=7$인 상태에 가장 많은 수의 분자가 분포하고 있다는 사실이다. 표 16-2에서 구한 개수비를 그림 16-3에 나타내었는데 $l=7$인 상태에서 개수비가 최대가 되며 이 지점을 기준으로 각운동량 양자수가 감소하거나 증가함에 따라 개수비가 점차 감소하는 것을 볼 수 있다. 빛의 흡수량은 빛을 흡수할 수 있는 화학종의 개수에 비례하므로 회전스펙트럼의 세기는 이러한 개수분포에 맞춰 나타나게 된다.

7) 회전 스펙트럼 2

이제 위에서 살펴본 선택규칙 그리고 볼츠만 분포식으로부터 유도된 각 에너지 상태에 존재하는 분자들의 개수 비를 이용해서 분자의 회전스펙트럼이 어떻게 나타나는지 좀 더 구체적으로 살펴보도록 하자. 그림 16-12(a)는 양자역학적으로 얻어진 회전운동 에너지 상태들을 나타낸 그림이다. 그림에 표시된 화살표들은 각 에너지 상태간의 허락된 전이들만을 나타낸다. 몇 가지만 예를 들자면, $l=0, m_l=0$상태에서는 $l=1, m_l=0$로, $l=1, m_l=0$에서는 $l=2, m_l=0$로, $l=1, m_l=+1$에서는 $l=2, m_l=+1$로, $l=1, m_l=-1$에서는 $l=2, m_l=-1$로의 전이만이 가능하다. 볼츠만 분포식에 따르면 일산화탄소는 각운동량 양자수 0인 에너지 상태부터 대략 십 몇 번까지의 에너지 상태에 머물고 있으므로 모든 상태에서 선택규칙이 허락하는 전이가 일어날 수 있다. 각운동량 양자수에 따른 각 에너지 상태의 에너지는 식 16-59처럼 주어지며 $\hbar^2/2\mu r^2$을 회전 상수 B라고 하면 각 에너지 상태의 에너지는 $2B$, $6B$, $12B$...와 같이 주어진다.

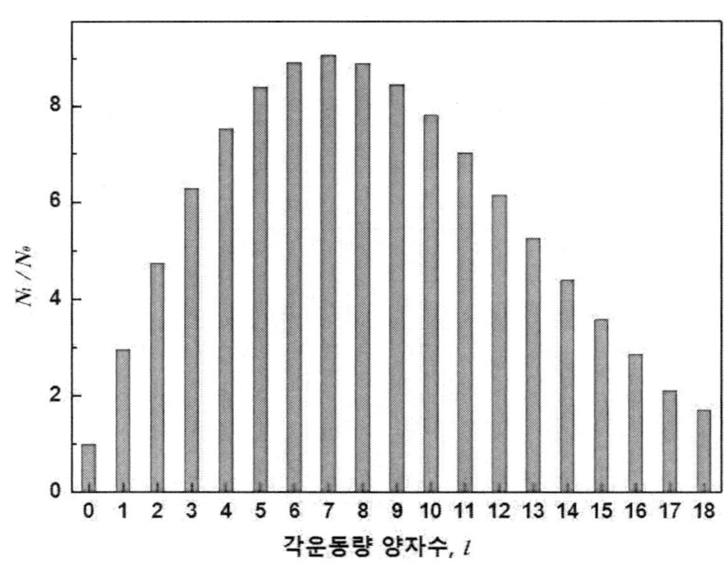

그림 16-11. $l=0$ 인 상태와 l 상태에 머무르는 분자들의 개수비를 나타낸 그래프

표 16-2. 298 K에서 회전운동에너지 상태에 존재하는 일산화탄소 분자의 개수

l	N_l	N_l/N_0
0	$N_0 = 1 \cdot N_0 e^{-0\times 0.009}$	$\frac{N_0}{N_0} = 1$
1	$N_1 = 3 \cdot N_0 e^{-2\times 0.009}$	$\frac{N_1}{N_0} = 3 \cdot e^{-0.018} = 2.946$
2	$N_2 = 5 \cdot N_0 e^{-6\times 0.009}$	$\frac{N_2}{N_0} = 5 \cdot e^{-0.054} = 4.737$
3	$N_3 = 7 \cdot N_0 e^{-12\times 0.009}$	$\frac{N_3}{N_0} = 7 \cdot e^{-0.108} = 6.283$
4	$N_4 = 9 \cdot N_0 e^{-20\times 0.009}$	$\frac{N_4}{N_0} = 9 \cdot e^{-0.180} = 7.517$
5	$N_5 = 11 \cdot N_0 e^{-30\times 0.009}$	$\frac{N_5}{N_0} = 11 \cdot e^{-0.270} = 8.397$
6	$N_6 = 13 \cdot N_0 e^{-42\times 0.009}$	$\frac{N_6}{N_0} = 13 \cdot e^{-0.378} = 8.908$
7	$N_7 = 15 \cdot N_0 e^{-56\times 0.009}$	$\frac{N_7}{N_0} = 15 \cdot e^{-0.504} = 9.061$
8	$N_8 = 17 \cdot N_0 e^{-72\times 0.009}$	$\frac{N_8}{N_0} = 17 \cdot e^{-0.648} = 8.893$
9	$N_9 = 19 \cdot N_0 e^{-90\times 0.009}$	$\frac{N_9}{N_0} = 19 \cdot e^{-0.810} = 8.452$
10	$N_{10} = 21 \cdot N_0 e^{-110\times 0.009}$	$\frac{N_{10}}{N_0} = 21 \cdot e^{-0.990} = 7.803$
11	$N_{11} = 23 \cdot N_0 e^{-132\times 0.009}$	$\frac{N_{11}}{N_0} = 23 \cdot e^{-1.188} = 7.011$
12	$N_{12} = 25 \cdot N_0 e^{-156\times 0.009}$	$\frac{N_{12}}{N_0} = 25 \cdot e^{-1.404} = 6.140$
13	$N_{13} = 27 \cdot N_0 e^{-182\times 0.009}$	$\frac{N_{13}}{N_0} = 27 \cdot e^{-1.638} = 5.248$
14	$N_{14} = 29 \cdot N_0 e^{-210\times 0.009}$	$\frac{N_{14}}{N_0} = 29 \cdot e^{-1.890} = 4.381$
15	$N_{15} = 31 \cdot N_0 e^{-240\times 0.009}$	$\frac{N_{15}}{N_0} = 31 \cdot e^{-2.160} = 3.575$
16	$N_{16} = 33 \cdot N_0 e^{-272\times 0.009}$	$\frac{N_{16}}{N_0} = 33 \cdot e^{-2.448} = 2.853$
17	$N_{17} = 35 \cdot N_0 e^{-306\times 0.009}$	$\frac{N_{16}}{N_0} = 35 \cdot e^{-2.754} = 2.101$
18	$N_{18} = 37 \cdot N_0 e^{-342\times 0.009}$	$\frac{N_{16}}{N_0} = 37 \cdot e^{-3.0788} = 1.704$

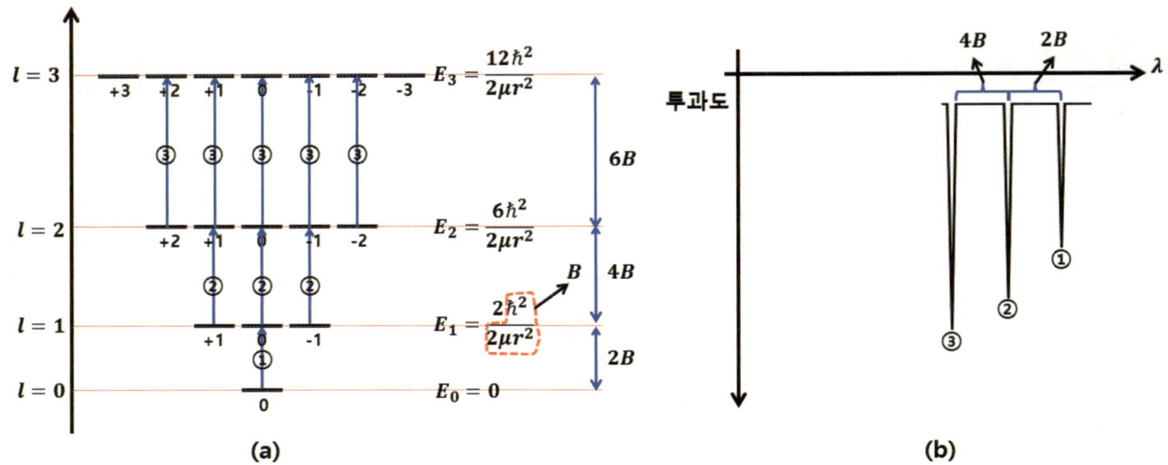

그림 16-12. $l = 0$ 인 상태와 l 상태에 머무르는 분자들의 개수비를 나타낸 그래프

$$E_l = \frac{l(l+1)\hbar^2}{2\mu r^2} \tag{16-72}$$

에너지 준위 간의 전이는 에너지 준위 간의 간격에 해당하는 파장(주파수, 에너지)에서 흡수 피크로 나타난다. (그림 16-12(b)). E_1과 E_0의 에너지 간격, E_2과 E_1의 에너지 간격, E_3과 E_2의 에너지 간격이 각각 $6B$, $4B$, $2B$로 각각 $2B$의 에너지 간격이기 때문에 흡수 피크는 동일한 간격으로 나타난다. 그림 16-12(b)에서 빛을 흡수하는 정도는 전이가 일어나기 전 상태에 얼마나 많은 분자들이 분포하고 있느냐에 비례할 것이다. 전이가 일어나기 전 상태에 많은 분자들이 분포하고 있을수록 빛을 흡수하는 정도는 더 커질 것이다. 일산화탄소의 경우 상온에서 각운동량 양자수 7인 상태에 가장 많은 분자들이 점유하고 있으므로 양자수 7에서 8로 일어나는 전이에 해당하는 흡수피크가 가장 클 것이다.

8) 진동전이 + 회전전이

지금까지 우리는 분자가 빛을 받아서 회전운동 에너지 상태 간의 전이가 일어나는 상황에 대해서 살펴보았다. 14장에서 처음 회전운동에 관한 이야기를 시작하였을 때 우리는 분자의 결합길이가 회전운동을 하는 동안 변하지 않는 강체회전자라고 가정하였다. 그러나 실제 분자는 다양한 에너지 상태에서 다양한 변위로 진동할 수 있다. 분자가 약하게 진동하고 있을 때 회전운동과 세게 진동하고 있을 때 회전운동은 다를 것이다. 따라서 회전운동 준위는 그림 16-1(b)처럼 각각의 진동상태 에너지 준위를 기점으로 각각 따로따로 주어진다. 그리고 그림 16-13(a)처럼 진동에너지 준위 간의 전이가 일어날 때 각 진동에너지 준위에 존재하는 다양한 회전에너지 준위 간의 전이도 동시에 일어나게 된다. 에너지 분해능이 충분히 좋은 분광기를 사용한다면 진동에너지 전이를 관찰할 때, 이러한 회전운동 에너지 준위들의 효과가 나타나게 된다. 서로 다른 진동에너지 준위에 있는 회전운동 에너지 준위 사이에 전이가 일어날 때도 우리가 앞서 보았던 선택 규칙은 지켜져야 한다. 따라서 그림 16-13(a)에 "×"로 표현되어 있듯이 약하게 진동하는 상태, $l=0$에서 강하게 진동하는 상태, $l=0$으로의 전이는 일어날 수 없다 (①번 전이). $\Delta l=\pm 1$이 되어야 하므로 그림 16-13(a)에 "○"로 표시된 전이만이 일어날 수 있다 (②, ③, ④, ⑤번 전이). 따라서 스펙트럼 상에서도 16-13(b)처럼 ①번 전이에 해당하는 피크는 나타나지 않을 것이며, ②, ③, ④, ⑤번 전이에 해당하는 피크만 나타날 것이다. 그림 16-13(a)을 통해 ②번 전이에 해당하는 에너지를 보면 ①번 전이에 해당하는 에너지보다 2B만큼 더 크다는 것을 알 수 있다. 따라서 그림 16-13(a)의 ②번 전이에 해당하는 피크는 ①번 전이에 해당하는 피크보다 2B만큼 단파장 쪽으로 이동된 파장에서 나타날 것이다. 같은 이유로 ③번 전이에 해당하는 피크는 ①번 전이에 해당하는 피크보다 4B만큼 단파장 쪽으로 이동된 파장에서 나타나게 된다. 반면에, ④번과 ⑤번 전이에 해당하는 에너지는 ①번 전이에 해당하는 에너지보다 각각 2B, 4B만큼 낮다. 따라서 그 에너지 차이만큼 각각 장파장 쪽으로 이동된 영역에서 두 개의 피크가 나타나게 된다. 지금 그림 16-13(b)에서는 ①번 전이에 해당하는 에너지보다 더 큰 에너지를 가진 영역과 저 작은 에너지를 가진 영역에서 각각 두 개의 피크만 나타내었는데 그림 16-13(a)에 나타난 전이 외에도 다양한 회전운동 에너지 준위 간의 전이가 존재하므로 피크는 더 많을 수 있다. ①번 전이에 해당하는 피크보다 더 큰 에너지 영역을 "R branch"라고 하고 더 작은 에너지 영역을 "P branch"라고 한다.

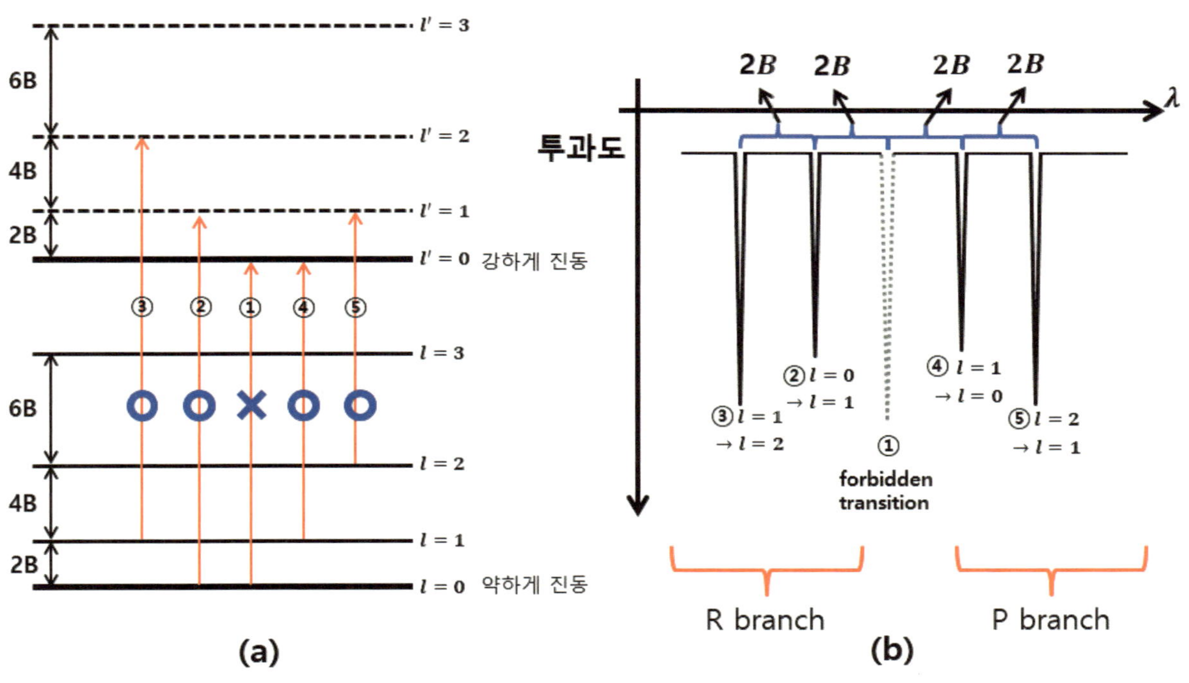

그림 16-13. (a) 진동에너지 준위와 회전운동 에너지 준위에서 허락된 전이와 금지된 전이, (b) 진동에너지 간의 전이와 회전운동 에너지 준위 간의 전이가 동시에 일어날 때의 스펙트럼.

17. 분자의 진동 (고전역학적 관점)

진동운동을 할 수 있는 가장 간단한 분자는 이원자분자다. 따라서 본 교재에서는 가장 간단한 시스템인 이원자분자에 대해서만 다루고자 한다. 그림 17-1(a)와 같이 질량 m_1, m_2를 가진 두 원자가 r의 평형길이를 가진 채 서로 결합 되어 있다고 생각해 보자. 이러한 시스템은 회전운동에서 했던 것과 마찬가지로 환산질량 μ를 가진 입자 하나가 움직이지 않는 벽에 r의 평형 거리만큼 떨어져서 진동하고 있는 시스템과 동일하게 취급될 수 있다. (그림 17-1(b)) 환산질량 μ를 구하는 식은 식 17-1과 같다.

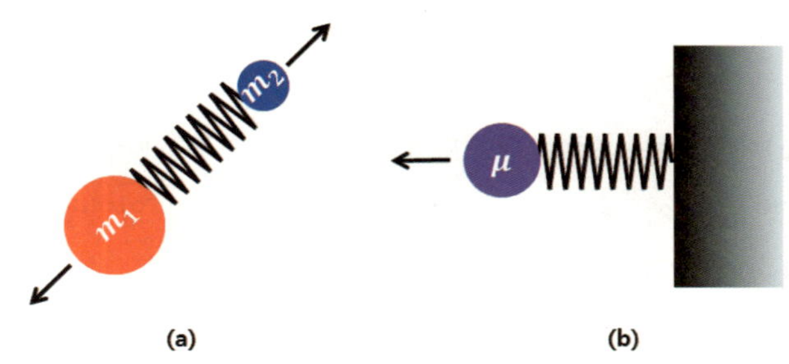

그림 17-1. 두 개의 입자로 구성된 이원자 분자의 진동 (a)는 환산질량을 가진 한 개의 입자가 고정된 벽에 붙어서 진동하는 것과 같은 양상을 나타낸다.

$$\mu = \frac{m_1 m_2}{m_1 + m_2} \tag{17-1}$$

$m_1 \ll m_2$인 경우 진동운동을 할 때 무거운 m_2는 거의 고정되어 있고 m_1만 진동하는 양상이 나타나는데 이는 환산질량 μ인 입자가 고정된 벽에 붙어서 진동하고 있는 모습과 유사하다. 수식으로도 $m_1 \ll m_2$일 때 $m_1 \approx \mu$가 됨을 쉽게 확인할 수 있다. 식 17-1에서 $m_1 \ll m_2$인 경우 분모의 $m_1 + m_2 \approx m_2$이다. 왜냐하면 m_1이 m_2에 비해 가벼우므로 둘의 질량을 더했을 때, m_1은 두 질량의 합에 거의 영향을 주지 않기 때문이다. 따라서 식 17-2와 같이 $m_1 \approx \mu$이 된다.

$$\mu = \frac{m_1 m_2}{m_1 + m_2} \approx \frac{m_1 m_2}{m_2} = m_1 \tag{17-2}$$

그림 17-1(b)와 같은 진동이 고전역학적으로 어떻게 묘사되는지 먼저 살펴본 뒤 이어서 양자역학적 풀이 과정에 대해 살펴보도록 하자.

1) 고전 역학적 관점 (후크의 법칙)

그림 17-1(b)와 같이 평형길이에서 질량 μ를 가진 입자가 매달려 있다고 가정해 보자. 물론 지구상이라면 중력이 작용할 테니 매달려 있는 물체의 무게에 의해 스프링이 약간 아래로 쳐져 있겠지만 지구상의 중력은 없다고 가정하고 물체에는 스프링에 의한 힘만 작용한다고 가정하자. 스프링을 늘렸다 놓게 되면 물체는 진동하게 되는데 진동하는 방향과 수평인 방향을 x축이라고 하자. 우리는 x축 상의 원점의 위치를 물체가 놓여있는 지점으로 정할 수도 있고, 스프링이 달린 벽의 표면을 원점으로 지정할 수도 있다. 그림 17-2(a)처럼 물체가 놓여있는 지점을 원점으로 지정할 경우 물체가 평형 길이만큼 늘어나 놓여있는 지점이 바로 "0"이 되며, 스프링이 달린 벽의 표면을 원점으로 지정할 경우 물체의 위치는 원점으로부터 스프링의 평형 길이만큼 늘어난 곳에 있으므로 스프링의 평형 길이"l_e"로 지정할 수 있다.

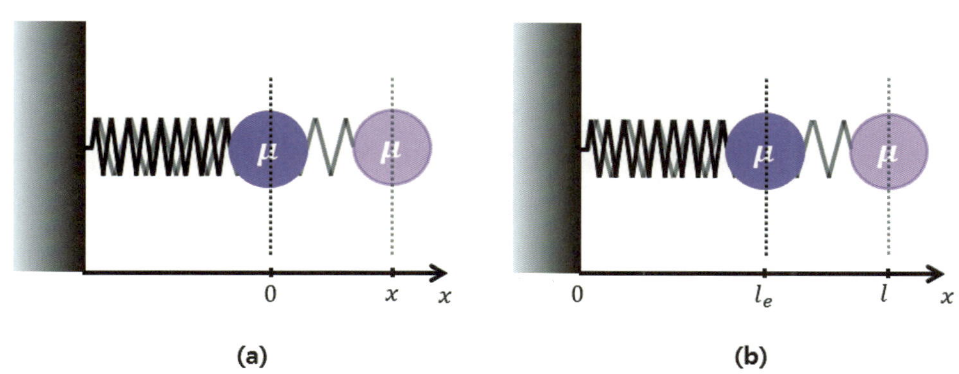

그림 17-2. (a) 입자가 평형 길이만큼 늘어나 놓여 있는 위치를 원점으로 지정한 경우,
(b) 입자가 놓여 있는 위치를 평형 길이 l_e로 지정한 경우.

스프링은 늘어나거나 압축될 수 있는데 평형길이로부터 늘어난 길이, 혹은 압축된 길이를 "변위"라고 한다. 그림 17-2(a)에서 변위는 "x"라고 할 수 있고, 그림 17-2(b)에서 변위는 "$l-l_e$"라고 할 수 있다. 이 변위는 양수일 수도 있고 음수일 수도 있는데, 그림 17-2처럼 용수철이 늘어날 때에는 양수의 값을 가지며, 반대로 압축될 때에는 음수의 값을 갖게 된다. 그림 17-2처럼 스프링이 늘어나도록 하기 위해서는 오른쪽으로 힘을 가해야만 한다. 가해야 하는 힘의 크기를 $F_{가한\ 힘}$이라고 한다면 $F_{가한\ 힘}$은 스프링이 늘어난 길이, 즉 변위에 비례한다. 따라서 가한 힘과 변위는 식 17-3과 같이 비례식으로 나타낼 수 있다.

$$F_{가한\ 힘} \propto x \qquad \text{또는} \qquad F_{가한\ 힘} \propto (l-l_e) \tag{17-3}$$

그리고 식 17-3의 비례상수를 "k"라고 하면 식 17-3은 식 17-4와 같이 등호로 나타내어 질 수 있다.

$$F_{가한힘} = kx \qquad 또는 \qquad F_{가한힘} = k(l - l_e) \tag{17-4}$$

한 편, 스프링에서는 힘을 가한 방향(그림 17-2에서는 오른쪽)과는 반대방향(그림 17-2에서 왼쪽 방향)으로 복원력, $F_{복원력}$이 나타나게 된다. 이 복원력의 크기는 우리가 가한 힘의 크기와 같을 것이고 방향은 반대일 것이다. 힘의 방향이 오른쪽일 때를 양수, 왼쪽일 때를 음수라고 정의하면 $F_{가한힘}$과 $F_{복원력}$은 $F_{가한힘} =- F_{복원력}$으로 서로 다른 부호로 나타내어질 것이다. 용수철을 당겼을 때에는 $F_{가한힘} =- F_{복원력}$가 될 것이며, 용수철을 압축했을 때에는 $-F_{가한힘} = F_{복원력}$ 이지만 이것은 다시 $F_{가한힘} =- F_{복원력}$ 로 쓸 수 있으므로 어떤 경우든 $F_{가한힘} =- F_{복원력}$라고 할 수 있다. 따라서 식 17-4를 복원력을 이용해서 나타내면 식 17-5와 같이 변위에 음의 부호를 단 채 표현되어야 할 것이다.

$$F_{복원력} =- kx \qquad 또는 \qquad F_{복원력} =- k(l - l_e) \tag{17-5}$$

복원력은 변위뿐만 아니라 스프링의 세기에 의해서도 달라진다. 1 cm를 늘렸을 때 1 N의 복원력이 발생하는 스프링이 있는가 하면, 같은 길이만큼 늘렸을 때 10 N의 복원력이 생기는 스프링이 있을 수 있다. 따라서 식 17-4의 비례상수 k는 스프링의 세기에 관련된 상수이며, 이 상수를 스프링의 "힘상수"라고 한다. 스프링이 단단해서 약간의 변위만 생겨도 큰 복원력이 나타날 때 그 스프링은 큰 k 값을 갖게 되고, 스프링이 약해서 큰 변위에도 약한 복원력만이 생긴다면 그 스프링의 k 값은 작다고 할 수 있다. 이처럼 스프링에 작용하는 복원력은 식 17-4와 같이 스프링의 힘상수, k와 스프링의 변위 x 또는 $l - l_e$로 나타낼 수 있는데 이것을 "후크의 법칙"이라고 한다. 이러한 후크의 법칙을 이용하여 스프링에 저장되는 퍼텐셜에너지와 진동에 따른 물체의 진동특성이 어떻게 나타나는지에 대해 다음절에서 살펴보도록 하자.

2) 고전 역학적 관점 (퍼텐셜에너지)

그림 17-2처럼 스프링에 $F_{가한힘}$를 가해서 스프링을 "x"만큼 당겼을 때, 혹은 "$l - l_e$"만큼 당겼을 때 스프링에 저장되는 퍼텐셜에너지를 구해 보도록 하자. 어떤 사람이 $F_{가한힘}$으로 스프링을 "x"만큼 혹은 "$l - l_e$"만큼 당겼을 때 한 일의 크기 W는 스프링에 저장된 에너지의 크기 U와 같을 것이다. 따라서 한 일의 크기로부터 용수철에 저장된 퍼텐셜 에너지의 크기를 구할 수 있다. 한 일의 크기는 힘 F과 이동거리 s의 곱으로 주어진다. 어떤 사람이 어떤 물체에 $1\,N$의 힘을 가해 $1\,m$만큼 이동시켰다고 했을 때 한 일

$$W = F \cdot s = 1\,N \cdot 1\,m = 1\,Nm = 1\,J \tag{17-6}$$

이 된다. 따라서 만일 그림 17-2에 나와 있는 용수철을 "x"만큼 혹은 "$l - l_e$"만큼 당기는 동안 늘 같은 힘 $F_{가한힘}$을 사용했다면, 이때 한 일의 크기

$$W = F_{\text{가한힘}} x = F_{\text{가한힘}}(l - l_e) \tag{17-6}$$

이 될 것이다. 그리고 식 17-4에서 $F_{\text{가한힘}} = kx$ 그리고 $F_{\text{가한힘}} = k(l - l_e)$이었으므로 한 일

$$W = kx^2 = k(l - l_e)^2 \tag{17-7}$$

가 될 것이다. 앞서 말했다시피 이 식은 용수철을 "x"만큼 혹은 "$l - l_e$"만큼 당기는 동안 늘 같은 힘을 가했을 때 성립하는 식이다. $F_{\text{가한힘}}$이 변위에 상관없이 늘 일정할 때 즉, 상수일 때에만 성립하는 식이다. 그러나 후크법칙에 의하면 $F_{\text{가한힘}}$은 변위에 따라 변하는 함수이다. 변위가 작을 때에는 $F_{\text{가한힘}}$도 작지만 변위가 증가함에 따라 $F_{\text{가한힘}}$도 비례해서 점점 커지게 된다. 따라서 한 일을 17-6, 17-7과 같이 구해서는 안 되고 변위에 따라 증가하는 $F_{\text{가한힘}}$을 고려해 주어야 한다. 고려해주는 방법은 미소변위 dx에 대한 미소일 dW를 구한 뒤(식 17-8) 전체 변위 구간에 대해 적분하는 것이다. (식 17-9) 즉,

$$dW = F_{\text{가한힘}} dx, \qquad dW = F_{\text{가한힘}} d(l - l_e) \tag{17-8}$$

$$\int_0^W dW = \int_0^x F_{\text{가한힘}} dx, \qquad \int_0^W dW = \int_0^{l - l_e} F_{\text{가한힘}} d(l - l_e) \tag{17-9}$$

$F_{\text{가한힘}} = kx$ 그리고 $F_{\text{가한힘}} = k(l - l_e)$이므로 식 17-9에 대입하면 한 일과 퍼텐셜에너지는

$$W = \frac{1}{2}kx^2 = U, \qquad W = \frac{1}{2}k(l - l_e)^2 = U \tag{17-10}$$

이 된다. 식 17-10은 양수함수이고 변위에 대해 이차 함수이므로 그래프로 그려보면 그림 17-3과 같이 위가 뚫린 포물선으로 그려진다. 그림 17-3(a)에서는 변위의 크기 x가 x축으로 그려져 있으며 그림 17-3(b)에서는 용수철의 길이 l이 x축으로 그려져 있다. 그림 17-3(a)에서는 용수철의 평형 길이에 놓여있는 물체의 위치를 "0"으로 지정했기 때문에 포물선의 꼭짓점이 "0"에 있다. 평형 길이로부터 용수철이 x'만큼 늘어나거나 x''으로 압축될 때 퍼텐셜에너지는 포물선을 따라 각각 U' 또는 U''만큼 증가하게 된다. 그림 17-3(b)에서는 용수철의 길이 l을 x축으로 지정하였기 때문에 용수철의 평형길이 l_e에 포물선의 꼭짓점이 위치하게 된다. 평형길이 l_e로부터 l'만큼 늘어나거나 l''으로 압축될 때 퍼텐셜에너지는 각각 U' 또는 U''만큼 포물선을 따라 증가하게 된다. 용수철의 힘상수 k는 포물선의 퍼짐 정도를 결정한다. k가 커질수록 포물선의 형태는 더 날카로워지고(그림 17-3의 점선) k가 작아질수록 포물선의 형태는 더 넓어진다. (그림 17-3의 대시선)

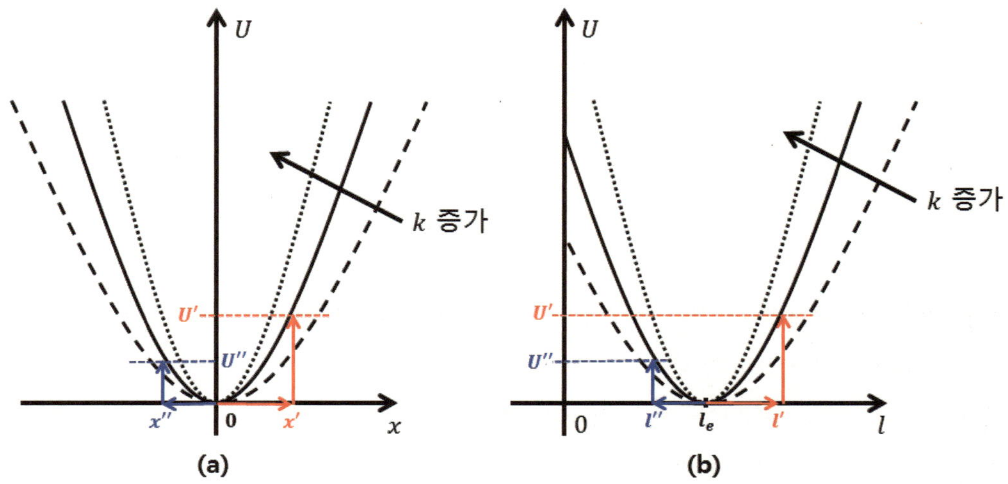

그림 17-3. (a) 입자가 평형 길이만큼 늘어나 놓여 있는 위치를 원점으로 지정했을 때 용수철의 퍼텐셜에너지 곡선, (b) 입자가 놓여 있는 위치를 평형 길이 l_e로 지정했을 때 퍼텐셜에너지 곡선.

3) 고전 역학적 관점 (진동자의 운동방정식)

그림 17-2처럼 스프링을 당겨서 늘린 다음 놓게 되면 스프링은 복원력에 의해 길이가 줄어들기 시작하고 동시에 스프링에 달린 물체는 복원력에 의해 가속운동을 하게 된다. 뉴턴의 제 2법칙 $F=ma$를 이용하면 이 물체가 어떤 운동을 하게 될지 예측할 수 있다. 뉴턴의 제 2법칙에 따라 용수철에 매달려 있는 질량 μ의 물체는 용수철의 복원력 $F_{복원력}$에 의해 가속도 a를 가진 채 운동을 하게 된다. 이것을 수식으로 나타내면 그림 17-11과 같다.

$$F_{복원력} = \mu a \tag{17-11}$$

가속도는 시간 t에 따른 속도 v의 변화량이고 속도는 시간에 따른 위치 x의 변화량이므로 가속도

$$a = \frac{dv}{dy} = \frac{d}{dt}\left(\frac{dx}{dt}\right) = \frac{d^2x}{dt^2} \tag{17-12}$$

이다. 후크의 법칙에 따라 $F_{복원력} = -kx$와 식 17-12를 식 17-11에 대입하면

$$-kx = \mu\frac{d^2x}{dt^2} \tag{17-13}$$

식 17-13 양변을 μ로 나누고 이항해서 정리하면

$$\frac{d^2x}{dt^2}+\frac{k}{\mu}x=0 \tag{17-14}$$

가 된다. 식 17-14는 선형제차 미분 방정식이므로 해가 $x=e^{Dt}$의 형태로 주어진다. 이 해를 식 17-14에 넣어주게 되면 식 17-15, 16을 거쳐 식 17-17이 된다.

$$\frac{d^2}{dt^2}e^{Dt}+\frac{k}{\mu}e^{Dt}=0 \tag{17-15}$$

$$\Leftrightarrow D^2e^{Dt}+\frac{k}{\mu}e^{Dt}=0 \tag{17-16}$$

$$\Leftrightarrow \left(D^2+\frac{k}{\mu}\right)e^{Dt}=0 \tag{17-17}$$

식 17-17에서 $e^{Dt}\neq 0$이므로 식 17-17이 성립하기 위해서는

$$D^2+\frac{k}{\mu}=0 \tag{17-18}$$

이어야만 한다. 따라서

$$\therefore D=\pm i\sqrt{\frac{k}{\mu}} \tag{17-19}$$

이 되고 일반해로서 식 17-20이 얻어진다.

$$x(t)=Ae^{+i\sqrt{\frac{k}{\mu}}\,t}+Be^{-i\sqrt{\frac{k}{\mu}}\,t} \tag{17-20}$$

오일러 공식을 사용해서 식 17-20을 삼각함수 형태로 바꾸면 식 17-21, 22를 거쳐서 식 17-23이 된다.

$$x(t)=Ae^{+i\sqrt{\frac{k}{\mu}}\,t}+Be^{-i\sqrt{\frac{k}{\mu}}\,t} \tag{17-21}$$

$$\Leftrightarrow x(t)=A\left(\cos\sqrt{\frac{k}{\mu}}\,t+i\sin\sqrt{\frac{k}{\mu}}\,t\right)+B\left(\cos\sqrt{\frac{k}{\mu}}\,t-i\sin\sqrt{\frac{k}{\mu}}\,t\right) \tag{17-22}$$

$$\Leftrightarrow x(t)=(A+B)\cos\sqrt{\frac{k}{\mu}}\,t+(Ai-Bi)\sin\sqrt{\frac{k}{\mu}}\,t \tag{17-23}$$

A와 B는 임의의 상수이므로 $A+B=C$, $Ai-Bi=D$로 치환해서 다시 쓰면 식 17-24가 된다.

$$x(t)=C\cos\sqrt{\frac{k}{\mu}}\,t+D\sin\sqrt{\frac{k}{\mu}}\,t \tag{17-24}$$

식 17-24에서 상수 C는 실수이고 상수 D는 허수이다. 우리는 실수부분만 인식할 수 있으므로 식 17-24의 의미는 시간에 따른 변위 $x(t)$가 그림 17-4와 같이 cos 함수의 형태로 나타난다는 것이다.

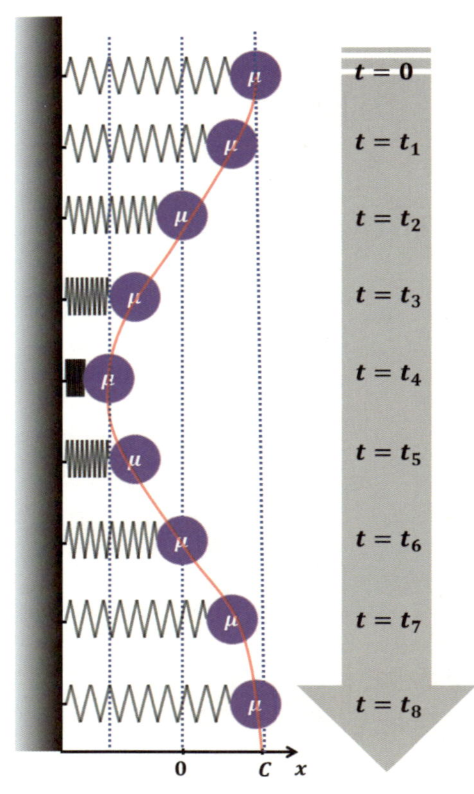

그림 17-4. 용수철을 x축 방향으로 C 만큼 당겼다가 놓았을 때 시간의 흐름에 따라 물체가 진동하는 모습을 나타낸 그림.

그림 17-4처럼 용수철에 매달려 있는 질량 μ를 가진 물체를 x축 방향으로 C 만큼 당겼다가 놓는다고 가정해 보자. 용수철의 복원력에 의해 용수철이 줄어들면서 물체는 왼쪽으로 움직이게 된다. 용수철을 놓았을 때 시점을 $t=0$로 정하게 되면 늘어났던 용수철이 줄어들면서 시간 $t=t_2$가 되었을 때 물체는 용수철의 평형길이 되는 거리에 위치하게 된다. 그러나 물체는 관성에 의해 왼쪽으로 계속해서 움직이게 되고 용수철은 압축되며 시간 $t=t_4$가 되었을 때 물체는 가장 왼쪽에 위치하게 된다. 그 후 용수철의 복원력에 의해 용수철이 늘어남과 동시에 물체는 오른쪽으로 움직이기 시작한다. 다시 시간 $t=t_6$가 되었을 때 물체는 용수철의

평형길이 되는 지점에 도달하게 되고 오른쪽으로 계속해서 움직여 시간 $t = t_8$이 되었을 때 처음 위치로 돌아오게 된다. 만일 공기에 대한 저항, 중력에 의한 용수철의 처짐, 그리고 용수철의 피로도 등이 이러한 진동에 영향을 주지 않고 물체는 오로지 용수철의 복원력에 의해서만 움직이는 "조화진동자"라면 물체는 끊임없이 위 과정을 반복하며 진동하게 된다. 시간에 따른 물체의 궤적을 그려보면(그림 6-4의 빨간색 실선) 식 17-24에서 얻었던 cos 함수에 맞춰 진동한다는 사실을 알 수 있다. 그림 6-4에서는 용수철을 당겼다가 놓은 시점을 $t = 0$으로 지정했지만 이 시점은 우리 임의대로 정할 수 있다. 용수철의 길이가 평형길이가 되는 시점을 $t = 0$으로 지정해보자(이러한 조건을 "경계조건"이라고 한다). 즉, $t = 0$일 때 변위가 "0"이므로 식 17-24를 다음과 같이 쓸 수 있다.

$$x(0) = C\cos\sqrt{\frac{k}{\mu}}\,0 + D\sin\sqrt{\frac{k}{\mu}}\,0 = 0 \qquad (17\text{-}25)$$

식 17-25에서 $\sin 0 = 0$이지만 $\cos 0 = 1$이므로 식 17-25가 "0"이 되기 위해서는 $C = 0$이어야만 한다. 반면에 $D \neq 0$이어야 하는데 D마저 0이 되어 버리면 식 17-24는 시간에 상관없이 늘 0인 함수가 되기 때문이다. 따라서 용수철의 길이가 평형길이가 되는 시점이 $t = 0$이라고 하는 경계조건을 지정하게 되면 진동자를 묘사하는 파동함수는 식 17-26과 같이 sin 함수로만 묘사가 된다.

$$x(t) = D\sin\sqrt{\frac{k}{\mu}}\,t \qquad (17\text{-}25)$$

그림 17-4의 진동운동이 일어나는 동안 물체의 운동속도는 시간에 따라 계속해서 변한다. 즉, 용수철에 매달려 있는 물체의 속도 역시 시간에 대한 함수이고 $v(t)$로 쓸 수 있다. 진동운동이 일어나는 동안 물체의 속도가 어떻게 달라지는지 한번 생각해보자. 용수철을 당겼다가 놓았을 때 용수철이 수축하면서 속도는 점점 빨라질 것이다. 그리고 물체가 용수철의 평형길이 만큼 늘어난 위치를 지날 때 속도는 최대가 될 것이다. 그 지점을 지나게 되면 용수철은 수축하기 시작하는데 이때부터 물체의 속도는 줄어들기 시작한다. 용수철이 압축되어 다시 팽창하기 전 물체는 일시 정지하게 되고, 곧이어 물체는 반대 방향으로 운동하기 시작한다. 우리는 위에서 물체가 용수철의 평형길이만큼 늘어난 위치를 지날 때를 $t = 0$로 잡았다. 따라서 물체가 용수철의 평형길이만큼의 늘어난 위치를 지날 때의 속도 $v(0)$를 v_0라고 하자. 속도는 시간에 따른 위치의 변화량이므로 식 17-25를 시간으로 미분해서 구할 수 있다. 식 17-25를 시간으로 미분해서 시간에 따른 물체의 속도를 나타내는 식 $v(t)$을 구하면

$$\frac{d}{dt}x(t) = D\sqrt{\frac{k}{\mu}}\cos\sqrt{\frac{k}{\mu}}\,t = v(t) \qquad (17\text{-}26)$$

이 된다. 물체가 용수철의 평형길이만큼의 늘어난 위치를 지날 때의 속도를 $v(0)$는 시간 t에 0을 대입해서 구할 수 있다. 위에서 $v(0)=v_0$라고 했으므로 시간 t에 0을 대입하면

$$v(0)=D\sqrt{\frac{k}{\mu}}\cos\sqrt{\frac{k}{\mu}}\,0=v_0 \tag{17-27}$$

$\cos 0=1$이므로 식 17-27은

$$v(0)=D\sqrt{\frac{k}{\mu}}=v_0 \tag{17-28}$$

이 된다. 식 17-28로부터 우리는 상수 D를 구할 수 있다. D만 남기고 나머지를 이항하면

$$D=\sqrt{\frac{\mu}{k}}\,v_0 \tag{17-29}$$

이 된다. 이 값을 식 17-25에 대입하면 시간에 따른 물체의 변위를 나타내는 운동 방정식으로

$$x(t)=\sqrt{\frac{\mu}{k}}\,v_0\sin\sqrt{\frac{k}{\mu}}\,t \tag{17-30}$$

이 얻어진다.

주기와 주파수(진동수)의 정의를 이용하면 식 17-30을 진동수의 형태로 표현할 수 있다. 그림 17-4에서 $t=0$에서 시작한 파동은 $t=t_8$이 되었을 때 처음 시작한 변위로 되돌아왔음을 확인할 수 있다. 파동의 진폭이 (진동자에서는 변위가) 처음 위치로 되돌아올 때까지 걸린 시간을 "주기"라고 하고 "T"로 나타낸다. 한 주기만큼 지나고 난 뒤에도 변위가 동일해야 한다는 주기의 정의와 식 17-30을 이용하면 식 17-31이 성립해야 함을 알 수 있다.

$$x(t)=x(t+T) \tag{17-31}$$

$$\Leftrightarrow \sqrt{\frac{\mu}{k}}\,v_0\sin\sqrt{\frac{k}{\mu}}\,t=\sqrt{\frac{\mu}{k}}\,v_0\sin\sqrt{\frac{k}{\mu}}\,(t+T)$$

17-31을 좌, 우변에 같은 항끼리 서로 지우면

$$\sin\sqrt{\frac{k}{\mu}}\,t = \sin\sqrt{\frac{k}{\mu}}\,(t+T) \tag{17-32}$$

우변을 전개하면

$$\sin\sqrt{\frac{k}{\mu}}\,t = \sin\sqrt{\frac{k}{\mu}}\,t\cos\sqrt{\frac{k}{\mu}}\,T - \cos\sqrt{\frac{k}{\mu}}\,t\sin\sqrt{\frac{k}{\mu}}\,T \tag{17-33}$$

이 된다. 식 17-33이 성립하려면 $\cos\sqrt{\frac{k}{\mu}}\,T=1$, $\sin\sqrt{\frac{k}{\mu}}\,T=0$이 되어야 한다. 이 조건을 만족시키기 위해서는 $\sqrt{\frac{k}{\mu}}\,T=0, 2\pi, 4\pi\ldots$이 되어야 하고, 결국 $T=0, 2\pi\sqrt{\frac{\mu}{k}}, 4\pi\sqrt{\frac{\mu}{k}}\ldots$이 되는데 이 중에서 $T=0$인 경우는 포함시키지 말아야 한다. 주기가 0인 파동은 없기 때문이다. 이 중에서 0을 제외한 가장 작은 값인 $2\pi\sqrt{\frac{\mu}{k}}$을 이용해서 주파수(진동수)를 나타내면

$$\nu = \frac{1}{T} = \frac{1}{2\pi}\sqrt{\frac{k}{\mu}} \tag{17-34}$$

이 되고, $2\pi\nu = \sqrt{\frac{k}{\mu}}$으로 나타낼 수 있다. 이 값으로 식 17-30을 치환하면

$$x(t) = \sqrt{\frac{\mu}{k}}\,v_0\sin 2\pi\nu\,t = \sqrt{\frac{\mu}{k}}\,v_0\sin\frac{2\pi}{T}\,t = \sqrt{\frac{\mu}{k}}\,v_0\sin\omega t \tag{17-35}$$

이 된다. 식 17-35의 $2\pi\nu$를 각주파수(angular frequency)라고 하고, 보통 ω(오메가) 기호를 써서 나타내기도 한다.

4) 고전 역학적 관점 (진동자의 전체 에너지)

이제 진동자의 전체 에너지에 대해 생각해 보도록 하자. 그림 17-2 시스템은 물체의 운동에 의한 운동에너지와 스프링에 저장된 퍼텐셜 에너지 모두를 갖는다. 뉴턴 법칙에 의하면 질량 μ인 물체가 속력 v로 움직일 때 물체의 운동에너지 E_k는 $\frac{1}{2}\mu v^2$으로 주어진다. 스프링에 저장되는 퍼텐셜 에너지 E_p는 $\frac{1}{2}kx^2$으로 주어진다. 따라서 조화진동자의 전체 에너지 E_T는 식 17-36과 같이 주어진다.

$$E_T = E_k + E_p = \frac{1}{2}\mu v^2 + \frac{1}{2}kx^2 \tag{17-36}$$

속력 $v=\dfrac{dx}{dt}$ 이므로 식 17-35를 시간 t로 미분하면

$$v=\frac{d}{dt}x(t)=\sqrt{\frac{\mu}{k}}\,v_0\,2\pi\nu\cos 2\pi\nu\,t \tag{17-37}$$

이 된다. 식 17-34의 주파수를 식 17-37에 대입하면

$$v=\frac{d}{dt}x(t)=\sqrt{\frac{\mu}{k}}\,v_0\,2\pi\frac{1}{2\pi}\sqrt{\frac{k}{\mu}}\cos 2\pi\nu\,t=v_0\cos 2\pi\nu\,t \tag{17-38}$$

이 된다. 식 17-36 v^2에 식 17-38의 제곱을 대입하고 x^2에 식 17-35의 제곱을 대입하면

$$E_T=\frac{1}{2}\mu v_0^2\cos^2 2\pi\nu t+\frac{1}{2}k\frac{\mu}{k}v_0^2\sin^2 2\pi\nu t=\frac{1}{2}\mu v_0^2\cos^2 2\pi\nu t+\frac{1}{2}\mu v_0^2\sin^2 2\pi\nu t \tag{17-39}$$

식 17-39를 $\frac{1}{2}\mu v_0^2$으로 묶으면

$$E_T=\frac{1}{2}\mu v_0^2(\cos^2 2\pi\nu t+\sin^2 2\pi\nu t) \tag{17-40}$$

과 같은 식이 얻어진다.

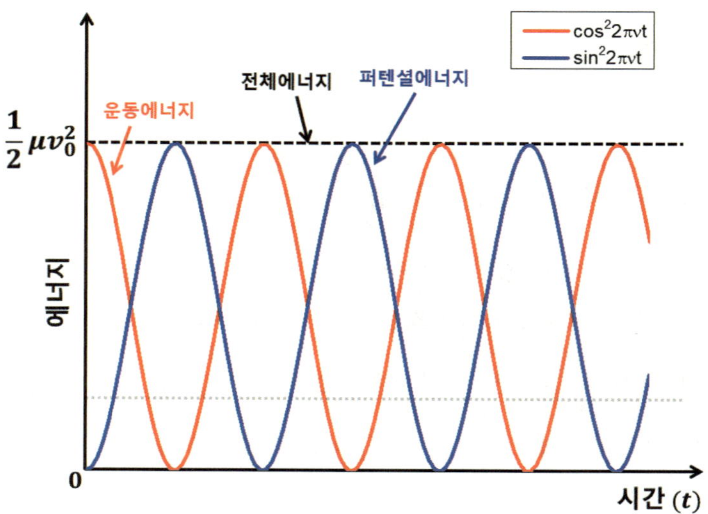

그림 17-5. 식 17-40의 퍼텐셜 에너지(파란색 실선)와 운동에너지(빨간색 실선)에 해당하는 값을 시간에 따라 나타낸 그래프

우리는 식 17-40을 유도할 때 물체가 용수철의 평형길이만큼 되는 지점을 통과할 때의 시간을 시작점으로 지정하였다. 즉, $t=0$ 이 되는 시점에 용수철은 평형길이만큼 늘어나 있으므로 퍼텐셜 에너지는 0의 값을 가질 것이고, 운동에너지는 $\frac{1}{2}\mu v_0^2$의 최댓값을 갖게 될 것이다. 식 17-40에 $t=0$을 대입하면 식 17-41을 통해 이러한 사실을 바로 확인할 수 있고 전체 에너지는 $\frac{1}{2}\mu v_0^2$로 주어진다는 사실을 확인할 수 있다.

$$E_T = \frac{1}{2}\mu v_0^2(\cos^2 2\pi\nu \cdot 0 + \sin^2 2\pi\nu \cdot 0) = \frac{1}{2}\mu v_0^2(1+0) = \frac{1}{2}\mu v_0^2 \tag{17-41}$$

물체가 용수철의 평형길이를 지나 압축되기 시작하면서 물체의 운동에너지는 감소하기 시작하고 동시에 용수철의 퍼텐셜 에너지는 증가하기 시작한다. 그리고 $t=\frac{T}{4}$인 시점이 되면 시작점과는 반대로 운동에너지는 0의 값을 갖게 되고 퍼텐셜 에너지는 $\frac{1}{2}\mu v_0^2$의 값을 갖게 되지만 전체 에너지는 역시 $\frac{1}{2}\mu v_0^2$로 주어진다. (식 17-42)

$$E_T = \frac{1}{2}\mu v_0^2\left(\cos^2 2\pi\frac{1}{T}\frac{T}{4} + \sin^2 2\pi\frac{1}{T}\frac{T}{4}\right) = \frac{1}{2}\mu v_0^2\left(\cos^2\frac{\pi}{2} + \sin^2\frac{\pi}{2}\right) = \frac{1}{2}\mu v_0^2(0+1) = \frac{1}{2}\mu v_0^2 \tag{17-42}$$

퍼텐셜 에너지가 감소할 때 퍼텐셜 에너지가 감소한 만큼 운동에너지가 늘어나고, 반대로 운동에너지가 감소할 때 운동에너지가 감소한 만큼 퍼텐셜 에너지가 늘어나기 때문에 어떤 시점에서 계산하더라도 전체 에너지는 $\frac{1}{2}\mu v_0^2$로 유지된다. 이와 같은 양상은 그림 17-5의 파란색 선과 빨간색 선을 통해 더욱 확실히 알 수 있다. 그림 6-5의 빨간색 실선은 시간에 따른 운동에너지의 변화를 나타내면, 파란색 실선은 시간에 따른 퍼텐셜 에너지의 변화를 나타낸다. 빨간색 선이 감소하면 동시에 파란석 선이 증가하는 것을 볼 수 있고, 반대로 빨간색 선이 증가하면 파란색 선이 감소하는 것을 볼 수 있다. 전체 에너지에 해당하는 검은색 대시선은 시간에 상관없이 $\frac{1}{2}\mu v_0^2$로 늘 일정한 값을 갖게 된다.

위 상황을 이번에는 조화진동자의 퍼텐셜 에너지 곡선에서 살펴보도록 하자. $t=0$ 이 되는 시점에 용수철은 평형길이만큼 늘어나 있으므로 그림 17-6에서 조화진동자는 ①번 위치에 있고, 퍼텐셜 에너지는 0이다. 용수철이 압축된다는 것은 변위가 감소한다는 것이며 (음수 영역) 용수철이 늘어난다는 것은 변위가 증가한다는 것이다(양수 영역). 용수철이 압축될 때 퍼텐셜 에너지는 그림 6-6(a)의 파란색 화살표처럼 증가하게 되고, 동시에 운동에너지는 빨간색 화살표처럼 감소하게 된다. $t=\frac{T}{4}$인 시점을 ②번 위치라고 한다면 용수철은 ②번 상태의 변위까지 압축된 뒤 다시 늘어나게 된다. 용수철은 늘어나서 다시 ①번 상태로 가게 되는데 이때 퍼텐셜 에너지는 다시 0이 되고 운동에너지는 다시 퍼텐셜 에너지가 감소한 만큼 증가하게 되므로 전체 에너지는 일정하게 유지된다. 용수철이 늘어날 때도 마찬가지인데, 용수철이 늘어나서 그림 17-6(b)의 ③번 상태가 될 때 퍼텐셜 에너지는 파란색 화살표처럼 증가하게 되고 퍼텐셜 에너지가 증가한 만큼 운동에너지는 빨간색 화살표처럼 감소하게 된다. 따라서 전체 에너지는 압축될 때와 마찬가지로 유지된다.

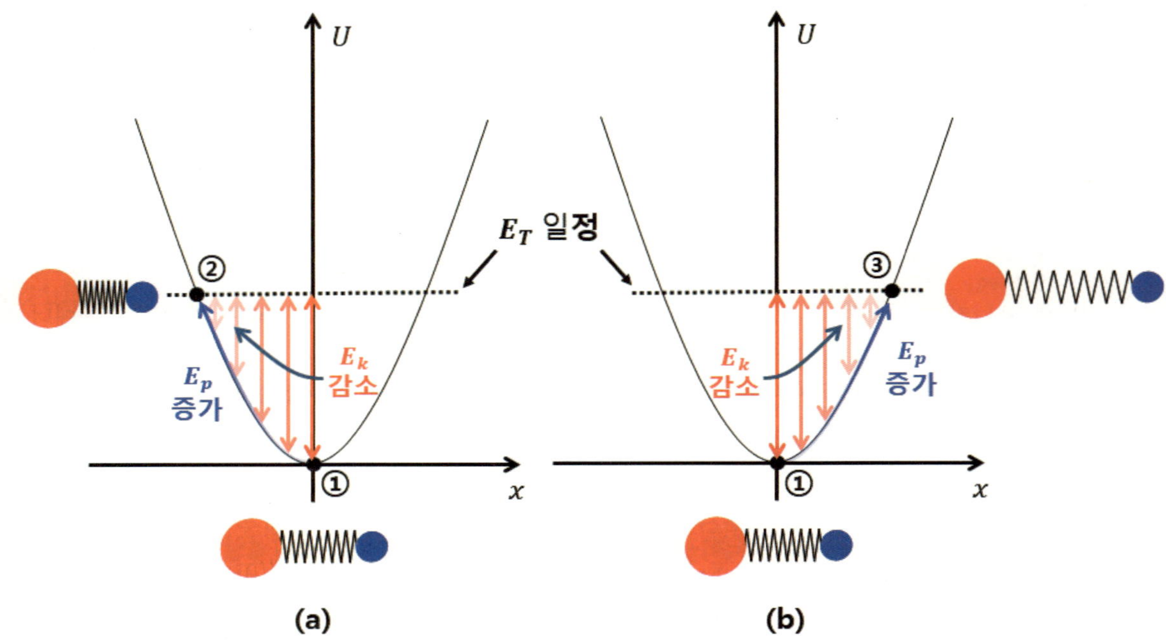

그림 17-6. 조화진동자의 퍼텐셜 에너지 그래프에서 (a)용수철이 압축될 때, (b)용수철이 늘어날 때 진동에 따른 퍼텐셜 에너지와 운동에너지 변화를 나타낸 그림

그림 17-6에서 전체 에너지 점선은 조화진동자의 퍼텐셜 에너지 실선과 ②번, ③번 두 지점에서 만난다. 그리고 이 두 지점을 전환점으로 수축과 팽창 진동운동을 하는 것을 볼 수 있다. 즉, 전체 에너지가 정해지면 전체 에너지가 퍼텐셜 에너지와 만나는 지점을 전환점 삼아 진동운동 한다는 것을 알 수 있다. 이와 같은 의미로 전체 에너지와 퍼텐셜 에너지가 만나는 지점을 "전환점"이라고 한다. 고전 역학적 결과에 의하면 용수철은 전환점을 넘어서 더 이상 압축되거나 늘어날 수 없다. 마치 퍼텐셜 우물에 갇힌 어떤 입자처럼 조화진동자는 퍼텐셜 에너지 곡선 안쪽에서만 존재해야 한다. 우리는 앞서 퍼텐셜 우물에 갇힌 어떤 입자가 퍼텐셜 에너지 장벽을 넘기에 충분한 에너지를 갖고 있지 않음에도 불구하고 "터널링"이라는 양자역학적 현상에 의해 장벽 너머에서도 존재할 수 있다는 사실에 대해 배웠다. 뒤에서 조화진동자의 양자 역학적 결과에 관해 이야기할 때 다시 다루겠지만 이러한 터널링 현상이 조화진동자의 진동에서도 나타날 수 있다. 양자 역학적 결과에 의하면 조화진동자는 퍼텐셜 에너지 장벽을 넘어 압축되거나 팽창되기에 충분한 에너지를 갖고 있지 않음에도 불구하고 장벽 너머로 압축되거나 팽창될 수 있다. 이러한 논의는 뒤에서 다시 다루도록 하겠다.

5) 실제 분자 진동의 비조화성

위에서 우리는 분자의 진동을 조화진동자라고 가정하고 모든 이야기를 풀어나갔다. 그러나 실제 분자는 몇 가지 관점에서 조화진동자와는 다른 특성을 나타낸다. 실제 분자가 조화진동자와는 다른 이러한 성질, 즉 비조화성은 그림 17-7의 빨간색 화살표로 표시되어 있듯이 분자를 구성하고 있는 두 원자의 거리가 가까워 질 때 그리고 멀어질 때 나타난다. 두 원자 사이의 거리가 멀 때에는 두 원자 모두 바닥상태에 있을 수 있다. 그러나 두 원자 사이의 거리가 점점 가까워질수록 두 원자들의 파동함수는 점점 겹치게 되고 파울리의 배타 원리에 의해 어떤 전자들은 높은 양자수를 가져야만 한다. 이러한 이유로 두 원자가 서로 가까워질 때 퍼텐셜에너지는 증가하게 되는데 조화진동자로 가정했을 때 보다 급격하게 증가하게 된다. 실제 분자에서는 두 원자 사이의 거리가 가까워질 때 퍼텐셜 에너지의 증가는 그림 17-7의 점선과 같이 나타난다. 실제 분자의 비조화성은 두 원자를 서로 연결하고 있는 결합길이의 유한성 때문에 나타난다. 조화진동자에서는 용수철의 길이에 대한 특별한 제한은 없지만, 실제 분자에서는 두 결합길이가 무한정 늘어날 수 는 없다. 두 원자의 결합길이가 아주 크다면 더 이상 두 원자가 결합되어 있다고 얘기할 수 없을 것이다. 즉, 조화진동자와는 달리 실제 분자에서 두 원자 사이의 결합길이가 지나치게 늘어나게 되면 두 원자는 분해되며 퍼텐셜 에너지는 그 상태에서 머물게 된다. 즉, 실제 분자에서 결합길이가 늘어날 때 퍼텐셜 에너지는 그림 17-7의 점선과 같이 나타나게 된다.

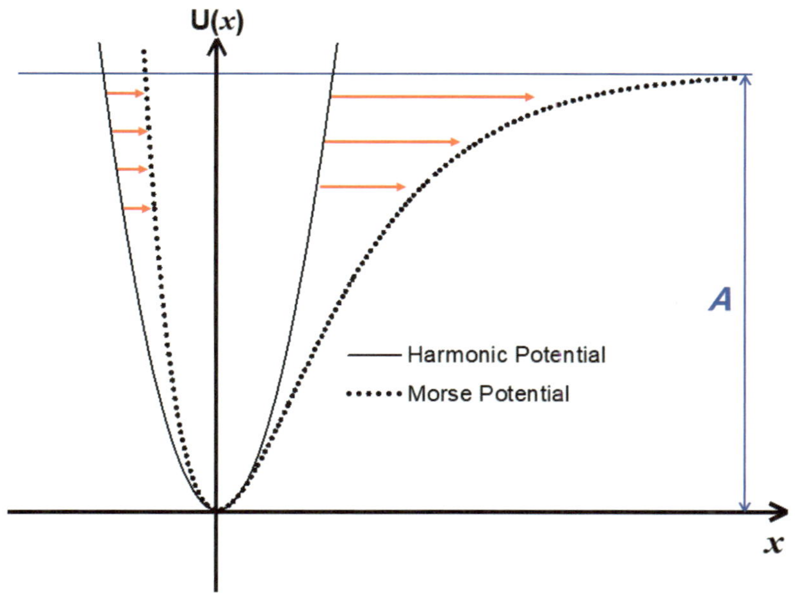

그림 17-7. 조화진동자의 퍼텐셜 에너지 그래프(실선)와 실제 분자의 퍼텐셜에너지를 묘사하기 위한 Morse 퍼텐셜 에너지 그래프(점선)

방금 설명한 바와 같이 실제 분자의 결합길이에 따른 퍼텐셜에너지는 조화진동자와는 차이가 있다. 이 차이는 두 원자가 가깝게 있거나 멀리 있을 때 특히 크게 나타나게 되고 결국 조화진동자는 실제 분자의 진동운동 특성을 제대로 나타내지 못하게 된다. 실제 분자의 진동 특성을 보다더 정확하게 설명하기 위해서는 실제 분자의 비조화성을 그대로 재현할 수 있는 함수를 찾아야 할 것이다. 어떤 양상을 그대로 묘사하는 함수를 찾는 방법은 크게 3가지로 분류할 수 있다. 첫 번째 방법은 엄격한 몇 가지 가정을 도입해서 수학적으로 함수를 도출해 내는 방법이다. 이러한 방법을 "분석적(analytical) 방법"이라고 한다. 플랑크가 흑체복사 스펙트럼을 묘사하기 위해서 도입해선 에너지 양자 가설이나 원소로부터 나오는 선 스펙트럼을 설명하기 위한 보어의 고전 양자이론들이 여기에 해당한다고 할 수 있겠다. 두 번째 방법은 엄격한 가정으로부터 유도한 수식은 아니라서 이유는 잘 모르겠지만, 양상을 잘 묘사하는 함수를 직관적으로 혹은 시행착오를 거쳐 찾아내는 방법이다. 이러한 방법을 "경험적(empirical) 방법"이라고 한다. 선 스펙트럼의 위치를 설명하기 위한 리드버그-발머식 등이 이에 해당한다고 할 수 있다. 세 번째 방법은 급수 전개를 통해 급수 전개의 계수를 조정해가며 실험 결과에 맞는 급수식을 찾아내는 방법이다. 이러한 방식을 "수치 해석적(numerical) 방법"이라고 한다. 1929년 Philip Morse는 실제 이원자 분자의 진동에 따른 퍼텐셜에너지의 변화를 잘 묘사할 수 있으면서도 간단한 수식을 경험적 방법을 통해 제안하였는데 이 수식을 "Morse Potential"이라고 한다. (식 17-43)

$$U(x) = A\left(1 - e^{-\alpha x}\right)^2 \tag{17-43}$$

식 17-43에서 x는 물론 결합길이의 변위를 나타내며 A와 α는 특정 상수이다. 먼저 이 수식이 그림 17-7에 점선으로 그려져 있는 실제 분자의 진동을 잘 묘사하는지 $x=0$인 지점에서 살펴보자. 그림 17-7에 의하면 이 지점에서 퍼텐셜에너지 $U(0)=0$이 되어야 한다. 식 17-43에 $x=0$을 대입해 보면

$$U(0) = A\left(1 - e^{-\alpha \cdot 0}\right)^2 = A(1-1)^2 = 0 \tag{17-44}$$

와 같이 $U(0)=0$이 됨을 확인할 수 있다. 이번에는 변위가 무한대로 커지는 $x \to \infty$인 경우에 대해 살펴보도록 하자. 그림 17-7을 보면 변위 $x \to \infty$일 때 그림 6-7에서 파란색 화살표로 표시한 만큼의 퍼텐셜에너지가 됨을 알 수 있다. 파란색 화살표로 표시된 만큼의 에너지를 분자가 갖게 되면 두 원자는 분해가 되므로 이 에너지를 해리에너지(dissociation energy)라고 하고 흔히 "D_e"로 나타낸다. 위에서 설명한 바와 같이 퍼텐셜에너지 곡선은 특정 에너지에서 두 원자의 거리가 늘어날 수 있는 최대 거리, 압축될 수 있는 최대 거리를 나타낸다. 팽창된 진동자가 다시 압축되면서 혹은 압축되었던 진동자가 다시 펴지면서 퍼텐셜에너지는 감소하게 되고 동시에 퍼텐셜에너지가 감소한 만큼 운동에너지가 증가하게 된다. 따라서 전체 에너지는 유지된 채 진동자는 두 퍼텐셜에너지의 곡선 사이를 왕복하게 된다. 그림 17-7에서 진동자가 해리에너지에 해당하는 만큼의 에너지를 갖고 진동하고 있다면 팽창된 진동자는 일정한 에너지를 유지한 채 무한대로 뻗어나가고 있는 퍼텐셜에너지 곡선처럼 무한히 팽창하게 될 것이고 이는 곧 두 원자가 해리됨을 의미한다. 식 17-44에서 $x \to \infty$이면

$$U(\infty)= A(1-e^{-\alpha \cdot \infty})^2 = A(1-0)^2 = A \tag{17-45}$$

$U(\infty)= A$가 됨을 확인할 수 있는데 이것을 통해 우리는 Morse potential에서 상수 A가 그림 17-7의 파란색 화살표로 표시된 만큼의 에너지 즉, 분자의 해리에너지에 해당한다는 사실을 알 수 있다. 따라서 식 17-43은 식 17-46과 같이 해리에너지에 해당하는 상수 D_e로 나타낼 수 있다.

$$U(x)= D_e(1-e^{-\alpha x})^2 \tag{17-46}$$

식 17-43은 테일러 급수로 전개될 수 있는데 테일러 급수로 전개를 하게 되면 식 17-43의 α가 어떤 상수를 의미하는지 이해할 수 있게 된다. 어떤 함수 $f(x)$를 특정 상수 a에서 식 17-47과 같이 전개하여도 $x=a$에서 함수값은 크게 달라지지 않는데 이와 같은 방식으로 어떤 함수를 급수로 전개하여 표현하는 방식을 "테일러 급수 전개"라고 한다.

$$f(x)= \frac{f(a)}{0!}(x-a)^0 + \frac{f'(a)}{1!}(x-a)^1 + \frac{f''(a)}{2!}(x-a)^2 + \cdot\cdot\cdot\cdot + \frac{f^{(n)}(a)}{n!}(x-a)^n \tag{17-47}$$

식 17-46을 $x=0$에서 2차항 까지만 테일러 급수 전개하여 쓰기 위해 식 17-46을 전개하면 식 17-48이 된다.

$$U(x)= D_e(1-e^{-\alpha x})^2 = D_e(1-2e^{-\alpha x}+e^{-2\alpha x})= D_e - 2D_e e^{-\alpha x} + D_e e^{-2\alpha x} \tag{17-48}$$

식 17-48을 x로 한 번, 두 번 미분하면 식 17-49, 17-50이 된다.

$$\frac{dU(x)}{dx} =-2D_e(-\alpha)e^{-\alpha x} + D_e(-2\alpha)e^{-2\alpha x} = 2\alpha D_e e^{-\alpha x} - 2\alpha D_e e^{-2\alpha x} \tag{17-49}$$

$$\frac{d^2U(x)}{dx^2}= 2\alpha D_e(-\alpha)e^{-\alpha x} - 2\alpha D_e(-2\alpha)e^{-2\alpha x} = 2\alpha D_e(-\alpha e^{-\alpha x} + 2\alpha e^{-2\alpha x}) \tag{17-50}$$

$x=0$을 식 17-48, 49, 50에 대입하면,

$$U(0)= D_e - 2D_e e^{-\alpha \cdot 0} + D_e e^{-2\alpha \cdot 0} = D_e - 2D_e + D_e = 0 \tag{17-51}$$

$$\left(\frac{dU(x)}{dx}\right)_{x=0} = 2\alpha D_e e^{-\alpha \cdot 0} - 2\alpha D_e e^{-2\alpha \cdot 0} = 2\alpha D_e - 2\alpha D_e = 0 \tag{17-52}$$

$$\left(\frac{d^2U(x)}{dx^2}\right)_{x=0} = 2\alpha D_e(-\alpha e^{-\alpha\cdot 0} + 2\alpha e^{-2\alpha\cdot 0}) = 2\alpha^2 D_e \quad (17\text{-}53)$$

와 같이 $U(0)=0$, $\left(\frac{dU(x)}{dx}\right)_{x=0}=0$, $\left(\frac{d^2U(x)}{dx^2}\right)_{x=0}=2\alpha^2 D_e$가 됨을 알 수 있다. 식 17-46을 2차항 까지만 테일러 급수 전개하면 식 17-54와 같이 된다.

$$U(x) = \frac{0}{0!}\cdot 1 + \frac{0}{1!}\cdot x + \frac{2\alpha^2 D_e}{2!}\cdot x^2 = \alpha^2 D_e x^2 \quad (17\text{-}54)$$

그림 17-7을 보면 알 수 있듯이 변위가 "0"일 때 퍼텐셜에너지는 "0"이며 변위가 "0"일 때 기울기도 "0"이므로 식 17-51과 17-52의 값이 "0"이 나오는 것은 어떻게 보면 당연하다고 할 수 있다. 이번에는 조화진동자의 퍼텐셜에너지 식 17-10을 $x=0$에서 테일러 급수 전개해 보도록 하자. $U(0)$, $\left(\frac{dU(x)}{dx}\right)_{x=0}$, $\left(\frac{d^2U(x)}{dx^2}\right)_{x=0}$은 식 17-55, 56, 57과 같이 구하여진다.

$$U(0) = \frac{1}{2}k\cdot 0^2 = 0 \quad (17\text{-}55)$$

$$\left(\frac{dU(x)}{dx}\right)_{x=0} = k\cdot 0 = 0 \quad (17\text{-}56)$$

$$\left(\frac{d^2U(x)}{dx^2}\right)_{x=0} = k \quad (17\text{-}57)$$

Morse potential을 사용하였을 때와 마찬가지로 변위가 "0"일 때 퍼텐셜에너지는 "0"이며 변위가 "0"일 때 기울기도 "0"이므로 식 6-56의 값도 "0"이 나오는 것을 볼 수 있다. 식 17-10을 $x=0$에서 2차항 까지만 테일러 급수 전개해 보면

$$U(x) = \frac{0}{0!}\cdot 1 + \frac{0}{1!}\cdot x + \frac{k}{2!}\cdot x^2 = \frac{1}{2}kx^2 \quad (17\text{-}58)$$

이 되고 식 17-58을 식 17-54와 비교해보면

$$\alpha^2 D_e = \frac{k}{2} \quad (17\text{-}59)$$

가 되며 결국

$$\alpha = \sqrt{\frac{k}{2D_e}} \tag{17-60}$$

이 됨을 알 수 있다. 즉, Morse potential의 상수 α는 해리에너지와 진동자의 결합상수(용수철의 힘상수)와 연관이 있다는 사실을 알 수 있다. 식 17-60을 구할 때 α값은 양수, 음수 모두 되는 것으로 계산되지만 만일 음수가 되면 식 17-46이 발산하는 함수가 되어 버리고 그림 17-7의 점선과 같은 형태의 그래프가 되지 않으므로 음수 해는 제외하였다.

18. 분자의 진동 (양자역학적 관점)

이제 이원자 분자의 진동운동을 양자역학적으로 어떻게 풀어야 하는지 그리고 그 결과는 고전역학적 결과와 어떻게 다른지에 대해서 알아보도록 하자. 우리가 풀고자 하는 시스템은 그림 18-1(a)와 같이 진동하고 있는 이원자 분자이다. 앞서 17장에서도 설명한 바와 같이 이 분자의 진동은 그림 18-1(b)와 같이 고정된 벽에서 환산질량 μ를 가진 물체의 진동으로 생각해도 된다. 진동자가 진동하고 있는 방향은 x축이므로 물체는 x축 방향의 운동에너지를 갖고 있고 용수철에 의한 퍼텐셜 에너지를 갖고 있다. 앞서 17장에서 살펴본 바에 의하면 실제 분자의 퍼텐셜에너지는 조화진동자의 퍼텐셜에너지와는 약간 다른 모습을 하고 있다. 그러나 본 장에서는 우선 조화진동자라고 가정하고 문제를 풀어나간 뒤, 얻어진 결과를 바탕으로 실제 분자에 맞춰 약간의 보정을 하는 방식으로 실제 분자의 진동을 묘사하고자 한다.

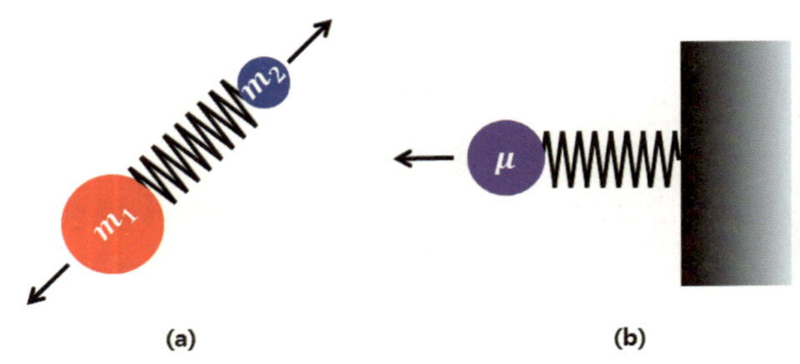

그림 18-1. 두 개의 입자로 구성된 이원자 분자의 진동 (a)는 환산질량을 가진 한 개의 입자가 고정된 벽에 붙어서 진동하는 것과 같은 양상을 나타낸다.

1) 조화진동자의 양자역학적 풀이

따라서 그림 18-1(b)와 같이 진동하고 있는 물체의 운동에너지 그리고 퍼텐셜에너지 연산자는 각각 식 18-1과 같다.

$$\hat{T}=-\frac{\hbar^2}{2\mu}\frac{d^2}{dx^2} \qquad \hat{V}=+\frac{1}{2}kx^2 \tag{18-1}$$

따라서 쉬뢰딩거 방정식은 식 18-2와 같이 쓰여질 수 있다.

$$(\hat{T}+\hat{V})\psi(x)=E\psi(x) \tag{18-2}$$

$$\Leftrightarrow\left(-\frac{\hbar^2}{2\mu}\frac{d^2}{dx^2}+\frac{1}{2}kx^2\right)\psi(x)=E\psi(x)$$

식 18-2의 미분방정식을 풀면 우리는 그림 18-1 시스템에 대한 파동함수를 얻을 수 있고 그 파동함수를 이용하여 관련 정보를 얻을 수 있다. 식 18-2의 미분방정식이 간단해 보이지만 실제로 풀기가 쉽지는 않다. 따라서 우리는 식 18-2를 해가 잘 알려진 미분방정식의 형태로 바꾼 뒤 알려진 해를 이용하여 식 18-2의 파동함수를 표현하고자 한다. 우리가 변형하고자 하는 잘 알려진 미분방정식은 식 18-3과 같은 미분방정식으로서 "Hermite(에르미트) 미분방정식"이라고 한다.

$$\frac{d^2}{dy^2}H(y) - 2y\frac{d}{dy}H(y) + 2nH(y) = 0 \qquad (18\text{-}4)$$

위 미분방정식에서 n은 0을 포함한 양의 정수($n = 0, 1, 2, 3$ • • •)로서 이 값에 따라 식 18-4의 미분방정식은 표 18-1과같이 다양한 형태로 바뀌고 그 해도 방정식에 따라 달라진다. 이러한 에르미트 미분방정식의 해를 에르미트 다항식이라고 한다.

표 18-1. n값에 따른 에르미트 미분방정식과 그 해들

n	미분방정식	해
0	$\frac{d^2}{dy^2}H(y) - 2y\frac{d}{dy}H(y) = 0$	$H_0(y) = 1$
1	$\frac{d^2}{dy^2}H(y) - 2y\frac{d}{dy}H(y) + 2H(y) = 0$	$H_1(y) = 2y$
2	$\frac{d^2}{dy^2}H(y) - 2y\frac{d}{dy}H(y) + 4H(y) = 0$	$H_2(y) = 4y^2 - 2$
3	$\frac{d^2}{dy^2}H(y) - 2y\frac{d}{dy}H(y) + 6H(y) = 0$	$H_3(y) = 8y^3 - 12y$
4	$\frac{d^2}{dy^2}H(y) - 2y\frac{d}{dy}H(y) + 8H(y) = 0$	$H_4(y) = 16y^4 - 48y^2 + 12$
• • •	• • •	• • •

표 18-1의 얻어진 해를 당장 해당 미분방정식에 대입해보면 바로 식이 성립한다는 사실을 알 수 있다. $n = 2$일 때 해 $H_2(y) = 4y^2 - 2$을 해당 미분방정식 $\frac{d^2}{dy^2}H(y) - 2y\frac{d}{dy}H(y) + 4H(y) = 0$에 대입해보면 식 18-5와 같이 잘 성립함을 알 수 있다.

$$\frac{d^2}{dy^2}(4y^2-2)-2y\frac{d}{dy}(4y^2-2)+4(4y^2-2)=0 \qquad (18\text{-}5)$$

$$\Leftrightarrow 8-2y \cdot 8y+4(4y^2-2)=0$$

$$\Leftrightarrow 8-2y \cdot 8y+16y^2-8=0$$

자, 이제 우리가 풀고자 했던 미분방정식을 에르미트 미분방정식의 형태로 바꿔보자. 식 18-2를 전개한 뒤 우항의 에너지 관련 항을 왼쪽으로 옮기면 식 18-6과 같이 된다.

$$-\frac{\hbar^2}{2\mu}\frac{d^2}{dx^2}\psi(x)+\frac{1}{2}kx^2\psi(x)-E\psi(x)=0 \qquad (18\text{-}6)$$

식 18-6 이차 미분 기호 앞에 놓여있는 상수 $-\hbar^2/2\mu$를 제거하기 위해 이 상수로 식 18-6 양변을 나누어주게 되면

$$\frac{d^2}{dx^2}\psi(x)+\left(\frac{2\mu E}{\hbar^2}-\frac{\mu k}{\hbar^2}x^2\right)\psi(x)=0 \qquad (18\text{-}6)$$

이 된다. 식 18-6의 $\frac{2\mu E}{\hbar^2}=\beta$, $\frac{\sqrt{\mu k}}{\hbar}=\alpha$로 치환하게 되면 식 18-6은 식 18-7과 같이 변형된다.

$$\frac{d^2}{dx^2}\psi(x)+(\beta-\alpha^2x^2)\psi(x)=0 \qquad (18\text{-}7)$$

$y=\sqrt{\alpha}\,x$라고 하면 식 18-7에서 x로 표현된 미분 기호를 y로 바꿀 수 있다. $y=\sqrt{\alpha}\,x$라는 관계식만 있으면 x를 변수로 갖는 함수 $\psi(x)$을 언제든지 y를 변수로 갖는 함수 $U(y)$로 바꿀 수 있으므로 식 18-7의 $\psi(x)$대신 $U(y)$를 써도 무방하다. 따라서 식 18-7은 식 18-8과 같이 된다.

$$\frac{d^2}{dx^2}U(y)+(\beta-\alpha^2x^2)U(y)=0 \qquad (18\text{-}7)$$

먼저 식 18-8에는 없지만 $\frac{d}{dx}U(y)$를 $\frac{d}{dy}U(y)$로 바꿔보도록 하자. $\frac{d}{dx}U(y)$는

$$\frac{d}{dx}U(y)=\frac{dy}{dx}\frac{d}{dy}U(y) \qquad (18\text{-}8)$$

로 쓰여질 수 있고 $dy/dx = \sqrt{\alpha}$ 이므로

$$\frac{d}{dx}U(y) = \sqrt{\alpha}\frac{d}{dy}U(y) \tag{18-8}$$

라고 할 수 있다. 이제 $\frac{d^2}{dx^2}U(y)$를 $\frac{d^2}{dy^2}U(y)$로 바꿔보자.

$$\frac{d^2}{dx^2}U(y) = \frac{d}{dx}\frac{d}{dx}U(y) = \frac{dy}{dx}\frac{d}{dy}\frac{d}{dx}U(y) \tag{18-9}$$

이고 식 18-8에서 $\frac{d}{dx}U(y) = \sqrt{\alpha}\frac{d}{dy}U(y)$, $dy/dx = \sqrt{\alpha}$ 이므로 식 18-9는

$$\sqrt{\alpha}\frac{d}{dy}\sqrt{\alpha}\frac{d}{dy}U(y) = \alpha\frac{d^2}{dy}U(y) \tag{18-9}$$

이 된다. 식 18-9를 식 18-7에 대입하고 정리하면

$$\alpha\frac{d^2}{dy^2}U(y) + (\beta - \alpha^2x^2)U(y) = 0 \tag{18-10}$$

$y = \sqrt{\alpha}x$로부터 $x = y/\sqrt{\alpha}$, $x^2 = y^2/\alpha$이므로 식 18-10에 대입하면

$$\alpha\frac{d^2}{dy^2}U(y) + (\beta - \alpha y^2)U(y) = 0 \tag{18-11}$$

식 18-11이 된다. 식 18-11 양변을 α로 나누어주게 되면 식 18-11은

$$\frac{d^2}{dy^2}U(y) + \left(\frac{\beta}{\alpha} - y^2\right)U(y) = 0 \tag{18-12}$$

와 같이 된다. 식 18-12의 해 $U(y)$가 $U(y) = H(y)e^{-\frac{y^2}{2}}$ 같은 형태로 주어진다고 가정하자. 식 18-12에 $U(y)$대신 $H(y)e^{-\frac{y^2}{2}}$을 넣고 정리해 보도록 하자.

$$\frac{d^2}{dy^2}H(y)e^{-\frac{y^2}{2}} + \left(\frac{\beta}{\alpha} - y^2\right)H(y)e^{-\frac{y^2}{2}} = 0 \tag{18-13}$$

식 18-13의 $\frac{d}{dy}H(y)e^{-\frac{y^2}{2}}$ 를 먼저 풀어서 정리하면 다음과 같다.

$$\frac{d}{dy}H(y)e^{-\frac{y^2}{2}} = e^{-\frac{y^2}{2}}\frac{d}{dy}H(y) + H(y)\left(-\frac{1}{2}2y\right)e^{-\frac{y^2}{2}} \tag{18-14}$$

$$= e^{-\frac{y^2}{2}}\frac{d}{dy}H(y) - H(y)ye^{-\frac{y^2}{2}}$$

식 18-15를 y로 한 번 더 미분하자.

$$\frac{d}{dy}\left\{e^{-\frac{y^2}{2}}\frac{d}{dy}H(y) - H(y)ye^{-\frac{y^2}{2}}\right\} \tag{18-15}$$

$$= \frac{d}{dy}\left\{e^{-\frac{y^2}{2}}\frac{d}{dy}H(y)\right\} - \frac{d}{dy}\left\{H(y)ye^{-\frac{y^2}{2}}\right\} \tag{18-16}$$

식 18-16의 왼쪽항을 먼저 계산하면 식 18-17과 같이 된다.

$$-ye^{-\frac{y^2}{2}}\frac{d}{dy}H(y) + e^{-\frac{y^2}{2}}\frac{d^2}{dy^2}H(y) \tag{18-17}$$

식 18-16의 오른쪽항을 계산하면 식 18-18과 같이 된다.

$$\frac{d}{dy}\left\{H(y)ye^{-\frac{y^2}{2}}\right\} = ye^{-\frac{y^2}{2}}\frac{d}{dy}H(y) + H(y)e^{-\frac{y^2}{2}} + H(y)y(-y)e^{-\frac{y^2}{2}} \tag{18-18}$$

식 18-17과 식 18-18을 식 18-16에 대입하면

$$-ye^{-\frac{y^2}{2}}\frac{d}{dy}H(y) + e^{-\frac{y^2}{2}}\frac{d^2}{dy^2}H(y) - \left\{ye^{-\frac{y^2}{2}}\frac{d}{dy}H(y) + H(y)e^{-\frac{y^2}{2}} + H(y)y(-y)e^{-\frac{y^2}{2}}\right\} \tag{18-19}$$

$$= e^{-\frac{y^2}{2}}\frac{d^2}{dy^2}H(y) - ye^{-\frac{y^2}{2}}\frac{d}{dy}H(y) - ye^{-\frac{y^2}{2}}\frac{d}{dy}H(y) - H(y)e^{-\frac{y^2}{2}} + y^2H(y)e^{-\frac{y^2}{2}} \tag{18-20}$$

$$= e^{-\frac{y^2}{2}}\frac{d^2}{dy^2}H(y) - 2ye^{-\frac{y^2}{2}}\frac{d}{dy}H(y) + \left(y^2 - 1\right)H(y)e^{-\frac{y^2}{2}} \tag{18-21}$$

식 18-21을 식 18-13에 넣고 정리하면

$$e^{-\frac{y^2}{2}}\frac{d^2}{dy^2}H(y)-2ye^{-\frac{y^2}{2}}\frac{d}{dy}H(y)+\left(y^2-1+\frac{\beta}{\alpha}-y^2\right)H(y)e^{-\frac{y^2}{2}}=0 \tag{18-22}$$

식 18-22를 $e^{-\frac{y^2}{2}}$로 묶으면

$$\left[\frac{d^2}{dy^2}H(y)-2y\frac{d}{dy}H(y)+\left(\frac{\beta}{\alpha}-1\right)H(y)e\right]e^{-\frac{y^2}{2}}=0 \tag{18-23}$$

이 된다. 식 18-23에서 $e^{-\frac{y^2}{2}}$는 0이 될 수 없으므로 식 18-23이 0이 되기 위해서는

$$\frac{d^2}{dy^2}H(y)-2y\frac{d}{dy}H(y)+\left(\frac{\beta}{\alpha}-1\right)H(y)=0 \tag{18-24}$$

가 되어야 한다. 식 18-24와 에르미트 미분방정식 식 18-4를 비교해보면 $\frac{\beta}{\alpha}-1=2n$일 경우 $(n=0,1,2,3\cdot\cdot\cdot)$ 식 18-24는 에르미트 미분방정식과 같아지고 그 해는 표 18-1의 에르미트 다항식으로 주어진다는 사실을 알 수 있다. 우리가 구하고자 했던 파동함수는 $U(y)$이었고 $U(y)=H(y)e^{-\frac{y^2}{2}}$라고, 그리고 $y=\sqrt{\alpha}x$ 정의하였었다. 결론적으로 그림 18-1(b) 진동자의 파동함수는 n에 따라 다양한 파동함수가 되는데 n에 해당하는 에르미트 다항식을 취해서 $e^{-\frac{y^2}{2}}$을 곱한 뒤 $y=\sqrt{\alpha}x$로 치환하면 우리가 얻고자 했던 파동함수를 얻을 수 있게 된다. 즉, 우리가 얻고자 했던 파동함수 $\psi(x)$는 $\frac{2\mu E}{\hbar^2}=\beta$, $\frac{\sqrt{\mu k}}{\hbar}=\alpha$, $\frac{\beta}{\alpha}-1=2n$, $n=0,1,2,3\cdot\cdot\cdot$인 조건에서 식 18-25와 같이 쓸 수 있다.

$$\psi_n(x)=H_n(\sqrt{\alpha}x)e^{-\frac{\alpha x^2}{2}} \tag{18-25}$$

식 18-25는 현재 정규화된 파동함수가 아니다. 정규화 상수는 식 18-26과 같다. n값에 따라 다양한 해가 얻어졌듯이 정규화상수도 n값에 따라 달라진다.

$$N_n=\left(\frac{\sqrt{\alpha}}{2^n n!\sqrt{\pi}}\right)^{\frac{1}{2}} \tag{18-26}$$

위에서 부과된 조건, 에르미트 다항식, 그리고 정규화상수로부터 n값에 따른 진동자의 파동함수를 몇 개를 실제로 구해보면 아래와 같다.

$n=0$일 때,

$$\psi_0(x)=\left(\frac{\sqrt{\alpha}}{2^0 0!\sqrt{\pi}}\right)^{\frac{1}{2}}H_0(\sqrt{\alpha}\,x)e^{-\frac{\alpha x^2}{2}}=\left(\frac{\sqrt{\alpha}}{\sqrt{\pi}}\right)^{\frac{1}{2}}e^{-\frac{\alpha x^2}{2}}=\left(\frac{\alpha}{\pi}\right)^{\frac{1}{4}}e^{-\frac{\alpha x^2}{2}} \quad (18\text{-}27)$$

$n=1$일 때,

$$\psi_1(x)=\left(\frac{\sqrt{\alpha}}{2^1 1!\sqrt{\pi}}\right)^{\frac{1}{2}}H_1(\sqrt{\alpha}\,x)e^{-\frac{\alpha x^2}{2}}=\left(\frac{\sqrt{\alpha}}{2\sqrt{\pi}}\right)^{\frac{1}{2}}2\sqrt{\alpha}\,xe^{-\frac{\alpha x^2}{2}}=\sqrt{2\alpha}\left(\frac{\alpha}{\pi}\right)^{\frac{1}{4}}xe^{-\frac{\alpha x^2}{2}} \quad (18\text{-}28)$$

$n=2$일 때,

$$\psi_2(x)=\left(\frac{\sqrt{\alpha}}{2^2 2!\sqrt{\pi}}\right)^{\frac{1}{2}}H_2(\sqrt{\alpha}\,x)e^{-\frac{\alpha x^2}{2}}=\left(\frac{\sqrt{\alpha}}{8\sqrt{\pi}}\right)^{\frac{1}{2}}(4\alpha x^2-2)e^{-\frac{\alpha x^2}{2}} \quad (18\text{-}29)$$
$$=\frac{1}{\sqrt{2}}\left(\frac{\alpha}{\pi}\right)^{\frac{1}{4}}(2\alpha x^2-1)e^{-\frac{\alpha x^2}{2}}$$

$n=3$일 때,

$$\psi_3(x)=\left(\frac{\sqrt{\alpha}}{2^3 3!\sqrt{\pi}}\right)^{\frac{1}{2}}H_3(\sqrt{\alpha}\,x)e^{-\frac{\alpha x^2}{2}}=\left(\frac{\sqrt{\alpha}}{48\sqrt{\pi}}\right)^{\frac{1}{2}}(8(\sqrt{\alpha}\,x)^3-12\sqrt{\alpha}\,x)e^{-\frac{\alpha x^2}{2}} \quad (18\text{-}30)$$
$$=\frac{\sqrt{16}}{\sqrt{48}}\left(\frac{\alpha}{\pi}\right)^{\frac{1}{4}}\left(2\alpha^{\frac{3}{2}}x^3-3\alpha^{\frac{1}{2}}x\right)e^{-\frac{\alpha x^2}{2}}=\frac{1}{\sqrt{3}}\left(\frac{\alpha}{\pi}\right)^{\frac{1}{4}}\left(2\alpha^{\frac{3}{2}}x^3-3\alpha^{\frac{1}{2}}x\right)e^{-\frac{\alpha x^2}{2}}$$

$n=4$일 때,

$$\psi_3(x)=\left(\frac{\sqrt{\alpha}}{2^4 4!\sqrt{\pi}}\right)^{\frac{1}{2}}H_4(\sqrt{\alpha}\,x)e^{-\frac{\alpha x^2}{2}}=\left(\frac{\sqrt{\alpha}}{384\sqrt{\pi}}\right)^{\frac{1}{2}}(16(\sqrt{\alpha}\,x)^4-48(\sqrt{\alpha}\,x)^2+12)e^{-\frac{\alpha x^2}{2}}$$
$$\left(\frac{16}{384}\right)^{\frac{1}{2}}\left(\frac{\alpha}{\pi}\right)^{\frac{1}{4}}(4(\sqrt{\alpha}\,x)^4-12(\sqrt{\alpha}\,x)^2+3)e^{-\frac{\alpha x^2}{2}} \quad (18\text{-}31)$$
$$=\frac{1}{2\sqrt{6}}\left(\frac{\alpha}{\pi}\right)^{\frac{1}{4}}(4(\sqrt{\alpha}\,x)^4-12(\sqrt{\alpha}\,x)^2+3)e^{-\frac{\alpha x^2}{2}}$$

위에서는 $n=0,1,2,3$에 따른 진동자의 파동함수만 구하였지만 더 큰 n값에 해당하는 파동함수를 구할 수 있다. 표 18-2에 위 파동함수들을 구하기 위해 사용했던 에르미트 다항식, 정규화 상수를 따로 나타내었다. 진동자의 파동함수를 구하기 위해서 부과된 몇 가지 조건과 파동함수의 형태로부터 우리는 고전역학으로부터는 얻을 수 없었던 몇 가지 새로운 특성을 찾을 수 있다. 이러한 특성들이 어떻게 얻어지는지, 그리고 어떠한 특성들이 나타나는지 다음 절에서 살펴보도록 하자.

표 18-2. n값에 따른 에르미트 다항식, 정규화 상수, 진동자의 파동함수

n	에르미트 다항식, $H_n(y)$	정규화상수, N_n	진동자의 파동함수, $\psi_n(x)$
0	$H_0(y)=1$	$\left(\frac{\alpha}{\pi}\right)^{\frac{1}{4}}$	$\left(\frac{\alpha}{\pi}\right)^{\frac{1}{4}}e^{-\frac{\alpha x^2}{2}}$
1	$H_1(y)=2y$	$\frac{1}{\sqrt{2}}\left(\frac{\alpha}{\pi}\right)^{\frac{1}{4}}$	$\sqrt{2\alpha}\left(\frac{\alpha}{\pi}\right)^{\frac{1}{4}}xe^{-\frac{\alpha x^2}{2}}$
2	$H_2(y)=4y^2-2$	$\frac{1}{2\sqrt{2}}\left(\frac{\alpha}{\pi}\right)^{\frac{1}{4}}$	$\frac{1}{\sqrt{2}}\left(\frac{\alpha}{\pi}\right)^{\frac{1}{4}}(2\alpha x^2-1)e^{-\frac{\alpha x^2}{2}}$
3	$H_3(y)=8y^3-12y$	$\frac{1}{4\sqrt{3}}\left(\frac{\alpha}{\pi}\right)^{\frac{1}{4}}$	$\frac{1}{\sqrt{3}}\left(\frac{\alpha}{\pi}\right)^{\frac{1}{4}}\left(2\alpha^{\frac{3}{2}}x^3-3\alpha^{\frac{1}{2}}x\right)e^{-\frac{\alpha x^2}{2}}$
4	$H_4(y)=16y^4-48y^2+12$	$\frac{1}{8\sqrt{6}}\left(\frac{\alpha}{\pi}\right)^{\frac{1}{4}}$	$\frac{1}{2\sqrt{6}}\left(\frac{\alpha}{\pi}\right)^{\frac{1}{4}}\left(4(\sqrt{\alpha}\,x)^4-12(\sqrt{\alpha}\,x)^2+3\right)e^{-\frac{\alpha x^2}{2}}$
⋮	⋮	⋮	⋮

2) 조화진동자의 양자역학적 특성 (양자화된 에너지, 양자화된 변위)

위에서 우리는 조화진동자의 쉬뢰딩거 방정식이 에르미트 미분방정식이 되기 위해서는 $\frac{\beta}{\alpha}-1=2n$이 되어야만 한다는 사실을 알았다. 여기서 $n=0,1,2,3\cdots$와 같이 0을 포함한 양의 정수이며 α와 β는 다음과 같이 정의되는 값들이었다.

$$\alpha=\frac{\sqrt{\mu k}}{\hbar},\quad \beta=\frac{2\mu E}{\hbar^2} \tag{18-31}$$

α와 β를 $\frac{\beta}{\alpha}-1=2n$라는 조건에 직접 대입하여 어떤 상황이 나타나는지 한 번 살펴보도록 하자. α와 β를 $\frac{\beta}{\alpha}-1=2n$라는 조건에 직접 대입하면

$$\frac{\beta}{\alpha}-1=2n \Leftrightarrow \frac{\frac{2\mu E}{\hbar^2}}{\frac{\sqrt{\mu k}}{\hbar}}-1=2n \Leftrightarrow \frac{\hbar 2\mu E}{\hbar^2\sqrt{\mu k}}-1=2n \Leftrightarrow \frac{2\mu E}{\hbar\sqrt{\mu k}}=2n+1 \tag{18-32}$$

18-32에서 얻어진 최종공식에서 좌변에 E만 남기고 모두 우항으로 이항하여 정리하면

$$E=\frac{\hbar\sqrt{\mu k}}{2\mu}(2n+1) \Leftrightarrow E=\frac{h}{2\pi}\frac{\sqrt{\mu}\sqrt{k}}{2\sqrt{\mu}\sqrt{\mu}}(2n+1) \Leftrightarrow E=\frac{h}{2\pi}\sqrt{\frac{k}{\mu}}\left(n+\frac{1}{2}\right) \qquad (18\text{-}33)$$

고전역학적 결과에서 보았듯이 식 18-33 최종식에 나타나 있는 $\frac{1}{2\pi}\sqrt{\frac{k}{\mu}}$는 진동자의 주파수 ν에 해당한다. 따라서 식 18-33은 최종적으로 식 18-34와 같이 쓰여질 수 있다. 식 18-34의 h를 2π로 나눈 값, $h/2\pi=\hbar$로 흔히 쓰며, 주파수 ν에 2π를 곱한 $2\pi\nu$를 흔히 각주파수라고 부르며 ω로 나타낸다.

따라서 조화진동자의 에너지는 식 18-34에 쓰여져 있듯이 $\hbar$와 ω로도 표현될 수 있다.

$$E_n=h\nu\left(n+\frac{1}{2}\right)=\hbar\omega\left(n+\frac{1}{2}\right) \qquad (18\text{-}34)$$

식 18-34의 n은 0을 포함한 양의 정수이므로 조화진동자의 에너지가 그림 18-2처럼 양자화되어 나타난다는 사실을 확인할 수 있다. 즉, 조화진동자가 가질 수 있는 에너지는 $n=0,1,2,3$ • • • 와 같이 증가함에 따라 $\frac{1}{2}h\nu$, $\frac{3}{2}h\nu$, $\frac{5}{2}h\nu$, $\frac{7}{2}h\nu$ • • • 등의 에너지만 가질 수 있다는 의미가 된다. 이때 허용된 에너지 준위 사이의 간격 ΔE는 식 18-35와 같이

$$\Delta E=E_{n+1}-E_n=h\nu\left(n+1+\frac{1}{2}\right)-h\nu\left(n+\frac{1}{2}\right)=h\nu n+\frac{3}{2}h\nu-h\nu n-\frac{1}{2}h\nu=h\nu \qquad (18\text{-}35)$$

$h\nu$로 동일함을 알 수 있다. 회전운동에서는 에너지 준위 사이의 간격이 양자수가 증가함에 따라 증가했지만 이와는 달리 진동에너지 준위 사이의 간격은 동일하다.

양자화된 에너지는 양자 역학적 결과에서만 나타나는 특성으로 고전역학으로는 설명할 수 없는 결과이다. 고전 역학적 결과에서 진동자가 가질 수 있는 에너지는 그림 18-2의 포물선처럼 연속적이다. 즉, 어떤 에너지든 가질 수 있다. 예를 들어, 환산질량 $\mu=1\times10^{-4}\,kg$을 가진 어떤 물체가 힘 상수 $k=100\,Nm^{-1}$인 용수철에 매달려 있다고 가정해보자. 그리고 변위 x가 $0.01\,m$가 되도록 진동자를 늘렸다고 가정해보자. 현재 진동자는 운동을 시작하기 전이므로 퍼텐셜에너지가 곧 전체 에너지가 된다. 고전 역학적으로 조화진동자의 퍼텐셜에너지 E_p는 $\frac{1}{2}kx^2$으로 주어지므로 전체 에너지 E_T는

$$E_T=\frac{1}{2}kx^2=\frac{1}{2}100\,Nm^{-1}(0.01\,m)^2=0.5\times10^{-2}\,Nm=5\times10^{-3}\,J \qquad (18\text{-}35)$$

이 된다. 만일 용수철을 아주 조금 $10^{-34}m$만 늘렸을 때 진동자의 전체 에너지

$$E_T = \frac{1}{2}kx^2 = \frac{1}{2}100\,Nm^{-1}(10^{-34}\,m)^2 = 0.5\times10^2\times10^{-68}J = 5\times10^{-67}\,J \tag{18-36}$$

이 된다. 이보다 더 작은 양을 늘린다면 용수철은 더 작은 에너지를 갖게 될 것이다. 예를 들어 $10^{-100}m$을 늘렸을 때 진동자가 가지게 되는 전체 에너지

$$E_T = \frac{1}{2}kx^2 = \frac{1}{2}100\,Nm^{-1}(10^{-100}\,m)^2 = 0.5\times10^2\times10^{-200}J = 5\times10^{-199}\,J \tag{18-36}$$

현실적으로 진동자가 이런 작은 에너지를 가질 수 있는지는 모르겠지만, 원리적으로 불가능한 것은 아니다. 고전역학에서는 원리적으로는 이보다 더 작은 에너지도 가질 수 있으며 그 어떤 값도 가질 수 있다. 진동자의 경우 늘어난 길이에 따라 에너지가 증가하므로 어떤 에너지도 가질 수 있다는 고전역학적 결과는 어떤 길이로도 늘어날 수 있음을 의미한다. 그럼 이제 양자역학적으로는 위에서 사용했던 진동자가 어떤 에너지를 가질 수 있는지 한 번 살펴보도록 하자. 양자역학적 결과에 의하면 조화진동자가 가질 수 있는 에너지는 $E_n = \frac{h}{2\pi}\sqrt{\frac{k}{\mu}}\left(n+\frac{1}{2}\right)$로 주어진다. $n=0$일 때 에너지 E_0은

$$E_0 = \frac{6.626\times10^{-34}\,Js}{2\pi}\sqrt{\frac{100\,Nm^{-1}}{1\times10^{-4}\,kg}}\cdot\frac{1}{2} \tag{18-37}$$

위와 같은 계산을 할 때 항상 먼저 해야 할 일은 단위를 맞춰 보는 것이다. 우리가 현재 구하고자 하는 물리량은 에너지이므로 J 과 같은 에너지에 해당하는 단위가 나와야만 한다. 만일 길이나 질량과 같은 단위가 나온다면 계산과정이 잘못되었다고 생각하면 된다. 단위를 먼저 계산해 보면

$$Js\sqrt{\frac{kgms^{-2}m^{-1}}{kg}} = Js\sqrt{s^{-2}} = Jss^{-1} = J \tag{18-38}$$

과 같이 에너지 단위인 J이 나옴을 확인할 수 있다. 이제 숫자만 계산한 뒤 결과에 J 단위만 붙여주면 된다. 에너지를 계산해 보면

$$E_0 = \frac{6.626\times10^{-34}}{2\pi}\sqrt{\frac{10^2}{10^{-4}}}\cdot\frac{1}{2} = \frac{6.626\times10^{-34}}{2\pi}\sqrt{10^6}\cdot\frac{1}{2} = 5.27\times10^{-32}\,(J) \tag{18-39}$$

가 얻어진다. $n=1,2$일 때의 에너지 E_1, E_2도 같은 방식으로 구할 수 있고 얻어진 에너지는 각각 $E_1=15.81\times10^{-32}J$, $E_2=26.35\times10^{-32}J$이다. 즉, 양자역학적 결과에 의하면 환산질량 $\mu=1\times10^{-4}kg$, 두 원자의 결합 상수 $k=100Nm^{-1}$인 이원자 분자는 5.27×10^{-32}, 15.81×10^{-32}, 26.35×10^{-32} 등과 같이 띄엄띄엄 떨어져 있는 에너지만을 가질 수 있고, 그사이에 해당하는 에너지는 가질 수 없게 된다.

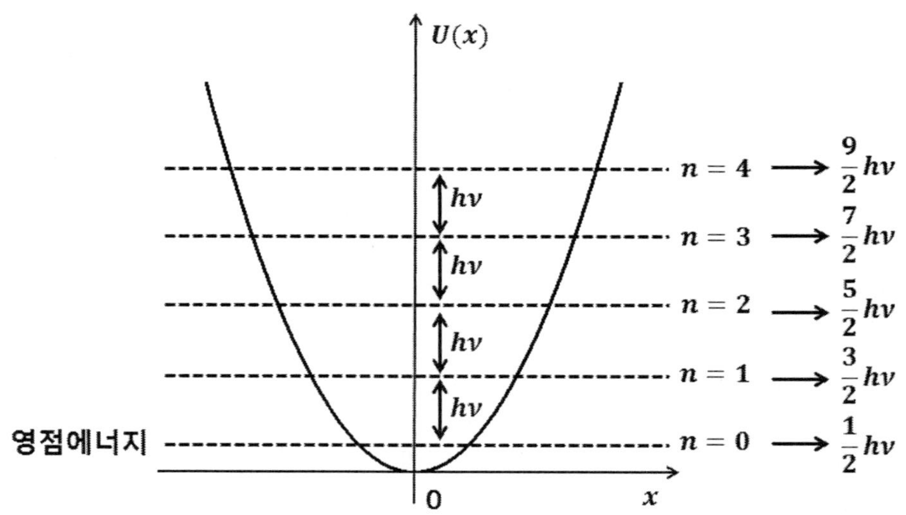

그림 18-2. 양자역학적으로 조화진동자가 가질 수 있는 에너지와 고전역학적 퍼텐셜 에너지 그래프. 양자역학적으로 허용된 에너지 준위 사이의 간격은 $h\nu$로 일정하며 양자수 $n=0$일 때에도 $\frac{1}{2}h\nu$의 "영점에너지"를 갖는다.

두 원자 사이의 결합길이에 따라 에너지가 결정되므로 "특정 에너지만 가질 수 있다는 이 말은 특정 길이로만 늘어날 수 있다"라는 말로도 이해될 수 있다. 고전 역학적 퍼텐셜에너지 공식으로부터 양자역학적으로 허용된 에너지에서 변위를 구해보면 다음과 같다. 변위를 구하기 위해서 고전역학에서 퍼텐셜 에너지를 구하는 공식을 식 18-40과 같이 변위에 관한 식으로 바꿔준다.

$$E=\frac{1}{2}kx^2 \Leftrightarrow \frac{2E}{k}=x^2 \Leftrightarrow \pm\sqrt{\frac{2E}{k}}=x \tag{18-40}$$

$n=0$일 때,

$$x=\pm\sqrt{\frac{2\times5.27\times10^{-32}J}{100\,Nm^{-1}}}=\pm\sqrt{\frac{10.54\times10^{-32}}{10^2}}=\pm3.25\times10^{-17}m \tag{18-41}$$

$n=1$일 때,

$$x=\pm\sqrt{\frac{2\times15.81\times10^{-32}J}{100\,Nm^{-1}}}=\pm\sqrt{\frac{31.62\times10^{-32}}{10^2}}=\pm5.62\times10^{-17}m \tag{18-42}$$

$n = 2$일 때,

$$x = \pm \sqrt{\frac{2 \times 26.35 \times 10^{-32} J}{100\, Nm^{-1}}} = \pm \sqrt{\frac{52.70 \times 10^{-32}}{10^2}} = \pm 7.26 \times 10^{-17} m \qquad (18\text{-}43)$$

위 계산된 바와 같이 분자가 양자역학적으로 얻어진 띄엄띄엄 떨어진 양자화된 에너지만 갖는다면 분자의 결합길이도 위 결과와 같이 양자화 되어 나타난다고 생각할 수 있다. 즉, $n = 0$일 때 분자는 그림 18-2(a, b)와 같이 $\pm 3.25 \times 10^{-17} m$의 변위를 가진 진동운동을, $n = 1$일 때에는 $\pm 5.62 \times 10^{-17} m$의 변위를 가진 진동운동을, $n = 2$일 때에는 $\pm 7.26 \times 10^{-17} m$,의 변위를 가진 진동운동을 한다고 할 수 있다. 뒤에서 보겠지만 양자역학적 결과에 의하면 특정 에너지에서 고전 역학적으로 허용된 변이를 넘어서 결합길이가 팽창하거나 압축될 수 있다. 이러한 특성 때문에 그림 18-2에서 허용된 변위를 벗어난 진동도 어느 정도 관찰할 수 있지만, 위와 같은 변위를 가진 진동들만이 더 높은 확률로 관찰된다고 할 수 있다. 그렇다면 왜 분자들은 위와 같이 특정 결합길이로만 늘어나고 줄어드는 걸까? 왜 $3.25 \times 10^{-17} m$와 $5.62 \times 10^{-17} m$ 사이의 길이(예, $4.00 \times 10^{-17} m$, $5.00 \times 10^{-17} m$ 등)로는 못 늘어나는 것일까? 정답은 알 수 없지만 "공간 자체도 양자화되어 있기 때문이 아닐까"라고 생각할 수 있다. 이에 관한 이야기는 회전운동을 다룰 때 하였으므로 여기서는 생략하도록 하겠다. 기억이 잘 나지 않는 독자들은 앞부분의 회전운동 부분을 다시 한번 읽어보시기를 바란다.

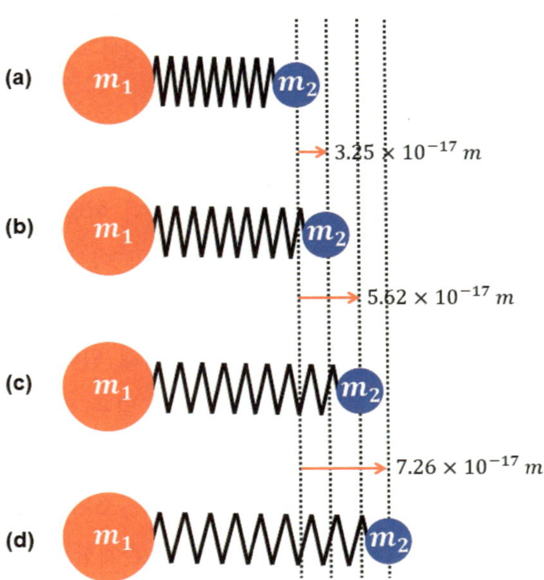

그림 18-3. 양자화된 에너지와 고전역학적 퍼텐셜에너지식을 이용해서 얻어진 양자화된 이원자 분자의 결합길이. (a, b) $n = 0$일 때 분자의 결합길이 변화, (a, c) $n = 1$일 때 분자의 결합길이 변화, (a, d) $n = 2$일 때 분자의 결합길이 변화

3) 조화진동자의 양자역학적 특성 (영점에너지)

고전 역학적 결과에 따르면 조화진동자의 퍼텐셜에너지, $U(x)=\frac{1}{2}kx^2$으로 주어지기 때문에 물체가 용수철의 평형 거리만큼의 위치에 놓여있다면 에너지는 "0"이 된다. 이는 상식적으로도 쉽게 이해가 되는 상황이다. 물체가 용수철의 평형 거리만큼의 위치에 놓여있다면 용수철이 늘어나지도 압축되지도 않은 상황이기 때문에 어떠한 진동도 없고 당연히 운동에너지와 퍼텐셜에너지 모두 0인 상태가 될 것이다. 그러나 양자역학적 결과에 의하면 이것은 틀린 이야기가 된다. 위에서 우리는 조화진동자의 에너지가 양자역학적으로

$$E_n = h\nu\left(n+\frac{1}{2}\right) \tag{18-44}$$

와 같이 주어진다는 사실을 확인하였다. 그리고 여기서 n은 0을 포함한 양의 정수 즉, $n=0,1,2,3$ • • • 와 같은 값을 갖는다고 하였다. 조화진동자의 가장 낮은 에너지를 구하려면 가장 낮은 n값인 "0"을 식 18-44에 대입해야 한다. 그런데 식 18-44의 n값에 "0"을 대입해보면 바로 알 수 있듯이 조화진동자의 가장 낮은 에너지는 "0"이 되지 않는다. 조화진동자의 가장 낮은 에너지는 $\frac{1}{2}h\nu$라는 값을 갖게 된다. 이것은 조화진동자 근처에 약간의 열이나 빛과 같은 어떤 에너지원이 있어서, 혹은 물질이 가진 어떤 자체 에너지원에 의해서 조화진동자가 0이 아닌 에너지를 갖는다는 의미가 아니다. 주위에 어떤 열적 에너지가 전혀 없다고 하더라도, 즉 온도가 0 K인 상태에서도 조화진동자는 $\frac{1}{2}h\nu$라는 0이 아닌 에너지를 갖는다는 의미이다. 이처럼 주변에 에너지가 전혀 없는 상태에서 조화진동자가 가진 최소한의 에너지를 "영점에너지"라고 부른다(그림 18-2). 조화진동자가 영점에너지를 갖는다는 의미는 주변에 에너지가 전혀 없는 상태에서도 진동자는 약간의 진동을 계속한다는 의미이다. "주변에 에너지가 전혀 없는데 어떻게 계속해서 진동하지?"라고 궁금해할지 모르겠다. 이것에 대해 명확하게 설명할 수 있는 사람은 아마 아무도 없을 것이다. 한 가지 위로가 되는 설명 방식은 하이젠베르크의 불확정성 원리이다. 하이젠베르크의 불확정성 원리에 의하면 위치에 대한 불확실성은 어느 정도의 값을 가져야만 한다. 진동자가 완전히 정지해 있다는 것은 위치에 대한 불확실성이 0이라는 의미인데 하이젠베르크의 불확정성 원리에 의하면 그러한 일은 일어날 수 없다는 것이다. 이 설명이 얼마나 만족스러운 설명이 될지 모르겠지만 더 이상의 만족스러운 설명은 어렵지 않을까 생각한다. 한 가지 위안이라면 유사한 설명이 우리가 일반화학 시간에 배웠던 분산력, 소위 "런던 힘"의 근원을 설명할 때도 사용될 수 있다는 것이다. 극성이 전혀 없는 분자들 간에도 인력이 존재할 수 있는데, 받아들여지고 있는 이론에 의하면 극성이 전혀 없는 분자라고 하더라도 분자 내부에 있는 전자들의 움직임에 의해 순간적인 쌍극자가 형성될 수 있고 이렇게 형성된 순간 쌍극자 모멘트에 의해 이웃한 분자에 유도 쌍극자 모멘트가 형성되어 분자들 간의 인력이 작용할 수 있다고 한다. 이러한 런던 힘은 주변에 에너지가 전혀 없는 상태에서도 존재할 수 있는데, 그 이유는 분자 내 전자들 역시 조화진동자와 마찬가지로 끊임없이 운동하고 있기 때문이다.

여전히 설명이 만족스럽지 않을 수 있겠지만 지금 당장으로서는 여기에 만족할 수밖에 없다.

4) 조화진동자 파동함수의 특성

지금까지 우리는 조화진동자 시스템의 양자역학적 풀이 과정에 대해 살펴보았고 그와 관련된 파동함수를 얻었다. 이제 이 파동함수의 형태가 어떠한지 그리고 어떤 특성이 있는지에 대해 알아보도록 하자. 어떤 이원자 분자의 결합상수 $k = 700\,Nm^{-1}$, 환산질량 $\mu = 8.3 \times 10^{-28}\,kg$ 일 때 고전 역학적 퍼텐셜에너지와 양자역학적 파동함수가 어떻게 그려지는지 한 번 살펴보도록 하자. 파동함수를 구하려면 α를 알아야 하는데 $\alpha = \dfrac{\sqrt{\mu k}}{\hbar}$ 이므로

$$\alpha = \frac{2\pi\sqrt{\mu k}}{h} = \frac{2\pi\sqrt{8.3 \times 10^{-28}\,kg \times 700\,Nm^{-1}}}{6.626 \times 10^{-34}\,Js} \tag{18-45}$$

$$= \frac{2\pi\sqrt{8.3 \times 10^{-28} \times 700}}{6.626 \times 10^{-34}}\left(\frac{\sqrt{kgkgms^{-2}m^{-1}}}{kgm^2s^{-2}s}\right) = \frac{2\pi\sqrt{5810 \times 10^{-28}}}{6.626 \times 10^{-34}}\left(\frac{kgs^{-1}}{kgm^2s^{-1}}\right)$$

$$= \frac{2\pi \times 76.22 \times 10^{-14}}{6.626 \times 10^{-34}}(m^{-2}) = \frac{478.9 \times 10^{-14}}{6.626 \times 10^{-34}}(m^{-2}) = 72.28 \times 10^{20}\,(m^{-2})$$

n값에 따른 에너지를 구해보도록 하자. $E_n = \dfrac{h}{2\pi}\sqrt{\dfrac{k}{\mu}}\left(n + \dfrac{1}{2}\right)$로 주어지므로,

$n = 0$일 때 에너지 E_0은

$$E_0 = \frac{6.626 \times 10^{-34}\,Js}{2\pi}\sqrt{\frac{700\,Nm^{-1}}{8.3 \times 10^{-28}\,kg}} \cdot \frac{1}{2} \tag{18-46}$$

$$E_0 = \frac{6.626 \times 10^{-34}}{2\pi}\sqrt{84.34 \times 10^{28}} \cdot \frac{1}{2} = \frac{6.626 \times 10^{-34}}{2\pi}(9.18 \times 10^{14}) \cdot \frac{1}{2} = 4.84 \times 10^{-20}\,(J)$$

E_1, E_2, E_3, E_4의 에너지는 E_0의 3, 5, 7, 9배의 에너지를 갖는다. 구하여진 각각의 에너지는 $14.52 \times 10^{-20}\,J, 24.20 \times 10^{-20}\,J, 33.88 \times 10^{-20}\,J, 43.56 \times 10^{-20}\,J$으로 각 준위 간 에너지 간격은 $9.68 \times 10^{-20}\,J$로 동일하다. 표 18-2에서 얻은 조화진동자의 양자역학적 파동함수와 고전 역학적 퍼텐셜 에너지를 -50 pm ~ +50 pm의 변위 구간에서 그려서 나타내면 그림 18-4를 얻을 수 있다. 그림 18-4(a)는 $n = 0, 1, 2, 3, 4$에 해당하는 파동함수와 퍼텐셜에너지를 나타낸 그래프이며 그림 18-3(b)은 파동함수를 제곱한 확률밀도와 함께 퍼텐셜에너지를 나타낸 그래프이다.

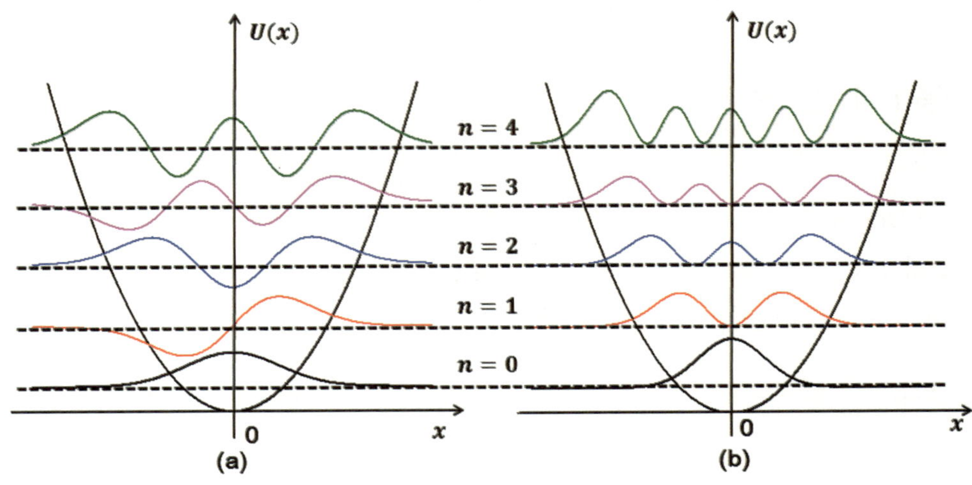

그림 18-4. (a) 이원자분자의 고전 역학적 퍼텐셜에너지와 양자역학적 파동함수,
(b) (a) 파동함수들의 확률밀도

양자역학적으로 얻어진 조화진동자의 파동함수(그림 18-4(a))와 확률밀도(그림 18-4(b)) 그래프로부터 우리는 고전 역학적 결과로부터는 예상할 수 없었던 새로운 사실들을 발견할 수 있다. 첫 번째 사실은 조화진동자의 변위가 고전적인 퍼텐셜에너지의 한계를 넘을 수 있다는 것이다. 그림 18-4(a)의 파동함수와 그 제곱인 확률밀도를 보면 파동함수가 고전 역학적 퍼텐셜에너지의 장벽을 넘어 침투해 있음을 볼 수 있다. 파동함수 진폭의 제곱인 확률밀도는 관찰될 확률에 비례한다. 파동함수의 진폭이 0이 아니라면 확률밀도도 0이 아니고 발견될 확률 역시 0이 아니라는 얘기이다. 따라서 퍼텐셜에너지 장벽 너머에도 파동함수의 진폭이 존재한다는 말은 고전 역학적으로 허용된 변위를 넘어서는 변위를 가진 진동자가 관찰될 수 있음을 의미한다. 그림 18-5에 자세히 묘사되어 있듯이 $4.18 \times 10^{-20} J$의 에너지를 가진 진동자는 고전 역학적으로 그림 18-5의 파란색 화살표로 표시된 영역에 해당하는 변위만 가질 수 있다. 그러나 파동함수는 이 범위를 넘어서까지 펼쳐져 있음을 볼 수 있다. 더 흥미로운 사실은 $4.18 \times 10^{-20} J$의 에너지를 가진 진동자의 양자역학적으로 가능한 변위가 그림 18-5의 빨간색으로 칠해진 영역에 국한되지 않는다는 것이다. $n=0$에 대해 양자역학적으로 얻어진 파동함수는 $\left(\frac{\alpha}{\pi}\right)^{\frac{1}{4}} e^{-\frac{\alpha x^2}{2}}$ 로서 지수적으로 감소(exponential decay)하는 함수이다. 따라서 변위 x가 아무리 증가해도 결코 진폭이 0이 되지 않는다. 무한대의 변위를 가진 진동자가 발견될 확률이 0이 아니라는 의미이다. 비록 관찰될 확률은 매우 낮겠지만 무한대의 변위를 가진 진동자도 발견될 수 있다는 얘기이다.

그림 18-5에서 파란색 화살표로 표시된 영역의 변위를 가진 그리고 고전 역학적으로 금지된 빨간색 영역만큼 변위가 늘어나거나 압축된 진동자가 발견될 확률을 각각 구해서 비교해보도록 하자. 좌우가 대칭이므로 한쪽 변에 대해서 확률을 구한 뒤 두 배를 하도록 하자. 에너지가 $4.18 \times 10^{-20} J$일 때 고전 역학 퍼텐셜에너지에 의한 변위는 다음과 같이 구할 수 있다.

$4.18 \times 10^{-20}\ J$의 에너지를 가진 진동자가 고전역학적으로 가질 수 있는 변위의 범위

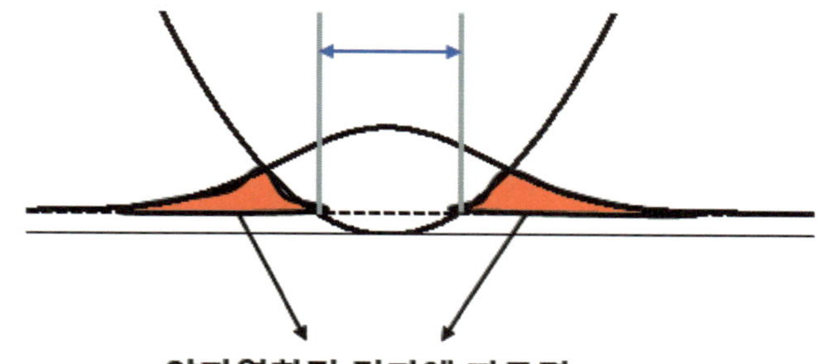

$E_0 = \frac{1}{2}h\nu = 4.18 \times 10^{-20}\ J$

양자역학적 결과에 따르면 $4.18 \times 10^{-20}\ J$의 에너지를 가진 진동자도 이 영역으로의 변위가 가능하다.

그림 18-5. 양자역학적 결과에 따르면 고전 역학적으로 허용된 장벽(포물선 그래프)을 넘어서는 변위(빨간색으로 칠한 영역)가 가능하다.

$$E_0 = 4.18 \times 10^{-20} J = \frac{1}{2} \times 700\, Nm^{-1} x^2$$

$$\Leftrightarrow x^2 = \frac{4.18 \times 10^{-20} J}{350\, Nm^{-1}} = \frac{4.18}{3.5} \times \frac{10^{-20}}{10^2}\left(\frac{kgm^2s^{-2}}{kgms^{-2}m^{-1}}\right) = 1.2 \times 10^{-22}(m^2)$$

$$\Leftrightarrow x = 1.1 \times 10^{-11}(m) \approx 10 \times 10^{-12}(m) = 10\, pm \qquad (18\text{-}47)$$

그림 18-6의 파란색으로 칠해진 구간처럼 진동자의 변위가 $0 \sim 10\, pm$인 구간에서 진동자가 발견될 확률 $P(0 \sim 10\, pm)$은 다음과 같이 구할 수 있다.

$$P(0 \sim 10\, pm) = \int_{0\, pm}^{10\, pm} \left(\frac{\alpha}{\pi}\right)^{\frac{1}{2}} e^{-\alpha x^2} dx = \left(\frac{\alpha}{\pi}\right)^{\frac{1}{2}} \int_{0\, pm}^{10\, pm} e^{-\alpha x^2} dx \qquad (18\text{-}39)$$

식 18-39에서 적분 $\int_{0\, pm}^{10\, pm} e^{-\alpha x^2} dx$은 다음과 같은 적분 공식을 이용한다.

$$\int_a^b e^{-cx^2} dx = \left[\sqrt{\frac{\pi}{4c}}\, erf(\sqrt{c}\, x)\right]_a^b \qquad (18\text{-}40)$$

식 18-40에서 $erf(\sqrt{c}\, x)$는 $\sqrt{c}\, x$값을 먼저 계산한 뒤 "오차함수 테이블"이라고 하는 표를 인터넷에서 찾아 계산한다. 위 적분 공식을 이용해서 식 18-39를 풀어보면

$$P(0\sim 10pm)=\left(\frac{\alpha}{\pi}\right)^{\frac{1}{2}}\int_{0pm}^{10pm}e^{-\alpha x^2}dx=\left(\frac{\alpha}{\pi}\right)^{\frac{1}{2}}\left[\sqrt{\frac{\pi}{4\alpha}}\,erf(\sqrt{\alpha}\,x)\right]_{0pm}^{10pm} \quad (18\text{-}41)$$

α는 식 18-45에서 $72.28\times10^{20}m^{-2}$로 구하였다. 이 값을 대입하고 정리하면

$$\begin{aligned}
&P(0\sim 10pm)\\
&=\left(\frac{\alpha}{\pi}\right)^{\frac{1}{2}}\left(\frac{\pi}{4\alpha}\right)^{\frac{1}{2}}\left[erf\left(10\times10^{-12}m\times\sqrt{72.28\times10^{20}m^{-2}}\right)-erf\left(0\times\sqrt{72.28\times10^{20}m^{-2}}\right)\right]\\
&=\left(\frac{1}{4}\right)^{\frac{1}{2}}\left[erf(85\times10^{-12}m\times10^{10}m^{-1})-erf(0)\right]\\
&=\frac{1}{2}\left[erf(85\times10^{-2})-erf(0)\right]=\frac{1}{2}\left[erf(0.85)-erf(0)\right] \quad (18\text{-}42)
\end{aligned}$$

식 18-42의 $erf(0.85)$와 $erf(0)$을 오차함수 테이블에서 찾으면 각각 0.7707과 0이다. 따라서 $0\sim 10pm$인 구간에서 진동자가 발견될 확률 $P(0\sim 10pm)$은

$$P(0\sim 10pm)=\frac{1}{2}[0.7707-0]\approx 0.39=39\% \quad (18\text{-}43)$$

이 된다. 이 확률에 두 배를 하면 78%의 값이 얻어진다. 이제 $10\sim 30pm$인 구간에서 진동자가 발견될 확률 $P(10\sim 30pm)$을 구해보자.

$$P(10\sim 30pm)=\int_{10pm}^{30pm}\left(\frac{\alpha}{\pi}\right)^{\frac{1}{2}}e^{-\alpha x^2}dx=\left(\frac{\alpha}{\pi}\right)^{\frac{1}{2}}\int_{10pm}^{30pm}e^{-\alpha x^2}dx$$

$$P(10\sim 30pm)=\left(\frac{\alpha}{\pi}\right)^{\frac{1}{2}}\int_{10pm}^{30pm}e^{-\alpha x^2}dx=\left(\frac{\alpha}{\pi}\right)^{\frac{1}{2}}\left[\sqrt{\frac{\pi}{4\alpha}}\,erf(\sqrt{\alpha}\,x)\right]_{10pm}^{30pm}$$

$$\begin{aligned}
&P(10\sim 30pm)\\
&=\left(\frac{\alpha}{\pi}\right)^{\frac{1}{2}}\left(\frac{\pi}{4\alpha}\right)^{\frac{1}{2}}\left[erf\left(30\times10^{-12}m\times\sqrt{72.28\times10^{20}m^{-2}}\right)-erf\left(10\times10^{-12}m\times\sqrt{72.28\times10^{20}m^{-2}}\right)\right]\\
&=\left(\frac{1}{4}\right)^{\frac{1}{2}}\left[erf(255\times10^{-12}m\times10^{10}m^{-1})-erf(85\times10^{-12}m\times10^{10}m^{-1})\right]\\
&=\frac{1}{2}\left[erf(255\times10^{-2})-erf(85\times10^{-2})\right]=\frac{1}{2}\left[erf(2.55)-erf(0.85)\right]\\
&=\frac{1}{2}[0.9997-0.7707]=0.1145\approx 11\% \quad (18\text{-}44)
\end{aligned}$$

이 확률에 두 배를 하면 22%의 값이 얻어진다. 즉, 조화진동자의 에너지가 가장 낮은 바닥 상태일 때 고전 역학적으로 허용된 변이에서 발견될 확률은 금지된 변이에서 발견될 확률보다 대략 3.5배 정도 높다고 할 수 있다.

두 번째 사실은 양자수가 커질수록 터널링 되는 파동함수의 진폭이 줄어든다는 사실이다. 그림 18-6은 그림 18-4(a)에서 $n=0$일 때 파동함수와 $n=4$일 때 파동함수만 확대해 놓은 그림이다. 그림 18-6에서 빨간색으로 색칠된 영역은 파동함수가 고전 역학적 퍼텐셜에너지 장벽을 투과한 부분을 나타낸 것이다. $n=0$일 때 $n=4$일 때 파동함수가 터널링 된 부분을 비교해보면 $n=0$일 때 더 많은 투과가 일어남을 확인할 수 있다. 그림 18-4(a)와 그림 18-6에서는 $n=0$일 때와 $n=4$일 때만을 비교하여 나타냈지만, 양자수가 더 커지게 되면 이러한 효과는 더욱 극명하게 나타난다. 양자수가 더욱 커지게 되면 진동자의 변위는 고전 역학적 퍼텐셜에너지 장벽이 허락하는 만큼만 가질 수 있게 된다. 즉, 양자수가 커지게 되면 양자역학적으로 묘사되는 시스템의 결과도 고전 역학적 결과와 일치하게 되는데 이러한 원리를 보어의 "대응원리(correspondence principle)"라고 한다. 보어는 거시적 세계에서 양자 역학으로 묘사되는 특성들이 잘 나타나지 않는 현상을 설명하기 위해 이와 같은 대응원리를 제창하였다. 대응원리에 의하면 양자 역학에서 양자수가 커지면 그 결과는 고전 역학적 결과와 일치하게 된다. 위에서 예로 들었던 양자수가 커짐에 따라서 변위의 터널링 확률이 감소하는 특성은 대응원리의 대표적인 사례 중 하나이다. 고전 역학적으로 진동자의 변위는 고전 역학적 퍼텐셜에너지 장벽을 넘어 팽창하거나 압축될 수 없다. 양자수가 작을 때에는 시스템이 고전 역학적 결과와 배치되는 양자역학적 특성을 나타내지만, 양자수가 커지면 이러한 양자역학적 특성은 점차 사라지고 시스템은 고전 역학적 특성을 나타내게 된다.

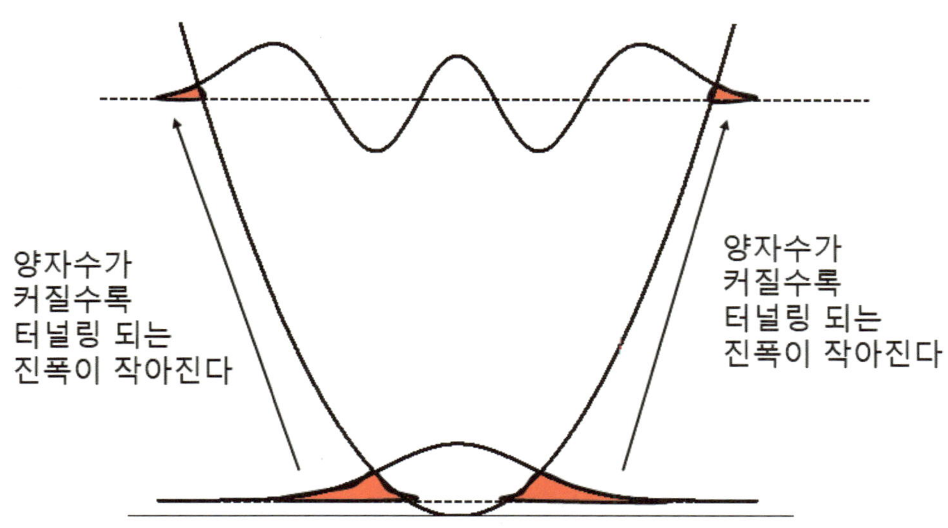

그림 18-6. $n=0$일 때 파동함수와 $n=4$일 때 파동함수가 고전 역학적 퍼텐셜에너지 장벽을 투과하는 부분을 나타낸 그림.

이러한 대응원리는 그림 18-7(b)에서도 볼 수 있다. 그림 18-7(b)을 보면 $n=0$일 때 확률밀도의 진폭은 변위가 0일 때 가장 크다는 것을 알 수 있다. 그러나 양자수가 증가함에 따라 확률밀도의 진폭이 가운데 부분보다 퍼텐셜에너지 경계 양 끝부분에서 증가하는 것을 볼 수 있다. 확률밀도의 진폭은 관찰될 확률과 비례하는데 퍼텐셜에너지 경계 양 끝부분에서 확률밀도의 진폭이 크다는 얘기는 그 부분의 변위를 가진 진동자가 가장 많이 관찰됨을 의미한다. 고전 역학적으로 이 지점에서 진동자는 최대로 팽창하고 최대로 압축된 후 일시 정지를 한 후 다시 반대 방향으로의 운동을 하기 시작한다. 이러한 이유로 이 지점을 "전환점 (turning point)"이라고 하기도 한다. 이 전환점에서 진동자는 잠깐이지만 일시 정지하기 때문에 관찰될 확률이 가장 높다. 양자수가 증가함에 따라 고전 역학적 결과와 일치하게 된다. 파동함수의 수식을 이용하면 가장 높은 확률로 관찰될 변위가 어디인지 정량적으로 구할 수 있다. 확률밀도가 가장 높은 변위가 가장 높은 확률로 관찰될 변위 일텐데 확률밀도가 가장 높은 부분에서 기울기가 0이므로 확률밀도 함수를 변위 x로 미분해서 기울기가 0이 되는 변위 x를 구하면 된다. 파동함수에서 가장 높은 진폭을 나타내는 지점에서 확률밀도의 진폭도 가장 크게 나타날 것이므로 확률밀도 함수를 변위 x로 미분하는 대신 파동함수를 변위 x로 미분해서 기울기가 0인 지점을 찾아도 동일한 결과를 얻을 수 있을 것이다. 먼저 $n=0$인 파동함수를 변위 x로 미분해서 기울기가 0인 지점을 찾아보도록 하자.

$$\frac{d}{dx}\left\{\left(\frac{\alpha}{\pi}\right)^{\frac{1}{4}} e^{-\frac{\alpha x^2}{2}}\right\}=\left(\frac{\alpha}{\pi}\right)^{\frac{1}{4}}\frac{d}{dx}e^{-\frac{\alpha x^2}{2}}=\left(\frac{\alpha}{\pi}\right)^{\frac{1}{4}}\left(-\frac{\alpha}{2}2x\right)e^{-\frac{\alpha x^2}{2}}=0 \qquad (18\text{-}38)$$

식 18-38이 성립하려면 $e^{-\frac{\alpha x^2}{2}}\neq 0$이므로 $x=0$이어야만 한다. 즉, $x=0$인 지점에서 확률밀도의 진폭은 최대가 되며 이 변위가 가장 높은 확률로 관찰될 변위이다. $n=1$일 때 가장 높은 확률로 관찰될 변위를 계산해 보도록 하자.

$$\begin{aligned}
&\frac{d}{dx}\left\{\sqrt{2\alpha}\left(\frac{\alpha}{\pi}\right)^{\frac{1}{4}} x e^{-\frac{\alpha x^2}{2}}\right\}=\sqrt{2\alpha}\left(\frac{\alpha}{\pi}\right)^{\frac{1}{4}}\frac{d}{dx}\left(xe^{-\frac{\alpha x^2}{2}}\right)=0\\
&\Leftrightarrow \sqrt{2\alpha}\left(\frac{\alpha}{\pi}\right)^{\frac{1}{4}}\left(e^{-\frac{\alpha x^2}{2}}+x\left(-\frac{\alpha}{2}2xe^{-\frac{\alpha x^2}{2}}\right)\right)=0\\
&\Leftrightarrow \sqrt{2\alpha}\left(\frac{\alpha}{\pi}\right)^{\frac{1}{4}}\left(e^{-\frac{\alpha x^2}{2}}-\alpha x^2 e^{-\frac{\alpha x^2}{2}}\right)=0\\
&\Leftrightarrow \sqrt{2\alpha}\left(\frac{\alpha}{\pi}\right)^{\frac{1}{4}}(1-\alpha x^2)e^{-\frac{\alpha x^2}{2}}=0
\end{aligned} \qquad (18\text{-}39)$$

식 18-38이 성립하려면

$$1 - \alpha x^2 = 0 \Leftrightarrow \alpha x^2 = 1 \Leftrightarrow x^2 = \frac{1}{\alpha} \tag{18-40}$$
$$\therefore x = \pm \frac{1}{\sqrt{\alpha}}$$

즉, $n = 1$일 때 가장 높은 확률로 관찰될 변위는 $\pm \frac{1}{\sqrt{\alpha}}$이고 $\alpha = \frac{\sqrt{\mu k}}{\hbar} = \frac{2\pi\sqrt{\mu k}}{h}$이므로 가장 높은 확률로 관찰될 변위

$$x = \pm\sqrt{\frac{h}{2\pi\sqrt{\mu k}}} = \pm\sqrt{\frac{6.626\times 10^{-34} Js}{2\pi\sqrt{8.3\times 10^{-28} kg\times 700 Nm^{-1}}}}$$
$$= \pm\sqrt{\frac{6.626}{2\pi\sqrt{8.3\times 7}}\times\frac{10^{-34}}{10^{-13}}\left(\frac{kgm^2s^{-2}s}{\sqrt{kgkgms^{-2}m^{-1}}}\right)}$$
$$x = \pm\sqrt{\frac{6.626}{2\pi\sqrt{8.3\times 7}}\times\frac{10^{-34}}{10^{-13}}(m^2)} = \pm\sqrt{\frac{6.626}{2\pi\sqrt{58.1}}\times 10^{-21}(m^2)} \tag{18-41}$$
$$= \pm\sqrt{\frac{6.626}{47.89}\times 10^{-21}(m^2)} = \pm\sqrt{1.38\times 10^{-22}(m^2)} = \pm 1.17\times 10^{-11} m$$

와 같이 구하여진다.

그림 18-4에서 발견할 수 있는 세 번째 사실은 양자수가 증가하면서 파동함수의 형태가 y축 대칭인 함수에서 원점 대칭인 함수로 그리고 다시 y축 대칭인 함수로 교대로 바뀐다는 점이다. y축 대칭인 함수를 "우함수(even function)"이라 하고 원점 대칭인 함수를 "기함수(odd function)"라고 한다. 우함수, 기함수라는 용어는 비단 조화진동자의 파동함수에만 적용되는 용어는 아니고 일반적으로 사용되는 용어이다. 예를 들어, 그림 18-7(b)처럼 $y = x^2$ 함수는 y축 대칭인 함수이므로 우함수라고 할 수 있으며 그림 18-7(a, c)처럼 $y = x$또는 $y = x^3$ 함수는 원점 대칭인 함수이므로 기함수라고 할 수 있다.

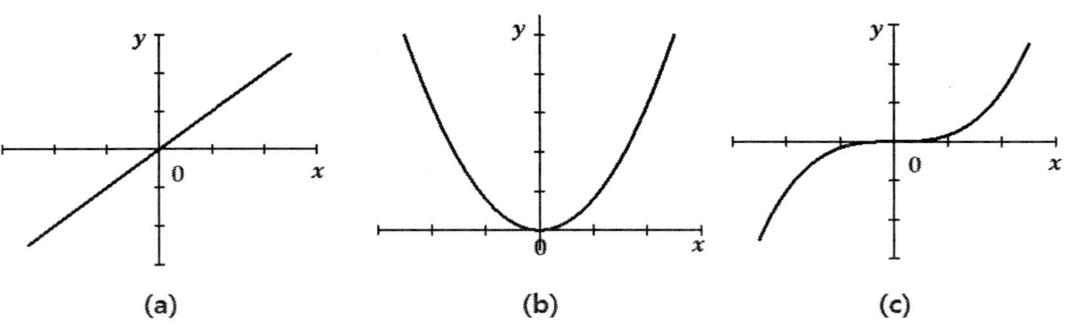

그림 18-7. (a) $y = x$, (b) $y = x^2$, (c) $y = x^3$의 그래프. (b)는 y축 대칭이므로 우함수이며 (a)와 (c)는 원점 대칭이므로 기함수이다.

기함수의 특징은 전 공간에 대해 적분하였을 때 넓이가 0이 된다는 사실이다. 원점을 기준으로 서로 다른 부호를 가진 넓이가 서로 지워지기 때문에 전 공간에 대해 적분을 하면 정확히 0이 된다. 조화진동자의 파동함수를 보면 $n=0$일 때 우함수이며, $n=1$일 때 기함수, $n=2$일 때 우함수이며, $n=3$일 때 기함수가 반복되어 나타남을 볼 수 있다. 즉, 식 18-42처럼 $n=0$일 때 함수와 $n=2$일 때 함수는 전 공간에 걸쳐 적분을 하여도 0이 되지 않지만 $n=1$일 때 함수와 $n=3$일 때 함수는 식 18-43처럼 전 공간에 걸쳐 적분을 하면 0이 된다.

$$\int_{-\infty}^{+\infty} \psi_0(x)dx \neq 0, \quad \int_{-\infty}^{+\infty} \psi_2(x)dx \neq 0 \tag{18-42}$$

$$\int_{-\infty}^{+\infty} \psi_1(x)dx = 0, \quad \int_{-\infty}^{+\infty} \psi_3(x)dx = 0 \tag{18-43}$$

우함수와 기함수의 또 다른 특징으로는 두 함수의 곱은 우함수 또는 기함수가 되는데 같은 성향의 함수끼리 곱하면 우함수가 되며 서로 반대 성향의 함수끼리 곱하면 기함수가 된다. 예를 들어, 우함수×기함수, 기함수×우함수는 기함수가 되는데 우함수×우함수, 기함수×기함수는 우함수가 된다. 이는 마치 우함수를 "+"로, 기함수를"-"로 가정하고 곱하기 연산을 하는 것과 유사한데, 양수, 음수 곱셈에서도 서로 다른 부호끼리 곱하면 음수가 되지만 서로 같은 부호끼리 곱하면 양수가 된다. 그림 18-7의 함수를 이용해서 구체적으로 계산해보면 우함수×기함수, $x^2 \times x$는 x^3으로 기함수가 됨을 알 수 있다. 반면에 기함수×기함수, $x \times x$는 x^2으로 우함수가 됨을 알 수 있다. 이 규칙을 조화진동자의 파동함수에 적용해보자. 식 18-42에서 $n=0$일 때의 함수, $n=2$일 때의 함수는 우함수로서 전 공간에 걸쳐 적분을 해도 0이 되지 않았다. 그러나 이 함수에 기함수인 x를 곱하게 되면 전체 함수는 기함수가 되기 때문에 전 공간에 걸쳐 적분을 하였을 때 0이 되어 버린다. 즉,

$$\int_{-\infty}^{+\infty} x \cdot \psi_0(x)dx = 0, \quad \int_{-\infty}^{+\infty} x \cdot \psi_2(x)dx = 0 \tag{18-44}$$

이 되어 버린다. 반면에 기함수였던 $\psi_1(x), \psi_3(x)$은 전공간에 걸쳐 적분을 하였을 때 식 18-43과 같이 0이 되었는데 기함수인 x를 곱하게 되면 전체 함수는 우함수가 되기 때문에 전 공간에 걸쳐 적분을 하여도 0이 되지 않는다. 즉,

$$\int_{-\infty}^{+\infty} x \cdot \psi_1(x)dx \neq 0, \quad \int_{-\infty}^{+\infty} x \cdot \psi_3(x)dx \neq 0 \tag{18-45}$$

가 된다. 이와 같은 성질은 뒤에서 다루게 될 전이 쌍극자 모멘트와 선택 규칙에서 다시 언급될 예정이므로 잘 기억해두기를 바란다.

19. 진동분광학

지금까지 우리는 분자의 진동운동을 고전역학적으로 어떻게 이해할 수 있는지 그리고 양자역학적으로 다루었을 때 고전 역학적 결과와 어떤 차이가 나타나는지에 대해 배웠다. 양자역학적 결과에 의하면 분자의 진동에너지 역시 양자화 되어 있으며 개개 분자는 이 중 한 상태에 머무르게 된다. 물론 적당한 에너지가 주어지게 되면 낮은 에너지 상태에 있던 분자는 높은 에너지 상태로 올라갈 수 있으며 높은 에너지 상태에 있던 분자도 에너지를 잃고 낮은 에너지 상태로 내려올 수도 있다. 이러한 에너지 준위 간의 전이는 외부에서 가해지는 열, 전기, 빛 등의 에너지에 의해 일어날 수 있는데 본장에서는 빛에 의한 전이에 대해서만 다루고자 한다. 빛에 의해 진동 에너지 준위 간의 전이가 일어나기 위해서는 몇 가지 조건이 갖추어져야만 한다. 먼저 전이가 일어나기 위해서는 전이가 시작되는 에너지 준위에 분자들이 존재해야만 한다. 전이가 시작되는 에너지 준위에 분자들이 없다면 빛을 흡수해서 높은 에너지 준위로 올라갈 일도 없을 것이다. 두 번째 필요한 조건은 공명조건이다. 회전분광학에서 언급했던 것과 마찬가지로 에너지 준위 간의 에너지 간격과 빛의 에너지가 같아야만 전이가 일어난다. 세 번째는 쌍극자 모멘트이다. 이것 역시 회전분광학에서 언급했던 내용 이간한데 진동분광학에도 동일하게 적용된다. 분자는 쌍극자 모멘트를 갖고 있어야만 전이가 일어날 수 있다. 네 번째는 선택규칙이다. 빛에 의한 회전운동 에너지 간의 전이에 관해 이야기할 때도 나왔던 내용이지만 회전운동간의 전이와는 다른 규칙이 적용된다. 아래 절에서 이러한 조건들에 대해 자세히 살펴보도록 하자.

1) 진동에너지 준위에서의 분자들의 분포

우리는 앞 장에서 조화진동자는 양자화된 진동에너지 준위를 갖고 진동에너지 준위 간의 에너지 간격은 $h\nu$로 일정하다는 사실을 배웠다. 만일 어떤 상자 안에 1 mol 개의 분자들이 있고 주변으로부터 에너지가 주어지고 있는데 주어진 에너지가 분자의 진동과 관련된 운동에만 영향을 준다고 가정해보자. 각각의 분자들은 어떤 진동에너지 준위를 차지하고 있을까? 회전운동에서 보았듯이 에너지 준위에 차지하고 있는 분자들의 이러한 비율은 볼츠만 분포식을 이용하여 구할 수 있다. 볼추만 분포식을 이용하여 온도가 300 K일 때 E_0 준위에 있는 분자들의 개수 n_0와 E_1 준위에 있는 분자들의 개수 n_1의 비율 n_1/n_0는 식 19-1을 통해 구할 수 있다.

$$\frac{n_1}{n_0} = e^{-\frac{(E_1 - E_0)}{kT}} \tag{19-1}$$

수소 분자의 진동수 $\nu = 1.32 \times 10^{14} s^{-1}$이라면 E_0와 E_1은 다음 식 19-2, 19-3과 같이 구해진다.

$$E_0 = \frac{1}{2}h\nu = \frac{1}{2} \cdot 6.626 \times 10^{-34} Js \cdot 1.32 \times 10^{14} s^{-1} = 4.37 \times 10^{-20} J \tag{19-2}$$

$$E_1 = \frac{3}{2}h\nu = \frac{3}{2} \cdot 6.626 \times 10^{-34} Js \cdot 1.32 \times 10^{14} s^{-1} = 13.1 \times 10^{-20} J \tag{19-3}$$

따라서 분포비 n_1/n_0은

$$\frac{n_1}{n_0} = \exp\left[-\frac{13.1 \times 10^{-20} J - 4.37 \times 10^{-20} J}{1.38 \times 10^{-23} JK^{-1} \times 300 K}\right] = \exp\left[-\frac{8.74 \times 10^{-20}}{4.14 \times 10^{-21}}\right] = 6.86 \times 10^{-10} \tag{19-4}$$

와 같이 얻어진다. 식 19-4를 통해 얻은 비율을 보면 알 수 있듯이 300K에서 E_1 준위에 있는 분자들의 개수는 E_0 준위에 있는 분자들의 개수에 비해 엄청 작다. 만일 E_0 준위에 10^{10}개의 수소 분자들이 있다고 한다면 E_1 준위에는 대략 6~7개의 분자만 존재한다는 얘기가 된다. 따라서 상온에서 분자 대부분은 진동 바닥 상태에 머물고 있다고 얘기할 수 있다. 이처럼 상온에서 분자 대부분은 진동 바닥 상태에 머물고 있으므로 우리는 앞으로 분자의 진동 전이를 얘기할 때 바닥 상태에서 전이가 시작되는 것으로만 이야기할 것이다.

2) 공명

위에서 우리는 상온에서 분자 대부분이 진동에너지 바닥 상태에 머무르고 있다는 사실을 알았다. 따라서 진동에너지 준위 간에 일어나는 전이 대부분은 진동에너지 바닥 상태에서 그 위 상태로 일어난다. 회전운동에너지 준위 간의 전이가 일어날 때와 마찬가지로 진동에너지 준위 간의 전이가 일어나기 위해서는 에너지 준위 간의 에너지 간격과 빛의 에너지가 일치해야만 한다. 예를 들어 위에서 예로 든 수소 분자에 빛을 쬐어 주어 전이를 일으킨다고 생각해보자. 분자들은 대부분 E_0 상태에 있고 에너지를 받아서 더 높은 에너지 준위로 전이가 일어난다. E_0와 E_1의 값을 식 19-2, 19-3에서 구한 바와 같이 두 준위 간의 에너지 간격 $\triangle E = 8.73 \times 10^{-20} J$이다. 만일 이 에너지보다 적은 $4.00 \times 10^{-20} J$ 의 에너지를 가진 빛을 쬐어 준다면 분자는 빛을 흡수하지 않을 것이다. 왜냐하면 E_0 준위에 있는 분자들이 이 빛을 흡수해서 E_1 준위로 올라가기에는 에너지가 부족하기 때문이다. 그렇다면 E_1 준위로 올라가고도 남을 에너지를 가진 빛을 쬐어 주면 어떻게 될까? 예를 들어, $10.0 \times 10^{-20} J$ 의 에너지를 가진 빛을 쬐어 주면 어떻게 될까? E_0 준위에 있는 분자들을 E_1 준위로 올리고도 에너지가 남으므로 충분히 전이를 일으킬 수 있을까? 정답은 "그렇지 않다"이다. 전이가 일어나기 위해서는 그림 19-5처럼 에너지 준위 간의 에너지 간격과 쬐어준 빛의 에너지가 일치해야만 한다. 이처럼 두 에너지가 일치되는 현상을 "공명"이라고 한다. 즉, 두 에너지 준위 간의 에너지 간격 $\triangle E = 8.73 \times 10^{-20} J$의 에너지를 가진 빛을 쬐어 주어야만 전이가 일어난다. 이 에너지를 가진 빛의 파장은 식 19-5를 이용하여 19-6의 과정을 통해 구할 수 있다.

$$E = h\nu = \frac{hc}{\lambda} \tag{19-5}$$

$$8.73\times10^{-20}J=\frac{6.626\times10^{-34}Js \cdot 3\times10^{8}ms^{-1}}{\lambda} \quad (19\text{-}6)$$

$$\Leftrightarrow \lambda=\frac{6.626\times10^{-34}Js \cdot 3\times10^{8}ms^{-1}}{8.73\times10^{-20}J}=2.28\times10^{-6}m=2.28\mu m$$

3) 쌍극자 모멘트

이전 장에서 우리는 빛에 의해 회전운동 에너지 준위 간 전이가 일어나기 위해서는 분자가 쌍극자 모멘트를 가져야만 한다는 사실에 대해 배웠다. 분자가 쌍극자 모멘트를 가져야만 하는 이유는 그림 19-1(b)에 묘사되어 있듯이 빛이 전기장의 극이 교대로 진동하는 전자기파이기 때문이다. 마찬가지 이유로 빛에 의해 진동에너지 준위 간 전이가 일어나기 위해서는 분자는 쌍극자 모멘트를 가져야만 한다. 쌍극자 모멘트를 가진 분자만이 전기장의 극이 교대로 진동하는 전자기파에 반응할 수 있다.

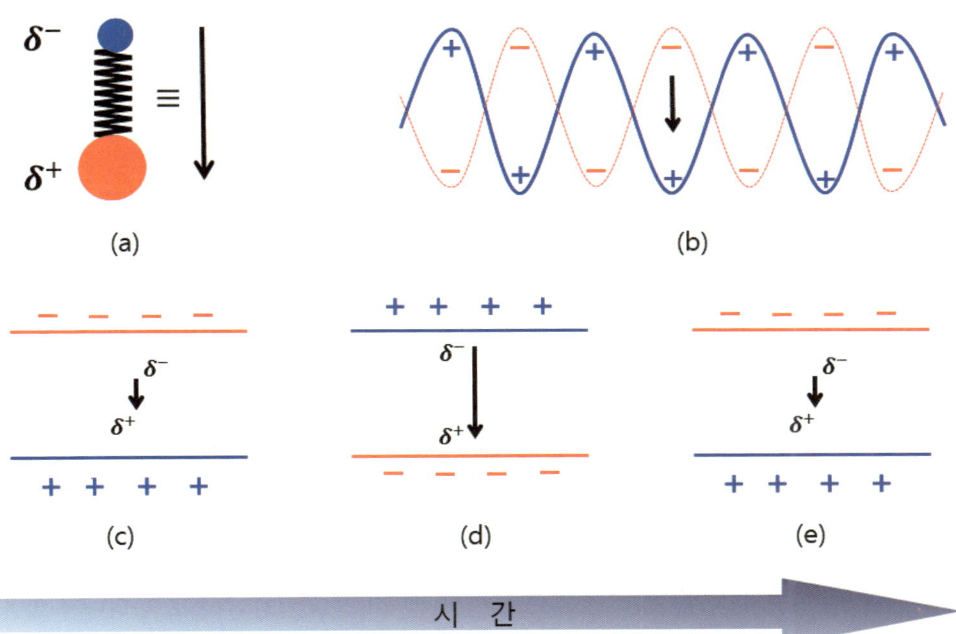

그림 19-1. (a) 쌍극자 모멘트를 가진 분자. (b) 쌍극자 모멘트를 가진 분자가 오른쪽으로 진행하는 전자기파에 놓여있을 때의 상황. 시간의 흐름에 따라 분자는 공간적으로 교대하는 두 극의 영향을 받게 된다.

그림 19-1(a)처럼 쌍극자 모멘트를 가진 분자가 19-1(b)와 같이 오른쪽으로 이동하고 있는 전자기파 하에 놓여있다고 가정해보자. 그림 19-1(c)은 분자가 전기장 하에 놓여있는 상황을 확대해 나타낸 그림이다. 현재 음의 전기장은 분자를 기준으로 위쪽으로 그리고 양의 전기장은 아래쪽으로 지나가고 있다. 따라서 부분적으로 음의 전하를 띠고 있는 분자의 파란색 부분은 반발력에 의해 아래쪽으로 힘을 받게 될 것이고 빨간

색 부분은 위쪽으로 힘을 받게 될 것이다. 이러한 힘들을 받은 결과 분자는 수축하게 된다. 시간이 흘러 이제 분자의 위쪽 부분은 양의 전기장이 아래쪽은 음의 전기장이 지나가는 상황이 되었다 (그림 19-1(d)). 조금 전과는 반대 방향으로 힘을 받게 되므로 분자는 팽창하게 된다. 전기장의 방향이 다시 바뀌게 되면 (그림 19-1(e)) 분자는 다시 수축하게 된다. 이와 같은 과정에 의해 쌍극자 모멘트를 가진 분자는 교대로 진동하는 전기장(즉, 빛)에 의해 진동운동을 일으킬 수 있게 된다. 쌍극자 모멘트가 없는 분자는 전기장에 영향을 받지 않게 되므로 빛에 의해 진동운동이 야기되지 않을 것이다. 그러나 구조적으로 영구 쌍극자 모멘트가 없는 분자라고 하더라도 유도쌍극자라든가 순간쌍극자와 같은 일시적인 쌍극자들이 형성될 수 있으므로 빛에 전혀 영향을 받지 않는 것은 아니다.

4) 선택규칙

우리는 16장에서 i상태에서 f상태로 전이가 일어날 기댓값, $\langle \mu \rangle_{fi}$을 "전이 쌍극자 모멘트"라고 하였고 식 19-7을 통해 구할 수 있다는 사실을 알았다.

$$\langle \mu \rangle_{fi} = \int_{-\infty}^{+\infty} \psi_f^* \hat{\mu}\, \psi_i \, dx \tag{19-7}$$

위 식에서 ψ_i와 ψ_f는 각각 i상태와 f상태의 파동함수를 의미하며, 오른쪽 위첨자로 써진 "*"표시는 표시된 함수의 켤레 함수를 의미한다. 연산자로 사용된 $\hat{\mu}$은 고전역학에서 쌍극자 모멘트를 구하는 공식을 곱하는 연산자로써 $|q|r$을 의미한다. 회전운동에서는 회전운동을 하는 분자를 분자 간 결합길이가 변하지 않는 강체 회전자로 가정했기 때문에 전기장의 방향만 고려한 공식 $|q|r\cos\theta$을 사용하였다. 진동운동에서는 진동운동이 이루어지는 동안 결합길이가 늘 변하므로 쌍극자 모멘트 연산자를 어떤 분자에 대해 $|q|r$값이 늘 일정한 상수라기보다는 결합길이 r에 따른 함수로 보아야 한다. 즉, 쌍극자 모멘트 연산자 $\hat{\mu}$은 결합길이 r에 대한 함수 $\hat{\mu}(r)$로 쓸 수 있다. 위에서 사용했던 기호와 통일시키기 위해서 결합길이 r대신 위에서 사용했던 변위의 기호 x를 사용하면 $\hat{\mu}(x)$로 쓸 수 있다. 이원자분자의 경우 결합길이에 따른 쌍극자 모멘트의 변화는 간단한 식으로 나타낼 수 있겠지만 분자의 구조가 조금만 복잡해지면 간단한 식으로 나타나지 않을 수 있으며, 그 함수를 찾기도 쉽지 않을 것이다. 결합길이에 따른 쌍극자 모멘트 변화를 나타내는 정확한 함수를 찾기가 어려우므로 이 함수를 맥클로린 급수 전개해서 표현해 보도록 하자.

그림 19-2와 같은 임의의 어떤 함수 $f(x)$가 있다고 가정해보자. 현재 이 그래프를 나타내는 정확한 함수는 모르고 있다. 이 그래프와 일치하는 함수를 찾는 방법은 크게 두 가지가 있을 수 있다. 첫 번째 방법은 이 함수를 나타내는 정확한 수식을 찾아내는 방법이다. 그래프를 묘사하는 정확한 수식이 존재할지 또는 존재하지 않을지 알 수 없고 설사 존재한다고 하더라도 찾기가 쉽지 않겠지만 일단 찾게 되면 정확한 함수값을 얻을 수 있게 된다. 두 번째 방법은 이 함수를 식 8-8처럼 급수로 표현하고 급수의 계수, $a_0, a_1, a_2, \cdots$ 등을 찾아내는 방법이다. 정확한 수식으로 그려진 그래프보다 덜 일치할 가능성이 있지만, 식 19-8의 차수를 크게 늘린다

면 충분히 일치하는 그래프를 재현할 수 있을 것이다. 그러나 무엇보다도 두 번째 방법의 가장 큰 장점은 어떤 형태의 그래프라고 하더라도 계수만 달리한다면 식 19-8을 이용하여 재현할 수 있다는 것이다. 이러한 이유로 첫 번째 방법대로 그래프를 완벽히 묘사하는 수식을 찾는 것보다는 훨씬 쉬운 방법이 될 수 있다. 그런데 식 8-8의 이 계수들은 어떻게 찾아야 할까? 그 계수들을 체계적으로 찾는 방법에 대해 알아보자.

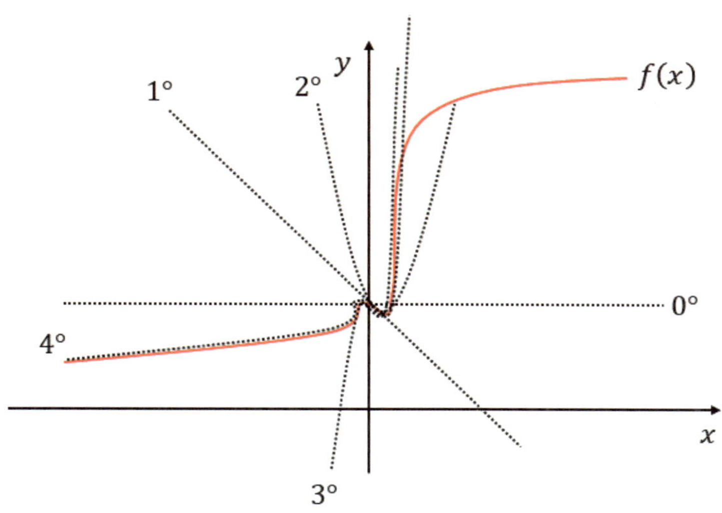

그림 19-2. 정확한 수식을 모르는 임의로 그려진 함수 $f(x)$와 급수 전개의 차수에 따라 그려진 급수 전개 함수의 그래프. 급수의 차수가 올라감에 따라 함수 $f(x)$와 형태가 비슷해지고 있는 모습을 볼 수 있다.

$$f(x)= a_0 + a_1 x + a_2 x^2 + a_3 x^3 + \ldots\ldots \tag{19-8}$$

그림 19-2의 함수 $f(x)$를 포함해서 어떤 함수도 식 19-8과 같이 전개할 수 있다. 식 19-8의 x에 0을 대입하면

$$f(0)= a_0 \tag{19-9}$$

이 됨을 알 수 있다. 이제 식 19-8을 x로 한 번 미분해보자. 미분하면

$$f'(x)= a_1 + 2a_2 x + 3a_3 x^2 + 4a_4 x^3 + \ldots\ldots \tag{19-10}$$

와 같이 되고 이 식의 x에 0을 대입하면

$$f'(0)= a_1 \tag{19-11}$$

이 됨을 알 수 있다. 식 19-10을 x로 한 번 더 미분한 뒤 x에 0을 대입하면

$$f''(x) = 2a_2 + 6a_3x + 12a_4x^2 + 20a_5x^3 + \cdots\cdots \tag{19-12}$$

$$f''(0) = 2a_2 \tag{19-13}$$

이 된다. 식 19-12를 x로 한 번 더 미분한 뒤 x에 0을 대입하면

$$f'''(x) = 6a_3 + 24a_4x + 60a_5x^2 + \cdots\cdots \tag{19-14}$$

$$f'''(0) = 6a_3 \tag{19-15}$$

위 일련의 과정을 통해 살펴보면 식 19-8의 계수 $a_0, a_1, a_2, \ldots$ 들은 모두 $f(x)$에 $x=0$을 대입한 $f(0)$과 그 도함수에 $x=0$을 대입한 $f'(0)$, $f''(0)$, $f'''(0)$들로부터 얻을 수 있음을 알 수 있다. 즉, 정리하면

$$f(0) = a_0 \Leftrightarrow \frac{f(0)}{1} = \frac{f(0)}{0!} = a_0 \tag{19-16}$$

$$f'(0) = a_1 \Leftrightarrow \frac{f'(0)}{1} = \frac{f'(0)}{1!} = a_1 \tag{19-17}$$

$$f''(0) = 2a_2 \Leftrightarrow \frac{f''(0)}{2} = \frac{f''(0)}{2!} = a_2 \tag{19-18}$$

$$f'''(0) = 6a_3 \Leftrightarrow \frac{f''(0)}{6} = \frac{f''(0)}{3!} = a_3 \qquad (19\text{-}18)$$

$$\vdots$$

와 같이 됨을 알 수 있다. 따라서 식 19-8의 다항식은 식 19-19와 같이 $f(x)$와 관련 있는 형태로 다시 쓸 수 있다.

$$f(x) = \frac{f(0)}{0!} + \frac{f'(0)}{1!}x + \frac{f''(0)}{2!}x^2 + \frac{f''3(0)}{3!}x^3 + \cdots \tag{19-19}$$

식 19-19와 같은 급수를 "맥클로린 급수"라고 하며, 어떤 함수라도 맥클로린 급수로 전개할 수 있다. $f(x) = e^x$를 맥클로린 급수 전개하면 다음과 같다. e^x는 몇 번을 미분하더라도 함수가 변하지 않으므로 원함수를 포함해서 모든 도함수의 x에 0을 대입하면 1이 된다. 따라서 $f(x) = e^x$를 맥클로린 급수 전개하면 식 19-20과 같이 된다.

$$e^x = 1 + x + \frac{1}{2}x^2 + \frac{1}{6}x^3 + \frac{1}{24}x^4 + \cdot\cdot\cdot \qquad (19\text{-}20)$$

이제 원래 하고자 했던 전이 쌍극자 모멘트 얘기로 다시 돌아가도록 하자. 전이 쌍극자 모멘트에서 쌍극자 모멘트 연산자 $\hat{\mu}$는 변위 x를 변수로 갖는 함수 $\mu(x)$였다. 이 함수도 맥클로린 급수로 전개할 수 있다. $\mu(x)$를 맥클로린 급수 전개하기 위해 먼저 각 항의 계수를 먼저 구해보면 다음과 같다.

$$a_0 = \frac{f(0)}{0!} = \mu(0) \qquad (19\text{-}21)$$

$$a_1 = \frac{f'(0)}{1!} = \mu'(0) \qquad (19\text{-}22)$$

$$a_2 = \frac{f''(0)}{2!} = \frac{1}{2}\mu''(0) \qquad (19\text{-}23)$$

$$a_3 = \frac{f'''(0)}{3!} = \frac{1}{6}\mu'''(0) \qquad (19\text{-}24)$$

•

•

•

위에서 구한 각항들의 계수를 이용해서 맥클로린 급수 전개를 해보면 $\mu(x)$는 다음과 같이 전개된다.

$$\mu(x) = \mu(0) + \mu'(0)x + \frac{1}{2}\mu''(0)x^2 + \frac{1}{6}\mu'''(0)x^3 + \cdot\cdot\cdot \qquad (19\text{-}25)$$

두 번째 항까지만 사용하여 나타내면 쌍극자 모멘트 연산자는 대략 식 19-26과 같이 나타낼 수 있다.

$$\hat{\mu} = \mu(x) \approx \mu(0) + \mu'(0)x \qquad (19\text{-}26)$$

$\mu(x)$에서 x는 결합길이(용수철로 생각하면 용수철의 평형길이)로부터 늘어나거나 압축된 길이를 나타내는 변위로서 $x=0$이라는 것은 결합길이가 늘어나거나 압축되지 않았다는 것(용수철로 생각하면 평형길이 만큼만 늘어나 있는 상태)을 의미한다. 따라서 식 19-26의 첫째 항, $\mu(0)$는 분자의 결합길이에서의 쌍극자 모멘트 즉, 영구 쌍극자 모멘트 (permanent dipole moment)를 나타낸다는 것을 알 수 있다. 식 19-26의 두 번째 항 $\mu'(0)x$을 보면 $x=0$에서의 쌍극자 모멘트의 변화율 $\mu'(0)$와 변위 x의 곱으로 표현되어 있음을 볼 수 있다. $\mu'(0)$은 상수이지만 전체 값은 변위 x에 따라 달라지므로 이 항을 역동적 쌍극자 모멘트 (dynamic dipole moment)라고 한다. 식 19-26에서 얻어진 쌍극자 모멘트 연산자를 식 19-7 전이 쌍극자 모멘트를 구하는 식에 대입해 보면 식 19-27을 얻을 수 있다.

$$\langle \mu \rangle_{fi} = \int_{-\infty}^{+\infty} \psi_f^* (\mu(0) + \mu'(0)x)\, \psi_i \, dx \tag{19-27}$$

식 19-27은 다음과 같이 전개된다.

$$\langle \mu \rangle_{fi} = \int_{-\infty}^{+\infty} \psi_f^* \mu(0)\, \psi_i \, dx + \int_{-\infty}^{+\infty} \psi_f^* \mu'(0) x\, \psi_i \, dx \tag{19-28}$$

식 19-28에서 $\mu(0)$와 $\mu'(0)$은 상수이다. 따라서 적분 기호 앞으로 나올 수 있으며 식 19-28은 식 19-29와 같이 된다.

$$\langle \mu \rangle_{fi} = \mu(0) \int_{-\infty}^{+\infty} \psi_f^* \psi_i \, dx + \mu'(0) \int_{-\infty}^{+\infty} \psi_f^* x\, \psi_i \, dx \tag{19-29}$$

i상태에서 f상태로 전이가 일어날 때 두 상태는 서로 다른 상태이고 (즉, $i \neq f$) 조화진동자의 각 상태를 나타내는 파동함수들은 "직교정규화"된 파동함수이기 때문에 식 19-29의 첫 번째 적분값 $\int_{-\infty}^{+\infty} \psi_f^* \psi_i \, dx$은 항상 0이 된다. 직교정규의 개념은 13-2절을 참고하기 바라고 여기서는 조화진동자 파동함수가 실제로 정규화되어 있는지 각 파동함수들은 서로 직교하는지 실제로 확인만 하도록 하겠다. 표 18-2에 있는 양자역학적으로 얻어진 조화진동자의 파동함수 $\psi_n(x)$는 모두 정규화되어 있다. 즉, 식 19-30과 같이 같은 함수의 제곱을 전 공간에 걸쳐 적분하면 항상 1이 된다.

$$\int_{-\infty}^{+\infty} \psi_n^*(x)\, \psi_n(x)\, dx = 1 \tag{19-30}$$

$\psi_1(x)$파동함수를 이용하여 구체적으로 한 번 계산해 보자.

$$\begin{aligned} \int_{-\infty}^{+\infty} \psi_1^* \psi_1 \, dx &= \int_{-\infty}^{+\infty} \sqrt{2\alpha} \left(\frac{\alpha}{\pi}\right)^{\frac{1}{4}} x e^{-\frac{\alpha x^2}{2}} \cdot \sqrt{2\alpha} \left(\frac{\alpha}{\pi}\right)^{\frac{1}{4}} x e^{-\frac{\alpha x^2}{2}} dx \\ &= 2\alpha \left(\frac{\alpha}{\pi}\right)^{\frac{1}{2}} \int_{-\infty}^{+\infty} x^2 e^{-\alpha x^2} dx = 4\alpha \left(\frac{\alpha}{\pi}\right)^{\frac{1}{2}} \int_{0}^{+\infty} x^2 e^{-\alpha x^2} dx \end{aligned} \tag{19-31}$$

$\psi_1(x)$ 파동함수는 y축 대칭인 우함수이므로 $-\infty \sim \infty$까지의 적분값은 $0 \sim \infty$의 적분값의 두 배이다. 따라서 식 19-31의 마지막 항은 적분의 범위를 $0 \sim \infty$로 바꾸고 2배를 하였다. 식 19-31의 적분값을 구하기 위해서 다음 적분 공식을 이용하자.

$$\int_0^{\infty} x^{2n} e^{-ax^2} dx = \frac{1 \bullet 3 \bullet 5 \bullet \bullet \bullet (2n-1)}{2^{n+1} a^n} \sqrt{\frac{\pi}{a}} \tag{19-32}$$

식 19-31의 적분은 적분공식 19-32에서 $n=1$인 경우이므로 식 19-32의 n에 1을 대입하면

$$\int_0^{\infty} x^2 e^{-ax^2} dx = \frac{1}{4a} \sqrt{\frac{\pi}{a}} \tag{19-33}$$

이 된다. 이 적분공식을 이용하여 식 19-31을 풀어보면

$$\int_{-\infty}^{+\infty} \psi_1^* \psi_1 \, dx = 4\alpha \left(\frac{\alpha}{\pi}\right)^{\frac{1}{2}} \int_0^{+\infty} x^2 e^{-\alpha x^2} dx = 4\alpha \left(\frac{\alpha}{\pi}\right)^{\frac{1}{2}} \frac{1}{4\alpha} \sqrt{\frac{\pi}{\alpha}} = 1 \tag{19-34}$$

와 같이 1이 나오는 것을 볼 수 있고 정규화되어 있다는 것을 확인할 수 있다. 이제 조화진동자 파동함수들이 서로 직교하는지 살펴보도록 하자. 직교하는 함수들을 서로 곱한 후 전 공간에 걸쳐 적분하면 항상 0이 되어야 한다. 즉,

$$\int_{-\infty}^{+\infty} \psi_m^*(x) \psi_n(x) \, dx = 0 \quad (m \neq n) \tag{19-30}$$

이라고 할 수 있다. $\psi_1(x)$와 $\psi_3(x)$함수가 서로 직교하는지 살펴보도록 하자.

$$\int_{-\infty}^{+\infty} \psi_1^*(x) \psi_3(x) \, dx = \int_{-\infty}^{+\infty} \sqrt{2\alpha} \left(\frac{\alpha}{\pi}\right)^{\frac{1}{4}} x e^{-\frac{\alpha x^2}{2}} \bullet \frac{1}{\sqrt{3}} \left(\frac{\alpha}{\pi}\right)^{\frac{1}{4}} \left(2\alpha^{\frac{3}{2}} x^3 - 3\alpha^{\frac{1}{2}} x\right) e^{-\frac{\alpha x^2}{2}} dx \tag{19-31}$$

$$= \sqrt{\frac{2\alpha^2}{3\pi}} \alpha^{\frac{1}{2}} \int_{-\infty}^{+\infty} (2\alpha x^4 - 3x^2) e^{-\alpha x^2} dx \tag{19-32}$$

$$= \sqrt{\frac{2\alpha^3}{3\pi}} \left\{ \int_{-\infty}^{+\infty} 2\alpha x^4 e^{-\alpha x^2} dx - \int_{-\infty}^{+\infty} 3x^2 e^{-\alpha x^2} dx \right\} \tag{19-33}$$

$$= \sqrt{\frac{2\alpha^3}{3\pi}} \left\{ 2\alpha \int_{-\infty}^{+\infty} x^4 e^{-\alpha x^2} dx - 3 \int_{-\infty}^{+\infty} x^2 e^{-\alpha x^2} dx \right\} \tag{19-34}$$

식 19-34의 적분구간을 $-\infty \sim \infty$에서 $0 \sim \infty$로 바꾸도록 하자. 그러면 식 19-34는

$$= \sqrt{\frac{2\alpha^3}{3\pi}} \left\{ 4\alpha \int_0^{+\infty} x^4 e^{-\alpha x^2} dx - 6 \int_0^{+\infty} x^2 e^{-\alpha x^2} dx \right\} \tag{19-35}$$

식 19-32에 $n=2$를 대입하면

$$\int_0^{\infty} x^4 e^{-ax^2} dx = \frac{3}{8a^2}\sqrt{\frac{\pi}{a}} \tag{19-36}$$

이 되고 $n=1$이었던 식 19-33을 이용하면 식 19-34는 식 19-35와 같이 바뀌고 결국 식 19-36과 같이 0이 됨을 볼 수 있다.

$$= \sqrt{\frac{2\alpha^3}{3\pi}}\left\{4\alpha\frac{3}{8\alpha^2}\sqrt{\frac{\pi}{\alpha}} - 6\frac{1}{4\alpha}\sqrt{\frac{\pi}{\alpha}}\right\} \tag{19-37}$$

$$= \sqrt{\frac{2\alpha^3}{3\pi}}\left\{\frac{3}{2\alpha}\sqrt{\frac{\pi}{\alpha}} - \frac{3}{2\alpha}\sqrt{\frac{\pi}{\alpha}}\right\} = 0 \tag{19-38}$$

다른 양자수를 가진 파동함수에 위와 같은 과정을 적용해 보면 두 함수의 양자수가 서로 다를 때 항상 0이 되는 것을 볼 수 있고 조화진동자의 모든 파동함수들은 서로 직교한다는 사실을 알 수 있다. 이제 다시 전이 쌍극자 모멘트 문제로 돌아오도록 하자. 위에서 식 19-29에 관한 설명을 할 때 식 19-29의 첫 번째 항은 파동함수의 직교하는 성질 때문에 항상 0이라고 하였다. i상태에서 f상태로 전이가 일어날 때 두 상태는 서로 다른 상태이고 (즉, $i \neq f$) 조화진동자의 각 상태를 나타내는 파동함수들은 위에서 살펴본 바와 같이 서로 직교하는 파동함수이기 때문에 식 19-29의 첫 번째 항 $\int_{-\infty}^{+\infty} \psi_f^* \psi_i \, dx$은 항상 0이 된다. 따라서 전이 쌍극자 모멘트는 식 19-37과 같이 이제 쓸 수 있다.

$$\langle \mu \rangle_{fi} = \mu'(0)\int_{-\infty}^{+\infty} \psi_f^* x \, \psi_i \, dx \tag{19-39}$$

식 19-36의 $\mu'(0)$은 변위가 0일 때 쌍극자 모멘트의 변화량을 의미한다. 앞서 설명했다시피 쌍극자 모멘트는 변위에 따라 변한다. 쌍극자 모멘트가 변위에 따라 변하기 위해서는 먼저 분자가 쌍극자 모멘트를 갖고 있어야만 한다. 분자가 쌍극자 모멘트를 갖고 있지 않다면 변위가 아무리 변하더라도 쌍극자 모멘트는 변하지 않을 것이다. 쌍극자 모멘트가 변위에 따라 변하지 않는다는 말은 어떤 변위 값(변위가 0인 경우를 포함해서)에 대해서도 쌍극자 모멘트의 변화량은 0이라는 의미이다. 즉, 쌍극자 모멘트가 없는 분자는 변위가 0일 때 쌍극자 모멘트의 변화량 $\mu'(0)$은 0일 것이다. 진동 에너지 준위 간의 전이가 일어나기 위해서는 식 19-36의 식 19-36의 $\mu'(0) \neq 0$이 되어야 할 뿐만 아니라 $\int_{-\infty}^{+\infty} \psi_f^* x \, \psi_i \, dx \neq 0$이 되어야 한다. 앞 장에서 우리는 볼츠만 분포식을 통해 살펴보았듯이 상온에서 분자 대부분은 $n=0$인 진동 바닥 상태에 있다. 그리고 진동 바닥 상태의 파동함수는 y축 대칭인 우함수이다. 우함수에 기함수인 x를 곱하면 기함수가 된다. 만일 파동함수가 우함수인 $n=2,4,6,\ldots$ 등인 준위로 전이가 일어난다면 최종적인 함수는 "우함수×기함수"로 기함수가 되어 전 구간에 걸친 적분은 0이 될 것이다. 즉,

$$\int_{-\infty}^{+\infty} \{even \bullet (odd \bullet even)\}\, dx = \int_{-\infty}^{+\infty} (even \bullet odd)\, dx = \int_{-\infty}^{+\infty} odd\, dx = 0 \qquad (19\text{-}40)$$

이 된다. 그러나 만일 파동함수가 기함수인 $n=1,3,5,\ldots$ 등인 준위로 전이가 일어난다면 최종적인 함수는 "기함수×기함수"로 우함수가 되기 때문에 전 구간에 걸친 적분은 0이 되지 않을 것이다. 즉,

$$\int_{-\infty}^{+\infty} \{odd \bullet (odd \bullet even)\}\, dx = \int_{-\infty}^{+\infty} (odd \bullet odd)\, dx = \int_{-\infty}^{+\infty} even\, dx \neq 0 \qquad (19\text{-}41)$$

이 된다. 즉, $n=0$에서 $n=2,4,6,\ldots$으로는 전이가 일어날 수 없고 $n=1,3,5,\ldots$로만 전이가 일어날 수 있게 된다. 좀 더 구체적인 계산에 의하면 진동에너지 준위 간 전이는 전이가 시작되는 상태에서 바로 위의 준위나 바로 밑의 전이로만 일어날 수 있다. 전이가 시작되는 상태의 양자수를 n이라고 하면(즉, $i=n$) 전이는 $n+1$또는 $n-1$로만 일어날 수 있다. 이러한 조건을 "선택규칙"이라고 한다. 에르미트 다항식은 아래와 같은 귀납식(식 19-42)을 만족시켜야 하는데 아래 귀납식을 이용하여 이러한 선택규칙이 성립하는지 살펴보도록 하자.

$$2x\psi_n(x) = \psi_{n+1}(x) + 2n\psi_{n-1}(x) \qquad (19\text{-}42)$$

식 19-42 양변을 2로 나눈 뒤 식 19-39에 대입하면 식 19-39는 아래 식 19-43과 같이 된다.

$$\langle \mu \rangle_{fi} = \mu'(0) \int_{-\infty}^{+\infty} \psi_f^* \left\{ \frac{1}{2}\psi_{n+1}(x) + n\psi_{n-1}(x) \right\} dx \qquad (19\text{-}43)$$

식 19-43을 전개하면

$$\langle \mu \rangle_{fi} = \mu'(0) \int_{-\infty}^{+\infty} \psi_f^* \frac{1}{2}\psi_{n+1}(x)\, dx + \mu'(0) \int_{-\infty}^{+\infty} \psi_f^* n\psi_{n-1}(x)\, dx \qquad (19\text{-}44)$$

$$\langle \mu \rangle_{fi} = \mu'(0) \frac{1}{2} \int_{-\infty}^{+\infty} \psi_f^* \psi_{n+1}(x)\, dx + \mu'(0) n \int_{-\infty}^{+\infty} \psi_f^* \psi_{n-1}(x)\, dx \qquad (19\text{-}45)$$

만일 전이가 일어난 최종상태 $f \neq n+1$ 또는 $f \neq n-1$이라면 식 19-45의 적분은 파동함수의 직교성질 때문에 모두 0이 되고 전이 쌍극자 모멘트는 0이 될 것이다. 식 19-45의 적분이 0이 되지 않기 위해서 전

이가 일어난 최종상태 $f = n+1$ 또는 $f = n-1$이 되어야 한다. 따라서 조화진동자에서 선택규칙은 최종적으로 다음과 같이 쓸 수 있다.

$$\Delta n = \pm 1$$

모든 분자가 조화진동자라면 이러한 선택규칙에 따라 허용된 전이만이 일어나겠지만, 앞 장에서 설명한 바와 같이 여러 가지 요인으로 인해서 실제 분자는 비조화성을 갖게 된다. 따라서 비록 적은 비율이긴 하지만 금지된 전이라고 하더라도 실제로는 관찰된다. 다음 절에서 이러한 비조화성이 양자역학적으로 얻어진 결과에 어떤 영향을 미치는지에 대해 알아보도록 하자.

5) 실제 분자의 비조화성과 양자역학적 결과에 미치는 영향

우리는 17장에서 실제 분자의 진동운동은 여러 가지 요인으로 인해 조화진동자의 특성에서 벗어난 비조화성을 갖는다고 배웠다. 이러한 비조화성이 양자역학적 결과에 어떤 영향을 주는지에 대해 살펴보도록 하자. 18장에서 분자 진동에 관한 슈뢰딩거 방정식을 풀 때 우리는 진동하는 분자를 조화진동자라고 가정하고 푼 바 있다. 즉, 슈뢰딩거 방정식의 퍼텐셜에너지 연산자, $\hat{V}$로 조화진동자의 퍼텐셜에너지를 구하는 공식, $\frac{1}{2}kx^2$을 사용하여 문제를 풀었었다. 그러나 실제 분자는 조화진동자에서 벗어난 비조화성을 갖고 결합길이에 따른 퍼텐셜에너지도 그림 17-7의 실선과 같은 $\frac{1}{2}kx^2$을 따르는 완벽한 포물선의 형태보다는 점선과 같은 형태로 나타나게 된다. 비조화성이 반영된 양자역학적 결과를 얻으려면 슈뢰딩거 방정식의 퍼텐셜에너지 연산자로 조화진동자의 퍼텐셜에너지를 구하는 공식 $\frac{1}{2}kx^2$ 대신 그림 17-7의 점선을 묘사하는 함수를 사용해야 할 것이다. 분자의 비조화성을 만족시키는 퍼텐셜에너지 함수를 $U(x)$라고 하자. 이 함수를 실제로 구하기는 쉽지 않으므로 이 함수 $U(x)$를 맥클로린 급수 전개하여 슈뢰딩거 방정식에 대입하도록 하자. 비조화성을 나타내는 퍼텐셜에너지 함수 $U(x)$를 맥클로린 급수 전개하면 식 19-46과 같이 된다.

$$U(x) = U(0) + U'(0)x + \frac{1}{2}U''(0)x^2 + \frac{1}{6}U'''(0)x^3 + \cdot\cdot\cdot \qquad (19\text{-}46)$$

변위 $x=0$일 때 고전 역학적으로 퍼텐셜에너지는 0이므로 식 19-46의 첫 번째 항 $U(0)=0$이다. 그림 17-7을 보면 변위 $x=0$일 때 그래프의 기울기도 0이므로 식 19-46의 두 번째 항 $U'(0)=0$이라고 할 수 있다. 이 두 항이 0이 되었으므로 비조화성을 나타내는 퍼텐셜에너지 함수 $U(x)$는 식 19-47이 된다.

$$U(x) = \frac{1}{2}U''(0)x^2 + \frac{1}{6}U'''(0)x^3 + \cdot\cdot\cdot \qquad (19\text{-}47)$$

식 19-47의 두 번째 항까지만 취해서 쉬뢰딩거 방정식에 넣고 풀어보면 식 19-48과 같은 에너지가 얻어진다.

$$E_n = h\nu\left(n+\frac{1}{2}\right)-\frac{(h\nu)^2}{4D_e}\left(n+\frac{1}{2}\right)^2 \tag{19-48}$$

식 19-48의 두 번째 항 $\frac{(h\nu)^2}{4D_e}$은 항상 양수이므로 비조화성을 갖는 분자의 에너지(식 19-48)는 조화진동자라고 가정했을 때의 에너지(식 19-34)보다 항상 작다는 것을 알 수 있다. 식 19-48을 이용해서 양자수에 따른 비조화 진동자의 에너지 몇 개를 구해보면 다음과 같다.

$$n=0,\ \ E_0 = \frac{1}{2}h\nu - \frac{(h\nu)^2}{4D_e}\frac{1}{4} = \frac{1}{2}h\nu - \frac{(h\nu)^2}{4D_e}\cdot 0.25 \tag{19-49}$$

$$n=1,\ \ E_1 = \frac{1}{2}h\nu - \frac{(h\nu)^2}{4D_e}\frac{9}{4} = \frac{1}{2}h\nu - \frac{(h\nu)^2}{4D_e}\cdot 2.25 \tag{19-50}$$

$$n=2,\ \ E_2 = \frac{1}{2}h\nu - \frac{(h\nu)^2}{4D_e}\frac{25}{4} = \frac{1}{2}h\nu - \frac{(h\nu)^2}{4D_e}\cdot 6.25 \tag{19-51}$$

식 19-49, 50, 51을 보면 알 수 있듯이 양자수가 증가할수록 조화진동자의 에너지에서 빼는 양이 점점 증가한다는 사실을 알 수 있다. 이러한 경향성을 그림으로 나타내면 그림 19-3과 같다.

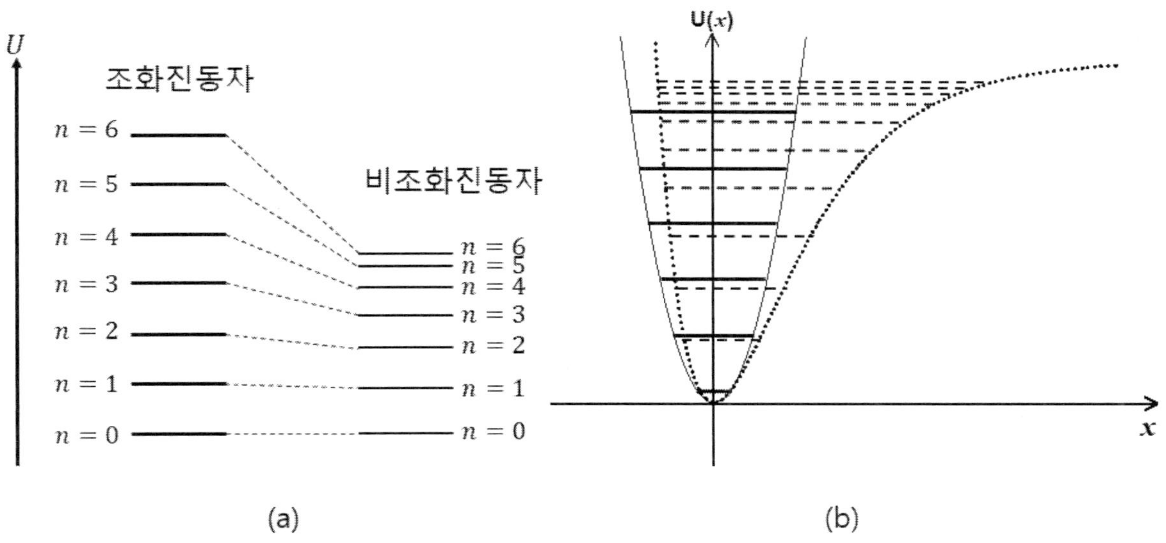

그림 19-3. (a) 양자수에 따른 조화진동자의 에너지 간격과 비조화 진동자의 에너지 간격을 비교한 그림. (b) 조화진동자 퍼텐셜에너지 곡선에 그려진 양자화된 에너지 준위와 비조화 진동자 퍼텐셜에너지 곡선에 그려진 비조화 진동자의 양자화된 에너지 준위.

그림 19-3(a)은 조화진동자와 비조화 진동자의 양자화된 에너지 준위를 나타낸 그림이다. 식 19-49, 50, 51에서 예측했듯이 양자수가 증가할수록 같은 양자수에서 조화진동자와 비조화 진동자의 에너지 차는 점점 더 벌어지고 있음을 볼 수 있다. 즉, 비조화 진동자의 경우 양자수가 증가하면서 에너지 준위 간의 간격이 점점 더 작아지고 있음을 볼 수 있다. 비조화 진동자의 에너지 간격 ΔE를 구해보면 다음과 같다.

$$\begin{aligned}\Delta E &= E_{n+1} - E_n \\ &= h\nu\left(n+1+\frac{1}{2}\right) - \frac{(h\nu)^2}{4D_e}\left(n+1+\frac{1}{2}\right)^2 - h\nu\left(n+\frac{1}{2}\right) + \frac{(h\nu)^2}{4D_e}\left(n+\frac{1}{2}\right)^2 \\ &= h\nu\left(n+\frac{3}{2}\right) - \frac{(h\nu)^2}{4D_e}\left(n+\frac{3}{2}\right)^2 - h\nu\left(n+\frac{1}{2}\right) + \frac{(h\nu)^2}{4D_e}\left(n+\frac{1}{2}\right)^2 \\ &= h\nu n + \frac{3}{2}h\nu - \frac{(h\nu)^2}{4D_e}\left(n^2+3n+\frac{9}{4}\right) - h\nu n - \frac{1}{2}h\nu + \frac{(h\nu)^2}{4D_e}\left(n^2+n+\frac{1}{4}\right) \\ &= h\nu - \frac{(h\nu)^2}{4D_e}n^2 - \frac{(h\nu)^2}{4D_e}3n - \frac{(h\nu)^2}{4D_e}\frac{9}{4} + \frac{(h\nu)^2}{4D_e}n^2 + \frac{(h\nu)^2}{4D_e}n + \frac{(h\nu)^2}{4D_e}\frac{1}{4} \\ &= h\nu - \frac{(h\nu)^2}{4D_e}2n - \frac{(h\nu)^2}{4D_e}\frac{8}{4} = h\nu - \frac{(h\nu)^2}{2D_e}(n+1) \qquad (19\text{-}52)\end{aligned}$$

비조화 진동자의 에너지 준위를 그림 19-3(b)에 비조화 퍼텐셜 에너지 곡선에 그려 넣었다. 두 원자긔 결합이 거의 끊어질 정도의 에너지에서 비조화 진동자의 에너지 준위는 거의 연속적이라고 할 수 있을 만큼 촘촘한 것을 볼 수 있다. 뒤에서 언급할 기회가 있겠지만 이와 같은 효과로 인해 전자전이가 일어날 때 들뜬 상태에서 많은 진동상태 파동함수들이 중첩되어 나타나는 파속 (wave packet)이 형성된다.

참고문헌

1. P. Atkins, J. de Paula, *물리화학*, 제9판, 안운선 역, 교보문고주식회사, 2010.
2. T. Engel, P. Reid, *엥겔의 물리화학*, 제3판, 김홍래 외 26인 역, 사이플러스, 2013.
3. 김왕기, 손창국, *기본양자화학*, 탐구당, 1995.
4. 김왕기, 손창국, *양자화학*, 탐구당, 1989.
5. J. Michael Hollas, *Modern Spectroscopy*, John Wiley & Sons, Ltd., 1987.
6. I. N. Levine, *Quantum Chemistry*, 4th ed., Prentice-Hall,Inc, 1991.
7. I. N. Levine, *Molecular Spectroscopy*, John Wiley & Sons, Inc., 1975
8. E. D. Rainville, Phillip E. Bedient, *Elementary Differential Equations*, 4th ed., The Macmillan Company, 1969.
9. J. Stewart, *Calculus*, Brooks/Cole Publishing Company, 1997.
10. J. R. Barrante, *Applied Mathematics for Physical Chemistry*, 3rd ed.,Pearson Education Inc, 2004.
11. J. M. Anderson, *Mathematics for Quantum Chemistry*, W. A. Benjamin, Inc, 1974.
12. B. K. Sen, *Quantum Chemistry*, Tata McGraw-Hill Publishing Company Limited, 1993.
13. P. F. Bernath, *Spectra of Atoms and Molecules*, Oxford University Press, Inc., 1995.
14. G. M. Barrow, *Introduction to Molecular Spectroscopy*, 정현채 역, 회중당, 1985.
15. D. A. McQuarrie, *Quantum Chemistry*, 2nd ed., 김홍래 역, 자유아카데미, 2008.
16. G. B. Arfken, H. J. Weber, *Mathematical Methods for Physicists*, 5th ed., Elsevier Science, 2001.
17. J. S. Winn, *물리화학*, 박형석 역, 자유아카데미, 1995.
18. R. L. Flurry, Jr., *Quantum Chemistry, An Introduction*, Prentice-Hall Inc., 1983.
19. A. K. Chandra, Introductory Quantum Chemistry, Tata McGraw-Hill Publishing Company Limited, 1974.
20. J. P. Lowe, Quantum Chemistry, Academic Press Inc., 1978.
21. J. Baggott, 퀀텀스토리, 박병철 역, 반니, 2014.
22. D. E. Brody, A. R. Brody, 내가 듣고 싶은 과학교실, 이충호 역, 가람기획, 2001.
23. B. Cox, J. Forshaw, 퀀텀 유니버스, 박병철 역, 승산, 2014.

기초양자화학 및 분자분광학

인쇄 2022년 8월 25일
발행 2022년 8월 31일

지은이 / 임종국
발행인 / 민영돈
발행처 / 조선대학교 출판부
주소 / [우] 61452 광주광역시 동구 조선대길 146
전화 / (062) 230-6167
팩스 / (062) 608-5220
등록번호 / 제27호(84.9.25)

정가 26,000 원
ISBN 978-89-8439-543-5 93430

본 도서는 조선대학교에 재직 중인 교원의 저작 의욕을
고취시키기 위하여 지원하는 특별연구비로 출판되었습니다.